Matthias Richter

Grundwissen Mathematik für Ingenieure

2., überarbeitete und erweiterte Auflage

STUDIUM

VIEWEG+ TEUBNER

Bibliografische Information der Deutschen Nationalbibliothek
Die Deutsche Nationalbibliothek verzeichnet diese Publikation in der
Deutschen Nationalbibliografie; detaillierte bibliografische Daten sind im Internet über
<http://dnb.d-nb.de> abrufbar.

Prof. Dr. Matthias Richter
Hochschule für Technik und Wirtschaft Dresden (FH)

E-Mail: richter@informatik.htw-dresden.de

1. Auflage 2001
2., überarbeitete und erweiterte Auflage 2009

Alle Rechte vorbehalten
© Vieweg+Teubner | GWV Fachverlage GmbH, Wiesbaden 2009

Lektorat: Ulrich Sandten | Kerstin Hoffmann

Vieweg+Teubner ist Teil der Fachverlagsgruppe Springer Science+Business Media.
www.viewegteubner.de

Umschlaggestaltung: KünkelLopka Medienentwicklung, Heidelberg
Gedruckt auf säurefreiem und chlorfrei gebleichtem Papier.

ISBN 978-3-8348-0729-8

Matthias Richter

Grundwissen
Mathematik für Ingenieure

Vorwort

Das Lehrbuch „Grundwissen Mathematik für Ingenieure" wendet sich an Studierende technischer Fachrichtungen. Es vermittelt die mathematischen Grundlagen einschließlich der Wahrscheinlichkeitsrechnung und Mathematischen Statistik, die im Mittelpunkt des Grundstudiums der Ingenieurausbildung stehen. Auswahl und Darlegung des Stoffes basieren auf Erfahrungen, die ich während meiner langjährigen Lehrtätigkeit an Fachhochschulen und Universitäten im In- und Ausland sammelte. Wichtige mathematische Begriffe, Definitionen und Aussagen werden im Text hervorgehoben. Der dargelegte Stoff wird dabei stets anhand zahlreicher vollständig durchgerechneter Beispiele erläutert, und der Leser kann jederzeit beim Lösen der gestellten Aufgaben sein erworbenes Wissen überprüfen. Alle Lösungen dieser Aufgaben sind am Ende des Buches, oft auch noch ergänzt durch zusätzliche Lösungshinweise, angegeben. Das Buch ist so konzipiert, dass man sich auch selbstständig in den Vorlesungsstoff einarbeiten kann. Für weiterführende Gebiete wird auf entsprechende Speziallliteratur verwiesen.

In diesem Buch wird berücksichtigt, dass in der Ausbildung zunehmend Computeralgebra-Systeme (CAS) verwendet werden, die sowohl auf PC's als auch auf graphikfähigen Taschenrechnern vorhanden sind. Mit einem Computeralgebra-System lassen sich symbolische Berechnungen ausführen. Taschenrechner mit derartigen Systemen liefern z.B. Texas Instruments, Casio, Hewlett Packard und Sharp. Erfahrungsgemäß hat ein großer Teil der Studenten beim ersten Umgang mit Computeralgebra-Systemen Schwierigkeiten. Aus diesem Grund wird an geeigneten Stellen im Buch auf die Handhabung von Taschenrechnern kurz eingegangen. Da sich die Struktur der Computeralgebra-Systeme wenig unterscheidet, lassen sich die angegebenen Hinweise zum Einsatz des TI-89 auch auf andere Taschenrechner übertragen. Dem Anwender werden damit langwierige Rechnungen per Hand erspart, und er wird von Routinearbeit entlastet. In diesem Zusammenhang muss jedoch ausdrücklich darauf hingewiesen werden, dass die Verwendung moderner Rechentechnik nicht davon befreit, sich intensiv mit den mathematischen Grundlagen zu beschäftigen. Nur bei fundierten mathematischen Kenntnissen wird es erst möglich, das Hilfsmittel Taschenrechner bzw. Computer sinnvoll beim Lösen von Problemen und Aufgaben einzusetzen. Aus diesem Grund steht in diesem Buch die Vermittlung der mathematischen Grundlagen im Vordergrund.

Die Druckvorlage wurde mit dem Textsatzsystem TEX erstellt. Die Einbindung des Inhaltes des Displays vom TI-89 in den Text erfolgte mit Hilfe des TI-GRAPH LINK™. Einige Bilder wurden mit der Software Mathematica angefertigt.

Auf diesem Weg möchte ich allen Kollegen recht herzlich danken, die mich bei der Arbeit an diesem Buch unterstützten. Mein besonderer Dank gilt den Herren Prof. Dr. S. Scholz, Prof. Dr. G. Zeidler, Dr. H.-D. Dahlke und Dr. W. Mauermann, die das Manuskript kritisch durcharbeiteten und mir wertvolle Hinweise bei der Darlegung des Stoffes gaben. Die Herren Dr. H.-D. Dahlke und Dr. W. Mauermann haben sämtliche Beispiele und Aufgaben mit großer Sorgfalt nachgerechnet. Weiterhin möchte ich mich bei den Herren Prof. Dr. C. Lange, Prof. Dr. D. Oestreich und Prof. Dr. L. Paditz bedanken, die Teile des Manuskripts durchsahen.
Großen Dank schulde ich auch Herrn J. Weiß aus Leipzig und dem Verlag B.G. Teubner für die angenehme Zusammenarbeit.

Für Hinweise und Bemerkungen zu diesem Buch bin ich jedem Leser und Nutzer dankbar.

Dresden, im Februar 2001   Matthias Richter

Vorwort zur 2. Auflage

In dieser zweiten Auflage wurden insbesondere die Teile überarbeitet, in denen Taschenrechner mit einem Computeralgebra-System (CAS) eingesetzt werden. Für konkrete CAS-Rechner sind weitergehende Ausführungen im Internet unter   `www.informatik.htw-dresden.de/~richter/cas-rechner.html` zu finden. Weiterhin wurden Druckfehler beseitigt. Für die vielen freundlichen Hinweise dazu möchte ich mich bei allen Studenten und Kollegen sehr herzlich bedanken. Auch in Zukunft bin ich jedem Leser für Hinweise zu diesem Buch dankbar.

Dresden, im Juli 2008   Matthias Richter

Inhaltsverzeichnis

Kapitel 1

Grundlagen

1.1 Grundbegriffe der Logik

Die Logik ist eine Wissenschaftsdisziplin, die sich mit Gesetzen des „richtigen Denkens" und mit Beziehungen zwischen diesen Gesetzen beschäftigt. In diesem Abschnitt stehen Grundbegriffe der mathematischen Logik im Mittelpunkt.

1.1.1 Aussagen, Elemente und Mengen

Ein wichtiger Ausgangspunkt in der Logik sind Aussagen.

Definition 1.1: *Eine* **Aussage** *ist ein sinnvolles sprachliches oder formelmäßiges Gebilde, das entweder den Wahrheitswert* **wahr** *(w) oder den Wahrheitswert* **falsch** *(f) besitzt.*

Eine Aussage hat den Wahrheitswert wahr bzw. ist wahr, wenn sie die objektive Realität richtig widerspiegelt. Im anderen Fall handelt es sich um eine Aussage mit dem Wahrheitswert falsch bzw. um eine falsche Aussage. Aussagen im Sinne der mathematischen Logik können demzufolge nicht gleichzeitig wahr und falsch sein.

Beispiel 1.1: *Überprüfen Sie, ob es sich bei den folgenden Gebilden um Aussagen handelt.*

(1) 3 *ist eine natürliche Zahl,*   (2) 3 *ist eine gerade Zahl.*

(3) $3 + 1 = 4$,   (4) $3 + 1 = 5$,

(5) $\sqrt{5}$,   (6) *Wie viel ist* $3 + 1$?

Lösung: (1) - (4) sind Aussagen. Die Aussagen (1) und (3) stellen wahre Aussagen dar, dagegen sind (2) und (4) falsche Aussagen. (5) und (6) bezeichnen keine Aussagen. Bei (5) handelt es sich um einen **Ausdruck** oder **Term**. ◁

Als Nächstes werden die Begriffe Element und Menge eingeführt.

Definition 1.2: *Eine* **Menge** *ist eine Gesamtheit (Zusammenfassung) von bestimmten, wohl unterschiedenen Objekten zu einem Ganzen. Für jedes Objekt ist dabei eindeutig geklärt, ob dieses Objekt zur Menge gehört oder nicht. Ein Objekt einer Menge heißt* **Element**.

Mengen werden im Allgemeinen mit großen lateinischen Buchstaben bezeichnet. Für die Elemente dieser Mengen verwendet man kleine lateinische Buchstaben. Mit Hilfe des Elementsymbols $\in$ lässt sich ausdrücken, ob ein Element x zu einer Menge M gehört oder nicht. Man schreibt:

$x \in M$, wenn das Element x zur Menge M gehört,

$x \notin M$, wenn das Element x nicht zur Menge M gehört.

Mengen kann man durch das Aufschreiben aller ihrer Elemente oder durch die Beschreibung von Eigenschaften ihrer Elemente angeben. Die Elemente einer Menge werden dabei von geschweiften Klammern eingeschlossen. So sind z.B.

$A = \{2;\ 3;\ 4\}$ − die Menge, die die reellen Zahlen 2, 3 und 4 enthält,

$B = \{x \in \mathbb{R}|\ x \geq 0\}$ − die Menge der nicht negativen reellen Zahlen.

Um ein Verwechseln der Elemente einer Menge mit Dezimalzahlen zu vermeiden, werden die Elemente beim Aufzählen durch ein Semikolon getrennt.
In der **Menge der reellen Zahlen** $\mathbb{R}$ werden folgende Mengen bezeichnet:

$\mathbb{N} = \{0;\ 1;\ 2;\ 3,\ \dots\}$ − die **Menge der natürlichen Zahlen,**

$\mathbb{Z} = \{\dots;\ -2;\ -1;\ 0;\ 1;\ 2;\ 3,\ \dots\}$

− die **Menge der ganzen Zahlen,**

$\mathbb{Q} = \left\{\dfrac{r}{s}\Big|\ (r \in \mathbb{Z})\ \text{und}\ (s \in \mathbb{Z}, s \neq 0)\right\}$

− die **Menge der rationalen Zahlen.**

Zu beachten ist, dass Null als eine natürliche Zahl vereinbart wurde, d.h. es gilt $0 \in \mathbb{N}$. Besonders ausgezeichnete Mengen sind die **leere Menge** $\varnothing$ und die **Grundmenge** Ω. Die leere Menge enthält kein Element. Mit der Grundmenge werden alle Elemente zusammengefasst. Die leere Menge $\varnothing$, die natürlichen Zahl 0 und die Menge $\{0\}$ dürfen nicht miteinander verwechselt werden. Die Menge $\{0\}$ enthält nur das Element „natürliche Zahl Null".

In der Tabelle 1.1 werden einige logische Zeichen angegeben.

Die logischen Zeichen $\forall$ und $\exists$ werden auch **Quantoren** genannt. Zu beachten ist, dass $\forall x$ für alle x aus einer Menge, dem sogenannten **Variablenbereich**, und $\exists x$ für wenigstens ein x aus dem Variablenbereich zutrifft.

An den folgenden Beispielen wird erläutert, wie man mit diesen logischen Zeichen Aussagen formulieren kann.

Zeichen	lies:
$\in$	... ist Element von ...
$\notin$	... ist kein Element von ...
$\mid$ oder $:$	... für die gilt ...
$\forall$	für alle ... gilt
$\exists$	es existiert wenigstens ein ...
$\nexists$	es existiert kein ...

Tabelle 1.1: *Logische Zeichen*

Beispiel 1.2: *Schreiben Sie die folgenden Aussagen mit Hilfe von logischen Zeichen.*
(1) Es existiert eine reelle Zahl x, die Lösung der Gleichung $x^3 - 1 = 0$ ist.
(2) Es existiert keine reelle Zahl x, die die Gleichung $x^2 + 1 = 0$ löst.
(3) Für jede reelle Zahl x gilt $x^2 + 2x + 1 \geq 0$.

Lösung: (1) $\exists\, x \in \mathbb{R} \mid x^3 - 1 = 0$, (2) $\nexists\, x \in \mathbb{R} \mid x^2 + 1 = 0$, (3) $\forall\, x \in \mathbb{R} \mid x^2 + 2x + 1 \geq 0$. (1)-(3) sind wahre Aussagen. ◁

Aufgabe 1.1: *Es bezeichne x eine beliebige reelle Zahl. Welche Aussagen sind wahr?*

(1) $\exists\, x \in \mathbb{R} \mid x + 1 = x$.   (2) $\forall\, x \in \mathbb{R} \mid x^2 + x = x(x+1)$.
(3) $\forall\, x \in \mathbb{R} \mid x \geq 2$.   (4) $\exists\, x \in \mathbb{R} \mid (x+1)^2 = x^2 + 3x$.

1.1.2 Aussageformen und Aussagenverbindungen

In engem Zusammenhang zur Aussage steht die sogenannte Aussageform.

Definition 1.3: *Ein Gebilde heißt **Aussageform**, wenn folgende Bedingungen erfüllt sind: (1) Das Gebilde enthält mindestens eine Variable und (2) nach dem Ersetzen aller Variablen durch Konstanten oder Quantoren entsteht eine Aussage.*

Zu beachten ist, dass eine Aussageform weder wahr noch falsch ist. Erst dann, wenn alle in einer Aussageform auftretenden Variablen durch Konstanten bzw. durch Quantoren ersetzt wurden, entstehen wahre oder falsche Aussagen. Eine Aussageform ist folglich eine Vorschrift, aus der sich Aussagen gewinnen lassen.

Beispiel 1.3 : *Klären Sie, welche Formulierungen Aussagen und was Aussageformen sind.*   (1)   *y wurde 1998 in Frankreich Fußballweltmeister.*
   (2) $3 + x = 4$.   (3) $\forall\, x \in \mathbb{R} \mid 3 + x = 4$.
   (4) $\exists\, x \in \mathbb{R} \mid 3 + x = 4$.   (5) $x \in \mathbb{R}$.

Lösung: (1), (2) und (5) sind Aussageformen. (3) und (4) sind Aussagen. Wird in der Aussageform y durch „Deutschland" ersetzt, entsteht eine falsche Aussage. Wird in der Aussageform y durch „Frankreich" ersetzt, entsteht eine wahre Aussage. Für $x = 1$ wird aus (2) eine wahre Aussage und für $x = 2$ eine falsche Aussage. Da (3) „für alle reellen Zahlen x gilt $3 + x = 4$ " bedeutet, ist (3) eine falsche Aussage. Im Unterschied dazu ist (4) „es existiert eine reelle Zahl x , so dass $3 + x = 4$ gilt" eine wahre Aussage. Man muss nur $x = 1$ setzen. $\triangleleft$

Durch Verknüpfungen von Aussagen entstehen wieder Aussagen bzw. Aussagenverbindungen. Wichtige Aussagenverbindungen werden in der folgenden Definition zusammengefasst.

Definition 1.4 : *Mit den Aussagen p und q werden folgende* **Aussagenverbindungen** *definiert:*

$\overline{p}$ *die* **Negation** *von p (lies „nicht p")*
          ist genau dann wahr, wenn p nicht wahr ist;

$p \wedge q$ *die* **Konjunktion** *von p und q (lies „p und q")*
          ist genau dann wahr, wenn sowohl p als auch q wahr sind;

$p \vee q$ *die* **Disjunktion** *von p und q (lies „p oder q")*
          ist genau dann wahr, wenn wenigstens eine der Aussagen p
          oder q wahr ist;

$p \Longrightarrow q$ *die* **Implikation** *aus p folgt q (kurz „aus p folgt q")*
          ist genau dann falsch, wenn die Aussage p wahr und die
          Aussage q falsch ist;

$p \Longleftrightarrow q$ *die* **Äquivalenz** *von p und q (lies „p genau dann, wenn q")*
          ist genau dann wahr, wenn die Aussagen p und q den
          gleichen Wahrheitswert haben.

Bemerkungen: In der Literatur findet man noch die **Alternative** („entweder p oder q "), die in diesem Buch nicht verwendet wird.

Bei der Implikation $p \Longrightarrow q$ bezeichnet man die Aussage p als **Prämisse** (Voraussetzung) und die Aussage q als **Konklusion** (Behauptung). Man sagt auch „die Aussage p ist **hinreichend** für die Aussage q" oder „die Aussage q ist **notwendig** für die Aussage p".

Hinter der Äquivalenz $p \Longleftrightarrow q$ verbergen sich (gleichzeitig) die Implikationen $p \Longrightarrow q$ und $q \Longrightarrow p$, d.h., $\left(p \Longleftrightarrow q\right) \Longleftrightarrow \left((p \Longrightarrow q) \wedge (q \Longrightarrow p)\right)$. Man spricht in diesem Fall auch von **äquivalenten** bzw. **identischen** Aussagenverbindungen oder sagt „die Aussage p ist **notwendig und hinreichend** für die Aussage q".

Der Wahrheitsgehalt einer Aussagenverbindung lässt sich mit einer sogenannten **Wahrheitstafel** beurteilen. In einer Wahrheitstafel wird für jede Kombination der Wahrheitswerte (wahr: w, falsch: f) der eingehenden Aussagen der Wahrheitswert der Aussagenverbindung vereinbart bzw. ermittelt.

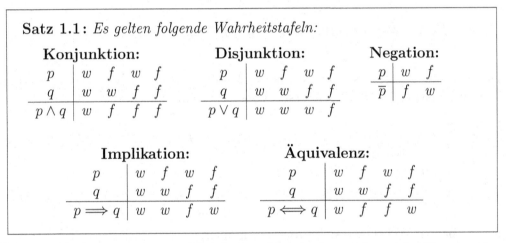

Satz 1.1: *Es gelten folgende Wahrheitstafeln:*

Konjunktion:

p	w	f	w	f
q	w	w	f	f
$p \wedge q$	w	f	f	f

Disjunktion:

p	w	f	w	f
q	w	w	f	f
$p \vee q$	w	w	w	f

Negation:

p	w	f
$\overline{p}$	f	w

Implikation:

p	w	f	w	f
q	w	w	f	f
$p \Longrightarrow q$	w	w	f	w

Äquivalenz:

p	w	f	w	f
q	w	w	f	f
$p \Longleftrightarrow q$	w	f	f	w

Beweis: Die Beweise dieser Wahrheitstafeln ergeben sich unmittelbar aus der Definition 1.4. ◀

Bei identischen Aussagenverbindungen stimmen die Wahrheitstafeln überein und umgekehrt: Wenn die Wahrheitstafeln zweier Aussagenverbindungen übereinstimmen, dann gelten sie als äquivalent (identisch). Wenn mehr als zwei Aussagen miteinander verknüpft werden, lassen sich die Wahrheitstafeln analog wie im Satz 1.1 angeben.

Eine häufige Fehlerquelle ist die nicht korrekte Ausführung der Negation von Aussagenverbindungen. Offensichtlich sind die Aussagen $\overline{\overline{p}}$ und p äquivalent (**Negation der Negation**). Nicht so offensichtlich sind die Äquivalenzen, die in den beiden folgenden Sätzen betrachtet werden.

Satz 1.2: $(p \Longrightarrow q) \Longleftrightarrow (\overline{q} \Longrightarrow \overline{p})$.

Beweis: Es ergibt sich die nebenstehende Wahrheitstafel. Da diese Wahrheitstafel mit der Wahrheitstafel für die Implikation (Seite 17) übereinstimmt, ist der Satz bewiesen. ◄

$\overline{q} \Longrightarrow \overline{p}$:

p	w	f	w	f
q	w	w	f	f
$\overline{q}$	f	f	w	w
$\overline{p}$	f	w	f	w
$\overline{q} \Longrightarrow \overline{p}$	w	w	f	w

Aus dem Satz folgt: $\overline{p \Longrightarrow q}$ ist genau dann wahr, wenn die Aussage p wahr und gleichzeitig die Aussage q falsch ist.

Satz 1.3: *Es gelten die De Morganschen Regeln*

$$\overline{(p \wedge q)} \Longleftrightarrow (\overline{p} \vee \overline{q}) \quad und \quad \overline{(p \vee q)} \Longleftrightarrow (\overline{p} \wedge \overline{q}).$$

Beweis: Der Beweis lässt sich mit der Aufstellung der Wahrheitstafeln führen. Wir demonstrieren das für die erste Aussagenverbindung.

$\overline{p \wedge q}$:

p	w	f	w	f
q	w	w	f	f
$p \wedge q$	w	f	f	f
$\overline{p \wedge q}$	f	w	w	w

$\overline{p} \vee \overline{q}$:

p	w	f	w	f
q	w	w	f	f
$\overline{p}$	f	w	f	w
$\overline{q}$	f	f	w	w
$\overline{p} \vee \overline{q}$	f	w	w	w

Da die beiden Wahrheitstafeln übereinstimmen, sind die Aussagen $\overline{p \wedge q}$ und $\overline{p} \vee \overline{q}$ identisch. Den Beweis der zweiten Aussagenverbindung überlassen wir dem Leser . ◄

Aufgabe 1.2: *V bezeichne ein Viereck. Es werden folgende Aussagen betrachtet:*

$$p = \big(V \ ist \ ein \ Quadrat\big) \qquad r = \big(V \ hat \ vier \ rechte \ Winkel\big)$$
$$q = \big(V \ ist \ ein \ Rechteck\big) \qquad s = \big(V \ hat \ vier \ gleichlange \ Seiten\big)$$

Welche Aussagenverbindungen sind wahr?

(1) $p \Longrightarrow q$ (2) $r \Longleftrightarrow q$ (3) $q \Longrightarrow p$

(4) $\overline{p} \Longrightarrow \overline{q}$ (5) $\overline{r} \Longrightarrow \overline{p}$ (6) $(r \wedge s) \Longleftrightarrow p$

Aufgabe 1.3: *Es werden folgende Aussagen betrachtet:*

$p = \big($*Das Produkt A wird hergestellt.*$\big)$

$q = \big($*Der Umsatz geht zurück.*$\big)$

Stellen Sie die folgenden Aussagenverbindungen auf.

(1)   *Wenn das Produkt A hergestellt wird, geht der Umsatz zurück.*

(2)   *Wenn der Umsatz zurückgeht, wird das Produkt A hergestellt.*

(3)   *Der Umsatz geht genau dann zurück, wenn das Produkt A hergestellt wird.*

(4)   *Wenn der Umsatz zurückgeht, wird das Produkt A nicht hergestellt.*

In der Schaltalgebra lassen sich Aussagen als Schalter interpretieren, wobei die Schalterstellung den Wahrheitswert der Aussage ausdrückt. Ein offener Schalter („Stromfluss unterbrochen") stellt den Wahrheitswert „falsch" und ein geschlossener Schalter („Strom fließt") den Wahrheitswert „wahr" dar. Die Konjunktion entspricht dann einer Reihenschaltung von Schaltern. Es fließt genau dann Strom, wenn beide Schalter geschlossen sind. Analog entspricht einer Disjunktion eine Parallelschaltung von Schaltern. Es fließt genau dann Strom, wenn wenigstens ein Schalter geschlossen ist.

Bild 1.1: *Reihenschaltung mit offenen Schaltern*

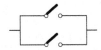

Bild 1.2: *Parallelschaltung mit offenen Schaltern*

1.1.3 Beweisverfahren

Wichtige Behauptungen werden in der Mathematik als mathematische Sätze (Sätze, Hilfssätze (Lemmata), Folgerungen, Eigenschaften) formuliert. Bei diesen Sätzen wird von gewissen vorgegebenen Voraussetzungen ausgegangen. Die Voraussetzungen (V) und die Behauptungen (B) sind Aussagen, die in einem mathematischen Satz durch eine Implikation $(V) \implies (B)$ oder eine Äquivalenz $(V) \iff (B)$ verknüpft sind. In einem **Beweis** wird gezeigt, dass die Implikation $(V) \implies (B)$ (bzw. die Äquivalenz $(V) \iff (B)$) wahr ist. Dabei wird auf bereits bewiesene mathematische Sätze zurückgegriffen.

Die Mehrheit der mathematischen Sätze in diesem Buch wird angegeben, ohne den Beweis in vollem Umfang aufzuschreiben. Zum Teil werden nur die wesentlichen Ideen dieser Beweise aufgeführt. Wichtige Beweismethoden werden hier kurz besprochen.

Direkter Beweis: Beim direkten Beweis geht man von einer wahren Aussage (V) aus und folgert daraus (mit bereits bewiesenen mathematischen Sätzen) die Aussage (B). Die Aussage (B) ist dann ebenfalls wahr (siehe die Wahrheitstafel der Implikation). Die Sätze im vorangegangenen Abschnitt wurden mittels direktem Beweis bewiesen.

Indirekter Beweis: Bei dieser Beweismethode wird der Satz 1.2 verwendet. Es wird von der Negation $\overline{(B)}$ der Behauptung (B) ausgegangen und ein Widerspruch konstruiert. Aus der Wahrheitstafel der Implikation folgt dann hieraus, dass die Aussage $\overline{(B)}$ falsch ist. Da $\overline{(B)}$ falsch ist, muss die Behauptung (B) wahr sein. Der folgende Satz wird indirekt bewiesen.

Satz 1.4: $\sqrt{2}$ *ist eine irrationale Zahl.*

Beweis: Es wird das Gegenteil angenommen: $\sqrt{2}$ sei eine rationale Zahl. Daraus folgt die Existenz zweier teilerfremder ganzen Zahlen r und s, für die $\sqrt{2} = \frac{r}{s}$ gilt. Hieraus folgt $\sqrt{2} \cdot s = r$ bzw. $2 \cdot s^2 = r^2$. Da $2 \cdot s^2$ eine gerade Zahl ist, trifft dies auch für r^2 zu. Daher muss r selbst gerade sein, d.h., es existiert ein $m \in \mathbb{N}$ mit $r = 2 \cdot m$. Hieraus erhält man $2 \cdot s^2 = (2 \cdot m)^2 = 4 \cdot m^2$. Aus der letzten Gleichung folgt, dass s^2 geradzahlig und somit auch s geradzahlig ist. Da r und s gerade Zahlen sind, widerspricht das der Annahme: r und s sind teilerfremd. D.h., $\sqrt{2}$ ist keine rationale Zahl. ◀

Induktiver Beweis: Dieser Beweis wird zur Überprüfung einer von n abhängenden Aussage $B(n), n \in \mathbb{N}, n \geq n_0,$ verwendet. Im ersten Schritt (Induktionsanfang) wird geprüft, ob $B(n_0)$ wahr ist. Im nächsten Schritt wird angenommen, dass die Aussage $B(n)$ für ein beliebiges $n \in \mathbb{N}, n \geq n_0,$ wahr sei. Unter dieser Voraussetzung wird dann gezeigt, dass auch $B(n+1)$ wahr ist (Induktionsschritt). Wenn das der Fall ist, gilt die Aussage $B(n)$ für alle $n \in \mathbb{N}, n \geq n_0$.

Bemerkung: Im folgenden Satz wird das Summenzeichen $\sum$ verwendet. Mit diesem Zeichen lassen sich Summen übersichtlich aufschreiben. Dabei gilt

$$\sum_{k=m}^{n} a_k := a_m + a_{m+1} + \ldots + a_{n-1} + a_n \, ,$$

wobei der Laufindex k die ganzen Zahlen von m bis n durchläuft. Durch das Ergibt-Gleich-Zeichen „:=" wird verdeutlicht, dass es sich in diesem Fall um eine **Definitionsgleichung** handelt. Der Doppelpunkt steht dabei vor dem zu definierenden Ausdruck.

Der Leser überzeugt sich leicht von der Gültigkeit der folgenden Rechenregeln.

$$\sum_{k=m}^{n} a_k = \sum_{i=m}^{n} a_i , \qquad \sum_{k=m}^{n} c \cdot a_k = c \cdot \sum_{k=m}^{n} a_k , \qquad \sum_{k=m}^{n} c = (n - m + 1) \cdot c ,$$

$$\sum_{k=m}^{n} (a_k + b_k) = \sum_{k=m}^{n} a_k + \sum_{k=m}^{n} b_k \qquad (c, \, a_k, \, b_k \in \mathbb{R}) .$$

Satz 1.5: *Es sei* $q \neq 1$ *eine reelle Zahl. Dann gilt für jedes* $n \in \mathbb{N}$

$$\sum_{k=0}^{n} q^k = 1 + q^1 + q^2 + \ldots + q^n = \frac{q^{n+1} - 1}{q - 1} .$$

Beweis: Für $n = 0$ folgt die wahre Aussage $1 = 1$. Es wird angenommen, dass $B(n) = \sum_{k=0}^{n} q^k = \dfrac{q^{n+1} - 1}{q - 1}$ für beliebiges $n \in \mathbb{N}$ gilt. Dann folgt

$$B(n + 1) = \sum_{k=0}^{n+1} q^k = \sum_{k=0}^{n} q^k + q^{n+1} = \frac{q^{n+1} - 1}{q - 1} + q^{n+1}$$

$$= \frac{q^{n+1} - 1 + (q - 1) \cdot q^{n+1}}{q - 1} = \frac{q^{n+2} - 1}{q - 1} .$$

D.h., wenn $B(n)$ wahr ist, ist auch $B(n + 1)$ und damit der Satz wahr. ◀

1.2 Grundbegriffe der Mengenlehre

Die Mengenlehre wurde von G. Cantor (1845-1918) begründet. Sie ist eine wesentliche Voraussetzung um Aufgaben aus den unterschiedlichsten Gebieten behandeln zu können. Der Begriff der Menge wurde bereits in der Definition 1.2 eingeführt.

1.2.1 Mengenoperationen

Definition 1.5: *Eine Menge* A *ist genau dann* **Teilmenge** *von der Menge* B, *wenn jedes Element der Menge* A *auch ein Element der Menge* B *ist. Man schreibt:* $A \subset B$ *und sagt: „die Menge* A *ist in der Menge* B *enthalten".*

Diese Definition ist gleichbedeutend mit

$$A \subset B \Longleftrightarrow (\forall x | \, (x \in A \Longrightarrow x \in B)) .$$

Für jede beliebige Menge A ist die Beziehung $\varnothing \subset A \subset \Omega$ erfüllt. In der Menge der reellen Zahlen gilt $\mathbb{N} \subset \mathbb{Z} \subset \mathbb{Q} \subset \mathbb{R}$. Weitere Teilmengen der Menge reeller Zahlen sind Intervalle. Bei Intervallen muss darauf geachtet werden, ob die Intervallgrenzen mit zum Intervall gehören. Es bezeichnen a und b $(a < b)$ reelle Zahlen; dann bedeuten:

$$[a;b] := \big\{x \in \mathbb{R}\big|\ a \le x \le b\big\} \qquad \text{(\textbf{abgeschlossenes Intervall}),}$$
$$(a;b) := \big\{x \in \mathbb{R}\big|\ a < x < b\big\} \qquad \text{(\textbf{offenes Intervall}),}$$
$$[a;b) := \big\{x \in \mathbb{R}\big|\ a \le x < b\big\} \qquad \text{(\textbf{(rechtsseitig) halboffenes Intervall}),}$$
$$(a;b] := \big\{x \in \mathbb{R}\big|\ a < x \le b\big\} \qquad \text{(\textbf{(linksseitig) halboffenes Intervall}).}$$

Die Menge der reellen Zahlen schreibt man auch als offenes Intervall $\mathbb{R} = (-\infty;\infty)$. Bei Grenzwertbetrachtungen werden weiter unten spezielle Intervalle, sogenannte Umgebungen, betrachtet.

Definition 1.6: *Es sei* $\varepsilon > 0$. *Für die reelle Zahl* x_0 *heißt die Menge*

$$U_\varepsilon(x_0) = \big\{x \in \mathbb{R}\big|\ x_0 - \varepsilon < x < x_0 + \varepsilon\big\} \qquad (1.1)$$

ε**-Umgebung** *von* x_0.

Eine ε-Umgebung ist (in der Menge der reellen Zahlen) ein offenes Intervall der Länge 2ε mit dem Mittelpunkt in x_0.
Mit der Definition 1.5 lässt sich die Gleichheit zweier Mengen festlegen.

Definition 1.7: *Die Mengen* A *und* B *sind genau dann* **gleich**, *wenn sowohl* $A \subset B$ *als auch* $B \subset A$ *gilt. Man schreibt dann:* $A = B$.

Zu beachten ist, dass die Anordnung der Elemente einer Menge keine Rolle spielt. Aus diesem Grund sind die Mengen $A = \{a;b;c\}$ und $B = \{b;a;c\}$ gleich. D.h., es gilt für diese Mengen $A = B$.

Definition 1.8: *Es bezeichne* A *eine beliebige Menge aus der Grundmenge* Ω. *Dann enthält die* **Komplementärmenge** $\overline{A}$ *(lies „A quer")* *von* A *alle Elemente von* Ω, *die nicht zur Menge* A *gehören.*
D.h., $\overline{A} := \big\{x \in \Omega\big|\ x \notin A\big\}$.

Die Komplementärmenge $\overline{A}$ einer Menge A ist abhängig von der betrachteten Grundmenge Ω.

Beispiel 1.4: *Die Menge A bestehe aus allen positiven ganzen Zahlen. Gesucht ist $\overline{A}$, wenn für die Grundmenge*

(1) $\Omega = \mathbb{N}$ *bzw.* (2) $\Omega = \mathbb{Z}$ *gilt.*

Lösung: Im Fall (1) gilt $\overline{A} = \{0\}$. Bei (2) enthält die Menge $\overline{A}$ alle negativen ganzen Zahlen und die Null. $\lhd$

Definition 1.9: *Es seien A und B beliebige Teilmengen der Grundmenge Ω. Dann werden die folgenden Mengenoperationen definiert:*

$A \cup B$ *die* **Vereinigungsmenge** *von A und B (lies „A vereinigt B")
enthält die Elemente, die mindestens einer der beiden Mengen A
oder B angehören, d.h., $A \cup B := \{x \in \Omega \,|\, (x \in A) \vee (x \in B)\}$,*

$A \cap B$ *die* **Durchschnittsmenge** *von A und B (lies „A geschnitten
B") enthält die Elemente, die sowohl der Menge A als auch
der Menge B angehören,
d.h., $A \cap B := \{x \in \Omega \,|\, (x \in A) \wedge (x \in B)\}$,*

$A \backslash B$ *die* **Differenzmenge** *von A und B (lies „A minus B")
enthält die Elemente, die zur Menge A aber nicht zur Menge
B gehören, d.h., $A \backslash B := \{x \in \Omega \,|\, (x \in A) \wedge (x \notin B)\}$.*

Die Vereinigung (bzw. die Differenz bzw. der Durchschnitt) von Mengen darf nicht mit der Addition (bzw. der Differenz bzw. dem Produkt) von reellen Zahlen verwechselt werden.

Beispiel 1.5: *In der Grundmenge $\Omega = \{1;\, 2;\, 3;\, 4;\, 5\}$ werden folgende Mengen betrachtet: $A = \{2\}$, $B = \{2;\, 3\}$ und $C = \{1;\, 2;\, 4\}$. Dann gilt:*

$$A \cup A = A, \qquad A \cup B = B, \qquad A \cap A = A, \qquad A \cap B = A,$$
$$B \cap C = A \cap C = A, \qquad B \cup C = \{1;\, 2;\, 3;\, 4\}, \qquad \overline{A} = \{1;\, 3;\, 4;\, 5\}. \quad \lhd$$

Die Mengenoperationen lassen sich mit sogenannten **Venn-Diagrammen** geometrisch veranschaulichen (siehe Bild 1.3). In einem Venn-Diagramm wird eine Menge als (ebenes) Flächenstück dargestellt. Die Venn-Diagramme für die Menge $\overline{A}$ und für $A \subset B$ lassen sich analog angeben.

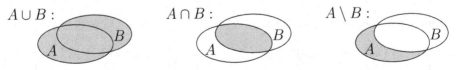

Bild 1.3: *Venn-Diagramme von $A \cup B$, $A \cap B$ und $A \backslash B$*

Aufgabe 1.4: *Es bezeichnen: A die Menge aller Punkte der Kreisfläche, B die Menge aller Punkte der Ellipsenfläche und Ω die Menge aller Punkte des*

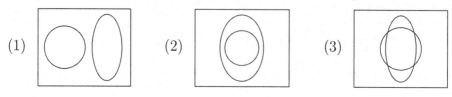

(1)   (2)   (3)

Rechtecks in den Bildern (1) - (3). *Die Mengen* $A \cup B$, $A \cap B$, $A \backslash B$ *und* $B \backslash A$ *sind jeweils mit Venn-Diagrammen darzustellen.*

Die Gültigkeit der folgenden Beziehungen lässt sich mit Hilfe von Venn-Diagrammen sofort bestätigen. Zu beachten ist, dass die Operationen in Klammern zuerst auszuführen sind.

Satz 1.6: *A, B und C seien beliebige Teilmengen aus einer Grundmenge Ω. Dann gelten die folgenden Gesetze:*

$$A \cup B = B \cup A$$
$$A \cap B = B \cap A$$
(Kommutativgesetze)

$$A \cup (B \cup C) = (A \cup B) \cup C$$
$$A \cap (B \cap C) = (A \cap B) \cap C$$
(Assoziativgesetze)

$$A \cap (B \cup C) = (A \cap B) \cup (A \cap C)$$
$$A \cup (B \cap C) = (A \cup B) \cap (A \cup C)$$
(Distributivgesetze)

$$A \cup \overline{A} = \Omega \qquad\qquad A \cap \overline{A} = \emptyset$$

$$A \backslash B = A \cap \overline{B} \qquad\qquad A \cap B \subset A \cup B$$

$$\overline{A \cup B} = \overline{A} \cap \overline{B} \qquad\qquad \overline{A \cap B} = \overline{A} \cup \overline{B}$$

Auf die Angabe des Beweises von Satz 1.6 wird verzichtet.

Aufgabe 1.5: *Gegeben sind die Mengen* $\quad A = \{1; 2; 4; 6; 8; 9; 13\}$,

$$B = \{0; 2; 5; 7\}, \quad C = \{4; 7; 8; 11\} \quad und \quad D = \{4; 8; 9; 13\}.$$

Bestimmen Sie folgende Mengen:

(1) $\quad A \cap B$ (2) $\quad C \backslash D$ (3) $\quad A \cap D$
(4) $\quad (A \backslash D) \backslash B$ (5) $\quad (B \cup C) \cap D$ (6) $\quad (A \cap C) \cup (B \cap D)$.

Aufgabe 1.6: *Gegeben sind die Intervalle*

$$A = (-1; 2), \quad B = (0, 5; 7), \quad C = (-\infty; 0] \quad und \quad D = [-4; 1].$$

Bestimmen Sie folgende Mengen und zeichnen Sie diese Mengen auf der Zahlengeraden ein:

(1)	$A \cap B$	(2)	$C \backslash D$	(3)	$A \cap D$
(4)	$A \cap C$	(5)	$D \backslash C$	(6)	$A \cup D$
(7)	$(A \backslash D) \backslash B$	(8)	$(B \cup C) \cap D$	(9)	$(A \cap C) \cup (B \cap D)$.

1.2.2 Lösen von Ungleichungen

Eine **Ungleichung** besteht aus zwei Termen (einer linken Seite (ls) und einer rechten Seite (rs)), zwischen denen genau eines der Ungleichungszeichen $<$ oder $\leq$ oder $\geq$ oder $>$ steht. Eine Ungleichung, die eine oder mehrere Variable enthält, stellt eine Aussageform dar. Die Menge der Werte der Variablen aus dem Variablenbereich, die die Ungleichung erfüllen, wird als **Lösungsmenge** der Ungleichung bezeichnet. Bei der Berechnung der Lösungsmenge einer Ungleichung müssen folgende Schritte beachtet werden:

1. Es sind die Werte aus dem Variablenbereich auszuschließen, für die die linke und/oder rechte Seite der Ungleichung nicht definiert ist.

2. Die folgenden äquivalenten Umformungen lassen die Lösungsmenge einer Ungleichung unverändert:

    2.1 Wird zu beiden Seiten einer Ungleichung ein und dieselbe reelle Zahl addiert, ändert sich das Ungleichungszeichen nicht.

    2.2 Werden beide Seiten einer Ungleichung mit ein und derselben positiven Zahl multipliziert, ändert sich das Ungleichungszeichen nicht.

    2.3 Werden beide Seiten einer Ungleichung mit ein und derselben negativen Zahl multipliziert, kehrt sich das Ungleichungszeichen um.

3. Gegebenenfalls sind Fallunterscheidungen auszuführen. Die Fallunterscheidungen werden entsprechend den sogenannten „kritischen Stellen" der Ungleichung vorgenommen (vgl. die Beispiele 1.7 und 1.8).

Die Berechnung der Lösungsmenge einer Ungleichung wird an den folgenden Beispielen erläutert.

Beispiel 1.6: *Für welche reellen Zahlen x gilt $-5x + 2 > 2(x+4)$?*

Lösung: Man erhält $-5x + 2 > 2x + 8 \iff -6 > 7x \iff x < -\dfrac{6}{7}$, d.h.,

die Lösungsmenge ist $L = \left(-\infty; -\dfrac{6}{7} \right)$. ◁

Beispiel 1.7: *Gesucht ist die Lösungsmenge der Ungleichung $\dfrac{-5x + 2}{x + 4} > 2$ im Bereich der reellen Zahlen.*

Lösung: Die Ungleichung ist für $x = -4$ nicht definiert. Um den Nenner zu beseitigen, wird die Ungleichung mit $(x + 4)$ multipliziert. $(x + 4)$ kann in Abhängigkeit von x sowohl positiv als auch negativ sein. Wegen 2.2 und 2.3 ist an der „kritischen Stelle" $x = -4$ eine Fallunterscheidung vorzunehmen.

<u>Fall 1</u> $x < -4$: Da $(x + 4) < 0$ gilt, ist bei der Multiplikation der Ungleichung mit $(x + 4)$ das Ungleichungszeichen umzukehren. Es folgt

$-5x + 2 < 2(x + 4) \iff -6 < 7x \iff -\dfrac{6}{7} < x$. Da diese Ungleichung der

Voraussetzung $x < -4$ widerspricht, gilt für die Lösungsmenge $L_1 = \varnothing$.

<u>Fall 2</u> $x > -4$: $(x + 4)$ ist positiv. Bei der Multiplikation der Ungleichung mit $(x + 4)$ ändert sich das Ungleichungszeichen nicht. Es folgt

$$-5x + 2 > 2(x + 4) \iff -6 > 7x \iff -\frac{6}{7} > x \,,$$

d.h., die Lösungsmenge für diesen Fall lautet $L_2 = \left(-4; -\dfrac{6}{7} \right)$. Die Lösungs-

menge L der Ungleichung erhält man aus $\quad L = L_1 \cup L_2 = \left(-4; -\dfrac{6}{7} \right)$. ◁

Im folgenden Beispiel treten in der Ungleichung Beträge auf.

Definition 1.10: *Der* **Betrag** *von* $a \in \mathbb{R}$ *ist definiert als*

$$|a| := \begin{cases} -a & \text{für} \quad a < 0 \\ a & \text{für} \quad a \geq 0 \,. \end{cases}$$

Der Betrag einer beliebigen reellen Zahl ist immer nicht negativ. Aus dieser Definition folgt z.B. $|-2,5| = -(-2,5) = 2,5$.

Beispiel 1.8: *Gesucht ist die reellwertige Lösungsmenge* L *der Ungleichung* $|x - 2| + 3|x + 1| \geq 4$.

Lösung: Nach der Definition 1.10 sind an den „kritischen Stellen" $x = 2$ und $x = -1$ Fallunterscheidungen auszuführen. Es sind drei Fälle zu betrachten.

<u>Fall 1</u> $x < -1$: Wegen $(x - 2) < 0$ und $(x + 1) < 0$, folgt für die Ungleichung

$$-(x - 2) - 3(x + 1) \geq 4 \iff -5 \geq 4x \iff -\frac{5}{4} \geq x.$$

Damit ergibt sich für diesen Fall die Lösungsmenge $L_1 = \left(-\infty; -\dfrac{5}{4} \right]$.

<u>Fall 2</u> $-1 \leq x < 2$: Es gilt $(x - 2) < 0$ und $(x + 1) \geq 0$. Daraus folgt

$$-(x - 2) + 3(x + 1) \geq 4 \iff 2x \geq -1 \iff x \geq -\frac{1}{2} .$$

Die Lösungsmenge von diesem Fall lautet $L_2 = \left[-\dfrac{1}{2}; 2 \right)$.

<u>Fall 3</u> $x \geq 2$: Da $(x-2) \geq 0$ und $(x+1) \geq 0$ gilt, können die Betragsstriche weggelassen werden. $(x-2) + 3(x+1) \geq 4 \iff 4x \geq 3 \iff x \geq \dfrac{3}{4}$.

Die Lösungsmenge für diesen Fall ist $L_3 = \left[2; \infty\right)$. Daraus erhält man

$$L = L_1 \cup L_2 \cup L_3 = \left(-\infty; -\frac{5}{4}\right] \cup \left[-\frac{1}{2}; \infty\right). \qquad \lhd$$

Aufgabe 1.7: *Lösen Sie die folgenden Ungleichungen in der Menge* $\mathbb{R}$.

$\quad$ (1) $\quad 3(x-4) > 1 - 2(x+2)$ $\qquad$ (2) $\quad 5(2x+4) - (3+x) \leq 2x + 4$.

Aufgabe 1.8: *Für welche reellen Zahlen gelten die Ungleichungen?*

$\quad$ (1) $\quad |x-1| + 2x > 1$ $\qquad\qquad$ (2) $\quad |3x-2| \leq 3|x+3|$

$\quad$ (3) $\quad |x+2| + 2|x-3| - |x| \leq 3$ $\quad$ (4) $\quad \dfrac{1}{x+3} < \dfrac{2}{x-4}$

Aufgabe 1.9: *Gesucht ist die Lösungsmenge in der Menge* $\mathbb{R}$ *der Ungleichungen*

$\quad$ (1) $\quad 3(x-4)^2 > (x+2)$ $\qquad$ (2) $\quad (2-3x)^2 - x^2 \leq x$.

Hinweis: Betrachten Sie zunächst anstelle der Ungleichungen Gleichungen und berechnen Sie die Lösungen dieser Gleichungen. $\overset{\bullet}{}$

1.2.3 Produktmengen und Abbildungen

Bei einer Menge spielt die Anordnung der Elemente keine Rolle, d.h., für die Mengen $A = \{a; b\}$ und $B = \{b; a\}$ gilt $A = B$. In diesem Abschnitt werden Elementepaare betrachtet, bei denen die Anordnung der Elemente berücksichtigt wird.

Definition 1.11: *Ein Elementepaar, das aus den Elementen* a *und* b *besteht und bei dem die Reihenfolge der Anordnung berücksichtigt wird, nennt man* **geordnetes Paar** *und schreibt* $(a; b)$. $\quad a$ *bzw.* b *heißt* *erste bzw. zweite* **Komponente.**

Zwei geordnete Paare $(a_1; b_1)$ und $(a_2; b_2)$ sind genau dann gleich, wenn jeweils die ersten und die zweiten Komponenten übereinstimmen. D.h., es gilt

$$\Big((a_1; b_1) = (a_2; b_2)\Big) \iff (a_1 = a_2) \wedge (b_1 = b_2).$$

Definition 1.12: *Unter der* **Produktmenge** $A \times B$ *der* **Mengen**
A **und** *B* *versteht man die Menge aller geordneten Paare* $(a; b)$, *für*
die die erste Komponente zur Menge *A* *und die zweite Komponente*
zur Menge *B* *gehören. D.h.,*

$$A \times B := \big\{ (a; b) \,\big|\, a \in A,\, b \in B \big\}$$

Bemerkung: In der Literatur werden **Produktmengen** auch als **Kreuzprodukte** oder **kartesische Produkte** bezeichnet.

Beispiel 1.9: *Gegeben sind die Mengen* $A = \{ -1; 0; 1 \}$ *und* $B = \{ 2; 3 \}$.
Gesucht sind die Produktmengen $A \times B$, $B \times A$ *und* $B \times B$.

Lösung: $A \times B = \big\{ (-1; 2);\ (-1; 3);\ (0; 2);\ (0; 3);\ (1; 2);\ (1; 3) \big\}$,

$\qquad B \times A = \big\{ (2; -1);\ (3; -1);\ (2; 0);\ (3; 0);\ (2; 1);\ (3; 1) \big\}$,

$\qquad B \times B = \big\{ (2; 2);\ (2; 3);\ (3; 2);\ (3; 3) \big\}$. $\lhd$

Das Beispiel 1.9 zeigt, dass das kommutative Gesetz für Produktmengen nicht gilt:

$$\big(A \neq B \big) \implies \big((A \times B) \neq (B \times A) \big).$$

Produktmengen $A \times B$ lassen sich geometrisch veranschaulichen. Dazu wird ein Koordinatensystem mit zwei senkrecht aufeinander stehenden Achsen betrachtet. Auf der waagerechten Achse wird die erste Komponente und auf der senkrechten Achse die zweite Komponente dargestellt. Im Bild 1.4 werden die Produktmengen $A \times B$ und $B \times A$ aus dem Beispiel 1.9 dargestellt. Die Elemente der Menge $A \times B$ (bzw. $B \times A$) sind dabei durch einen Vollkreis (bzw. Kreis) markiert. Aus diesem Bild erkennt man sofort, dass die Produktmenge von Mengen mit diskreten Elementen ein Gitter in der Ebene beschreibt.

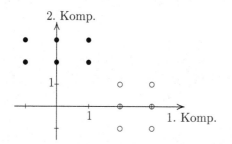

Bild 1.4: $A \times B$ (•) *und* $B \times A$ (∘)

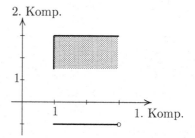

Bild 1.5: $C \times D$

Beispiel 1.10: *Es ist die Produktmenge* $C \times D$ *für die Mengen*
$C = \big\{ x \in \mathbb{R} \,\big|\, 1 \le x < 3 \big\}$ *und* $D = \big\{ x \in \mathbb{R} \,\big|\, (1{,}5 < x \le 3) \vee (x = -1) \big\}$
geometrisch darzustellen.

Lösung: $C \times D$ besteht aus einem Rechteck und einer Strecke. Weil die Mengen C und D aus halboffenen Intervallen bestehen, wird die Menge $C \times D$ ebenfalls halboffen. Bei der Strecke gehört der rechte Endpunkt nicht mit zur Menge. Analog gehören die untere und die rechte Kante des Rechtecks nicht mit zur Menge. Die Menge $C \times D$ ist im Bild 1.5 dargestellt. $\triangleleft$

Eine Produktmenge ist auch von mehr als zwei Mengen bildbar. Bei einer n-fachen Produktmenge wird durch

$$A_1 \times A_2 \times A_3 := (A_1 \times A_2) \times A_3$$
$$A_1 \times A_2 \times A_3 \times A_4 := (A_1 \times A_2 \times A_3) \times A_4$$

$$\vdots$$

$$A_1 \times A_2 \times \ldots \times A_n := (A_1 \times A_2 \times \ldots \times A_{n-1}) \times A_n$$

die Berechnung der n-fachen Produktmenge Schritt für Schritt auf die Berechnung von Produktmengen mit zwei Mengen zurückgeführt. Dabei entstehen Anordnungen von n Elementen, sogenannte n-**Tupel** $(a_1; a_2; \ldots; a_n)$ der Elemente a_i, $i = 1, \ldots, n$. Bei einem n-Tupel muss die Reihenfolge bei der Anordnung der Elemente ebenfalls beachtet werden. Das hat zur Folge, dass zwei n-Tupel $(a_1; a_2; \ldots; a_n)$ und $(b_1; b_2; \ldots; b_n)$ genau dann gleich sind, wenn alle entsprechenden Komponenten dieser Tupel übereinstimmen, d.h.,

$$\Big((a_1; a_2; \ldots; a_n) = (b_1; b_2; \ldots; b_n)\Big)$$
$$\Longleftrightarrow \Big((a_1 = b_1) \wedge (a_2 = b_2) \wedge \ldots \wedge (a_n = b_n)\Big).$$

Die letzten Ausführungen lassen sich in der folgenden Definition zusammenfassen.

Definition 1.13: *Die n-**fache Produktmenge** der Mengen* $A_1, A_2, \ldots, A_n$ *wird definiert als*

$$A_1 \times A_2 \times \ldots \times A_n :=$$
$$\big\{(a_1; a_2; \ldots; a_n) \,\big|\, a_1 \in A_1,\, a_2 \in A_2, \ldots, a_n \in A_n\big\}.$$

Die Elemente $(a_1; a_2; \ldots; a_n)$ *der Produktmenge heißen n-**Tupel**.*

Bemerkungen: Wenn $A_1 = A_2 = \ldots = A_n =: A$ gilt, dann schreibt man für die n-fache Produktmenge $A^n := A \times A \times \ldots \times A$. Der Fall, dass die Menge A gleich der Menge der reellen Zahlen ist, wird in der nächsten Definition betrachtet.

Beispiel 1.11 : : *Es sei* $A = \{1;2\}$. *Gesucht sind die Produktmengen* $A^2 = A \times A$; $A^3 = A \times A \times A$ *und* $A^4 = A \times A \times A \times A$.

Lösung: $A^2 = A \times A = \big\{(1;1);\ (1;2);\ (2;1);\ (2;2)\big\}$,

$$A^3 = A \times A \times A = \big\{(1;1;1);\ (1;2;1);\ (2;1;1);\ (2;2;1);\ (1;1;2);$$
$$(1;2;2);\ (2;1;2);\ (2;2;2)\big\},$$

$$A^4 = A \times A \times A \times A = \big\{(1;1;1;1);\ (1;2;1;1);\ (2;1;1;1);\ (2;2;1;1);$$
$$(1;1;2;1);\ (1;2;2;1);\ (2;1;2;1);\ (2;2;2;1);\ (1;1;1;2);\ (1;2;1;2);$$
$$(2;1;1;2);\ (2;2;1;2);\ (1;1;2;2);\ (1;2;2;2);\ (2;1;2;2);\ (2;2;2;2)\big\}. \lhd$$

Definition 1.14: *Die n-fache Produktmenge*

$$\mathbb{R}^n = \mathbb{R} \times \mathbb{R} \times \ldots \times \mathbb{R} = \big\{(a_1; a_2; \ldots; a_n)\,\big|\, a_i \in \mathbb{R},\ i = 1; \ldots; n\big\}. \quad (1.2)$$

heißt n**-dimensionaler Punktraum**. *Die Elemente des n-dimensionalen Punktraumes bezeichnet man auch als* **Punkte**. *Für einen Punkt schreibt man auch* $P(a_1; a_2; \ldots; a_n)$ *und bezeichnet die reellen Zahlen* a_i *als* **Koordinaten** *des Punktes* P.

In den Punkträumen $\mathbb{R}^2$ und $\mathbb{R}^3$ lassen sich Punkte graphisch darstellen. Die Mengen $A \times A$ und $A \times A \times A$ aus dem Beispiel 1.11 sind im Bild 1.6 veranschaulicht.

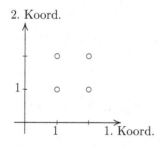 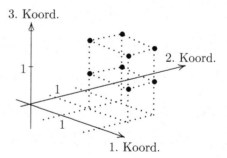

Bild 1.6: $A^2 = A \times A$ (∘) *und* $A^3 = A \times A \times A$ (•)

Mit Hilfe von Produktmengen lassen sich Abbildungen definieren.

Definition 1.15: *Eine* **Abbildung** F *aus der Menge* D *in die Menge* W *ist eine Teilmenge der Produktmenge* $D \times W$, *d.h.* $F \subset D \times W$. *Die Menge* $D_F := \{x\,|\,(x;y) \in F\}$ *heißt* **Definitionsbereich** *und die Menge* $W_F := \{y\,|\,(x;y) \in F\}$ *nennt man* **Wertebereich** *der Abbildung* F.

Eine Abbildung lässt sich durch die Angabe aller geordneten Paare $(x; y)$ beschreiben. Die erste Komponente dieser Paare stammt dabei aus dem Definitionsbereich D_F. Die zweite Komponente ist ein sogenanntes **Bildelement**, das durch die Abbildung F dem Element x zugeordnet wird. Durch die Menge aller geordneten Paare $(x; y)$ wird dann die Abbildung vollständig charakterisiert. Eine Abbildung F beschreibt eine Zuordnungsvorschrift, die jedem Element $x \in D_F$ $(D_F \subset D)$ des Definitionsbereiches wenigstens ein Bildelement $y \in W_F$ $(W_F \subset W)$ zuordnet.

Bemerkung: Im Allgemeinen gilt für den Definitionsbereich $D_F \subset D$ und für den Wertebereich $W_F \subset W$. Falls $D_F = D$ ist, liegt eine **Abbildung von** der Menge D **in die Menge** W vor. Wenn $W_F = W$ erfüllt ist, dann spricht man auch von einer **Abbildung** F **aus** D **auf** die Menge W.

Im folgenden Beispiel werden Abbildungen als Teilmengen der Produktmenge $D \times W \subset \mathbb{R} \times \mathbb{R}$ behandelt.

Beispiel 1.12: *Für die Abbildungen* (1) $F_1 = \{(x; y) \mid x = y^2, \, x \geq 0\}$,

    (2) $F_2 = \{(x; y) \mid x^2 = y, \, x \in \mathbb{R}\}$ *und*
    (3) $F_3 = \{(x; y) \mid y \geq x^2, \, x \in \mathbb{R}\}$

sind jeweils der Definitionsbereich und der Wertebereich anzugeben. Außerdem sind diese Abbildungen in einem Koordinatensystem darzustellen.

Lösung:	zu (1)	zu (2)	zu (3)
Definitionsbereich	$D_{F_1} = [0; \infty)$	$D_{F_2} = \mathbb{R}$,	$D_{F_3} = \mathbb{R}$,
Wertebereich	$W_{F_1} = \mathbb{R}$	$W_{F_2} = [0; \infty)$	$W_{F_3} = [0; \infty)$
Abbildung	aus $\mathbb{R}$ auf $\mathbb{R}$	von $\mathbb{R}$ in $\mathbb{R}$	von $\mathbb{R}$ in $\mathbb{R}$
Bild 1.7: *Graph der Abbildungen*			

Beispiel 1.13: *In einer Abteilung eines Unternehmens werden aus den Baugruppen* B_1, B_2, B_3 *und* B_4 *die Endprodukte* E_1, E_2 *und* E_3 *montiert. Dabei werden*

    die Baugruppe B_1 *für die Endprodukte* E_1 *und* E_3,
    die Baugruppe B_2 *für die Endprodukte* E_1 *und* E_2,
    die Baugruppe B_3 *für das Endprodukt* E_3 *und*
    die Baugruppe B_4 *für die Endprodukte* E_2 *und* E_3 *verwendet.*

Es ist der Montageplan mit Hilfe von Abbildungen zu beschreiben, wobei der
Definitionsbereich bei

    (1) *die Menge der Baugruppen und bei*
    (2) *die Menge der Endprodukte sind.*

Lösung: zu (1): $D_1 = \{B_1;\ B_2;\ B_3; B_4\}$,

$F_1 = \{(B_1; E_1),\ (B_1; E_3),\ (B_2; E_1),\ (B_2; E_2),\ (B_3; E_3),\ (B_4; E_2),\ (B_4; E_3)\}$

zu (2): $D_2 = \{E_1;\ E_2;\ E_3\}$,

$F_2 = \{(E_1; B_1),\ (E_1; B_2),\ (E_2; B_2),\ (E_2; B_4),\ (E_3; B_1),\ (E_3; B_3),\ (E_3; B_4)\}$ ◁

Abbildungen lassen sich nach der Anzahl der Bildelemente klassifizieren, die
den Elementen $x \in D$ zugeordnet werden.

Definition 1.16 : F *heißt* **eindeutige Abbildung** *oder* **Funktion,**
wenn jedem $x \in D_F$ <u>*genau ein*</u> *Bildelement* $y \in W_F$ *zugeordnet wird.*
Anderenfalls handelt es sich um <u>*eine*</u> **mehrdeutige Abbildung**.

Im Beispiel 1.12 ist die Abbildung F_2 eindeutig. Die Abbildungen F_1 und F_3
sind mehrdeutig. Die Abbildungen im Beispiel 1.13 sind mehrdeutig. Eindeutige Abbildungen bzw. Funktionen werden ausführlich im nächsten Abschnitt
behandelt.

Bemerkung: Der Begriff der Abbildung wird in der Literatur nicht einheitlich
verwendet. Es wird hier die Mehrdeutigkeit einer Abbildung zugelassen. In einigen Büchern (z.B. [3]) wird von einer Abbildung die Eindeutigkeit gefordert.

Aufgabe 1.10 : *Für die Mengen* $A = \{0; 1\}$ *und* $B = \{-1; 0; 2\}$ *sind die*
Mengen $A \times B$, $B \times A$ *und* $A \times A \times B$ *zu ermitteln. Anschließend sind die*
Mengen $B \times A$ *und* $A \times A \times B$ *graphisch darzustellen.*

Aufgabe 1.11 : *Stellen Sie die folgenden Abbildungen graphisch dar. Welche*
Abbildungen sind eindeutig?

    (1) $A_1 = \{(x; y)|\ 2x + 3y \leq 6,\ x \in \mathbb{N},\ y \in \mathbb{N}\}$.
    (2) $A_2 = \{(x; y)|\ x^2 + y^2 = 2,25,\ x \in [-1,5; 1,5]\}$.
    (3) $A_3 = \{(x; y)|\ x + y = 1,\ x \in \mathbb{R},\ y \in \mathbb{R}\}$.

1.3 Funktionen

1.3.1 Grundbegriffe

Funktionen wurden am Ende des vergangenen Abschnitts (Definition 1.16) eingeführt. Eine **Funktion** ist eine eindeutige Abbildung und vereint zwei Bestandteile: eine Zuordnungsvorschrift f und einen Definitionsbereich D_f. Durch die Zuordnungsvorschrift wird jedem Element $x \in D_f$ des Definitionsbereiches genau ein Bildelement $y \in W$ (eindeutig) zugeordnet. Als äquivalente Schreibweisen für eine Funktion verwendet man:

$$y = f(x), \ x \in D_f \quad \text{oder}$$
$$f|\, D_f \longrightarrow W, \ x \longmapsto f(x) \quad \text{oder}$$
$$x \longmapsto f(x), \ x \in D_f \,.$$

Bei den letzten beiden Schreibweisen treten zwei unterschiedliche Pfeile auf. Durch den Pfeil $\longmapsto$ wird eine elementweise Zuordnung gekennzeichnet. Der Pfeil $\longrightarrow$ beschreibt eine Zuordnung von Mengen. x heißt **Argument** oder (unabhängige) **Variable** von $f(x)$. y bzw. $f(x)$ ist der **Funktionswert** an der Stelle x. y wird auch als abhängige Variable bezeichnet. Die Menge $W_f = \{y|\ y = f(x), \ x \in D_f\}$ heißt **Wertebereich** der Funktion f. Es gilt $W_f \subset W$. Die Menge aller geordneten Paare $\big\{(x; f(x))\big|\ x \in D_f\big\}$ bezeichnet man als **Graph** der Funktion $y = f(x)$, $x \in D_f$. Der Graph einer Funktion lässt sich in einem Koordinatensystem darstellen. In diesem Abschnitt werden Koordinatensysteme betrachtet, deren Achsen senkrecht aufeinander stehen. Derartige Koordinatensysteme bezeichnet man als **kartesische Koordinatensysteme**.

Definition 1.17 : *Es sei $f|\, D_f \longrightarrow W$ eine Funktion. Wenn sowohl der Definitionsbereich D_f als auch der Wertebereich W_f Teilmengen der reellen Zahlen $\mathbb{R}$ sind, dann heißt f **reelle Funktion**.*

Im Weiteren werden reelle Funktionen untersucht. Einen ersten Überblick von einer Funktion erhält man anhand einer **Wertetabelle**. In dieser Tabelle werden diskrete Punkte $(x; f(x))$ der Funktion zusammengestellt. Ein Punkt der Funktion wird erhalten, indem man sich aus dem Definitionsbereich einen x-Wert vorgibt und den dazugehörenden Funktionswert berechnet. Nachdem die Punkte in einem Koordinatensystem abgetragen wurden, versucht man durch Verbinden „benachbarter Punkte" den Graph der Funktion näherungsweise zu ermitteln. Um qualitative Eigenschaften einer Funktion erkennen zu können, müssen weitere mathematische Untersuchungen vorgenommen werden.

Beispiel 1.14: *Gesucht sind eine Wertetabelle und der Graph der Funktion*
$y = f(x) = (x-1)^3 + 2,\ x \in \mathbb{R}.$

Lösung:

x	-3	-2	-1	0	0,5	1	1,5	2	3
$f(x)$	-62	-25	-6	1	1,875	2	2,125	3	10

Der Graph der Funktion und die Punkte aus der Wertetabelle sind im Bild 1.8
dargestellt.   ◁

Mit graphikfähigen Taschenrechnern lässt sich der Graph einer Funktion an-
zeigen. Auf Grund der geringen Auflösung des Anzeigefensters (Displays) bei
Taschenrechnern wurden die in diesem Buch abgebildeten Graphen auf einem
PC mit dem Programm **Mathematica** gezeichnet.

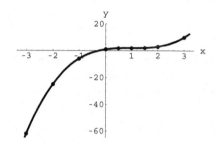

Bild 1.8: $f(x) = (x-1)^3 + 2,\ x \in \mathbb{R}$ **Bild 1.9:** *Betragsfunktion*

Beispiel 1.15: *Gegeben ist die Funktion* $y = f(x) = (x+1)^2 - 4,\ x \in \mathbb{R}.$
*Bestimmen Sie folgende Funktionen und geben Sie den Wertebereich dieser
Funktionen an.*

(1) $f_1(x) = 2f(x)$.   (2) $f_2(x) = f(2x)$.

(3) $f_3(x) = f\left(\dfrac{1}{x}\right)$.   (3) $f_4(x) = \dfrac{1}{f(x)}$.

Lösung: Die Funktion f stellt eine nach oben geöffnete Parabel dar.

zu (1): $f_1(x) = 2\left[(x+1)^2 - 4\right] = 2(x+1)^2 - 8,\ x \in \mathbb{R},$ $W_1 = [-8; \infty)$.

zu (2): $f_2(x) = (2x+1)^2 - 4,\ x \in \mathbb{R},$ $W_2 = [-4; \infty)$.

zu (3): $f_3(x) = \left(\dfrac{1}{x} + 1\right)^2 - 4,\ x \in \mathbb{R}\backslash\{0\},$ $W_3 = [-4; \infty)$.

zu (4): $f_4(x) = \dfrac{1}{(x+1)^2 - 4},\ x \in \mathbb{R}\backslash\{-3; 1\},$ $W_4 = \mathbb{R}\backslash\{0\}$.

Für den Definitionsbereich der Funktionen f_3 und f_4 sind die Stellen auszuschließen, an denen eine Division durch Null erfolgt. Der Wertebereich der
Funktionen lässt sich mit einem graphikfähigen Taschenrechner bestätigen. ◁

1.3.2 Hilfsfunktionen

Auf die folgenden Hilfsfunktionen wird in den nächsten Abschnitten zurückgegriffen. Bei der Definition der **Betragsfunktion** abs(x) (vgl. Bild 1.9, Seite 34) wird die Definition 1.10 verwendet:

$$y = f(x) = \text{abs}(x) := |x| = \begin{cases} -x & \text{wenn } x < 0 \\ x & \text{wenn } x \geq 0. \end{cases} \tag{1.3}$$

Die **Signumfunktion** sgn(x) (vgl. Bild 1.10) wird definiert als

$$y = f(x) = \text{sgn}(x) := \begin{cases} -1 & \text{wenn } x < 0 \\ 0 & \text{wenn } x = 0 \\ 1 & \text{wenn } x > 0. \end{cases} \tag{1.4}$$

Mit der **Integerfunktion** int(x) (vgl. Bild 1.11) wird jeder reellen Zahl eine ganze Zahl wie folgt zugeordnet:

$$y = f(x) = \text{int}(x) := k \quad \text{wenn } k \leq x < k + 1, \quad k \in \mathbb{Z}. \tag{1.5}$$

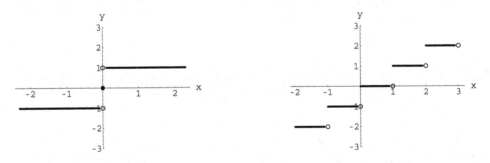

Bild 1.10: *Signumfunktion*   **Bild 1.11:** *Integerfunktion*

Die Betrags-, die Signum- und die Integerfunktion sind stückweise auf $\mathbb{R}$ definiert. Bei der Betrags- und der Signumfunktion ist $x_0 = 0$ eine „kritische Stelle", die die Teile des Graphen trennt. Jede ganze Zahl ist bei der Integerfunktion eine „kritische Stelle". Durch die Kreise in den Bildern 1.10 und 1.11 wird angedeutet, dass der entsprechende Punkt nicht mit zum jeweiligen Teil des Graphen gehört. Auf dem Display des Taschenrechners ist an den „kritischen Stellen" nicht zu erkennen, wohin der Funktionswert gehört.

Beispiel 1.16: *Für die Funktionen*

$$(1) \quad y = f_1(x) = \frac{1}{2}|3x - 1| - 3, \ x \in \mathbb{R},$$

$$(2) \quad y = f_2(x) = -3\mathrm{sgn}(x + 2) + 0{,}5, \ x \in \mathbb{R},$$

ist der Wertebereich anzugeben und der Graph der Funktion zu zeichnen. In welchen Punkten schneiden diese Funktionen die x-Achse?

Lösung: zu (1):   Aus der Gleichung $3x - 1 = 0$ erhält man für die Funktion $f_1(x)$ die „kritische Stelle" $x_0 = \frac{1}{3}$, an der eine Fallunterscheidung auszuführen ist.

Fall $x < \frac{1}{3}$: $3x - 1 < 0 \implies \frac{1}{2}|3x - 1| - 3 = -\frac{1}{2}(3x - 1) - 3 = -\frac{3}{2}x - \frac{5}{2}$.

Fall $x \geq \frac{1}{3}$: $3x - 1 \geq 0 \implies \frac{1}{2}|3x - 1| - 3 = \frac{1}{2}(3x - 1) - 3 = \frac{3}{2}x - \frac{7}{2}$.

Damit ergibt sich die stückweise Darstellung der Funktion

$$f_1(x) = \begin{cases} -\frac{3}{2}x - \frac{5}{2} & \text{wenn } x < \frac{1}{3} \\ \frac{3}{2}x - \frac{7}{2} & \text{wenn } x \geq \frac{1}{3}. \end{cases}$$

Für den Wertebereich gilt $W_{f_1} = [-3; \infty)$. Die Schnittpunkte der Funktion f_1 mit der x-Achse bzw. die **Nullstellen** ergeben sich aus den Lösungen der Gleichung $0 = f_1(x)$. Es folgt

$$0 = -\frac{3}{2}x_1 - \frac{5}{2} \implies x_1 = -\frac{5}{3} \qquad 0 = \frac{3}{2}x_1 - \frac{7}{2} \implies x_2 = \frac{7}{3}.$$

D.h., die Schnittpunkte mit der x-Achse sind $P_1\left(-\frac{5}{3}; 0\right)$ und $P_2\left(\frac{7}{3}; 0\right)$.

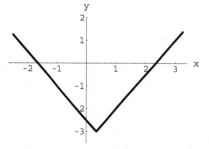

Bild 1.12: $f_1(x)$ *und* $f_2(x)$

zu (2): Die „kritische Stelle" $x_0 = -2$ führt zu drei Fällen.

Fall $x < -2$: $x + 2 < 0 \implies -3\mathrm{sgn}(x + 2) + 0{,}5 = -3 \cdot (-1) + 0{,}5 = 3{,}5$.

Fall $x = -2:$ $\implies$ $-3\text{sgn}(0) + 0,5 = 0,5$.

Fall $x > -2:$ $x + 2 > 0 \implies -3\text{sgn}(x+2) + 0,5 = -3 \cdot 1 + 0,5 = -2,5$.

D.h., die stückweise Darstellung der Funktion lautet

$$f_2(x) = \begin{cases} 3,5 & \text{wenn } x < -2 \\ 0,5 & \text{wenn } x = -2 \\ -2,5 & \text{wenn } x > -2. \end{cases}$$

Für den Wertebereich der Funktion gilt $W_{f_2} = \{-2,5; 0,5; 3,5\}$. Da die Gleichung $0 = f_2(x)$, $x \in \mathbb{R}$, keine Lösung besitzt, schneidet f_2 die x-Achse nicht. $\triangleleft$

Aufgabe 1.12: *Die folgenden Funktionen sind auf $\mathbb{R}$ definiert. Geben Sie den Wertebereich und die Schnittpunkte der Funktionen mit den Koordinatenachsen an. Stellen Sie diese Funktionen graphisch dar.*

(1) $f_1(x) = |x - 3| - 2|1 + x| + x$. (2) $f_2(x) = 2(1 + \text{sgn}(x))x^2$.

1.3.3 Eigenschaften von Funktionen

Gleichheit von Funktionen

Definition 1.18 : *Die Funktionen $f(x)$, $x \in D_f$, und $g(x)$, $x \in D_g$, sind genau dann **gleich**, wenn sowohl die Zuordnungsvorschriften als auch die Definitionsbereiche übereinstimmen.*

An dem folgenden Beispiel wird diese Definition erläutert.

Beispiel 1.17 : *Welche der folgenden Funktionen sind gleich?*

(1) $f(x) = x - 1$, $x \in \mathbb{R} \setminus \{1\}$. (2) $g(u) = u - 1$, $u \in \mathbb{R} \setminus \{1\}$.
(3) $h(x) = x - 1$, $x > 1$.

Lösung: Alle drei Funktionen haben die gleiche Zuordnungsvorschrift. Die Definitionsbereiche der Funktionen (1) und (2) stimmen überein. Die Funktion (3) hat einen anderen Definitionsbereich. D.h., die Funktionen (1) und (2) sind gleich, (1) und (3) sind verschieden. $\triangleleft$

Im Weiteren wird mit J stets ein Intervall aus der Menge der reellen Zahlen bezeichnet.

Monotonie einer Funktion

Definition 1.19 : *Die Funktion* $y = f(x)$, $x \in D_f$, *ist auf dem Intervall* $J \subset D_f$ *genau dann* **monoton wachsend**, *wenn*

$$\forall x_1; x_2 \in J \,\Big|\, x_1 < x_2 \Longrightarrow f(x_1) \leq f(x_2) \qquad (1.6)$$

gilt. Analog ist die Funktion **monoton fallend** *auf* $J \subset D_f$, *wenn*

$$\forall x_1; x_2 \in J \,\Big|\, x_1 < x_2 \Longrightarrow f(x_1) \geq f(x_2) \qquad (1.7)$$

erfüllt ist. Steht in den Ungleichungen anstelle von $\leq$ *bzw.* $\geq$ *das Zeichen* $<$ *bzw.* $>$, *dann ist die Funktion* **streng monoton wachsend** *bzw.* **streng monoton fallend**.

Die Signumfunktion $\mathrm{sgn}(x)$ und die Integerfunktion $\mathrm{int}(x)$ sind auf $\mathbb{R}$ monoton wachsend. Die Betragsfunktion $\mathrm{abs}(x)$ fällt auf dem Intervall $(-\infty; 0]$ streng monoton bzw. wächst auf dem Intervall $[0; \infty)$ streng monoton.

Beispiel 1.18: *Die Funktion* $y = f(x) = \begin{cases} x^2 & wenn \quad x < 1 \\ 1 & wenn \quad x \geq 1 \end{cases}$

ist auf Monotonie zu untersuchen.

Lösung: Das Monotonieverhalten der Funktion lässt sich am Graphen der Funktion erkennen (siehe Bild 1.13). $f(x)$ ist für $x \leq 0$ streng monoton fallend, für $0 \leq x \leq 1$ streng monoton wachsend und für $x \geq 1$ sowohl monoton fallend als auch wachsend (konstant).

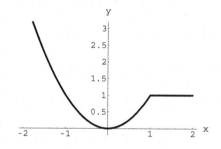

◁ **Bild 1.13:** *Graph der Funktion* $f(x)$

Beispiel 1.19 : *Untersuchen Sie die Funktion* $y = f(x) = x^3 + 3x + 2$, $x \in \mathbb{R}$, *auf Monotonie.*

Lösung: Aus $x_1 < x_2$ folgt $x_1^3 < x_2^3$ und $3x_1 < 3x_2$. Weiterhin resultiert hieraus $f(x_1) = x_1^3 + 3x_1 + 2 < x_2^3 + 3x_2 + 2 = f(x_2)$. D.h., die Funktion ist für alle $x \in \mathbb{R}$ streng monoton wachsend. ◁

Aufgabe 1.13: *Untersuchen Sie die folgende Funktion auf Monotonie.*

$$y = f(x) = 3|x - 1| + 2|x + 2|, \ x \in \mathbb{R}.$$

Die Monotonie einer Funktion lässt sich für differenzierbare Funktionen mit dem Satz 7.15 auf der Seite 226 einfacher überprüfen.

Beschränktheit einer Funktion

Definition 1.20 : *Die Funktion* $y = f(x)$, $x \in D_f$, *ist auf dem Intervall* $J \subset D_f$ *genau dann* **beschränkt,** *wenn eine Konstante* c *existiert, so dass gilt*

$$\forall x \in J \,\big|\; |f(x)| \leq c. \tag{1.8}$$

Die Funktion ist auf $J \subset D_f$ **nach oben beschränkt** *bzw.* **nach unten beschränkt,** *wenn eine Konstante* c_o *bzw.* c_u *existiert, für die*

$$\forall x \in J \,\big|\; f(x) \leq c_o \qquad \text{bzw.} \qquad \forall x \in J \,\big|\; f(x) \geq c_u \tag{1.9}$$

erfüllt ist. c_o (c_u) *nennt man* **obere (untere) Schranke** *der Funktion.*

Aus der Beziehung (1.8) folgt sofort, dass der Graph einer auf J beschränkten Funktion zwischen den Geraden $y = c$ und $y = -c$ liegen muss. Im Bild 1.14 wurde das Intervall J punktiert gezeichnet.

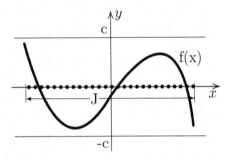

Bild 1.14: *Auf J beschränkte Funktion f*

Die Signumfunktion $\operatorname{sgn}(x)$ ist auf $\mathbb{R}$ beschränkt. Jede reelle Zahl $c \geq 1$ ist eine Schranke für diese Funktion. Die Betragsfunktion $\operatorname{abs}(x)$ ist auf $\mathbb{R}$ nach unten beschränkt und nach oben nicht beschränkt. Die Integerfunktion $\operatorname{int}(x)$ ist auf $\mathbb{R}$ sowohl nach oben als auch nach unten nicht beschränkt.

Satz 1.7 : *Eine Funktion ist genau dann beschränkt, wenn sie sowohl nach oben als auch nach unten beschränkt ist.*

Beweis: Für den Beweis des Satzes sind lediglich die passenden Konstanten zu finden.

$$\Longrightarrow: \; c_o = |c| \text{ und } c_u = -|c| \qquad\qquad \Longleftarrow: \; c = \max\big\{|c_o|; |c_u|\big\} \qquad \blacktriangleleft$$

Wenn eine Funktion nach oben (bzw. unten) durch die Konstante c_o (bzw. c_u) beschränkt ist, dann ist jede reelle Zahl $c_o' \geq c_o$ (bzw. $c_u' \leq c_u$) ebenfalls eine obere (untere) Schranke. Es besteht häufig das Ziel die „besten" Schranken anzugeben. Damit gelangt man zu folgender Definition.

Definition 1.21: *Die kleinste obere (bzw. größte untere) Schranke einer auf dem Intervall $J \subset D_f$ nach oben (bzw. unten) beschränkten Funktion $y = f(x)$, $x \in D_f$, heißt* **Supremum** *(bzw.* **Infimum***).*
Für diese Begriffe werden folgende Bezeichnungen verwendet:

$$\sup_{x \in J} f(x) \quad bzw. \quad \inf_{x \in J} f(x).$$

Wenn die Funktion ihr Supremum (bzw. Infimum) erreicht, spricht man vom **Maximum** *(bzw.* **Minimum***). Man schreibt*

$$\max_{x \in J} f(x) \quad bzw. \quad \min_{x \in J} f(x).$$

Bemerkung: Wenn eine Funktion $f(x)$ auf der Menge J nach oben (bzw. unten) nicht beschränkt ist, dann kann für diese Funktion keine kleinste (bzw. größte) Schranke existieren. In diesem Fall schreibt man symbolisch

$$\sup_{x \in J} f(x) = \infty \qquad bzw. \qquad \inf_{x \in J} f(x) = -\infty.$$

Beispiel 1.20: *Ist die Funktion* $y = f(x) = \begin{cases} x^2 & wenn \quad x < 1 \\ 1 & wenn \quad x \geq 1 \end{cases}$
auf den Intervallen (1) $[0; \infty)$, (2) $(0; \infty)$ *und* (3) $(-\infty; \infty)$
beschränkt? Geben Sie Schranken für die Funktion an.

Lösung: Die Funktion wurde auf der Seite 38 im Bild 1.13 dargestellt. Diese Funktion ist für $x \geq 0$ und $x > 0$ sowohl nach oben (z.B. $c_o = 2$) als auch nach unten beschränkt (z.B. $c_u = -0.5$). Daraus folgt, dass $f(x)$ für $x \geq 0$ und $x > 0$ beschränkt ist (z.B. $c = 2$). Weiterhin gilt

zu (1): $\displaystyle\sup_{x \geq 0} f(x) = \max_{x \geq 0} f(x) = 1$ $\displaystyle\inf_{x \geq 0} f(x) = \min_{x \geq 0} f(x) = 0$

zu (2): $\displaystyle\sup_{x > 0} f(x) = \max_{x > 0} f(x) = 1$ $\displaystyle\inf_{x > 0} f(x) = 0$

Für (2) existiert das Minimum nicht. Bei (3) ist die Funktion nach unten beschränkt (z.B. $c_u = -0.5$) und nach oben nicht beschränkt. Es gilt

zu (3): $\displaystyle\inf_{x \in \mathbb{R}} f(x) = \min_{x \in \mathbb{R}} f(x) = 0$ $\displaystyle\sup_{x \in \mathbb{R}} f(x) = \infty$ ◁

Aufgabe 1.14: *Die Funktion* $y = f(x) = 3|x - 1| + 2|x + 2|$, $x \in \mathbb{R}$, *aus der Aufgabe 1.13 ist auf Beschränktheit zu untersuchen. Geben Sie Schranken für diese Funktion an.*

Mittelbare Funktionen

> **Definition 1.22:** *Es seien* $f|\ D_f \longrightarrow W_f,\ u \longmapsto f(u)$ *und*
> $g|\ D_g \longrightarrow W_g,\ x \longmapsto g(x)$ *Funktionen. Wenn* $W_g \subset D_f$ *gilt, dann*
> *existiert die* **mittelbare** *oder* **verkettete Funktion** h
>
> $$y = h(x) := f\big(g(x)\big),\ x \in D_g.$$
>
> *Bezeichnung:* $h = f \circ g$

Am folgenden Beispiel wird deutlich, dass im allgemeinen $f \circ g \neq g \circ f$ gilt.

Beispiel 1.21 : *Gegeben sind die Funktionen* $f_1(x) = \frac{1}{x^2},\ x \in (1;\infty)$ *und*
$f_2(x) = 2x+4,\ x \in (-1;5]$. *Existieren die mittelbaren Funktionen* $h_1 = f_1 \circ f_2$
bzw. $h_2 = f_2 \circ f_1$? *Wie lauten die Funktionen* h_1 *bzw.* h_2?

Lösung: Die Definitions- und Wertebereiche der Funktionen sind für
$f_1: D_{f_1} = (1;\infty),\ W_{f_1} = (0;1)$ bzw. für $f_2: D_{f_2} = (-1;5],\ W_{f_2} = (2;14]$.
Da $W_{f_2} \subset D_{f_1}$ gilt, existiert $h_1 = f_1 \circ f_2$. Für die Funktion $h_1(x)$ ergibt sich
$$y = h_1(x) = f_1\big(f_2(x)\big) = f_1(2x+4) = \frac{1}{(2x+4)^2},\ x \in (-1;5].$$

Aus $W_{f_1} \subset D_{f_2}$ folgt die Existenz von $h_2 = f_2 \circ f_1$ und es gilt
$$y = h_2(x) = f_2\big(f_1(x)\big) = f_2\left(\frac{1}{x^2}\right) = 2\frac{1}{x^2} + 4,\ x \in (1;\infty). \qquad \triangleleft$$

Aufgabe 1.15 : *Untersuchen Sie, ob die Funktionen* $k_1 = g_1 \circ g_2$ *und*
$k_2 = g_2 \circ g_1$ *existieren, wobei gilt* $g_1(x) = \frac{1}{x+1},\ x \in \mathbb{R}\backslash\{-1\}$ *und*
$g_2(x) = x^2 - 2,\ x \in \mathbb{R}$.

Eineindeutige Funktionen, inverse Funktion

> **Definition 1.23:** *Die Funktion* $y = f(x),\ x \in D_f$, *heißt* **eineindeutig**
> *oder* **invertierbar** *genau dann, wenn zu jedem* $y \in W_f$ *genau ein*
> $x \in D_f$ *existiert, so dass* $y = f(x)$ *gilt. Die durch* $f^{-1}|\ y \longmapsto x,\ y \in W_f$,
> *definierte Funktion wird* **inverse Funktion** *oder* **Umkehrfunktion** *zur*
> *(invertierbaren) Funktion* f *genannt.*

Durch eine invertierbare Funktion $y = f(x)$ und deren inverse Funktion
$x = f^{-1}(y)$ erfolgen Abbildungen von folgenden Mengen

$$f:\ D_f \longrightarrow W_f \qquad \text{und} \qquad f^{-1}:\ W_f \longrightarrow D_f.$$

Dabei gilt

$$f\big(f^{-1}(y)\big) = y,\ y \in W_f, \qquad \text{und} \qquad f^{-1}\big(f(x)\big) = x,\ x \in D_f. \qquad (1.10)$$

Die Eineindeutigkeit einer Funktion lässt sich geometrisch am Graphen der Funktion erkennen. Eine Funktion ist genau dann eineindeutig, wenn eine beliebige Parallele zur x-Achse die Funktion höchstens in einem Punkt schneidet. Hieraus folgt, dass eine streng monotone Funktion immer eineindeutig ist.

Beispiel 1.22: *Untersuchen Sie, ob folgende Funktionen invertierbar sind:*

(1) $f_1(x) = x^2 - 5x + 5,\ x \in J_1 = (-1; 5]$,
(2) $f_2(x) = x^2 - 5x + 5,\ x \in J_2 = [2, 5; \infty)$.

Lösung: Die Funktion $f(x) = x^2 - 5x + 5,\ x \in \mathbb{R}$, beschreibt eine nach oben geöffnete Parabel, die im Bild 1.15 dargestellt ist. Mit Hilfe der quadratischen Ergänzung erhält man die Darstellung

$$y = f(x) = (x - 2, 5)^2 - 1, 25\,, \qquad x \in \mathbb{R}. \qquad (1.11)$$

Hieraus ergibt sich der Scheitelpunkt der Parabel $P_s(2, 5; -1, 25)$.
Die Funktionen $f_1(x)$ und $f_2(x)$ stellen Teile dieser Parabel dar. Die Funktion $f_1(x)$ ist nicht eineindeutig. So schneidet z.B. die Gerade $y = 1$ diese Funktion in den Punkten $P_1(1; 1)$ und $P_2(4; 1)$. D.h., die Argumente $x_1 = 1$ und $x_2 = 4$ liefern beide den Funktionswert $y = 1$. Aus der Darstellung (1.11) erkennt man, dass die Funktion $f_2(x)$ streng monoton wachsend und damit auch eineindeutig ist. ◁

Es erweist sich in vielen Fällen als vorteilhaft (z.B. bei der Darstellung der Funktionen f und f^{-1} in einem Koordinatensystem), wenn man bei der inversen Funktion die Variablen vertauscht. Man schreibt dann für die inverse Funktion $y = f^{-1}(x)$, $x \in W_f$. Die Berechnung der inversen Funktion f^{-1} erfolgt in vielen Fällen nach folgendem Schema.

Schema zur Berechnung der inversen Funktion:

Voraussetzung: $y = f(x)$, $x \in D_f$, sei invertierbar.

1. Schritt: Berechnung des Wertebereiches $W_f = \big\{y \,|\, y = f(x), x \in J\big\}$

2. Schritt: Die Gleichung $y = f(x)$ wird nach x aufgelöst. Man erhält $x = f^{-1}(y)$.

3. Schritt: In der letzten Gleichung werden die Variablen vertauscht. Es ergibt sich die inverse Funktion $y = f^{-1}(x)$, $x \in W_f$.

Beispiel 1.23: *Für die Teilaufgabe (2) des Beispiels 1.22 ist die inverse Funktion zu ermitteln.*

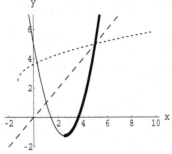

Lösung: 1. Schritt: Aus der rechten Seite von (1.11) folgt für den Wertebereich
$$W_{f_2} = [-1, 25; \infty).$$
2. Schritt: Durch Auflösen von (1.11) nach x ergibt sich zunächst
$$y + 1, 25 = (x - 2, 5)^2.$$
Hieraus folgt weiter
$$x = f_{2_1}^{-1} = 2, 5 + \sqrt{y + 1, 25}, \ x \geq 2, 5$$
$$x = f_{2_2}^{-1} = 2, 5 - \sqrt{y + 1, 25}, \ x < 2, 5.$$

Bild 1.15 : f *und* f^{-1}

Da die x-Werte im Intervall J_2 liegen müssen, entfällt $f_{2_2}^{-1}$.
3. Schritt: Die inverse Funktion ist $y = f_2^{-1}(x) = 2, 5 + \sqrt{x + 1, 25}, \ x \geq -1, 25$.
Im Bild 1.15 sind die Funktion $y = f_2(x) = x^2 - 5x + 5 = (x - 2, 5)^2 - 1, 25$, $x \in [2, 5; \infty)$ fett und die inverse Funktion punktiert gezeichnet. Die inverse Funktion ist das Spiegelbild der Funktion f_2 an der Geraden $g(x) = x, \ x \in \mathbb{R}$, die in diesem Bild gestrichelt dargestellt ist. ◁

Es wird die Gültigkeit der Beziehungen (1.10) am Beispiel 1.23 überprüft.

$$f\big(f^{-1}(x)\big) = \big(f^{-1}(x) - 2, 5\big)^2 - 1, 25$$
$$= \big(2, 5 + \sqrt{x + 1, 25} - 2, 5\big)^2 - 1, 25 = x, \ x \in W_J = [-1, 25; \infty),$$
$$f^{-1}\big(f(x)\big) = 2, 5 + \sqrt{f(x) + 1, 25}$$
$$= 2, 5 + \sqrt{(x - 2, 5)^2 - 1, 25 + 1, 25} = x, \ x \in J = [2, 5; \infty).$$

Aufgabe 1.16: *Ermitteln Sie die inverse Funktion* f^{-1} *von der Funktion*
$$y = f(x) = \frac{1}{2x + 1} - 1, \ x > -\frac{1}{2}.$$

Periodische Funktionen

Definition 1.24: *Wenn eine reelle Zahl* $p > 0$ *existiert, so dass*

$$f(x) = f(x + p), \quad \forall x \in \mathbb{R}, \tag{1.12}$$

gilt, dann heißt die Funktion f **periodisch.** *Die kleinste positive reelle Zahl* p, *die die Gleichung (1.12) erfüllt, wird* **Periodenlänge** *der Funktion* f *genannt.*

Periodische Funktionen treten bei Schwingungsvorgängen auf. Sie werden weiter unten ausführlicher behandelt.

Beispiel 1.24: *Die folgende Funktion ist auf Periodizität zu untersuchen.*

$$f(x) = \begin{cases} 1 & wenn \quad x \in (2k-1; 2k] \\ -1 & wenn \quad x \in (2k; 2k+1] \end{cases}, \quad k \in \mathbb{Z}.$$

Lösung: Für jedes $k \in \mathbb{Z}$ gelten folgende Aussagen:

$$x \in (2k-1; 2k] \implies$$
$$x + 2 \in (2k+1; 2k+2] = \big(2(k+1)-1; 2(k+1)\big] = (2\underline{k}-1; 2\underline{k}],$$
$$x \in (2k; 2k+1] \implies$$
$$x + 2 \in (2k+2; 2k+3] = \big(2(k+1); 2(k+1)+1\big] = (2\underline{k}; 2\underline{k}+1],$$

wobei $\underline{k} := k+1$ bezeichnet. Es folgt

$$f(x) = f(x+2), \ \forall x \in \mathbb{R}.$$

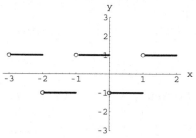

Bild 1.16: *Funktion $f(x)$*

D.h., die Funktion f ist periodisch. Am Graphen der Funktion f im Bild 1.16 erkennt man ebenfalls, dass $p = 2$ die Periodenlänge ist.   ◁

Ungerade und gerade Funktionen

Definition 1.25: *Die Funktion* $y = f(x)$, $x \in D$, *heißt* **gerade** *oder* **symmetrisch** *(bzgl. der y-Achse), wenn*

$$f(x) = f(-x), \ \forall x \in D, \tag{1.13}$$

gilt. Analog nennt man die Funktion $y = f(x)$, $x \in D$, **ungerade** *oder* **antisymmetrisch** *(bzgl. der y-Achse), wenn gilt*

$$f(x) = -f(-x), \ \forall x \in D. \tag{1.14}$$

Die Symmetrie des Definitionsbereiches einer Funktion ist eine notwendige Bedingung dafür, dass eine Funktion gerade oder ungerade ist. Der Graph einer geraden Funktion bleibt bei einer Spiegelung an der y-Achse unverändert. Eine ungerade Funktion ändert sich nicht, wenn die Funktion an der x-Achse und an der y-Achse gespiegelt wird. An den Graphen der Funktionen erkennt man, dass die Signumfunktion (Bild 1.10) eine ungerade Funktion und die Betragsfunktion (Bild 1.9) eine gerade Funktion ist. Die Funktion, die im Beispiel 1.24 (Bild 1.16) diskutiert wurde, ist weder gerade noch ungerade. Für diese Funktion gilt z.B. $f(1) = f(-1)$ und $f(1,5) = -f(-1,5)$.

1.4 Grundfunktionen

1.4.1 Potenzfunktionen

> **Definition 1.26:** *Es sei $a \in \mathbb{R}$ eine reelle Konstante. Die Funktion $y = f(x) = x^a$, $x \in D_f$, heißt* **Potenzfunktion** *mit dem Exponenten a.*

Der (maximale) Definitionsbereich D_f einer Potenzfunktion ist vom Exponenten a abhängig. Im Weiteren werden einige Spezialfälle diskutiert.

(1) $a = 2k$, $k \in \mathbb{N}$: $\quad y = f(x) = x^{2k}$, $x \in \mathbb{R}$, $\implies W_f = [0; \infty)$. Da

$$f(-x) = (-x)^{2k} = \left((-x)^2\right)^k = \left(x^2\right)^k = x^{2k} = f(x), \quad \forall x \in \mathbb{R},$$

gilt, ist $f(x) = x^{2k}$, $x \in \mathbb{R}$, eine gerade Funktion. Diese Funktion ist für $x \in (-\infty; 0]$ streng monoton fallend und für $x \in [0; \infty)$ streng monoton wachsend. Im Bild 1.17 sind die Funktionen $f(x) = x^{2k}$, $x \in \mathbb{R}$, für $k \in \{0; 1; 2; 4\}$ dargestellt.

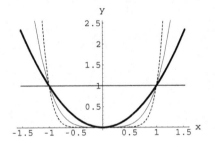
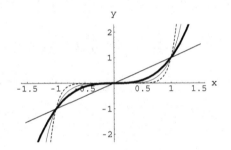

Bild 1.17: $y = f(x) = x^{2k}$, $x \in \mathbb{R}$.   **Bild 1.18:** $y = f(x) = x^{2k+1}$, $x \in \mathbb{R}$.

In den Bildern 1.17 bis 1.18 werden die Funktionen für $k = 0$ halbfett, für $k = 1$ fett, für $k = 2$ dünn gezeichnet und für $k = 3$ gestrichelt.

(2) $a = 2k + 1$, $k \in \mathbb{N}$: $\quad y = f(x) = x^{2k+1}$, $x \in \mathbb{R}$.

Für den Wertebereich gilt $W_f = \mathbb{R}$. Weiterhin gilt $\forall x \in \mathbb{R}$

$$f(-x) = (-x)^{2k+1} = (-x)^{2k} \cdot (-x) = x^{2k} \cdot (-x) = -x^{2k+1} = -f(x).$$

D.h., diese Funktion ist ungerade. Die Funktion ist auf $\mathbb{R}$ streng monoton wachsend. Im Bild 1.18 ist der Graph von $f(x) = x^{2k+1}$, $x \in \mathbb{R}$, für $k \in \{0; 1; 2; 3\}$ abgebildet.

(3) $a = k^{-1}$, $k \in \mathbb{N}\backslash\{0\}$: $y = f(x) = x^{\frac{1}{k}} = \sqrt[k]{x}$, $x \geq 0$, (**Wurzelfunktion**)

Es gilt $W_f = [0; \infty)$. Diese Wurzelfunktion ist die inverse Funktion von $y = g(x) = x^k$, $x \geq 0$. Die Wurzelfunktion ist zunächst nur für $x \geq 0$ definiert. Wenn $a = (2k+1)^{-1}$ bzw. $a^{-1} = 2k+1$ eine ungerade Zahl ist, dann wird durch

$$f(x) = \sqrt[2k+1]{x} := \begin{cases} \sqrt[2k+1]{x} & \text{wenn} \quad x \geq 0 \\ -\sqrt[2k+1]{-x} & \text{wenn} \quad x < 0 \end{cases}$$

die Wurzelfunktion auch für negative Argumente definiert. Im Bild 1.19 sind die Funktionen $f(x) = \sqrt[k]{x}$, $x \geq 0$ für $k = 2$ fett, für $k = 3$ dünn und für $k = 8$ punktiert dargestellt.

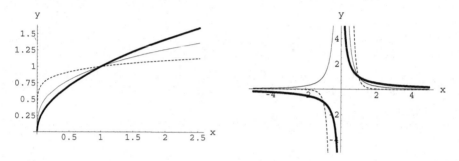

Bild 1.19: $y = f(x) = \sqrt[k]{x}$, $x \geq 0$. **Bild 1.20:** $y = f(x) = x^{-a}$, $x \in D$.

(4) $a = -k$, $k \in \mathbb{N}\backslash\{0\}$: $y = f(x) = x^{-k} = \frac{1}{x^k}$, $x \neq 0$.

Für den Wertebereich gilt

$$W_f = \begin{cases} (0; \infty) & \text{wenn} \quad k \;\text{gerade} \\ \mathbb{R}\backslash\{0\} & \text{wenn} \quad k \;\text{ungerade} \end{cases}$$

Im Bild 1.20 ist der Graph von $f(x) = x^{-k}$, für $k = 1$ fett, für $k = 2$ dünn und für $k = 5$ gestrichelt gezeichnet.

Durch Kombination der Spezialfälle (3) und (4) lässt sich die Potenzfunktion

$$y = f(x) = x^{\frac{m}{n}} = \sqrt[n]{x^m} = \left(\sqrt[n]{x}\right)^m, \; x \geq 0, \quad (m, n \in \mathbb{N}\backslash\{0\})$$

definieren. Weitere Eigenschaften von Potenzfunktionen werden weiter unten diskutiert.

1.4.2   Winkelfunktionen

Zwei Strahlen, die von einem gemeinsamen Punkt S ausgehen, schließen einen Winkel ein. S bezeichnet man auch als Scheitel des Winkels. Wird der Winkel entgegengesetzt (bzw. mit) dem Uhrzeigersinn gemessen, ist der Winkel positiv (bzw. negativ). Winkel lassen sich in **Gradmaß** oder in **Bogenmaß** angeben. Gradmaße werden vorwiegend in der Geometrie und dem Vermessungswesen verwendet und mit ° gekennzeichnet. In der mathematisch-technischen Literatur arbeitet man vorwiegend mit Bogenmaßen. Falls nicht ausdrücklich darauf hingewiesen wird, geben wir in diesem Buch die Winkel in Bogenmaß an.

Alle Winkelmaße basieren auf Kreisteilungen. Beim Gradmaß wird dem Vollwinkel $\varphi° = 360°$ zugeordnet. (Bei Neugrad werden dem Vollwinkel 400 Neugrad zugeordnet.) Für das Bogenmaß wird ein **Einheitskreis** (Kreis mit dem Radius Eins) um den Scheitel gezogen. Der Winkel φ schneidet aus dem Einheitskreis ein Bogenstück aus. Die Länge dieses Bogenstücks bezeichnet man als **Bogenmaß** des Winkels. Aus dem Kreisumfang des Einheitskreises folgt für das Bogenmaß des Vollwinkels $\varphi = 2\pi$. Damit erhält man folgende Beziehung zwischen dem Bogenmaß φ und dem Gradmaß $\varphi°$ eines Winkels

$$\varphi = 2\pi \frac{\varphi°}{360°}. \tag{1.15}$$

Die folgende Tabelle 1.2 enthält einige Winkel in Grad- und Bogenmaß.

$\varphi°$	0°	30°	45°	60°	90°	135°	180°	270°	360°	720°
φ	0	$\frac{\pi}{6}$	$\frac{\pi}{4}$	$\frac{\pi}{3}$	$\frac{\pi}{2}$	$\frac{3\pi}{4}$	π	$\frac{3\pi}{2}$	2π	4π

Tabelle 1.2: *Winkel in Grad- und Bogenmaß*

Im Weiteren werden die trigonometrischen Funktionen von Winkeln definiert, die in Bogenmaß gegeben sind. Dabei werden die Winkel φ durch x bezeichnet. Einem Winkel x wird nach dem Bild 1.21 auf dem Einheitskreis ein Punkt $P = P(c; s)$ zugeordnet, wobei für $x > 0$ der Winkel entgegengesetzt dem Uhrzeigersinn und für $x < 0$ mit dem Uhrzeigersinn abgetragen wird. Durch die senkrechte Projektion dieses Punktes auf den anderen Schenkel entsteht ein rechtwinkliges Dreieck, dessen Hypotenuse r die Länge Eins hat. Mit Hilfe der Koordinaten des Punktes werden folgende Winkelfunktionen definiert.

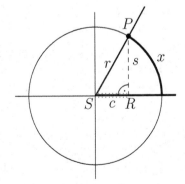

Bild 1.21: *Winkelfunktionen*

Definition 1.27 : *Jedem Winkel* $x \in \mathbb{R}$ *wird eindeutig ein Punkt* $P(c; s)$ *nach dem Bild 1.21 zugeordnet. Durch diese Zuordnungen werden folgende Funktionen definiert:*

Sinusfunktion	:	$x \longmapsto \sin(x) := s,\ x \in \mathbb{R}$,
Kosinusfunktion	:	$x \longmapsto \cos(x) := c,\ x \in \mathbb{R}$,
Tangensfunktion	:	$x \longmapsto \tan(x) := \frac{s}{c},\ x \in D_t = \{x \in \mathbb{R}\,|\, c \neq 0\}$,
Kotangensfunktion	:	$x \longmapsto \cot(x) := \frac{c}{s},\ x \in D_k = \{x \in \mathbb{R}\,|\, s \neq 0\}$.

Die Graphen der Winkelfunktionen sind in den Bildern 1.22 und 1.23 dargestellt. Für die Winkelfunktionen gelten eine Reihe wichtiger Beziehungen, von denen einige im folgenden Satz angegeben werden.

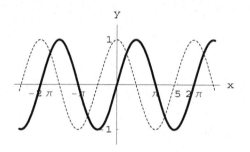

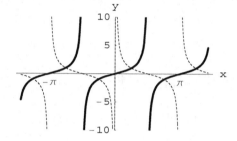

Bild 1.22: $f(x) = \sin(x),\ x \in \mathbb{R}$
$f(x) = \cos(x),\ x \in \mathbb{R}$ *(gestrichelt)*

Bild 1.23: $f(x) = \tan(x),\ x \in D_t$
$f(x) = \cot(x),\ x \in D_k$ *(gestrichelt)*

An den Graphen der Winkelfunktionen erkennt man den folgenden Satz.

Satz 1.8 : *Die Winkelfunktionen aus der Definition 1.27 sind periodische Funktionen. Die Sinus- und die Kosinusfunktion haben die Periodenlänge* $p = 2\pi$. *Die Tangens- und die Kotangensfunktion besitzen die Periodenlänge* $p = \pi$.

Der **Beweis** des Satzes lässt sich am Einheitskreis führen. Auf den ausführlichen Beweis verzichten wir.

Aus der Definition 1.27 ergibt sich sofort der folgende Zusammenhang zwischen den Winkelfunktionen:

$$\tan(x) = \frac{\sin(x)}{\cos(x)},\ x \in D_t, \qquad \cot(x) = \frac{\cos(x)}{\sin(x)},\ x \in D_k. \qquad (1.16)$$

Der Definitionsbereich der Tangensfunktion $D_t = \{x \in \mathbb{R}\,|\, c \neq 0\}$ enthält alle reellen Zahlen, die nicht Nullstellen der Kosinusfunktion sind. Am Einheitskreis im Bild 1.21 liest man zunächst als Nullstellen der Kosinusfunktion $x_{c_1} = \dfrac{\pi}{2}$ und $x_{c_2} = \dfrac{3\pi}{2}$ ab. Werden zu diesen Nullstellen ganzzahlige Vielfache von 2π addiert bzw. subtrahiert, ergeben sich dieselben Punkte auf dem Einheitskreis und wieder Nullstellen der Kosinusfunktion. Damit erhält man als Menge N_c der Nullstellen der Kosinusfunktion $N_c = \left\{ \dfrac{(2k+1)\pi}{2}, \ k \in \mathbb{Z} \right\}$. Der Definitionsbereich der Tangensfunktion ist folglich

$$D_t = \left\{ x \in \mathbb{R} \mid x \notin N_c \right\} = \left\{ x \in \mathbb{R} \mid x \neq \frac{(2k+1)\pi}{2}, \ k \in \mathbb{Z} \right\}. \qquad (1.17)$$

Analog ergeben sich die Nullstellen der Sinusfunktion $N_s = \left\{ k\pi, \ k \in \mathbb{Z} \right\}$ und der Definitionsbereich der Kotangensfunktion

$$D_k = \left\{ x \in \mathbb{R} \mid x \notin N_s \right\} = \left\{ x \in \mathbb{R} \mid x \neq k\pi, \ k \in \mathbb{Z} \right\}. \qquad (1.18)$$

Im Bild 1.21 wird deutlich, dass die Winkelbeziehungen am Einheitskreis mit den Winkelbeziehungen im rechtwinkligen Dreieck $\triangle SRP$ übereinstimmen. Da die Hypotenuse r die Länge Eins hat, gilt

$$\sin(x) = \frac{\text{Gegenkathete}}{\text{Hypotenuse}} = \frac{s}{r} = s\,, \qquad \cos(x) = \frac{\text{Ankathete}}{\text{Hypotenuse}} = \frac{c}{r} = c\,,$$

$$\tan(x) = \frac{\text{Gegenkathete}}{\text{Ankathete}} = \frac{s}{c}\,, \qquad \cot(x) = \frac{\text{Ankathete}}{\text{Gegenkathete}} = \frac{c}{s}\,.$$

Satz 1.9: *Die Sinus-, die Tangens- und die Kotangensfunktion sind ungerade Funktionen, die Kosinusfunktion ist eine gerade Funktionen. D.h., es gilt*

$$\sin(x) = -\sin(-x), \ \forall x \in \mathbb{R}, \qquad \tan(x) = -\tan(-x), \ \forall x \in D_t,$$

$$\cos(x) = \cos(-x), \ \forall x \in \mathbb{R}, \qquad \cot(x) = -\cot(-x), \ \forall x \in D_k.$$

Beweis: Der Beweis der Aussagen erfolgt am Einheitskreis. Im Bild 1.24 werden sofort die Beziehungen

$$\sin(-x) = -s = -\sin(x) \quad \text{und} \quad \cos(x) = c = \cos(-x) \quad \forall x \in \mathbb{R}$$

ersichtlich. Die Division beider Gleichungen liefert die Aussage für die Tangens- bzw. Kotangensfunktion. ◀

Die Graphen der Winkelfunktionen (Bilder 1.22 und 1.23) bestätigen die Aussagen des Satzes 1.9. Wichtige Beziehungen zwischen den Winkelfunktionen werden im folgenden Satz zusammengestellt.

Satz 1.10: *Für alle* $x, y \in \mathbb{R}$ *gilt:*

(1) $\sin(x) = \cos\left(x - \dfrac{\pi}{2}\right)$ (2) $\cos(x) = \sin\left(x + \dfrac{\pi}{2}\right)$

(3) $\sin^2(x) + \cos^2(x) = 1$ **(trigonometrischer Pythagoras)**

(4) $\sin(x \pm y) = \sin(x)\,\cos(y) \pm \cos(x)\,\sin(y)$

                                                             (Additionssätze)

(5) $\cos(x \pm y) = \cos(x)\,\cos(y) \mp \sin(x)\,\sin(y)$.

Beweis: Es wird zunächst die Aussage (1) mit Hilfe des Bildes 1.25 bewiesen. Einem (beliebigen) Winkel x (bzw. $x - \frac{\pi}{2}$) wird auf dem Einheitskreis der Punkt $P = P(c; s)$ (bzw. $Q = Q(s; -c)$) zugeordnet. Die Schenkel durch den Punkt P und den Punkt Q stehen dabei senkrecht aufeinander. Aus der Definition 1.27 folgt $\sin(x) = s$ bzw. $\cos\left(x - \frac{\pi}{2}\right) = s$. Damit wurde die Beziehung (1) erhalten.

Die Aussage (2) folgt sofort, wenn in der ersten Aussage der Winkel x durch den Winkel $x + \frac{\pi}{2}$ ersetzt wird.

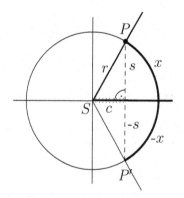   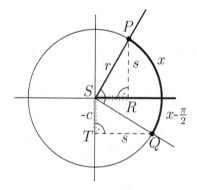

Bild 1.24: *Zu Satz 1.9*   **Bild 1.25:** *Zu Satz 1.10*

In dem rechtwinkligen Dreieck SRP gilt nach dem Satz des Pythagoras $r^2 = s^2 + c^2$. Da $r = 1$ ist, resultiert aus der Definition 1.27 die Aussage (3). Auf den ausführlichen Beweis der Additionssätze (4) und (5) wird hier verzichtet.   ◄

Aus dem Satz 1.10 ergeben sich eine Reihe weiterer wichtiger Folgerungen, auf die in [1] ausführlicher eingegangen wird bzw. die in Formelsammlungen (siehe z.B. [3] und [2]) zusammengestellt sind. Mit Hilfe des trigonometrischen Pythagoras lässt sich die Sinusfunktion (Kosinusfunktion) durch die Kosinusfunktion (Sinusfunktion) ausdrücken. Aus den Aussagen (4) und (5) des Satzes 1.10 ergeben sich für $y = x$ die beiden Beziehungen für den doppelten Winkel

$$\sin(2x) = 2\sin(x)\cos(x) \quad \text{und} \quad \cos(2x) = \cos^2(x) - \sin^2(x) \qquad (1.19)$$

bzw. für den halben Winkel

$$\sin(x) = 2\sin\left(\frac{x}{2}\right)\cos\left(\frac{x}{2}\right) \quad \text{und} \quad \cos(x) = \cos^2\left(\frac{x}{2}\right) - \sin^2\left(\frac{x}{2}\right).$$

Weiterhin lassen sich die folgenden Beziehungen beweisen

$$
\begin{aligned}
\sin(x) - \sin(y) &= 2\sin\left(\frac{x-y}{2}\right)\cos\left(\frac{x+y}{2}\right) \quad \text{und} \\
\cos(x) - \cos(y) &= -2\sin\left(\frac{x-y}{2}\right)\sin\left(\frac{x+y}{2}\right).
\end{aligned}
\qquad (1.20)
$$

Der ausführliche Beweis wird dem Leser als Übungsaufgabe überlassen.

Durch Division der Gleichungen (4) und (5) aus dem Satz 1.10 ergeben sich die Additionssätze der Tangens- und der Kotangensfunktion. So erhält man z.B.

$$
\begin{aligned}
\tan(x \pm y) &= \frac{\sin(x \pm y)}{\cos(x \pm y)} = \frac{\sin(x)\cos(y) \pm \cos(x)\sin(y)}{\cos(x)\cos(y) \mp \sin(x)\sin(y)} \\
&= \frac{\sin(x)\cos(y) \pm \cos(x)\sin(y)}{\cos(x)\cos(y)\left(1 \mp \frac{\sin(x)\sin(y)}{\cos(x)\cos(y)}\right)} = \frac{\tan(x) \pm \tan(y)}{1 \mp \tan(x)\tan(y)}.
\end{aligned}
\qquad (1.21)
$$

Hieraus erhält man für den doppelten Winkel

$$\tan(2x) = \frac{2\tan(x)}{1 - \tan^2(x)}.$$

Im Weiteren werden die Umkehrfunktionen zu den Winkelfunktionen eingeführt. Die Umkehrfunktionen zu den Winkelfunktionen existieren nur auf Teilintervallen des Definitionsbereiches der Winkelfunktionen. Sie werden als **zyklometrische Funktionen** oder **Arkusfunktionen** bezeichnet und in der nächsten Definition angegeben.

Definition 1.28 : *Zu den Winkelfunktionen werden folgende Umkehr-funktionen definiert:*

Winkelfunktion	Umkehrfunktion
$f_1(x) = \sin(x),\ x \in \left[-\frac{\pi}{2}; \frac{\pi}{2}\right]$	$f_1^{-1}(x) = \arcsin(x),\ x \in \left[-1; 1\right]$ **Arkussinus-Funktion**
$f_2(x) = \cos(x),\ x \in \left[0; \pi\right]$	$f_2^{-1}(x) = \arccos(x),\ x \in \left[-1; 1\right]$ **Arkuskosinus-Funktion**
$f_3(x) = \tan(x),\ x \in \left(-\frac{\pi}{2}; \frac{\pi}{2}\right)$	$f_3^{-1}(x) = \arctan(x),\ x \in \mathbb{R}$ **Arkustangens-Funktion**
$f_4(x) = \cot(x),\ x \in \left(0; \pi\right)$	$f_4^{-1}(x) = \operatorname{arccot}(x),\ x \in \mathbb{R}$ **Arkuskotangens-Funktion**

Bemerkung: Auf einigen Taschenrechnern (z.B. TI-89) werden die Arkus-funktionen mit $\sin^{-1}(x)$, $\cos^{-1}(x)$, $\tan^{-1}(x)$ bzw. $\cot^{-1}(x)$ bezeichnet.

Die Graphen der Arkusfunktionen sind in den Bildern 1.26 bis 1.29 fett ge-zeichnet. Für die Arkusfunktionen gelten ebenfalls eine Reihe wichtiger Bezie-hungen, die in Formelsammlungen zu finden sind (siehe z.B. [3] und [2]).

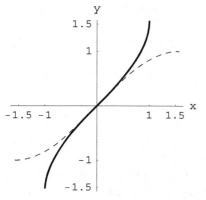

Bild 1.26: *Arkussinusfunktion und Sinusfunktion (gestrichelt)*

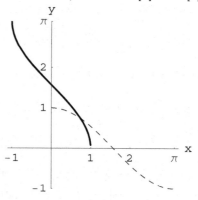

Bild 1.27: *Arkuskosinusfunktion und Kosinusfunktion (gestrichelt)*

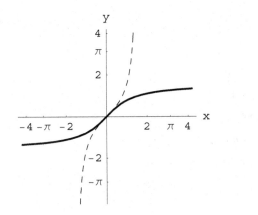

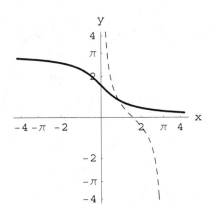

Bild 1.28: *Arkustangensfunktion und Tangensfunktion (gestrichelt)*

Bild 1.29: *Arkuskotangensfunktion und Kotangensfunktion (gestrichelt)*

Die Arkusfunktionen werden bei der Lösung goniometrischer Gleichungen verwendet. **Goniometrische Gleichungen** sind Gleichungen, bei denen die zu bestimmende Unbekannte als Argument von trigonometrischen Funktionen auftritt. Derartige Gleichungen ergeben sich u.a. bei (technischen) Schwingungsprozessen (vgl. das Beispiel 1.26, Seite 55).

Beispiel 1.25: *Bestimmen Sie alle reellen Lösungen der Gleichung*

$$3\sin(2x + 1,2) = 1.$$

Lösung: Zunächst wird in der Gleichung $t := 2x + 1,2$ substituiert, und dann werden die Lösungen der Gleichung

$$3\sin(t) = 1 \tag{1.22}$$

berechnet. Die Lösungen der Gleichung (1.22) sind die t-Koordinaten der Punkte, in denen sich die Funktionen $y = f_1(t) = 3\sin(t)$, $t \in \mathbb{R}$, und $y = f_2(t) = 1$, $t \in \mathbb{R}$, schneiden (siehe Bild 1.30). Da f_1 eine periodische Funktion mit der Periodenlänge $p = 2\pi$ ist, wiederholen sich die Lösungen auch periodisch.

Wir wenden uns jetzt der Berechnung der Lösungen zu. Zunächst gilt

$$3\sin(t) = 1 \iff \sin(t) = \frac{1}{3}.$$

Durch Anwenden der Arkussinusfunktion auf die letzte Gleichung folgt

$$t_* = \arcsin\big(\sin(t_*)\big) = \arcsin\left(\frac{1}{3}\right) \approx 0.3398.$$

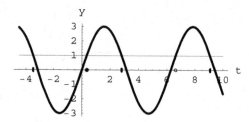

Bild 1.30: *Lösungen der Gleichung* $3\sin(t) = 1$

Auf Grund der 2π-Periodizität der Sinusfunktion erhält man

$$t_{1_k} = \arcsin\left(\frac{1}{3}\right) + 2k\pi, \ k \in \mathbb{Z}.$$

Im Bild 1.30 sind diese Lösungen als kleine Kreise auf der t-Achse markiert, wobei $t_{1_0} = t_*$ bezeichnet. Aus dem Bild 1.30 wird ersichtlich, dass damit nur jede zweite Lösung der Gleichung erfasst wird. Die noch fehlenden Lösungen t_{2_k} wurden als kurze senkrechte Striche zur t-Achse im Bild 1.30 markiert. Der Abstand einer Lösung der Gleichung (1.22) von einer benachbarten Nullstelle der Funktion f_1 ist konstant $c = \arcsin\left(\frac{1}{3}\right)$. Damit erhält man die restlichen Lösungen der Gleichung (1.22)

$$t_{2_k} = \pi - \arcsin\left(\frac{1}{3}\right) + 2k\pi, \ k \in \mathbb{Z}.$$

Die Lösungen der Ausgangsgleichung ergeben sich, wenn man die Substitution $2x + 1,2 = t$ durch $x = \frac{1}{2}(t - 1,2)$ wieder rückgängig macht. Es folgt

$$x_{1_k} = \frac{1}{2}\left(\arcsin\left(\frac{1}{3}\right) - 1,2\right) + k\pi, \ \ k \in \mathbb{Z},$$

$$x_{2_k} = \frac{\pi}{2} - \frac{1}{2}\arcsin\left(\frac{1}{3}\right) - 0,6 + k\pi, \ \ k \in \mathbb{Z}.$$

Zum Schluss wird die Probe durchgeführt. Wegen der Periodizität der Sinusfunktion f_1 reicht es, wenn die Gültigkeit der Gleichung für $x_* = \frac{1}{2}\left(\arcsin\left(\frac{1}{3}\right) - 1,2\right)$ und $x_+ = \frac{\pi}{2} - \frac{1}{2}\arcsin\left(\frac{1}{3}\right) - 0,6$ überprüft wird. Durch Einsetzen und Ausrechnen überzeugt man sich von der Gültigkeit der Gleichungen

$$3\sin(2x_* + 1,2) = 1 \qquad \text{und} \qquad 3\sin(2x_+ + 1,2) = 1\,.$$

Die Lösungen der Gleichungen lassen sich zur Lösungsmenge L zusammenfassen mit

$$L = \left\{\frac{1}{2}\arcsin\left(\frac{1}{3}\right) - 0,6 + k\pi; \ \frac{\pi}{2} - \frac{1}{2}\arcsin\left(\frac{1}{3}\right) - 0,6 + k\pi \ (k \in \mathbb{Z})\right\} \qquad \triangleleft$$

Beispiel 1.26: *Die Auslenkung y eines Massenpunktes zur Zeit t wird durch die Funktion $y = f(t) = 3\sin^2(t) - 2\cos(t)$, $t \geq 0$, beschrieben. Berechnen Sie alle Zeitpunkte $t \geq 0$, in denen die Auslenkung $y = 3$ beträgt.*

Lösung: Es sind alle nichtnegativen Lösungen der Gleichung

$$3\sin^2(t) - 2\cos(t) = 3 \tag{1.23}$$

zu berechnen. Mit dem Satz des Pythagoras $\sin^2(t) = 1 - \cos^2(t)$ geht (1.23) in die Gleichung

$$-3\cos^2(t) - 2\cos(t) = 0$$

über, die nur noch die Kosinusfunktion enthält. Durch die Substitution $z := \cos(t)$ entsteht hieraus die quadratische Gleichung

$$-3z^2 - 2z = 0 \iff -3z\left(z + \frac{2}{3}\right) = 0.$$

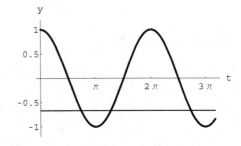

Diese Gleichung hat die Lösungen $z_1 = 0$ und $z_2 = -\frac{2}{3}$. Wird die Substitution wieder rückgängig gemacht, ergeben sich die beiden Gleichungen

$$\cos(t_1) = 0 \qquad \text{und} \qquad \cos(t_2) = -\tfrac{2}{3}.$$

Aus der ersten Gleichung folgt $t_1 = \arccos(\cos(t_1)) = \arccos(0) = \frac{\pi}{2}$.

Bild 1.31: $y = \cos(t)$ *und* $y = -\frac{2}{3}$ *für* $t \geq 0$.

Die Periodizität der Kosinusfunktion und das Bild 1.31 liefert hieraus die Lösungen

$$t_{1k} = \frac{\pi}{2} + 2k\pi, \; k \in \mathbb{N} \qquad \text{und} \qquad t_{0k} = \frac{3\pi}{2} + 2k\pi, \; k \in \mathbb{N}.$$

Die zweite Gleichung ergibt $t_2 = \arccos(\cos(t_2)) = \arccos\left(-\frac{2}{3}\right) \approx 2,3001$, woraus $t_{2k} = \arccos\left(-\frac{2}{3}\right) + 2k\pi$, $k \in \mathbb{N}$, folgt. Im Bild 1.31 erkennt man, dass $t_3 = 2\pi - t_2$ bzw. $t_{3k} = 2\pi - \arccos\left(-\frac{2}{3}\right) + 2k\pi$, $k \in \mathbb{N}$, ebenfalls Lösungen sind. Wir führen die Probe durch und setzen die ermittelten Lösungen in die Gleichung (1.23) ein. Wegen der Periodizität reicht es aus nur die Werte t_{00}; t_{10}; t_{20}; t_{30} zu überprüfen. Da alle vier Werte die Gleichung (1.23) erfüllen, ergibt sich als Lösungsmenge

$$L = \left\{ \frac{3\pi}{2} + 2k\pi; \; \frac{\pi}{2} + 2k\pi; \; \arccos\left(-\frac{2}{3}\right) + 2k\pi; \; 2\pi - \arccos\left(-\frac{2}{3}\right) + 2k\pi \right.$$

$$\left. (k \in \mathbb{N}) \right\}. \quad \triangleleft$$

Bemerkungen: 1. Bei der Ermittlung der Lösungsmenge goniometrischer Gleichungen können sich sogenannte **Scheinlösungen** ergeben, die nicht Lösung der Ausgangsgleichung sind. Aus diesem Grund ist für die erhaltenen Lösungen immer die Probe auszuführen.

2. Bei der Anwendung von Taschenrechnern (z.B. TI-89) und Computeralgebrasystemen (z.B. `Mathematica`) zur Ermittlung der Lösungen goniometrischer Gleichungen wird im Allgemeinen nicht die gesamte Lösungsmenge erhalten.

Aufgabe 1.17: *Berechnen Sie alle Nullstellen der folgenden Funktionen, die auf dem maximal möglichen Definitionsbereich gegeben sind.*

(1) $y = f(x) = 2\sin(x) - \cos(x) + 0,2$,   (2) $y = f(x) = 3\cos(2x) - 1$,
(3) $y = f(x) = \sin(x) - 0,5\tan(x)$,   (4) $y = f(x) = \sin(2x) - \cos(x)$.

1.4.3 Exponential- und Logarithmusfunktionen

Eine Reihe von Wachstums- und Abnahmeprozessen lassen sich mit Hilfe von Exponentialfunktionen beschreiben.

Definition 1.29: *Es sei $a > 0$ eine reelle Konstante. Die Funktion $y = f(x) = a^x$, $x \in \mathbb{R}$, heißt* **Exponentialfunktion** *mit der* **Basis** a.

Bei einer Exponentialfunktion wird die Basis a mit x „potenziert". Wir verzichten an dieser Stelle auf die ausführliche Darlegung dieser Operation und beschränken uns auf einige wichtige Eigenschaften und Beispiele.

Satz 1.11: *Es sei $a > 0$ eine reelle Konstante. Für die Exponentialfunktion $y = f(x) = a^x$, $x \in \mathbb{R}$, gilt $\forall x_1, x_2 \in \mathbb{R}$:*

(1) $f(0) = a^0 = 1$,

(2) $f(x_1 + x_2) = a^{x_1 + x_2} = a^{x_1} \cdot a^{x_2} = f(x_1) \cdot f(x_2)$,

(3) $f(x_1 - x_2) = a^{x_1 - x_2} = \dfrac{a^{x_1}}{a^{x_2}} = \dfrac{f(x_1)}{f(x_2)}$,

(4) $\big(f(x_1)\big)^r = \big(a^{x_1}\big)^r = a^{x_1 \cdot r} = f(x_1 \cdot r)$ $(r \in \mathbb{R})$.

Der **Beweis** dieses Satzes wird hier nicht angegeben. Für $x_1 = 0$ folgt sofort aus den Aussagen (3) und (1) des Satzes

$$a^{-x} = \frac{1}{a^x}, \ x \in \mathbb{R} \quad (a > 0). \tag{1.24}$$

Bei vielen Anwendungen tritt bei der Exponentialfunktion als Basis die **Eulersche Zahl** $e = 2,718\,281\,828\ldots$ auf. Die Eulersche Zahl ist keine rationale Zahl. Diese Zahl wird weiter unten (vgl. (6.14) auf der Seite 184) als Grenzwert einer Zahlenfolge definiert.

Definition 1.30: *Die Funktion* $y = f(x) = e^x$, $x \in \mathbb{R}$, *bezeichnet man als* **e-Funktion**.

In der Literatur und auf einigen Taschenrechnern wird auch die Schreibweise $\exp(x)$ für e^x verwendet. Im Bild 1.32 sind die Graphen der e-Funktion und der Funktion $y = g(x) = e^{-x}$, $x \in \mathbb{R}$, abgebildet. Für $a < 1$ (bzw. für $a > 1$) ist die Exponentialfunktion auf $\mathbb{R}$ streng monoton fallend (bzw. streng monoton wachsend). Daraus folgt, dass bei $a \neq 1$ für die Exponentialfunktion die Umkehrfunktion existiert. Da sich als Wertebereich einer Exponentialfunktion das offene Intervall $(0; \infty)$ ergibt, ist die Umkehrfunktion ebenfalls auf diesem Intervall definiert.

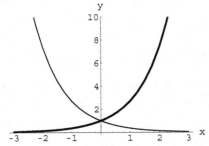
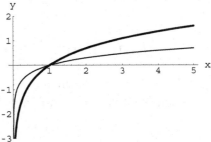

Bild 1.32: $f(x) = e^x$, $x \in \mathbb{R}$, *(fett)*   **Bild 1.33:** $f(x) = \ln(x)$, $x > 0$, *(fett)*
         $g(x) = e^{-x}$, $x \in \mathbb{R}$, *(dünn)* $g(x) = \lg(x)$, $x > 0$, *(dünn)*

Definition 1.31: *Es sei* $a > 0$ *und* $a \neq 1$. *Die Umkehrfunktion zur Exponentialfunktion* $y = f(x) = a^x$, $x \in \mathbb{R}$, *heißt* **Logarithmusfunktion** *und wird mit*

$$y = f^{-1}(x) = \log_a(x), \ x > 0,$$

bezeichnet. Lies: „Logarithmus von x *zur* **Basis** a *".*
Den Logarithmus zur Basis e *bezeichnet man als* **natürlichen Logarithmus** *und schreibt:* $\ln(x) := \log_e(x)$.
Der Logarithmus zur Basis 10 *wird als* **dekadischer Logarithmus** *bezeichnet. Man schreibt:* $\lg(x) := \log_{10}(x)$.

Da die Logarithmusfunktion die Umkehrfunktion zur Exponentialfunktion ist, gilt $\log_a\left(a^x\right) = x$, $x \in \mathbb{R}$,   bzw. $\ln\left(e^x\right) = x$, $x \in \mathbb{R}$,   (1.25)

und $a^{\log_a(x)} = x$, $x > 0$,   bzw. $e^{\ln(x)} = x$, $x > 0$.   (1.26)

Analog zum Satz 1.11 erhält man für die Umkehrfunktion zur Exponential-funktion den folgenden Satz.

Satz 1.12 : *Es sei $a > 0$ und $a \neq 1$. Für die Logarithmusfunktion* $y = f^{-1}(x) = \log_a(x)$, $x > 0$, *gilt* $\forall x_1, x_2 > 0$:

(1) $f^{-1}(1) = \log_a(1) = 0$,

(2) $f^{-1}(x_1 \cdot x_2) = \log_a(x_1 \cdot x_2) = \log_a(x_1) + \log_a(x_2)$
$\qquad = f^{-1}(x_1) + f^{-1}(x_2)$,

(3) $f^{-1}\left(\dfrac{x_1}{x_2}\right) = \log_a\left(\dfrac{x_1}{x_2}\right) = \log_a(x_1) - \log_a(x_2) = f^{-1}(x_1) - f^{-1}(x_2)$,

(4) $f^{-1}(x^r) = \log_a(x^r) = r \log_a(x) = r \cdot f^{-1}(x)$, $(r \in \mathbb{R})$.

1.5   Elementare Funktionen

Durch Verknüpfung (Addition, Subtraktion, Multiplikation, Division) von Grund-funktionen entstehen **elementare Funktionen**.

1.5.1   Polynome, ganze rationale Funktionen

Definition 1.32 : *Es seien a_0; a_1; $\ldots$; a_n $(a_n \neq 0)$ reelle Konstanten, sogenannte* **Koeffizienten***. Die Funktion*

$$y = f(x) = a_n x^n + a_{n-1} x^{n-1} + \ldots + a_1 x + a_0 = \sum_{i=0}^{n} a_i x^i, \ x \in \mathbb{R}, \quad (1.27)$$

heißt **Polynom** *oder* **ganze rationale Funktion n-ten Grades**.

In der Definition 1.32 sind folgende Spezialfälle enthalten:

(1) $n = 0$: $y = f(x) = a_0$, $x \in \mathbb{R}$, stellt eine Gerade dar, die parallel zur x-Achse liegt und die y-Achse bei a_0 schneidet (Bild 1.34).

(2) $n = 1$: $y = f(x) = a_1 x + a_0$, $x \in \mathbb{R}$, ist eine **Gerade** mit dem Anstieg a_1. Die y-Achse wird an der Stelle a_0 geschnitten. Die Nullstelle der Funktion ist $x_{n_1} = -\frac{a_0}{a_1}$. Für die Gerade im Bild 1.35 gilt $a_1 < 0$ und $a_0 > 0$.

(3) $n = 2$: $y = f(x) = a_2 x^2 + a_1 x + a_0$, $x \in \mathbb{R}$, beschreibt eine **Parabel**, die bei $a_2 > 0$ nach oben (Bild 1.36) und bei $a_2 < 0$ nach unten geöffnet ist. Die

Nullstellen der Parabel ergeben sich als Lösung der quadratischen Gleichung
$a_2 x^2 + a_1 x + a_0 = a_2 \left(x^2 + \dfrac{a_1}{a_2} x + \dfrac{a_0}{a_2} \right) = 0$. Daraus folgt

$$x_{n_1, n_2} = -\frac{a_1}{2a_2} \pm \sqrt{\frac{a_1^2}{4a_2^2} - \frac{a_0}{a_2}} = \frac{-a_1 \pm \sqrt{a_1^2 - 4a_2 a_0}}{2a_2},$$

wobei die folgenden Fälle auftreten:

$a_1^2 - 4a_2 a_0 > 0 \implies$ die Parabel besitzt zwei Nullstellen x_{n_1} und x_{n_2},

$a_1^2 - 4a_2 a_0 = 0 \implies$ die Parabel berührt die x-Achse und besitzt eine doppelte Nullstelle $x_{n_1} = x_{n_2} = -\frac{a_1}{2a_2}$,

$a_1^2 - 4a_2 a_0 < 0 \implies$ die Parabel besitzt keine (reellen) Nullstellen.

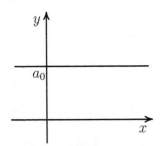

Bild 1.34:
$f(x) = a_0, \; x \in \mathbb{R}$

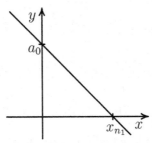

Bild 1.35: $f(x) =$
$a_1 x + a_0, \; x \in \mathbb{R}$

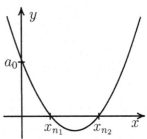

Bild 1.36: $f(x) =$
$a_2 x^2 + a_1 x + a_0, \; x \in \mathbb{R}$

Die Berechnung des Funktionswertes $f(x_0)$ eines Polynoms erfolgt zweckmäßigerweise durch mehrfaches Ausklammern von Innen nach Außen in der Form

$$f(x_0) = \left[\cdots \left([(a_n x_0 + a_{n-1}) x_0 + a_{n-2}] x_0 + a_{n-3} \right) x_0 + \cdots + a_1 \right] x_0 + a_0 \,.$$

Auf diese Weise sind zur Berechnung von $f(x_0)$ lediglich n Multiplikationen und n Additionen notwendig, die nach dem **Horner-Schema** ausgeführt werden können (siehe Tabelle 1.3). In die Kopfzeile des Horner-Schemas trägt man <u>alle</u> Koeffizienten des Polynoms von a_n beginnend bis a_0 ein. Die Stelle x_0, an der der Funktionswert berechnet werden soll, steht am Anfang der zweiten Zeile. Die Koeffizienten b_k in der Tabelle werden in Pfeilrichtung nacheinander nach der Formel

$$b_k = \begin{cases} a_n & \text{wenn} \quad k = n-1 \\ a_{k+1} + x_0 \cdot b_{k+1} & \text{wenn} \quad k = n-2; n-3; \dots; 1; 0 \end{cases}$$

berechnet. Der Funktionswert ergibt sich nach $f(x_0) = a_0 + x_0 b_0$ und steht in der Tabelle rechts unten.

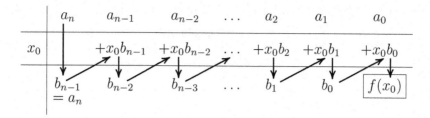

Tabelle 1.3: *Horner-Schema*

Beispiel 1.27: *Berechnen Sie mit dem Horner-Schema die Funktionswerte* $f(2)$ *und* $f(-1)$ *des Polynoms* $f(x) = 3x^4 - 2x^2 + 2x + 1$, $x \in \mathbb{R}$.

Lösung:

$$
\begin{array}{r|rrrrr}
 & 3 & 0 & -2 & 2 & 1 \\
2 & & 2 \cdot 3 & 2 \cdot 6 & 2 \cdot 10 & 2 \cdot 22 \\
\hline
 & 3 & 6 & 10 & 22 & 45
\end{array}
\quad \Longrightarrow f(2) = 45 \, ,
$$

$$
\begin{array}{r|rrrrr}
 & 3 & 0 & -2 & 2 & 1 \\
-1 & & -1 \cdot 3 & -1 \cdot (-3) & -1 \cdot 1 & -1 \cdot 1 \\
\hline
 & 3 & -3 & 1 & 1 & 0
\end{array}
\quad \Longrightarrow f(-1) = 0 \, . \qquad \triangleleft
$$

Es lässt sich zeigen, dass die Koeffizienten der letzten Zeile des Horner-Schemas die Gleichung

$$
f(x) = \sum_{i=0}^{n} a_i x^i = (x - x_0) \sum_{i=0}^{n-1} b_i x^i + f(x_0)
$$

erfüllen. Falls x_0 eine Nullstelle des Polynoms $f(x)$ ist, folgt hieraus

$$
f(x) = \sum_{i=0}^{n} a_i x^i = (x - x_0) \cdot g(x) \qquad \text{mit}
$$

$$
g(x) = \sum_{i=0}^{n-1} b_i x^i \, . \tag{1.28}
$$

D.h., zu einer Nullstelle x_0 erhält man mit dem Horner-Schema bei der Abspaltung des **Linearfaktors** $(x - x_0)$ sofort die Koeffizienten des Polynoms $(n-1)$-ten Grades $g(x)$. Analog liefert das Horner-Schema für das Polynom $g(x)$ zu einer Nullstelle x_1 bei der Abspaltung des Linearfaktors $g(x) = (x - x_1)h(x)$ unmittelbar die Koeffizienten des Polynoms $h(x)$. Für die Funktion $f(x)$ folgt hieraus die Darstellung

$$
f(x) = (x - x_0)(x - x_1)h(x) \, .
$$

Durch Wiederholung dieser Vorgehensweise auf $h(x)$ usw. lässt sich die **Produktdarstellung des Polynoms** $f(x)$ erhalten (vgl. auch die Seiten 84 ff.).

Beispiel 1.28: *Gesucht ist die Produktdarstellung des Polynoms*
$f(x) = x^4 + 2x^3 - 3x^2 - 8x - 4,\ x \in \mathbb{R}$.

Lösung: Durch Probieren findet man zunächst für $x = -1$

	1	2	-3	-8	-4
-1		$-1 \cdot 1$	$-1 \cdot 1$	$-1 \cdot (-4)$	$-1 \cdot (-4)$
	1	1	-4	-4	0

$\Longrightarrow f(x) = (x+1) \cdot g(x) = (x+1) \cdot (x^3 + x^2 - 4x - 4)$.

Für das Polynom $g(x) = (x^3 + x^2 - 4x - 4)$ gilt für $x = -1$

	1	1	-4	-4
-1		$-1 \cdot 1$	$-1 \cdot 0$	$-1 \cdot (-4)$
	1	0	-4	0

$\Longrightarrow g(x) = (x+1) \cdot h(x) = (x+1) \cdot (x^2 - 4)$.

Für das Ausgangspolynom folgt damit $f(x) = (x+1)^2(x^2-4)$. Das Polynom $h(x) = x^2 - 4$ lässt sich weiter in $h(x) = (x-2)(x+2)$ zerlegen, woraus sich die Produktdarstellung $f(x) = (x+1)^2(x+2)(x-2)$ ergibt. ◁

Im letzten Beispiel tritt in der Produktdarstellung der Faktor $(x+1)$, der zur Nullstelle $x = -1$ gehört, zweimal auf. Man spricht in diesem Fall von einer **doppelten Nullstelle** bzw. von einer **Nullstelle der Vielfachheit zwei** der Funktion $f(x)$.

Aufgabe 1.18: *Berechnen Sie die Funktionswerte $f(1)$, $f(2)$, $f(3)$ und geben Sie die Produktdarstellung der folgenden Polynome an.*

(1) $f(x) = x^4 - 4x^3 + x^2 + 12x - 12$ (2) $f(x) = x^4 - 3x^3 + 2x$

Aufgabe 1.19: *Geben Sie ein Polynom mit dem kleinsten Grad an, das eine einfache Nullstelle bei $x_1 = 5$, eine doppelte Nullstelle bei $x_2 = 3$ hat und die y-Achse bei $y = 90$ schneidet.*
Hinweis: Verwenden Sie die Produktdarstellung des Polynoms!

Jetzt wird noch auf das **Newton-Interpolationsverfahren** eingegangen. Mit diesem Verfahren wird ein Polynom $f(x)$ höchstens n-ten Grades ermittelt, das durch $(n+1)$ vorgegebene Punkte $(x_i; y_i)$, $i = 0; 1; \ldots; n$, mit $x_i \neq x_j$, $i \neq j$, der xy-Ebene verläuft. Bei diesem Verfahren wählt man für das Interpolationspolynom den Ansatz

$$f(x) = b_0 + b_1(x - x_0) + b_2(x - x_0)(x - x_1) + b_3(x - x_0)(x - x_1)(x - x_2)$$
$$+ \ldots + b_n(x - x_0)(x - x_1)(x - x_2) \cdots (x - x_{n-1}).$$

Anschließend werden nacheinander die Koordinaten der Punkte eingesetzt und jeweils die Interpolationsforderung gestellt. Es entstehen die folgenden $(n+1)$ Gleichungen

$$y_0 = f(x_0) = b_0$$
$$y_1 = f(x_1) = b_0 + (x_1 - x_0)b_1$$
$$y_2 = f(x_2) = b_0 + (x_2 - x_0)b_1 + (x_2 - x_0)(x_2 - x_1)b_2$$
$$\vdots$$
$$y_n = f(x_n) = b_0 + (x_n - x_0)b_1 + (x_n - x_0)(x_n - x_1)b_2 +$$
$$\ldots + b_n(x_n - x_0)(x_n - x_1) \cdots (x_n - x_{n-1}),$$

aus denen schrittweise die Koeffizienten b_i berechnet werden. Man erhält

$$b_0 = y_0$$
$$b_1 = \frac{y_1 - y_0}{x_1 - x_0}$$
$$b_2 = \frac{y_2 - y_0 - (x_2 - x_0)\frac{y_1 - y_0}{x_1 - x_0}}{(x_2 - x_0)(x_2 - x_1)}$$
$$\vdots$$

Eine effektive Berechnung dieser Koeffizienten erfolgt nach dem
Schema der dividierten Differenzen:

x_0	$[y_0]$					
		$[y_0 y_1]$				
x_1	$[y_1]$		$[y_0 y_1 y_2]$			
		$[y_1 y_2]$		$[y_0 y_1 y_2 y_3]$		
x_2	$[y_2]$		$[y_1 y_2 y_3]$			
$\vdots$	$\vdots$	$\vdots$	$\vdots$	$\vdots$	$\cdots$	$[y_0 \cdots y_n],$
x_{n-2}	$[y_{n-2}]$		$[y_{n-3} y_{n-2} y_{n-1}]$			
		$[y_{n-2} y_{n-1}]$		$[y_{n-3} y_{n-2} y_{n-1} y_n]$		
x_{n-1}	$[y_{n-1}]$		$[y_{n-2} y_{n-1} y_n]$			
		$[y_{n-1} y_n]$				
x_n	$[y_n]$					

Die in eckigen Klammern stehenden Ausdrücke werden von links nach rechts nach den Formeln

$$[y_i] := y_i, \qquad i = 0; 1; \ldots; n,$$

$$[y_i y_{i+1}] := \frac{[y_{i+1}] - [y_i]}{x_{i+1} - x_i}, \qquad i = 0; 1; \ldots; (n-1),$$

$$[y_i y_{i+1} y_{i+2}] := \frac{[y_{i+1} y_{i+2}] - [y_i y_{i+1}]}{x_{i+2} - x_i}, \qquad i = 0; 1; \ldots; (n-2), \qquad (1.29)$$

$$\vdots$$

$$[y_0 \ldots y_n] := \frac{[y_n \ldots y_1] - [y_{n-1} \ldots y_0]}{x_n - x_0}$$

berechnet. Mit Hilfe der dividierten Differenzen ergibt sich der folgende

---

Satz 1.13: *Für das Newton'sche-Interpolationspolynom durch die Punkte* $(x_0; y_0), (x_1; y_1), \ldots, (x_n; y_n)$ *mit* $x_i \neq x_j$, $i \neq j$, *gilt*

$$f(x) = b_0 + b_1(x - x_0) + b_2(x - x_0)(x - x_1) + b_3(x - x_0)(x - x_1)(x - x_2)$$
$$+ \ldots + b_n(x - x_0)(x - x_1)(x - x_2) \cdots (x - x_{n-1}) ,$$

mit $b_0 = [y_0]$, $b_1 = [y_0 y_1]$, $b_2 = [y_0 y_1 y_2], \ldots, b_n = [y_0 y_1 \ldots y_n]$.

Beispiel 1.29: *Gesucht ist ein Interpolationspolynom durch die Punkte der xy-Ebene* $(1; 4)$, $(2; 6)$, $(3; 0)$ *und* $(0; 12)$.

Lösung: Das Schema der dividierten Differenzen hat die Form

1	4			
		$\frac{6-4}{2-1} = 2$		
2	6		$\frac{-6-2}{3-1} = -4$	
		$\frac{0-6}{3-2} = -6$		$\frac{-1-(-4)}{0-1} = -3$.
3	0		$\frac{-4-(-6)}{0-2} = -1$	
		$\frac{12-0}{0-3} = -4$		
0	12			

Der Satz 1.13 liefert dann

$$f(x) = 4 + 2(x - 1) - 4(x - 1)(x - 2) - 3(x - 1)(x - 2)(x - 3)$$
$$= -3x^3 + 14x^2 - 19x + 12 . \qquad \triangleleft$$

Aufgabe 1.20: *Gesucht ist ein Interpolationspolynom, das durch die folgenden Punkte verläuft.*

   (1) $(2; 2)$, $(1; 1)$, $(-1; 0)$, $(-2; 0)$,

   (2) $(-3; 0)$, $(-2; 1)$, $(-1; 0)$, $(0; 2)$, $(1; -1)$.

In der Literatur findet man außer dem Newton-Interpolationspolynom noch weitere Interpolationspolynome (Siehe [3], Seiten 1119 ff.). Das Newton-Interpolationspolynom hat den Vorteil, dass bei der Hinzunahme weiterer Punkte das bisherige Schema der dividierten Differenzen verwendet werden kann und lediglich nach unten durch die neuen Punkte ergänzt werden muss.

Wenn die Anzahl der zu interpolierenden Punkte groß ist, dann beginnt im Allgemeinen das Interpolationspolynom in der Umgebung der Randpunkte stark zu oszillieren. Diesen Nachteil beseitigt man durch die Verwendung von **Splines**, die im Abschnitt 7.11 (Seiten 242 ff.) behandelt werden. Wenn zusätzlich noch die Koordinaten der Punkte fehlerbehaftet sind, muss anstelle von Interpolationspolynomen auf die **Methode der kleinsten Quadrate** aus dem Abschnitt 10.3.9 (Seiten 341 ff.) zurückgegriffen werden.

1.5.2   Gebrochen rationale Funktionen

Eine gebrochen rationale Funktion ergibt sich als Quotient zweier Polynome.

Definition 1.33 : *Es seien* $a_0, \dots, a_m, b_0, \dots, b_n$ *reelle Konstanten, wobei* $a_m \neq 0$ *und* $b_n \neq 0$ *gilt. Die Funktion*

$$y = f(x) = \frac{\displaystyle\sum_{k=0}^{m} a_k\, x^k}{\displaystyle\sum_{k=0}^{n} b_k\, x^k} = \frac{a_m\, x^m + a_{m-1}\, x^{m-1} + \dots + a_1\, x + a_0}{b_n\, x^n + b_{n-1}\, x^{n-1} + \dots + b_1\, x + b_0}, \quad x \in D,$$

heißt **gebrochen rationale Funktion**.

Beim (maximalen) Definitionsbereich D einer gebrochen rationalen Funktion müssen die Nullstellen des Nennerpolynoms ausgeschlossen werden. D.h.,

$$D = \left\{ x \in \mathbb{R} \,\middle|\, \sum_{k=0}^{n} b_k\, x^k \neq 0 \right\}.$$

An den Nennernullstellen treten sogenannte **Definitionslücken** auf. Das Verhalten von gebrochen rationalen Funktionen in der Umgebung von Definitionslücken wird weiter unten auf den Seiten 197 ff. untersucht. Weiterhin wird auf diesen Seiten das Verhalten gebrochen rationaler Funktionen für „sehr große" bzw. „sehr kleine" x-Werte behandelt. Dieses Verhalten wird durch das Verhältnis der Grade m und n des Zähler- und Nennerpolynoms bestimmt.

Im Fall $m < n$ spricht man von einer **echt gebrochen rationalen Funkti-on** und im Fall $m \geq n$ von einer **unecht gebrochen rationalen Funktion**.

Satz 1.14: *Jede unecht gebrochen rationale Funktionen $f(x)$ lässt sich darstellen als*

$$f(x) = p(x) + g(x),$$

wobei $p(x)$ ein Polynom und $g(x)$ eine echt gebrochen rationale Funktion ist.

Am folgenden Beispiel wird erläutert, wie man die Darstellung aus dem Satz 1.14 mit Hilfe einer Polynomdivision erhält.

Beispiel 1.30: *Die Funktion* $f(x) = \dfrac{2x^4 + 3x^3 + x - 2}{x^3 + x^2 - 1},\ x \in D,$ *ist entsprechend Satz 1.14 darzustellen.*

Lösung: Die Polynomdivision mit Rest

$$
\begin{array}{l}
(2x^4 + 3x^3 + x - 2) : (x^3 + x^2 - 1) = 2x + 1 = p(x) \\
\underline{-(2x^4 + 2x^3 - 2x)} \\
\qquad\quad x^3 + 3x - 2 \\
\qquad\quad \underline{-(x^3 + x^2 - 1)} \\
\qquad\quad \boxed{-x^2 + 3x - 1} \longleftarrow \text{Rest}
\end{array}
$$

ergibt die Darstellung

$$f(x) = \frac{2x^4 + 3x^3 + x - 2}{x^3 + x^2 - 1} = \underbrace{2x + 1}_{= p(x)} + \underbrace{\frac{\boxed{-x^2 + 3x - 1}}{x^3 + x^2 - 1}}_{= g(x)}.$$

Die Gültigkeit der letzten Gleichung kann man überprüfen, indem man diese Gleichung mit dem Nenner $(x^3 + x^2 - 1)$ multipliziert. ◁

1.5.3 Hyperbolische und Area-Funktionen

Die hyperbolischen Funktionen lassen sich mit Hilfe der Exponentialfunktion definieren.

Definition 1.34 : *Als* **hyperbolische Funktionen** *werden folgende Funktionen bezeichnet:*

Sinus-Hyperbolicus: $y = f(x) = \sinh(x) := \dfrac{e^x - e^{-x}}{2}, \; x \in \mathbb{R}$,

Kosinus-Hyperbolicus: $y = f(x) = \cosh(x) := \dfrac{e^x + e^{-x}}{2}, \; x \in \mathbb{R}$,

Tangens-Hyperbolicus: $y = f(x) = \tanh(x) := \dfrac{e^x - e^{-x}}{e^x + e^{-x}}, \; x \in \mathbb{R}$,

Kotangens-Hyperbolicus: $y = f(x) = \coth(x) := \dfrac{e^x + e^{-x}}{e^x - e^{-x}}, \; x \neq 0$.

Die Graphen der hyperbolischen Funktionen sind in den Bildern 1.37 und 1.38 dargestellt. An den Graphen dieser Funktion erkennt man die Richtigkeit des folgenden Satzes.

Satz 1.15 : *Die Funktionen* $\sinh(x)$, $\tanh(x)$ *und* $\coth(x)$ *sind ungerade Funktionen.* $\cosh(x)$ *ist eine gerade Funktion. D.h., es gilt*

$$\sinh(x) = -\sinh(-x),\; \forall x \in \mathbb{R}, \quad \tanh(x) = -\tanh(-x),\; \forall x \in \mathbb{R},$$

$$\coth(x) = -\coth(-x),\; \forall x \neq 0, \quad \cosh(x) = \cosh(-x),\; \forall x \in \mathbb{R}.$$

Der **Beweis** des Satzes wird dem Leser als Übungsaufgabe überlassen.

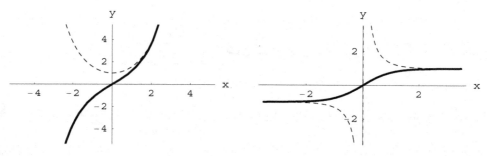

Bild 1.37: $f(x) = \sinh(x), \; x \in \mathbb{R}$,   **Bild 1.38:** $f(x) = \tanh(x), \; x \in \mathbb{R}$,
$f(x) = \cosh(x), \; x \in \mathbb{R}$ *(gestrichelt)* $f(x) = \coth(x), \; x \neq 0$ *(gestrichelt)*

Wichtige Eigenschaften der hyperbolischen Funktionen enthält der folgende Satz.

Satz 1.16: *Für alle* $x, y \in \mathbb{R}$ *gilt*

(1) $\quad \sinh(x + y) = \sinh(x)\cosh(y) + \cosh(x)\sinh(y)$,

(2) $\quad \cosh(x + y) = \cosh(x)\cosh(y) + \sinh(x)\sinh(y)$,

(3) $\quad \cosh^2(x) - \sinh^2(x) = 1$.

Beweis: Zum Beweis sind die Definition 1.34 und Potenzgesetze anzuwenden. Die erste Aussage ergibt sich aus

$$\sinh(x)\cosh(y) + \cosh(x)\sinh(y) = \left(\frac{e^x - e^{-x}}{2}\right)\left(\frac{e^y + e^{-y}}{2}\right)$$

$$+ \left(\frac{e^x + e^{-x}}{2}\right)\left(\frac{e^y - e^{-y}}{2}\right) = \frac{2\,e^{x+y} - 2\,e^{-x-y}}{4} = \sinh(x + y)\,.$$

Die zweite und dritte Aussage werden analog bewiesen, wobei für die dritte Aussage $\cosh(0) = 1$ verwendet wird. ◀

Aufgabe 1.21: *Mit Hilfe der Bilder 1.37 und 1.38 sind die hyperbolischen Funktionen auf Monotonie, Eineindeutigkeit und Beschränktheit zu untersuchen.*

Als Nächstes werden die inversen Funktionen zu den hyperbolischen Funktionen eingeführt. Da die Funktionen $\sinh(x)$, $\tanh(x)$ und $\coth(x)$ eineindeutig sind, existieren zu diesen Funktionen auf dem gesamten Definitionsbereich die inversen Funktionen. Die inverse Funktion zu $\cosh(x)$ existiert nur auf dem Monotonie-Bereich $[0; \infty)$ oder $(-\infty; 0]$. Die inversen Funktion werden nach dem Schema auf der Seite 42 berechnet.

Beispiel 1.31: *Gesucht ist die inverse Funktion von* $y = \sinh(x)$, $x \in \mathbb{R}$.

Lösung: Für den Wertebereich gilt $W = \{y | y = \sinh(x),\ x \in \mathbb{R}\} = \mathbb{R}$. Im zweiten Schritt ist die Gleichung $y = \frac{1}{2}(e^x - e^{-x})$ nach x aufzulösen. Mit der Substitution $z := e^x$ ergibt sich

$$y = \frac{1}{2}\left(z - \frac{1}{z}\right) \Longleftrightarrow 2y = z - \frac{1}{z} \Longleftrightarrow z^2 - 2yz - 1 = 0\,.$$

Hieraus erhält man als Lösungen $z_{1,2} = y \pm \sqrt{y^2 + 1}$. Da $z = e^x > 0$ gilt, folgt hieraus $e^x = y + \sqrt{y^2 + 1}$. Durch Logarithmieren und anschließendes Umbenennen der Variablen erhält man die inverse Funktion

$$y = f^{-1}(x) = \ln\left(x + \sqrt{x^2 + 1}\right),\ x \in \mathbb{R}\,. \qquad \triangleleft$$

Die Umkehrfunktionen werden in der nächsten Definition angegeben.

Definition 1.35: *Die Umkehrfunktionen zu den hyperbolischen Funktionen werden als* **Area-Funktionen** *bezeichnet.*

hyperbolische Funktion	Umkehrfunktion
$\sinh(x)$, $x \in \mathbb{R}$	$\operatorname{arsinh}(x) := \ln\left(x + \sqrt{x^2 + 1}\right)$, $x \in \mathbb{R}$ **Areasinus-Funktion**
$\cosh(x)$, $x \geq 0$	$\operatorname{arcosh}(x) := \ln\left(x + \sqrt{x^2 - 1}\right)$, $x \geq 1$ **Areakosinus-Funktion**
$\tanh(x)$, $x \in \mathbb{R}$	$\operatorname{artanh}(x) := \frac{1}{2}\ln\left(\frac{1+x}{1-x}\right)$, $x \in (-1; 1)$ **Areatangens-Funktion**
$\coth(x)$, $x \neq 0$	$\operatorname{arcoth}(x) := \frac{1}{2}\ln\left(\frac{x+1}{x-1}\right)$, $|x| > 1$ **Areakotangens-Funktion**

Bemerkung: Auf Taschenrechnern (z.B. TI-89) werden die Area-Funktionen mit $\sinh^{-1}(x)$, $\cosh^{-1}(x)$, $\tanh^{-1}(x)$ bzw. $\coth^{-1}(x)$ bezeichnet.

Die Graphen der Areafunktionen sind in den folgenden beiden Bildern dargestellt.

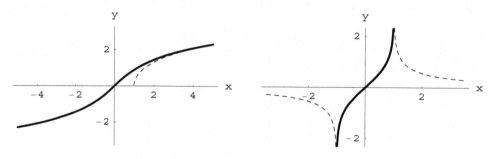

Bild 1.39: $f(x) = \operatorname{arsinh}(x)$, $x \in \mathbb{R}$,   **Bild 1.40:** $\operatorname{artanh}(x)$, $x \in (-1; 1)$,
$f(x) = \operatorname{arcosh}(x)$, $x \geq 1$ *(gestrichelt)* $f(x) = \operatorname{arcoth}(x)$, $|x| > 1$ *(gestrichelt)*

Aufgabe 1.22: *Bestimmen Sie die Konstanten a und b so, dass für die Funktion $g(x) = a\cosh(bx)$ gilt $g(-2) = g(2) = 5$ und $g(0) = 3$.*

1.6 Die binomische Formel

Definition 1.36: *Es sei* $n \in \mathbb{N}$. *Dann heißt*

$$n! := \begin{cases} n \cdot (n-1) \cdot \ldots \cdot 1 & \text{wenn } n \geq 1 \\ 1 & \text{wenn } n = 0 \end{cases} \qquad n \text{ \textbf{Fakultät}.}$$

Zur Bildung von $n!$ werden bei $n \geq 1$ die ersten n positiven natürlichen Zahlen miteinander multipliziert. Es gilt z.B. $5! = 5 \cdot 4 \cdot 3 \cdot 2 \cdot 1 = 120$.
Der folgende Satz gibt an, wie man effektiv $(a+b)^n$ berechnen kann.

Satz 1.17: *a und b seien reelle Zahlen. Dann gilt für jedes* $n \in \mathbb{N}$

$$(a+b)^n = \sum_{k=0}^{n} \binom{n}{k} a^{n-k} b^k, \qquad (1.30)$$

wobei $\binom{n}{k} := \dfrac{n!}{k! \cdot (n-k)!}$ *die sogenannten* **Binomialkoeffizienten** *sind.*

Die Gleichung (1.30) wird auch als **binomische Formel** bezeichnet und lässt sich mit vollständiger Induktion beweisen.

Die Binomialkoeffizienten haben folgende Eigenschaften.

$$(1) \quad \binom{n}{0} = \binom{n}{n} = 1, \qquad (2) \quad \binom{n}{1} = \binom{n}{n-1} = n,$$

$$(3) \quad \binom{n}{k} = \binom{n}{n-k}, \qquad (4) \quad \binom{n}{k} + \binom{n}{k+1} = \binom{n+1}{k+1}.$$

Das Überprüfen dieser Eigenschaften wird dem Leser zur Übung empfohlen. Binomialkoeffizienten lassen sich mit CAS-Rechnern mit dem Befehl `nCr(n,k)` (für TI- Rechner) bzw. `nCr n,k` (für ClassPad 300) berechnen.

Beispiel 1.32: $(a+b)^2 = \binom{2}{0} a^0 b^2 + \binom{2}{1} a^1 b^1 + \binom{2}{2} a^2 b^0 = b^2 + 2ab + a^2$,

$$(a-b)^5 = \binom{5}{0} a^0 (-b)^5 + \binom{5}{1} a^1 (-b)^4 + \binom{5}{2} a^2 (-b)^3 + \binom{5}{3} a^3 (-b)^2$$

$$+ \binom{5}{4} a^4 (-b)^1 + \binom{5}{5} a^5 (-b)^0 = -b^5 + 5ab^4 - 10a^2 b^3 + 10a^3 b^2 - 5a^4 b + a^5.$$

1.7   Hinweise zur Arbeit mit CAS-Rechnern

In diesem Abschnitt wird sich auf einige einführende Hinweise beschränkt. Weitergehende Hinweise zu einzelnen Rechnertypen sind auf meiner homepage `www.informatik.htw-dresden.de/~richter/cas-rechner` bzw. in den jeweiligen Handbüchern zu finden.

Bei vielen Taschenrechnern sind die Tasten der Tastatur mehrfach belegt. Beim Taschenrechner TI-89 Titanium erfolgt der Zugriff auf die Mehrfachbelegung durch eine der Tasten $\boxed{\text{2nd}}$ (orange Taste) oder $\boxed{\blacklozenge}$ (grüne Taste) oder $\boxed{\text{alpha}}$ (lila Taste). So gibt man z.B. die Zahl π durch die Tastenfolge $\boxed{\text{2nd}}$ $\boxed{\pi}$ ein. Mit der offenen Box wird gekennzeichnet, dass diese Taste nur in Verbindung mit der vorhergehenden Umschalttaste wirksam wird. Auf die folgenden Tasten sei besonders hingewiesen: $\boxed{\text{ESC}}$ schließt ein Menü bzw. Dialogfeld, $\boxed{\text{ENTER}}$ oder $\boxed{\text{EXE}}$ führt eine Anweisung aus bzw. wählt ein Menüpunkt aus und $\boxed{\text{HOME}}$ zeigt den Ausgangsbildschirm an.

Weiterhin ist zu beachten, dass Variablenzuweisungen auch nach dem Ausschalten des Rechners im Speicher erhalten bleiben. Ein Variablennamen kann aus mehreren Buchstaben und Ziffern bestehen, wobei im Allgemeinen das erste Zeichen keine Ziffer sein darf. Aus diesem Grund führen die Eingaben von xb und $x \cdot b$ zu unterschiedlichen Ergebnissen. Da x, y, z und t sehr häufig als Variable verwendet werden, sollte man diesen Symbolen nach Möglichkeit keine Werte zuweisen.

Für die graphische Darstellung einer Funktion oder Kurve sind sowohl der entsprechende Modus als auch die entsprechenden Bereiche für das Anzeigefenster auszuwählen. Auf die graphische Darstellung von Kurven wird im Abschnitt 5.2.5 näher eingegangen.

Kapitel 2

Komplexe Zahlen

2.1 Definition der komplexen Zahlen

Die bisherigen Untersuchungen wurden im Bereich der reellen Zahlen durchgeführt. Dabei zeigt sich, dass bereits einfache Gleichungen keine reellen Lösungen haben. So besitzt zum Beispiel die quadratischen Gleichung $x^2 = -1$ im Reellen keine Lösung, weil die Quadratwurzel $\sqrt{-1}$ nicht erklärt ist. Um diese Gleichung lösen zu können, wird in der nächsten Definition ein neues Zahlensymbol definiert. Mit Hilfe dieses neuen Zahlensymbols wird dann jede quadratische Gleichung der Form $x^2 + p\,x + q = 0$ ($p \in \mathbb{R}$, $q \in \mathbb{R}$) lösbar (vgl. den Satz 2.13 auf der Seite 85).

Definition 2.1: i *mit der Eigenschaft* $i^2 = -1$ *heißt* **imaginäre Einheit**.

Bemerkung: Um ein Verwechseln mit der Stromstärke zu vermeiden, wird bei technischen Anwendungen (insbesondere in der Elektrotechnik) anstelle des Symbols i auch das Symbol j verwendet.

Es wird vereinbart, dass mit der imaginären Einheit i die gleichen Rechenoperationen durchgeführt werden können wie mit einer reellen Zahl. Durch die Einführung der imaginären Einheit i wird ein neuer Zahlentyp erklärt.

Definition 2.2: *Eine* **komplexe Zahl** z *ist ein Ausdruck der Form* $z = x + y\,\mathbf{i}$, *wobei* $x \in \mathbb{R}$ *und* $y \in \mathbb{R}$ *beliebige reelle Zahlen sind.*
x *heißt* **Realteil** *und* y **Imaginärteil** *der komplexen Zahl* z.
Für zwei beliebige komplexe Zahlen $z_1 = x_1 + y_1\,\mathbf{i}$ *und* $z_2 = x_2 + y_2\,\mathbf{i}$ *werden die Operationen Addition und Multiplikation wie folgt definiert:*

$$z_1 + z_2 := (x_1 + x_2) + (y_1 + y_2)\,\mathbf{i}\,, \tag{2.1}$$

$$z_1 \cdot z_2 := (x_1 x_2 - y_1 y_2) + (x_1 y_2 + x_2 y_1)\,\mathbf{i}\,. \tag{2.2}$$

Die komplexen Zahlen z_1 *und* z_2 *sind genau dann gleich, wenn jeweils ihre Real- und Imaginärteile übereinstimmen, d.h.,*

$$\big(z_1 = z_2\big) \Longleftrightarrow \big((x_1 = x_2) \wedge (y_1 = y_2)\big)\,. \tag{2.3}$$

Bezeichnungen: Der Realteil bzw. der Imaginärteil der komplexen Zahl $z = x + y\,\mathbf{i}$ wird mit $\mathrm{Re}(z) = x$ bzw. $\mathrm{Im}(z) = y$ bezeichnet. Für die Menge aller komplexen Zahlen wird $\mathbb{C}$ geschrieben, d.h.

$$\mathbb{C} = \big\{ z = x + y\,\mathbf{i} \,\big|\, x \in \mathbb{R},\, y \in \mathbb{R} \big\}.$$

Jede komplexe Zahl, bei der der Imaginärteil Null ist, ergibt eine reelle Zahl. In diesem Fall gehen die Operationen (2.1) und (2.2) in die Addition und Multiplikation von reellen Zahlen über. Folglich ist die Menge der reellen Zahlen in der Menge der komplexen Zahlen enthalten, d.h., es gilt $\mathbb{R} \subset \mathbb{C}$.
Die für reelle Zahlen geltenden Kommutativ-, Assoziativ- und Distributivgesetze gelten auch bei komplexen Zahlen.

Satz 2.1: z_1, z_2, z_3 *seien beliebige komplexe Zahlen. Dann gilt*

$$\begin{aligned}
z_1 + z_2 &= z_2 + z_1\,, & z_1 \cdot z_2 &= z_2 \cdot z_1\,, \\
(z_1 + z_2) + z_3 &= z_1 + (z_2 + z_3)\,, & (z_1 \cdot z_2) \cdot z_3 &= z_1 \cdot (z_2 \cdot z_3)\,, \\
(z_1 + z_2) \cdot z_3 &= z_1 \cdot z_3 + z_2 \cdot z_3\,. &
\end{aligned}$$

Der **Beweis** des Satzes ergibt sich durch mehrfaches Anwenden der Gleichungen (2.1), (2.2) und der Äquivalenz (2.3). Die Ausführung des Beweises wird dem Leser zur Übung überlassen.   ◀

Jeder komplexen Zahl $z = x + y\,\mathbf{i}$ lässt sich eineindeutig ein Punkt $P(z) = P(x; y)$ in der **komplexen Zahlenebene** (oder **Gaußschen Zahlenebene**) zuordnen. Die erste Koordinate des Punktes gibt den Realteil und die zweite Koordinate den Imaginärteil an. Im Bild 2.1 ist die komplexe Zahl $z = 2 + 3\,\mathrm{i}$ dargestellt. Man nennt diese Darstellung auch **kartesische** oder **arithmetische Darstellung** von z. Bei technischen Anwendungen (z.B. in der Elektrotechnik) wird einer komplexen Zahl ein sogenannter **Zeiger** zugeordnet. Ein Zeiger ist ein Pfeil, der im Koordinatenursprung beginnt und dessen Pfeilspitze im Punkt $P(z)$ endet.

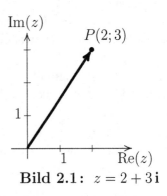

Bild 2.1: $z = 2 + 3\,\mathrm{i}$

Definition 2.3: *Es sei* $z = x + y\,\mathrm{i}$ *eine komplexe Zahl.*
$|z| = \sqrt{x^2 + y^2}$ *heißt* **Betrag** *der komplexen Zahl* z.
$\overline{z} = \overline{x + y\,\mathrm{i}} = x - y\,\mathrm{i}$ *heißt* **konjugiert komplexe Zahl** *von* $z = x + y\,\mathrm{i}$.

Der Betrag der komplexen Zahl z gibt die Entfernung des Punktes $P(z)$ vom Koordinatenursprung an. Die konjugiert komplexe Zahl $\overline{z}$ ergibt sich durch Ändern des Vorzeichens des Imaginärteils der komplexen Zahl z. In der komplexen Zahlenebene erhält man die konjugiert komplexe Zahl $\overline{z}$ durch Spiegelung des Punktes $P(z)$ an der $\mathrm{Re}(z)$-Achse.

Beispiel 2.1: *Von der komplexen Zahl* $z = 4 - 3\,\mathrm{i}$ *sind der Betrag und die konjugiert komplexe Zahl zu ermitteln.*

Lösung: $|z| = \sqrt{4^2 + (-3)^2} = \sqrt{25} = 5, \quad \overline{z} = \overline{4 - 3\,\mathrm{i}} = 4 + 3\,\mathrm{i}.$ ◁

Eigenschaften von konjugiert komplexen Zahlen werden auf der Seite 79 angegeben.

Aufgabe 2.1: *Geben Sie die konjugiert komplexe Zahl* $\overline{z}$ *von* $z = 5 + 2\,\mathrm{i}$ *an und berechnen Sie den Betrag von* $\overline{z}$.

2.2 Darstellungen komplexer Zahlen

Auf der Seite 73 wurde die **kartesische Darstellung** einer komplexen Zahl $z = x + y\,\mathrm{i}$ in der (komplexen) Zahlenebene als Punkt $P(z) = P(x; y)$ bzw.

als Zeiger diskutiert. Die Lage des Zeigers
bzw. des Punktes $P(z) = P(x; y)$ lässt sich
auch durch folgende zwei Größen beschreiben
(siehe Bild 2.2):

(1) durch den Winkel φ zwischen dem Zeiger und dem positiven Teil der $\mathrm{Re}(z)$-Achse
und

(2) durch die Länge $|z|$ des Zeigers
bzw. durch den Abstand des Punktes
$P(z) = P(x; y)$ vom Koordinatenursprung.

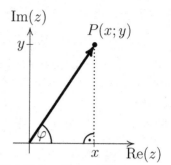

Bild 2.2: *Darstellung von* z

Die Winkel werden üblicherweise in Bogenmaß angegeben. Der Winkel φ zwischen dem Zeiger und dem positiven Teil der $\mathrm{Re}(z)$-Achse ist positiv (bzw.
negativ), wenn der Winkel von dem positiven Teil der $\mathrm{Re}(z)$-Achse beginnend
und entgegengesetzt dem (bzw. im) Uhrzeigersinn gemessen wird. In dem rechtwinkligen Dreieck im Bild 2.2 gelten die Beziehungen

$$\cos(\varphi) = \frac{x}{|z|} \qquad \text{bzw.} \qquad \sin(\varphi) = \frac{y}{|z|}. \tag{2.4}$$

Werden beide Gleichungen mit $|z|$ multipliziert, erhält man

$$z = x + y\,\mathbf{i} = |z|\cos(\varphi) + |z|\sin(\varphi)\,\mathbf{i} = |z|(\cos(\varphi) + \sin(\varphi)\,\mathbf{i})\,.$$

Definition 2.4: $z = |z|\big(\cos(\varphi) + \sin(\varphi)\,\mathbf{i}\big)$ *heißt* **Darstellung in Po-
larkoordinaten** *oder* **trigonometrische Darstellung** *der komplexen
Zahl* $z = x + y\,\mathbf{i}$. *Der Winkel* φ *ist das* **Argument** *von* z *und man
schreibt* $\varphi = \arg(z)$.

Bemerkung: Wenn φ Argument der komplexen Zahl z ist, dann ist auf Grund
der Periodizität der trigonometrischen Funktionen auch $\varphi = \varphi + 2k\pi$, $k \in \mathbb{Z}$,
Argument der komplexen Zahl z. Das Argument φ mit der Eigenschaft
$-\pi < \varphi \le \pi$ heißt **Hauptwert des Argumentes** oder kurz **Hauptargument** von z.

Zwischen der Exponentialfunktion und den trigonometrischen Funktionen besteht die folgende Beziehung, die von L. Euler bewiesen wurde:

$$e^{\mathbf{i}\varphi} = \cos(\varphi) + \sin(\varphi)\,\mathbf{i}, \qquad \forall\,\varphi \in \mathbb{R}. \tag{2.5}$$

Mit (2.5) ergibt sich eine weitere Darstellungsform für komplexe Zahlen.

Definition 2.5 : $z = |z|\,e^{i\varphi}$ *nennt man* **Eulersche Darstellung** *oder auch* **exponentielle Darstellung** *der komplexen Zahl* $z = x + y\,i$.

Nach dem folgenden Satz lassen sich unterschiedliche Darstellungsformen einer komplexen Zahl ineinander umrechnen.

Satz 2.2 : *Die komplexe Zahl* z *habe den Realteil* $x = \mathrm{Re}(z)$ *und den Imaginärteil* $y = \mathrm{Im}(z)$. *Dann gilt*

$$|z| = \sqrt{x^2 + y^2}\,, \tag{2.6}$$

$$\varphi = \begin{cases} \arccos\left(\frac{x}{|z|}\right), & wenn \quad y \geq 0,\ |z| > 0, \\[2mm] -\arccos(\frac{x}{|z|}), & wenn \quad y < 0,\ |z| > 0, \\[2mm] nicht\ definiert,\ wenn & |z| = 0\,. \end{cases} \tag{2.7}$$

Die komplexe Zahl z *habe den Betrag* $|z|$ *und das Argument* φ. *Dann gilt*

$$\mathrm{Re}(z) = |z|\cos(\varphi) \quad und \quad \mathrm{Im}(z) = |z|\sin(\varphi)\,. \tag{2.8}$$

Beweis: Die Beziehungen (2.8) folgen aus (2.4). (2.7) ergibt sich aus (2.8), wobei für $y < 0$ lediglich noch zu beachten ist, dass $\varphi \in (-\pi; 0)$ ist. Die Gleichung (2.6) folgt aus dem Satz des Pythagoras. ◄

Beispiel 2.2 : (1) *Zu den komplexen Zahlen*

$$z_1 = 3 + \sqrt{3}\,i, \qquad z_2 = 3 - \sqrt{3}\,i, \qquad z_3 = 3\,i \quad und \quad z_4 = -3\,i$$

sind die Polardarstellung und die Eulersche Darstellung gesucht.
(2) *Für die komplexen Zahlen*

$$z_5 = 6\,e^{-i\frac{2\pi}{3}} \quad und \quad z_6 = 3\left(\cos\left(\frac{\pi}{6}\right) + \sin\left(\frac{\pi}{6}\right)i\right)$$

ist die kartesische Darstellung gesucht.

Lösung: zu (1): Die Berechnung der Argumente erfolgt nach (2.7), die der Beträge nach (2.6).

$$|z_1| = \sqrt{3^2 + (\sqrt{3})^2} = \sqrt{12} = 2\sqrt{3}, \qquad \varphi_1 = \arccos\left(\frac{3}{2\sqrt{3}}\right) = \frac{\pi}{6},$$

$$\implies z_1 = 3 + \sqrt{3}\,i = 2\sqrt{3}\left(\cos\left(\frac{\pi}{6}\right) + \sin\left(\frac{\pi}{6}\right)i\right) = 2\sqrt{3}\,e^{i\frac{\pi}{6}};$$

$$|z_2| = \sqrt{3^2 + (-\sqrt{3})^2} = \sqrt{12} = 2\sqrt{3}, \qquad \varphi_2 = -\arccos\left(\frac{3}{2\sqrt{3}}\right) = -\frac{\pi}{6},$$

$$\implies z_2 = 3 - \sqrt{3}\,\mathbf{i} = 2\sqrt{3}\left(\cos\left(-\frac{\pi}{6}\right) + \sin\left(-\frac{\pi}{6}\right)\mathbf{i}\right) = 2\sqrt{3}\,\mathrm{e}^{-\mathbf{i}\frac{\pi}{6}};$$

$$|z_3| = \sqrt{0 + 3^2} = 3, \qquad \varphi_3 = \arccos\left(\frac{0}{3}\right) = \frac{\pi}{2},$$

$$\implies z_3 = 3\,\mathbf{i} = 3\left(\cos\left(\frac{\pi}{2}\right) + \sin\left(\frac{\pi}{2}\right)\mathbf{i}\right) = 3\,\mathrm{e}^{\mathbf{i}\frac{\pi}{2}};$$

$$|z_4| = \sqrt{0 + (-3)^2} = 3, \qquad \varphi_4 = -\arccos\left(\frac{0}{3}\right) = -\frac{\pi}{2},$$

$$\implies z_4 = -3\,\mathbf{i} = 3\left(\cos\left(\frac{-\pi}{2}\right) + \sin\left(\frac{-\pi}{2}\right)\mathbf{i}\right) = 3\,\mathrm{e}^{-\mathbf{i}\frac{\pi}{2}}.$$

zu (2): Aus (2.8) ergibt sich

$$\mathrm{Re}(z_5) = 6\cos\left(-\frac{2\pi}{3}\right) = -3, \qquad \mathrm{Im}(z_5) = 6\sin\left(-\frac{2\pi}{3}\right) = -3\sqrt{3},$$

$$\implies \begin{cases} z_5 = -3 - 3\sqrt{3}\,\mathbf{i} \\ z_6 = 3\cos(\frac{\pi}{6}) + 3\sin(\frac{\pi}{6})\mathbf{i} = \frac{3\sqrt{3}}{2} + \frac{3}{2}\,\mathbf{i}. \end{cases} \qquad \triangleleft$$

Aufgabe 2.2: *Gegeben sind die komplexen Zahlen*

$$z_7 = 2 - 4\,\mathbf{i}, \qquad z_8 = 3\,\mathrm{e}^{2\mathbf{i}} \quad und \quad z_9 = 2\left(\cos(4) + \sin(4)\,\mathbf{i}\right).$$

Stellen Sie (1) z_7 in der Eulerschen und der trigonometrischen Form,
(2) z_8 in der kartesischen und der trigonometrischen Form und
(3) z_9 in der Eulerschen und der kartesischen Form dar.

2.3   Rechenoperationen mit komplexen Zahlen

Ausgehend von der Definitionsgleichung (2.3) ergibt sich der folgende

---

Satz 2.3: *Für die komplexen Zahlen* $z_1 = x_1 + y_1\,\mathbf{i} = |z_1|\mathrm{e}^{\mathbf{i}\varphi_1}$ *und*
$z_2 = x_2 + y_2\,\mathbf{i} = |z_2|\,\mathrm{e}^{\mathbf{i}\varphi_2}$ *gilt*

$$z_1 = z_2 \iff (x_1 = x_2) \wedge (y_1 = y_2) \iff (|z_1| = |z_2|) \wedge (\varphi_1 = \varphi_2),$$

wobei φ_1 und φ_2 die Hauptwerte der Argumente von z_1 bzw. z_2 sind.

Für die Gleichheit zweier komplexer Zahlen in Eulerscher und trigonometrischer Darstellung müssen jeweils die Beträge und die Hauptargumente übereinstimmen. In der Definition 2.2 wurden die Addition und die Multiplikation von komplexen Zahlen definiert. Mit diesen Operationen lassen sich auch die Differenz und die Division von komplexen Zahlen definieren. Hierzu wird der folgende Satz verwendet.

Satz 2.4 : *Zu jeder komplexen Zahl* $z = x + y\,\mathbf{i} = |z|\,\mathrm{e}^{\mathrm{i}\varphi} \neq 0$ *existieren jeweils genau eine komplexe Zahl* $-z := -x - y\,\mathbf{i} = -|z|\,\mathrm{e}^{\mathrm{i}\varphi}$

und $\dfrac{1}{z} := \dfrac{x}{x^2 + y^2} - \dfrac{y}{x^2 + y^2}\,\mathbf{i} = \dfrac{1}{|z|}\,\mathrm{e}^{-\mathrm{i}\varphi}$, *so dass* $z + (-z) = 0$ *bzw.*

$z \cdot \dfrac{1}{z} = 1$ *gilt.*

Beweis: Die Behauptungen werden mit den Definitionsgleichungen (2.1) und (2.2) überprüft. Es wird nur die zweite Behauptung gezeigt.

$$z \cdot \frac{1}{z} = (x + y\,\mathbf{i}) \cdot \left(\frac{x}{x^2 + y^2} - \frac{y}{x^2 + y^2}\,\mathbf{i} \right) = (x + y\,\mathbf{i}) \cdot \left(\frac{x - y\,\mathbf{i}}{x^2 + y^2} \right)$$

$$= \frac{(x + y\,\mathbf{i})(x - y\,\mathbf{i})}{x^2 + y^2} = \frac{(x^2 + y^2) + (yx - xy)\,\mathbf{i}}{x^2 + y^2} = 1.$$

Analog ergibt sich für die Eulersche Darstellung

$$z \cdot \frac{1}{z} = |z|\,\mathrm{e}^{\mathrm{i}\varphi} \cdot \frac{1}{|z|}\,\mathrm{e}^{-\mathrm{i}\varphi} = \frac{|z|}{|z|}\,\mathrm{e}^{\mathrm{i}\varphi}\,\mathrm{e}^{-\mathrm{i}\varphi} = \mathrm{e}^{\mathrm{i}\varphi - \mathrm{i}\varphi} = \mathrm{e}^{0} = 1.$$

Die Eindeutigkeit lässt sich indirekt beweisen. ◄

Die Grundrechenoperationen mit komplexen Zahlen werden im folgenden Satz zusammengefasst.

Satz 2.5: $z_1 = x_1 + y_1\,\mathbf{i} = |z_1|\,\mathrm{e}^{\mathrm{i}\varphi_1}$ *und* $z_2 = x_2 + y_2\,\mathbf{i} = |z_2|\,\mathrm{e}^{\mathrm{i}\varphi_2}$ *seien zwei beliebige komplexe Zahlen. Dann gelten die Rechenoperationen*

$$z_1 + z_2 := (x_1 + x_2) + (y_1 + y_2)\,\mathbf{i},$$

$$z_1 - z_2 := z_1 + (-z_2) = (x_1 - x_2) + (y_1 - y_2)\,\mathbf{i},$$

$$z_1 \cdot z_2 := (x_1 x_2 - y_1 y_2) + (x_1 y_2 + y_1 x_2)\,\mathbf{i} = |z_1| \cdot |z_2| \cdot \mathrm{e}^{\mathrm{i}(\varphi_1 + \varphi_2)}$$

$$= |z_1| \cdot |z_2| \cdot \Big(\cos(\varphi_1 + \varphi_2) + \sin(\varphi_1 + \varphi_2)\,\mathbf{i} \Big),$$

$$\frac{z_1}{z_2} := z_1 \cdot \frac{1}{z_2} = \frac{x_1 x_2 + y_1 y_2}{x_2^2 + y_2^2} + \frac{y_1 x_2 - x_1 y_2}{x_2^2 + y_2^2}\,\mathbf{i} = \frac{|z_1|}{|z_2|} \cdot \mathrm{e}^{\mathrm{i}(\varphi_1 - \varphi_2)}$$

$$= \frac{|z_1|}{|z_2|} \cdot \Big(\cos(\varphi_1 - \varphi_2) + \sin(\varphi_1 - \varphi_2)\,\mathbf{i} \Big), \qquad (|z_2| > 0).$$

Beweis: Die Aussagen des Satzes ergeben sich unmittelbar mit Hilfe des Satzes 2.4 und den Rechenregeln, die im Bereich der reellen Zahlen gelten. So ergibt sich z.B. für die Multiplikation und Division komplexer Zahlen in Eulerscher Darstellung

$$z_1 \cdot z_2 = |z_1| \cdot e^{i\varphi_1} \cdot |z_2| \cdot e^{i\varphi_2} = |z_1| \cdot |z_2| \cdot e^{i(\varphi_1 + \varphi_2)}$$

$$\frac{z_1}{z_2} = \frac{|z_1| \cdot e^{i\varphi_1}}{|z_2| \cdot e^{i\varphi_2}} = \frac{|z_1|}{|z_2|} \cdot e^{i\varphi_1} \cdot e^{-i\varphi_2} = \frac{|z_1|}{|z_2|} \cdot e^{i(\varphi_1 - \varphi_2)}, \qquad (|z_2| > 0).$$

Der ausführliche Beweis wird an dieser Stelle nicht angegeben. ◄

Die Division komplexer Zahlen lässt sich auch erhalten, indem der Bruch $\dfrac{z_1}{z_2}$ mit der konjugiert komplexen Zahl $\overline{z}_2$ erweitert wird:

$$\frac{z_1}{z_2} = \frac{z_1 \overline{z_2}}{z_2 \overline{z_2}} = \frac{(x_1 + y_1\,i)(x_2 - y_2\,i)}{(x_2 + y_2\,i)(x_2 - y_2\,i)} = \frac{x_1 x_2 - x_1 y_2\,i + y_1\,i x_2 - y_1 y_2\,i^2}{x_2^2 - y_2^2\,i^2}$$

$$= \frac{x_1 x_2 + y_1 y_2}{x_2^2 + y_2^2} + \frac{y_1 x_2 - x_1 y_2}{x_2^2 + y_2^2}\,i, \qquad (|z_2| > 0). \tag{2.9}$$

Beispiel 2.3: *Für die komplexen Zahlen* $z_1 = 1 + 3\,i$ *und* $z_2 = 2 - 4\,i$ *sind* $z_1 + z_2,\ z_1 - z_2,\ z_1 \cdot z_2$ *und* $\dfrac{z_1}{z_2}$ *zu berechnen.*

Lösung: $z_1 + z_2 = (1 + 2) + (3 - 4)\,i = 3 - i,$

$z_1 - z_2 = (1 - 2) + (3 + 4)\,i = -1 + 7\,i,$

$z_1 \cdot z_2 = (1 + 3\,i) \cdot (2 - 4\,i) = 1 \cdot 2 + 1 \cdot (-4)\,i + 3\,i \cdot 2 + 3\,i \cdot (-4\,i) = 14 + 2\,i,$

$\dfrac{z_1}{z_2} = \dfrac{z_1 \cdot \overline{z_2}}{z_2 \cdot \overline{z_2}} = \dfrac{(1 + 3\,i) \cdot (2 + 4\,i)}{(2 - 4\,i) \cdot (2 + 4\,i)} = \dfrac{2 + 4\,i + 6\,i - 12}{4 + 16} = -\dfrac{1}{2} + \dfrac{1}{2}\,i.$ ◁

Beispiel 2.4: *Für die komplexen Zahlen* $z_5 = 6\,e^{-i\frac{2\pi}{3}}$ *und* $z_6 = 3\left(\cos\left(\dfrac{\pi}{6}\right) + \sin\left(\dfrac{\pi}{6}\right)i\right)$ *sind* $z_5 \cdot z_6$ *und* $\dfrac{z_5}{z_6}$ *auszurechnen.*

Lösung: Die Eulersche Darstellung von z_6 lautet $z_6 = 3\,e^{i\frac{\pi}{6}}$. Aus dem Satz 2.5 folgt dann

$$z_5 \cdot z_6 = 6 \cdot 3\,e^{i\left(-\frac{2\pi}{3} + \frac{\pi}{6}\right)} = 18\,e^{-i\frac{\pi}{2}} = 18\left(\cos\left(-\frac{\pi}{2}\right) + \sin\left(-\frac{\pi}{2}\right)i\right) = -18\,i$$

$$\frac{z_5}{z_6} = \frac{6}{3}\,e^{i\left(-\frac{2\pi}{3} - \frac{\pi}{6}\right)} = 2\,e^{-i\frac{5\pi}{6}} = 2\left(\cos\left(-\frac{5\pi}{6}\right) + \sin\left(-\frac{5\pi}{6}\right)i\right) = -\sqrt{3} - i. ◁$$

Aufgabe 2.3: *Für die komplexen Zahlen* $z_7 = 2 - 4\,i$ *und* $z_8 = 3\,e^{i2}$ *sind* $z_7 + z_8,\ z_7 - z_8,\ z_7 \cdot z_8$ *und* $\dfrac{z_7}{z_8}$ *zu berechnen.*

Zum Schluss dieses Abschnitts werden einige nützliche Eigenschaften von komplexen Zahlen zusammengestellt.

Satz 2.6: z, z_1, z_2 *seien beliebige komplexe Zahlen. Dann gilt*

(1) $\quad \mathrm{Re}(z) = \dfrac{1}{2}(z + \overline{z}), \qquad\qquad \mathrm{Im}(z) = \dfrac{1}{2\,\mathrm{i}}(z - \overline{z}),$

(2) $\quad \overline{\overline{z}} = z,$ $\qquad\qquad\qquad$ (3) $\quad z \cdot \overline{z} = |z|^2,$

(4) $\quad |z| = 0 \iff z = 0,$ $\qquad$ (5) $\quad |z| = |-z| = |\overline{z}|,$

(6) $\quad |z_1 \cdot z_2| = |z_1| \cdot |z_2|,$

(7) $\quad \big||z_1| - |z_2|\big| \le |z_1 + z_2| \le |z_1| + |z_2| \qquad$ (*Dreiecksungleichung*).

Beweis: Diese Eigenschaften ergeben sich aus den vorher behandelten Rechenoperationen.

zu (1): $\quad z + \overline{z} = (x + y\,\mathrm{i}) + (x - y\,\mathrm{i}) = 2x = 2\mathrm{Re}(z),$

$\qquad\qquad z - \overline{z} = (x + y\,\mathrm{i}) - (x - y\,\mathrm{i}) = 2y\,\mathrm{i} = 2\mathrm{Im}(z)\,\mathrm{i},$

zu (2): $\quad \overline{\overline{z}} = \overline{\overline{x + y\,\mathrm{i}}} = \overline{x - y\,\mathrm{i}} = x + y\,\mathrm{i} = z,$

zu (3): $\quad z \cdot \overline{z} = (x + y\,\mathrm{i}) \cdot (x - y\,\mathrm{i}) = x^2 - y^2\,\mathrm{i}^2 = x^2 + y^2 = |z|^2,$

zu (4): $\quad |z| = 0 \iff \sqrt{(\mathrm{Re}(z))^2 + (\mathrm{Im}(z))^2} = 0$

$\qquad\qquad\quad \iff (\mathrm{Re}(z) = 0) \wedge (\mathrm{Im}(z) = 0) \iff z = 0,$

zu (5): $\quad |z| = \sqrt{z \cdot \overline{z}} = \sqrt{\overline{z} \cdot z} = |\overline{z}|,$

$\qquad\qquad |-z| = \sqrt{(-z) \cdot (-\overline{z})} = \sqrt{z \cdot \overline{z}} = |z|$

zu (6): $\quad |z_1 \cdot z_2| = \sqrt{(z_1 \cdot z_2) \cdot \overline{(z_1 \cdot z_2)}} = \sqrt{z_1 \cdot \overline{z_1}} \cdot \sqrt{z_2 \cdot \overline{z_2}} = |z_1| \cdot |z_2|.$

Auf den Beweis der Dreiecksungleichung wird verzichtet. $\qquad\qquad\qquad$ ◀

Die Betragsstriche in der linken Seite der Dreiecksungleichung haben eine unterschiedliche Bedeutung. Die Beträge $|z_1|$ und $|z_2|$ sind Beträge von komplexen Zahlen und werden nach (2.6) berechnet. Mit den äußeren Betragsstrichen wird der Betrag der reellen Zahl $|z_1| - |z_2|$ entsprechend der Definition 1.10 (Seite 26) gebildet.

Im Unterschied zur dritten Aussage des Satzes gilt jedoch im Allgemeinen

$\quad z^2 \ne |z|^2.$

2.4   Potenzieren und Radizieren

Es sei $n \in \mathbb{N}\backslash\{0\}$ und $z = x + y\,\mathbf{i}$. Als Nächstes wird $z^n = \underbrace{z \cdot z \cdots z}_{n}$

berechnet. Für die imaginäre Einheit gilt

$$\mathbf{i}^1 = \mathbf{i}\,, \qquad\qquad \mathbf{i}^2 = -1\,,$$
$$\mathbf{i}^3 = \mathbf{i}^2 \cdot \mathbf{i} = (-1) \cdot \mathbf{i} = -\mathbf{i}\,,$$
$$\mathbf{i}^4 = \mathbf{i}^2 \cdot \mathbf{i}^2 = (-1) \cdot (-1) = (-1)^2 = 1\,,$$
$$\mathbf{i}^5 = \mathbf{i}^4 \cdot \mathbf{i} = 1 \cdot \mathbf{i} = \mathbf{i}\,, \text{ usw.}$$

Hieraus folgt unmittelbar der folgende

Satz 2.7: $\mathbf{i}^n = \begin{cases} 1 & wenn \quad n = 4k,\ k \in \mathbb{N}, \\ \mathbf{i} & wenn \quad n = 4k+1,\ k \in \mathbb{N}, \\ -1 & wenn \quad n = 4k+2,\ k \in \mathbb{N}, \\ -\mathbf{i} & wenn \quad n = 4k+3,\ k \in \mathbb{N}. \end{cases}$

Für beliebige komplexe Zahlen und $n = 2$ gilt

$$z^2 = (x + y\,\mathbf{i})(x + y\,\mathbf{i}) = x^2 + 2xy\,\mathbf{i} + y^2\,\mathbf{i}^2 = x^2 - y^2 + 2xy\,\mathbf{i}.$$

Wenn $n \geq 3$ ist, dann wird die Berechnung des n-fachen Produkts aufwendiger. Günstiger ist es, zunächst die Eulersche Darstellung von z zu ermitteln und anschließend z^n nach dem folgenden Satz zu berechnen.

Satz 2.8: *Es sei* $z = |z|\,\mathrm{e}^{\mathbf{i}\varphi} = |z|\Big(\cos(\varphi) + \sin(\varphi)\,\mathbf{i}\Big)$ *und* $n \in \mathbf{N}$. *Dann gilt*

$$z^n = |z|^n\,\mathrm{e}^{\mathbf{i}n\varphi} = |z|^n\Big(\cos(n\varphi) + \sin(n\varphi)\,\mathbf{i}\Big). \qquad (2.10)$$

Beweis: Aus den Potenzgesetzen folgt $z^n = \Big(|z|\,\mathrm{e}^{\mathbf{i}\varphi}\Big)^n = |z|^n\mathrm{e}^{\mathbf{i}n\varphi}$. Die Gleichung (2.5) liefert den zweiten Teil der Aussage.   ◄

Beispiel 2.5: *Für die komplexe Zahl* $z = -\frac{3}{2} + \frac{1}{2}\sqrt{3}\,\mathbf{i}$ *ist* z^6 *zu berechnen.*

Lösung: Zunächst wird die Eulersche Darstellung von z ermittelt.

$$|z| = \sqrt{\left(-\frac{3}{2}\right)^2 + \left(\frac{1}{2}\sqrt{3}\right)^2} = \sqrt{\frac{9}{4} + \frac{3}{4}} = \sqrt{3}.$$

Da $y > 0$ ist, gilt nach (2.7) $\varphi = \arccos\left(\dfrac{-\frac{3}{2}}{\sqrt{3}}\right) = \arccos\left(-\dfrac{\sqrt{3}}{2}\right) = \dfrac{5\pi}{6}$.

Hieraus folgt $z = \sqrt{3}\,\mathrm{e}^{\mathrm{i}\frac{5\pi}{6}}$. Nach (2.10) gilt

$$z^6 = \left(\sqrt{3}\right)^6 \mathrm{e}^{\mathrm{i}\frac{5\pi}{6}6} = 27\,\mathrm{e}^{\mathrm{i}5\pi} = 27\Big(\cos(5\pi) + \sin(5\pi)\,\mathbf{i}\Big) = -27. \qquad \triangleleft$$

Aufgabe 2.4: *Berechnen Sie* $(-0{,}9 + \mathbf{i})^{10}$.

Aus der Gleichung (2.10) ergibt sich die

Moivresche Formel:

$$\Big(\cos(\varphi) + \sin(\varphi)\,\mathbf{i}\Big)^n = \cos(n\varphi) + \sin(n\varphi)\,\mathbf{i}. \qquad (2.11)$$

Mit der Moivreschen Formel lassen sich trigonometrische Beziehungen für Winkelvielfache erhalten. So ergibt sich z.B. für $n = 2$ zunächst

$$\Big(\cos(\varphi) + \sin(\varphi)\,\mathbf{i}\Big)^2 = \cos^2(\varphi) - \sin^2(\varphi) + 2\cos(\varphi)\sin(\varphi)\,\mathbf{i}$$

$$= \cos(2\varphi) + \sin(2\varphi)\,\mathbf{i}.$$

Aus der Äquivalenz (2.3) auf Seite 72 folgt dann

$$\cos(2\varphi) = \cos^2(\varphi) - \sin^2(\varphi) \qquad\qquad (2.12)$$
$$\sin(2\varphi) = 2\cos(\varphi)\sin(\varphi) \qquad\qquad\quad (2.13)$$

Im Weiteren wird das Radizieren von komplexen Zahlen untersucht.

Definition 2.6: *Es sei* $n \geq 2$, $n \in \mathbb{N}$. *Jede komplexe Zahl* z_*, *die die Gleichung*

$$z_*^n = z \qquad\qquad (2.14)$$

erfüllt, heißt n-te **Wurzel** *der komplexen Zahl* $z = x + y\,\mathbf{i}$.

Für die n-ten Wurzeln einer komplexen Zahl gilt der folgende wichtige Satz.

Satz 2.9: *Es sei $n \geq 2$, $n \in \mathbb{N}$. Jede komplexe Zahl*

$$z_{*k} = \sqrt[n]{|z|} \cdot \left(\cos\left(\frac{\varphi + 2k\pi}{n}\right) + \sin\left(\frac{\varphi + 2k\pi}{n}\right) \mathbf{i} \right) = \sqrt[n]{|z|} \cdot \mathrm{e}^{\mathbf{i}\frac{\varphi + 2k\pi}{n}} \quad (2.15)$$

ist für $k = 0, 1, ..., (n-1)$ eine n-te Wurzel von z.

Beweis: Aus den Potenzgesetzen folgt für jedes $k = 0, 1, ..., (n-1)$

$$\left(z_{*k}\right)^n = \left(\sqrt[n]{|z|} \cdot \mathrm{e}^{\mathbf{i}\frac{\varphi + 2k\pi}{n}} \right)^n = \left(\sqrt[n]{|z|} \right)^n \cdot \left(\mathrm{e}^{\mathbf{i}\frac{\varphi + 2k\pi}{n}} \right)^n$$

$$= |z| \cdot \mathrm{e}^{\mathbf{i}(\varphi + 2k\pi)} = |z| \cdot \mathrm{e}^{\mathbf{i}\varphi} = z \,.$$

Aus der Gleichung (2.14) ergibt sich die Behauptung.   ◀

Bemerkungen: 1. Es besteht ein Unterschied zwischen einer n-ten Wurzel aus einer komplexen Zahl z und einer (reellen) n-ten Wurzel aus einer reellen Zahl $r \geq 0$. Die (reelle) n-te Wurzel ist eindeutig bestimmt als diejenige nicht negative reelle Zahl, für die $\left(\sqrt[n]{r} \right)^n = r$ gilt. Im Bereich der komplexen Zahlen wird die Eindeutigkeit der n-ten Wurzel fallengelassen (vgl. hierzu das Beispiel 2.8, Seite 86). Mit der Formel (2.15) werden n verschiedene (komplexe) n-te Wurzeln erhalten. Aus dem Satz 2.11 auf der Seite 84 wird dann deutlich, dass damit alle n-ten (komplexen) Wurzeln erhalten werden.

2. Für $z \neq 0$ ist der Betrag $|z|$ eine positive reelle Zahl. In der Formel (2.15) ist unter $\sqrt[n]{|z|}$ die (positive) reelle Wurzel zu verstehen.

3. Sofern φ das Hauptargument ist, werden z_{*0} als **Hauptwurzel** und z_{*k} als k-te **Nebenwurzel** bezeichnet.

Beispiel 2.6 : *Für die komplexe Zahl $z = 1$ sind alle vierten Wurzeln zu berechnen.*

Lösung: Da $|z| = 1$ und $\varphi = 0$ gilt, ergibt sich für die Eulersche Darstellung $z = 1 = 1 \cdot \mathrm{e}^{\mathbf{i} \cdot 0}$. Die Gleichung (2.15) liefert dann die 4 komplexen Wurzeln

$$z_{*0} = \sqrt[4]{1} \cdot \left(\cos\left(\frac{0 + 2 \cdot 0 \cdot \pi}{4}\right) + \sin\left(\frac{0 + 2 \cdot 0 \cdot \pi}{4}\right) \mathbf{i} \right) = 1 \,,$$

$$z_{*1} = \sqrt[4]{1} \cdot \left(\cos\left(\frac{0 + 2 \cdot 1 \cdot \pi}{4}\right) + \sin\left(\frac{0 + 2 \cdot 1 \cdot \pi}{4}\right) \mathbf{i} \right) = \mathbf{i} \,,$$

$$z_{*2} = \sqrt[4]{1} \cdot \left(\cos\left(\frac{0 + 2 \cdot 2 \cdot \pi}{4}\right) + \sin\left(\frac{0 + 2 \cdot 2 \cdot \pi}{4}\right) \mathbf{i} \right) = -1 \,,$$

$$z_{*3} = \sqrt[4]{1} \cdot \left(\cos\left(\frac{0 + 2 \cdot 3 \cdot \pi}{4}\right) + \sin\left(\frac{0 + 2 \cdot 3 \cdot \pi}{4}\right) \mathbf{i} \right) = -\mathbf{i} \,.$$ ◁

Beispiel 2.7: *Gesucht sind alle dritten Wurzeln von $z = 3 - \sqrt{3}\,\mathrm{i}$.*

Lösung: Im ersten Schritt ist die Eulersche Darstellung von z anzugeben.

$$|z| = \sqrt{3^2 + (-\sqrt{3})^2} = \sqrt{12}, \quad \varphi = -\arccos\left(\frac{3}{\sqrt{12}}\right) = -\arccos\left(\frac{\sqrt{3}}{2}\right) = -\frac{\pi}{6}.$$

Die Eulersche Darstellung lautet $z = \sqrt{12} \cdot \mathrm{e}^{-\mathrm{i}\frac{\pi}{6}}$. Aus der Gleichung (2.15)

$$z_{*k} = \sqrt[3]{\sqrt{12}} \cdot \left(\cos\left(\frac{-\frac{\pi}{6} + 2 \cdot k \cdot \pi}{3}\right) + \sin\left(\frac{-\frac{\pi}{6} + 2 \cdot k \cdot \pi}{3}\right)\mathrm{i}\right)$$

ergeben sich für $k = 0, 1, 2$ die Wurzeln

$$z_{*0} = \sqrt[6]{12} \cdot \left(\cos\left(-\frac{\pi}{18}\right) + \sin\left(-\frac{\pi}{18}\right)\mathrm{i}\right) \approx 1,4901 - 0,2627\,\mathrm{i},$$

$$z_{*1} = \sqrt[6]{12} \cdot \left(\cos\left(\frac{11\pi}{18}\right) + \sin\left(\frac{11\pi}{18}\right)\mathrm{i}\right) \approx -0,5175 + 1,4218\,\mathrm{i},$$

$$z_{*2} = \sqrt[6]{12} \cdot \left(\cos\left(\frac{23\pi}{18}\right) + \sin\left(\frac{23\pi}{18}\right)\mathrm{i}\right) \approx -0.9726 - 1,1591\,\mathrm{i}. \quad \triangleleft$$

Die Wurzeln aus den Beispielen 2.6 und 2.7 sind im Bild 2.3 dargestellt. Man erkennt an diesen Bildern, dass die Hauptwurzel stets der positiven Realteilachse am Nächsten liegt.

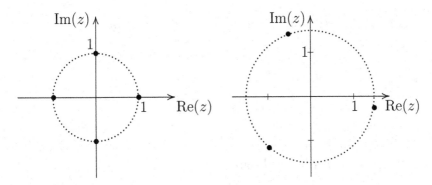

Bild 2.3: *Komplexe Lösungen der Gleichungen $z^4 = 1$ und $z^3 = 3 - \sqrt{3}\,\mathrm{i}$*

Aufgabe 2.5: *Berechnen Sie alle fünften Wurzeln von $z = 0,9 + 0,8\,\mathrm{i}$.*

Die Wurzeln einer komplexen Zahl besitzen folgende Eigenschaft.

Satz 2.10: *Alle n-ten Wurzeln von einer komplexen Zahl z liegen in der komplexen Zahlenebene auf einem Kreis um den Koordinatenursprung mit dem Radius $\sqrt[n]{|z|}$ und bilden die Eckpunkte eines regelmäßigen n-Ecks.*

Beweis: Für jedes Argument $\underline{\varphi}$ gilt nach dem Satz des Pythagoras

$$\left|e^{i\underline{\varphi}}\right| = \left|\cos(\underline{\varphi}) + \sin(\underline{\varphi}) \cdot \mathbf{i}\right| = \sqrt{\cos^2(\underline{\varphi}) + \sin^2(\underline{\varphi})} = 1\,.$$

Der Abstand der n-ten Wurzeln vom Koordinatenursprung ist

$$|z_{*k}| = \left|\sqrt[n]{|z|} \cdot e^{i\frac{\varphi+2k\pi}{n}}\right| = \left|\sqrt[n]{|z|}\right| \cdot \left|e^{i\frac{\varphi+2k\pi}{n}}\right| = \left|\sqrt[n]{|z|}\right|$$

und damit konstant bezüglich k. Es muss noch gezeigt werden, dass die Zentriwinkel des n-Ecks für alle k gleich groß sind. Für die Zentriwinkel gilt

$$\varphi_{*k} - \varphi_{*(k-1)} = \frac{\varphi + 2k\pi}{n} - \frac{\varphi + 2(k-1)\pi}{n} = \frac{2\pi}{n}, \quad k = 1, 2, ..., n. \quad \blacktriangleleft$$

Aufgabe 2.6: *Stellen Sie das Fünfeck dar, das die fünften Wurzeln von* $z = 0,9 + 0,8\,\mathbf{i}$ *aus der Aufgabe 2.5 in der komplexen Zahlenebene erzeugen.*

2.5 Produktdarstellung von Polynomen

Die Ergebnisse der vorangegangenen Abschnitte werden auf Polynome angewandt.

Satz 2.11: *Es bezeichnen* $a_0; a_1; \ldots; a_n$ *vorgegebene komplexe Zahlen (Koeffizienten) mit* $a_n \neq 0$. *Das Polynom n-ten Grades*

$$f(x) = a_n x^n + a_{n-1} x^{n-1} + \ldots + a_1 x + a_0, \; x \in \mathbb{C}, \qquad (2.16)$$

hat genau n *komplexe Nullstellen* $z_1, \ldots, z_n$, *die reell- oder komplexwertig sein können. Jede Nullstelle geht dabei entsprechend ihrer Vielfachheit in die Zählung ein. Das Polynom (2.16) besitzt die* **Produktdarstellung in komplexer Form**

$$f(x) = a_n(x - z_1) \cdot \ldots \cdot (x - z_n), \; x \in \mathbb{C}. \qquad (2.17)$$

Der Beweis dieses Satzes ergibt sich als Folgerung des **Fundamentalsatzes der linearen Algebra,** der von Gauß in seiner Dissertation bewiesen wurde. In diesem Satz zeigte Gauß, dass jedes Polynom mit komplexen Koeffizienten und einem Polynomgrad $n \geq 1$ wenigstens eine Nullstelle besitzt.

Aus dem letzten Satz lässt sich der folgende Faktorisierungssatz für Polynome mit reellen Koeffizienten erhalten.

Satz 2.12 : *Es seien alle Koeffizienten* $a_0; a_1; \ldots; a_n$ ($a_n \neq 0$) *des Polynoms n-ten Grades* $f(x) = a_n x^n + a_{n-1} x^{n-1} + \ldots + a_1 x + a_0$, $x \in \mathbb{C}$, *reellwertig. Wenn* z_* *eine komplexe Nullstelle des Polynoms* $f(x)$ *ist, dann ist die konjugiert komplexe Zahl* $\overline{z}_*$ *ebenfalls eine Nullstelle von* $f(x)$. *Wenn* $x_1; \ldots; x_m$ *die reellen Nullstellen von* $f(x)$ *bezeichnen, dann lässt sich* $f(x)$ *in der* **Produktdarstellung in reeller Form**

$$f(x) = a_n (x - x_1) \cdot \ldots \cdot (x - x_m) \cdot (x^2 + p_1 x + q_1) \cdot \ldots \cdot (x^2 + p_l x + q_l) \quad (2.18)$$

schreiben, wobei $n = m + 2l$ *gilt und die Nullstellen entsprechend ihren Vielfachheiten eingehen. Die quadratischen Terme haben reelle Koeffizienten* p_k *und* q_k ($k = 1; \ldots; l$) *und besitzen zueinander konjugiert komplexe Nullstellen.*

Beweis: Es sei z_* eine komplexe Nullstelle von $f(x)$, d.h., es gilt $f(z_*) = 0$. Mit

$$\overline{(z)^k} = \overline{\left(|z|^k \, \mathrm{e}^{\mathrm{i}\varphi k} \right)} = |z|^k \, \mathrm{e}^{-\mathrm{i}\varphi k} = \left(|z| \mathrm{e}^{-\mathrm{i}\varphi} \right)^k = \left(\overline{z} \right)^k , \quad k \in \mathbb{N},$$

folgt dann für $\overline{z}_*$

$$f(\overline{z}_*) = a_n (\overline{z}_*)^n + a_{n-1} (\overline{z}_*)^{n-1} + \ldots + a_1 \overline{z}_* + a_0$$

$$= \overline{a_n z_*^n + a_{n-1} z_*^{n-1} + \ldots + a_1 z_* + a_0} = \overline{f(z_*)} = \overline{0} = 0 .$$

Damit ist $\overline{z}_*$ ebenfalls eine komplexe Nullstelle von $f(x)$. Wenn in der Produktdarstellung (2.17) für die komplexen Nullstellen $z_* = x_* + y_* \, \mathbf{i}$ und $\overline{z}_* = x_* - y_* \, \mathbf{i}$ die Produkte ausmultipliziert werden, ergibt sich für jedes konjugiert komplexe Paar $\left(x - (x_* + y_* \, \mathbf{i}) \right)\left(x - (x_* - y_* \, \mathbf{i}) \right) = \left(x - x_* \right)^2 + y_*^2 = x^2 + px + q$ ein quadratischer Ausdruck in x mit reellen $p = -2x_*$ und $q = x_*^2 + y_*^2$. ◀

Zur Produktdarstellung eines Polynoms werden die Nullstellen des Polynoms benötigt. Für quadratische Gleichungen gilt der

Satz 2.13: *Die quadratische Gleichung* $x^2 + p\,x + q = 0$ ($p \in \mathbb{R}$, $q \in \mathbb{R}$) *hat im Bereich der komplexen Zahlen folgende Lösungen:*

$$\text{wenn} \quad \frac{p^2}{4} - q \geq 0 \implies z_{1,2} = -\frac{p}{2} \pm \sqrt{\frac{p^2}{4} - q} \, ,$$

$$\text{wenn} \quad \frac{p^2}{4} - q < 0 \implies z_{1,2} = -\frac{p}{2} \pm \sqrt{q - \frac{p^2}{4}} \cdot \mathbf{i} .$$

Den **Beweis** des Satzes erhält man, wenn man die Lösungen in die quadratische Gleichung einsetzt und ausrechnet.

Beispiel 2.8: *Es ist die Gleichung $x^2 + 4x + 13 = 0$ im Bereich der komplexen Zahlen zu lösen.*

Lösung: Da $\dfrac{p^2}{4} - q = -9 < 0$, erhält man als Lösungen $z_{1,2} = -2 \pm \sqrt{9}\,i$. ◁

Beispiel 2.9 : *Gesucht ist die Produktdarstellung in komplexer und reeller Form von $f(x) = 2x^3 + 4x^2 + 6x + 4$, $x \in \mathbb{C}$.*

Lösung: Durch Probieren findet man die erste reelle Nullstelle $x_1 = -1$ des Polynoms. Das nebenstehende Horner-Schema liefert zunächst die Produktdarstellung

$$f(x) = (x+1)(2x^2 + 2x + 4).$$

		2	4	6	4
-1			-2	-2	-4
		2	2	4	0

Die weiteren Nullstellen ergeben sich aus der

Gleichung $2x^2 + 2x + 4 = 2(x^2 + x + 2) = 0$ und dem Satz 2.13.

Weil $\dfrac{1}{4} - 2 < 0$ erfüllt ist, gilt $z_{2,3} = -\dfrac{1}{2} \pm \sqrt{2 - \dfrac{1}{4}}\,i = -\dfrac{1}{2} \pm \dfrac{1}{2}\sqrt{7}\,i.$

Hieraus resultiert die Produktdarstellung in komplexer Form

$$f(x) = 2(x+1)\left(x + \frac{1}{2} - \frac{1}{2}\sqrt{7}\,i\right)\left(x + \frac{1}{2} + \frac{1}{2}\sqrt{7}\,i\right)$$

bzw. die Produktdarstellung in reeller Form

$$f(x) = 2(x+1)(x^2 + x + 2).$$ ◁

Aufgabe 2.7: *Berechnen Sie alle Nullstellen von $f(x) = x^4 + 3x^3 + 7x^2 + 9x + 4$ im Bereich der komplexen Zahlen. Wie lautet die Produktdarstellung von $f(x)$ in reeller bzw. in komplexer Form?*

2.6   Komplexe Zahlen mit CAS-Rechnern

Die imaginäre Einheit wird bei den TI-Rechnern direkt über die Tastatur oder beim ClassPad 300 über die Software-Tastatur im unteren Teil des Touchscreens eingeben, wobei die Eingabe sowohl in kartesischer, trigonometrischer oder Eulerscher Form erfolgen kann. Die Anzeige des Ergebnisses hängt von der gewählten Einstellung ab.

Von den komplexen Zahlen $za = 0,6 + 0,7\mathrm{i}$ und $zb = 3\mathrm{e}^{-2\mathrm{i}}$ wurden mit dem TI-89 die Grundrechenoperationen ausgeführt (siehe Bilder 2.4 und 2.5). Anschließend wurden za^8 und zb^8 berechnet (Bild 2.6). Zu beachten ist, dass bei der direkten Berechnung der Wurzeln von einer komplexen Zahl nur die Hauptwurzel angezeigt wird (vgl. die letzte Eingabezeile im Bild 2.6). Um alle Wurzeln zu erhalten, muss die Berechnung der Wurzeln auf die Lösung der Definitionsgleichung (2.14) zurückgeführt werden. Die Lösung dieser Gleichung wird mit dem Befehl `cSolve` ausgeführt. Mit dem Zeichen ▶ am Ende der Ausgabezeile wird angezeigt, dass die Ausgabe für das Anzeigefenster zu lang ist.

Mit den Scroll-Tasten ▶ und ◀ lassen sich die restlichen Wurzeln anzeigen (vgl. hierzu das Bild 2.8). Im Bild 2.9 wird deutlich, wie der Real- und Imaginärteil, die konjugiert komplexe Zahl, das Argument und der Betrag von einer komplexen Zahl berechnet wird.

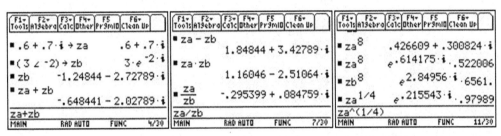

Bild 2.4:   Bild 2.5:   Bild 2.6:

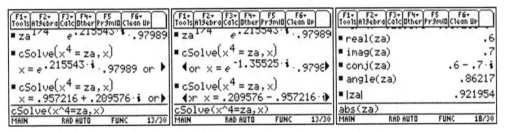

Bild 2.7:   Bild 2.8:   Bild 2.9:

2.7 Aufgaben

Aufgabe 2.8: *Bestimmen Sie den Betrag, den Real- und den Imaginärteil der komplexen Zahlen. Weiterhin sind die Eulersche und trigonometrische Darstellung der komplexen Zahlen gesucht.*

(1) $\dfrac{1+\mathrm{i}}{-1+\mathrm{i}}$ (2) $\dfrac{1}{-2+5\mathrm{i}}$ (3) $\dfrac{-3+2\mathrm{i}}{2-\mathrm{i}}$ (4) $(1+2\mathrm{i})^4$.

Aufgabe 2.9: *Berechnen Sie*

$$z_1 + z_2, \quad |z_1|, \quad |z_2|, \quad \overline{z_1}, \quad \overline{z_2}, \quad z_1 \cdot z_2, \quad \frac{z_1}{z_2}, \quad (z_1)^{20}, \quad \sqrt[4]{z_2}, \quad wobei$$

(1) $z_1 = 3 + 4i, \quad z_2 = -2 + 5i$ (2) $z_1 = -3 + i, \quad z_2 = 4 + 2i$

(3) $z_1 = e^{2i} \quad z_2 = 3\,e^{-5i}$ (4) $z_1 = 5\,e^{1,5i} \quad z_2 = 4\,e^{2i}$.

Aufgabe 2.10: *Lösen Sie folgende Gleichungen.*

(1) $2x^2 - x + 6 = 0$ (2) $x^4 + 2 = 0$ (3) $x^4 + x^2 + 3 = 0$.

Aufgabe 2.11: *Zeichnen Sie in der komplexen Zahlenebene folgende Mengen.*

(1) $\{z \in \mathbb{C} \,|\, |z - 3| \leq 2\}$ (2) $\{z \in \mathbb{C} \,|\, |z + 1| = 2\}$

(3) $\{z \in \mathbb{C} \,|\, z \cdot \overline{z} = 4\}$ (4) $\{z \in \mathbb{C} \,|\, 1 \leq \mathrm{Im}(z - 2) \leq 5\}$

(5) $\{z \in \mathbb{C} \,|\, \mathrm{Re}(z - 2) \leq 5\}$.

Kapitel 3

Vektoren

3.1 Grundbegriffe

In den Natur- und Technikwissenschaften trifft man auf **vektorielle Größen** bzw. **Vektoren** und **skalare Größen** bzw. **Skalare**.

Definition 3.1: Skalare *sind Größen, die durch eine Zahlenangabe (gegebenenfalls mit einer Dimension versehen) bestimmt werden.*
Vektoren *bestehen aus einer Zahlenangabe (gegebenenfalls mit Einheit), einer Richtung und einer Orientierung.*

Die Masse eines Körpers, die Temperatur und die Energie sind Skalare. Vektoren sind zum Beispiel die Kraft, die Geschwindigkeit und die Feldstärke.

Ein Vektor lässt sich im sogenannten **Anschauungsraum** durch einen Pfeil veranschaulichen (siehe Bild 3.1). Die **Richtung** des Vektors wird durch eine punktierte Linie dargestellt. Mit der Pfeilspitze wird die **Orientierung** des Vektors gekennzeichnet. Die Zahlenangabe des Vektors wird durch die **Länge** des Pfeils ausgedrückt. Um Vektoren von Skalaren zu unterscheiden, wer-

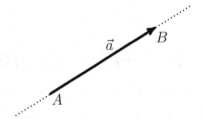

Bild 3.1: *Darstellung von $\vec{a}$*

den Vektoren durch Symbole bezeichnet, die mit einem Pfeil versehen sind. Der Vektor $\vec{a}$ im Bild 3.1 beginnt in dem **Angriffspunkt** A und endet im **Endpunkt** B. Man schreibt für $\vec{a}$ auch $\overrightarrow{AB}$. Anstelle der Länge des Vektors spricht man auch vom **Betrag** oder der **Norm** des Vektors und schreibt $|\vec{a}|$.

In den Anwendungen unterscheidet man freie Vektoren, linienflüchtige Vektoren und ortsgebundene Vektoren. **Freie Vektoren** können parallel verschoben werden. **Linienflüchtige Vektoren** dürfen nur entlang der Geraden verschoben werden, die durch ihre Richtung festgelegt ist. **Ortsgebundene Vektoren** oder **Ortsvektoren** besitzen einen festen Angriffspunkt, den Koordinatenursprung, und dürfen nicht verschoben werden. Die im Bild 3.2 dargestellten Vektoren $\vec{a}$, $\vec{b}$ und $\vec{c}$ verlaufen parallel und haben die gleiche Orientierung. Man spricht in diesem Fall von **gleichsinnig parallelen** Vektoren und verwendet dafür das Symbol $\uparrow\uparrow$. Außerdem besitzen die Vektoren die gleiche Länge, d.h. es gilt $|\vec{a}| = |\vec{b}| = |\vec{c}|$. Die Gleichheit der Vektoren ist von der Art der Vektoren abhängig.

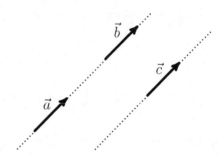

Wenn $\vec{a}$, $\vec{b}$ und $\vec{c}$ freie Vektoren sind, dann gilt $\vec{a} = \vec{b} = \vec{c}$.

Sind $\vec{a}$, $\vec{b}$ und $\vec{c}$ linienflüchtige Vektoren, dann gilt $\vec{a} = \vec{b}$, $\vec{a} \neq \vec{c}$, $\vec{b} \neq \vec{c}$.

Wenn $\vec{a}$, $\vec{b}$ und $\vec{c}$ Ortsvektoren sind, dann gilt $\vec{a} \neq \vec{b}$, $\vec{a} \neq \vec{c}$, $\vec{b} \neq \vec{c}$.

Bild 3.2 : *Vektoren $\vec{a}$, $\vec{b}$ und $\vec{c}$*

Durch die Vorgabe eines freien Vektors wird demzufolge eine Klasse von Vektoren beschrieben, die durch Parallelverschiebung ineinander überführt werden können.

Zunächst werden Vektoren im Anschauungsraum betrachtet. Die (theoretische) Definition von Vektoren als Elemente in einem Vektorraum erfolgt im Abschnitt 3.5 .

3.2   Vektoroperationen

Die Vektoroperationen werden für freie Vektoren behandelt. Die freien Vektoren sind immer erst so parallel zu verschieben, dass sie einen gemeinsamen Angriffspunkt besitzen. Da Ortsvektoren im Koordinatenursprung beginnen, gelten die Vektoroperationen für Ortsvektoren analog. In diesem Abschnitt werden die Vektoroperationen geometrisch im Anschauungsraum erläutert. Die rechnerische Ausführung der Vektoroperationen wird im Abschnitt 3.3 beschrieben.

3.2.1 Addition von Vektoren

Wenn an einem Punkt eines Körpers die Kräfte $\vec{a}$ und $\vec{b}$ angreifen, dann berechnet sich die resultierende Kraft aus der Summe $\vec{a} + \vec{b}$.

Definition 3.2: *Es bezeichnen $\vec{a}$ und $\vec{b}$ (freie) Vektoren. Der Vektor $\vec{b}$ wird so parallel verschoben, dass sein Angriffspunkt im Endpunkt des Vektors $\vec{a}$ liegt. Die **Addition** der Vektoren $\vec{a} + \vec{b}$ ergibt einen Vektor $\vec{c}$, der im Angriffspunkt des Vektors $\vec{a}$ beginnt und im Endpunkt des parallel verschobenen Vektors $\vec{b}$ endet (siehe Bild 3.3).*
Bezeichnung: $\vec{c} = \vec{a} + \vec{b}$

Für nicht parallele Vektoren lässt sich die Addition mit Hilfe der Parallelogrammregel ausführen. Der Vektor $\vec{a}$ und der parallel verschobene Vektor $\vec{b}$ spannen ein Parallelogramm auf. Der Vektor $\vec{c} = \vec{a} + \vec{b}$ verläuft längs der Diagonalen des Parallelogramms und beginnt im Angriffspunkt des Vektors $\vec{a}$.

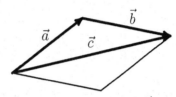

Bild 3.3: $\vec{c} = \vec{a} + \vec{b}$

Für die Vektoraddition lassen sich folgende Eigenschaften nachweisen. Diese Eigenschaften gelten analog zu den Grundgesetzen bei reellen Zahlen.

Satz 3.1: $\vec{a}$, $\vec{b}$ und $\vec{c}$ *bezeichnen beliebige (freie) Vektoren. Dann gilt:*
(1) *Die Addition ist eindeutig.*
(2) $\vec{a} + \vec{b} = \vec{b} + \vec{a}$ *(Kommutativgesetz)*
(3) $(\vec{a} + \vec{b}) + \vec{c} = \vec{a} + (\vec{b} + \vec{c})$ *(Assoziativgesetz)*
(4) *Es existiert ein* **Nullvektor** $\vec{0}$*, für den $\vec{a} + \vec{0} = \vec{a}$ und $|\vec{0}| = 0$ gilt.*
(5) *Zu jedem Vektor $\vec{a}$ existiert ein Vektor $-\vec{a}$ mit der Eigenschaft $\vec{a} + (-\vec{a}) = \vec{0}$.*

Der **Beweis** des Satzes lässt sich mit der Parallelogrammregel ausführen bzw. folgt sofort aus der Definition 3.2.   ◀

Mit der Eigenschaft (5) wird die **Differenz** von Vektoren auf die Addition von Vektoren zurückgeführt. Es gilt

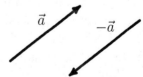

$$\vec{a} - \vec{b} := \vec{a} + (-\vec{b}). \qquad (3.1)$$

Bild 3.4: $\vec{a}$ *und* $-\vec{a}$

Die Eigenschaft (5) bedeutet in der Statik, dass es zu jeder Kraft $\vec{a}$ eine Gegenkraft $-\vec{a}$ gibt, die die Wirkung von $\vec{a}$ aufhebt. Die Vektoren $\vec{a}$ und $-\vec{a}$ haben die gleiche Länge und die gleiche Richtung. Sie unterscheiden sich nur in ihrer Orientierung (siehe Bild 3.4).

Bemerkung: Parallele Vektoren, die unterschiedlich orientiert sind, heißen **gegensinnig parallel.** Man schreibt für derartige Vektoren $\uparrow\downarrow$.

3.2.2 Multiplikation eines Vektors mit einer reellen Zahl

> **Definition 3.3:** *Es bezeichnen* r *eine reelle Zahl und* $\vec{a}$ *einen Vektor. Dann ist* $r\vec{a}$ *ein Vektor, der den Betrag* $|r|\,|\vec{a}|$ *hat und*
> *für* $r > 0$ *gleichsinnig parallel zum Vektor* $\vec{a}$ *ist,*
> *für* $r < 0$ *gegensinnig parallel zum Vektor* $\vec{a}$ *verläuft und*
> *für* $r = 0$ *gleich dem Nullvektor* $\vec{0}$ *ist.*

Die Multiplikation eines Vektors mit einer reellen Zahl hat folgende Eigenschaften.

> **Satz 3.2:** $\vec{a}$ *und* $\vec{b}$ *bezeichnen beliebige Vektoren, und* r_1 *und* r_2 *seien beliebige reelle Zahlen. Dann gilt:*
> (1) $r_1\vec{a} = \vec{a}\,r_1$ (2) $r_1\vec{a} + r_1\vec{b} = r_1(\vec{a} + \vec{b})$
> (3) $r_1\vec{a} + r_2\vec{a} = (r_1 + r_2)\vec{a}$ (4) $(r_1\,r_2)\,\vec{a} = r_1\,(r_2\,\vec{a})$
> (5) $|r_1\vec{a}| = |r_1|\,|\vec{a}|$.

Auf den Beweis dieser Aussage wird hier verzichtet. Die erste Eigenschaft ist trivial. Die zweite Eigenschaft wird für $r_1 = 2$ im Bild 3.5 veranschaulicht. Die Eigenschaften (3) - (5) lassen sich analog verdeutlichen. Es ist zu beachten, dass die Betragsstriche in der fünften Eigenschaft unterschiedliche Bedeutung besitzen. Die Beträge $|r_1\vec{a}|$ und $|\vec{a}|$ sind als Beträge

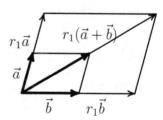

Bild 3.5: $r_1\vec{a} + r_1\vec{b} = r_1(\vec{a} + \vec{b})$

von Vektoren zu verstehen. Im Unterschied dazu stellt $|r_1|$ den Betrag der reellen Zahl r_1 dar.

Definition 3.4: *Ein Vektor mit der Länge Eins heißt* **normierter Vektor.**

Satz 3.3: *Jeder Vektor* $\vec{a} \neq \vec{0}$ *ist in der Form* $\vec{a} = |\vec{a}|\vec{a}^0$ *darstellbar,*
wobei $\vec{a}^0 = \dfrac{1}{|\vec{a}|}\vec{a}$ *der normierte Vektor von* $\vec{a}$ *ist.*

Beweis: Für jeden Vektor $\vec{a} \neq \vec{0}$ gilt $r = |\vec{a}| > 0$. Daraus folgt die Existenz des Vektors $\vec{a}^0 = \dfrac{1}{|\vec{a}|}\vec{a}$. Mit Hilfe der fünften Eigenschaft des Satzes 3.2 folgt

$$|\vec{a}^0| = \left|\frac{1}{|\vec{a}|}\vec{a}\right| = \left|\frac{1}{|\vec{a}|}\right||\vec{a}| = \frac{1}{|\vec{a}|}|\vec{a}| = 1, \quad \text{d.h., der Vektor } \vec{a}^0 \text{ ist normiert.} \quad \blacktriangleleft$$

3.2.3 Das Skalarprodukt von Vektoren (inneres Produkt)

Bei Vektoren treten unterschiedliche Arten von Produkten auf, die in diesem und den beiden folgenden Abschnitten behandelt werden.

Definition 3.5: *Das* **Skalarprodukt** *der Vektoren* $\vec{a}$ *und* $\vec{b}$ *ist die (vorzeichenbehaftete) reelle Zahl*

$$c := |\vec{a}|\,|\vec{b}|\,cos(\varphi), \tag{3.2}$$

wobei $\varphi = \angle(\vec{a}; \vec{b})$, $0 \leq \varphi \leq \pi$, *der von den Vektoren* $\vec{a}$ *und* $\vec{b}$ *eingeschlossene Winkel ist.*
Bezeichnung: $c = \vec{a} \cdot \vec{b}$, *in Worten:* „Vektor $\vec{a}$ skalar Vektor $\vec{b}$".

Bemerkungen: Das Skalarprodukt eines Vektors mit dem Nullvektor wird Null gesetzt. In der Literatur wird das Skalarprodukt auch mit $c = \vec{a} \circ \vec{b}$ oder $c = (\vec{a}, \vec{b})$ bezeichnet. Anstelle von Skalarprodukt wird auch der Begriff **inneres Produkt** verwendet. Die Definition und die Berechnung des Skalarprodukts (in einem kartesischen Koordinatensystem) erfolgt im Allgemeinen durch die Gleichung (3.18).

Zu beachten ist, dass das Skalarprodukt von Vektoren eine reelle Zahl ist. Für das Skalarprodukt gelten folgende Eigenschaften.

Satz 3.4: $\vec{a}$, $\vec{b}$ und $\vec{c}$ bezeichnen beliebige Vektoren. Dann gilt:

(1) $\vec{a} \cdot \vec{b} = \vec{b} \cdot \vec{a}$,

(2) $(\vec{a} + \vec{b}) \cdot \vec{c} = (\vec{a} \cdot \vec{c}) + (\vec{b} \cdot \vec{c})$,

(3) $(r\,\vec{a}) \cdot \vec{b} = \vec{a} \cdot (r\,\vec{b}) = r(\vec{a} \cdot \vec{b})$, $r \in \mathbb{R}$,

(4) Im Allgemeinen gilt $(\vec{a} \cdot \vec{b})\,\vec{c} \neq \vec{a}\,(\vec{b} \cdot \vec{c})$.

(5) $\vec{a} \cdot \vec{a} = |\vec{a}|^2 \geq 0$,

(6) $|\vec{a} \cdot \vec{b}| \leq |\vec{a}|\,|\vec{b}|$.   (Schwarzsche Ungleichung)

Beweis: Die Eigenschaften (1), (3), (5) und (6) folgen unmittelbar aus der Definitionsgleichung (3.2). Da $(\vec{a} \cdot \vec{b})\,\vec{c}$ die Richtung von $\vec{c}$ hat und $\vec{a}\,(\vec{b} \cdot \vec{c})$ die Richtung von $\vec{a}$, ist die Eigenschaft (4) offensichtlich. Die Eigenschaft (2) wird im Beispiel 3.4 auf der Seite 105 bewiesen.   ◀

Definition 3.6: Es gelte $\vec{a} \neq \vec{0}$ und $\vec{b} \neq \vec{0}$. Die Vektoren $\vec{a}$ und $\vec{b}$ heißen **orthogonal**, wenn $\vec{a} \cdot \vec{b} = 0$ gilt.
Bezeichnung: $\vec{a} \perp \vec{b}$.

Eine geometrische Interpretation orthogonaler Vektoren wird im nächsten Satz gegeben.

Satz 3.5: Zwei vom Nullvektor verschiedene Vektoren sind genau dann orthogonal, wenn sie senkrecht aufeinander stehen.

Beweis: Da die Vektoren $\vec{a}$ und $\vec{b}$ vom Nullvektor verschieden sind, folgt $|\vec{a}| \neq 0$ und $|\vec{b}| \neq 0$. Unter dieser Voraussetzung gilt $0 = \vec{a} \cdot \vec{b} = |\vec{a}||\vec{b}| \cos(\varphi)$ genau dann, wenn $\varphi = \angle(\vec{a}; \vec{b}) = \frac{\pi}{2}$ ist. Das bedeutet, dass die Vektoren senkrecht zueinander stehen.   ◀

Mit Hilfe orthogonaler Vektoren lassen sich Projektionen von Vektoren erklären.

Definition 3.7: Es sei $\vec{b} \neq \vec{0}$. Die (orthogonale) **Projektion des Vektors** $\vec{a}$ **auf den Vektor** $\vec{b}$ ist ein Vektor $\vec{a}_{\vec{b}}$, der parallel zum Vektor $\vec{b}$ ist und für den gilt

$$\vec{a}_{\vec{b}} := \vec{a} - \vec{h}   \qquad mit \qquad \vec{b} \perp \vec{h}. \tag{3.3}$$

Die (orthogonale) Projektion $\vec{a}_{\vec{b}}$ ist im Bild 3.6 dargestellt, wobei für den Winkel $\varphi = \angle(\vec{a}; \vec{b})$ die zwei Fälle $\varphi \in \left[0; \frac{\pi}{2}\right)$ und $\varphi \in \left(\frac{\pi}{2}; \pi\right]$ unterschieden werden.

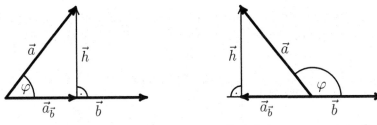

Bild 3.6: *Projektion $\vec{a}_{\vec{b}}$ für $\varphi \in \left[0; \frac{\pi}{2}\right)$ und $\varphi \in \left(\frac{\pi}{2}; \pi\right]$*

An dem Bild 3.6 erkennt man (unter der Bedingung $\vec{a} \neq \vec{0}$) die folgenden Eigenschaften:

Für $\varphi \in \left[0; \frac{\pi}{2}\right)$ gilt: $\dfrac{|\vec{a}_{\vec{b}}|}{|\vec{a}|} = \cos(\varphi)$ und die Vektoren $\vec{a}_{\vec{b}}$ und $\vec{b}$ sind gleich orientiert.

Für $\varphi \in \left(\frac{\pi}{2}; \pi\right]$ gilt: $\dfrac{|\vec{a}_{\vec{b}}|}{|\vec{a}|} = \cos(\pi - \varphi) = -\cos(\varphi)$ und die Vektoren $\vec{a}_{\vec{b}}$ und $\vec{b}$ sind entgegengesetzt orientiert.

Die Projektion $\vec{a}_{\vec{b}}$ lässt sich nach folgendem Satz berechnen.

Satz 3.6: *Wenn $\vec{b} \neq \vec{0}$ ist, dann gilt für die Projektion $\vec{a}_{\vec{b}}$ des Vektors $\vec{a}$ auf $\vec{b}$*

$$\vec{a}_{\vec{b}} = \frac{(\vec{a} \cdot \vec{b})}{|\vec{b}|^2}\, \vec{b} = (\vec{a} \cdot \vec{b}^0)\, \vec{b}^0. \tag{3.4}$$

Beweis: Zu zeigen ist, dass der Vektor $\vec{a}_{\vec{b}}$ aus (3.4) die Bedingung (3.3) erfüllt. Dies ist der Fall, wenn die Vektoren $\vec{h} = \vec{a} - \vec{a}_{\vec{b}} = \vec{a} - \dfrac{(\vec{a} \cdot \vec{b})}{|\vec{b}|^2}\, \vec{b}$ und $\vec{b}$ orthogonal sind. Die Orthogonalität dieser Vektoren resultiert aus der Gleichung

$$(\vec{a} - \vec{a}_{\vec{b}}) \cdot \vec{b} = \left(\vec{a} - \frac{(\vec{a} \cdot \vec{b})}{|\vec{b}|^2}\, \vec{b}\right) \cdot \vec{b} = \vec{a} \cdot \vec{b} - \frac{(\vec{a} \cdot \vec{b})}{|\vec{b}|^2}\, \vec{b} \cdot \vec{b} = 0\,,$$

wobei die Eigenschaft (3) des Satzes 3.4 angewendet wurde. Die Beziehung $\dfrac{(\vec{a} \cdot \vec{b})}{|\vec{b}|^2}\, \vec{b} = \left(\vec{a} \cdot \dfrac{\vec{b}}{|\vec{b}|}\right) \dfrac{\vec{b}}{|\vec{b}|} = (\vec{a} \cdot \vec{b}^0)\, \vec{b}^0$ vervollständigt den Beweis. ◀

Beispiel 3.1: *Die Kraft $\vec{a}$ wirkt auf einen Körper ein, der in Richtung $\vec{b}$ um $|\vec{b}|$ Längeneinheiten verschoben wird. Gesucht ist die am Körper geleistete Arbeit W.*

Lösung: Für die am Körper geleistete Arbeit W hat von der Kraft $\vec{a}$ nur die Teilkraft $\vec{a}_{\vec{b}}$ Einfluss, die in Richtung des Weges $\vec{b}$ wirkt. Die Teilkraft $\vec{a}_{\vec{b}}$ ist die Projektion von $\vec{a}$ auf $\vec{b}$. Es gilt dann

$$W = \vec{a} \cdot \vec{b} = |\vec{a}||\vec{b}| \cos(\varphi) = \begin{cases} |\vec{a}_{\vec{b}}||\vec{b}| & \text{wenn} \quad \varphi \in [0; \frac{\pi}{2}] \\ -|\vec{a}_{\vec{b}}||\vec{b}| & \text{wenn} \quad \varphi \in (\frac{\pi}{2}; \pi] \end{cases},$$

wobei $\varphi = \angle(\vec{a}; \vec{b})$ bezeichnet. Eine negative Arbeit bedeutet hierbei, dass in das betrachtete physikalische System keine „Kraft" hineingesteckt werden muss, um den Körper wie angegeben zu verschieben.   ◁

Aufgabe 3.1: *Die Vektoren $\vec{a}$ und $\vec{b}$ seien vom Nullvektor verschieden. Unter welchen Bedingungen gilt dann*

$$|\vec{a} + \vec{b}|^2 = |\vec{a}|^2 + |\vec{b}|^2 \ ?$$

Was bedeutet diese Gleichung geometrisch?

3.2.4   Das Vektorprodukt (Kreuzprodukt, äußeres Produkt)

Definition 3.8: *Das **Vektorprodukt** der Vektoren $\vec{a}$ und $\vec{b}$ ist ein Vektor $\vec{c}$ für den folgendes gilt:*
Wenn $\vec{a} \neq \vec{0}$, $\vec{b} \neq \vec{0}$ und $\vec{a}$ und $\vec{b}$ nicht parallel sind, dann gilt:
   (1) $|\vec{c}| = |\vec{a}| \, |\vec{b}| \, sin(\varphi)$, wobei $\varphi \ = \angle(\vec{a}; \vec{b})$ $(0 < \varphi < \pi)$
       der von den Vektoren $\vec{a}$ und $\vec{b}$ eingeschlossene Winkel ist.
   (2) $\vec{c}$ steht senkrecht auf $\vec{a}$ und $\vec{b}$.
   (3) $\vec{a}$, $\vec{b}$ und $\vec{c}$ bilden in dieser Reihenfolge ein Rechtssystem (siehe hierzu das Bild 3.7).
Wenn $\vec{a} = \vec{0}$ oder $\vec{b} = \vec{0}$ oder die Vektoren $\vec{a}$ und $\vec{b}$ parallel sind, dann wird $\vec{c} = \vec{0}$ gesetzt.
Bezeichnung: $\vec{c} = \vec{a} \times \vec{b}$;   in Worten: „Vektor $\vec{a}$ kreuz Vektor $\vec{b}$".

Das Vektorprodukt $\vec{c} = \vec{a} \times \vec{b}$ wird im Bild 3.7 dargestellt.

Bemerkung: Die Vektoren $\vec{a}$, $\vec{b}$ und $\vec{c}$ bilden ein **Rechtssystem**, wenn man die rechte Hand so halten kann, dass der gestreckte Daumen in Richtung von $\vec{a}$, der gestreckte Zeigefinger in Richtung von $\vec{b}$ und der angewinkelte Mittelfinger in Richtung von $\vec{c}$ zeigen. Die Fingerspitzen stellen dabei die Orientierung der Vektoren dar.

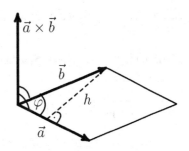

Bild 3.7 : *Vektorprodukt $\vec{a} \times \vec{b}$*

Es gelten folgende Eigenschaften für das Vektorprodukt.

Satz 3.7 : *$\vec{a}$, $\vec{b}$ und $\vec{c}$ bezeichnen beliebige Vektoren. Dann gilt:*
(1) $\vec{a} \times \vec{b} = -\vec{b} \times \vec{a}$,   (3.5)
(2) $\vec{a} \times (\vec{b} + \vec{c}) = \vec{a} \times \vec{b} + \vec{a} \times \vec{c}$.
(3) $r(\vec{a} \times \vec{b}) = (r\vec{a}) \times \vec{b} = \vec{a} \times (r\vec{b})$, $r \in \mathbb{R}$.
(4)   *Im Allgemeinen gilt* $(\vec{a} \times \vec{b}) \times \vec{c} \neq \vec{a} \times (\vec{b} \times \vec{c})$.
(5) $|\vec{a} \times \vec{b}|$ *ist gleich dem Flächeninhalt des Parallelogramms, das von den Vektoren $\vec{a}$ und $\vec{b}$ aufgespannt wird.*

Beweis: zu (1): Die Vektoren $\vec{a} \times \vec{b}$ und $\vec{b} \times \vec{a}$ haben die gleiche Länge und Richtung. Die Rechtssysteme $\vec{a}$, $\vec{b}$, $\vec{a} \times \vec{b}$ und $\vec{b}$, $\vec{a}$, $\vec{a} \times \vec{b}$ sind unterschiedlich orientiert.

Der Beweis der Eigenschaft (2) wird im Beispiel 3.4 (Seite 105) ausgeführt. Den Beweis der dritten Aussage überlassen wir dem Leser zur Übung. Die vierte Eigenschaft folgt aus der Aufgabe 3.7 (Seite 106).

zu (5): Die Höhe des von $\vec{a}$ und $\vec{b}$ aufgespannten Parallelogramms im Bild 3.7 wird mit h bezeichnet. Für den Flächeninhalt F dieses Parallelogramms gilt dann

$$F = |\vec{a}|\, h = |\vec{a}|\, \sin(\varphi)\, |\vec{b}| = |\vec{a} \times \vec{b}|. \qquad \blacktriangleleft$$

Beispiel 3.2: *An einen Körper, der an einem Punkt drehbar gelagert ist, greift eine Kraft an. Gesucht sind der Drehmomentenvektor und das Drehmoment.*

Lösung: Der Drehpunkt des Körpers liege im Koordinatenursprung O. Im Punkt P des Körpers greife die Kraft $\overrightarrow{K}$ an. Der Drehmomentenvektor $\overrightarrow{M}$ ergibt sich dann aus der Beziehung

$$\overrightarrow{M} = \overrightarrow{OP} \times \overrightarrow{K}\,,$$

und das Drehmoment ist $|\overrightarrow{M}| = |\overrightarrow{OP} \times \overrightarrow{K}|$. $\triangleleft$

3.2.5   Das Spatprodukt

Definition 3.9: *Das* **Spatprodukt** *der Vektoren* $\vec{a}$, $\vec{b}$ *und* $\vec{c}$ *ist eine reelle Zahl, die definiert wird durch*

$$[\vec{a}\,\vec{b}\,\vec{c}] := (\vec{a} \times \vec{b}) \cdot \vec{c}. \tag{3.6}$$

Im Weiteren wird das Spatprodukt geometrisch interpretiert. Mit den Vektoren $\vec{a}$, $\vec{b}$ und $\vec{c}$ wird ein **Parallelepiped** oder **Spat** (Bild 3.8) gebildet. Ein Parallelepiped ist ein Körper, dessen Seitenflächen Parallellogramme sind. Weiterhin sind gegenüberliegende Parallellogramme parallel zueinander und deckungsgleich. Das Parallelepiped hat die Höhe

$$H = \bigl| \cos(\psi) \bigr| \, |\vec{c}| \,,$$

wobei $\psi = \angle\bigl((\vec{a} \times \vec{b}); \vec{c}\bigr)$ der Winkel zwischen den Vektoren $\vec{a} \times \vec{b}$ und $\vec{c}$ ist.

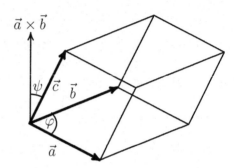

Bild 3.8: *Spatprodukt* $[\vec{a}\,\vec{b}\,\vec{c}]$

Bezeichnet $\varphi = \angle(\vec{a}; \vec{b})$ den Winkel zwischen den Vektoren $\vec{a}$ und $\vec{b}$, dann ergibt sich der Flächeninhalt der Grundfläche zu

$$G = |\vec{a}| \, |\vec{b}| \, \sin(\varphi) = |\vec{a} \times \vec{b}|.$$

Aus der Definition des Skalarprodukts (3.2) erhält man hiermit für (3.6)

$$\bigl| [\vec{a}\,\vec{b}\,\vec{c}] \bigr| = |\vec{a} \times \vec{b}| \, |\vec{c}| \, \bigl| \cos(\psi) \bigr| = G\,H.$$

Damit wurde die erste Aussage des folgenden Satzes bewiesen.

Satz 3.8 : *Das Spatprodukt der Vektoren* $\vec{a}$, $\vec{b}$ *und* $\vec{c}$ *hat folgende Eigenschaften:*

   (1) *Der Betrag des Spatprodukts ist gleich der Maßzahl des Volumens des von den Vektoren* $\vec{a}$, $\vec{b}$ *und* $\vec{c}$ *aufgespannten Parallelepipeds.*

   (2) $[\vec{a}\,\vec{b}\,\vec{c}] = |\vec{a} \times \vec{b}| \, |\vec{c}| \, \cos(\psi) = |\vec{a}| \, |\vec{b}| \, |\sin(\varphi)| \, |\vec{c}| \, \cos(\psi)$
        mit $\psi = \angle\bigl((\vec{a} \times \vec{b}); \vec{c}\bigr)$ *und* $\varphi = \angle(\vec{a}; \vec{b})$.

   (3) $[\vec{a}\,\vec{b}\,\vec{c}] = [\vec{b}\,\vec{c}\,\vec{a}] = [\vec{c}\,\vec{a}\,\vec{b}]$.

Die zweite Aussage ergibt sich unmittelbar aus der Definition 3.9. Der Beweis der dritten Aussage wird hier nicht ausgeführt. ◀

3.3 Darstellung von Vektoren in der Ebene und im Raum

In dem vorherigen Abschnitt wurden Vektoroperationen eingeführt und geometrisch veranschaulicht. Jetzt wird die rechnerische Ausführung der Vektoroperationen in kartesischen Koordinatensystemen behandelt.

3.3.1 Vektordarstellung in der Ebene

Gegeben sei ein rechtwinkliges Koordinatensystem in der Ebene. Auf den Koordinatenachsen werden die sogenannten **Einheitsvektoren** $\vec{e}_1$ und $\vec{e}_2$ eingeführt (siehe Bild 3.9). Diese Einheitsvektoren besitzen die folgenden Eigenschaften:

$$\vec{e}_1 \cdot \vec{e}_1 = \vec{e}_2 \cdot \vec{e}_2 = 1, \quad \vec{e}_1 \cdot \vec{e}_2 = 0. \tag{3.7}$$

Mit diesen Vektoren lässt sich jeder in der Ebene liegende Vektor $\vec{a}$ eindeutig in die Form $\vec{a} = \vec{a}_1 + \vec{a}_2$ zerlegen, wobei $\vec{a}_1$ die Projektion von $\vec{a}$ auf $\vec{e}_1$ bzw. $\vec{a}_2$ die Projektion von $\vec{a}$ auf $\vec{e}_2$ ist. Nach (3.4) gilt dann

$$\begin{aligned} \vec{a}_1 &= (\vec{a} \cdot \vec{e}_1)\vec{e}_1 \\ \vec{a}_2 &= (\vec{a} \cdot \vec{e}_2)\vec{e}_2 . \end{aligned} \tag{3.8}$$

Die Bezeichnungen

$$a_1 := \vec{a} \cdot \vec{e}_1 \qquad a_2 := \vec{a} \cdot \vec{e}_2 \tag{3.9}$$

liefern für den Vektor $\vec{a}$ die Darstellung

$$\vec{a} = a_1 \, \vec{e}_1 + a_2 \, \vec{e}_2 . \tag{3.10}$$

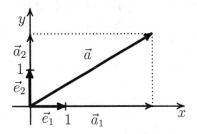

Bild 3.9: $\vec{a} = \vec{a}_1 + \vec{a}_2$

Der Vektor $\vec{a}$ wird demzufolge (mit den Einheitsvektoren $\vec{e}_1$ und $\vec{e}_2$) eindeutig bestimmt durch die Angabe der reellen Zahlen a_1 und a_2 aus (3.9).

Definition 3.10: $\vec{a} = \begin{pmatrix} a_1 \\ a_2 \end{pmatrix}$ *heißt* **Koordinatendarstellung des Vektors** $\vec{a}$ *(in der Ebene).* a_i, $i = 1, 2$, *sind die* **Koordinaten**. *Die Vektoren* $\vec{a}_1$ *und* $\vec{a}_2$ *werden als* **Komponenten von** $\vec{a}$ *bezeichnet.*

Der Vektor $\vec{a}$ im Bild 3.9 hat die Koordinatendarstellung $\vec{a} = \begin{pmatrix} 3,5 \\ 2,0 \end{pmatrix}$.

Satz 3.9: *Es gilt:*

(1) $\vec{e}_1 = \begin{pmatrix} 1 \\ 0 \end{pmatrix}$ *und* $\vec{e}_2 = \begin{pmatrix} 0 \\ 1 \end{pmatrix}$,   (2) $\vec{0} = \begin{pmatrix} 0 \\ 0 \end{pmatrix}$.

(3) *Für* $\vec{a} = \begin{pmatrix} a_1 \\ a_2 \end{pmatrix}$ *ist* $|\vec{a}| = \sqrt{a_1^2 + a_2^2}$.

Beweis: Für die erste Eigenschaft ist $\vec{e}_1$ (bzw. $\vec{e}_2$) für $\vec{a}$ in (3.8) einzusetzen und (3.7) zu beachten. Die Eigenschaft (3) resultiert aus

$$|\vec{a}| = \sqrt{\vec{a} \cdot \vec{a}} = \sqrt{(a_1\vec{e}_1 + a_2\vec{e}_2) \cdot (a_1\vec{e}_1 + a_2\vec{e}_2)} = \sqrt{a_1^2 + a_2^2}.$$

Die zweite Eigenschaft ist offensichtlich.   ◁

Aufgabe 3.2: *Der Vektor* $\vec{a} = \begin{pmatrix} -2 \\ 3 \end{pmatrix}$ *ist geometrisch darzustellen. Berechnen Sie den Betrag dieses Vektors.*

3.3.2   Vektordarstellung im Raum

Die Vektordarstellung im Raum erfolgt analog der Vektordarstellung in der Ebene. Es wird ein rechtwinkliges Koordinatensystem des Raumes vorausgesetzt. Auf den Koordinatenachsen werden die Einheitsvektoren $\vec{e}_1$, $\vec{e}_2$ und $\vec{e}_3$ eingeführt (siehe Bild 3.10); $\vec{e}_1$, $\vec{e}_2$ und $\vec{e}_3$ bilden dabei ein Rechtssystem. Für diese Vektoren gilt dann

$$\vec{e}_1 \cdot \vec{e}_1 = \vec{e}_2 \cdot \vec{e}_2 = \vec{e}_3 \cdot \vec{e}_3 = 1,$$
$$\vec{e}_1 \cdot \vec{e}_2 = \vec{e}_1 \cdot \vec{e}_3 = \vec{e}_2 \cdot \vec{e}_3 = 0. \qquad (3.11)$$

Jeder Vektor $\vec{a}$ des Raumes ist eindeutig in der Form

$$\vec{a} = \vec{a}_1 + \vec{a}_2 + \vec{a}_3$$

darstellbar, wobei $\vec{a}_1$ die Projektion von $\vec{a}$ auf $\vec{e}_1$, $\vec{a}_2$ die Projektion von $\vec{a}$ auf $\vec{e}_2$ bzw. $\vec{a}_3$ die Projektion von $\vec{a}$ auf $\vec{e}_3$ bezeichnen.

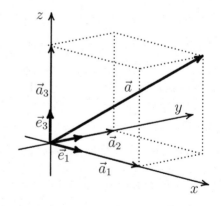

Bild 3.10: *Darstellung im Raum*

Analog zu den Beziehungen (3.8) - (3.9) gilt

$$\vec{a}_1 = (\vec{a} \cdot \vec{e}_1)\vec{e}_1, \qquad \vec{a}_2 = (\vec{a} \cdot \vec{e}_2)\vec{e}_2, \qquad \vec{a}_3 = (\vec{a} \cdot \vec{e}_3)\vec{e}_3, \qquad (3.12)$$

$$\vec{a} = a_1\,\vec{e}_1 + a_2\,\vec{e}_2 + a_3\,\vec{e}_3 \qquad \text{mit} \qquad (3.13)$$
$$a_1 := \vec{a}\cdot\vec{e}_1, \qquad a_2 := \vec{a}\cdot\vec{e}_2 \qquad a_3 := \vec{a}\cdot\vec{e}_3. \qquad (3.14)$$

Wenn man von den vorgegebenen Einheitsvektoren $\vec{e}_1$, $\vec{e}_2$ und $\vec{e}_3$ ausgeht, dann wird der Vektor $\vec{a}$ eineindeutig durch die reellen Zahlen a_1, a_2 und a_3 beschrieben. Analog zur Definition 3.10 erhält man die

---

Definition 3.11: $\vec{a} = \begin{pmatrix} a_1 \\ a_2 \\ a_3 \end{pmatrix}$ *heißt* **Koordinatendarstellung des**

Vektors $\vec{a}$ *(im Raum) mit den* **Koordinaten** a_i, $i = 1,2,3$. *Die Vektoren* $\vec{a}_i = a_i\vec{e}_i$ *sind die* **Komponenten des Vektors** $\vec{a}$.

Der **Beweis** des folgenden Satzes wird wie der Beweis des Satzes 3.9 (Seite 100) geführt.

Satz 3.10: (1) $\vec{e}_1 = \begin{pmatrix} 1 \\ 0 \\ 0 \end{pmatrix}$, $\vec{e}_2 = \begin{pmatrix} 0 \\ 1 \\ 0 \end{pmatrix}$, $\vec{e}_3 = \begin{pmatrix} 0 \\ 0 \\ 1 \end{pmatrix}$, (2) $\vec{0} = \begin{pmatrix} 0 \\ 0 \\ 0 \end{pmatrix}$.

(3) *Für* $\vec{a} = \begin{pmatrix} a_1 \\ a_2 \\ a_3 \end{pmatrix}$ *ist* $|\vec{a}| = \sqrt{a_1^2 + a_2^2 + a_3^2}$.

Aufgabe 3.3: *Gesucht sind die Koordinatendarstellung und der Betrag des Vektors* $\vec{a} = 2\vec{e}_1 - 3\vec{e}_2 + 5\vec{e}_3$.

3.3.3 Vektoroperationen

Die im Abschnitt 3.2 geometrisch eingeführten Vektoroperationen werden jetzt mit Hilfe der Koordinatendarstellung betrachtet. Das Vorgehen wird an der Vektoraddition, dem Skalar- und dem Vektorprodukt demonstriert. Es bezeichnen $\vec{a} = \begin{pmatrix} a_1 \\ a_2 \\ a_3 \end{pmatrix}$ und $\vec{b} = \begin{pmatrix} b_1 \\ b_2 \\ b_3 \end{pmatrix}$ beliebige Vektoren des Raumes.

Addition von Vektoren: Aus den Sätzen 3.1 und 3.2 und der Gleichung (3.13) folgt

$$\vec{a} + \vec{b} = \left(a_1\,\vec{e}_1 + a_2\,\vec{e}_2 + a_3\,\vec{e}_3\right) + \left(b_1\,\vec{e}_1 + b_2\,\vec{e}_2 + b_3\,\vec{e}_3\right)$$
$$= \left(a_1 + b_1\right)\vec{e}_1 + \left(a_2 + b_2\right)\vec{e}_2 + \left(a_3 + b_3\right)\vec{e}_3 = \begin{pmatrix} a_1 + b_1 \\ a_2 + b_2 \\ a_3 + b_3 \end{pmatrix}.$$

Skalarprodukt: Auf das Skalarprodukt

$$\vec{a} \cdot \vec{b} = \left(a_1\,\vec{e}_1 + a_2\,\vec{e}_2 + a_3\,\vec{e}_3\right) \cdot \left(b_1\,\vec{e}_1 + b_2\,\vec{e}_2 + b_3\,\vec{e}_3\right)$$

werden beim Ausmultiplizieren die zweite und dritte Aussage des Satzes 3.4 und die Beziehungen (3.11) wiederholt angewendet. Es resultiert dann

$$\vec{a} \cdot \vec{b} = a_1\,b_1 + a_2\,b_2 + a_3\,b_3.$$

Vektorprodukt: Aus der Definition 3.8 für das Vektorprodukt ergeben sich für die Einheitsvektoren folgende Eigenschaften:

$$
\begin{array}{lll}
\vec{e}_1 \times \vec{e}_1 = \vec{0}, & \vec{e}_1 \times \vec{e}_2 = \vec{e}_3, & \vec{e}_1 \times \vec{e}_3 = -\vec{e}_2, \\
\vec{e}_2 \times \vec{e}_1 = -\vec{e}_3 & \vec{e}_2 \times \vec{e}_2 = \vec{0}, & \vec{e}_2 \times \vec{e}_3 = \vec{e}_1, \\
\vec{e}_3 \times \vec{e}_1 = \vec{e}_2, & \vec{e}_3 \times \vec{e}_2 = -\vec{e}_1 & \vec{e}_3 \times \vec{e}_3 = \vec{0}.
\end{array}
$$

Unter Verwendung dieser Eigenschaften entsteht beim Ausmultiplizieren von

$$\vec{a} \times \vec{b} = \left(a_1\,\vec{e}_1 + a_2\,\vec{e}_2 + a_3\,\vec{e}_3\right) \times \left(b_1\,\vec{e}_1 + b_2\,\vec{e}_2 + b_3\,\vec{e}_3\right)$$

und anschließendem Zusammenfassen

$$\vec{a} \times \vec{b} = \begin{pmatrix} a_2 b_3 - a_3 b_2 \\ a_3 b_1 - a_1 b_3 \\ a_1 b_2 - a_2 b_1 \end{pmatrix}.$$

Bemerkung: Die Berechnung des Vektorprodukts und des Spatprodukts kann auch nach Satz 4.9 (Seite 147) mit der **Sarrusschen Regel** erfolgen.

Eine Zusammenstellung der Vektoroperationen des Raumes in Koordinatendarstellung ist in der Tabelle 3.1 angegeben. Die Vektoroperationen in der Ebene ergeben sich aus den Vektoroperationen des Raumes, wenn jeweils die dritte Komponente weggelassen bzw. durch Null ersetzt wird.

Die **Richtungskosinus** aus (3.22) geben die Kosinuswerte der Winkel an, die der Vektor $\vec{a}$ mit den Koordinatenachsen bildet. Die Koordinaten des normierten Vektors $\vec{a}^{0}$ und die Richtungskosinus des Vektors $\vec{a}$ bzw. $\vec{a}^{0}$ stimmen überein.

Addition von Vektoren:

$$\vec{a} + \vec{b} = \begin{pmatrix} a_1 + b_1 \\ a_2 + b_2 \\ a_3 + b_3 \end{pmatrix} \tag{3.15}$$

Differenz von Vektoren:

$$\vec{a} - \vec{b} = \begin{pmatrix} a_1 - b_1 \\ a_2 - b_2 \\ a_3 - b_3 \end{pmatrix} \tag{3.16}$$

Multiplikation eines Vektors mit einer reellen Zahl r**:**

$$r\,\vec{a} = \begin{pmatrix} r\,a_1 \\ r\,a_2 \\ r\,a_3 \end{pmatrix} \tag{3.17}$$

Skalarprodukt von Vektoren:

$$\vec{a} \cdot \vec{b} = a_1\,b_1 + a_2\,b_2 + a_3\,b_3 \tag{3.18}$$

Vektorprodukt:

$$\vec{a} \times \vec{b} = \begin{pmatrix} a_2 b_3 - a_3 b_2 \\ a_3 b_1 - a_1 b_3 \\ a_1 b_2 - a_2 b_1 \end{pmatrix} \tag{3.19}$$

Spatprodukt:

$$[\vec{a}\vec{b}\vec{c}] = (a_2 b_3 - a_3 b_2)c_1 + (a_3 b_1 - a_1 b_3)c_2 + (a_1 b_2 - a_2 b_1)c_3 \tag{3.20}$$

Betrag des Vektors $\vec{a}$ **:**

$$|\vec{a}| = \sqrt{a_1^2 + a_2^2 + a_3^2} \tag{3.21}$$

Richtungskosinus eines Vektors:

$$\cos(\angle(\vec{a}; \vec{e}_i)) = \frac{a_i}{|\vec{a}|}, \quad i = 1, 2, 3 \tag{3.22}$$

Tabelle 3.1: *Vektoroperationen im Raum in Koordinatendarstellung*

Bemerkung: Die Ausführung der Vektoroperationen auf CAS-Rechnern wird im Abschnitt 3.6 (Seiten 123 ff.) behandelt.

Beispiel 3.3: *Für die Vektoren* $\vec{a} = \begin{pmatrix} 2 \\ -1 \\ 0 \end{pmatrix}$, $\vec{b} = \begin{pmatrix} -1 \\ 1 \\ -2 \end{pmatrix}$ *und*

$\vec{c} = \begin{pmatrix} -1 \\ 2 \\ 5 \end{pmatrix}$ *sind folgende Terme zu berechnen:*

(1) $\vec{a} + \vec{b}$,   (2) $\vec{a} - \vec{b}$,   (3) $2\,\vec{a}$,

(4) $\vec{a} \times \vec{b}$,   (5) $\vec{b} \times \vec{a}$,   (6) $\vec{a} \cdot \vec{b}$,

(7) *die Projektion* $\vec{a}_{\vec{b}}$ *des Vektors* $\vec{a}$ *auf den Vektor* $\vec{b}$,

(8) *die Projektion* $\vec{b}_{xy}$ *des Vektors* $\vec{b}$ *auf die xy-Ebene bzw.*

     die Projektion $\vec{b}_x$ *des Vektors* $\vec{b}$ *auf die x-Achse,*

(9) *die Richtungskosinus von* $\vec{b}$ *und*   (10)   *das Spatprodukt* $[\vec{a}\,\vec{b}\,\vec{c}]$.

Lösung: zu (1) und (2): Aus (3.15) bzw. (3.16) folgen

$$\vec{a} + \vec{b} = \begin{pmatrix} 1 \\ 0 \\ -2 \end{pmatrix} \text{ und } \vec{a} - \vec{b} = \begin{pmatrix} 3 \\ -2 \\ 2 \end{pmatrix}.$$

zu (3): Aus (3.17) erhält man $2\vec{a} = \begin{pmatrix} 4 \\ -2 \\ 0 \end{pmatrix}$.

zu (4) und (5): Nach (3.19) und (3.5) folgt

$$\vec{a} \times \vec{b} = \begin{pmatrix} (-1)\cdot(-2) - 0\cdot 1 \\ 0\cdot(-1) - 2\cdot(-2) \\ 2\cdot 1 - (-1)\cdot(-1) \end{pmatrix} = \begin{pmatrix} 2 \\ 4 \\ 1 \end{pmatrix} \text{ und } \vec{b} \times \vec{a} = \begin{pmatrix} -2 \\ -4 \\ -1 \end{pmatrix}.$$

zu (6): (3.18) liefert $\vec{a} \cdot \vec{b} = 2\cdot(-1) + (-1)\cdot 1 + 0\cdot(-2) = -3$.

zu (7): Die Berechnung wird mit Hilfe des Satzes 3.6 (Seite 95) ausgeführt. Es gilt nach (3.21) $|\vec{b}| = \sqrt{(-1)^2 + 1^2 + (-2)^2} = \sqrt{6}$. Damit ergibt sich

$$\vec{a}_{\vec{b}} = \frac{(\vec{a} \cdot \vec{b})}{|\vec{b}|^2}\vec{b} = \frac{2\cdot(-1) + (-1)\cdot 1 + 0\cdot(-2)}{6} \begin{pmatrix} -1 \\ 1 \\ -2 \end{pmatrix} = \begin{pmatrix} \frac{1}{2} \\ -\frac{1}{2} \\ 1 \end{pmatrix}.$$

zu (8): Aus (3.12) bis (3.14) erhält man für die Projektionen

$$\vec{b}_{xy} = (\vec{b} \cdot \vec{e}_1)\vec{e}_1 + (\vec{b} \cdot \vec{e}_2)\vec{e}_2 = \begin{pmatrix} -1 \\ 1 \\ 0 \end{pmatrix}, \ \vec{b}_x = (\vec{b} \cdot \vec{e}_1)\vec{e}_1 = \begin{pmatrix} -1 \\ 0 \\ 0 \end{pmatrix}.$$

<u>zu (9)</u>: Die Richtungskosinus werden nach (3.22) berechnet.

$$\cos(\angle(\vec{b}; \vec{e}_1)) = \frac{-1}{\sqrt{6}}, \qquad \cos(\angle(\vec{b}; \vec{e}_2)) = \frac{1}{\sqrt{6}}, \qquad \cos(\angle(\vec{b}; \vec{e}_3)) = \frac{-2}{\sqrt{6}}.$$

<u>zu (10)</u>: Nach (3.20) folgt

$$[\vec{a}\,\vec{b}\,\vec{c}] = ((-1)\cdot(-2)-0)\cdot(-1)+(0-2\cdot(-2))\cdot 2+(2\cdot 1-(-1)\cdot(-1))\cdot 5 = 11.$$

$\triangleleft$

Beispiel 3.4: *Es sind die folgenden Aussagen aus dem Satz 3.4 und dem Satz 3.7 zu beweisen:*

(1) $(\vec{a}+\vec{b})\cdot\vec{c} = \vec{a}\cdot\vec{c}+\vec{b}\cdot\vec{c}$

(2) $\vec{a}\times(\vec{b}+\vec{c}) = \vec{a}\times\vec{b}+\vec{a}\times\vec{c}.$

Lösung: Zum Beweis der Aussage (1) werden die Beziehungen (3.15) und (3.18) angewendet. Es ergibt sich

$$(\vec{a}+\vec{b})\cdot\vec{c} = \left[\begin{pmatrix} a_1 \\ a_2 \\ a_3 \end{pmatrix} + \begin{pmatrix} b_1 \\ b_2 \\ b_3 \end{pmatrix}\right]\cdot\begin{pmatrix} c_1 \\ c_2 \\ c_3 \end{pmatrix}$$

$$= (a_1+b_1)\,c_1 + (a_2+b_2)\,c_2 + (a_3+b_3)\,c_3$$

$$= a_1\,c_1 + b_1\,c_1 + a_2\,c_2 + b_2\,c_2 + a_3\,c_3 + b_3\,c_3 = \vec{a}\cdot\vec{c}+\vec{b}\cdot\vec{c}.$$

Für den Beweis der Aussage (2) werden die Beziehungen (3.15) und (3.19) verwendet. Man erhält

$$\vec{a}\times(\vec{b}+\vec{c}) = \begin{pmatrix} a_1 \\ a_2 \\ a_3 \end{pmatrix}\times\left[\begin{pmatrix} b_1 \\ b_2 \\ b_3 \end{pmatrix} + \begin{pmatrix} c_1 \\ c_2 \\ c_3 \end{pmatrix}\right] = \begin{pmatrix} a_1 \\ a_2 \\ a_3 \end{pmatrix}\times\begin{pmatrix} b_1+c_1 \\ b_2+c_2 \\ b_3+c_3 \end{pmatrix}$$

$$= \begin{pmatrix} a_2(b_3+c_3) - a_3(b_2+c_2) \\ a_3(b_1+c_1) - a_1(b_3+c_3) \\ a_1(b_2+c_2) - a_2(b_1+c_1) \end{pmatrix}$$

$$= \begin{pmatrix} a_2b_3 - a_3b_2 \\ a_3b_1 - a_1b_3 \\ a_1b_2 - a_2b_1 \end{pmatrix} + \begin{pmatrix} a_2c_3 - a_3c_2 \\ a_3c_1 - a_1c_3 \\ a_1c_2 - a_2c_1 \end{pmatrix} = \vec{a}\times\vec{b}+\vec{a}\times\vec{c}. \quad \triangleleft$$

Aus den Lösungen des letzten Beispiels wird deutlich, dass bei den Vektoroperationen die Produktbildungen gegenüber der Addition Vorrang haben und zuerst ausgeführt werden müssen. D.h., es gilt

$$\vec{a}\cdot\vec{b}+\vec{a}\cdot\vec{c} = (\vec{a}\cdot\vec{b})+(\vec{a}\cdot\vec{c}) \quad \text{bzw.} \quad \vec{a}\times\vec{b}+\vec{a}\times\vec{c} = (\vec{a}\times\vec{b})+(\vec{a}\times\vec{c}).$$

Aufgabe 3.4: *Für die Vektoren* $\vec{a} = \begin{pmatrix} 2 \\ -1 \\ 0 \end{pmatrix}$, $\vec{b} = \begin{pmatrix} -1 \\ 1 \\ -2 \end{pmatrix}$ *und* $\vec{c} = \begin{pmatrix} -1 \\ 2 \\ 5 \end{pmatrix}$

sind folgende Terme zu berechnen:

(1) $2\vec{a} + 3\vec{b}$,   (2) $\vec{c} - \vec{b}$,   (3) $2\vec{a} - \vec{c} + 2\vec{b}$,

(4) $\vec{c} \times \vec{b}$,   (5) $(\vec{a} + \vec{b}) \times \vec{c}$,   (6) $\vec{a} + (\vec{b} \times \vec{c})$.

(7) *Die Projektion* $\vec{b}_{\vec{a}}$ *des Vektors* $\vec{b}$ *auf den Vektor* $\vec{a}$.

(8) *Die Projektion* $\vec{c}_{xz}$ *des Vektors* $\vec{c}$ *auf die xz-Ebene und die Projektion* $\vec{c}_z$ *des Vektors* $\vec{c}$ *auf die z-Achse.*

(9) *Die Richtungskosinus von* $\vec{c}$.

(10) *Das Spatprodukt* $[\vec{c}\,\vec{b}\,\vec{a}]$.

Aufgabe 3.5: *Berechnen Sie den Vektor* $\vec{a}$ *vom Punkt* $P_1(1; -1; 0)$ *zum Punkt* $P_2(3; 1; -1)$ *und den Vektor* $\vec{b}$ *vom Punkt* $Q_1(1; 0; 1)$ *zum Punkt* $Q_2(3; 2; 0)$. *Bestimmen Sie* $|\vec{a}|$, *die Richtungskosinus von* $\vec{a}$ *und den Einheitsvektor* $\vec{a}^0$.

Aufgabe 3.6: *Gegeben sind die Vektoren* $\vec{a} = \vec{e}_1 - 2\vec{e}_2$ *und* $\vec{b} = 3\vec{e}_1 + 2\vec{e}_2$.
(1) *Man bestimme die Vektoren* $\vec{a} + \vec{b}$, $\vec{b} - \vec{a}$.
(2) *Berechnen Sie den Winkel zwischen den Vektoren* $\vec{a}$ *und* $\vec{b}$.
(3) *Berechnen Sie* $|\vec{a} - \vec{b}|$. *Was bedeutet das geometrisch?*

Aufgabe 3.7: *Gegeben sind die Vektoren* $\vec{a} = \begin{pmatrix} 4 \\ 3 \\ 9 \end{pmatrix}$ *und* $\vec{b} = \begin{pmatrix} 1 \\ 1 \\ -1 \end{pmatrix}$.

Berechnen Sie (1) *die Projektion von* $\vec{a}$ *auf* $\vec{b}$,
(2) $(\vec{a} \times \vec{b}) \times \vec{b}$ *und* $\vec{a} \times (\vec{b} \times \vec{b})$.

Aufgabe 3.8: *Von dem Vektor* $\vec{r}$ *sind seine Länge, die Projektionen* $\vec{r}_x$, $\vec{r}_y$, $\vec{r}_z$ *auf die Koordinatenachsen und die Projektionen* $\vec{r}_{xy}$, $\vec{r}_{xz}$, $\vec{r}_{yz}$ *auf die Koordinatenebenen zu bestimmen.*

(1) $\vec{r} = \begin{pmatrix} 2 \\ -3 \\ -1 \end{pmatrix}$ (2) $\vec{r} = \begin{pmatrix} 0 \\ 4 \\ 5 \end{pmatrix}$.

Aufgabe 3.9: *Unter welchen Bedingungen gilt* $\vec{a} \cdot \vec{b} = \vec{a} \cdot \vec{c}$?

Aufgabe 3.10: *Es gelte* $\vec{a} \neq \vec{b}$ *und* $\vec{c} \neq \vec{0}$. *Unter welchen Bedingungen gilt dann* $\vec{a} \times \vec{c} = \vec{b} \times \vec{c}$?

Aufgabe 3.11 : *Berechnen Sie den Flächeninhalt des Parallelogramms, das von den Vektoren* $\vec{a} = \begin{pmatrix} -1 \\ 0 \\ 3 \end{pmatrix}$ *und* $\vec{b} = \begin{pmatrix} 0 \\ 4 \\ 1 \end{pmatrix}$ *aufgespannt wird.*

Aufgabe 3.12 : *Welchen Flächeninhalt hat das Dreieck mit den Eckpunkten* $P_1(1; 0; 6)$, $P_2(4; 5; -2)$ *und* $P_3(-2; 3; 4)$ *?*

Aufgabe 3.13 : *Berechnen Sie das Volumen des Parallelepipeds, das von den Vektoren* $\vec{a} = \begin{pmatrix} -1 \\ 1 \\ 3 \end{pmatrix}$, $\vec{b} = \begin{pmatrix} 0 \\ 4 \\ 1 \end{pmatrix}$ *und* $\vec{c} = \begin{pmatrix} 2 \\ \frac{1}{2} \\ 3 \end{pmatrix}$ *aufgespannt wird.*

Aufgabe 3.14 : *Gegeben ist die Kraft* $\vec{F} = 4\vec{e}_1 - 3\vec{e}_2$. *Berechnen Sie den Betrag der Kraft und die Arbeit* W *längs des geradlinigen Weges vom Punkt* $P_1(7; 8)$ *zum Punkt* $P_2(4; 9)$ *und interpretieren Sie das Ergebnis.*

Aufgabe 3.15 : *Eine Stange ist im Punkt* $P_0(0; 0; 0)$ *drehbar gelagert. Im Punkt* $P_1(1; 1; 1)$ *greift folgende Kraft* $\vec{F}$ *an*
(1) $\vec{F} = \vec{e}_1 + \vec{e}_2 + \vec{e}_3$ (2) $\vec{F} = \vec{e}_1 - 2\vec{e}_2 + 3\vec{e}_3$
Gesucht ist das Drehmoment $|\vec{M}|$ *der in* P_1 *angreifenden Kraft bezüglich* P_0.
Hinweis: Für den Drehmomentenvektor gilt $\vec{M} = \overrightarrow{P_0P_1} \times \vec{F}$.

Aufgabe 3.16 : *Unter welchen Winkeln schneiden sich die Raumdiagonalen eines Quaders, der 1 cm lang, 1 cm breit und 2 cm hoch ist?*

3.4 Anwendungen in der Geometrie

In diesem Abschnitt werden für Geraden und Ebenen im Raum **Parameterdarstellungen** und **parameterfreie Darstellungen** angegeben. Es wird dabei stets vorausgesetzt, dass ein kartesisches Koordinatensystem im Raum gegeben ist. Mit $\overrightarrow{OP}$ wird der **Ortsvektor** bezeichnet, der im Koordinatenursprung beginnt und dessen Endpunkt P ist. Die Koordinaten des Ortsvektors $\overrightarrow{OP}$ und die Koordinaten des Punktes P stimmen überein.

3.4.1 Parameterdarstellung einer Geraden

Durch die Vorgabe von zwei (verschiedenen) Punkten P_1 und P_2 wird die Gerade g eindeutig beschrieben, die durch diese Punkte verläuft.

An dem Bild 3.11 lässt sich der folgende Satz veranschaulichen.

Satz 3.11 : *Es seien $P_1 \in g$ und $P_2 \in g$ $(P_1 \neq P_2)$ zwei vorgegebene Punkte der Geraden g. Dann sind jeder beliebige Punkt $P \in g$ und damit die Gerade g darstellbar als*

$$g: \quad \overrightarrow{OP} = \overrightarrow{OP_1} + t\,(\overrightarrow{OP_2} - \overrightarrow{OP_1})\,, \quad t \in \mathbb{R}\,. \tag{3.23}$$

Die Gerade g wird vollständig durch den Ortsvektor $\overrightarrow{OP_1}$ und den Vektor

$$\vec{a} := \overrightarrow{OP_2} - \overrightarrow{OP_1} = \overrightarrow{P_1 P_2}$$

beschrieben. Den Vektor $\vec{a}$ nennt man **Richtungsvektor der Geraden**. Um einen (beliebigen) Punkt $P \in g$ zu erreichen, wird der Richtungsvektor $\vec{a}$ durch $t\,\vec{a}$ $(t \in \mathbb{R})$ entsprechend „gedehnt". Damit lässt sich der Satz 3.11 wie folgt formulieren.

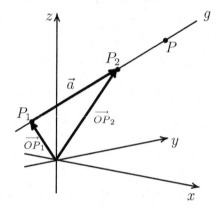

Bild 3.11 : *Gerade im Raum*

Satz 3.12 : *Gegeben seien der Ortsvektor $\overrightarrow{OP_1}$ zu einem festen Punkt $P_1 \in g$ und ein Richtungsvektor $\vec{a}$ der Geraden g. Dann gilt für einen beliebigen Punkt $P \in g$*

$$g: \quad \overrightarrow{OP} = \overrightarrow{OP_1} + t\,\vec{a}\,, \quad t \in \mathbb{R}\,. \tag{3.24}$$

In den Gleichungen (3.23) bzw. (3.24) wird eine Gerade mit Hilfe des Parameters t beschrieben. Man spricht in diesem Fall auch von einer **Parameterdarstellung** der Geraden.

Beispiel 3.5 : *Die Gerade g verläuft durch die Punkte $R(1; 2; -2)$ und $Q(-1; 0; 2)$. In welchem Punkt P_0 durchstößt sie die xy-Ebene?*

Lösung: Die Parameterdarstellung der Geraden g durch die Punkte R und Q wird nach (3.23) ermittelt. Es gilt für alle $t \in \mathbb{R}$

$$g: \quad \overrightarrow{OP} = \begin{pmatrix} 1 \\ 2 \\ -2 \end{pmatrix} + t\left(\begin{pmatrix} -1 \\ 0 \\ 2 \end{pmatrix} - \begin{pmatrix} 1 \\ 2 \\ -2 \end{pmatrix} \right) = \begin{pmatrix} 1 \\ 2 \\ -2 \end{pmatrix} + t \begin{pmatrix} -2 \\ -2 \\ 4 \end{pmatrix}.$$

Für den Durchstoßpunkt $P_0(x_0; y_0; 0)$ existiert ein $t_0 \in \mathbb{R}$ mit

$$\overrightarrow{OP_0} = \begin{pmatrix} x_0 \\ y_0 \\ 0 \end{pmatrix} = \begin{pmatrix} 1 \\ 2 \\ -2 \end{pmatrix} + t_0 \begin{pmatrix} -2 \\ -2 \\ 4 \end{pmatrix}.$$

Daraus folgt für die dritte Koordinate von $\overrightarrow{OP_0}$: $0 = -2 + 4t_0$, d.h., es gilt $t_0 = \frac{1}{2}$. Hieraus ergibt sich für den Durchstoßpunkt

$$\overrightarrow{OP_0} = \begin{pmatrix} 1 \\ 2 \\ -2 \end{pmatrix} + \frac{1}{2} \begin{pmatrix} -2 \\ -2 \\ 4 \end{pmatrix} = \begin{pmatrix} 0 \\ 1 \\ 0 \end{pmatrix}. \qquad \triangleleft$$

Aufgabe 3.17 : *Die Punkte* $P_1(-1; 0; 2)$ *und* $P_2(1; 1; 2)$ *liegen auf der Geraden* g. (1) *Liegt der Punkt* $P_3(1; 2; 3)$ *auf der Geraden* g? (2) *Bestimmen Sie* a *so, dass der Punkt* $P_4(a; 2; 2)$ *auf der Geraden* g *liegt.*

Aufgabe 3.18 : *Die Gerade* g_1 *verläuft durch die Punkte* $P_1(1; 1; 2)$ *und* $P_2(1; -1; 2)$. *Gesucht ist die Gleichung der Geraden* g_2, *die durch den Punkt* $P_3(1; 2; 0)$ *geht und parallel zu der Geraden* g_1 *ist.*

Aufgabe 3.19: *Zwei nicht parallele Geraden, die sich nicht schneiden, heißen windschief. Wie erkennt man, ob die Geraden* $g_1 : \overrightarrow{OP} = \overrightarrow{OP_1} + t\,\vec{a}_1$, $t \in \mathbb{R}$, *und* $g_2 : \overrightarrow{OP} = \overrightarrow{OP_2} + t\,\vec{a}_2$, $t \in \mathbb{R}$, *windschief sind?*

3.4.2 Parameterdarstellung einer Ebene

Wenn die drei (verschiedenen) Punkte P_1, P_2 und P_3 nicht auf einer Geraden liegen, dann existiert genau eine Ebene E, die diese Punkte enthält. Man sagt dann, dass die Punkte P_1, P_2 und P_3 die Ebene E aufspannen. Aus Bild 3.12 entnimmt man die folgende Eigenschaft.

Satz 3.13: *Gegeben sind die Punkte* P_1, P_2 *und* P_3, *die die Ebene* E *aufspannen. Dann lassen sich jeder beliebige Punkt* $P \in E$ *und damit die Ebene darstellen als*

$$E : \overrightarrow{OP} = \overrightarrow{OP_1} + t\,(\overrightarrow{OP_2} - \overrightarrow{OP_1}) + s\,(\overrightarrow{OP_3} - \overrightarrow{OP_1}), \quad t \in \mathbb{R},\, s \in \mathbb{R}. \quad (3.25)$$

(3.25) ist eine **Parameterdarstellung der Ebene** mit den Parametern t und s. Die Vektoren

$$\vec{a}_1 := \overrightarrow{OP}_2 - \overrightarrow{OP}_1 = \overrightarrow{P_1 P_2}$$

$$\vec{a}_2 := \overrightarrow{OP}_3 - \overrightarrow{OP}_1 = \overrightarrow{P_1 P_3}$$

sind nicht parallel und heißen **Richtungsvektoren der Ebene**.

Mit diesen Richtungsvektoren folgt aus (3.25) der nächste Satz.

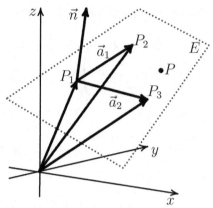

Bild 3.12: *Ebene im Raum*

Satz 3.14: *Gegeben sind der Ortsvektor* $\overrightarrow{OP}_1$ *zu einem festen Punkt* $P_1 \in E$ *und zwei (nicht parallele) Richtungsvektoren* $\vec{a}_1$ *und* $\vec{a}_2$ *der Ebene* E. *Dann gilt für jeden Punkt* $P \in E$ *die* **Parameterdarstellung der Ebene**

$$E: \quad \overrightarrow{OP} = \overrightarrow{OP}_1 + t\,\vec{a}_1 + s\,\vec{a}_2, \quad t \in \mathbb{R}, \ s \in \mathbb{R}. \tag{3.26}$$

Beispiel 3.6: *Die Ebene* E *wird durch die Punkte* $P(1; 2; 2)$, $Q(-1; -2; 2)$ *und* $R(-1; 0; 3)$ *aufgespannt. Bestimmen Sie die Gleichung der Ebene* E. *Wie muss die z-Koordinate des Punktes* $S(0; 2; z)$ *lauten, damit* $S \in E$ *gilt?*

Lösung: Nach (3.25) ergibt sich für die Ebene

$$E: \quad \overrightarrow{OP} = \begin{pmatrix} 1 \\ 2 \\ 2 \end{pmatrix} + t\left(\begin{pmatrix} -1 \\ -2 \\ 2 \end{pmatrix} - \begin{pmatrix} 1 \\ 2 \\ 2 \end{pmatrix} \right) + s\left(\begin{pmatrix} -1 \\ 0 \\ 3 \end{pmatrix} - \begin{pmatrix} 1 \\ 2 \\ 2 \end{pmatrix} \right)$$

$$= \begin{pmatrix} 1 \\ 2 \\ 2 \end{pmatrix} + t \begin{pmatrix} -2 \\ -4 \\ 0 \end{pmatrix} + s \begin{pmatrix} -2 \\ -2 \\ 1 \end{pmatrix}, \quad t \in \mathbb{R}, \ s \in \mathbb{R}.$$

Wenn $S \in E$ ist, existieren Parameter $t_s \in \mathbb{R}$ und $s_s \in \mathbb{R}$ derart, dass

$$\overrightarrow{OS} = \begin{pmatrix} 0 \\ 2 \\ z \end{pmatrix} = \begin{pmatrix} 1 \\ 2 \\ 2 \end{pmatrix} + t_s \begin{pmatrix} -2 \\ -4 \\ 0 \end{pmatrix} + s_s \begin{pmatrix} -2 \\ -2 \\ 1 \end{pmatrix}$$

gilt. Die ersten beiden Koordinaten liefern die Gleichungen

$$-1 = -2t_s - 2s_s \quad \text{und} \quad 0 = -4t_s - 2s_s,$$

die die Lösung $t_s = -\frac{1}{2}$, $s_s = 1$ haben. Die dritte Koordinate ergibt sich dann zu $z = 3$. ◁

3.4.3 Parameterfreie Darstellung einer Ebene

Wenn die (nicht parallelen) Richtungsvektoren $\vec{a}_1$ und $\vec{a}_2$ in einer Ebene E liegen, steht der Vektor $\vec{n} = \vec{a}_1 \times \vec{a}_2$ senkrecht auf der Ebene E (siehe Bild 3.12). Ein Vektor, der senkrecht auf der Ebene E steht, heißt **Normalenvektor der Ebene**. Eine Ebene wird eindeutig durch die Vorgabe eines Normalenvektors $\vec{n}$ und eines (festen) Punktes $P_0 \in E$ bestimmt. Bezeichnet $P \in E$ einen beliebigen Punkt der Ebene E, dann gilt $\overrightarrow{P_0P} \perp \vec{n}$. Daraus ergibt sich die folgende **parameterfreie Darstellung einer Ebene**.

Satz 3.15 : *Gegeben sind der Ortsvektor $\overrightarrow{OP_0}$ zu einem festen Punkt $P_0 \in E$ der Ebene und ein Normalenvektor $\vec{n}$ der Ebene E. Dann gilt für jeden Punkt $P \in E$ die* **parameterfreie Darstellung der Ebene**

$$E : \left(\overrightarrow{OP} - \overrightarrow{OP_0} \right) \cdot \vec{n} = 0. \tag{3.27}$$

Mit den Bezeichnungen

$$\overrightarrow{OP} = \begin{pmatrix} x \\ y \\ z \end{pmatrix}, \qquad \overrightarrow{OP_0} = \begin{pmatrix} x_0 \\ y_0 \\ z_0 \end{pmatrix} \qquad \text{und} \qquad \vec{n} = \begin{pmatrix} n_1 \\ n_2 \\ n_3 \end{pmatrix}$$

lässt sich die letzte Gleichung schreiben als

$$(x - x_0)n_1 + (y - y_0)n_2 + (z - z_0)n_3 = 0.$$

Daraus erhält man die zu (3.27) äquivalente Form einer Ebenengleichung in Koordinatenschreibweise, die im nächsten Satz angegeben wird.

Satz 3.16 : *Die Menge der Punkte $P(x; y; z)$, die die Gleichung*

$$E : \quad x\,n_1 + y\,n_2 + z\,n_3 - d_0 = 0 \tag{3.28}$$

erfüllen, beschreibt eine Ebene E. Dabei bezeichnet $d_0 = x_0\,n_1 + y_0\,n_2 + z_0\,n_3$ eine Konstante.

Wird im letzten Satz der normierte Normalenvektor $\vec{n}^{(0)} = \dfrac{1}{|\vec{n}|} \vec{n} = \begin{pmatrix} n_1^{(0)} \\ n_2^{(0)} \\ n_3^{(0)} \end{pmatrix}$

verwendet, ergibt sich die sogenannte **Hessesche Normalform** der Ebene

$$E: \quad x\, n_1^{(0)} + y\, n_2^{(0)} + z\, n_3^{(0)} - d_0^{(0)} = 0 \tag{3.29}$$

mit der Konstanten $d_0^{(0)} = x_0\, n_1^{(0)} + y_0\, n_2^{(0)} + z_0\, n_3^{(0)}$. Diese Konstante wird im folgenden Satz geometrisch interpretiert.

Satz 3.17 : *In der Hesseschen Normalform (3.29) gibt die Konstante* $|d_0^{(0)}| = |x_0\, n_1^{(0)} + y_0\, n_2^{(0)} + z_0\, n_3^{(0)}|$ *den (kürzesten) Abstand der Ebene* E *vom Koordinatenursprung an.*

Beweis: Die im Bild 3.13 dargestellte Ebene E steht senkrecht zur Buchebene. Der Punkt $S \in E$ sei der Punkt
der Ebene, der den kürzesten Abstand
vom Koordinatenursprung hat. Aus dem
Bild wird deutlich, dass für einen beliebigen Punkt $P = P(x_0; y_0; z_0) \in E$ der
Ebene die Länge der Projektion $\overrightarrow{OP}_{\vec{n}}$ des
Vektors $\overrightarrow{OP}$ auf den Normalenvektor $\vec{n}$
mit der Länge des Vektors $\overrightarrow{OS}$ übereinstimmt. Aus der Gleichung (3.4) folgt

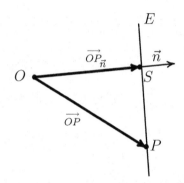

$$|\overrightarrow{OS}| = |\overrightarrow{OP}_{\vec{n}}| = |(\overrightarrow{OP} \cdot \vec{n}^{(0)})\vec{n}^{(0)}|$$

Bild 3.13: *Abstand E von O*

$$= |\overrightarrow{OP} \cdot \vec{n}^{(0)}| = |x_0\, n_1^{(0)} + y_0\, n_2^{(0)} + z_0\, n_3^{(0)}| = |d_0^{(0)}|. \qquad \blacktriangleleft$$

Bemerkung: Wenn in der Hesseschen Normalform (3.29) $d_0^{(0)} \geq 0$ ist, dann zeigt der Normalenvektor $\vec{n}^{(0)}$ vom Koordinatenursprung weg.

Beispiel 3.7 : *Für die Ebene* E *aus Beispiel 3.6 (Seite 110), die durch die Punkte* $P(1; 2; 2)$, $Q(-1; -2; 2)$ *und* $R(-1; 0; 3)$ *aufgespannt wird, sind*
(1) eine parameterfreie Darstellung anzugeben und
(2) der Abstand vom Koordinatenursprung zu berechnen.

Lösung: Da $\vec{a}_1 = \begin{pmatrix} -2 \\ -4 \\ 0 \end{pmatrix}$ und $\vec{a}_2 = \begin{pmatrix} -2 \\ -2 \\ 1 \end{pmatrix}$ Richtungsvektoren von E

sind, erhält man den Normalenvektor aus $\vec{n} = \vec{a}_1 \times \vec{a}_2 = \begin{pmatrix} -4 \\ 2 \\ -4 \end{pmatrix}$. Nach (3.28) ergibt sich zunächst für jeden Punkt $P(x; y; z)$ der Ebene

$$E : \ -4\,x + 2\,y - 4\,z - d_0 = 0\,.$$

Wird ein (beliebiger) Punkt der Ebene in die letzte Gleichung eingesetzt, ergibt sich die Konstante d_0. Für den Punkt R erhält man
$(-4) \cdot (-1) + 2 \cdot 0 + (-4) \cdot 3 = -8 = d_0$, woraus die Ebenengleichung

$$E : \ -4\,x + 2\,y - 4\,z + 8 = 0$$

folgt. Da $|\vec{n}| = \sqrt{(-4)^2 + 2^2 + (-4)^2} = 6$ ist, ergibt sich die Hessesche Normalform nach Multiplikation der Ebenengleichung mit $\frac{1}{6}$, d.h.,

$$E : \ -\frac{4}{6}\,x + \frac{2}{6}\,y - \frac{4}{6}\,z + \frac{8}{6} = 0\,.$$

Der Abstand der Ebene E vom Koordinatenursprung ist $\left| -\frac{8}{6} \right| = \frac{4}{3}$. ◁

Aufgabe 3.20: *Die Ebene E enthalte den Punkt $P_1 = P_1(0; 1; -2)$ und die Gerade $g : \overrightarrow{OP} = \begin{pmatrix} 4 \\ -1 \\ 1 \end{pmatrix} + t \begin{pmatrix} 0 \\ -2 \\ 2 \end{pmatrix}$, $t \in \mathbb{R}$. Geben Sie eine parameterfreie Darstellung der Ebene E an. Welchen Abstand hat die Ebene E vom Koordinatenursprung?*

Aufgabe 3.21: *Geben Sie eine Gleichung der Ebene E an, die vom Koordinatenursprung drei Längeneinheiten entfernt ist und den Normalenvektor $\vec{n} = \begin{pmatrix} 4 \\ -1 \\ 5 \end{pmatrix}$ hat.*

3.4.4 Parameterfreie Darstellung einer Geraden

Die Schnittfigur von zwei nicht parallelen Ebenen ist eine Gerade, die sogenannte **Schnittgerade**. Die Ebenen E_1 und E_2 sind genau dann nicht parallel, wenn die Normalenvektoren $\vec{n}^{(1)} = \begin{pmatrix} n_1^{(1)} \\ n_2^{(1)} \\ n_3^{(1)} \end{pmatrix}$ und $\vec{n}^{(2)} = \begin{pmatrix} n_1^{(2)} \\ n_2^{(2)} \\ n_3^{(2)} \end{pmatrix}$ dieser Ebenen nicht parallel sind. Damit ergibt sich die folgende parameterfreie Darstellung für eine Gerade.

Satz 3.18: *Die Vektoren* $\vec{n}^{(1)} = \begin{pmatrix} n_1^{(1)} \\ n_2^{(1)} \\ n_3^{(1)} \end{pmatrix}$ *und* $\vec{n}^{(2)} = \begin{pmatrix} n_1^{(2)} \\ n_2^{(2)} \\ n_3^{(2)} \end{pmatrix}$ *seien*

nicht parallel. Die Menge der Punkte $P(x; y; z)$, *die gleichzeitig die beiden (Ebenen-) Gleichungen*

$$g: \begin{cases} x\,n_1^{(1)} + y\,n_2^{(1)} + z\,n_3^{(1)} - d^{(1)} = 0 \\ x\,n_1^{(2)} + y\,n_2^{(2)} + z\,n_3^{(2)} - d^{(2)} = 0 \end{cases}, \tag{3.30}$$

erfüllen, beschreibt eine **Gerade** g **in parameterfreier Form**.

Beispiel 3.8: *Gesucht ist ein Richtungsvektor* $\vec{a}$ *der Geraden*

$$g: \begin{cases} x - 2y + 3z - 4 = 0 \\ 2x + z + 7 = 0 \end{cases}, \qquad \overrightarrow{OP} = \begin{pmatrix} x \\ y \\ z \end{pmatrix} \in g.$$

Lösung: Die Normalenvektoren $\vec{n}^{(1)} = \begin{pmatrix} 1 \\ -2 \\ 3 \end{pmatrix}$ und $\vec{n}^{(2)} = \begin{pmatrix} 2 \\ 0 \\ 1 \end{pmatrix}$ aus den

beiden Ebenengleichungen liegen senkrecht zur Schnittgeraden g. Daraus ergibt sich der Richtungsvektor $\vec{a}$ von g aus

$$\vec{a} = \vec{n}^{(1)} \times \vec{n}^{(2)} = \begin{pmatrix} 1 \\ -2 \\ 3 \end{pmatrix} \times \begin{pmatrix} 2 \\ 0 \\ 1 \end{pmatrix} = \begin{pmatrix} -2 \\ 5 \\ 4 \end{pmatrix}. \qquad \triangleleft$$

3.4.5   Abstandsprobleme

Viele praktische Aufgaben führen auf die Bestimmung des kürzesten Abstands, den zwei geometrischen Objekte voneinander haben. Es werden in diesem Abschnitt an Beispielen die folgenden Abstandsaufgaben besprochen:

  – Abstand zweier Punkte (Beispiel 3.9),
  – Abstand Punkt - Gerade (Beispiel 3.10),
  – Abstand Punkt - Ebene (Beispiel 3.11),
  – Abstand zweier (windschiefer) Geraden (Beispiel 3.12).

Bei diesen Beispielen wird jeweils zuerst eine allgemeine Lösung des Problems ermittelt.

Beispiel 3.9: *Welchen (kürzesten) Abstand* h *haben die Punkte* $P(3; -1; 2)$ *und* $Q(4; 1; -2)$ *voneinander?*

Lösung: Für den Abstand h der Punkte $P(p_1; p_2; p_3)$ und $Q(q_1; q_2; q_3)$ gilt $h = |\overrightarrow{PQ}|$. Mit den Ortsvektoren $|\overrightarrow{OP}|$ und $|\overrightarrow{OQ}|$ erhält man

$$h = |\overrightarrow{OQ} - \overrightarrow{OP}| = \sqrt{(q_1 - p_1)^2 + (q_2 - p_2)^2 + (q_3 - p_3)^2}. \qquad (3.31)$$

Für die konkreten Punkte des Beispiels folgt

$$h = \left| \begin{pmatrix} 4 \\ 1 \\ -2 \end{pmatrix} - \begin{pmatrix} 3 \\ -1 \\ 2 \end{pmatrix} \right| = \left| \begin{pmatrix} 1 \\ 2 \\ -4 \end{pmatrix} \right| = \sqrt{1^2 + 2^2 + (-4)^2} = \sqrt{21}. \qquad \triangleleft$$

Beispiel 3.10: *Welchen Abstand* h *hat der Punkt* $P(3; 1; 2)$ *von der Geraden* g*, die durch die Punkte* $P_1(2; 1; 3)$ *und* $P_2(-1; 2; -1)$ *geht?*

Lösung: Es bezeichnen $\vec{a} = \overrightarrow{P_1 P_2}$ und Q die senkrechte Projektion des Punktes P auf die Gerade g. In dem rechtwinkligen Dreieck $\triangle(PP_1Q)$ (siehe Bild 3.14) gilt für den Abstand

$$h = |\overrightarrow{P_1 P}| \sin\left(\angle(\overrightarrow{P_1 P}, \vec{a})\right).$$

Mit Hilfe des Vektorprodukts $|\overrightarrow{P_1 P} \times \vec{a}| = |\overrightarrow{P_1 P}| |\vec{a}| \sin\left(\angle(\overrightarrow{P_1 P}, \vec{a})\right)$ erhält man die Formel für den **Abstand eines Punktes von einer Geraden:**

$$h = \frac{|\overrightarrow{P_1 P} \times \vec{a}|}{|\vec{a}|} = |\overrightarrow{P_1 P} \times \vec{a}^{(0)}|. \qquad (3.32)$$

In diesem Beispiel gilt

$$\overrightarrow{P_1 P} = \begin{pmatrix} 1 \\ 0 \\ -1 \end{pmatrix} \quad \text{und} \quad \vec{a} = \begin{pmatrix} -3 \\ 1 \\ -4 \end{pmatrix}.$$

Daraus folgt:

$$\overrightarrow{P_1 P} \times \vec{a} = \begin{pmatrix} 1 \\ 7 \\ 1 \end{pmatrix}, \quad |\overrightarrow{P_1 P} \times \vec{a}| = \sqrt{51}$$

und $|\vec{a}| = \sqrt{26}$. Die Gleichung (3.32) liefert den Abstand $h = \sqrt{\frac{51}{26}}$. $\qquad \triangleleft$

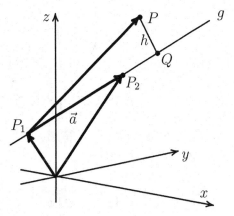

Bild 3.14: *Abstand Punkt-Gerade*

Beispiel 3.11 : *Welchen Abstand h hat der Punkt $P^*(3; 1; 2)$ von der Ebene E, die durch die Punkte $P_1(2; 1; 3)$, $P_2(-1; 2; -1)$ und $P_3(1; 0; 1)$ aufgespannt wird?*

Lösung: Das Problem wird auf die Berechnung des Abstandes zweier paralleler Ebenen zurückgeführt. Bezeichnet

$$E: \quad x\, n_1^{(0)} + y\, n_2^{(0)} + z\, n_3^{(0)} - d_0^{(0)} = 0$$

die Hessesche Normalform der Ebene E, dann ist nach dem Satz 3.17 (Seite 112) die Konstante $|d_0^0|$ gleich dem Abstand der Ebene E vom Koordinatenursprung. Jetzt wird eine Ebene E^* konstruiert, die parallel zur Ebene E ist und den Punkt P^* enthält. Wegen der Parallelität der Ebenen haben beide Ebenen einen gemeinsamen Normalenvektor. Folglich gilt

$$E^*: \quad x\, n_1^{(0)} + y\, n_2^{(0)} + z\, n_3^{(0)} - d_{*,0}^{(0)} = 0\,.$$

Die Konstante $d_{*,0}^{(0)}$ erhält man, wenn in die Ebenengleichung E^* der Punkt $P^*(x^*; y^*; z^*)$ eingesetzt wird, d.h., es gilt

$$d_{*,0}^{(0)} = x^*\, n_1^{(0)} + y^*\, n_2^{(0)} + z^*\, n_3^{(0)}\,. \tag{3.33}$$

Der Abstand der Ebenen E und E^* stimmt mit dem **Abstand h des Punktes P^* von der Ebene E** überein und ergibt sich dann aus

$$h = |d_{*,0}^{(0)} - d_0^{(0)}|\,. \tag{3.34}$$

Für dieses Beispiel ist $\overrightarrow{P_1 P_2} = \begin{pmatrix} -3 \\ 1 \\ -4 \end{pmatrix}$ und $\overrightarrow{P_1 P_3} = \begin{pmatrix} -1 \\ -1 \\ -2 \end{pmatrix}$. Daraus folgt

$$\vec{n} = \overrightarrow{P_1 P_2} \times \overrightarrow{P_1 P_3} = \begin{pmatrix} -6 \\ -2 \\ 4 \end{pmatrix},\ |\vec{n}| = \sqrt{56} = 2\sqrt{14}\ \text{und}\ \vec{n}^{(0)} = \frac{1}{\sqrt{14}} \begin{pmatrix} -3 \\ -1 \\ 2 \end{pmatrix}.$$

Die Gleichung der Ebene E lautet dann

$$E: \quad -\frac{3}{\sqrt{14}}\, x - \frac{1}{\sqrt{14}}\, y + \frac{2}{\sqrt{14}}\, z - d_0^{(0)} = 0\,.$$

Da $P_3 \in E$ ist, folgt $-\frac{3}{\sqrt{14}} \cdot 1 - \frac{1}{\sqrt{14}} \cdot 0 + \frac{2}{\sqrt{14}} \cdot 1 - d_0^{(0)} = 0$ bzw. $d_0^{(0)} = -\frac{1}{\sqrt{14}}$. Aus (3.33) resultiert

$$d_*^{(0)} = -\frac{3}{\sqrt{14}} \cdot 3 - \frac{1}{\sqrt{14}} \cdot 1 + \frac{2}{\sqrt{14}} \cdot 2 = -\frac{6}{\sqrt{14}}\,.$$

(3.34) liefert den gesuchten Abstand $h = \left| -\frac{6}{\sqrt{14}} - \left(-\frac{1}{\sqrt{14}} \right) \right| = \frac{5}{\sqrt{14}}\,.$ ◁

Beispiel 3.12: *Welchen (kürzesten) Abstand h haben die windschiefen Geraden*

$$g_1: \quad \overrightarrow{OP} = \begin{pmatrix} 2 \\ 0 \\ 1 \end{pmatrix} + t \begin{pmatrix} 1 \\ 3 \\ -1 \end{pmatrix}, \quad t \in \mathbb{R}, \qquad und$$

$$g_2: \quad \overrightarrow{OP} = \begin{pmatrix} 1 \\ 1 \\ 1 \end{pmatrix} + t \begin{pmatrix} 2 \\ -1 \\ 0 \end{pmatrix}, \quad t \in \mathbb{R}, \qquad voneinander?$$

Lösung: Es bezeichne g_2' eine zur Geraden g_2 parallele Gerade, die die Gerade g_1 schneidet. Analog sei g_1' eine zur Geraden g_1 parallele Gerade, die die Gerade g_2 schneidet. Weiterhin bezeichne E_1 bzw. E_2 die Ebene, die die Geraden g_1 und g_2' bzw. g_2 und g_1' enthalten. Die Ebenen E_1 und E_2 verlaufen parallel. Aus den Hesseschen Normalformen der Ebenen lassen sich unmittelbar die Abstände $|d_1^{(0)}|$ und $|d_2^{(0)}|$ der Ebenen vom Koordinatenursprung ablesen. Der Abstand der Ebenen E_1 und E_2 ergibt sich dann aus

$$h = |d_1^{(0)} - d_2^{(0)}| \tag{3.35}$$

und ist gleich dem Abstand der Geraden. Da die Ebenen E_1 und E_2 parallel sind, haben sie den gleichen Normalenvektor. In diesem Beispiel gilt für den

Normalenvektor $\vec{n} = \vec{a}_1 \times \vec{a}_2 = \begin{pmatrix} 1 \\ 3 \\ -1 \end{pmatrix} \times \begin{pmatrix} 2 \\ -1 \\ 0 \end{pmatrix} = \begin{pmatrix} -1 \\ -2 \\ -7 \end{pmatrix}$. Daraus folgt

$$|\vec{n}| = \sqrt{(-1)^2 + (-2)^2 + (-7)^2} = \sqrt{54} = 3\sqrt{6} \quad \text{und}$$

$$E_1: \quad -\frac{1}{3\sqrt{6}}x - \frac{2}{3\sqrt{6}}y - \frac{7}{3\sqrt{6}}z - d_1^{(0)} = 0.$$

Für den Punkt $P_1(2; 0; 1) \in E_1$ erhält man $-\frac{1}{3\sqrt{6}} \cdot 2 - \frac{2}{3\sqrt{6}} \cdot 0 - \frac{7}{3\sqrt{6}} \cdot 1 - d_1^{(0)} = 0$ bzw. den Wert $d_1^{(0)} = -\frac{9}{3\sqrt{6}}$. Analog folgt für $P_2(1; 1; 1) \in E_2$: $d_2^{(0)} = -\frac{10}{3\sqrt{6}}$. Die Gleichung (3.35) liefert dann den gesuchten Abstand $h = \frac{1}{3\sqrt{6}}$. ◁

3.4.6 Aufgaben

Aufgabe 3.22: *Geben Sie die Gleichung der Ebene E an, auf der der Vektor $\vec{a} = 2\vec{e}_1 + 3\vec{e}_2 + 6\vec{e}_3$ senkrecht steht und die den Punkt $P_0(-2; -1; 1)$ enthält. Welche Abstände haben die Punkte $P_1(-1; 0; 2)$ und $P_2(-1; -1; 1)$ von E?*

Aufgabe 3.23: *Bestimmen Sie die Ebene, die die Punkte $P_1(1; -3; 1)$, $P_2(2; 1; -2)$ und $P_3(-1; 3; 2)$ enthält. Liegt $P_4(1; 1; 1)$ in dieser Ebene?*

Aufgabe 3.24 : *Gegeben sei die Ebene* $E : x + y - z = 3$. *Geben Sie die Gleichung der Ebene* E_0 *an, die auf* E *senkrecht steht und die Punkte* $P_1(1; 1; 1)$ *und* $P_2(0; 1; 0)$ *enthält.*

Aufgabe 3.25 : *Gesucht ist eine Parameterdarstellung der Geraden* g, *die den Punkt* $P_0(1; -2; 3)$ *enthält und parallel zum Vektor* $\vec{a} = \vec{e}_1 - \vec{e}_2 + \vec{e}_3$ *verläuft. Wo und unter welchem Winkel schneidet* g *die Ebene* $x + y + z = 9$?

Aufgabe 3.26: *Geben Sie die Schnittgerade* g *der beiden Ebenen*

$$E_1 : \ x + y + z = 1 \quad und \quad E_2 : \ 2x - y + 2z = 2$$

in Parameterdarstellung an. Welchen Abstand hat $P_0(0; 1; 1)$ *von* g?

Aufgabe 3.27: *Gegeben ist die Ebene* $E : -3x + 4y - 12z = 26$. *Bestimmen Sie den Abstand* h_E *der Ebene* E *vom Koordinatenursprung, den Abstand* h_0 *des Punktes* $P_0(4; 22; -24)$ *von* E, *die Gleichung der Geraden* g_0, *die durch* P_0 *geht und senkrecht auf* E *steht, und den Schnittpunkt* P_S *von* g_0 *mit* E.

Aufgabe 3.28 : *Die Dreiecksfläche mit den Eckpunkten* $P_1(3; 5; -1)$, $P_2(1; -1; -3)$ *und* $P_3(1; 3; -1)$ *werde senkrecht auf die Ebene* $E : x + 2y - z = 2$ *projiziert. Von dem projizierten Dreieck sind die Eckpunkte und der Flächeninhalt gesucht.*
Bemerkung: Die projizierte Dreiecksfläche ist als Schattenfläche interpretierbar. Dabei wird vorausgesetzt, dass das Licht in Projektionsrichtung einfällt.

Aufgabe 3.29: *Senkrecht über dem Punkt* $P_0(1; 2; 0)$ *der xy-Ebene befindet sich eine Punktmasse auf der Ebene* $E : x - 2y + 3z = 12$. *Längs welcher Geraden* g *bewegt sich die Punktmasse infolge der in Richtung der negativen z-Achse wirkenden Schwerkraft herab und wo trifft sie die xy-Ebene?*

Aufgabe 3.30 : *Der Punkt* $P_0(1; 2; -1)$ *wird an der Ebene* E *gespiegelt, die durch die Punkte* $P_1(2; 1; 3)$, $P_2(-1; 0; 1)$ *und* $P_3(-1; 2; -1)$ *aufgespannt wird. Wie lauten die Koordinaten des Spiegelpunktes?*

Aufgabe 3.31 : *Vom Punkt* $P(2; 2; 2)$ *aus wird ein Massenpunkt auf die Ebene* $E : x - 2y + 3z = 1$ *geschossen. An dieser Ebene wird der Massenpunkt reflektiert. Auf welchen Punkt* Q *der Ebene* E *muss gezielt werden, wenn der Massenpunkt nach der Reflektion auf den Punkt* $R(5; 0; 5)$ *treffen soll?*
Bemerkung: Der Massenpunkt bewegt sich stets geradlinig fort. Beim Aufprall auf die Ebene stimmt der Einfallswinkel mit dem Ausfallswinkel überein.

3.5 Der n-dimensionale Vektorraum $\mathbb{R}^n$

Bei praktischen Anwendungen werden auch Vektoren in kartesischen Koordinatensystemen verwendet, die mehr als drei Koordinaten haben. Für diese Vektoren werden folgende Vektoroperationen betrachtet.

Definition 3.12: *Es bezeichnen* $\vec{a} = \begin{pmatrix} a_1 \\ a_2 \\ \vdots \\ a_n \end{pmatrix}$ *und* $\vec{b} = \begin{pmatrix} b_1 \\ b_2 \\ \vdots \\ b_n \end{pmatrix}$ *Vektoren*

mit jeweils n *Koordinaten* $a_i \in \mathbb{R}$ *bzw.* $b_i \in \mathbb{R}$, $i = 1; 2; \ldots; n$ $(n \in \mathbb{N})$.
Für diese Vektoren werden definiert

die **Addition von Vektoren**

$$\vec{a} + \vec{b} := \begin{pmatrix} a_1 \\ a_2 \\ \vdots \\ a_n \end{pmatrix} + \begin{pmatrix} b_1 \\ b_2 \\ \vdots \\ b_n \end{pmatrix} = \begin{pmatrix} a_1 + b_1 \\ a_2 + b_2 \\ \vdots \\ a_n + b_n \end{pmatrix}, \tag{3.36}$$

die **Multiplikation eines Vektors mit einer reellen Zahl** r

$$r\,\vec{a} := r \begin{pmatrix} a_1 \\ a_2 \\ \vdots \\ a_n \end{pmatrix} = \begin{pmatrix} r\,a_1 \\ r\,a_2 \\ \vdots \\ r\,a_n \end{pmatrix} \quad und \tag{3.37}$$

das **Skalarprodukt**

$$\vec{a} \cdot \vec{b} := \begin{pmatrix} a_1 \\ a_2 \\ \vdots \\ a_n \end{pmatrix} \cdot \begin{pmatrix} b_1 \\ b_2 \\ \vdots \\ b_n \end{pmatrix} = a_1\,b_1 + a_2\,b_2 + \ldots + a_n\,b_n\,. \tag{3.38}$$

Mit der Definition 3.12 lässt sich die **Differenz von Vektoren**

$$\vec{a} - \vec{b} := \vec{a} + (-1)\,\vec{b} = \begin{pmatrix} a_1 - b_1 \\ a_2 - b_2 \\ \vdots \\ a_n - b_n \end{pmatrix} \tag{3.39}$$

und der **Betrag eines Vektors**

$$|\vec{a}| := \sqrt{\vec{a} \cdot \vec{a}} = \sqrt{a_1^2 + a_2^2 + \dots + a_n^2} \tag{3.40}$$

definieren. Im Fall $n = 3$ stimmen die Vektoroperationen (3.36) - (3.40) mit den entsprechenden Vektoroperationen des Raumes auf Seite 103 überein. Das Vektorprodukt und das Spatprodukt werden nur für den Fall $n = 3$ betrachtet. Für Vektoroperationen mit Vektoren mit n Koordinaten gelten ebenfalls die Eigenschaften, die in den Sätzen 3.1, 3.2 und 3.4 angegeben sind.

Definition 3.13: *Die Menge aller Vektoren mit n reellen Koordinaten für die die Vektoroperationen (3.36) - (3.38) (und damit auch (3.39) und (3.40)) gelten, heißt n-**dimensionaler Vektorraum** $\mathbb{R}^n$, und man schreibt*

$$\mathbb{R}^n = \left\{ \vec{a} \ \middle| \ \vec{a} = \begin{pmatrix} a_1 \\ \vdots \\ a_n \end{pmatrix}, \ a_i \in \mathbb{R}, \ i = 1, 2, \dots, n \right\}.$$

Bemerkung: Für den n-dimensionalen Vektorraum und den n-dimensionalen Punktraum (vgl. die Definition 1.14, Seite 30) wird in diesem Buch dieselbe Bezeichnung verwendet. Jedem Element $(a_1; \dots; a_n)$ bzw. Punkt $P(a_1; \dots; a_n)$ des n-dimensionalen Punktraumes lässt sich eineindeutig ein (Orts-)Vektor

$$\vec{a} = \begin{pmatrix} a_1 \\ \vdots \\ a_n \end{pmatrix}$$ des n-dimensionalen Vektorraumes zuordnen. Die Koordinaten

des Punktes stimmen dabei mit den Koordinaten des Vektors überein. Wenn nicht besonders betont werden muss, ob ein Punktraum oder ein Vektorraum betrachtet wird, benutzt man auch den Begriff n-**dimensionaler Raum** $\mathbb{R}^n$.

In den vorangegangenen Abschnitten dieses Kapitels wurden sämtliche Untersuchungen im dreidimensionalen Raum $\mathbb{R}^3$ bzw. im zweidimensionalen Raum $\mathbb{R}^2$ ausgeführt.

Im Raum $\mathbb{R}^n$ existieren n Koordinatenachsen. Auf jeder Koordinatenachse lässt sich ein Einheitsvektor wählen. Der i-te Einheitsvektor $\vec{e}_i$ zeigt in die Richtung der i-ten Achse. Die i-te Koordinate des Einheitsvektors $\vec{e}_i$ ist 1, alle weiteren Koordinaten sind 0. D.h., es gilt analog zum Satz 3.10

$$\vec{e}_1 = \begin{pmatrix} 1 \\ 0 \\ \vdots \\ 0 \end{pmatrix}, \; \vec{e}_2 = \begin{pmatrix} 0 \\ 1 \\ \vdots \\ 0 \end{pmatrix}, \; \dots, \vec{e}_{n-1} = \begin{pmatrix} 0 \\ \vdots \\ 1 \\ 0 \end{pmatrix}, \; \vec{e}_n = \begin{pmatrix} 0 \\ 0 \\ \vdots \\ 1 \end{pmatrix}. \quad (3.41)$$

Satz 3.19: *Die Einheitsvektoren aus (3.41) sind normiert und orthogonal zueinander, d.h.,*

$$|\vec{e}_i| = 1, \quad i = 1, \dots, n \quad und \quad \vec{e}_i \perp \vec{e}_j, \quad \forall i \neq j. \quad (3.42)$$

Beweis: Wenn die Einheitsvektoren aus (3.41) in (3.38) eingesetzt werden, ergibt sich $\vec{e}_i \cdot \vec{e}_j = \begin{cases} 1 & \text{wenn} \quad i = j \\ 0 & \text{wenn} \quad i \neq j \end{cases}$. Nach der Definition 3.4 auf der Seite 93 sind diese Vektoren normiert. Die Definition 3.6 auf der Seite 94 besagt, dass diese Vektoren orthogonal zueinander sind. ◀

Satz 3.20: *Jeder Vektor des n-dimensionalen Vektorraumes* $\mathbb{R}^n$ *besitzt*

die **Komponentendarstellung** $\vec{a} = \begin{pmatrix} a_1 \\ \vdots \\ a_n \end{pmatrix} = \displaystyle\sum_{i=1}^{n} a_i \, \vec{e}_i.$

Der **Beweis** ergibt sich sofort, wenn die Vektoroperationen (3.36) und (3.37) bei der Berechnung der Summe $\displaystyle\sum_{i=1}^{n} a_i \, \vec{e}_i$ angewendet werden. ◀

Mit Hilfe der Einheitsvektoren lassen sich die Winkel beschreiben, die ein Vektor $\vec{a}$ des n-dimensionalen Vektorraumes mit den Koordinatenachsen bildet. Analog zu (3.22) ergeben sich

---

die **Richtungskosinus des Vektors** $\vec{a}$

$$\cos(\angle(\vec{a}; \vec{e}_i)) = \frac{a_i}{|\vec{a}|}, \quad i = 1, 2, \dots, n. \quad (3.43)$$

Die Richtungskosinus des Vektors $\vec{a}$ sind die Koordinaten des Einheitsvektors $\vec{a}^0 = \dfrac{1}{|\vec{a}|} \vec{a}$.

Beispiel 3.13: *Gegeben sind die Vektoren* $\vec{a} = \begin{pmatrix} 3 \\ -1 \\ 0 \\ 2 \end{pmatrix}$ *und* $\vec{b} = \begin{pmatrix} -1 \\ 2 \\ 1 \\ -2 \end{pmatrix}$.

Gesucht sind

(1) $\vec{a} + \vec{b}$,   (2) $\vec{a} - \vec{b}$,   (3) $-3\,\vec{a}$,   (4) $\vec{a} \cdot \vec{b}$,

(5)   *die Projektion* $\vec{a}_{\vec{b}}$ *des Vektors* $\vec{a}$ *auf den Vektor* $\vec{b}$,

(6)   *die Projektion* $\vec{b}_{(2)}$ *des Vektors* $\vec{b}$ *auf die 2. Koordinatenachse und die Projektion* $\vec{b}_{(1)(3)}$ *des Vektors* $\vec{b}$ *auf die Koordinatenebene, die durch die 1. und 3. Koordinatenachse aufgespannt wird, und*

(7)   *die Richtungskosinus von* $\vec{b}$.

Lösung: <u>zu (1)</u>: Aus (3.36) folgt $\vec{a} + \vec{b} = \begin{pmatrix} 2 \\ 1 \\ 1 \\ 0 \end{pmatrix}$.

<u>zu (2)</u>: Nach (3.39) ist $\vec{a} - \vec{b} = \begin{pmatrix} 4 \\ -3 \\ -1 \\ 4 \end{pmatrix}$.

<u>zu (3)</u>: Man erhält aus (3.37) $(-3)\vec{a} = \begin{pmatrix} -9 \\ 3 \\ 0 \\ -6 \end{pmatrix}$.

<u>zu (4)</u>: (3.38) ergibt $\vec{a} \cdot \vec{b} = 3 \cdot (-1) + (-1) \cdot 2 + 0 \cdot 1 + 2 \cdot (-2) = -9$.

<u>zu (5)</u>: Mit Hilfe von (3.4) folgt

$$\vec{a}_{\vec{b}} = \frac{(\vec{a} \cdot \vec{b})}{|\vec{b}|^2}\,\vec{b} = \frac{3 \cdot (-1) + (-1) \cdot 2 + 0 \cdot 1 + 2 \cdot (-2)}{10} \begin{pmatrix} -1 \\ 2 \\ 1 \\ -2 \end{pmatrix} = \begin{pmatrix} \frac{9}{10} \\ -\frac{9}{5} \\ -\frac{9}{10} \\ \frac{9}{5} \end{pmatrix} .$$

<u>zu (6)</u>: $\vec{b}_{(2)} = \begin{pmatrix} 0 \\ 2 \\ 0 \\ 0 \end{pmatrix}$, $\vec{b}_{(1)(3)} = \begin{pmatrix} -1 \\ 0 \\ 1 \\ 0 \end{pmatrix}$.

<u>zu (7)</u>: Aus (3.43) erhält man $\cos(\angle(\vec{b}; \vec{e}_1)) = \dfrac{-1}{\sqrt{10}}$, $\cos(\angle(\vec{b}; \vec{e}_2)) = \dfrac{2}{\sqrt{10}}$,

$\cos(\angle(\vec{b}; \vec{e}_3)) = \dfrac{1}{\sqrt{10}}$, $\cos(\angle(\vec{b}; \vec{e}_4)) = \dfrac{-2}{\sqrt{10}}$.   ◁

Aufgabe 3.32: *Für die Vektoren* $\vec{a} = \begin{pmatrix} -\frac{1}{2} \\ -1 \\ 5 \\ 0 \\ 2 \end{pmatrix}$ *und* $\vec{b} = \begin{pmatrix} 1 \\ \frac{5}{2} \\ 0 \\ 1 \\ -2 \end{pmatrix}$ *sind die*

Teilaufgaben (1) - (7) aus dem Beispiel 3.13 zu lösen.

3.6 Vektoren mit CAS-Rechnern

Vektoren werden mit CAS-Rechnern als (eindimensionale) Listen behandelt. Ein Vektor bzw. eine Liste lässt sich in Form einer Spalte als sogenannter **Spaltenvektor** oder in Form einer Zeile als sogenannter **Zeilenvektor** ein-geben. Die Eingabe des Vektors $\vec{z} = \begin{pmatrix} 2 \\ 3 \\ 1 \end{pmatrix}$ als Spaltenvektor wird durch

$[[2][3][1]]$ erreicht. Mit $[[2,3,1]]$ wird $\vec{z}$ als Zeilenvektor eingegeben (siehe Bild 3.15). Bei den TI-Rechnern kann für die Eingabe des Spaltenvektors bzw. Zeilenvektors auch die Kurzform $[2;3;1]$ bzw. $[2,3,1]$ verwendet werden. Zu beachten ist, dass bei der Ausführung von Vektoroperationen stets die gleiche Darstellungsform für die Vektoren vorausgesetzt werden muss.

Beispiel 3.14: *Für die Vektoren* $\vec{a} = \begin{pmatrix} 2 \\ 3 \\ 4 \end{pmatrix}$ *und* $\vec{b} = \begin{pmatrix} 0 \\ -2 \\ 3 \end{pmatrix}$ *sind*

$\vec{a} + \vec{b}, \quad \vec{a} - \vec{b}, \quad 2\vec{a}, \quad |\vec{a}|, \quad \vec{a}^0, \quad \vec{a} \cdot \vec{b}, \quad \vec{a} \times \vec{b}, \quad$ *zu berechnen.*

Lösung: Die Eingabe wird an den Bildern 3.15 bis 3.17 deutlich. Die Befehle, mit denen die Vektoroperationen ausgeführt werden, sind in der Tabelle 3.2 zusammengestellt. Diese Befehle lassen sich direkt eingeben oder über den Katalog wählen. ◁

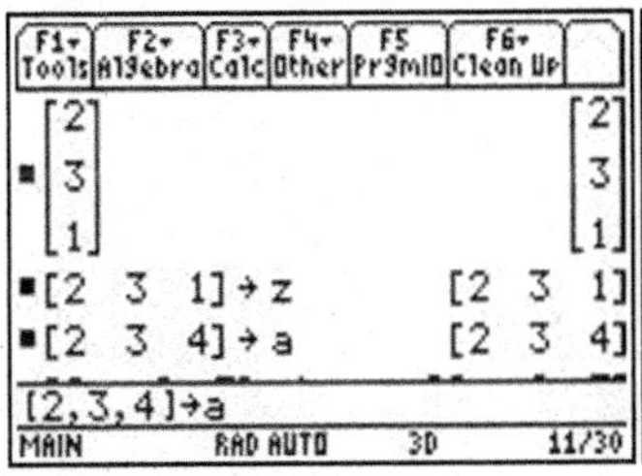

Bild 3.15 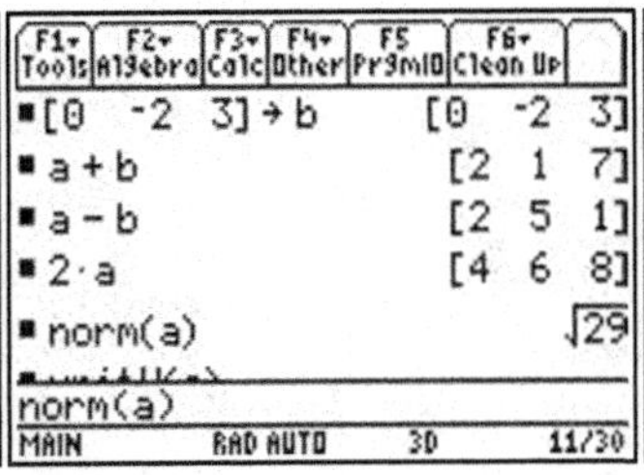   Bild 3.16 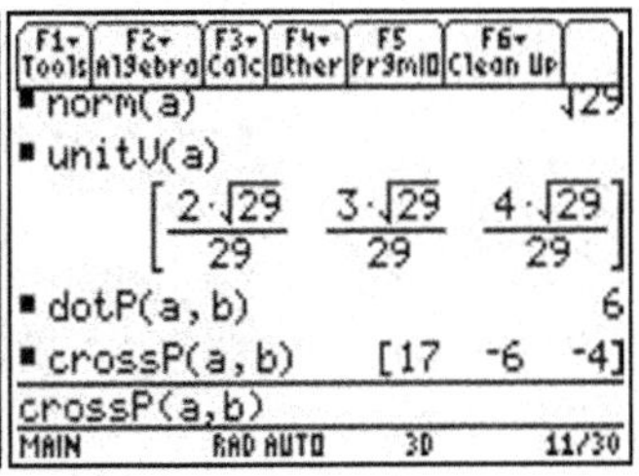   Bild 3.17

Operation	Befehl
$|\vec{a}|$	norm(a)
$\vec{a}^{\,0}$	unitV(a)
$\vec{a} \cdot \vec{b}$	dotP(a,b)
$\vec{a} \times \vec{b}$	crossP(a,b)

Tabelle 3.2: *Vektoroperationen mit CAS-Rechnern*

Kapitel 4

Matrizen und lineare Gleichungssysteme

Mit Matrizen lassen sich viele praktische Probleme bequem formulieren und behandeln. Als eine Anwendung von Matrizen werden lineare Gleichungssysteme betrachtet.

4.1 Grundbegriffe

Definition 4.1: *Eine* **Matrix vom Typ** (n, m) *ist eine rechteckige Tabelle von* **Elementen** *(Zahlen), die in n Zeilen und m Spalten angeordnet sind. Man schreibt:*

$$A = \begin{pmatrix} a_{11} & a_{12} & \cdots & a_{1j} & \cdots & a_{1m} \\ a_{21} & a_{22} & \cdots & a_{2j} & \cdots & a_{2m} \\ \vdots & \vdots & \cdots & \vdots & \cdots & \vdots \\ a_{i1} & a_{i2} & \cdots & a_{ij} & \cdots & a_{im} \\ \vdots & \vdots & \cdots & \vdots & \cdots & \vdots \\ a_{n1} & a_{n2} & \cdots & a_{nj} & \cdots & a_{nm} \end{pmatrix} = \left(a_{ij} \right)_{i=1}^{n} {}_{j=1}^{m} = \left(a_{ij} \right)$$

Das **Element** a_{ij} *steht in der i-ten* **Zeile** *und in der j-ten* **Spalte** *der Matrix A $(i = 1, 2, ..., n; \; j = 1, 2, ..., m)$.*

In den ersten Abschnitten dieses Kapitels werden ausschließlich Matrizen mit reellwertigen Elementen betrachtet. Alle Aussagen bleiben auch für komplexwertige Matrizen gültig. Es treten bei Anwendungsaufgaben auch Matrizen auf, deren Elemente andere mathematische Objekte (z.B. Funktionen) sind.

Die Definition wird an den folgenden Matrizen veranschaulicht:

$$B = \begin{pmatrix} 3 & -1 & 1 \\ 2 & \frac{1}{2} & 0 \\ 0 & -2 & 4 \end{pmatrix}, \quad C = \begin{pmatrix} 1 & -1 & 0 & 2 \\ -1 & 0 & 5 & 0 \\ 0 & -2 & 4 & 3 \\ 2 & 0 & 3 & -1 \end{pmatrix} \quad \text{und} \quad D = \begin{pmatrix} -1 & 1 \\ 2 & 5 \\ -2 & 4 \\ 3 & 3 \end{pmatrix}.$$

Die Matrix D besteht aus vier Zeilen und zwei Spalten, d.h., D ist eine Matrix vom Typ $(4, 2)$. Analog ist B eine Matrix vom Typ $(3, 3)$ und C eine Matrix vom Typ $(4, 4)$. Das Element b_{32} der Matrix B befindet sich in der dritten Zeile, zweiten Spalte und zwar ist $b_{32} = -2$.

Es werden jetzt einige spezielle Matrizen betrachtet. Eine Matrix, für die $m = n$ gilt, bezeichnet man als **quadratische Matrix**. Die Matrizen B und C sind quadratische Matrizen. Eine quadratische Matrix $A = \left(a_{ij} \right)_{i=1 \ j=1}^{n \quad n}$ ist eine **Diagonalmatrix**, wenn $a_{ij} = 0 \ \forall \ i \neq j$ gilt. D.h., bei einer Diagonalmatrix stehen außerhalb der (sogenannten) **Hauptdiagonalen** von a_{11} bis a_{nn} nur Nullen. Die Matrizen

$$E = \begin{pmatrix} 3 & 0 & 0 \\ 0 & 5 & 0 \\ 0 & 0 & 4 \end{pmatrix} \quad \text{und} \quad I = \begin{pmatrix} 1 & 0 & 0 & 0 \\ 0 & 1 & 0 & 0 \\ 0 & 0 & 1 & 0 \\ 0 & 0 & 0 & 1 \end{pmatrix}$$

sind Diagonalmatrizen vom Typ $(3, 3)$ bzw. $(4, 4)$. Eine Diagonalmatrix, deren Hauptdiagonalelemente alle gleich Eins sind, heißt **Einheitsmatrix**. Die Matrix I ist eine Einheitsmatrix vom Typ $(4, 4)$. Im Weiteren werden alle Einheitsmatrizen mit I bezeichnet. Eine Matrix, die nur Nullen als Elemente enthält, nennt man **Nullmatrix** und schreibt für diese Matrix O.

Jeder **Vektor** aus dem n-dimensionalen Vektorraum $\mathbb{R}^n$ lässt sich als eine Matrix vom Typ $(n, 1)$ interpretieren. Eine Matrix vom Typ $(1, n)$ wird auch als Zeilenvektor bezeichnet (vgl. Seite 123). Eine Matrix vom Typ $(1, 1)$ enthält nur ein Element. In diesem Fall lässt man die Matrizenklammern weg.

Als nächstes wird die Gleichheit von Matrizen erklärt.

Definition 4.2: *Die Matrizen $A = \left(a_{ij} \right)$ und $B = \left(b_{ij} \right)$ sind genau dann **gleich**, wenn sie vom gleichen Typ sind und $a_{ij} = b_{ij} \quad \forall \, i, j$ gilt. Schreibweise: $A = B$*

Bei der Anwendung von Matrizen macht sich in vielen Fällen ein Umbezeichnen der Zeilen in Spalten und umgekehrt notwendig. Dazu wird die folgende Definition gebraucht.

Definition 4.3: *Die* **transponierte Matrix** $A^T = (a_{ji})$ *einer Matrix* $A = (a_{ij})$ *erhält man durch Vertauschen der Zeilen und Spalten der Matrix.*

Zum Beispiel ist die zur Matrix

$$F = \begin{pmatrix} 3 & -1 & 1 \\ 2 & \frac{1}{2} & 0 \\ 0 & -2 & 4 \\ 1 & 1 & 0 \end{pmatrix} \quad \text{transponierte Matrix} \quad F^T = \begin{pmatrix} 3 & 2 & 0 & 1 \\ -1 & \frac{1}{2} & -2 & 1 \\ 1 & 0 & 4 & 0 \end{pmatrix}.$$

Bei einer quadratischen Matrix erhält man die transponierte Matrix durch Spiegelung der Matrizenelemente an der Hauptdiagonalen.

Definition 4.4: *Die Matrix* A *heißt* **symmetrisch,** *wenn* $A = A^T$ *gilt.* A *ist eine* **antisymmetrische Matrix,** *wenn* $A = -A^T$ *gilt.*

Eine symmetrische bzw. antisymmetrische Matrix ist immer eine quadratische Matrix. Bei einer antisymmetrischen Matrix müssen auf der Hauptdiagonalen Nullen stehen. Gegeben seien die Matrizen

$$G = \begin{pmatrix} 1 & 3 & 4 \\ 3 & 2 & 7 \\ 4 & 7 & 5 \end{pmatrix} \quad \text{und} \quad H = \begin{pmatrix} 0 & -3 & 4 \\ 3 & 0 & 7 \\ -4 & -7 & 0 \end{pmatrix}.$$

Die Matrix G ist symmetrisch (bezüglich der Hauptdiagonalen). H ist eine antisymmetrische Matrix.

Aufgabe 4.1: *In der Landkarte, die im Bild 4.1 dargestellt ist, sind die Entfernungen (in km) zwischen benachbarten Orten angegeben. Es sind die kürzesten Entfernungen zwischen den Orten O_1 bis O_5 zu ermitteln und in Form einer Matrix (Entfernungsmatrix) aufzuschreiben. Welche Eigenschaften hat diese Matrix?*

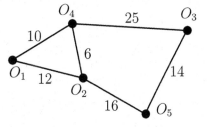

Bild 4.1: *Landkarte*

4.2   Matrizenoperationen

4.2.1   Addition von Matrizen

Definition 4.5: *Wenn die Matrizen* $A = \left(a_{ij}\right)$ *und* $B = \left(b_{ij}\right)$ *vom gleichen Typ* (n, m) *sind, dann ist die* **Addition der Matrizen** $A+B$ *erklärt und es gilt für die* **Summe**

$$A + B := \left(a_{ij} + b_{ij}\right)_{i=1\ j=1}^{n\ \ \ m}.\tag{4.1}$$

Beispiel 4.1: $A = \begin{pmatrix} 1 & 3 & 4 \\ 3 & 2 & 7 \\ 4 & 7 & 5 \end{pmatrix}$, $B = \begin{pmatrix} 1 & 3 \\ 4 & 0 \\ 2 & 1 \end{pmatrix}$, $C = \begin{pmatrix} 0 & -3 & 4 \\ 3 & 0 & 7 \\ -4 & -7 & 0 \end{pmatrix}$

bezeichnen Matrizen. Welche der Additionen $A+B$ *und* $A+C$ *sind erklärt? Falls die Summe existiert, ist diese zu berechnen.*

Lösung: Die Matrizen A und C sind vom Typ $(3,3)$. Die Matrix B ist vom Typ $(3,2)$. Folglich ist $A + B$ nicht definiert. Dagegen kann $A + C$ gebildet werden und es ist

$$A+C = \begin{pmatrix} 1+0 & 3+(-3) & 4+4 \\ 3+3 & 2+0 & 7+7 \\ 4+(-4) & 7+(-7) & 5+0 \end{pmatrix} = \begin{pmatrix} 1 & 0 & 8 \\ 6 & 2 & 14 \\ 0 & 0 & 5 \end{pmatrix}. \qquad \triangleleft$$

Für die Addition von Matrizen gelten folgende Eigenschaften.

Satz 4.1: *Die Matrizen A, B, C und die Nullmatrix O seien Matrizen vom gleichen Typ. Dann gilt:*

(1) $A+B = B+A$ *(2)* $(A+B)+C = A+(B+C)$ *(3)* $A+O = A$

Beweis: Die erste Aussage ergibt sich aus der Gleichung

$$A + B = \left(a_{ij} + b_{ij}\right)_{i=1\ j=1}^{n\ \ \ m} = \left(b_{ij} + a_{ij}\right)_{i=1\ j=1}^{n\ \ \ m} = B + A.$$

Den Beweis der zweiten und dritten Aussage des Satzes überlassen wir dem Leser als Übungsaufgabe. ◀

Aufgabe 4.2: *Für die Matrizen* A *und* C *aus dem Beispiel 4.1 ist* $A+C^T$ *zu berechnen.*

4.2.2 Multiplikation einer Matrix mit einer reellen Zahl

Definition 4.6: *Es bezeichnen* $A = \left(a_{ij}\right)_{i=1\ j=1}^{n\ \ m}$ *eine Matrix vom Typ* (n, m) *und* $r \in \mathbb{R}$ *eine reelle Zahl. Dann wird definiert*

$$r \cdot A := \left(r \cdot a_{ij}\right)_{i=1\ j=1}^{n\ \ m}. \tag{4.2}$$

Der Punkt $\cdot$ bei der Multiplikation braucht nicht geschrieben werden. Aus der Definitionsgleichung (4.2) folgt sofort $r \cdot A = A \cdot r$.

Beispiel 4.2: *Für die Matrizen* A, B *und* C *aus Beispiel 4.1 sind* *(1)* $2 \cdot B$, *(2)* $A \cdot 3$ *und (3)* $2A - C$ *zu berechnen.*

Lösung: Es gilt

zu (1): $\quad 2 \cdot B = \begin{pmatrix} 2 & 6 \\ 8 & 0 \\ 4 & 2 \end{pmatrix}$ $\qquad$ zu (2): $\quad A \cdot 3 = \begin{pmatrix} 3 & 9 & 12 \\ 9 & 6 & 21 \\ 12 & 21 & 15 \end{pmatrix}$

zu (3): $\quad 2 \cdot A - C = 2 \cdot A + (-1) \cdot C = \begin{pmatrix} 2 & 9 & 4 \\ 3 & 4 & 7 \\ 12 & 21 & 10 \end{pmatrix}.$ $\qquad \triangleleft$

4.2.3 Multiplikation von Matrizen

Definition 4.7: *Wenn* $A = \left(a_{ij}\right)_{i=1\ j=1}^{n\ \ m}$ *eine Matrix vom Typ* (n, m) *und* $B = \left(a_{ij}\right)_{i=1\ j=1}^{m\ \ l}$ *eine Matrix vom Typ* (m, l) *ist, dann ist die* **Multiplikation der Matrizen** $A \cdot B$ *definiert. Für das* **Produkt** *gilt*

$$A \cdot B := C = \left(c_{ij}\right)_{i=1\ j=1}^{n\ \ l}, \quad mit \quad c_{ij} = \sum_{k=1}^{m} a_{ik} \cdot b_{kj}. \tag{4.3}$$

Wenn keine Verwechslungen möglich sind, kann der Punkt $\cdot$ zwischen den Faktoren weggelassen werden. Das Produkt $A \cdot B$ der Matrizen ist nur dann erklärt, wenn die Anzahl der Spalten des ersten Faktors (Matrix A) mit der Anzahl der Zeilen des zweiten Faktors (Matrix B) übereinstimmt. In diesem Fall spricht man auch von verketteten Matrizen. Das Element c_{ij} ergibt sich als Skalarprodukt aus dem i-ten „Zeilenvektor" der Matrix A und dem j-ten „Spaltenvektor" der Matrix B. Die Berechnung des Produkts $A \cdot B$ lässt sich mit Hilfe des **Falk-Schemas** ausführen, das im Bild 4.2 angegeben ist.

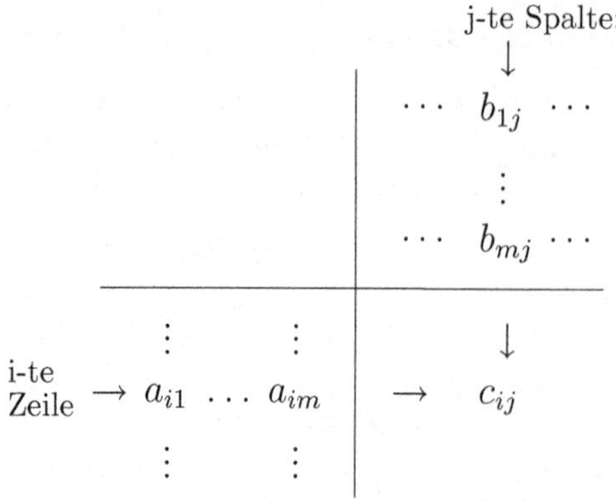

j-te Spalte:
↓

$$\cdots \ b_{1j} \ \cdots$$
$$\vdots$$
$$\cdots \ b_{mj} \ \cdots$$

$$\begin{pmatrix} 1 & 3 \\ 4 & 0 \\ 2 & 1 \end{pmatrix}$$

i-te Zeile $\rightarrow a_{i1} \ \cdots \ a_{im}$ $\rightarrow \ c_{ij}$

$$\begin{pmatrix} 1 & 3 & 4 \\ 3 & 2 & 7 \\ 4 & 7 & 5 \end{pmatrix} \begin{pmatrix} 21 & 7 \\ 25 & 16 \\ 42 & 17 \end{pmatrix}$$

Bild 4.2: *Falk-Schema für* $A \cdot B$ 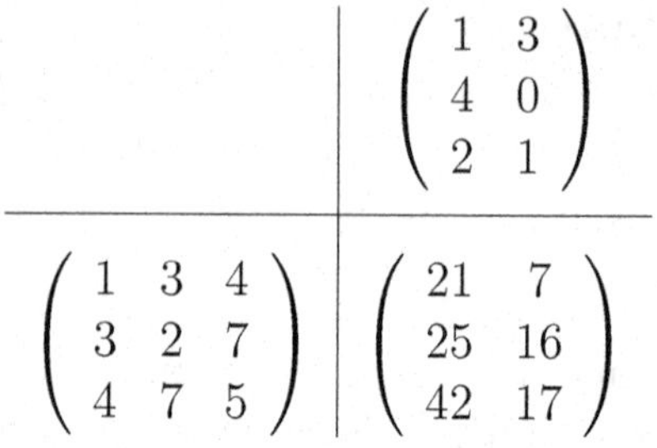　　　　**Bild 4.3:** $A \cdot B$ *aus Beispiel 4.1*

Beispiel 4.3: *Für die Matrizen* A *und* B *aus dem Beispiel 4.1 ist das Produkt* $A \cdot B$ *zu berechnen. Existiert das Produkt* $B \cdot A$?

Lösung: Da A eine Matrix vom Typ $(3,3)$ und B eine Matrix vom Typ $(3,2)$ ist, existiert das Produkt $A \cdot B$. Dieses Produkt liefert eine Matrix vom Typ $(3,2)$, die mit dem Falk-Schema im Bild 4.3 berechnet wird. Da die Spaltenanzahl von B mit der Zeilenanzahl von A nicht übereinstimmt, existiert das Produkt $B \cdot A$ nicht.　　　　　　　　　　　◁

Aus dem letzten Beispiel wird deutlich, dass für Matrizen im Allgemeinen

$$A \cdot B \neq B \cdot A \quad \text{(sofern beide Produkte überhaupt existieren!)}$$

gilt. Folgende Eigenschaften sind für die Multiplikation von Matrizen erfüllt.

Satz 4.2: *Es bezeichnen* A *eine Matrix vom Typ* (l,k), B *und* D *Matrizen vom Typ* (k,m) *und* C *eine Matrix vom Typ* (m,n). *Dann gilt:*

(1) $A \cdot (B \cdot C) = (A \cdot B) \cdot C$, 　　　*(2)* $A \cdot (B+D) = A \cdot B + A \cdot D$,

(3) $(B+D) \cdot C = B \cdot C + D \cdot C$, 　　*(4)* $(A \cdot B)^T = B^T \cdot A^T$.

Den **Beweis** des Satzes überlassen wir dem Leser als Übungsaufgabe.

Bemerkung: Bei der Multiplikation von mehr als zwei Matrizen lässt sich Schreibarbeit einsparen. Um z.B. die Multiplikation $A \cdot B \cdot C$ auszuführen, wird zunächst mit dem Falk-Schema $A \cdot B$ berechnet. Anschließend lässt sich

$(A \cdot B) \cdot C$ mit dem erweiterten Falk-Schema bilden:

$$\begin{array}{c|c} & B \\ \hline A & (A \cdot B) \end{array} \qquad \text{und} \qquad \begin{array}{c|c} & C \\ \hline (A \cdot B) & (A \cdot B) \cdot C \end{array}.$$

Beide Schemata lassen sich zu einem Schema verbinden

$$\begin{array}{c|c|c} & B & C \\ \hline A & (A \cdot B) & (A \cdot B) \cdot C \end{array}.$$

Diese Vorgehensweise wird im Beispiel 4.4 (Seite 133) ausgenutzt.

4.2.4 Aufgaben

Aufgabe 4.3: *Für die Matrizen* $A_1 = \begin{pmatrix} -2 & 2 & 4 \\ -1 & 1 & 2 \\ 1 & 4 & 1 \end{pmatrix}$, $A_2 = \begin{pmatrix} 2 & 6 & 4 \\ 0 & -2 & 2 \\ 1 & 4 & 1 \end{pmatrix}$,

$A_3 = \begin{pmatrix} 3 & -1 \\ 2 & 0 \\ 1 & 1 \end{pmatrix}$, $A_4 = \begin{pmatrix} 3 & -3 \\ 1 & 2 \end{pmatrix}$, $A_5 = \begin{pmatrix} 4 & 6 & 2 \\ 3 & 2 & -1 \end{pmatrix}$, $A_6 = \begin{pmatrix} 1 \\ 3 \\ 2 \end{pmatrix}$

sind, falls möglich, folgende Matrizen zu berechnen:

$A_1 + A_2$, $3A_1 + 2A_2$, $A_1^T + A_2^T$, $A_5 A_5$, $A_5^T A_5$, $A_5 A_5^T$, $A_6^T A_1$, $A_6^T A_1 A_6$.

Aufgabe 4.4: *Gegeben sind die Matrizen*

$$A = \begin{pmatrix} 1 & 2 & -1 \\ 4 & 0 & 3 \\ 5 & 1 & 4 \end{pmatrix}, \qquad B = \begin{pmatrix} -1 & 3 & 2 \\ 5 & 1 & 0 \\ -3 & 2 & 4 \end{pmatrix}, \qquad C = \begin{pmatrix} 4 & 2 \\ 0 & -1 \\ 5 & -3 \end{pmatrix}.$$

Berechnen Sie $(A + B)C$, $AC + BC$, $(AB)C$, $A(BC)$, $(AB)^T$ *und* $B^T A^T$.

Aufgabe 4.5: *Bestimmen Sie* u *und* v *so, dass für die Matrizen*

$$A = \begin{pmatrix} 2 & 1 \\ 3 & 4 \end{pmatrix} \qquad \text{und} \qquad B = \begin{pmatrix} 1 & 3 \\ u & v \end{pmatrix}$$

die Eigenschaft $AB = BA$ *gilt. (Matrizen, die diese Eigenschaft erfüllen, nennt man vertauschbar.)*

Aufgabe 4.6: *Gegeben sei die Matrix* $A = \begin{pmatrix} 1 & 2 \\ -4 & -1 \end{pmatrix}$. *Ermitteln Sie die Lösung* X *der Matrizengleichung*

$$(1) \quad AX^T - X^T = 2A \qquad \text{und} \qquad (2) \quad 2 \cdot X + X^T = A.$$

Hinweis: Im ersten Schritt ist der Typ der unbekannten Matrix X *zu ermitteln.*

4.2.5   Verflechtungsmodelle

Der effektive Einsatz der Matrizenrechnung wird an einem sogenannten Verflechtungsmodell (Input-Output-Modell) verdeutlicht.

In einem Unternehmen werden aus den Rohstoffen $R_1; R_2; \ldots; R_m$ die Zwischenprodukte $Z_1; Z_2; \ldots; Z_k$ hergestellt. Aus diesen Zwischenprodukten werden anschließend die Endprodukte $E_1; E_2; \ldots; E_l$ gefertigt. Es seien die folgenden Verbrauchsnormen des Fertigungsprozesses bekannt:

– die Anzahl der Mengeneinheiten, die von jedem Rohstoff benötigt werden, um jeweils eine Einheit eines Zwischenproduktes herstellen zu können bzw.
– die Anzahl der Mengeneinheiten, die von jedem Zwischenprodukt benötigt werden, um jeweils eine Einheit eines Endproduktes herstellen zu können.

Zweckmäßigerweise fasst man diese Verbrauchsnormen in der folgenden Tabellenform zusammen:

	Z_1	Z_2	$\ldots$	Z_k
R_1	a_{11}	a_{12}	$\ldots$	a_{1k}
R_2	a_{21}	a_{22}	$\ldots$	a_{2k}
$\vdots$	$\vdots$	$\vdots$	$\vdots$	$\vdots$
R_m	a_{m1}	a_{m2}	$\ldots$	a_{mk}

und

	E_1	E_2	$\ldots$	E_l
Z_1	b_{11}	b_{12}	$\ldots$	b_{1l}
Z_2	b_{21}	b_{22}	$\ldots$	b_{2l}
$\vdots$	$\vdots$	$\vdots$	$\vdots$	$\vdots$
Z_k	b_{k1}	b_{k2}	$\ldots$	b_{kl}

Z.B. besagt die zweite Spalte der ersten Tabelle: Um eine Mengeneinheit des Zwischenproduktes Z_2 herstellen zu können, werden a_{12} Mengeneinheiten des Rohstoffs R_1, a_{22} Mengeneinheiten des Rohstoffs R_2, $\ldots$ und a_{m2} Mengeneinheiten des Rohstoffs R_m benötigt. Analog sind nach der zweiten Tabelle für die Herstellung einer Mengeneinheit des Endproduktes E_1 b_{11} Mengeneinheiten des Zwischenproduktes Z_1, b_{21} Mengeneinheiten des Zwischenproduktes Z_2, $\ldots$ und b_{k1} Mengeneinheiten des Zwischenproduktes Z_k erforderlich. Es entsteht das folgende

Problem: *In einem Unternehmen sollen p_1 Mengeneinheiten des Endproduktes E_1, p_2 Mengeneinheiten des Endproduktes E_2, $\ldots$ und p_l Mengeneinheiten des Endproduktes E_l hergestellt werden. Wie viele Mengeneinheiten an Rohstoffen werden für die Herstellung dieser Endprodukte benötigt?*

Lösung: Mit den Tabellen der Verbrauchsnormen werden die Matrizen $A = \left(a_{ij} \right)_{i=1\;j=1}^{m\;\;\;k}$ und $B = \left(b_{ij} \right)_{i=1\;j=1}^{k\;\;\;n}$ gebildet. Die zu produzierenden Mengeneinheiten der Endprodukte schreibt man als Koordinaten des Vektors

$$\vec{p} = \begin{pmatrix} p_1 \\ p_2 \\ \vdots \\ p_l \end{pmatrix} \quad \text{und bildet } \vec{z} = B \cdot \vec{p}. \text{ Für die } i\text{-te Koordinate } z_i \text{ des Vektors } \vec{z}$$

gilt $z_i = b_{i1}p_1 + b_{i2}p_2 + \ldots + b_{il}p_l$. Damit beschreibt z_i den Bedarf an Mengeneinheiten des Zwischenproduktes Z_i, $i = 1, 2, \ldots l$, der für die Herstellung der Endprodukte erforderlich ist. Analog beschreiben die Komponenten r_j des Vektors $\vec{r} = A \cdot \vec{z}$ den Bedarf an Mengeneinheiten der einzelnen Rohstoffe, der für die Herstellung der Zwischenprodukte gebraucht wird. Damit ergibt sich für die erforderlichen Mengeneinheiten an Rohstoffen

$$\vec{r} = A \cdot \vec{z} = A \cdot B \cdot \vec{p}. \qquad\qquad \lhd \qquad\qquad (4.4)$$

Es wird das folgende Zahlenbeispiel betrachtet.

Beispiel 4.4: *In einer Abteilung werden die Baugruppen (BG) Z_1 und Z_2 montiert. Dazu werden vier unterschiedliche Bauelemente (BE) B_1, B_2, B_3, B_4 verwendet. Die Baugruppen werden dann zur Herstellung der Endprodukte (EP) E_1, E_2, E_3 benötigt, wobei für E_1 zwei BG Z_1 und drei BG Z_2, für E_2 vier BG Z_1 und eine BG Z_2 und für E_3 zwei BG Z_2 verwendet werden. Zur Montage der BG Z_1 (bzw. Z_2) braucht man acht (zwei) BE B_1, drei (zwei) BE B_2, zwei (fünf) BE B_3 und vier (sechs) BE B_4. Wie viele Bauelemente werden von jedem Typ benötigt, wenn zehn EP E_1, acht EP E_2 und zwölf EP E_3 gefertigt werden sollen?*

Lösung: Es werden zunächst die Verbrauchsnormen tabellarisch zusammengefasst. Es gilt

	Z_1	Z_2
B_1	8	2
B_2	3	2
B_3	2	5
B_4	4	6

und

	E_1	E_2	E_3
Z_1	2	4	0
Z_2	3	1	2

Der Bedarf an Bauelementen wird entsprechend (4.4) berechnet zu

$$\vec{r} = \begin{pmatrix} 8 & 2 \\ 3 & 2 \\ 2 & 5 \\ 4 & 6 \end{pmatrix} \cdot \begin{pmatrix} 2 & 4 & 0 \\ 3 & 1 & 2 \end{pmatrix} \cdot \begin{pmatrix} 10 \\ 8 \\ 12 \end{pmatrix}.$$

Die Matrizenmultiplikationen werden nach dem Falk-Schema ausgeführt, wobei die Bemerkung auf der Seite 130 beachtet wird. Es gilt

$$\left(\begin{array}{ccc} 2 & 4 & 0 \\ 3 & 1 & 2 \end{array}\right) \quad \left(\begin{array}{c} 10 \\ 8 \\ 12 \end{array}\right)$$

$$\left(\begin{array}{cc} 8 & 2 \\ 3 & 2 \\ 2 & 5 \\ 4 & 6 \end{array}\right) \quad \left(\begin{array}{ccc} 22 & 34 & 4 \\ 12 & 14 & 4 \\ 19 & 13 & 10 \\ 26 & 22 & 12 \end{array}\right) \quad \left(\begin{array}{c} 540 \\ 280 \\ 414 \\ 580 \end{array}\right)$$

D.h., für die Herstellung der Endprodukte werden 540 Bauelemente B_1, 280 Bauelemente B_2, 414 Bauelemente B_3 und 580 Bauelemente B_4 benötigt.   ◁

Aufgabe 4.7 : *In einem Betrieb werden aus vier Rohstoffen R_1, R_2, R_3, R_4 fünf Zwischenprodukte $Z_1, ..., Z_5$ hergestellt, aus diesen Zwischenprodukten werden schließlich drei Endprodukte E_1, E_2, E_3 gefertigt. In den Tabellen sind die Rohstoff- bzw. Zwischenproduktverbrauchsnormen zur Produktion einer Einheit Z_i bzw. einer Einheit von E_j angegeben.*

	Z_1	Z_2	Z_3	Z_4	Z_5
R_1	3	4	2	6	1
R_2	5	0	3	1	2
R_3	1	2	4	0	6
R_4	1	3	1	3	0

	E_1	E_2	E_3
Z_1	2	4	1
Z_2	1	3	6
Z_3	5	1	0
Z_4	0	2	3
Z_5	3	1	2

Wie viel Einheiten R_1, R_2, R_3, R_4 sind bereitzustellen, wenn der Betrieb 100 Einheiten von E_1, 200 Einheiten von E_2 und 300 Einheiten von E_3 herstellen soll?

4.3 Lineare Gleichungssysteme

4.3.1 Grundbegriffe

Definition 4.8: *Ein System von* n *linearen Gleichungen für die* m
Unbekannten $x_1, x_2, \ldots, x_m$

$$
\begin{aligned}
a_{11}x_1 + a_{12}x_2 + \cdots + a_{1m}x_m &= b_1 \\
a_{21}x_1 + a_{22}x_2 + \cdots + a_{2m}x_m &= b_2 \\
&\vdots \\
a_{n1}x_1 + a_{n2}x_2 + \cdots + a_{nm}x_m &= b_n
\end{aligned}
\tag{4.5}
$$

heißt **lineares Gleichungssystem**. a_{ik} *und* b_i *sind dabei (vorgegebene) reelle Zahlen* $(i = 1, \ldots, n;\; k = 1, .., m)$.

Die reellen Zahlen a_{ik} heißen **Koeffizienten** des Gleichungssystems. Der
erste Index bezeichnet dabei die Gleichung und der zweite Index die Unbekannte, zu der der Koeffizient gehört. Wenn für ein lineares Gleichungssystem
$b_k = 0$, $k = 1, \ldots, n$, gilt, dann liegt ein **homogenes lineares Gleichungssystem** vor. Im anderen Fall spricht man von einem **inhomogenen linearen
Gleichungssystem**. Mit den Bezeichnungen

$$
A = \begin{pmatrix} a_{11} & a_{12} & \cdots & a_{1m} \\ a_{21} & a_{22} & \cdots & a_{2m} \\ \vdots & \vdots & & \vdots \\ a_{n1} & a_{n2} & \cdots & a_{nm} \end{pmatrix}, \quad
B = \begin{pmatrix} b_1 \\ b_2 \\ \vdots \\ b_n \end{pmatrix}, \quad
X = \begin{pmatrix} x_1 \\ x_2 \\ \vdots \\ x_m \end{pmatrix}
$$

lässt sich das Gleichungssystem (4.5) schreiben als

$$
A \cdot X = B. \tag{4.6}
$$

Die Matrix A ist vom Typ (n, m) und wird als **Koeffizientenmatrix**
bezeichnet. B und X sind Matrizen vom Typ $(n, 1)$ und $(m, 1)$ bzw.
Vektoren aus dem Raum $\mathbb{R}^n$ und $\mathbb{R}^m$. Jede $(m, 1)$ Matrix X, die
gleichzeitig alle Gleichungen von (4.5) erfüllt, heißt (spezielle) **Lösung** des
linearen Gleichungssystems. Die Menge aller Lösungen des Gleichungssystems
(4.5) wird als **Lösungsmenge** oder als **allgemeine Lösung** bezeichnet. Am
folgenden Beispiel wird demonstriert, welche Arten von Lösungsmengen bei
linearen Gleichungssystemen auftreten können.

Beispiel 4.5 : *Die folgenden linearen Gleichungssysteme sind geometrisch zu interpretieren und auf Lösbarkeit zu untersuchen. Bei Lösbarkeit des Gleichungssystems ist die allgemeine Lösung anzugeben.*

$$(1) \quad \begin{aligned} 2x_1 + x_2 &= 5 \\ -x_1 + 2x_2 &= -1 \end{aligned} \qquad (2) \quad \begin{aligned} 2x_1 + x_2 &= 5 \\ 2x_1 + x_2 &= 3 \end{aligned} \qquad (3) \quad \begin{aligned} 2x_1 + x_2 &= 5 \\ 4x_1 + 2x_2 &= 10 \end{aligned}$$

Lösung: Jedes der drei linearen Gleichungssysteme beschreibt zwei Geraden in der x_1x_2-Ebene. Die Lösungsmenge eines solchen Gleichungssystems bilden alle Punkte der x_1x_2-Ebene, die gleichzeitig zu beiden Geraden gehören. Die Geraden sind in dem Bild 4.4 dargestellt.

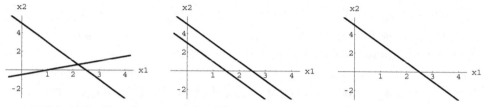

Bild 4.4 : *Geradenpaare der Gleichungssysteme (1) - (3)*

Die Geraden, die durch das Gleichungssystem (1) beschrieben werden, schneiden sich in einem Punkt. Demzufolge besitzt (1) genau eine Lösung. Man sagt dann, dass das Gleichungssystem **eindeutig lösbar** ist. Um diese Lösung zu erhalten, wird die zweite Gleichung mit zwei multipliziert und zur ersten Gleichung addiert. Es ergibt sich $5x_2 = 3$ bzw. $x_2 = 0,6$. Wird dieser Wert in eine der beiden Gleichungen eingesetzt, folgt $x_1 = 2,2$. Die Geraden schneiden sich im Punkt $P(2,2; 0,6)$. Die Lösungsmenge L des Gleichungssystems (1) lässt sich in vektorieller Form schreiben als $L = \left\{ \begin{pmatrix} x_1 \\ x_2 \end{pmatrix} = \begin{pmatrix} 2,2 \\ 0,6 \end{pmatrix} \right\}$.

Durch das Gleichungssystem (2) werden zwei parallel verlaufende Geraden gegeben. Daraus resultiert, dass das Gleichungssystem **nicht lösbar** ist, d.h., die Lösungsmenge von (2) ist die leere Menge: $L = \emptyset$.

Die Gleichungen des Gleichungssystems (3) beschreiben die gleiche Gerade. (Dividiert man die zweite Gleichung durch zwei, so erhält man die erste Gleichung.) Damit sind die Koordinaten jedes Punktes der Geraden Lösungen dieses Gleichungssystems. Das Gleichungssystem ist **mehrdeutig lösbar**. Um die allgemeine Lösung zu erhalten, wird eine Unbekannte frei gewählt, z.B. $x_1 = t$, $t \in \mathbb{R}$. Die andere Unbekannte ergibt sich dann zu $x_2 = 5 - 2t$. Die Lösungsmenge L hat die Form $L = \left\{ \begin{pmatrix} x_1 \\ x_2 \end{pmatrix} = \begin{pmatrix} t \\ 5 - 2t \end{pmatrix}, t \in \mathbb{R} \right\}$. ◁

Wenn ein lineares Gleichungssystem eine sogenannte Dreiecksform besitzt, ist es Schritt für Schritt lösbar. Ein Gleichungssystem dieser Form bezeichnet man als **gestaffeltes Gleichungssystem**. Die Lösung eines gestaffelten Systems wird an dem folgenden Beispiel demonstriert.

Beispiel 4.6: *Gesucht ist die Lösung des linearen Gleichungssystem*

$$
\begin{array}{rcrcrcrcrl}
2x_1 & + & 3x_2 & + & x_3 & + & 2x_4 & = & 1 & (a) \\
& & 3x_2 & - & 5x_3 & + & 2x_4 & = & -5 & (b) \\
& & & & 3x_3 & - & x_4 & = & -2 & (c) \\
& & & & & & 6x_4 & = & 12 & (d) .
\end{array}
$$

Lösung: Aus der Gleichung (d) erhält man $x_4 = 2$. Wird dieser Wert in die Gleichung (c) eingesetzt, ergibt sich $x_3 = 0$. Jetzt kann aus der Gleichung (b) die nächste Unbekannte ermittelt werden. Es ergibt sich $x_2 = -3$. Anschließend erhält man aus der Gleichung (a) $x_1 = 3$. Für die Lösungsmenge gilt $L = \left\{ X = \begin{pmatrix} 3 & -3 & 0 & 2 \end{pmatrix}^T \right\}$. ◁

4.3.2 Gaußsches Eliminationsverfahren

Das Gaußsche Eliminationsverfahren ist ein allgemeines Verfahren zur Lösung linearer Gleichungssysteme. Bei diesem Verfahren wird das lineare Gleichungssystem (4.5) in ein äquivalentes gestaffeltes Gleichungssystem übergeführt. An dem gestaffelten Gleichungssystem erkennt man, ob das lineare Gleichungssystem eindeutig lösbar, mehrdeutig lösbar oder unlösbar ist. Falls das Gleichungssystem lösbar ist, lässt sich dann Schritt für Schritt die allgemeine Lösung berechnen.

Das Gaußsche Eliminationsverfahren wird in mehreren Schritten ausgeführt. In jedem Schritt werden, von der ersten Spalte beginnend, unterhalb der Hauptdiagonalen der Koeffizientenmatrix Nullen erzeugt. Bei der Erzeugung des gestaffelten Systems können folgende Operationen durchgeführt werden, die die Lösungsmenge des linearen Gleichungssystems nicht verändern:

(1) Eine Gleichung darf mit einer beliebigen reellen Zahl ungleich Null multipliziert werden.

(2) Das Vielfache einer Gleichung darf zu einer anderen Gleichung addiert werden.

(3) Gleichungen dürfen miteinander vertauscht werden.

Das Gaußsche Eliminationsverfahren wird am nächsten Beispiel erläutert.

Beispiel 4.7: *Es ist das folgende lineare Gleichungssystem zu lösen.*

$$
\begin{array}{rcrcrcrcll}
2x_1 & + & 2x_2 & - & x_3 & + & 2x_4 & = & 15 & (a) \\
4x_1 & - & x_2 & + & 2x_3 & + & 3x_4 & = & 12 & (b) \\
x_1 & & & + & 3x_3 & + & 2x_4 & = & 6 & (c) \\
-4x_1 & + & 2x_2 & & & + & x_4 & = & 4 & (d)
\end{array}
$$

Lösung: Das Gleichungssystem wird in Kurzform aufgeschrieben.

$$
\left(A\,\middle|\,B\right) = \left(\begin{array}{rrrr|r}
2 & 2 & -1 & 2 & 15 \\
4 & -1 & 2 & 3 & 12 \\
1 & 0 & 3 & 2 & 6 \\
-4 & 2 & 0 & 1 & 4
\end{array}\right)
\begin{array}{l}
(a) \\
(b) \\
(c)\,* \\
(d)
\end{array}
$$

$\left(A\,\middle|\,B\right)$ bezeichnet man als **erweiterte Koeffizientenmatrix**. Durch den Trennstrich wird das Gleichheitszeichen dargestellt. Bei der Erzeugung der Nullen in einer Spalte ist es aus rechentechnischen Gesichtspunkten sinnvoll, eine **Arbeitszeile** aus der erweiterten Koeffizientenmatrix auszuwählen und die Operationen (1) - (3) mit dieser Zeile auszuführen. Arbeitszeilen werden im Weiteren mit $*$ markiert.

Erzeugung von Nullen in der ersten Spalte:

Um Brüche zu vermeiden, wird die Zeile (c) als Arbeitszeile gewählt. Diese Zeile wird in der neuen erweiterten Matrix als erste Zeile geschrieben: $(c) \to (a')$. Wird die Zeile (c) mit (-2) multipliziert und zur Zeile (a) addiert, entsteht in der ersten Spalte eine Null, d.h. $(c) \cdot (-2) + (a) \to (b')$. Analog ergibt sich $(c) \cdot (-4) + (b) \to (c')$ und $(c) \cdot 4 + (d) \to (d')$. Man erhält nach dem ersten Schritt die erweiterte Koeffizientenmatrix $\left(A'\,\middle|\,B'\right)$:

$$
\left(A\,\middle|\,B\right) \to \left(A'\,\middle|\,B'\right) = \left(\begin{array}{rrrr|r}
1 & 0 & 3 & 2 & 6 \\
0 & 2 & -7 & -2 & 3 \\
0 & -1 & -10 & -5 & -12 \\
0 & 2 & 12 & 9 & 28
\end{array}\right)
\begin{array}{l}
(a') \\
(b') \\
(c')\,* \\
(d')\,.
\end{array}
$$

Erzeugung von Nullen in der zweiten Spalte:

Das Verfahren ist für die Zeilen (b')–(d') zu wiederholen. Als neue Arbeitszeile wird die Zeile (c') gewählt. Die Zeilen der neuen Matrix ergeben sich dann aus den Zeilenoperationen $(a') \to (a'')$, $(c') \to (b'')$, $(c') \cdot 2 + (b') \to (c')$ und $(c) \cdot 2 + (d) \to (d')$. Damit entsteht

$$
\left(A'\,\middle|\,B'\right) \to \left(A''\,\middle|\,B''\right) = \left(\begin{array}{rrrr|r}
1 & 0 & 3 & 2 & 6 \\
0 & -1 & -10 & -5 & -12 \\
0 & 0 & -27 & -12 & -21 \\
0 & 0 & -8 & -1 & 4
\end{array}\right)
\begin{array}{l}
(a'') \\
(b'') \\
(c'')\,* \\
(d'')\,.
\end{array}
$$

Erzeugung von Nullen in der dritten Spalte:

Es ist die Arbeitszeile (c'') mit $-\frac{8}{27}$ zu multiplizieren und zur Zeile (d'') zu addieren: $(c'') \cdot \left(-\frac{8}{27}\right) + (d'') \to (d''')$. Für die übrigen Zeilen gilt $(a'') \to (a''')$, $(b'') \to (b''')$, $(c'') \to (c''')$.

Damit ergibt sich das gestaffelte Gleichungssystem

$$\left(A''|B''\right) \to \left(A'''|B'''\right) = \begin{pmatrix} 1 & 0 & 3 & 2 & 6 \\ 0 & -1 & -10 & -5 & -12 \\ 0 & 0 & -27 & -12 & -21 \\ 0 & 0 & 0 & \frac{23}{9} & \frac{92}{9} \end{pmatrix} \begin{matrix} (a''') \\ (b''') \\ (c''') \\ (d''') . \end{matrix}$$

Die Gleichung (d''') ergibt $x_4 = 4$. Aus (c'''): $-27x_3 - 12 \cdot 4 = -21$ folgt $x_3 = -1$. Die Gleichung (b'''): $-x_2 - 10 \cdot (-1) - 5 \cdot 4 = -12$ liefert $x_2 = 2$. Analog erhält man aus der Gleichung (a''') $x_1 = 1$. Die Lösungsmenge ist $L = \left\{ X = (1\ 2\ -1\ 4)^T \right\}$. ◁

Durch das Gaußsche Eliminationsverfahren wird die erweiterte Koeffizientenmatrix $(A|B)$ in eine sogenannte gestaffelte Matrix übergeführt. Eine **gestaffelte Matrix** ist eine Matrix, die in der nebenstehenden Form schematisch dargestellt ist. Die mit $*$ gekennzeichneten Elemente sind ungleich Null, die mit $-$ markierten Elemente sind (beliebige) reelle Zahlen. In jeder Zeile ist jedes Element links vom Element $*$ Null. Die Elemente in einer Spalte unterhalb des Elementes $*$ sind ebenfalls Null.

$$\begin{pmatrix} * & - & - & - & \dots & - & - & \dots & - \\ 0 & * & - & - & \dots & - & - & \dots & - \\ 0 & 0 & * & - & \dots & - & - & \dots & - \\ \vdots & & & & & & & & \vdots \\ 0 & 0 & 0 & 0 & \dots & * & - & \dots & - \\ 0 & 0 & 0 & 0 & \dots & 0 & 0 & \dots & 0 \\ \vdots & & & & & & & & \vdots \\ 0 & 0 & 0 & 0 & \dots & 0 & 0 & \dots & 0 \end{pmatrix}$$

Die Überführung einer Matrix in eine gestaffelte Matrix mit Hilfe von CAS-Rechnern wird auf der Seite 157 erläutert.

4.3.3 Lösbarkeit linearer Gleichungssysteme

Die Lösbarkeit eines linearen Gleichungssystems lässt sich mit Hilfe des Ranges einer Matrix beurteilen.

Definition 4.9 : *Die Matrix D werde mit Hilfe des Gaußschen Eliminationsverfahrens in eine gestaffelte Matrix übergeführt. Die Anzahl der Zeilen in der gestaffelten Matrix, die von Null verschiedene Elemente enthalten, heißt* **Rang der Matrix** D. *Bezeichnung:* $\mathrm{Rg}(D)$.

Der Rang einer Matrix ist eine Kennzahl, die einer Matrix zugeordnet wird.

Beispiel 4.8: *Gesucht ist der Rang der Matrix*

$$D = \begin{pmatrix} 1 & 0 & 1 & 0 & 1 \\ 0 & 0 & 1 & -1 & 1 \\ 0 & 0 & 2 & 2 & 1 \\ 0 & 4 & 2 & 0 & 1 \end{pmatrix}.$$

Lösung: Wird die vierte Zeile als zweite Zeile geschrieben, ergibt sich

$$D \rightarrow \begin{pmatrix} 1 & 0 & 1 & 0 & 1 \\ 0 & 4 & 2 & 0 & 1 \\ 0 & 0 & 1 & -1 & 1 \\ 0 & 0 & 2 & 2 & 1 \end{pmatrix} \underset{*}{\rightarrow} \begin{pmatrix} 1 & 0 & 1 & 0 & 1 \\ 0 & 4 & 2 & 0 & 1 \\ 0 & 0 & 1 & -1 & 1 \\ 0 & 0 & 0 & 4 & -1 \end{pmatrix}.$$

Im letzten Schritt wurde die dritte Zeile als Arbeitszeile gewählt, mit (-2) multipliziert und zur vierten Zeile addiert. Da in vier Zeilen der gestaffelten Matrix von Null verschiedene Elemente stehen, gilt $\mathrm{Rg}(D) = 4$.   ◁

Aufgabe 4.8: *Gesucht ist der Rang der folgenden Matrizen*

$$C = \begin{pmatrix} 1 & 2 & 2 & 1 & 4 \\ 2 & 5 & 7 & 1 & 8 \\ 1 & 3 & 4 & 3 & 7 \\ 3 & 4 & 1 & 2 & 9 \end{pmatrix} \quad und \quad D = \begin{pmatrix} 0 & 4 & 10 & 1 \\ 4 & 8 & 18 & 7 \\ 10 & 18 & 40 & 17 \\ 1 & 7 & 17 & 3 \end{pmatrix}.$$

Satz 4.3: *Das lineare Gleichungssystem (4.6)* $AX = B$ *mit* n *Unbekannten ist genau dann lösbar, wenn die Ränge der Koeffizientenmatrix* A *und der erweiterten Koeffizientenmatrix* $(A|B)$ *übereinstimmen, d.h., wenn*

$$\mathrm{Rg}(A) = \mathrm{Rg}(A|B) \tag{4.7}$$

gilt. Wenn außerdem noch $\mathrm{Rg}(A) = \mathrm{Rg}(A|B) = n$ *erfüllt ist, dann ist das lineare Gleichungssystem (4.6) eindeutig lösbar. Im Fall* $\mathrm{Rg}(A) = \mathrm{Rg}(A|B) < n$ *sind genau* $n - \mathrm{Rg}(A)$ *Unbekannte frei wählbar.*

Auf den **Beweis** dieses Satzes wird hier verzichtet. Der Satz wird im nächsten Beispiel angewendet.

Beispiel 4.9 : *Untersuchen Sie die Lösbarkeit des Systems* $AX = B$ *und geben Sie die Lösungsmengen an.*

(1) $A = \begin{pmatrix} 2 & 1 & 4 \\ 6 & 0 & 1 \\ 0 & 3 & 2 \end{pmatrix}$, $B = \begin{pmatrix} 9 \\ 8 \\ 1 \end{pmatrix}$; (2) $A = \begin{pmatrix} 2 & 1 & 4 \\ 6 & 0 & 1 \\ 0 & 3 & 11 \end{pmatrix}$, $B = \begin{pmatrix} 9 \\ 8 \\ 1 \end{pmatrix}$;

(3) $A = \begin{pmatrix} 2 & 1 & 4 \\ 6 & 0 & 1 \\ 0 & 3 & 11 \end{pmatrix}$, $B = \begin{pmatrix} 9 \\ 8 \\ 19 \end{pmatrix}$.

Lösung: Die Gleichungssysteme haben jeweils drei Unbekannte. Es wird der Rang der erweiterten Matrix $(A|B)$ berechnet. Den Rang der Matrix A erhält man, wenn in der gestaffelten Matrix von $(A|B)$ die letzte Spalte nicht mit berücksichtigt wird. Zu (1):

$$(A|B) = \begin{pmatrix} 2 & 1 & 4 & | & 9 \\ 6 & 0 & 1 & | & 8 \\ 0 & 3 & 2 & | & 1 \end{pmatrix} \overset{*}{\to} \begin{pmatrix} 2 & 1 & 4 & | & 9 \\ 0 & -3 & -11 & | & -19 \\ 0 & 3 & 2 & | & 1 \end{pmatrix} \overset{*}{\to} \begin{pmatrix} 2 & 1 & 4 & | & 9 \\ 0 & -3 & -11 & | & -19 \\ 0 & 0 & -9 & | & -18 \end{pmatrix}$$

Hieraus folgt $\mathrm{Rg}(A) = \mathrm{Rg}(A|B) = 3$. Nach dem Satz 4.3 ist das Gleichungssystem eindeutig lösbar. Aus der letzten Zeile der gestaffelten Matrix erhält man die Gleichung $-9x_3 = -18$, woraus sich $x_3 = 2$ ergibt. Die zweite Zeile der gestaffelten Matrix lautet dann $-3x_2 - 11 \cdot 2 = -19$. Es folgt hieraus $x_2 = -1$. Aus der ersten Zeile $2x_1 + 1 \cdot (-1) + 4 \cdot 2 = 9$ resultiert $x_1 = 1$. Die Lösungsmenge ist $L_1 = \left\{ X = \begin{pmatrix} 1 & -1 & 2 \end{pmatrix}^T \right\}$. Für (2) folgt analog

$$(A|B) = \begin{pmatrix} 2 & 1 & 4 & | & 9 \\ 6 & 0 & 1 & | & 8 \\ 0 & 3 & 11 & | & 1 \end{pmatrix} \overset{*}{\to} \begin{pmatrix} 2 & 1 & 4 & | & 9 \\ 0 & -3 & -11 & | & -19 \\ 0 & 3 & 11 & | & 1 \end{pmatrix} \overset{*}{\to} \begin{pmatrix} 2 & 1 & 4 & | & 9 \\ 0 & -3 & -11 & | & -19 \\ 0 & 0 & 0 & | & -18 \end{pmatrix}$$

Weil $\mathrm{Rg}(A|B) = 3 \neq \mathrm{Rg}(A) = 2$ gilt, ist das Gleichungssystem (2) nicht lösbar, d.h. $L_2 = \varnothing$. Beim Gleichungssystem (3) ergibt sich

$$(A|B) = \begin{pmatrix} 2 & 1 & 4 & | & 9 \\ 6 & 0 & 1 & | & 8 \\ 0 & 3 & 11 & | & 19 \end{pmatrix} \overset{*}{\to} \begin{pmatrix} 2 & 1 & 4 & | & 9 \\ 0 & -3 & -11 & | & -19 \\ 0 & 3 & 11 & | & 19 \end{pmatrix} \overset{*}{\to} \begin{pmatrix} 2 & 1 & 4 & | & 9 \\ 0 & -3 & -11 & | & -19 \\ 0 & 0 & 0 & | & 0 \end{pmatrix}$$

D.h., $\mathrm{Rg}(A|B) = \mathrm{Rg}(A) = 2 < n = 3$. Das Gleichungssystem (3) ist mehrdeutig lösbar, wobei eine Unbekannte frei gewählt werden kann. Nachdem in der zweiten Gleichung $-3x_2 - 11x_3 = -19$ die Unbekannte $x_3 = t$, $t \in \mathbb{R}$, gesetzt wurde, ergibt sich $x_2 = \frac{19}{3} - \frac{11}{3}t$. Aus der ersten Gleichung $2x_1 + \left(\frac{19}{3} - \frac{11}{3}t \right) + 4 \cdot t = 9$ erhält man $x_1 = \frac{4}{3} - \frac{1}{6}t$. Die Lösungsmenge ist $L_3 = \left\{ X = \left(\frac{4}{3} - \frac{1}{6}t \quad \frac{19}{3} - \frac{11}{3}t \quad t \right)^T, t \in \mathbb{R} \right\}$. ◁

Aufgabe 4.9: *Untersuchen Sie die linearen Gleichungssysteme auf Lösbarkeit und geben Sie gegebenenfalls die allgemeine Lösung an. Interpretieren Sie das Ergebnis geometrisch.*

$$(1) \quad \begin{aligned} x &- 2y & &= -2 \\ 2x &+ 3y &- 2z &= 1 \end{aligned} \qquad (2) \quad \begin{aligned} 4x &+ 2y &- 2z &= -2 \\ -2x &- y &+ z &= 1 \end{aligned}.$$

Aufgabe 4.10 : *Untersuchen Sie, ob die folgenden Gleichungssysteme lösbar sind. Bei Lösbarkeit ist die allgemeine Lösung des Gleichungssystems zu berechnen.*

$$(1) \quad \begin{aligned} 6x_1 &+ 5x_2 & &= -45 \\ 2x_1 &- 5x_2 &+ 6x_3 &= 3 \\ 2x_1 &+ 3x_2 &- x_3 &= -20 \\ 4x_1 &+ 6x_2 &+ 2x_3 &= -58 \end{aligned} \qquad (2) \quad \begin{aligned} x_1 &+ 2x_2 &+ 3x_3 &= 1 \\ x_1 &+ x_2 &+ x_3 &= 0 \\ 4x_1 &+ x_2 &- 2x_3 &= -3 \\ x_1 &+ 2x_2 &+ 5x_3 &= 5 \end{aligned}$$

$$(3) \quad \begin{aligned} x_1 &- 2x_2 &+ 2x_3 &+ 3x_4 &= 3 \\ x_1 &+ 3x_2 &+ x_3 &+ 3x_4 &= 13 \\ 2x_1 &+ x_2 &+ 5x_3 &- 4x_4 &= 6 \\ 2x_1 &- 4x_2 &+ 6x_3 &- 4x_4 &= -4 \end{aligned}.$$

Aufgabe 4.11: *Geben Sie die allgemeine Lösung* X *der folgenden linearen Gleichungssysteme* $AX = B$ *an.*

$$(1) \ A = \begin{pmatrix} 1 & 2 & 2 & -1 & 4 \\ 3 & 5 & 2 & 1 & 1 \\ -1 & 1 & -2 & 0 & 3 \end{pmatrix}, \ B = \begin{pmatrix} -1 \\ 7 \\ 7 \end{pmatrix};$$

$$(2) \ A = \begin{pmatrix} 1 & 5 \\ 5 & 1 \\ 13 & 7 \end{pmatrix}, \ B = \begin{pmatrix} 2 \\ 3 \\ 5 \end{pmatrix}; \quad (3) \ A = \begin{pmatrix} 2 & 3 & 6 \\ 6 & 7 & 0 \\ 0 & 1 & 9 \\ 4 & 5 & 3 \end{pmatrix}, \ B = \begin{pmatrix} 1 \\ -9 \\ 6 \\ -4 \end{pmatrix}.$$

4.4 Inverse Matrizen

Definition 4.10: *A sei eine quadratische Matrix vom Typ* (n, n)*. Die Matrix* Y*, sofern eine solche Matrix existiert, heißt* **inverse Matrix** *von* A *genau dann, wenn*

$$A \cdot Y = Y \cdot A = I \tag{4.8}$$

gilt, wobei I *die Einheitsmatrix vom Typ* (n, n) *ist.*
Bezeichnung: $Y = A^{-1}$

Wenn für eine quadratische Matrix A die inverse Matrix existiert, dann ist die inverse Matrix eindeutig. Matrizen, für die die inverse Matrix existiert, nennt man **regulär**. Besitzt eine quadratische Matrix A keine inverse Matrix, dann heißt diese Matrix **singulär**. Im folgenden Satz wird eine Existenzbedingung für inverse Matrizen angegeben.

Satz 4.4 : *Für eine quadratische Matrix A vom Typ (n, n) existiert genau dann die inverse Matrix A^{-1}, wenn $\mathrm{Rg}(A) = n$ gilt.*

Auf den **Beweis** verzichten wir an dieser Stelle.

Die Berechnung der inversen Matrix aus der Matrizengleichung $AY = I$ (4.8) lässt sich auf die Lösung von n linearen Gleichungssystemen zurückführen. Dazu wird die erweiterte Matrix $(A|I)$ gebildet und mit dem Gaußschen Eliminationsverfahren in ein gestaffeltes System übergeführt. Da an dem gestaffelten System der Rang $\mathrm{Rg}(A)$ ermittelt werden kann, lässt sich an dieser Stelle sofort mit Hilfe des Satzes 4.4 entscheiden, ob die inverse Matrix A^{-1} existiert. Wenn die inverse Matrix existiert, lässt sich daran anschließend die entstehende Matrizengleichung eindeutig lösen. Das Vorgehen wird an dem folgenden Beispiel erläutert.

Beispiel 4.10 : *Gesucht ist die inverse Matrix von* $A = \begin{pmatrix} 1 & 0 & 1 \\ 4 & -1 & 0 \\ 0 & 2 & 4 \end{pmatrix}$.

Lösung: Die erweiterte Matrix wird in ein gestaffeltes System übergeführt.

$$(A|I) = \left(\begin{array}{ccc|ccc} 1 & 0 & 1 & 1 & 0 & 0 \\ 4 & -1 & 0 & 0 & 1 & 0 \\ 0 & 2 & 4 & 0 & 0 & 1 \end{array} \right) \overset{*}{\rightarrow} \left(\begin{array}{ccc|ccc} 1 & 0 & 1 & 1 & 0 & 0 \\ 0 & -1 & -4 & -4 & 1 & 0 \\ 0 & 2 & 4 & 0 & 0 & 1 \end{array} \right) *$$

$$\rightarrow \left(\begin{array}{ccc|ccc} 1 & 0 & 1 & 1 & 0 & 0 \\ 0 & -1 & -4 & -4 & 1 & 0 \\ 0 & 0 & -4 & -8 & 2 & 1 \end{array} \right).$$

Da $\mathrm{Rg}(A) = 3$ gilt, existiert die inverse Matrix $A^{-1} = \begin{pmatrix} y_{11} & y_{12} & y_{13} \\ y_{21} & y_{22} & y_{23} \\ y_{31} & y_{32} & y_{33} \end{pmatrix}$.

Die erste Spalte der inversen Matrix erhält man als Lösung des linearen Gleichungssystems $\left(\begin{array}{ccc|c} 1 & 0 & 1 & 1 \\ 0 & -1 & -4 & -4 \\ 0 & 0 & -4 & -8 \end{array} \right)$. Es ergibt sich $y_{31} = 2$, $y_{21} = -4$ und

$y_{11} = -1$. Die Lösung des Gleichungssystems $\begin{pmatrix} 1 & 0 & 1 & | & 0 \\ 0 & -1 & -4 & | & 1 \\ 0 & 0 & -4 & | & 2 \end{pmatrix}$ liefert die

zweite Spalte von A^{-1}. Man erhält $y_{32} = -0,5$, $y_{22} = 1$ und $y_{12} = 0,5$. Das

Gleichungssystem $\begin{pmatrix} 1 & 0 & 1 & | & 0 \\ 0 & -1 & -4 & | & 0 \\ 0 & 0 & -4 & | & 1 \end{pmatrix}$ hat die Lösung $y_{33} = -0,25$, $y_{23} = 1$

und $y_{13} = 0.25$, die die dritte Spalte der inversen Matrix darstellt. Damit

ergibt sich $A^{-1} = \begin{pmatrix} -1 & 0,5 & 0,25 \\ -4 & 1 & 1 \\ 2 & -0,5 & -0,25 \end{pmatrix}$. $\quad\triangleleft$

Die inverse Matrix besitzt folgende Eigenschaften.

Satz 4.5 : *A bzw. B seien Matrizen vom Typ (n, n), für die die inversen Matrizen A^{-1} bzw. B^{-1} existieren. Dann gilt:*

(1) $(A^{-1})^{-1} = A$　　　(2) $(A^T)^{-1} = (A^{-1})^T$　　　(3) $(A\,B)^{-1} = B^{-1}\,A^{-1}$.

Den **Beweis** sollte der Leser zur Übung selbst ausführen.

Bemerkung: Wenn die Koeffizientenmatrix A des linearen Gleichungssystems $A\,X = B$ regulär ist, dann lässt sich dieses Gleichungssystem mit Hilfe der inversen Matrix lösen. Werden beide Seiten des linearen Gleichungssystems von links mit A^{-1} multipliziert, so ergibt sich die Lösung $X = A^{-1}\,B$.

Aufgabe 4.12 : *Von folgenden Matrizen ist die inverse Matrix zu berechnen, falls diese existiert.*

(1) $A = \begin{pmatrix} 1 & 2 & 2 \\ 3 & 5 & 2 \\ -1 & 1 & -2 \end{pmatrix}$,　　(2) $B = \begin{pmatrix} 1 & 5 \\ 5 & 1 \end{pmatrix}$,　　(3) $C = \begin{pmatrix} 2 & 0 & 3 \\ 1 & 2 & -1 \\ 4 & 4 & 1 \end{pmatrix}$.

Aufgabe 4.13 : *Für welche Werte des Parameters $a \in \mathbb{R}$ ist die Matrix*

$$B = \begin{pmatrix} 1 & 0 & 2 \\ 2 & 3 & 0 \\ 2 & 4 & a \end{pmatrix}$$

invertierbar? Unter der Voraussetzung, dass die inverse Matrix existiert, ist B^{-1} zu berechnen.

4.5 Determinanten

Definition 4.11: *Es sei A eine quadratische Matrix vom Typ (n,n). Die Matrix A werde mit dem Gaußschen Eliminationsverfahren ohne Vertauschen von Zeilen in eine gestaffelte Matrix überführt. Das Produkt der Hauptdiagonalelemente der gestaffelten Matrix heißt* **Determinante** *von A.* *Bezeichnung:* $|A|$ *oder* $det(A)$

Bemerkung: (1) Wenn bei der Überführung der Matrix in eine gestaffelte Matrix zwei Zeilen vertauscht werden, dann ist das Vorzeichen der Determinante zu ändern.

(2) Eine Determinante lässt sich auch mit dem Laplaceschen Entwicklungssatz berechnen (vgl. z. B. [3], Seite 632).

Beispiel 4.11: *Berechnen Sie die Determinante der Matrix*

$$A = \begin{pmatrix} 2 & 1 & 4 & 0 \\ 6 & 0 & 1 & 2 \\ 0 & 3 & 2 & 1 \\ -2 & 2 & -2 & 2 \end{pmatrix}.$$

Lösung: Die Matrix wird in eine gestaffelte Matrix überführt, ohne dass Zeilen vertauscht werden.

$$A = \begin{pmatrix} 2 & 1 & 4 & 0 \\ 6 & 0 & 1 & 2 \\ 0 & 3 & 2 & 1 \\ -2 & 2 & -2 & 2 \end{pmatrix}^* \rightarrow \begin{pmatrix} 2 & 1 & 4 & 0 \\ 0 & -3 & -11 & 2 \\ 0 & 3 & 2 & 1 \\ 0 & 3 & 2 & 2 \end{pmatrix}^* \rightarrow \begin{pmatrix} 2 & 1 & 4 & 0 \\ 0 & -3 & -11 & 2 \\ 0 & 0 & -9 & 3 \\ 0 & 0 & -9 & 4 \end{pmatrix}^*$$

$$\rightarrow \begin{pmatrix} 2 & 1 & 4 & 0 \\ 0 & -3 & -11 & 2 \\ 0 & 0 & -9 & 3 \\ 0 & 0 & 0 & 1 \end{pmatrix} \implies |A| = 2 \cdot (-3) \cdot (-9) \cdot 1 = 54. \quad \triangleleft$$

Aufgabe 4.14: *Berechnen Sie die Determinanten der Matrizen*

$$A_1 = \begin{pmatrix} 1 & 2 & 2 & -1 \\ 2 & 1 & 3 & 0 \\ -2 & 4 & 0 & 1 \\ 0 & 1 & 1 & -1 \end{pmatrix} \quad und \quad A_2 = \begin{pmatrix} 0 & 0 & 2 & -1 \\ 0 & 1 & 3 & 0 \\ -2 & 4 & 0 & 1 \\ 0 & 0 & 0 & -1 \end{pmatrix}.$$

Zwischen dem Rang und der Determinante einer quadratischen Matrix besteht der folgende Zusammenhang.

Satz 4.6: *Es sei* A *eine Matrix vom Typ* $(n; n)$. *Dann gilt*

$$\left(Rg(A) < n\right) \Longleftrightarrow \left(|A| = 0\right).$$

Beweis: Mit dem Gaußschen Eliminationsverfahren wird die Matrix A in die gestaffelte Matrix A_0 überführt. Aus den Definitionen 4.9 und 4.11 folgt für den Rang $Rg(A) = Rg(A_0)$ bzw. für die Determinante $||A|| = ||A_0||$. Die Determinante ist genau dann null, wenn alle Elemente wenigstens einer Zeile von A_0 null sind. In diesem Fall ist aber auch der Rang der Matrix A_0 genau dann kleiner als n.   ◀

Im Weiteren werden noch Formeln zur Berechnung der Determinante angegeben, wenn die Matrizen vom Typ $(2, 2)$ bzw. $(3, 3)$ sind.

Satz 4.7: *Für die Determinante der Matrix* $A = \begin{pmatrix} a_{11} & a_{12} \\ a_{21} & a_{22} \end{pmatrix}$ *gilt*

$$|A| = a_{11}a_{22} - a_{21}a_{12}. \tag{4.9}$$

Der **Beweis** dieser Gleichung ergibt sich sofort, wenn die Matrix A in eine gestaffelte Matrix überführt wird.

Satz 4.8: *Für die Matrix* $A = \begin{pmatrix} a_{11} & a_{12} & a_{13} \\ a_{21} & a_{22} & a_{23} \\ a_{31} & a_{32} & a_{33} \end{pmatrix}$ *gilt*

$$\begin{aligned} |A| = &\, a_{13}a_{21}a_{32} + a_{11}a_{22}a_{33} + a_{12}a_{23}a_{31} \\ &- a_{33}a_{21}a_{12} - a_{31}a_{22}a_{13} - a_{32}a_{23}a_{11} \end{aligned} \tag{4.10}$$

Auf den **Beweis** des Satzes wird an dieser Stelle verzichtet.

Die Berechnung der Determinante einer Matrix vom Typ $(3, 3)$ nach der Formel (4.10) lässt sich mit der sogenannten **Sarrusschen Regel** erhalten. Dazu ergänzt man zu der Matrix die erste Spalte rechts und die dritte Spalte links. Die Elemente auf jeder Diagonalen werden miteinander multipliziert. Die Produkte der Diagonalen von links oben nach rechts unten erhalten das Vorzeichen $+$, und die Produkte der Diagonalen von links unten nach rechts oben erhalten das Vorzeichen $-$.

$$\begin{array}{ccccccc} (+) & (+) & (+) & & (-) & (-) & (-) \\ a_{13} & a_{11} & a_{12} & a_{13} & a_{11} \\ a_{23} & a_{21} & a_{22} & a_{23} & a_{21} \\ a_{33} & a_{31} & a_{32} & a_{33} & a_{31} \end{array}$$

Beispiel 4.12: *Berechnen Sie die Determinante der Matrizen*

$$B = \begin{pmatrix} 2 & 1 & 4 \\ 6 & 0 & 1 \\ 0 & 3 & 2 \end{pmatrix} \quad und \quad C = \begin{pmatrix} 2 & 1 \\ 6 & 0 \end{pmatrix}.$$

Lösung: Mit Hilfe der Sarrusschen Regel ergibt sich nach (4.10)

$$|B| = 4 \cdot 6 \cdot 3 + 2 \cdot 0 \cdot 2 + 1 \cdot 1 \cdot 0$$
$$- 2 \cdot 6 \cdot 1 - 0 \cdot 0 \cdot 4 - 3 \cdot 1 \cdot 2 = 54.$$

Aus (4.9) folgt $|C| = 2 \cdot 0 - 6 \cdot 1 = -6$.

Aufgabe 4.15: *Berechnen Sie die Determinanten der Matrizen*

$$B_1 = \begin{pmatrix} 1 & 3 & -1 \\ 6 & 1 & 0 \\ -2 & 4 & 1 \end{pmatrix} \quad und \quad B_2 = \begin{pmatrix} \sin(x) & -\cos(x) \\ \cos(x) & \sin(x) \end{pmatrix}.$$

Das Vektorprodukt und das Spatprodukt lassen sich mit der Sarrusschen Regel einfach berechnen.

Satz 4.9: *Es bezeichnen* $\vec{a} = \begin{pmatrix} a_1 \\ a_2 \\ a_3 \end{pmatrix}$, $\vec{b} = \begin{pmatrix} b_1 \\ b_2 \\ b_3 \end{pmatrix}$ *und* $\vec{c} = \begin{pmatrix} c_1 \\ c_2 \\ c_3 \end{pmatrix}$

Vektoren aus dem $\mathbb{R}^3$. *Für das Vektorprodukt bzw. das Spatprodukt gilt*

$$\vec{a} \times \vec{b} = \begin{vmatrix} \vec{e}_1 & \vec{e}_2 & \vec{e}_3 \\ a_1 & a_2 & a_3 \\ b_1 & b_2 & b_3 \end{vmatrix} \tag{4.11}$$

$$[\vec{a}\,\vec{b}\,\vec{c}] = \begin{vmatrix} a_1 & a_2 & a_3 \\ b_1 & b_2 & b_3 \\ c_1 & c_2 & c_3 \end{vmatrix}. \tag{4.12}$$

Lösung: Nach der Sarrusschen Regel erhält man für (4.11)

$$\begin{vmatrix} \vec{e}_1 & \vec{e}_2 & \vec{e}_3 \\ a_1 & a_2 & a_3 \\ b_1 & b_2 & b_3 \end{vmatrix} = \vec{e}_3\, a_1\, b_2 + \vec{e}_1\, a_2\, b_3 + \vec{e}_2\, a_3\, b_1 - b_3\, a_1\, \vec{e}_2 - b_1\, a_2\, \vec{e}_3 - b_2\, a_3\, \vec{e}_1$$

$$= (a_2\, b_3 - b_2\, a_3)\vec{e}_1 + (a_3\, b_1 - b_3\, a_1)\vec{e}_2 + (a_1\, b_2 - b_1\, a_2)\vec{e}_3 = \begin{pmatrix} a_2\, b_3 - b_2\, a_3 \\ a_3\, b_1 - b_3\, a_1 \\ a_1\, b_2 - b_1\, a_2 \end{pmatrix},$$

was nach (3.19) auf Seite 103 mit $\vec{a} \times \vec{b}$ identisch ist. Analog überprüft man die Übereinstimmung von (4.12) mit dem Spatprodukt (3.20). ◄

Aufgabe 4.16: *Gegeben sind die Vektoren*

$$\vec{a} = \begin{pmatrix} 2 \\ 2 \\ -1 \end{pmatrix}, \qquad \vec{b} = \begin{pmatrix} -3 \\ 0 \\ 1 \end{pmatrix} \qquad und \qquad \vec{c} = \begin{pmatrix} 1 \\ -2 \\ 5 \end{pmatrix}.$$

Berechnen Sie mit Hilfe von Determinanten $\vec{a} \times \vec{b}$, $\vec{c} \times \vec{b}$ *und* $[\vec{a}\,\vec{b}\,\vec{c}]$.

Aufgabe 4.17: *Es sei A eine Matrix vom Typ (n, n). Was kann man mit Hilfe der Determinante $|A|$ über die eindeutige Lösbarkeit des linearen Gleichungssystems $AX = B$ aussagen?*
Hinweis: Verwenden Sie die Sätze 4.3 und 4.6!

4.6   Lineare Unabhängigkeit von Vektoren

Bei der Darstellung einer Kraft $\vec{a}$ durch Teilkräfte $\vec{a}_1, \ldots, \vec{a}_m$ erweisen sich die beiden folgenden Definitionen als nützlich.

Definition 4.12 : *Es bezeichnen $\alpha_1, \alpha_2, \ldots, \alpha_m$ reelle Zahlen und $\vec{a}_1, \vec{a}_2, \ldots, \vec{a}_m$ Vektoren aus dem n-dimensionalen Vektorraum $\mathbb{R}^n$. Dann nennt man den Vektor*

$$\vec{a} = \sum_{i=1}^{m} \alpha_i \vec{a}_i \qquad\qquad (4.13)$$

eine **Linearkombination der Vektoren** $\vec{a}_1, \vec{a}_2, \ldots, \vec{a}_m$.

Definition 4.13 : *Die Vektoren $\vec{a}_1, \vec{a}_2, \ldots, \vec{a}_m$ aus dem n-dimensionalen Vektorraum $\mathbb{R}^n$ heißen* **linear unabhängig**, *wenn die Darstellung des Nullvektors über die Komponenten $\vec{a}_1, \vec{a}_2, \ldots, \vec{a}_m$*

$$\sum_{i=1}^{m} \alpha_i \vec{a}_i = \vec{0} \qquad\qquad (4.14)$$

nur für die reellen Zahlen $\alpha_1 = \alpha_2 = \ldots = \alpha_m = 0$ erfüllt ist. Wird die Gleichung (4.14) auch für reelle Zahlen $\alpha_1, \alpha_2, \ldots, \alpha_m$ erfüllt, von denen wenigstens eine ungleich null ist, so heißen die Vektoren $\vec{a}_1, \vec{a}_2, \ldots, \vec{a}_m$ **linear abhängig**.

Als Nächstes wird die Definition 4.13 für die Fälle $m = 2$ und $m = 3$ veranschaulicht. Die Vektoren $\vec{a}_1$ und $\vec{a}_2$ seien linear abhängig. Nach der Definition 4.13 müssen dann von null verschiedene reelle Zahlen α_1 und α_2 existieren, so dass $\alpha_1 \vec{a}_1 + \alpha_2 \vec{a}_2 = \vec{0}$ bzw. $\vec{a}_1 = -\dfrac{\alpha_2}{\alpha_1} \vec{a}_2$ gilt. Daraus folgt:
Zwei Vektoren sind genau dann linear abhängig, wenn sie parallel zueinander sind. Zwei linear unabhängige Vektoren spannen eine Ebene auf.

Die Vektoren $\vec{a}_1$, $\vec{a}_2$ und $\vec{a}_3$ aus dem Vektorraum $\mathbb{R}^3$ seien linear abhängig. Ohne Einschränkung der Allgemeinheit sei in der Gleichung (4.14) $\alpha_1 \neq 0$. Dann folgt aus dieser Gleichung

$$\vec{a}_1 = -\frac{\alpha_2}{\alpha_1} \vec{a}_2 - \frac{\alpha_3}{\alpha_1} \vec{a}_3.$$

Der Vektor $\vec{a}_1$ liegt in der Ebene, die von den Vektoren $\vec{a}_2$ und $\vec{a}_3$ aufgespannt wird.
Wenn die Vektoren $\vec{a}_1$, $\vec{a}_2$ und $\vec{a}_3$ aus dem Vektorraum $\mathbb{R}^3$ linear unabhängig sind, lässt sich jeder beliebige Vektor $\vec{a} \in \mathbb{R}^3$ als Linearkombination

$$\vec{a} = \alpha_1 \vec{a}_1 + \alpha_2 \vec{a}_2 + \alpha_3 \vec{a}_3$$

darstellen. Im Vektorraum $\mathbb{R}^3$ können höchstens drei Vektoren linear unabhängig sein.

(4.14) ist als homogenes lineares Gleichungssystem interpretierbar, das die Unbekannten $\alpha_1, \alpha_2, \ldots, \alpha_n$ hat. Ob Vektoren linear unabhängig oder linear abhängig sind, lässt sich dann an der allgemeinen Lösung dieses linearen Gleichungssystems erkennen. Die Gleichung (4.14) lautet in Matrizenschreibweise

$$AX = \vec{0}\,, \qquad\qquad\qquad\qquad\qquad\qquad (4.15)$$

wobei $A = \left(\vec{a}_1\ \vec{a}_2\ \cdots\ \vec{a}_m \right)$ eine Matrix vom Typ (n, m) ist, deren Spalten die Vektoren $\vec{a}_i$ sind. $X = \begin{pmatrix} \alpha_1 \\ \vdots \\ \alpha_m \end{pmatrix}$ bezeichnet eine Matrix (Vektor) vom Typ $(m, 1)$, die die Unbekannten α_i enthält. Es gilt der folgende Satz.

Satz 4.10 : *Die Vektoren $\vec{a}_1, \vec{a}_2, \cdots, \vec{a}_m$ sind genau dann linear unabhängig, wenn $Rg(A) = m$ gilt. Im Fall $Rg(A) < m$ existieren unter den m Vektoren genau $Rg(A)$ linear unabhängige Vektoren.*

Beweis: Da das lineare Gleichungssystem (4.15) homogen ist, gilt
$Rg(A|\vec{0}) = Rg(A)$. Dieses Gleichungssystem hat immer die Lösung $X = \vec{0}$.
Wenn $Rg(A) = m$ erfüllt ist, muss nach dem Satz 4.3 das Gleichungssystem
eindeutig lösbar sein. Damit gilt (4.14) nur für $\alpha_1 = \alpha_2 = \ldots = \alpha_m = 0$.
D.h., die Vektoren sind in diesem Fall linear unabhängig.
Es sei $Rg(A) < m$. Dann lassen sich in der gestaffelten Matrix genau $Rg(A)$
Spalten auswählen, die diesen Rang erzeugen. Die zu diesen Spalten gehören-
den Vektoren sind dann linear unabhängig.   ◄

Aus diesem Satz ergibt sich sofort die folgende Aussage.

Satz 4.11: *Die Vektoren $\vec{a}_1, \vec{a}_2, \cdots, \vec{a}_m$ aus dem Vektorraum $\mathbb{R}^n$ sind*
für $m > n$ immer linear abhängig.

Definition 4.14 : *Ein System von n linear unabhängigen Vektoren*
$\vec{a}_1, \vec{a}_2, \ldots, \vec{a}_n$ aus dem n-dimensionalen Vektorraum $\mathbb{R}^n$ bezeichnet man
als **Basis** *im $\mathbb{R}^n$.*

Werden die Angriffspunkte der normierten Basisvektoren in einen Koordinatenursprung gelegt, wird dadurch ein Koordinatensystem im $\mathbb{R}^n$ festgelegt.
(Siehe hierzu den Abschnitt 5.1, Seiten 159 ff.)

Beispiel 4.13 : *Sind folgende Vektoren linear unabhängig? Bilden diese Vek-*
toren eine Basis im $\mathbb{R}^4$?

$$\vec{a}_1 = \begin{pmatrix} 2 \\ 1 \\ 4 \\ -1 \end{pmatrix}, \quad \vec{a}_2 = \begin{pmatrix} 1 \\ -1 \\ 2 \\ 3 \end{pmatrix}, \quad \vec{a}_3 = \begin{pmatrix} 3 \\ 4 \\ 4 \\ 1 \end{pmatrix}, \quad \vec{a}_4 = \begin{pmatrix} 0 \\ 4 \\ -2 \\ -1 \end{pmatrix}.$$

Lösung: Es wird der Rang der Matrix A bestimmt, deren Spalten die Vektoren $\vec{a}_1, \ldots, \vec{a}_4$ sind.

$$A = \begin{pmatrix} 2 & 1 & 3 & 0 \\ 1 & -1 & 4 & 4 \\ 4 & 2 & 4 & -2 \\ -1 & 3 & 1 & -1 \end{pmatrix} * \rightarrow \begin{pmatrix} 1 & -1 & 4 & 4 \\ 0 & 3 & -5 & -8 \\ 0 & 6 & -12 & -18 \\ 0 & 2 & 5 & 3 \end{pmatrix} *$$

$$\rightarrow \begin{pmatrix} 1 & -1 & 4 & 4 \\ 0 & 2 & 5 & 3 \\ 0 & 0 & -\frac{25}{2} & -\frac{25}{2} \\ 0 & 0 & -27 & -27 \end{pmatrix} * \rightarrow \begin{pmatrix} 1 & -1 & 4 & 4 \\ 0 & 2 & 5 & 3 \\ 0 & 0 & -\frac{25}{2} & -\frac{25}{2} \\ 0 & 0 & 0 & 0 \end{pmatrix}.$$

Daraus folgt $Rg(A) = 3$. Die Vektoren $\vec{a}_1, \ldots, \vec{a}_4$ sind linear abhängig und bilden keine Basis im Vektorraum $\mathbb{R}^4$. ◁

In jedem Vektorraum existieren unendlich viele Basen. Die Vektoren

$$\vec{e}_1 = \begin{pmatrix} 1 \\ 0 \\ 0 \end{pmatrix}, \vec{e}_2 = \begin{pmatrix} 0 \\ 1 \\ 0 \end{pmatrix}, \vec{e}_3 = \begin{pmatrix} 0 \\ 0 \\ 1 \end{pmatrix}; \quad \text{und} \quad \vec{a}_1 = \begin{pmatrix} 1 \\ 2 \\ 0 \end{pmatrix}, \vec{a}_2 = \begin{pmatrix} 0 \\ 1 \\ 2 \end{pmatrix}, \vec{a}_3 = \begin{pmatrix} 0 \\ 0 \\ 1 \end{pmatrix}$$

sind Beispiele für Basen im 3-dimensionalen Raum $\mathbb{R}^3$.

Jeder Vektor aus dem Raum $\mathbb{R}^n$ lässt sich bezüglich einer vorgegebenen Basis des $\mathbb{R}^n$ eindeutig als Linearkombination darstellen.

Beispiel 4.14: *Gegeben sind die Vektoren aus dem Beispiel 4.13. Untersuchen Sie, ob sich der Vektor $\vec{a}_3$ als Linearkombination der Vektoren $\vec{a}_1, \vec{a}_2, \vec{a}_4$ darstellen lässt und geben Sie diese Darstellung an.*

Lösung: Der Vektor $\vec{a}_3$ ist als Linearkombination darstellbar, wenn das lineare Gleichungssystem $\alpha_1 \vec{a}_1 + \alpha_2 \vec{a}_2 + \alpha_4 \vec{a}_4 = \vec{a}_3$ lösbar ist. Um die Lösbarkeit überprüfen zu können, wird die erweiterte Matrix dieses Gleichungssystems aufgestellt und in eine gestaffelte Matrix überführt.

$$\left(\vec{a}_1 \, \vec{a}_2 \, \vec{a}_4 \middle| \vec{a}_3\right) = \left(\begin{array}{ccc|c} 2 & 1 & 0 & 3 \\ 1 & -1 & 4 & 4 \\ 4 & 2 & -2 & 4 \\ -1 & 3 & -1 & 1 \end{array}\right)^* \rightarrow \left(\begin{array}{ccc|c} 1 & -1 & 4 & 4 \\ 0 & 3 & -8 & -5 \\ 0 & 6 & -18 & -12 \\ 0 & 2 & 3 & 5 \end{array}\right)^*$$

$$\rightarrow \left(\begin{array}{ccc|c} 1 & -1 & 4 & 4 \\ 0 & 2 & 3 & 5 \\ 0 & 0 & -\frac{25}{2} & -\frac{25}{2} \\ 0 & 0 & -27 & -27 \end{array}\right)^* \rightarrow \left(\begin{array}{ccc|c} 1 & -1 & 4 & 4 \\ 0 & 2 & 3 & 5 \\ 0 & 0 & -\frac{25}{2} & -\frac{25}{2} \\ 0 & 0 & 0 & 0 \end{array}\right).$$

Da $Rg\left(\vec{a}_1 \, \vec{a}_2 \, \vec{a}_4 \middle| \vec{a}_3\right) = Rg\left(\vec{a}_1 \, \vec{a}_2 \, \vec{a}_4\right) = 3$ gilt, ist das Gleichungssystem eindeutig lösbar. Es ergibt sich als Lösung $\alpha_4 = 1$; $\alpha_2 = 1$; $\alpha_1 = 1$. Die Darstellung des Vektors $\vec{a}_3$ lautet $\vec{a}_3 = \vec{a}_1 + \vec{a}_2 + \vec{a}_4$. ◁

Aufgabe 4.18: *Bilden folgende Vektoren eine Basis im $\mathbb{R}^3$?*

$$(1) \quad \vec{a}_1 = \begin{pmatrix} 2 \\ 1 \\ -1 \end{pmatrix}, \quad \vec{a}_2 = \begin{pmatrix} 1 \\ 0 \\ -3 \end{pmatrix}, \quad \vec{a}_3 = \begin{pmatrix} 0 \\ 1 \\ 5 \end{pmatrix}$$

$$(2) \quad \vec{b}_1 = \begin{pmatrix} 2 \\ -1 \\ 1 \end{pmatrix}, \quad \vec{b}_2 = \begin{pmatrix} 1 \\ -2 \\ 0 \end{pmatrix}, \quad \vec{b}_3 = \begin{pmatrix} -1 \\ 0 \\ 3 \end{pmatrix}.$$

Aufgabe 4.19: *Stellen Sie, falls möglich, den Vektor $\vec{c} = \begin{pmatrix} 2 \\ 3 \\ 1 \end{pmatrix}$ als Linearkombination der Vektoren aus Aufgabe 4.18 dar.*

Aufgabe 4.20: *Die Vektoren $\vec{a}_1; \vec{a}_2; \ldots; \vec{a}_n$ werden als Spalten einer Matrix A geschrieben. Was lässt sich über die lineare Unabhängigkeit der Vektoren aussagen, wenn für die Determinante $|A| \neq 0$ gilt?*

4.7 Eigenwerte und Eigenvektoren

In diesem Abschnitt werden Matrizen und Vektoren mit komplexwertigen Elementen betrachtet. Es seien A eine quadratische Matrix vom Typ (n, n) und $\vec{x}$ ein Vektor mit n Koordinaten. Die (Matrizen-)Multiplikation von A mit $\vec{x}$ ergibt wieder einen Vektor $\vec{y} = A \cdot \vec{x}$ mit n Koordinaten. Bei einer Reihe von praktischen Aufgaben sucht man für eine vorgegebene Matrix A solche Vektoren $\vec{x} \neq \vec{0}$, die bei der Multiplikation mit dieser Matrix ihre Richtung nicht ändern. Für diese Vektoren gilt dann $A \cdot \vec{x} = \vec{y} = \lambda \cdot \vec{x}$, wobei λ eine (im allgemeinen komplexe) Konstante bezeichnet.

Definition 4.15: *A sei eine quadratische Matrix vom Typ (n, n). Eine (komplexe) Zahl λ heißt* **Eigenwert** *der Matrix A, wenn die Gleichung*

$$A \cdot \vec{x} = \lambda \cdot \vec{x} \qquad (4.16)$$

wenigstens eine nichttriviale Lösung $\vec{x} \neq \vec{0}$ besitzt. Jede nichttriviale Lösung $\vec{x}$ der Gleichung (4.16) heißt **Eigenvektor** *zum Eigenwert λ.*

Während der Nullvektor als Eigenvektor ausgeschlossen wird, kann gegebenenfalls der Eigenwert Null auftreten. Da $\lambda \cdot \vec{x} = \lambda \cdot I \cdot \vec{x}$ gilt, lässt sich (4.16) in die äquivalente Form

$$(A - \lambda \cdot I) \cdot \vec{x} = \vec{0} \tag{4.17}$$

überführen. (4.17) ist ein homogenes lineares Gleichungssystem mit der Koeffizientenmatrix $(A - \lambda I)$, die von dem Parameter λ abhängt. Der Vektor $\vec{x}$ ist genau dann Eigenvektor zum Eigenwert λ, wenn dieses homogene Gleichungssystem nicht eindeutig lösbar ist. Nach dem Satz 4.3 ist das der Fall, wenn

$$Rg\left(A - \lambda I\right) < n \tag{4.18}$$

gilt. Aus dem Satz 4.6 folgt dann für die Determinante $\left|A - \lambda I\right|$ der

---

Satz 4.12: *Die komplexe Zahl* λ *ist genau dann Eigenwert der Matrix* *A, wenn* λ *eine Lösungen der folgenden Gleichung ist:*

$$\left|A - \lambda I\right| = 0. \tag{4.19}$$

Die Gleichung (4.19) nennt man **charakteristische Gleichung**. Es lässt sich beweisen, dass die Funktion

$$f(\lambda) := \left|A - \lambda I\right|$$

ein Polynom n-ten Grades in λ ist und genau n (komplexe) Nullstellen hat. Mehrfache Nullstellen müssen dabei entsprechend ihrer Vielfachheit gezählt werden. Jede Nullstelle dieses Polynoms ist ein Eigenwert der Matrix A. Zu jedem Eigenwert λ_* lässt sich dann durch Lösen des Gleichungssystems (4.17)

$$(A - \lambda_* \cdot I) \cdot \vec{x} = \vec{0}$$

der zugehörige Eigenvektor $\vec{x}_*$ berechnen.

Die Berechnung der Eigenwerte und Eigenvektoren wird an dem nächsten Beispiel demonstriert.

Beispiel 4.15: *Gesucht sind die Eigenwerte und (normierten) Eigenvektoren der Matrix* $A = \begin{pmatrix} 0 & -1 & 0 \\ -1 & 1 & 1 \\ 0 & 1 & 0 \end{pmatrix}.$

Lösung: Im ersten Schritt werden die Eigenwerte der Matrix A aus der charakteristischen Gleichung (4.19) bestimmt. Für die charakteristische Gleichung gilt

$$|A - \lambda I| = \begin{vmatrix} -\lambda & -1 & 0 \\ -1 & 1 - \lambda & 1 \\ 0 & 1 & -\lambda \end{vmatrix} = (-\lambda)^2(1 - \lambda) + 2\lambda = -\lambda^3 + \lambda^2 + 2\lambda = 0,$$

wobei die Determinante mit der Sarrusschen Regel (Satz 4.8, Seite 146) berechnet wurde. Aus der charakteristischen Gleichung ergeben sich die Eigenwerte $\lambda_1 = 0$, $\lambda_2 = -1$ und $\lambda_3 = 2$.

Der Eigenvektor $\vec{x}_1$ zum Eigenwert $\lambda_1 = 0$ ist eine (nichttriviale) Lösung des linearen Gleichungssystems $(A - \lambda_1 I)\vec{x}_1 = \vec{0}$. Das Gleichungssystem wird in ein gestaffeltes System überführt, d.h.,

$$\left(A - \lambda_1 I \middle| \vec{0}\right) =$$

$$\left(\begin{array}{ccc|c} 0 & -1 & 0 & 0 \\ -1 & 1 & 1 & 0 \\ 0 & 1 & 0 & 0 \end{array} \right) * \to \left(\begin{array}{ccc|c} -1 & 1 & 1 & 0 \\ 0 & -1 & 0 & 0 \\ 0 & 1 & 0 & 0 \end{array} \right) * \to \left(\begin{array}{ccc|c} -1 & 1 & 1 & 0 \\ 0 & -1 & 0 & 0 \\ 0 & 0 & 0 & 0 \end{array} \right).$$

Da $Rg\left(A - \lambda_1 I \middle| \vec{0}\right) = Rg\left(A - \lambda_1 I\right) = 2 < 3$ gilt, ist dieses Gleichungssystem lösbar, wobei eine Veränderliche frei wählbar ist (vgl. Satz 4.3). Als allgemeine Lösung erhält man $\vec{x}_1 = \begin{pmatrix} t \\ 0 \\ t \end{pmatrix} = t \begin{pmatrix} 1 \\ 0 \\ 1 \end{pmatrix}$, $t \in \mathbb{R}$. Um den normierten Eigenvektor zu erhalten, ist zunächst der Betrag $|\vec{x}_1| = \sqrt{t^2(1^2 + 0 + 1^2)} = |t|\sqrt{2}$ zu berechnen. Der normierte Eigenvektor ergibt sich dann zu

$$\vec{x}_1^0 = \frac{1}{|\vec{x}_1|}\vec{x}_1 = \frac{1}{\sqrt{2}} \begin{pmatrix} 1 \\ 0 \\ 1 \end{pmatrix} \quad \text{(oder} \quad \vec{x}_1^0 = -\frac{1}{\sqrt{2}} \begin{pmatrix} 1 \\ 0 \\ 1 \end{pmatrix} \text{).}$$

Der Eigenvektor $\vec{x}_2$ zum Eigenwert $\lambda_2 = -1$ ist eine (nichttriviale) Lösung des linearen Gleichungssystems $(A - \lambda_2 I)\vec{x}_2 = \vec{0}$. Es gilt

$$\left(A - \lambda_2 I \middle| \vec{0}\right) =$$

$$\left(\begin{array}{ccc|c} 1 & -1 & 0 & 0 \\ -1 & 2 & 1 & 0 \\ 0 & 1 & 1 & 0 \end{array} \right) * \to \left(\begin{array}{ccc|c} 1 & -1 & 0 & 0 \\ 0 & 1 & 1 & 0 \\ 0 & 1 & 1 & 0 \end{array} \right) * \to \left(\begin{array}{ccc|c} 1 & -1 & 0 & 0 \\ 0 & 1 & 1 & 0 \\ 0 & 0 & 0 & 0 \end{array} \right).$$

Die allgemeine Lösung des Gleichungssystems ist $\vec{x}_2 = \begin{pmatrix} t \\ t \\ -t \end{pmatrix} = t \begin{pmatrix} 1 \\ 1 \\ -1 \end{pmatrix},$

$t \in \mathbb{R}$. Daraus ergibt sich für den normierten Eigenvektor $\vec{x}_2^0 = \frac{1}{\sqrt{3}} \begin{pmatrix} 1 \\ 1 \\ -1 \end{pmatrix}$.

Zum Eigenwert $\lambda_3 = 2$ erhält man analog den normierten Eigenvektor

$\vec{x}_3^0 = \frac{1}{\sqrt{6}} \begin{pmatrix} -1 \\ 2 \\ 1 \end{pmatrix}$. ◁

Bemerkung: Die Eigenvektoren einer Matrix sind nicht eindeutig. Aus diesem Grund werden im allgemeinen die Eigenvektoren normiert. Im letzten Beispiel ergaben sich reellwertige Eigenwerte und Eigenvektoren. Es lässt sich zeigen, dass jede symmetrische Matrix nur reellwertige Eigenwerte und Eigenvektoren besitzt. Zu unterschiedlichen Eigenwerten sind die dazugehörenden Eigenvektoren immer orthogonal. Bei mehrfachen Eigenwerten lassen sich die Eigenvektoren ebenfalls orthogonal wählen.

Aufgabe 4.21: *Berechnen Sie die Eigenwerte und (normierten) Eigenvektoren von folgenden Matrizen.*

(1) $\quad A = \begin{pmatrix} 1 & 2 & 3 \\ 2 & -4 & -2 \\ 3 & -2 & 1 \end{pmatrix}$ $\qquad$ (2) $\quad B = \begin{pmatrix} 2 & 3 \\ 3 & 2 \end{pmatrix}$.

4.8 Matrizen mit CAS-Rechnern

Matrizen stellt man im Taschenrechner als (zweidimensionale) Listen dar. Für die Eingabe von Matrizen hat man verschiedene Möglichkeiten zur Auswahl. Die direkte Eingabe der Matrix $A = \begin{pmatrix} 2 & 3 & -1 \\ 0 & 4 & 1 \end{pmatrix}$ erfolgt durch $[[2, 3, -1][0, 4, 1]] \rightarrow A$. Die Matrizenelemente werden durch ein Komma getrennt und zeilenweise eingegeben. Für TI-Rechner kann die Kurzform $[2, 3, -1; 0, 4, 1] \rightarrow A$ verwendet werden, wobei am Zeilenende der Matrix ein Semikolon gesetzt wird. Wenn die Matrizenelemente durch eine Bildungsvorschrift gegeben sind, dann wird zur Eingabe der Matrix der Befehl seq( ) verwendet. Wie die Matrix $B = \left((i+j)^2\right)_{i=1 \; j=1}^{2 \quad 3} = \begin{pmatrix} 4 & 9 & 16 \\ 9 & 16 & 25 \end{pmatrix}$ einzugeben ist, wird dann aus dem Bild 4.5 ersichtlich.

Da die Eingabe von Matrizen über den Matrizeneditor rechnerspezifisch ist, muss an dieser Stelle auf das Handbuch zum verwendeten Rechner verwiesen werden. Die Ausführung von Matrizenoperationen wird in den nächsten Beispielen verdeutlicht. Die Beispiele wurden mit dem Rechner TI-89 durchgerechnet. Unter `www.informatik.htw-dresden.de/~richter/cas-rechner/casio`

sind die analogen Rechnungen mit dem ClassPad 300 zu finden. Weitere Matrizenoperationen werden in der Tabelle 4.1 beschrieben, wobei die Befehle direkt eingeben oder über den Katalog ausgewählt werden können.

Operation	Befehl
Transponierte Matrix von a	a^T
Inverse Matrix von a	a∧(-1)
Determinante der Matrix a	det(a)
Eigenwerte der Matrix a	eigVl(a)
Eigenvektoren der Matrix a	eigVc(a)
gestaffelte Matrix von a	ref(a) oder rref(a)

Tabelle 4.1: *Matrizenoperationen mit CAS-Rechnern*

Beispiel 4.16: *Für die oben eingegebenen Matrizen A und B sind $A + B$, $A - B$, $-3A$ und $A \cdot B^T$ mit einem CAS-Rechner zu berechnen.*

Lösung: Die Berechnung erfolgt hier mit dem TI-89.

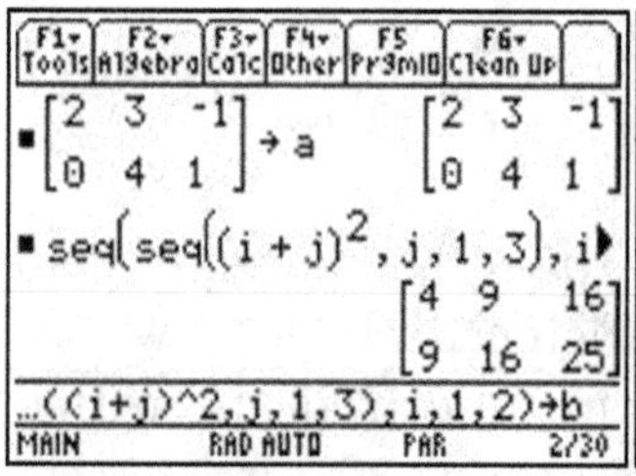

Bild 4.5 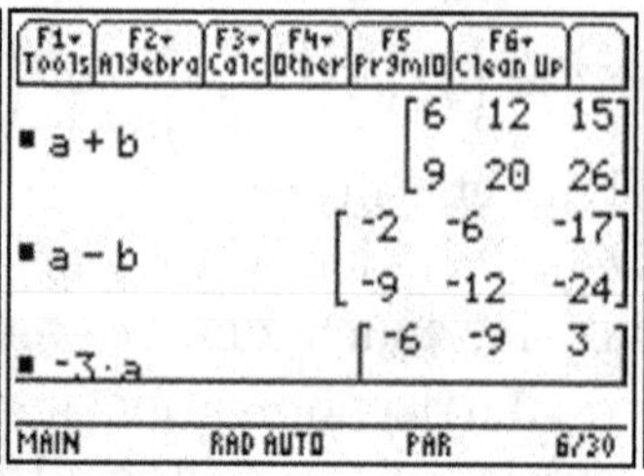   **Bild 4.6** 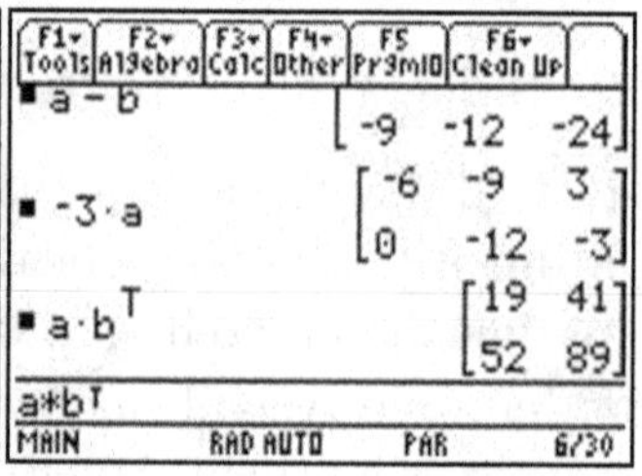   **Bild 4.7**

◁

Beispiel 4.17: *Es sind die Determinante, die inverse Matrix, die Eigenwerte und die Eigenvektoren der Matrix* $C = \begin{pmatrix} 2 & 1 & 0 \\ 1 & 2 & 1 \\ 0 & 1 & 2 \end{pmatrix}$ *zu berechnen.*

Lösung: Mit dem TI-89 erhält man die folgenden Ergebnisse.

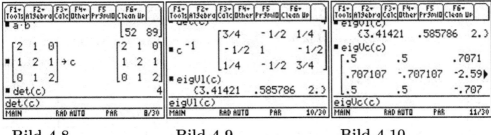

Bild 4.8   Bild 4.9   Bild 4.10

◁

Die Lösung linearer Gleichungssysteme wird in den folgenden Beispielen betrachtet.

Beispiel 4.18 : *Gesucht ist die Lösung des linearen Gleichungssystems*

$$
\begin{aligned}
2x_1 \qquad\quad + \; x_3 + 2x_4 &= 11 \\
x_1 - \; x_2 \qquad\qquad &= 3 \\
-3x_1 + 5x_2 - \; x_3 + \; x_4 &= -11 \\
x_1 + \; x_2 - \; x_3 + \; x_4 &= 1 \; .
\end{aligned}
$$

Bild 4.11

Lösung: Im ersten Schritt wird die erweiterte Koeffizientenmatrix $(A|B)$ eingegeben und als Matrix D abgespeichert (Bild 4.11). Der Befehl `ref` überführt die erweiterte Koeffizientenmatrix in eine gestaffelte Matrix (Bilder 4.12 und 4.13), woraus sich sofort $Rg(A|B) = Rg(A) = 3 < 4$ ergibt. Daraus folgt die Lösbarkeit des Gleichungssystems mit einer frei wählbaren Variablen.

Bild 4.12   Bild 4.13   Bild 4.14

Die Lösung des Gleichungssystems lässt sich sofort ablesen, wenn der Befehl `rref` verwendet wird. Dieser Befehl überführt die erweiterte Koeffizientenmatrix in eine gestaffelte Matrix mit einer Diagonalform (Bild 4.14). Es ergibt sich die allgemeine Lösung

$$L = \left\{ x_4 = t, \ x_3 = \frac{7}{2} - \frac{1}{2}t, \ x_2 = \frac{3}{4} - \frac{3}{4}t, \ x_1 = \frac{15}{4} - \frac{3}{4}t, \ t \in \mathbb{R} \right\}. \qquad \triangleleft$$

Beispiel 4.19: *In Abhängigkeit von* $a \in \mathbb{R}$ *ist das folgende Gleichungssystem auf Lösbarkeit zu untersuchen und die (allgemeine) Lösung anzugeben.*

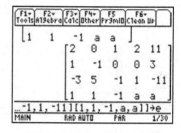

$$\begin{array}{rcrcrcrcr}
2x_1 & & & + & x_3 & + & 2x_4 & = & 11 \\
x_1 & - & x_2 & & & & & = & 3 \\
-3x_1 & + & 5x_2 & - & x_3 & + & x_4 & = & -11 \\
x_1 & + & x_2 & - & x_3 & + & a \cdot x_4 & = & a
\end{array}$$

Bild 4.15

Lösung: Die erweiterte Koeffizientenmatrix $(A|B)$ wird als Matrix E abgespeichert (Bild 4.15) und mit dem Befehl `ref` (Bilder 4.16 und 4.17) in eine gestaffelte Matrix bzw. mit dem Befehl `rref` (Bild 4.18) in eine

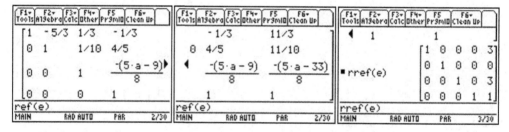

Bild 4.16   **Bild 4.17**   **Bild 4.18**

gestaffelte Matrix in Diagonalform überführt. Hieraus liest man für die Ränge $Rg(A|B) = Rg(A) = 4$ ab. Daraus folgt die eindeutige Lösbarkeit des Gleichungssystem mit der Lösung $L = \{x_1 = 3, \ x_2 = 0, \ x_3 = 3, \ x_4 = 1\}$. Die eindeutige Lösbarkeit trifft jedoch nur für $a \neq 1$ zu. Bei $a = 1$ entsteht das Gleichungssystem, das im Beispiel 4.18 diskutiert wurde und mehrdeutig lösbar ist. $\qquad \triangleleft$

Das letzte Beispiel zeigt, dass bei linearen Gleichungssystemen mit Parametern ein CAS-Rechner nicht zwangsläufig die allgemeine Lösung liefert und dass die vom Taschenrechner gelieferten Ergebnisse kritisch zu werten sind.

Aufgabe 4.22 : *Berechnen Sie mit einem CAS-Rechner* $D \cdot D$, D^{-1}, $|D|$ *und alle Eigenwerte mit den dazugehörenden Eigenvektoren der Matrix* D.

$$D = \begin{pmatrix} 4 & -1 & 0 & 0 \\ -1 & 4 & -1 & 0 \\ 0 & -1 & 4 & -1 \\ 0 & 0 & -1 & 4 \end{pmatrix}$$

Kapitel 5

Kurven in der Ebene und im Raum

5.1 Koordinatensysteme

Um eine Abbildung A graphisch darstellen zu können, muss ein geeignetes Koordinatensystem eingeführt werden. Durch ein Koordinatensystem wird die Lage eines Punktes im Raum festgelegt. Ein Koordinatensystem besteht aus dem **Koordinatenursprung** O und den „**Koordinatenachsen**", die mit einer **Richtung** und einem **Maßstab** versehen sind. Die Anzahl der Achsen stimmt dabei mit der Dimension des betrachteten Raumes überein. In den bisherigen Ausführungen wurde stillschweigend ein Koordinatensystem vorausgesetzt, dessen Koordinatenachsen „orientierte" Geraden sind, die sich im Koordinatenursprung schneiden und senkrecht aufeinander stehen. Ein derartiges Koordinatensystem bezeichnet man als **kartesisches Koordinatensystem**. Zur Beschreibung von geometrischen Gebilden (Bahnkurven, Flächen, Körpern) erweisen sich teilweise andere Koordinatensysteme als günstiger. Eine erste Verallgemeinerung ergibt sich, wenn sich die Koordinatenachsen nicht mehr rechtwinklig im Koordinatenursprung schneiden. Man gelangt dann zu einem sogenannten **schiefwinkligen Koordinatensystem**. Im Bild 5.1 ist der Punkt $P = P(2; 1)$ in einem kartesischen und einem schiefwinkligen Koordinatensystem dargestellt.

Kartesische und schiefwinklige Koordinatensysteme lassen sich ebenfalls in n-dimensionalen Vektorräumen betrachten. Dazu ist ein System von n linear unabhängigen Einheitsvektoren (Basis) zu wählen, die in Richtung der Koordinatenachsen zeigen und im Koordinatenursprung angreifen (siehe Seite 150). Das System von Einheitsvektoren (3.41) auf der Seite 121 legt ein kartesisches Koordinatensystem im $\mathbb{R}^n$ fest.

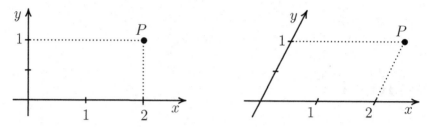

Bild 5.1: *Kartesisches und schiefwinkliges Koordinatensystem der Ebene*

Im Weiteren werden noch spezielle Koordinatensysteme der Ebene und des Raumes betrachtet. Kreisähnliche bzw. symmetrische geometrische Gebilde, die in einer Ebene liegen, lassen sich zweckmäßig in einem polaren Koordinatensystem beschreiben. Ein **polares Koordinatensystem** besteht aus einer **Polarachse**, die im Koordinatenursprung O beginnt und mit einem Maßstab versehen ist (im Bild 5.2 fett gezeichnet). Die Lage eines Punktes P wird durch die Polarkoordinaten $(r; \varphi)$ beschrieben. r $(r \geq 0)$ gibt den Abstand des Punktes vom Koordinatenursprung an und φ bezeichnet den **Polarwinkel**, der gleich dem Winkel zwischen der Strecke $\overline{OP}$ und der Polarachse ist. Dabei wird der Winkel ausgehend von der (positiven) Halbachse dem Uhrzeigersinn entgegengesetzt und in Bogenmaß gemessen. Zu beachten ist, dass die Punkte $P(r; \varphi)$ und $P(r; \varphi + 2k\pi)$ für jedes $k \in \mathbb{Z}$ zusammenfallen. Aus diesem Grund reicht es aus, wenn man sich auf Winkel $\varphi \in [0; 2\pi)$ bzw. $\varphi \in (-\pi; \pi]$ beschränkt. Im Bild 5.2 ist der Punkt $P = P(2; 1)$ in einem Polarkoordinatensystem dargestellt. Der Punkt P ist zwei Längeneinheiten vom Koordinatenursprung entfernt. Der Polarwinkel beträgt $\varphi = 1 \approx 57{,}3°$.

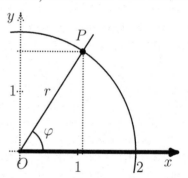

Bild 5.2: *Polarkoordinaten*

Wenn die Polarachse des polaren Koordinatensystems mit der positiven Achse eines ebenen kartesischen Koordinatensystems zusammenfällt, dann erfolgt die Umrechnung von Polarkoordinaten $P(r; \varphi)$ in kartesische Koordinaten $P(x; y)$ nach

$$x = r \cdot \cos(\varphi), \qquad y = r \cdot \sin(\varphi) \tag{5.1}$$

und von kartesischen Koordinaten $P(x; y)$ in Polarkoordinaten $P(r; \varphi)$ nach

$$r = \sqrt{x^2 + y^2}, \qquad \varphi = \begin{cases} \arccos\left(\frac{x}{r}\right), & \text{wenn} \quad y \geq 0, \ r > 0 \\ -\arccos\left(\frac{x}{r}\right), & \text{wenn} \quad y < 0, \ r > 0 \\ \text{nicht definiert}, & \text{wenn} \qquad\qquad r = 0 \end{cases} \qquad (5.2)$$

Beispiel 5.1 : *(1) Der Punkt $P(2;1)$ sei in einem kartesischen Koordinatensystem (siehe Bild 5.1 links) gegeben. Wie lauten die Koordinaten dieses Punktes in polaren Koordinaten? (2) Der Punkt $P(2;1)$ sei in einem polaren Koordinatensystem (siehe Bild 5.2) gegeben. Wie lauten die Koordinaten dieses Punktes in kartesischen Koordinaten?*

Lösung: <u>zu (1)</u>: Nach (5.2) ergibt sich $r = \sqrt{2^2 + 1^2} = \sqrt{5}, \quad \varphi = \arccos\left(\dfrac{2}{\sqrt{5}}\right)$

$$\Longrightarrow P\left(\sqrt{5}; \arccos\left(\tfrac{2}{\sqrt{5}}\right)\right) \approx P(2,2361; 0,4636).$$

<u>zu (2)</u>: Nach (5.1) erhält man $x = 2\cos(1), \quad y = 2\sin(1)$

$$\Longrightarrow P\left(2\cos(1); 2\sin(1)\right) \approx P(1,0806; 1,6829). \qquad \lhd$$

Aufgabe 5.1 : *Die Punkte $P_1 = P_1(1,5; -0,52359)$, $P_2 = P_2(2; 1,5\pi)$, $P_3 = P_3(4; 1,5)$ sind in Polarkoordinaten gegeben und in kartesische Koordinaten umzurechnen. Die Punkte $P_4 = P_4(1,5; -0,52359)$, $P_5 = P_5(2; 1,5\pi)$, $P_6 = P_6(4; 1,5)$ sind in kartesischen Koordinaten gegeben und in Polarkoordinaten umzurechnen. Stellen Sie die Punkte in einem kartesischen Koordinatensystem graphisch dar.*

Zur Beschreibung von zylindrisch geformten Flächen und Körpern erweisen sich **Zylinderkoordinaten** als nützlich. Ein Punkt P des Raumes $\mathbb{R}^3$ wird zunächst in die xy-Ebene (senkrecht) projiziert. Die Projektion P' des Punktes P beschreibt man in Polarkoordinaten. Die Polarachse fällt dabei mit der positiven x-Achse zusammen. Ein Punkt wird dann in Zylinderkoordinaten in der Form $P = P(r; \varphi; z)$ angegeben, wobei z die „Höhe" des Punktes über der xy-Ebene angibt. Zu beachten ist, dass r der Abstand des Punktes von der z-Achse ist und <u>nicht</u> den Abstand vom Koordinatenursprung beschreibt.

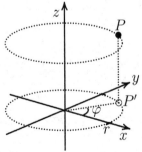

Bild 5.3: *Zylinderkoordinaten*

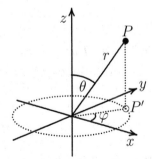

Bild 5.4: *Kugelkoordinaten*

Zur Beschreibung von kugelähnlichen Gebilden sind Kugelkoordinaten geeignet. Ein Punkt P des Raumes $\mathbb{R}^3$ wird in **Kugelkoordinaten** durch $P = P(r; \varphi; \theta)$ beschrieben. Dabei gibt r den Abstand des Punktes P vom Koordinatenursprung an. θ ist der Winkel zwischen der Strecke $\overline{OP}$ und der positiven z-Achse. φ ist der Winkel zwischen der Strecke $\overline{OP'}$ und der positiven x-Achse. Die Umrechnung von Kugelkoordinaten $P(r; \varphi; \theta)$ in kartesische Koordinaten $P(x; y; z)$ erfolgt nach

$$x = r \cdot \cos(\varphi) \cdot \sin(\theta)\,, \qquad y = r \cdot \sin(\varphi) \cdot \sin(\theta)\,, \qquad z = r \cdot \cos(\theta)\,. \quad (5.3)$$

bzw. von kartesischen Koordinaten $P(x; y; z)$ in Kugelkoordinaten $P(r; \varphi; \theta)$ nach

$$r = \sqrt{x^2 + y^2 + z^2}\,, \qquad \theta = \begin{cases} \arccos\left(\frac{z}{r}\right), & \text{wenn} \quad r > 0 \\ \text{nicht definiert}, & \text{wenn} \quad r = 0 \end{cases}$$

$$\varphi = \begin{cases} \arccos\left(\frac{x}{\sqrt{x^2+y^2}}\right), & \text{wenn} \quad y \geq 0,\ x^2 + y^2 > 0 \\ -\arccos\left(\frac{x}{\sqrt{x^2+y^2}}\right), & \text{wenn} \quad y < 0,\ x^2 + y^2 > 0 \\ \text{nicht definiert}, & \text{wenn} \quad x^2 + y^2 = 0\,. \end{cases} \qquad (5.4)$$

Beispiel 5.2: *Der Punkt $P(2; -1; -3)$ aus einem kartesischen Koordinatensystem ist (1) in Zylinderkoordinaten und (2) in Kugelkoordinaten anzugeben.*

Lösung: zu (1): Mit (5.2) folgt $r = \sqrt{2^2 + (-1)^2} = \sqrt{5}, \quad \varphi = -\arccos\left(\dfrac{2}{\sqrt{5}}\right)$

$$\Longrightarrow P\left(\sqrt{5}; -\arccos\left(\tfrac{2}{\sqrt{5}}\right); -3\right) \approx P(2,2361; -0,4636; -3)\,.$$

zu (2): Nach (5.4) erhält man $r = \sqrt{2^2 + (-1)^2 + (-3)^2} = \sqrt{14}$,
$\theta = \arccos\left(\tfrac{-3}{\sqrt{14}}\right), \ \varphi = -\arccos\left(\tfrac{2}{\sqrt{5}}\right)$

$$\Longrightarrow P\left(\sqrt{14}; -\arccos\left(\tfrac{2}{\sqrt{5}}\right); \arccos\left(\tfrac{-3}{\sqrt{14}}\right)\right) \approx P(3,7417; -0,4636; 2,5011)\,. \qquad \triangleleft$$

Aufgabe 5.2: *Die Punkte $P_1 = P_1(2; 1; 4)$ und $P_2 = P_2(3; -1; -2)$ sind in kartesischen Koordinaten gegeben und in Zylinderkoordinaten und Kugelkoordinaten umzurechnen. Der Punkt $P_3 = P_3(1; 1; 1)$ ist in Kugelkoordinaten gegeben und in kartesischen Koordinaten darzustellen. $P_4 = P_4(2; \pi; -1)$ ist in Zylinderkoordinaten gegeben und in kartesischen Koordinaten umzurechnen.*

Bemerkung: Zylinder- und Kugelkoordinaten werden im Kapitel 10 verwendet.

5.2 Ebene Kurven

5.2.1 Einführung

In einem vorgegebenen Zeitintervall $[0;T]$ bewege sich ein Massenpunkt in einer Ebene. Um die Bewegung des Massenpunktes in Abhängigkeit von der Zeit zu beschreiben, wird jedem Zeitpunkt $t \in [0;T]$ die Lage des Punktes in einem Koordinatensystem K der Ebene zugeordnet. In der Ebene entsteht damit eine Abbildung

$$t \longmapsto P(t) := P\big(x(t);y(t)\big), \qquad t \in [0;T]. \tag{5.5}$$

Die Punktmenge $C = \big\{P(t),\, t \in [0;T]\big\}$ beschreibt dann eine **Kurve** in einem Koordinatensystem K. Die Abbildung (5.5) wird mit Hilfe des (Zeit-) Parameters t realisiert. Man spricht in diesem Fall auch von einer **Parameterdarstellung der Kurve** C. Wenn die Punkte der Kurve nach wachsender Zeit angeordnet werden, entsteht ein **Durchlaufsinn der Kurve** oder eine **orientierte Kurve**. Einen ersten Überblick von der Kurve bekommt man mit einer Wertetabelle.

Beispiel 5.3: *Für die Kurve* $C: x = x(t) = 2 - 3t$, $y = y(t) = \frac{1}{2}(1 + 3t)$, $t \in [0;1]$, *ist eine Wertetabelle mit der Schrittweite* $\Delta t = \frac{1}{4}$ *anzugeben. Die Kurvenpunkte sind in einem kartesischen Koordinatensystem darzustellen.*

Lösung: Für $t = 0$ erhält man aus der Parameterdarstellung als Koordinaten des Punktes $x = x(0) = 2$, $y = y(0) = \frac{1}{2}$. Analog werden die anderen Werte der Wertetabelle berechnet.

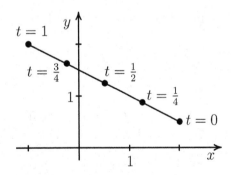

t	0	$\frac{1}{4}$	$\frac{1}{2}$	$\frac{3}{4}$	1
$x(t)$	2	$\frac{5}{4}$	$\frac{1}{2}$	$-\frac{1}{4}$	-1
$y(t)$	$\frac{1}{2}$	$\frac{7}{8}$	$\frac{5}{4}$	$\frac{13}{8}$	2

Die Kurvenpunkte sind in dem nebenstehenden Bild abgebildet. ◁

Bild 5.5: *zu Beispiel 5.3*

Mit einer Wertetabelle wird der Verlauf der Kurve nur in diskreten Punkten beschrieben. Bei einer Reihe von Parameterdarstellungen lässt sich der Parameter t beseitigen. Das ist z.B. möglich, wenn eine Gleichung der Parameterdarstellung nach t auflösbar ist. Nachdem diese Gleichung nach t aufgelöst wurde, wird dieser Ausdruck in die andere Gleichung für den Parameter t eingesetzt. Man erhält dann eine **parameterfreie Darstellung** der Kurve. Diese parameterfreie Darstellung lässt sich immer in die **implizite (Darstellungs-) Form** $F(x; y) = 0$, $x \in D$, überführen. Durch diese Gleichung wird folgende Zuordnungsvorschrift erklärt: Zu jedem vorgegebenem $x_0 \in D$ wird/werden durch die Gleichung $F(x_0; y) = 0$ der/die dazugehörende/n Wert/e $y \in W$ beschrieben. Der Definitionsbereich D und der Wertebereich W dieser Zuordnungsvorschrift ergeben sich aus

$$D = \{x \mid x = x(t), \, t \in [0; T]\} \quad \text{bzw.} \quad W = \{y \mid y = y(t), \, t \in [0; T]\}. \qquad (5.6)$$

D.h., Definitionsbereich und Wertebereich der Kurve stimmen mit den Wertebereichen der Funktionen $x(t)$ bzw. $y(t)$ überein.

Wenn die Gleichung $F(x; y) = 0$ nach y aufgelöst werden kann, dann heißt $y = f(x)$, $x \in D$, **explizite (Darstellungs-)Form** der Kurve.

Beispiel 5.4: *Die Kurve* $C: \, x = x(t) = 2 - 3t$, $y = y(t) = \frac{1}{2}(1 + 3t)$, $t \in [0; 1]$, *aus dem Beispiel 5.3 ist in parameterfreier Form anzugeben.*

Lösung: Aus der ersten Gleichung der Parameterdarstellung erhält man $t = \dfrac{2 - x}{3}$. Nach Einsetzen in die zweite Gleichung resultiert sofort die explizite (Darstellungs-)Form

$$y = f(x) = \frac{1}{2}\left(1 + 3 \cdot \frac{2 - x}{3}\right) = \frac{3}{2} - \frac{1}{2}x, \quad x \in D.$$

Da die Funktionen $x(t)$ und $y(t)$ Geradenstücke sind, überlegt man sich

$$D = \left\{x \mid x = x(t) = 2 - 3t, \, t \in [0; 1]\right\} = \left[-2; 1\right] \quad \text{bzw.}$$

$$W = \left\{y \mid y = y(t) = \frac{1}{2}(1 + 3t), \, t \in [0; 1]\right\} = \left[\frac{1}{2}; 2\right].$$

D.h., die Kurve C beschreibt in kartesischen Koordinaten ein Geradenstück, das die im Bild 5.5 eingezeichneten Punkte verbindet. $\triangleleft$

Beispiel 5.5: *Es sind die explizite und implizite Form der Kurve* $C: \, x = x(t) = \cos(2t)$, $y = y(t) = \sin(t)$, $t \in \mathbb{R}$, *anzugeben. Der Graph der Kurve ist in einem kartesischen Koordinatensystem zu zeichnen.*

Lösung: Aus der Parameterdarstellung erhält man für die Kurve nach (5.6) den Definitionsbereich $D = [-1; 1]$ und den Wertebereich $W = [-1; 1]$. Mit der Winkelbeziehung (1.19) und dem Satz des Pythagoras ergibt sich

$$x = x(t) = \cos(2t) = \cos^2(t) - \sin^2(t) = 1 - 2\sin^2(t) = 1 - 2y^2.$$

Hieraus folgt die implizite Darstellung

$$F(x;y) = x - 1 + 2y^2 = 0, \ x \in [-1;1].$$

Beim Auflösen der letzten Gleichung nach y ergeben sich die expliziten (Darstellungs-)Formen

$$y = f_1(x) = \sqrt{\tfrac{1}{2}(1-x)}, \ x \in [-1;1],$$

(oberer Parabelast) und

$$y = f_2(x) = -\sqrt{\tfrac{1}{2}(1-x)}, \ x \in [-1;1],$$

(unterer Parabelast).   ◁

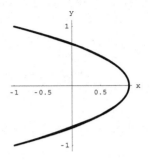

Bild 5.6: *zu Beispiel 5.5*

Aufgabe 5.3: *Geben Sie für die folgenden Kurven parameterfreie Darstellungen an. Skizzieren Sie die Kurven in einem kartesischen Koordinatensystem.*

(1) $x = x(t) = 1 - 5t^2, \ y = y(t) = t^2 + 3, \ t \in \mathbb{R}$,

(2) $x = x(t) = t^2 - 2t + 3, \ y = y(t) = t^2 - 2t + 1, \ t \in \mathbb{R}$,

(3) $x = x(t) = 2\tanh(t), \ y = y(t) = \dfrac{2}{\cosh(t)}, \ t \in \mathbb{R}$.

5.2.2   Algebraische Kurven zweiter Ordnung

Algebraische Kurven 2. Ordnung in der Ebene sind Kurven, die durch die Gleichung

$$F(x;y) = a_{11}x^2 + b_{12}xy + a_{22}y^2 + c_1x + c_2y + a_{00} = 0, \ x \in D, \qquad (5.7)$$

beschrieben werden. Hierbei bezeichnen a_{11}, b_{12}, a_{22}, c_1, c_2, a_{00} (gegebene) reelle Koeffizienten. In Matrizenschreibweise lautet diese Gleichung

$$F(x;y) = \vec{x}^T A\vec{x} + 2\vec{a}^T \vec{x} + a_{00} = 0, \ x \in D, \qquad (5.8)$$

wobei $\vec{x} = \begin{pmatrix} x \\ y \end{pmatrix}$, $A = \begin{pmatrix} a_{11} & a_{12} \\ a_{12} & a_{22} \end{pmatrix}$, $\vec{a} = \begin{pmatrix} a_1 \\ a_2 \end{pmatrix}$, $a_{12} = \dfrac{b_{12}}{2}, \ a_1 = \dfrac{c_1}{2}, \ a_2 = \dfrac{c_2}{2}$

bezeichnen. Mit der Gleichung (5.7) bzw. (5.8) lassen sich in kartesischen Koordinaten **Kegelschnitte** in parameterfreier Darstellung beschreiben. Kegelschnitte sind Kurven, die beim Schnitt einer Ebene mit einem geraden Kreiskegel entstehen. So ergibt sich z.B. aus (5.8) für

$$A = \begin{pmatrix} \tfrac{1}{a^2} & 0 \\ 0 & \tfrac{1}{b^2} \end{pmatrix}, \ \vec{a} = \vec{0}, \ a_{00} = -r^2$$

die Gleichung einer Ellipse in parameterfreier Form (siehe Tabelle 5.1). Bei den
Kegelschnitten der Tabelle 5.1 liegen die Symmetrieachsen der Kegelschnitte
jeweils auf den Koordinatenachsen. Man spricht in diesem Fall von einer **Normalform** des Kegelschnittes. Als Spezialfälle bei Kegelschnitten können noch
eine Gerade oder zwei parallele Geraden entstehen. Eine vollständige Übersicht

Kegelschnitt	Darstellungsform	Graph
Kreis mit dem Radius r und dem Mittelpunkt im Koordinatenursprung	$x^2 + y^2 = r^2$ oder $\left.\begin{array}{l} x = x(t) = r \cdot \cos(t) \\ y = y(t) = r \cdot \sin(t) \end{array}\right\}$, $t \in [0; 2\pi]$	
Ellipse mit den Halbachsen a und b, die Halbachsen liegen auf den Koordinatenachsen	$\dfrac{x^2}{a^2} + \dfrac{y^2}{b^2} = 1$ oder $\left.\begin{array}{l} x = x(t) = a \cdot \cos(t) \\ y = y(t) = b \cdot \sin(t) \end{array}\right\}$, $t \in [0; 2\pi]$	
Hyperbel mit den Asymptoten $y = \pm\frac{b}{a}x$, die im Bild gestrichelt gezeichnet sind	$\dfrac{x^2}{a^2} - \dfrac{y^2}{b^2} = 1$ oder $\left.\begin{array}{l} x = x(t) = a \cdot \cosh(t) \\ y = y(t) = b \cdot \sinh(t) \end{array}\right\}$, $t \in [0; 2\pi]$	
Parabel (im Bild $a > 0$)	$y = a\,x^2$	

Tabelle 5.1: *Kegelschnitte in Normalform*

der Kegelschnitte findet man z.B. in [3] (Seiten 791 f.). Wenn ein Kegelschnitt nicht in Normalform gegeben ist, lässt sich der Kegelschnitt durch eine
Koordinatentransformation (Hauptachsentransformation) in eine Normalform
überführen. Diese Transformation setzt sich aus einer Drehung der Koordinatenachsen und einer Verschiebung des Koordinatenursprungs zusammen. Die
Form des Kegelschnittes erkennt man an Hand der Eigenwerte der symmetrischen Matrix A. Es gilt der

Satz 5.1: λ_1 und λ_2 bezeichnen die Eigenwerte der Matrix A aus (5.8). Die Richtung der Symmetrieachsen des Kegelschnittes werden durch die Eigenvektoren dieser Matrix festgelegt.
1. Es seien beide Eigenwerte von Null verschieden. Dann ist das lineare Gleichungssystem $A\vec{z} = -\vec{a}$ eindeutig lösbar und der Vektor $\vec{z}$ zeigt zum Mittelpunkt des Kegelschnittes. Mit der Bezeichnung $a_0 = a_{00} + \vec{a}^T\vec{z}$ ergeben sich folgende Kegelschnitte:

$$\text{für } \lambda_1 > 0, \ \lambda_2 > 0, \ a_0 < 0 \Longrightarrow \text{Ellipse,}$$
$$\text{für } \lambda_1 < 0, \ \lambda_2 < 0, \ a_0 > 0 \Longrightarrow \text{Ellipse,}$$
$$\text{für } \lambda_1 > 0, \ \lambda_2 < 0, \ a_0 \neq 0 \Longrightarrow \text{Hyperbel,}$$
$$\text{für } \lambda_1 < 0, \ \lambda_2 > 0, \ a_0 \neq 0 \Longrightarrow \text{Hyperbel.}$$

2. Wenn genau ein Eigenwert Null ist, dann liegt entweder eine Parabel oder eine Gerade oder zwei parallele Geraden vor.

Der Fall, dass alle beiden Eigenwerte der Matrix A Null sind, kann bei algebraischen Kurven zweiter Ordnung nicht auftreten.

Beispiel 5.6: Welches ebene geometrische Gebilde wird durch die Gleichung $F(x;y) = 4x^2 + 3x + 6y^2 + 4y + 4xy - 1 = 0$ beschrieben?

Lösung: In der Gleichung (5.8) sind $A = \begin{pmatrix} 4 & 2 \\ 2 & 6 \end{pmatrix}$, $\vec{a} = \begin{pmatrix} \frac{3}{2} \\ 2 \end{pmatrix}$, $a_{00} = -1$ zu setzen. Die Matrix A hat die Eigenwerte $\lambda_1 = 5 - \sqrt{5}$ und $\lambda_2 = 5 + \sqrt{5}$ und die dazugehörenden normierten Eigenvektoren $\vec{x}_1^0 \approx \begin{pmatrix} 0,8507 \\ -0,5257 \end{pmatrix}$ und

$\vec{x}_2^0 \approx \begin{pmatrix} 0,5257 \\ 0,8507 \end{pmatrix}$. Da beide Eigenwerte ungleich Null sind, besitzt dieses geometrische Gebilde einen Mittelpunkt. Das Gleichungssystem

$$\begin{pmatrix} 4 & 2 \\ 2 & 6 \end{pmatrix} \vec{z} = \begin{pmatrix} -\frac{3}{2} \\ -2 \end{pmatrix}$$

liefert als Lösung den Mittelpunkt $P = P\left(-\frac{1}{4}; -\frac{1}{4}\right)$. Es ergibt sich

$$a_0 = -1 + \begin{pmatrix} \frac{3}{2} & 2 \end{pmatrix} \cdot \begin{pmatrix} -\frac{1}{4} \\ -\frac{1}{4} \end{pmatrix} < 0. \quad \text{Weil} \quad \lambda_1 > 0, \ \lambda_2 > 0, \ a_0 < 0 \quad \text{gilt,}$$

wird durch die Kurve $F(x;y) = 0$ eine Ellipse beschrieben. Wenn man die Eigenvektoren in dem Mittelpunkt der Ellipse angreifen lässt, erhält man sofort die Lage der Symmetrieachsen der Ellipse. Die Schnittpunkte der Ellipse mit

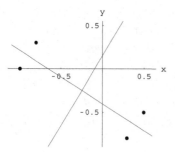

Bild 5.7: *P(−1; 0) und Symmetriepunkte*

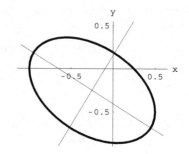

Bild 5.8: *Ellipse mit Symmetrieachsen*

den Koordinatenachsen (sofern diese existieren) erhält man als Lösung der Gleichungen

$$F(x; 0) = 4x^2 + 3x - 1 = 0 \quad \text{für die } x\text{-Achse}$$
$$F(0; y) = 6y^2 + 4y - 1 = 0 \quad \text{für die } y\text{-Achse.}$$

Aus der ersten Gleichung ergeben sich die Ellipsenpunkte $(-1; 0)$ und $(\frac{1}{2}; 0)$ bzw. aus der zweiten Gleichung $(0; -\frac{1}{3}(1 + \sqrt{\frac{5}{2}}))$ und $(0; -\frac{1}{3}(1 - \sqrt{\frac{5}{2}}))$. Mit jedem Ellipsenpunkt erhält man durch Spiegelung an den Symmetrieachsen drei weitere Ellipsenpunkte. Im Bild 5.7 wurde das für den Punkt $(-1; 0)$ ausgeführt. Durch Einzeichnen weiterer Ellipsenpunkte skizziert man den Graphen der Ellipse im Bild 5.8. $\triangleleft$

Aufgabe 5.4: *Bestimmen Sie das geometrische Gebilde, das durch folgende Kurven beschrieben wird. Weiterhin sind bei Existenz die Symmetrieachsen und der Mittelpunkt zu berechnen. Skizzieren Sie die Kurven in einem kartesischen Koordinatensystem.*

$$(1) \quad F(x; y) = 6x^2 + 8y - 4x - 4xy + 3y^2 - 6 = 0$$
$$(2) \quad F(x; y) = 175 - 130x + 9x^2 + 90y - 24xy + 16y^2 = 0$$
$$(3) \quad F(x; y) = 5x^2 + 5y^2 + x + 2y - 2 = 0$$
$$(4) \quad F(x; y) = 5x^2 - 6xy - 3y^2 - 38y - 2x - 43 = 0\,.$$

5.2.3 Rollkurven

Ein Kreis mit dem Radius r rolle (ohne zu gleiten mit einer konstanten Winkelgeschwindigkeit) auf einer vorgegebenen ebenen Kurve C_0. Die Kurve, die ein starr mit dem rollenden Kreis verbundener Punkt P beschreibt, nennt man **Rollkurve**. Die Lage des Punktes zum Rollkreis wird durch den positiven Parameter μ bestimmt. Bei $\mu = 1$ liegt der Punkt P auf dem Rollkreis. Für $0 < \mu < 1$ liegt der Punkt P im Inneren des Rollkreises. In diesem Fall spricht man von einer **verkürzten Rollkurve**. Bei $\mu > 1$ liegt der Punkt P außerhalb des Rollkreises und man spricht von einer **verlängerten Rollkurve**.

Wenn die Kurve C_0 eine Gerade ist, dann heißen die entstehenden Rollkurven **Zykloiden**. Zykloide besitzen in kartesischen Koordinaten die Parameterdarstellung

$$x = x(t) = r\bigl(t - \mu \sin(t)\bigr), \quad y = y(t) = r\bigl(1 - \mu \cos(t)\bigr), \quad t \in \mathbb{R}. \qquad (5.9)$$

In den Bildern 5.9 - 5.11 sind eine Zykloide ($\mu = 1$), eine verkürzte Zykloide ($0 < \mu < 1$) und eine verlängerte Zykloide ($1 < \mu$) abgebildet. Der Rollkreis wurde in diesen Bildern jeweils gestrichelt gezeichnet.

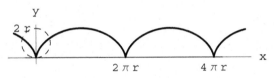

Bild 5.9: *Zykloide*

Bild 5.10: *Verkürzte Zykloide*

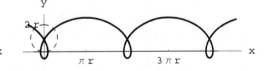

Bild 5.11: *Verlängerte Zykloide*

Im Weiteren sei C_0 ein Kreis mit dem Radius R. Rollkurven, die beim Abrollen eines Rollkreises (mit dem Radius r) auf dem Kreis C_0 entstehen, hängen wesentlich vom Verhältnis $\frac{R}{r}$ ab. Wenn der Rollkreis mit dem Radius r auf der Außenseite des Kreises C_0 abrollt, entstehen **Epizykloide**, die in kartesischen Koordinaten die Parameterdarstellung

$$\left. \begin{aligned} x = x(t) &= (R+r)\cos(t) - \mu r \cos\left(\tfrac{R+r}{r}t\right) \\ y = y(t) &= (R+r)\sin(t) - \mu r \sin\left(\tfrac{R+r}{r}t\right) \end{aligned} \right\}, \quad t \in \mathbb{R}, \qquad (5.10)$$

haben. Im Bild 5.12 ist eine Epizykloide abgebildet, bei der die Radien des Rollkreises und des Kreises C_0 übereinstimmen ($\frac{R}{r} = 1$). Diese Kurve wird auch als **Cardioide** (Herzkurve) bezeichnet. In den Bildern 5.13 und 5.14 sind eine (verkürzte) Epizykloide mit $\frac{R}{r} = 3$ und eine (verlängerte) Epizykloide mit $\frac{R}{r} = \frac{5}{2}$ dargestellt.

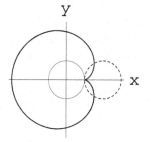
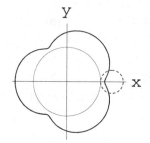
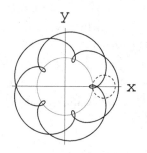

Bild 5.12: *Cardioide* ($\frac{R}{r} = 1$)   **Bild 5.13:** *Verkürzte Epizykloide*   **Bild 5.14:** *Verlängerte Epizykloide*

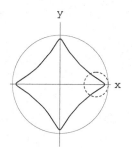
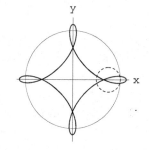

Bild 5.15: *Astroide* ($\frac{R}{r} = 4, \mu = 1$)   **Bild 5.16:** *Verkürzte Astroide* $(0 < \mu < 1)$ **Bild 5.17:** *Verlängerte Astroide* $(\mu > 1)$

Beim Abrollen auf der Innenseite des Kreises C_0 ergeben sich **Hypozykloide** mit der Parameterdarstellung in kartesischen Koordinaten

$$\left. \begin{array}{l} x = x(t) = (R - r)\cos(t) + \mu r \cos\left(\frac{R-r}{r}t\right) \\[2mm] y = y(t) = (R - r)\sin(t) - \mu r \sin\left(\frac{R-r}{r}t\right) \end{array} \right\} , \quad t \in \mathbb{R} . \tag{5.11}$$

Hypozykloide mit $\frac{R}{r} = 4$ heißen **Astroide**. Astroide sind in den Bildern 5.15 - 5.17 für $\mu = 1$; $0 < \mu < 1$ und $1 < \mu$ dargestellt.

Aufgabe 5.5 : *Welche geometrischen Gebilde beschreiben Hypozykloide mit* $\frac{R}{r} = 2$?

5.2.4 Spiralen

Ebene Spiralen lassen sich in einem kartesischen Koordinatensystem in Parameterdarstellung $x = x(t)$, $y = y(t)$, $t \in [0; T]$, oder in einem polaren Koordinatensystem durch eine Funktion $r = f(\varphi)$, $\varphi \geq 0$, beschreiben, wobei f eine streng monotone Funktion ist. $r = f(\varphi)$, $\varphi \geq 0$, bezeichnet man als **Polardarstellung** der Kurve.

Beispiel 5.7: *Es sei $c > 0$ eine vorgegebene positive Konstante. Mit $r = f(\varphi) = c \cdot \varphi$, $\varphi \geq 0$, wird in Polarkoordinaten die sogenannte* **Archimedische Spirale** *beschrieben, die im Bild 5.18 für $c = 1$ und $0 \leq \varphi \leq 25$ dargestellt ist.*

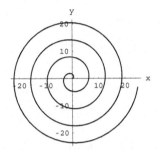   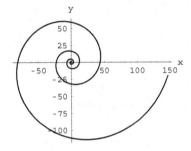

Bild 5.18: *Archimedische Spirale*   **Bild 5.19:** *Logarithmische Spirale*

Beispiel 5.8: *Die Parameterdarstellung $x = x(t) = \mathrm{e}^{\frac{t}{5}} \cdot \cos(t)$, $y = y(t) = \mathrm{e}^{\frac{t}{5}} \cdot \sin(t)$, $t \geq 0$ beschreibt eine sogenannte* **logarithmische Spirale** *(Bild 5.19, $0 \leq t \leq 25$) in Parameterdarstellung. Die gleiche Kurve besitzt in einem polaren Koordinatensystem die Darstellung $r = f(\varphi) = \mathrm{e}^{\frac{\varphi}{5}}$, $\varphi \geq 0$.*

5.2.5 Darstellung ebener Kurven mit CAS-Rechnern

Für die graphische Darstellung von Kurven mit CAS-Rechnern ist der entsprechende Darstellungsmodus einzustellen. Im nächsten Beispiel wird die Darstellung einer Kurve in Parameterdarstellung demonstriert.

Beispiel 5.9: *Die Kurve $C: x = x(t) = \dfrac{t^2 - 1}{t^2 + 1}$, $y = y(t) = \dfrac{t(t^2 - 1)}{t^2 + 1}$, $t \in \mathbb{R}$, beschreibt eine sogenannte* **Strophoide***. Gesucht sind der Definitions- und der Wertebereich der Kurve. Anschließend ist diese Kurve mit Hilfe des Taschenrechners in einem kartesischen Koordinatensystem zu zeichnen.*

Lösung: Aus $x = x(t) = \dfrac{t^2 - 1}{t^2 + 1} = 1 - \dfrac{2}{t^2 + 1}$, $t \in \mathbb{R}$, erhält man für den Definitionsbereich der Kurve $D = [-1; 1)$. Da $y = y(t) = \dfrac{t(t^2 - 1)}{t^2 + 1} = t \cdot x$, $t \in \mathbb{R}$, gilt, folgt für den Wertebereich der Kurve $W = \mathbb{R}$. Die Kurve wird hier mit dem Taschenrechner TI-89 gezeichnet. Nachdem im Graph-Modus die Darstellung `Parametric` gewählt wurde, erfolgte die Eingabe der Parameterfunktionen (siehe Bild 5.20). Die Einstellungen für das Ansichtsfenster sind im Bild 5.22 angegeben. Das Bild 5.21 zeigt dann den Graph der Kurve.

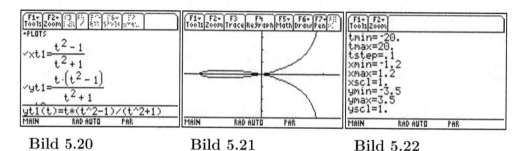

Bild 5.20   **Bild 5.21**   **Bild 5.22**

$\triangleleft$

Aufgabe 5.6: *Es bezeichnen a_1, a_2, ω_1, ω_2 und φ vorgegebene Konstanten. Mit der Parameterdarstellung*

$$C: \ x = x(t) = a_1 \cdot \sin(\omega_1 t), \ y = y(t) = a_2 \cdot \sin(\omega_2 t + \varphi), \ t \in \mathbb{R},$$

werden in einem kartesischen Koordinatensystem **Lissajou-Kurven** *beschrieben. Der Kurvenverlauf dieser Kurven wird wesentlich durch das Verhältnis der Winkelgeschwindigkeiten $\frac{\omega_1}{\omega_2}$ und der Phasenverschiebung φ bestimmt. Stellen Sie die Lissajou-Kurven für folgende Parameter mit Hilfe des Taschenrechners dar.*   (1) $a_1 = 2$, $a_2 = 1$, $\omega_1 = 2$, $\omega_2 = 3$, $\varphi = 0$,
          (2) $a_1 = 2$, $a_2 = 1$, $\omega_1 = 3$, $\omega_2 = 4$, $\varphi = 1$.

Das folgende Beispiel zeigt wie eine Kurve in einem polaren Koordinatensystem dargestellt wird.

Beispiel 5.10: *Gesucht ist der Graph der Kurve*

$$C: r = f(\varphi) = \sin(\varphi) \cdot \cos(\varphi), \ \varphi \in [0; 2\pi],$$

in einem polaren Koordinatensystem.

Lösung: Der Graph wird mit dem TI-89 gezeichnet. Im ersten Schritt wurde der Graph-Modus `Polar` eingestellt (Bild 5.23). Bei der Eingabe der Kurve (Bild 5.24) ist zu beachten, dass die unabhängige Variable mit θ bezeichnet werden muss. Das Bild 5.25 zeigt den Graphen der Kurve.

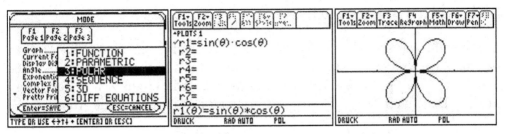

Bild 5.23   **Bild 5.24**   **Bild 5.25**

◁

Aufgabe 5.7: *Stellen Sie den Graphen der Kurve* $r = f(\varphi) = \frac{2}{\varphi}$, $\varphi > 0$, *in einem polaren Koordinatensystem mit Hilfe des Taschenrechners dar.*

Die graphische Darstellung ebener Kurve, die in der impliziten Form $F(x; y) = 0$ gegeben sind, hängt vom verwendeten Rechner ab. Beim Rechner TI-89 wird die ebene Kurve als Schnittkurve der Fläche (siehe Abschnitt 10.1) $z = F(x; y)$, $(x; y) \in D$, mit der Koordinatenebene $z = 0$ ermittelt. Auf meiner Homepage www.informatik.htw-dresden.de/~richter/cas-rechner sind weitere Hinweise für andere Taschenrechner zu finden.

Beispiel 5.11: $F(x; y) = (x^2 + y^2)^2 - 2(x^2 - y^2) = 0$, $x \in D$, *beschreibt eine sogenannte* **Lemniskate** *in einem kartesischen Koordinatensystem. Stellen Sie diese Kurve mit Hilfe des Taschenrechners dar.*

Lösung: Nach der Einstellung des 3D-Graphikmodus wurde die Funktion zweier Variabler $z1 = (x^2 + y^2)^2 - 2(x^2 - y^2)$ eingegeben (Bild 5.26) und anschließend die Option Implicit Plot gewählt (Bild 5.27). Den Graphen der Kurve zeigt das Bild 5.28, wobei für das Ansichtsfenster die Einstellungen aus dem Bild 5.29 gelten.

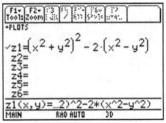

Bild 5.26

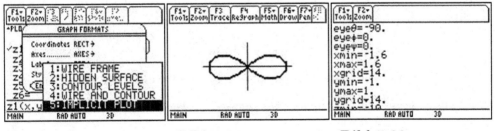

Bild 5.27   **Bild 5.28**   **Bild 5.29**

◁

5.3   Raumkurven

Die Ausführungen zu ebenen Kurven lassen sich auf Raumkurven übertragen. Um die Lage eines Massenpunktes im Raum zu beschreiben, muss bei der Abbildung (5.5) noch die „Höhenlage" des Massenpunktes zur Zeit t festgelegt werden. Die Punktmenge $C = \{P(t),\, t \in [0;T]\}$, die durch die Abbildung

$$t \longmapsto P(t) := P\big(x(t); y(t); z(t)\big), \qquad t \in [0;T],$$

entsteht, beschreibt eine **Raumkurve** in Parameterdarstellung.

Beispiel 5.12: *Es seien $r > 0$ und $h \neq 0$ vorgegebene Konstanten. Eine Punktmasse bewege sich längs der Raumkurve*

$$C:\ x = x(t) = r \cdot \cos(t),\ y = y(t) = r \cdot \sin(t),\ z = z(t) = h \cdot t,\ t \in \mathbb{R}.$$

Veranschaulichen Sie sich den Verlauf der Raumkurve in einem kartesischen Koordinatensystem.

Lösung: Die (senkrechte) Projektion der Raumkurve C in die xy-Ebene ergibt die Kurve $C_1:\ x = x(t) = r \cdot \cos(t),\ y = y(t) = r \cdot \sin(t),\ t \in \mathbb{R}$. Die Projektion C_1 beschreibt in der xy-Ebene den Kreis $x^2 + y^2 = r^2$, der dem Uhrzeigersinn entgegengesetzt orientiert ist. Die Funktion $z = z(t) = h \cdot t$ ist eine lineare Funktion und gibt die Höhenlage des Teilchens zur Zeit t an. In einem beliebigen Zeitintervall $[t_0; t_0 + 2\pi]$ der Länge 2π ändert sich die Höhenlage des Teilchens um $2\pi h$. D.h., die Kurve C beschreibt eine **Schraubenlinie** mit der **Ganghöhe** $H = 2\pi h$. Die z-Achse ist die Symmetrieachse dieser Schraubenlinie. Für $h > 0$ (bzw. $h < 0$) nimmt mit wachsendem t die Höhe zu (bzw. ab).   ◁

Wenn die Funktionen $x(t)$, $y(t)$, $z(t)$ auf dem Intervall $[0;T]$ stetig sind, dann ist die Raumkurve $C = \{P(t),\, t \in [0;T]\}$ auf $[0;T]$ stetig. Eine stetige Raumkurve mit $P(0) = P(T)$ beschreibt eine sogenannte **geschlossene Raumkurve**. Aus dem Beispiel 5.12 wird unmittelbar deutlich, dass die Raumkurve

$$C:\ x = x(t) = r \cdot \cos(t),\ y = y(t) = r \cdot \sin(t),\ z = z(t) = h \cdot t,\ t \in [0; 2\pi],$$

mit $r > 0$ nur für $h = 0$ eine geschlossene Raumkurve ist.

Aufgabe 5.8: *Veranschaulichen Sie sich den Verlauf der Raumkurve*

$$C:\ x = x(t) = t \cdot \cos(t),\ y = y(t) = t \cdot \sin(t),\ z = z(t) = h \cdot t,\ t \in \mathbb{R},$$

in einem kartesischen Koordinatensystem.

Kapitel 6

Grenzwerte von Folgen und Funktionen

6.1 Folgen und Reihen von reellen Zahlen

6.1.1 Zahlenfolgen und deren Eigenschaften

Eine Anordnung $a_0, a_1, a_2, \cdots$ von unendlich vielen reellen Zahlen a_k, $k \in \mathbb{N}$, heißt (reelle) Zahlenfolge. Mit Hilfe des Funktionsbegriffs ergibt sich folgende Definition für eine Zahlenfolge:

Definition 6.1: *Eine* (reelle) Zahlenfolge *ist eine Funktion* f *mit der Eigenschaft*

$$f(k) = a_k, \quad k \in D_f \subset \mathbb{N}. \tag{6.1}$$

a_k *nennt man k-tes* Glied *der Zahlenfolge.*

Jedem $k \in D_f$ wird durch die Funktion $f(k) = a_k$ aus (6.1) die reelle Zahl a_k eindeutig zugeordnet. Anstelle der Anordnung $a_0, a_1, a_2, \cdots$ wird auch die Bezeichnung $\left(a_k\right)_{k=0}^{\infty}$ oder $\left(a_k\right)_{k \in \mathbb{N}}$ verwendet. An der rechten Klammer steht der Laufindex k, der hier mit $k = 0$ beginnt und fortlaufend um eins erhöht wird. Falls der Definitionsbereich der Funktion f in (6.1) eine unendliche Teilmenge von $\mathbb{N}$ ist, muss der Laufindex k entsprechend angepasst werden (siehe die Folgen (6.4) und (6.7) auf der nächsten Seite).

An den unten angegebenen Zahlenfolgen (6.2) - (6.8) werden wesentliche Eigenschaften von Zahlenfolgen erklärt.

$$\left((2k+1)^2\right)_{k=0}^{\infty} = 1,\, 9,\, 25,\, 49,\, \cdots \tag{6.2}$$

$$\left(3\right)_{k=0}^{\infty} = 3,\, 3,\, 3,\, 3,\, \cdots \tag{6.3}$$

$$\left(\frac{k+(-1)^k}{k}\right)_{k=1}^{\infty} = 0,\, \frac{3}{2},\, \frac{2}{3},\, \frac{5}{4},\, \frac{4}{5},\, \cdots \tag{6.4}$$

$$\left(2k+3\right)_{k=0}^{\infty} = 3,\, 5,\, 7,\, 9,\, \cdots \tag{6.5}$$

$$\left((-1)^k \frac{1}{2^k}\right)_{k=0}^{\infty} = 1,\, -\frac{1}{2},\, \frac{1}{4},\, -\frac{1}{8},\, \frac{1}{16},\, -\frac{1}{32},\, \cdots \tag{6.6}$$

$$\left(\frac{k}{k+1}\right)_{k=2}^{\infty} = \frac{2}{3},\, \frac{3}{4},\, \frac{4}{5},\, \frac{5}{6},\, \cdots \tag{6.7}$$

$$\left((-1)^n\right)_{n=0}^{\infty} = 1,\, -1,\, 1,\, -1,\, 1,\, -1,\, \cdots \tag{6.8}$$

Bei den Zahlenfolgen (6.2) - (6.8) wurden das allgemeine Glied a_k und die ersten Glieder der Zahlenfolgen angegeben. So gilt z.B. bei (6.7) $a_k = \frac{k}{k+1}$. Zu beachten ist, dass der Laufindex bei den Zahlenfolgen (6.2) - (6.7) mit k und bei der Zahlenfolge (6.8) mit n bezeichnet wurde.

Eine Zahlenfolge, deren Glieder aus ein und derselben Konstanten $a_k = c$ bestehen (vgl. Zahlenfolge (6.3)), heißt **konstante Zahlenfolge**. Wenn jeweils aufeinander folgende Glieder einer Zahlenfolge unterschiedliche Vorzeichen besitzen, dann spricht man von einer **alternierenden Zahlenfolge** (Zahlenfolgen (6.6) und (6.8)).

Eine Zahlenfolge heißt **arithmetische Zahlenfolge**, wenn $a_{k+1} - a_k = c$ für alle k den gleichen konstanten Wert c liefert. Für die Zahlenfolge (6.5) gilt $a_{k+1} - a_k = \left(2(k+1) + 3\right) - (2k+3) = 2$ für alle $k \in \mathbb{N}$. (6.5) ist folglich eine arithmetische Zahlenfolge. Die Zahlenfolge (6.3) ist ebenfalls eine arithmetische Zahlenfolge mit $c = 0$.

Eine Zahlenfolge ist eine **geometrische Zahlenfolge**, wenn eine Konstante q existiert, so dass $a_{k+1} = q \cdot a_k$ für alle k gilt. Die Zahlenfolgen (6.6) und (6.3) sind geometrische Zahlenfolgen, weil für alle k jeweils $\frac{a_{k+1}}{a_k} = -\frac{1}{2} = q$ bzw. $\frac{a_{k+1}}{a_k} = 1 = q$ konstant sind.

Da jede Zahlenfolge eine (spezielle) Funktion ist, sind die Begriffe Monotonie und Beschränktheit von Funktionen auf Zahlenfolgen übertragbar. Eine Zahlenfolge $\left(a_k\right)_{k=0}^{\infty}$ heißt **streng monoton wachsend** (bzw. **streng monoton fallend**), wenn für alle k gilt:

$$a_k < a_{k+1} \qquad\qquad (\text{bzw. } a_k > a_{k+1}).$$

Wenn in diesen Ungleichungen anstelle von $<$ das Zeichen $\leq$ (bzw. anstelle von $>$ das Zeichen $\geq$) steht, liegt eine **monoton wachsende Zahlenfolge** (bzw. **monoton fallende Zahlenfolge**) vor. Die Zahlenfolgen (6.2), (6.5) und (6.7) sind streng monoton wachsende Zahlenfolgen. Die Zahlenfolge (6.3) ist sowohl monoton fallend als auch monoton wachsend.

Eine Zahlenfolge $\left(a_k\right)_{k=0}^{\infty}$ heißt **nach oben beschränkt** (bzw. **nach unten beschränkt**), wenn eine Konstante c_o (bzw. c_u) existiert, so dass für alle k gilt

$$a_k \leq c_o \qquad\qquad (\text{bzw. } a_k \geq c_u).$$

Wenn eine Zahlenfolge nach oben beschränkt ist, dann nennt man die kleinste obere Schranke **obere Grenze** oder **Supremum** der Zahlenfolge. Analog heißt die größte untere Schranke einer nach unten beschränkten Zahlenfolge **untere Grenze** oder **Infimum**. Man schreibt $\sup_k a_k$ für das Supremum bzw. $\inf_k a_k$ für das Infimum einer Zahlenfolge. Eine Zahlenfolge, die sowohl nach oben als auch nach unten beschränkt ist, heißt **beschränkte Zahlenfolge**.

Die Zahlenfolgen (6.2) und (6.5) sind nach unten beschränkt (1 ist z.B. für beide Zahlenfolgen eine untere Schranke). Für die unteren Grenzen gilt

$$\text{bei der Zahlenfolge (6.2): } \inf_{k \in \mathbb{N}} a_k = 1\,,$$

$$\text{bei der Zahlenfolge (6.5): } \inf_{k \in \mathbb{N}} a_k = 3\,.$$

Beide Zahlenfolgen sind nicht nach oben beschränkt. Deshalb sind die Zahlenfolgen (6.2) und (6.5) keine beschränkten Zahlenfolgen. Die Zahlenfolgen (6.3), (6.4), (6.6), (6.7) und (6.8) sind sowohl nach oben als auch nach unten beschränkt und damit beschränkt. Bei den Zahlenfolgen (6.3), (6.4), (6.6) und (6.8) werden die Grenzen durch Glieder der Zahlenfolge erreicht. In diesem Fall wird anstelle des Infimums (bzw. Supremums) der Begriff **Minimum** $\min_k a_k$ (bzw. **Maximum** $\max_k a_k$) verwendet. Es ergeben sich als Grenzen

$$\text{bei der Zahlenfolge (6.3): } \inf_{k \in \mathbb{N}} a_k = \min_{k \in \mathbb{N}} a_k = 3\,, \qquad \sup_{k \in \mathbb{N}} a_k = \max_{k \in \mathbb{N}} a_k = 3\,,$$

$$\text{bei der Zahlenfolge (6.4): } \inf_{k \geq 1} a_k = \min_{k \geq 1} a_k = 0\,, \qquad \sup_{k \geq 1} a_k = \max_{k \geq 1} a_k = \frac{3}{2}\,,$$

bei der Zahlenfolge (6.6): $\quad \inf\limits_{k\in\mathbb{N}} a_k = \min\limits_{k\in\mathbb{N}} a_k = -\dfrac{1}{2}\,, \quad \sup\limits_{k\in\mathbb{N}} a_k = \max\limits_{k\in\mathbb{N}} a_k = 1\,,$

bei der Zahlenfolge (6.7): $\quad \inf\limits_{k\geq 2} a_k = \min\limits_{k\geq 2} a_k = \dfrac{2}{3}\,, \quad \sup\limits_{k\geq 2} a_k = 1\,,$

bei der Zahlenfolge (6.8): $\quad \inf\limits_{n\in\mathbb{N}} a_n = \min\limits_{n\in\mathbb{N}} a_n = -1\,, \quad \sup\limits_{n\in\mathbb{N}} a_n = \max\limits_{n\in\mathbb{N}} a_n = 1\,.$

Bei der Zahlenfolge (6.7) nähern sich die Glieder der Zahlenfolge mit wachsendem Index k der oberen Grenze $\sup\limits_{k\geq 2} a_k = 1$. Zu beachten ist, dass diese Grenze durch die Glieder der Zahlenfolge erst im Grenzfall $k \to \infty$ und nicht für ein konkretes k erreicht wird.

Aufgabe 6.1: *Geben Sie das allgemeine Glied der Folgen* $\left(a_k\right)_{k=1}^{\infty}$ *an und diskutieren Sie die Eigenschaften dieser Folgen.*

(1) $\quad -4\,,\ -1\,,\ 2\,,\ 5\,, \cdots$ (2) $\quad \dfrac{1}{2}\,,\ \dfrac{2}{3}\,,\ \dfrac{3}{4}\,,\ \dfrac{4}{5}\,, \cdots$

(3) $\quad \dfrac{1}{2}\,,\ -\dfrac{3}{4}\,,\ \dfrac{5}{6}\,,\ -\dfrac{7}{8}\,,\ \dfrac{9}{10}\,, \cdots$ (4) $\quad \dfrac{1}{2}\,,\ \dfrac{1}{4}\,,\ \dfrac{1}{8}\,,\ \dfrac{1}{16}\,, \cdots$

6.1.2   Grenzwerte von Zahlenfolgen

Im Weiteren wird das Verhalten der Glieder a_k einer Zahlenfolge $\left(a_k\right)_{k=0}^{\infty}$ untersucht, wenn der Index k unbeschränkt wächst. Die ersten Glieder der Zahlenfolge (6.4) sind im Bild 6.1 dargestellt. Aus diesem Bild kann vermutet

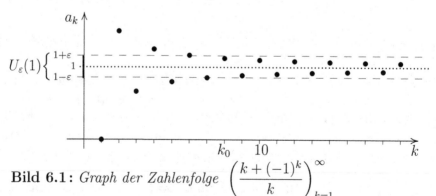

Bild 6.1: *Graph der Zahlenfolge* $\left(\dfrac{k + (-1)^k}{k}\right)_{k=1}^{\infty}$

werden, dass die Glieder dieser Folge mit wachsendem Index der reellen Zahl $g = 1$ „beliebig nahe" kommen. In den folgenden beiden Definitionen wird dieses Verhalten genauer beschrieben.

Definition 6.2 : *Die Zahlenfolge* $\left(a_k \right)_{k=0}^{\infty}$ **konvergiert gegen den** **(reellen) Grenzwert** g $(-\infty < g < \infty)$ *genau dann, wenn für jedes beliebige* $\varepsilon > 0$ *ein Index* $k_0 = k_0(\varepsilon)$ *existiert, so dass aus* $k \geq k_0$ *immer* $|a_k - g| < \varepsilon$ *folgt. Man schreibt:* $\lim\limits_{k \to \infty} a_k = g$ *oder* $a_k \overset{k \to \infty}{\longrightarrow} g$ *und sagt: „limes k gegen unendlich von* a_k *ist gleich g".*

Eine Zahlenfolge heißt **konvergente Zahlenfolge**, *wenn sie einen Grenzwert besitzt. Eine Zahlenfolge, die nicht konvergiert, heißt* **divergente Zahlenfolge**.

Für die im Bild 6.1 dargestellte Zahlenfolge (6.4) wird jetzt gezeigt, dass sie tatsächlich den vermuteten Grenzwert $g = 1$ hat. Es wird ein beliebiges $\varepsilon > 0$ vorgegeben. Weil

$$|a_k - g| = |a_k - 1| = \left| \frac{k + (-1)^k}{k} - 1 \right| = \left| \frac{k + (-1)^k - k}{k} \right| = \frac{1}{k}$$

gilt, folgt $|a_k - 1| = \dfrac{1}{k} < \varepsilon$ wenn nur $k > \dfrac{1}{\varepsilon}$ erfüllt ist. Der Index k_0 ist folglich die kleinste ganze Zahl, die größer als $\dfrac{1}{\varepsilon}$ ist. Damit wurde gezeigt, dass für den Grenzwert der Zahlenfolge (6.4)

$$\lim_{k \to \infty} \frac{k + (-1)^k}{k} = 1$$

gilt und dass die Zahlenfolge konvergiert. Die Konvergenz der Zahlenfolgen (6.3), (6.6) und (6.7) lässt sich analog nachweisen. Es ergeben sich folgende Grenzwerte

bei der Zahlenfolge (6.3): $\lim\limits_{k \to \infty} 3 = 3$,

bei der Zahlenfolge (6.6): $\lim\limits_{k \to \infty} (-1)^k \dfrac{1}{2^k} = 0$

bei der Zahlenfolge (6.7): $\lim\limits_{k \to \infty} \dfrac{k}{k + 1} = 1$.

Die Zahlenfolge (6.6) konvergiert gegen null. Jede gegen null konvergierende Zahlenfolge wird auch als **Nullfolge** bezeichnet.

Aus dem Bild 6.1 wird ersichtlich, dass ab einem Index $k_0 \in \mathbb{N}$ alle Glieder der konvergenten Zahlenfolge in der (beliebig kleinen) ε-Umgebung

$U_\varepsilon(1) = \{y \mid 1-\varepsilon < y < 1+\varepsilon\}$ liegen. Der Index k_0 ist dabei von ε abhängig. Mit Hilfe der ε-Umgebung $U_\varepsilon(g) = \left\{x \in \mathbb{R} \mid g-\varepsilon < x < g+\varepsilon\right\} = (g-\varepsilon; g+\varepsilon)$ von g (siehe Definition 1.6, Seite 22), ergibt sich für die Konvergenz einer Zahlenfolge folgende <u>äquivalente Definition</u>.

Definition 6.3 : *Die Zahlenfolge $\left(a_k\right)_{k=0}^{\infty}$* **konvergiert gegen den Grenzwert** *g $(-\infty < g < \infty)$ dann und nur dann, wenn für jede beliebige ε-Umgebung $U_\varepsilon(g)$ ein Index $k_0 = k_0(\varepsilon)$ existiert, so dass für alle $k \geq k_0$ folgt $a_k \in U_\varepsilon(g)$.*

Nach dieser Definition dürfen bei jeder konvergenten Zahlenfolge (höchstens) endlich viele Glieder außerhalb einer (beliebig kleinen) ε-Umgebung liegen. Man sagt dazu auch, dass bei einer konvergenten Zahlenfolge **fast alle** Glieder zu der ε-Umgebung gehören.

Satz 6.1: 1. *Wenn eine Zahlenfolge konvergiert, dann ist der Grenzwert dieser Zahlenfolge eindeutig bestimmt.*
2. *Jede konvergente Zahlenfolge ist beschränkt.*

Beweis: Der Beweis der ersten Aussage erfolgt indirekt. Es wird angenommen, dass die Zahlenfolge $\left(a_k\right)_{k=0}^{\infty}$ zwei Grenzwerte g_1 und g_2 besitzt, wobei $g_1 \neq g_2$ gilt. Es wird $\varepsilon < \frac{1}{2}|g_1 - g_2|$ gewählt. Da g_1 Grenzwert der Zahlenfolge ist, dürfen nur endlich viele Glieder außerhalb der Umgebung $U_\varepsilon(g_1)$ liegen. Weil $U_\varepsilon(g_1) \cap U_\varepsilon(g_2) = \varnothing$ gilt, können dann in der Umgebung $U_\varepsilon(g_2)$ nur noch endlich viele Glieder der Zahlenfolge liegen. Das widerspricht aber der Annahme, dass g_2 Grenzwert ist. In der Umgebung $U_\varepsilon(g_2)$ müssten dann fast alle Glieder der Folge liegen.

Da bei einer konvergenten Folge nur endlich viele Glieder der Folge nicht in der ε-Umgebung liegen, lässt sich stets ein endliches Intervall angeben, das sowohl diese endlich vielen Glieder als auch die ε-Umgebung enthält. Da ein endliches Intervall beschränkt ist, wurde damit die zweite Aussage bewiesen. ◄

Bei den Zahlenfolgen (6.2), (6.5) und (6.8) nähern sich die Glieder der Zahlenfolgen bei wachsendem Index nicht an eine reelle Zahl an. Die Divergenz dieser Zahlenfolgen lässt sich noch näher beschreiben. Zu den Zahlenfolgen (6.2) und (6.5) existiert für jede (noch so große) reelle Zahl c eine natürliche Zahl $k_0 = k_0(\varepsilon)$, so dass $a_k > c$ für alle $k \geq k_0$ gilt. Man spricht in diesen Fällen auch von **bestimmt divergenten Zahlenfolgen** und schreibt symbolisch

$$\lim_{k \to \infty} (2k+1)^2 = \infty \quad \text{bzw.} \quad \lim_{k \to \infty} (2k+3) = \infty .$$

Analog kann die bestimmte Divergenz $\lim\limits_{k \to \infty} a_k = -\infty$ definiert werden. Die Zahlenfolge (6.8) ist nicht bestimmt divergent. Eine derartige Zahlenfolge heißt **unbestimmt divergent**.

Der Beweis des folgenden Satzes wird dem Leser überlassen.

Satz 6.2: *Wenn die Zahlenfolge* $\left(a_k \right)$ *mit* $a_k \neq 0$ *bestimmt divergiert,*

dann ist $\left(\dfrac{1}{a_k} \right)$ *eine Nullfolge.*

Beispiel 6.1: *Zeigen Sie, dass* $\left(q^k \right)_{k=0}^{\infty}$ *für* $|q| < 1$ *eine Nullfolge ist.*

Lösung: Für $q = 0$ gilt diese Behauptung sofort. Es gelte im Weiteren $0 < |q| < 1$. Für ein beliebiges $\varepsilon > 0$ gilt die Ungleichung $|q^k - 0| = |q|^k < \varepsilon$ genau dann, wenn $k \ln(|q|) < \ln(\varepsilon)$ bzw. (wegen $\ln(|q|) < 0$ auch) $k > \dfrac{\ln(\varepsilon)}{\ln(|q|)}$ erfüllt ist. Wird $k_0 > \dfrac{\ln(\varepsilon)}{\ln(|q|)}$ gewählt, folgt $|q^k - 0| < \varepsilon$ für alle $k > k_0$. ◁

Beispiel 6.2: *Die Folge* $\left(\dfrac{50^k}{k!} \right)_{k=0}^{\infty}$ *ist auf Konvergenz zu untersuchen.*

Lösung: Die ersten Glieder dieser Folge sind

$$a_0 = 1, \ a_1 = 50, \ a_2 = 1250, \ a_3 = 20833,333, \ a_4 = 260416,667,\ldots$$
$$a_{10} = 2,6911 \cdot 10^{10} \ldots a_{30} = 3,5110 \cdot 10^{18} \ldots a_{50} = 2,9202857 \cdot 10^{20}.$$

Man könnte daraufhin vermuten, dass die Glieder weiter anwachsen und dass diese Zahlenfolge bestimmt divergent ist. Für die Zahlenfolge gilt jedoch

$$\lim_{k \to \infty} \frac{50^k}{k!} = 0.$$

(Der Beweis dieser Aussage folgt weiter unten aus der Gleichung (6.13).) Wenn man höhere Glieder dieser Zahlenfolge berechnet, erkennt man, dass es sich um eine Nullfolge handelt

$$a_{140} = 0,00053 \ldots a_{200} = 7,8906 \cdot 10^{-36} \ldots a_{300} = 1,6034 \cdot 10^{-105}. \quad ◁$$

Das Beispiel 6.2 zeigt, dass die Entscheidung, ob eine Zahlenfolge konvergiert oder divergiert, im Allgemeinen ein schwieriges mathematisches Problem ist.

Für den Konvergenznachweis einer Zahlenfolge erweist sich die folgende Eigenschaft als sehr nützlich.

Satz 6.3: *Jede beschränkte Folge, die ab einem Index k_0 monoton ist, konvergiert.*

Beweis: Der Beweis wird nur für Folgen betrachtet, die von einem Index k_0 ab monoton wachsen. Für monoton fallende Folgen verläuft der Beweis analog. Wenn eine Folge $\left(a_k\right)_{k=0}^{\infty}$ beschränkt ist, existiert die obere Grenze $g_o = \sup a_k$ dieser Folge (siehe Seite 177). Es wird gezeigt, dass für eine monoton wachsende Folge $\lim_{k \to \infty} a_k = g_o$ gilt.

Zu jedem $\varepsilon > 0$ muss ein $k_0(\varepsilon)$ existieren, so dass $g_o - \varepsilon < a_{k_0} \leq g_o$ gilt (sonst wäre $g_o - \varepsilon$ eine obere Schranke und damit könnte g_o nicht die obere Grenze sein!). Da g_o eine obere Schranke ist, folgt dann

$$g_o - \varepsilon < a_{k_0} \leq a_k \leq g_o \leq g_o + \varepsilon \quad \text{für alle} \quad k \geq k_0,$$

d.h., nach der Definition 6.2 konvergiert die Folge gegen den Grenzwert g_0. ◀

Bei der Untersuchung des Grenzverhaltens von Zahlenfolgen erweisen sich die folgenden Rechenregeln als nützlich, die ohne Beweis angegeben werden.

Satz 6.4: $\left(a_k\right)_{k=0}^{\infty}$ *und* $\left(b_k\right)_{k=0}^{\infty}$ *seien zwei konvergente Zahlenfolgen. Dann gilt*

$$\lim_{k \to \infty} \left(a_k + b_k\right) = \lim_{k \to \infty} a_k + \lim_{k \to \infty} b_k \tag{6.9}$$

$$\lim_{k \to \infty} \left(a_k \cdot b_k\right) = \lim_{k \to \infty} a_k \cdot \lim_{k \to \infty} b_k \tag{6.10}$$

$$\lim_{k \to \infty} \left(\frac{a_k}{b_k}\right) = \frac{\lim_{k \to \infty} a_k}{\lim_{k \to \infty} b_k}, \tag{6.11}$$

wobei in (6.11) $\left(b_k\right)_{k=0}^{\infty}$ *keine Nullfolge sein darf.*

Bei den angegebenen Rechenregeln wurde die Konvergenz der Zahlenfolgen vorausgesetzt. Äußerste Vorsicht ist bei Grenzwerten von Zahlenfolgen geboten, bei denen für $k \longrightarrow \infty$ sogenannte **unbestimmte Ausdrücke** der Form

$$\text{„}\infty - \infty\text{“} \qquad \text{„}\frac{0}{0}\text{“} \qquad \text{„}0^0\text{“} \qquad \text{„}0^{\infty}\text{“} \qquad \text{„}\infty^0\text{“} \qquad \text{„}0 \cdot \infty\text{“} \qquad \text{„}\frac{\infty}{\infty}\text{“}$$

entstehen. An dem folgenden Beispiel wird das für den unbestimmten Ausdruck „$\infty - \infty$" verdeutlicht.

Beispiel 6.3: *Gegeben sind die Zahlenfolgen mit den allgemeinen Gliedern*

$$a_k = k, \quad b_k = 2k \quad und \quad c_k = k + 2, \quad k = 0, 1, \ldots.$$

Dann gilt für die Zahlenfolgen

$$\lim_{k \to \infty} a_k = \infty, \qquad \lim_{k \to \infty} b_k = \infty, \qquad \lim_{k \to \infty} c_k = \infty.$$

D.h., die drei Zahlenfolgen sind bestimmt divergent. Aus den Zahlenfolgen werden neue Folgen gebildet, bei denen beim Grenzübergang ein unbestimmter Ausdruck $\infty - \infty$ entsteht. Es ergibt sich

$$\lim_{k \to \infty} \left(a_k - b_k \right) = \lim_{k \to \infty} \left(k - 2k \right) = - \lim_{k \to \infty} k = -\infty,$$

$$\lim_{k \to \infty} \left(b_k - a_k \right) = \lim_{k \to \infty} \left(2k - k \right) = \lim_{k \to \infty} k = \infty \quad und$$

$$\lim_{k \to \infty} \left(c_k - a_k \right) = \lim_{k \to \infty} \left(k + 2 - k \right) = \lim_{k \to \infty} 2 = 2. \qquad \triangleleft$$

Beispiel 6.4: *Von den folgenden Zahlenfolgen sind die Grenzwerte zu berechnen:*

(1) $\left(\dfrac{(k - 2)^2 + 3k}{2k^2 + 7k - 9} \right)_{k=1}^{\infty}$ (2) $\left(\dfrac{\cos(k)}{k + 7} \right)_{k=1}^{\infty}$.

Lösung: zu (1): Es wird im Zähler und Nenner die höchste Potenz von k ausgeklammert und anschließend gekürzt. Man erhält

$$\lim_{k \to \infty} \frac{(k - 2)^2 + 3k}{2k^2 + 7k - 9} = \lim_{k \to \infty} \frac{\cancel{k}^2 \left((1 - \frac{2}{k})^2 + \frac{3}{k} \right)}{\cancel{k}^2 \left(2 + \frac{7}{k} - \frac{9}{k^2} \right)} = \frac{(1 - 0)^2 + 0}{2 + 0 - 0} = \frac{1}{2}.$$

zu (2): Da $0 \le \left| \dfrac{\cos(k)}{k + 7} \right| \le \left| \dfrac{1}{k + 7} \right|$ für alle $k = 1; 2; \ldots$ gilt, folgt

$$0 \le \lim_{k \to \infty} \left| \frac{\cos(k)}{k + 7} \right| \le \lim_{k \to \infty} \left| \frac{1}{k + 7} \right| = 0 \quad \Longrightarrow \quad \lim_{k \to \infty} \frac{\cos(k)}{k + 7} = 0. \qquad \triangleleft$$

Die folgenden Grenzwerte werden weiter unten wiederholt verwendet.

Satz 6.5:

$$\lim_{k\to\infty} q^k = \begin{cases} 0 & \text{für} \quad |q| < 1 \\ 1 & \text{für} \quad q = 1 \\ \infty & \text{für} \quad q > 1 \quad \text{(bestimmt divergent)} \\ \nexists & \text{für} \quad q \le -1 \quad \text{(unbestimmt divergent)} \end{cases} \qquad (6.12)$$

$$\lim_{k\to\infty} \frac{a^k}{k!} = 0 \quad (a \in \mathbb{R}) \qquad\qquad\qquad (6.13)$$

$$\lim_{k\to\infty} \left(1 + \frac{1}{k}\right)^k = e \quad (\,e = 2,71828\dots \quad \textit{Eulersche Zahl}) \qquad (6.14)$$

Beweis: zu (6.12): Die Konvergenz für $|q| < 1$ folgt aus dem Beispiel 6.1. Für $q = -1$ ist die Divergenz offensichtlich. Wenn $|q| > 1$ gilt, ist die Folge nicht beschränkt und nach Satz 6.1 folglich divergent. Da es sich für $q < -1$ außerdem noch um eine alternierende Folge handelt, liegt in diesem Fall eine unbestimmt divergente Folge vor.

zu (6.13): Es wird zunächst der Fall $a > 0$ betrachtet. Da $a_{k+1} = \dfrac{a}{k+1} a_k$ gilt, ist die Folge $\left(\dfrac{a^k}{k!}\right)_{k=0}^{\infty}$ für alle Indizes $k \ge a - 1$ monoton fallend und beschränkt (nach unten durch Null). Hieraus resultiert die Existenz des Grenzwertes g für diese Zahlenfolge. Aus (6.10) folgt dann

$$0 \le \lim_{k\to\infty} \frac{a^{k+1}}{(k+1)!} = \lim_{k\to\infty} \frac{a^k}{k!} \cdot \frac{a}{k+1} = \lim_{k\to\infty} \frac{a^k}{k!} \cdot \lim_{k\to\infty} \frac{a}{k+1} = g \cdot 0 = 0,$$

d.h., $g = \lim_{k\to\infty} \dfrac{a^k}{k!} = 0$. Für den Fall $a < 0$ ist lediglich zu beachten, dass die Folge $\left(\dfrac{a^k}{k!}\right)_{k=0}^{\infty}$ alternierend ist und $\left|\dfrac{a^{k+1}}{(k+1)!}\right| \le \left|\dfrac{a^k}{k!}\right|$ für $k \ge |a| - 1$ gilt. Auf den exakten Beweis von (6.14) wird hier verzichtet. Dieser Grenzwert wird anschließend mit dem Taschenrechner berechnet. ◀

Für die Berechnung von Grenzwerten verwendet man den Befehl `limit()` (TI-89, TI-Nspire, Mathematica) bzw. `lim()` (ClassPad 300, TI-Nspire). Wie der Befehl einzugeben ist, wird aus dem nebenstehenden Bild ersichtlich. Hier wurde der Grenzwert (6.14) sowohl exakt als auch näherungsweise mit dem Taschenrechner TI-89 berechnet.

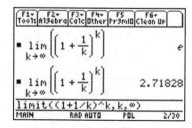

Bild 6.2: *zu (6.14)*

Mit Taschenrechnern, die ein CAS enthalten, lassen sich im Allgemeinen Grenzwerte von Zahlenfolgen, die von Parametern abhängen, nicht mehr berechnen. Z.B. erscheint für den Grenzwert aus (6.13) auf dem Display des TI-89 die Ausschrift „undef". Sobald dem Parameter ein Zahlenwert (z.B. $a = 50$) oder eine Intervallbedingung (z.B. $a > 1$ and $a < 3$) zugeordnet wird, erfolgt die Berechnung des Grenzwertes.

Beispiel 6.5 : *Überprüfen Sie mit einem* CAS-*Rechner die folgenden Grenzwerte:*

$$(1) \ \lim_{k \to \infty} \sqrt[k]{k} = 1, \quad (2) \ \lim_{k \to \infty} \frac{\ln(k)}{k} = 0, \quad (3) \ \lim_{k \to \infty} \frac{\sin\left(\frac{a}{k}\right)}{\frac{a}{k}} = 1 \ .$$

Bemerkung: Bei dem Beispiel 6.5 (3) ist zu beachten, dass die Berechnung in Bogenmaß erfolgt.

Aufgabe 6.2 : *Welche Folgen* $\left(a_k\right)_{k=1}^{\infty}$ *konvergieren? Geben Sie, falls vorhanden, den Grenzwert der Folgen an.*

$(1) \quad a_k = \dfrac{1}{k}$ $\qquad (2) \quad a_k = (-1)^k \dfrac{2}{k+3}$ $\qquad (3) \quad a_k = \dfrac{2}{3^k}$

$(4) \quad a_k = \dfrac{3^k}{2}$ $\qquad (5) \quad a_k = \left(1 + \dfrac{2}{k}\right)^{3k}$ $\qquad (6) \quad a_k = \dfrac{4k^2 - 5k}{8k^2 - 6k + 1}$

$(7) \quad a_k = \sqrt{\dfrac{3k^3 + k}{2k+1}}$ $\qquad (8) \quad a_k = 1 + \dfrac{\sin(k\pi)}{k}$ $\qquad (9) \quad a_k = \dfrac{\cos(k^2)}{8k^2 - 6k + 1} \ .$

Aufgabe 6.3 : *Einem Kreis mit dem Radius* R *wird zu jedem* $n \geq 3$, $n \in \mathbb{N}$, *ein regelmäßiges n-Eck einbeschrieben, dessen Flächeninhalt mit* A_n *bezeichnet wird. Berechnen Sie* A_n *und den Grenzwert* $\lim_{n \to \infty} A_n$.

6.1.3   Zahlenreihen

Gegeben ist eine Zahlenfolge $\left(a_k\right)_{k=0}^{\infty}$. Aus dieser Zahlenfolge werden folgende Teilsummen bzw. Partialsummen gebildet:

$$
\begin{aligned}
s_0 &= a_0 \\
s_1 &= a_0 + a_1 \\
s_2 &= a_0 + a_1 + a_2 \\
s_3 &= a_0 + a_1 + a_2 + a_3 \\
&\ \vdots \\
s_n &= a_0 + a_1 + a_2 + a_3 + \ldots + a_n = \sum_{k=0}^{n} a_k, \qquad n = 0, 1, 2, \ldots
\end{aligned}
\tag{6.15}
$$

Definition 6.4 : *Die aus der Zahlenfolge* $\left(a_k\right)_{k=0}^{\infty}$ *nach (6.15) konstruierte Zahlenfolge der Teilsummen (kurz Teilsummenfolge oder Partialsummenfolge)* $\left(s_n\right)_{n=0}^{\infty}$ *heißt* **unendliche Zahlenreihe** *und man schreibt für die Teilsummenfolge das Symbol* $\displaystyle\sum_{k=0}^{\infty} a_k$.

Die Konvergenz von Zahlenfolgen wird auf unendliche Zahlenreihen angewendet. Man gelangt dann zu folgender Definition.

Definition 6.5 : *Die unendliche Zahlenreihe* $\displaystyle\sum_{k=0}^{\infty} a_k$ **konvergiert** *(bzw.* **divergiert***) genau dann, wenn die Zahlenfolge der Teilsummen* $\left(s_n\right)_{n=0}^{\infty}$ *konvergiert (bzw. divergiert).*

Wenn die unendliche Zahlenreihe gegen den Grenzwert s *konvergiert, dann nennt man* s **Reihensumme** *und schreibt* $s = \displaystyle\sum_{k=0}^{\infty} a_k$.

Die unendliche Zahlenreihe $\displaystyle\sum_{k=0}^{\infty} a_k$ *heißt* **absolut konvergent***, wenn die unendliche Zahlenreihe* $\displaystyle\sum_{k=0}^{\infty} |a_k|$ *konvergiert.*

Im folgenden Satz wird eine notwendige Bedingung für die Konvergenz von Zahlenreihen formuliert.

Satz 6.6: *Die Glieder* a_k *einer konvergenten Zahlenreihe bilden eine Nullfolge.*

Beweis: Die Zahlenreihe $\sum\limits_{k=0}^{\infty} a_k$ konvergiert genau dann (gegen s), wenn für jedes (noch so kleine) $\varepsilon > 0$ ein $n_0 = n_0(\varepsilon)$ mit der Eigenschaft

$$|s_n - s| < \varepsilon \quad \text{für alle} \quad n \geq n_0$$

existiert. Daraus und aus der Dreiecksungleichung folgt für die Glieder der Reihe

$$|a_{n+1}| = |s_{n+1} - s_n| = |(s_{n+1} - s) + (s - s_n)| \leq |s_{n+1} - s| + |s_n - s| < 2\varepsilon$$

für alle $n \geq n_0$. D.h. für die Glieder der Reihe gilt $\lim\limits_{k \to \infty} a_k = 0$. ◀

Die Umkehrung dieser Aussage gilt nicht. Obwohl $\left(\dfrac{1}{k}\right)_{k=1}^{\infty}$ eine Nullfolge ist, lässt sich beweisen, dass die unendliche Zahlenreihe (6.16) bestimmt divergiert:

$$\sum_{k=1}^{\infty} \frac{1}{k} = \infty \qquad \textbf{(harmonische Reihe)} \qquad (6.16)$$

Die Divergenz der harmonischen Reihe ist nicht zu vermuten, wenn man schrittweise mit dem Taschenrechner die Teilsummen $s_n = \sum\limits_{k=1}^{n} \dfrac{1}{k}$ für konkrete n näherungsweise berechnet.

Mit dem **TI-89** erhält man z.B. $s_{100} \approx 5,18738$ (siehe Bild (6.3)). Analog berechnet man $s_{1000} = 7,48547$, $s_{10000} = 9,78761$, $s_{100000} = 12,0901$, $s_{500000} = 13,6996$, wobei für den letzten Wert die Rechenzeit deutlich ansteigt!

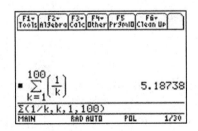

Bild 6.3: s_{100}

An der harmonischen Reihe wird deutlich, dass für die Untersuchung des Konvergenzverhaltens von Zahlenreihen tiefere mathematische Kenntnisse erforderlich sind. Wir beginnen mit dem folgenden Beispiel.

Beispiel 6.6: *Zu untersuchen ist die Konvergenz der Zahlenreihe* $\sum\limits_{k=0}^{\infty} q^k$ *in Abhängigkeit von der reellen Zahl* q.

Lösung: Durch Ausmultiplizieren überprüft man die Gültigkeit der Gleichung

$$\left(q^0 + q^1 + \ldots + q^n\right)(1 - q) = 1 - q^{n+1} \, .$$

Hieraus folgt für $n \in \mathbb{N}$ die Summenformel

$$s_n = q^0 + q^1 + q^2 + \ldots + q^n = \begin{cases} \dfrac{1 - q^{n+1}}{1 - q} & \text{wenn} \quad q \neq 1 \\ n + 1 & \text{wenn} \quad q = 1 \end{cases} \, . \qquad (6.17)$$

Falls $|q| < 1$ erfüllt ist, resultiert aus (6.12)

$$\lim_{n \to \infty} s_n = \lim_{n \to \infty} \frac{1 - q^{n+1}}{1 - q} = \frac{1 - \lim\limits_{n \to \infty} q^{n+1}}{1 - q} = \frac{1}{1 - q} \, .$$

Da die Glieder q^n für $|q| \geq 1$ (siehe (6.12)) keine Nullfolge bilden, divergiert in diesem Fall nach dem Satz 6.6 die Zahlenreihe. Damit gilt

$$\sum_{k=0}^{\infty} q^k = \begin{cases} \dfrac{1}{1 - q} & \text{für} \quad |q| < 1 \\ \text{divergent} & \text{für} \quad |q| \geq 1 \end{cases} \, .$$

Für $q \geq 1$ folgt aus $\lim\limits_{n \to \infty} s_n \geq \lim\limits_{n \to \infty} (n + 1) = \infty$ die bestimmte Divergenz der Zahlenreihe. $\lhd$

Für den Konvergenznachweis von unendlichen Zahlenreihen erweisen sich die folgenden Konvergenzkriterien als nützlich.

Satz 6.7 : (1) *Wenn* $\left(a_k\right)_{k=0}^{\infty}$ *eine alternierende Zahlenfolge ist, für*

die $\lim\limits_{k\to\infty} |a_k| = 0$ *gilt, dann konvergiert die Zahlenreihe* $\sum\limits_{k=0}^{\infty} a_k$.

(2) *(Quotientenkriterium:) Es sei* $\lim\limits_{k\to\infty} \dfrac{a_{k+1}}{a_k} = b$. *Für* $|b| < 1$

konvergiert $\sum\limits_{k=0}^{\infty} a_k$, *für* $|b| > 1$ *divergiert* $\sum\limits_{k=0}^{\infty} a_k$. *Wenn* $|b| = 1$ *gilt,*

liefert das Kriterium keine Entscheidung.

(3) *(Wurzelkriterium:) Es sei* $\lim\limits_{k\to\infty} \sqrt[k]{|a_k|} = b$. *Für* $0 \le b < 1$

konvergiert $\sum\limits_{k=0}^{\infty} a_k$, *für* $b > 1$ *divergiert* $\sum\limits_{k=0}^{\infty} a_k$ *und für* $b = 1$ *liefert*

das Kriterium keine Entscheidung.

(4) *(Vergleichskriterium:)* $\sum\limits_{k=0}^{\infty} a_k$ *und* $\sum\limits_{k=0}^{\infty} b_k$ *seien Zahlenreihen.*

– *Es gelte* $|a_k| \le b_k$, $k \in \mathbb{N}$.

Wenn $\sum\limits_{k=0}^{\infty} b_k$ *konvergiert, dann konvergiert auch* $\sum\limits_{k=0}^{\infty} a_k$.

– *Es gelte* $0 \le a_k \le b_k$, $k \in \mathbb{N}$.

Wenn $\sum\limits_{k=0}^{\infty} a_k$ *divergiert, dann divergiert auch* $\sum\limits_{k=0}^{\infty} b_k$.

Bemerkung: Für die harmonischen Reihe ergibt sich sowohl bei dem Quotientenkriterium als auch bei dem Wurzelkriterium $b = 1$. Aus diesem Grund ist die Divergenz der harmonischen Reihe mit diesen Kriterien nicht nachweisbar.

Beispiel 6.7 : *Untersuchen Sie die Reihen auf Konvergenz.*

$$(1)\ \sum_{k=0}^{\infty} \frac{k}{2^k} \qquad (2)\ \sum_{k=0}^{\infty} e^{-2k} \qquad (3)\ \sum_{k=1}^{\infty} \frac{k^2 + 1}{k^3 + 1} \qquad (4)\ \sum_{k=1}^{\infty} (-1)^k \frac{1}{k}$$

Lösung: <u>zu (1):</u> Da $\lim\limits_{k\to\infty} \dfrac{a_{k+1}}{a_k} = \lim\limits_{k\to\infty} \dfrac{\frac{k+1}{2^{k+1}}}{\frac{k}{2^k}} = \lim\limits_{k\to\infty} \dfrac{k+1}{2k} = \lim\limits_{k\to\infty} \dfrac{1 + \frac{1}{k}}{2} = \dfrac{1}{2}$

gilt, folgt aus dem Quotientenkriterium die Konvergenz.

<u>zu (2):</u> Aus dem Wurzelkriterium ergibt sich

$$\lim_{k\to\infty} \sqrt[k]{a_k} = \lim_{k\to\infty} \sqrt[k]{e^{-2k}} = \lim_{k\to\infty} e^{-2} = e^{-2} < 1$$

und damit die Konvergenz der Zahlenreihe.

<u>zu (3):</u> Die Reihe wird mit der harmonischen Reihe (6.16) verglichen. Weil $\dfrac{k^2+1}{k^3+1} \geq \dfrac{k^2+1}{k^3+k} = \dfrac{k^2+1}{k(k^2+1)} = \dfrac{1}{k}$ für alle $k = 1, 2, 3, \ldots$ gilt und weil die harmonische Reihe divergiert, muss auch diese Reihe divergieren.

<u>zu (4):</u> Die Zahlenfolge erfüllt die Voraussetzungen des ersten Kriteriums und ist folglich konvergent. Die Reihe ist aber nicht absolut konvergent.   ◁

Aufgabe 6.4: *Untersuchen Sie folgende Reihen auf Konvergenz.*

$$(1) \quad \sum_{k=1}^{\infty} \frac{3}{k} \qquad\qquad (2) \quad \sum_{k=1}^{\infty} k\, e^{-2k} \qquad\qquad (3) \quad \sum_{k=1}^{\infty} \frac{\cos(k\pi)}{k}.$$

Aufgabe 6.5: *Berechnen Sie von folgenden Reihen die Grenzwerte und vergleichen Sie die Grenzwerte mit den entsprechenden Teilsummen s_8.*

$$(1) \quad \sum_{k=1}^{\infty} \frac{3}{5^k} \qquad\qquad (2) \quad \sum_{k=0}^{\infty} e^{-2k}$$

Aufgabe 6.6: *Gesucht ist die Länge s der Spirale, die aus aneinandergesetzten Halbkreisen besteht. Der Radius des jeweils folgenden Halbkreises ist halb so groß wie der des vorangehenden. Der Radius des ersten Halbkreises sei R.*

Einfache Reihensummen lassen sich mit CAS-Taschenrechnern durch den Befehl $\sum()$ erhalten. Für die Reihensumme $\displaystyle\sum_{k=0}^{\infty} \frac{k}{2^k} = 2$ (siehe Teilaufgabe (1)

aus dem Beispiel 6.7) erhält man das im nebenstehenden Bild stehende Ergebnis. Analog berechnet man die Reihensumme der Teilaufgabe (2) aus dem Beispiel 6.7). Die Teilaufgaben (3) und (4) lassen sich z.B. nicht mehr unmittelbar mit dem TI-89 auswerten. In diesen Fällen muss man auf Formelsammlun-

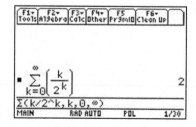

Bild 6.4: *zu (1), Beispiel 6.7*

gen (z.B. Teubner Taschenbuch [3], Seiten 115 ff.) oder Computeralgebra-Systeme wie z.B. Mathematica oder Maple zurückgreifen, die auf Personalcomputer eingesetzt werden können. Mit Mathematica erfolgt die Grenzwertberechnung von unendlichen Zahlenreihen durch den Befehl Sum symbolisch bzw. durch den Befehl NSum numerisch.

Beispiel 6.8: *Mit dem Computeralgebra-System* Mathematica *sind die folgenden Reihensummen zu berechnen:*

$$(1) \sum_{k=1}^{\infty} \frac{(-1)^k}{0,25 - k^2} \qquad (2) \sum_{k=1}^{\infty} \frac{(-1)^k}{k^4} \qquad (3) \sum_{k=0}^{\infty} \frac{1}{(2k+1)^4}.$$

Lösung: (Bei älteren Mathematica-Versionen ist gegebenenfalls zuvor mit dem Befehl << Algebra`SymbolicSum` das entsprechende Paket zu laden!)

In[1]:= Sum[(-1)∧k/(0.25-k∧2), {k, 1, Infinity}]

Sum[(-1)∧k/k∧4 {k, 1, Infinity}]

Sum[1/(2k+1)∧4), {k, 0, Infinity}]

Out[1]= - 2 + Pi

Out[2]= $- \dfrac{7 \, \text{Pi}^4}{720}$ $\qquad$ *Out[3]=* $\dfrac{\text{Pi}^4}{96}$ $\qquad$ ◁

Die Teilaufgabe (3) aus dem letzten Beispiel lässt sich auch mit dem TI-89 Titanium berechnen. Die Reihensummen der Teilaufgaben (1) und (2) findet man ebenfalls im Teubner Taschenbuch [3].

Aufgabe 6.7: *Berechnen Sie die Grenzwerte der Reihen aus dem Beispiel 6.7 und der Aufgabe 6.4 mit* Mathematica.

(Bemerkung: Bis auf (3) und (4) des Beispiels 6.7 lassen sich die Grenzwerte auch mit den TI-*Rechnern oder dem* ClassPad 300 *berechnen!)*

6.2   Grenzwerte bei Funktionen

In diesem Abschnitt muss die Definition 1.6 (Seite 22) der Umgebung eines Punktes leicht modifiziert werden.

Definition 6.6: *Es sei* $\delta > 0$. *Die Menge*

$$U_\delta^0(x^*) = \left\{ x \mid x \in (x^* - \delta; x^*) \cup (x^*; x^* + \delta) \right\} \qquad (6.18)$$

heißt **punktierte** δ**-Umgebung** *von* x^*.

Bei einer punktierten Umgebung fehlt im Unterschied zur Umgebung der Mittelpunkt. D.h., $U_\delta^0(x^*) = U_\delta(x^*) \setminus \{x^*\}$. Mit Hilfe der punktierten Umgebung von x^* wird das folgende Problem diskutiert.

Problem: *Eine Funktion* $y = f(x)$ *sei in einer punktierten Umgebung* $U_\delta^0(x^*)$ *von* x^* *definiert. (Die Funktion* $y = f(x)$ *braucht an der Stelle* x^* *nicht definiert zu sein!) Es interessiert das Verhalten der Funktionswerte* $f(x)$, *wenn sich die Argumente* x *der Stelle* x^* *nähern.*

Lösung: Es wird aus der punktierten Umgebung $U_\delta^0(x^*)$ eine beliebige Zahlenfolge $\left(x_k \right)_{k=0}^{\infty}$ gewählt, die gegen x^* konvergiert. Zu dieser Zahlenfolge wird die Folge der Funktionswerte $\left(f(x_k) \right)_{k=0}^{\infty}$ gebildet und deren Grenzverhalten untersucht. Damit wurde dieses Problem auf die Untersuchung des Grenzwertes bei Zahlenfolgen zurückgeführt. Im Bild 6.5 sind die ersten Glieder einer solchen Zahlenfolge $\left(x_k \right)_{k=0}^{\infty}$ und der dazugehörenden Folge der Funktionswerte $\left(f(x_k) \right)_{k=0}^{\infty}$ angegeben. ◁

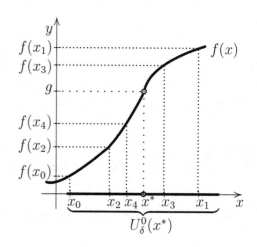

Bild 6.5: *Verhalten von* $f(x)$ *in der Umgebung* $U_\delta^0(x^*)$

Damit bietet sich die folgende Definition für den **Funktionsgrenzwert** an.

> **Definition 6.7 :** *Gegeben sei eine Funktion* $y = f(x)$, $x \in D$. *Es existiere eine punktierte δ-Umgebung $U^0_\delta(x^*)$ mit $U^0_\delta(x^*) \subset D$. Wenn für jede Zahlenfolge $\left(x_k\right)^\infty_{k=0}$ mit der Eigenschaft*
>
> $$x_k \in U^0_\delta(x^*), \ k \in \mathbb{N}, \quad und \quad \lim_{k \to \infty} x_k = x^* \qquad (6.19)$$
>
> *die Zahlenfolge der Funktionswerte $\left(f(x_k)\right)^\infty_{k=0}$ gegen ein und dieselbe reelle Zahl g konvergiert, dann heißt g* **Funktionsgrenzwert** *oder* **Grenzwert der Funktion** f **für** x **gegen** x^*.
>
> *Man schreibt:* $\lim_{x \to x^*} f(x) = g$ *oder* $f(x) \overset{x \to x^*}{\longrightarrow} g$
>
> *und sagt: „$f(x)$* **konvergiert gegen** g, **wenn** x **gegen** x^* **strebt".**
>
> *Wenn der Grenzwert $\lim_{x \to x^*} f(x)$ nicht existiert, dann* **divergiert die Funktion** f **für** x **gegen** x^*.

Bemerkung: Die Divergenz einer Funktion f lässt sich noch weiter spezifizieren. Gilt $\lim_{x \to x^*} f(x) = \infty$ oder $\lim_{x \to x^*} f(x) = -\infty$, dann spricht man von einer **bestimmten Divergenz der Funktion** f **für** x **gegen** x^*. In allen anderen Fällen sagt man, dass die **Funktion** f **für** x **gegen** x^* **unbestimmt divergiert**. Dies ist z.B. der Fall, wenn unterschiedliche einseitige Grenzwerte vorliegen (vgl. Definition 6.8).

Beispiel 6.9: *Von der Funktion* $y = f(x) = |x| + 1$, $x \in \mathbb{R}$, *ist der Grenzwert für* $x \to 0$ *zu berechnen.*

Lösung: Es sei $\left(x_k\right)^\infty_{k=0}$ eine beliebige Nullfolge. Für die dazugehörende Zahlenfolge der Funktionswerte gilt $\left(f(x_k)\right)^\infty_{k=0} = \left(|x_k| + 1\right)^\infty_{k=0}$. Da $\left(x_k\right)^\infty_{k=0}$ gegen null konvergiert, muss auch $\left(|x_k|\right)^\infty_{k=0}$ eine Nullfolge sein. Hieraus folgt $\lim_{k \to \infty} f(x_k) = \lim_{k \to \infty} \left(|x_k| + 1\right) = \lim_{k \to \infty} |x_k| + 1 = 1$. D.h., es existiert der Grenzwert von f für x gegen 0 und es gilt $\lim_{x \to 0} f(x) = 1$. $\lhd$

Wenn zusätzlich noch vorausgesetzt wird, dass die Annäherung der Zahlenfolge $\left(x_k\right)^\infty_{k=0}$ gegen x^* nur von einer Seite erfolgt, gelangt man zu einseitigen Funktionsgrenzwerten.

Definition 6.8: *Es existiere ein Intervall* $(x^* - \delta; x^*)$ *(bzw.* $(x^*; x^* + \delta)$ *) in dem die Funktion* $y = f(x)$ *definiert ist. Wenn für jede Zahlenfolge* $\left(x_k\right)_{k=0}^{\infty}$ *mit der Eigenschaft*

$$x_k \in D, \; x_k < x^*, \; k \in \mathbb{N} \quad und \quad \lim_{k \to \infty} x_k = x^*$$

$$(bzw. \; x_k \in D, \; x_k > x^*, \; k \in \mathbb{N} \quad und \quad \lim_{k \to \infty} x_k = x^*) \tag{6.20}$$

die Zahlenfolge der Funktionswerte $\left(f(x_k)\right)_{k=1}^{\infty}$ *gegen die reelle Zahl* g *konvergiert, dann heißt* g **linksseitiger** *(bzw.* **rechtsseitiger***)* **Grenzwert der Funktion** f **für** x **gegen** x^**. Man schreibt:*

$$\lim_{x \nearrow x^*} f(x) = g \qquad oder \qquad \lim_{x \to x^* - 0} f(x) = g$$

$$(bzw. \quad \lim_{x \searrow x^*} f(x) = g \qquad oder \qquad \lim_{x \to x^* + 0} f(x) = g).$$

Wenn der Grenzwert $\lim_{x \nearrow x^*} f(x)$ *bzw.* $\lim_{x \searrow x^*} f(x)$ *nicht existiert, dann ist* die **Funktion von links (bzw. rechts) divergent**.

Bemerkung: Bei den einseitigen Grenzwertbetrachtungen lässt sich die Divergenz einer Funktion ebenfalls in die **bestimmte** und die **unbestimmte Divergenz** unterteilen (vgl. die Bemerkung auf Seite 193).

Beispiel 6.10 : *Zu untersuchen ist der Grenzwert für* $x \to 0$ *der Signumfunktion*

$$y = f(x) = \text{sgn}(x) = \begin{cases} -1 & x < 0 \\ 0 & x = 0 \\ 1 & x > 0 \end{cases}.$$

Lösung: Zunächst wird als Zahlenfolge $\left(x_k\right)_{k=1}^{\infty}$ die alternierende Folge

$$\left(\frac{(-1)^k}{k}\right)_{k=1}^{\infty} = -1, \; \frac{1}{2}, \; -\frac{1}{3}, \; \frac{1}{4}, \; -\frac{1}{5}, \ldots$$

betrachtet. Diese Folge konvergiert gegen null. Da

$$f(x_k) = f\left(\frac{(-1)^k}{k}\right) = \text{sgn}\left(\frac{(-1)^k}{k}\right) = \begin{cases} -1 & \text{wenn} \quad k \quad \text{ungerade} \\ 1 & \text{wenn} \quad k \quad \text{gerade} \end{cases}$$

gilt, ergibt sich die dazugehörenden Zahlenfolge der Funktionswerte

$$\left(f(x_k)\right)_{k=1}^{\infty} = -1; 1; -1; 1; -1; 1; \ldots.$$

Diese Folge konvergiert nicht, so dass der Grenzwert $\lim\limits_{x \to 0} \operatorname{sgn}(x)$ nicht existiert. Werden Zahlenfolgen $\left(x_k\right)_{k=1}^{\infty}$ betrachtet, die von links gegen null konvergieren, sind alle Glieder dieser Folgen negativ. Es gilt dann $f(x_k) = -1$, für alle k, d.h., für den linksseitigen Grenzwert folgt $\lim\limits_{x \nearrow 0} \operatorname{sgn}(x) = -1$. Konvergiert eine beliebige Zahlenfolgen $\left(x_k\right)_{k=1}^{\infty}$ von rechts gegen null, gilt $f(x_k) = 1$, für alle k und es ergibt sich $\lim\limits_{x \searrow 0} \operatorname{sgn}(x) = 1$. Damit wurde gezeigt, dass die einseitigen Grenzwerte existieren und voneinander verschieden sind. ◁

Aus den letzten beiden Definitionen resultiert die folgende Eigenschaft.

Satz 6.8 : *Die Funktion $y = f(x)$ besitzt für x gegen x^* genau dann einen Grenzwert, wenn für die Funktion sowohl der linksseitige als auch der rechtsseitige Grenzwert für x gegen x^* existiert und beide Grenzwerte übereinstimmen.*

Um das Verhalten einer Funktion $y = f(x)$ bei unbegrenztem Wachsen bzw. Fallen der unabhängigen Variablen x untersuchen zu können, muss die Definition 6.7 bzw. 6.8 modifiziert werden.

Definition 6.9 : *Die Funktion $y = f(x)$ sei in einem Intervall $\left(\alpha; \infty\right)$ (bzw. $\left(-\infty; -\alpha\right)$) definiert. Wenn für jede reelle Folge $\left(x_k\right)_{k=0}^{\infty}$ aus dem Definitionsbereich der Funktion mit $\lim\limits_{k \to \infty} x_k = \infty$ (bzw. $\lim\limits_{k \to \infty} x_k = -\infty$) die Zahlenfolge der Funktionswerte $\left(f(x_k)\right)_{k=0}^{\infty}$ gegen ein und dieselbe reelle Zahl g konvergiert, dann heißt g **Grenzwert der Funktion** f **für** x **gegen** ∞ bzw. $-\infty$.*

Man schreibt: $\lim\limits_{x \to \infty} f(x) = g$ *bzw.* $\lim\limits_{x \to -\infty} f(x) = g$.

Die Rechenregeln für Grenzwerte von Zahlenfolgen lassen sich auf Grenzwerte von Funktionen anwenden. Es ergeben sich dann die folgenden Sätze, die ohne Beweis angegeben werden.

Satz 6.9: *Für die verkettete Funktion* $y = f_1\big(f_2(x)\big)$, $x \in D$, *existieren die Grenzwerte* $\lim\limits_{x \to x^*} f_2(x) = g_2$ *und* $\lim\limits_{x \to g_2} f_1(x) = g_1$. *Dann gilt*

$$\lim\limits_{x \to x^*} f_1\big(f_2(x)\big) = g_1. \tag{6.21}$$

Satz 6.10: *Die Funktionen* $y = f_1(x)$, $x \in D_1$, *und* $y = f_2(x)$, $x \in D_2$, *haben die Grenzwerte* $\lim\limits_{x \to x^*} f_1(x) = g_1$ *und* $\lim\limits_{x \to x^*} f_2(x) = g_2$. *Dann gilt*

$$\lim\limits_{x \to x^*} \big(f_1(x) + f_2(x) \big) = \lim\limits_{x \to x^*} f_1(x) + \lim\limits_{x \to x^*} f_2(x) = g_1 + g_2 \tag{6.22}$$

$$\lim\limits_{x \to x^*} f_1(x) \cdot f_2(x) = \lim\limits_{x \to x^*} f_1(x) \cdot \lim\limits_{x \to x^*} f_2(x) = g_1 \cdot g_2 \tag{6.23}$$

$$\lim\limits_{x \to x^*} \frac{f_1(x)}{f_2(x)} = \frac{\lim\limits_{x \to x^*} f_1(x)}{\lim\limits_{x \to x^*} f_2(x)} = \frac{g_1}{g_2}, \qquad wenn \qquad g_2 \neq 0. \tag{6.24}$$

Die letzten beiden Sätze gelten auch für einseitige Grenzwerte und für Grenzwerte $x \to -\infty$ und $x \to \infty$.

Beispiel 6.11: $\lim\limits_{x \to 2} \dfrac{\sin(\pi x) - \cos(\pi x - \pi)}{x} = \dfrac{\sin(\pi 2) - \cos(\pi 2 - \pi)}{2} = \dfrac{1}{2}.$ ◁

Beispiel 6.12: *Wie verhält sich die Funktion* $y = f(x) = \dfrac{1}{x} \cdot \sin(x)$, $x \neq 0$, *für* $x \longrightarrow \infty$?

Lösung: Es gilt $0 \leq \left| \dfrac{1}{x} \cdot \sin(x) \right| = \left| \dfrac{1}{x} \right| \cdot \left| \sin(x) \right| \leq \left| \dfrac{1}{x} \right|$. Aus $\lim\limits_{x \longrightarrow \infty} \left| \dfrac{1}{x} \right| = 0$

folgt dann für den Grenzwert $\lim\limits_{x \longrightarrow \infty} \dfrac{1}{x} \cdot \sin(x) = 0$. ◁

Aufgabe 6.8: *Untersuchen Sie ob folgende Grenzwerte existieren und berechnen Sie diese gegebenenfalls.*

(1) $\lim\limits_{x \to -1} \dfrac{2x + 7}{3 + 4x}$ (2) $\lim\limits_{x \to \infty} 3 \sin(x^2)$ (3) $\lim\limits_{x \to \infty} \dfrac{3 \sin(x^2)}{x}$.

Definition 6.10: *Das Verhalten einer Funktion* f *für* $x \longrightarrow \infty$ *bzw.* $x \longrightarrow -\infty$ *nennt man* **asymptotisches Verhalten**. *Eine Funktion* g, *der sich die Funktion* f *für* $|x| \longrightarrow \infty$ *annähert und für die* $\dfrac{f(x)}{g(x)} \overset{|x| \to \infty}{\longrightarrow} 1$ *gilt, heißt* **Grenzfunktion** *oder* **Asymptote** *von* f.

Im Weiteren wird das asymptotische Verhalten **gebrochen rationaler Funktionen**

$$y = f(x) = \frac{\sum\limits_{k=0}^{m} a_k\, x^k}{\sum\limits_{k=0}^{n} b_k\, x^k} = \frac{a_m\, x^m + a_{m-1}\, x^{m-1} + \ldots + a_1\, x + a_0}{b_n\, x^n + b_{n-1}\, x^{n-1} + \ldots + b_1\, x + b_0}, \quad x \in D.$$

untersucht, die in der Definition 1.33 (Seite 64) eingeführt wurden. Das asymptotische Verhalten hängt wesentlich davon ab, ob eine echt oder unecht gebrochen rationale Funktion vorliegt.

Fall $n > m$, echt gebrochen rationale Funktion:
Nach Ausklammern der höchsten Potenzen von x und nach Kürzen folgt

$$\lim_{x \to \infty} \frac{a_m\, x^m + \ldots + a_1\, x + a_0}{b_n\, x^n + \ldots + b_1\, x + b_0} = \lim_{x \to \infty} \frac{x^m \left(a_m + \ldots + a_1 \frac{1}{x^{m-1}} + a_0 \frac{1}{x^m} \right)}{x^n \left(b_n + \ldots + b_1 \frac{1}{x^{n-1}} + b_0 \frac{1}{x^n} \right)}$$

$$= \lim_{x \to \infty} \frac{\left(a_m + \ldots + a_1 \frac{1}{x^{m-1}} + a_0 \frac{1}{x^m} \right)}{x^{n-m} \left(b_n + \ldots + b_1 \frac{1}{x^{n-1}} + b_0 \frac{1}{x^n} \right)} = 0\,.$$

D.h., jede echt gebrochen rationale Funktion nähert sich für sehr große bzw. sehr kleine x-Werte an die x-Achse an.

Fall $n \le m$, unecht gebrochen rationale Funktion:
Gemäß Satz 1.14 lässt sich jede unecht gebrochen rationale Funktion $f(x)$ darstellen als

$$f(x) = p(x) + r(x)\,, \tag{6.25}$$

wobei $p(x)$ ein Polynom und $r(x)$ eine echt gebrochen rationale Funktion ist. Da $\lim\limits_{|x| \to \infty} r(x) = 0$ gilt, ist das Polynom $p(x)$ gleich der Asymptote der unecht gebrochen rationalen Funktion $f(x)$.

Beispiel 6.13: *Gegeben ist die Funktion* $y = f(x) = \dfrac{x^2 - 1}{2x - 4}$, $x \ne 2$.
Untersuchen Sie (1) das asymptotische Verhalten dieser Funktion und (2) das Verhalten der Funktion für $x \longrightarrow 2$. *Die Graphen der Funktion und der Asymptote sind zu zeichnen.*

Lösung: Die Funktion f ist unecht gebrochen rational. Die Polynomdivision

$$(x^2 - 1) : (2x - 4) = \tfrac{1}{2}x + 1 + \text{ „Rest "}$$

$$\frac{-(x^2 - 2x)}{2x - 1}$$

$$\frac{-(2x - 4)}{3}$$

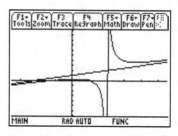

liefert dann nach dem Satz 1.14 (Seite 65)
die Darstellung

$$f(x) = \frac{1}{2}x + 1 + \frac{3}{2x - 4}, \quad x \neq 2,$$

Bild 6.6: *zu Beispiel 6.13*

aus der sich die Asymptote $g(x) = \dfrac{1}{2}x + 1$ der Funktion f ergibt.

Für den linksseitigen Grenzwert gilt

$$\lim_{x \nearrow 2} f(x) = \lim_{x \nearrow 2} \frac{x^2 - 1}{2x - 4} = \frac{(2_{-0})^2 - 1}{2 \cdot 2_{-0} - 4} = \text{„}\frac{3}{-0}\text{"} = -\infty.$$

In der letzten Gleichung wird durch 2_{-0} angedeutet, dass x von links
gegen 2 strebt. Bei diesem Grenzübergang bleiben der Zähler positiv und
der Nenner negativ. Es entsteht dabei symbolisch „eine Division durch -0".
Die Funktionswerte „wandern" folglich gegen $-\infty$ ab. Analog gilt für den
rechtsseitigen Grenzwert

$$\lim_{x \searrow 2} f(x) = \lim_{x \searrow 2} \frac{x^2 - 1}{2x - 4} = \frac{(2_{+0})^2 - 1}{2 \cdot 2_{+0} - 4} = \text{„}\frac{3}{+0}\text{"} = \infty.$$

Im Bild 6.6 sind die Funktion f, deren Asymptote und die (Pol-)Gerade
$x = 2$ dargestellt.   ◁

Aufgabe 6.9: *Untersuchen Sie, ob folgende Grenzwerte existieren und berechnen Sie diese gegebenenfalls.*

$$(1)\ \lim_{x \to 1} \frac{x^3 - 1}{4x - 4} \qquad (2)\ \lim_{x \to 1} \frac{x^3 - 1}{(4x - 4)^2} \qquad (3)\ \lim_{x \to 1} \frac{(x^3 - 1)(x - 1)}{4x - 4}.$$

Funktionsgrenzwerte werden mit dem Taschenrechner anlog zur Seite 184 mit
dem Befehl limit() bzw. Befehl lim() berechnet. Bei einseitigen Grenzwerten ist
dieser Befehl durch 1 (rechtsseitigen Grenzwert) bzw. durch -1 (linksseitigen
Grenzwert) zu erweitern (siehe Bild 6.7).

Beispiel 6.14 : *Die folgenden Grenzwerte*
sind mit einem CAS-*Rechner zu berechnen.*

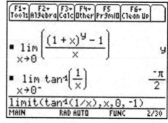

$$(1)\ \lim_{x \longrightarrow 0} \frac{(1 + x)^y - 1}{x} \qquad (2)\ \lim_{x \nearrow 0} \arctan\left(\frac{1}{x}\right)$$

Lösung: Mit dem TI-89 erhält man das nebenstehende Ergebnis.

Bild 6.7: *zu Beispiel 6.14*

Weitere wichtige Funktionsgrenzwerte sind in der Tabelle 6.1 angegeben.

$$\lim_{x \longrightarrow \infty} \frac{\ln(x)}{x^a} = 0 \qquad (a > 0) \tag{6.26}$$

$$\lim_{x \searrow 0} x^a \ln(x) = 0 \qquad (a > 0) \tag{6.27}$$

$$\lim_{x \longrightarrow 0} \frac{\sin(x)}{x} = 1 \tag{6.28}$$

Tabelle 6.1: *Wichtige Funktionsgrenzwerte*

Aus dem Grenzwert (6.28) folgt

$$\lim_{x \longrightarrow 0} \frac{\tan(x)}{x} = 1. \tag{6.29}$$

Die Grenzwerte aus (6.26) - (6.29) lassen sich mit einem CAS-Rechner über-prüfen. Bei diesen Grenzwerten ergeben sich unbestimmte Ausdrücke der Form „$\frac{\infty}{\infty}$", „$0 \cdot \infty$" bzw. „$\frac{0}{0}$". Die Untersuchung derartiger Grenzwerte wird auf der Seite 224 mit der Regel von de l'Hospital ausgeführt.

6.3   Stetigkeit von Funktionen

Definition 6.11: *Die Funktion* $y = f(x)$, $x \in D$, *heißt* **stetig an der Stelle** x^*, *wenn folgende Bedingungen erfüllt sind:*

(1)   *Es existiert eine δ-Umgebung von* x^* *mit* $U_\delta(x^*) \subset D$.
(2)   *Es existiert der Grenzwert* $\lim\limits_{x \longrightarrow x^*} f(x) = g$.
(3)   *Es gilt* $f(x^*) = g$.

Gilt wenigstens eine der Eigenschaften nicht, dann ist die Funktion **unstetig an der Stelle** x^*.

Eine Funktion ist an der Stelle x^* stetig, wenn der Graph der Funktion in der Umgebung des Punktes $(x^*; f(x^*))$ kontinuierlich (ohne Unterbrechung) verläuft.

Beispiel 6.15: *Es ist zu begründen, dass an der Stelle* $x^* = 0$ *die Funktion* $f_1(x) = |x| + 1$, $x \in \mathbb{R}$, *stetig und die Funktion* $f_2(x) = \text{sgn}(x)$, $x \in \mathbb{R}$, *nicht stetig ist.*

Lösung: Die Funktionsgrenzwerte dieser Funktionen an der Stelle $x^* = 0$ wurden bereits in den Beispielen 6.9 (Seite 193) und 6.10 (Seite 194) berechnet. Hieraus und aus der Definition 6.11 folgen die Behauptungen. $\triangleleft$

In den folgenden beiden Beispielen wird die Art der Unstetigkeitsstelle einer Funktionen näher erläutert.

Beispiel 6.16: *Die Funktion* $y = f_3(x) = \dfrac{(x-1)^3}{x-1} + 1$, $x \neq 1$, *ist an der Stelle* $x^* = 1$ *auf Stetigkeit zu untersuchen.*

Lösung: Die Funktion f_3 ist eine gebrochen rationale Funktion und hat an der Stelle $x^* = 1$ eine Definitionslücke (siehe Seite 64). Daraus folgt sofort die Unstetigkeit der Funktion an dieser Stelle. Nach Kürzen erhält man

$$f_3(x) = \frac{(x-1)^3}{x-1} + 1 = (x-1)^2 + 1, \ x \neq 1.$$

Für die einseitigen Grenzwerte gilt

$$\lim_{x \nearrow 1} f_3(x) = \lim_{x \searrow 1} f_3(x) = 1.$$

Der Graph der Funktion $y = f_3(x)$, $x \neq 1$, hat an der Stelle $x^* = 1$ eine **Lücke** (siehe nebenstehendes Bild). $\triangleleft$

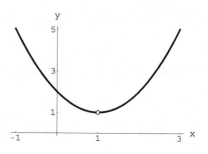

Bild 6.8: $y = f_3(x), \ x \neq 1$

Im Beispiel 6.16 existiert für die Funktion an der Unstetigkeitsstelle der Grenzwert. In diesem Fall lässt sich durch die zusätzliche Definition $f_3(1) := 1$ erreichen, dass die Funktion an der Stelle $x^* = 1$ stetig wird.

Definition 6.12: *Eine Definitionslücke, bei der die einseitigen Funktionsgrenzwerte existieren und übereinstimmen, heißt* **hebbare Definitionslücke**.

Die Definitionslücke $x^* = 1$ der Funktion f_3 ist hebbar.

Beispiel 6.17: *Die Funktionen*

$$y = f_4(x) = \begin{cases} x+1 & x \leq 1 \\ (x-1)^2 & x > 1 \end{cases} \quad und \quad y = f_5(x) = \frac{1}{(x-1)^2}, \ x \neq 1$$

sind an der Stelle $x^* = 1$ *auf Stetigkeit zu untersuchen.*

Lösung: Von der Funktion $f_4(x)$ existieren die einseitigen Grenzwerte

$$\lim_{x \nearrow 1} f_4(x) = \lim_{x \nearrow 1} (x+1) = 2 \quad \text{und} \quad \lim_{x \searrow 1} f_4(x) = \lim_{x \searrow 1} (x-1)^2 = 0.$$

Da diese Grenzwerte verschieden sind, ist diese Funktion an der Stelle $x^* = 1$ nicht stetig. Die Funktion $f_4(x)$ hat an dieser Stelle einen endlichen **Sprung** (Bild 6.9) der Höhe $h = \lim_{x \searrow 1} f_4(x) - \lim_{x \nearrow 1} f_4(x) = -2$.

Weil die Funktion $f_5(x)$ an der Stelle $x^* = 1$ nicht definiert ist, liegt an dieser Stelle eine Unstetigkeit vor. Für die einseitigen Grenzwerte gilt $\lim_{x \nearrow 1} f_5(x) = \infty$ und $\lim_{x \searrow 1} f_5(x) = \infty$, d.h., an dieser Stelle hat die Funktion einen „Sprung im Unendlichen". Man spricht in diesem Fall von einem **Pol**

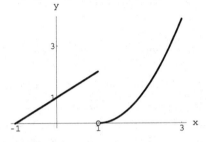

Bild 6.9: $f_4(x),\ x \in \mathbb{R}$ **Bild 6.10:** $f_5(x),\ x \neq 1$

der Funktion bzw. von einer **Polstelle** (siehe Bild 6.10).   ◁

Um einseitige Stetigkeiten betrachten zu können, muss die Stetigkeitsdefinition auf Seite 199 wie folgt modifiziert werden:

Definition 6.13: *Die Funktion* $y = f(x),\ x \in D$, *ist* **linksseitig stetig an der Stelle** x^* *(bzw.* **rechtsseitig stetig***), wenn folgende Bedingungen erfüllt sind:*

(1) *Es existiert ein* $\delta > 0$ *für das gilt*
$(x^* - \delta; x^*] \subset D$ *(bzw.* $[x^*; x^* + \delta) \subset D$ *)* .

(2) *Es existiert der Grenzwert* $\lim_{x \nearrow x^*} f(x) = g_-$ *(bzw.* $\lim_{x \searrow x^*} f(x) = g_+$*).*

(3) *Es gilt* $f(x^*) = g_-$ *(bzw.* $f(x^*) = g_+$*).*

Damit eine Funktion an einer Stelle einseitig stetig ist, muss an dieser Stelle der einseitige Grenzwert mit dem Funktionswert übereinstimmen. Da für die Funktion $f_4(x)$ aus Beispiel 6.17

$$\lim_{x \nearrow 1} f_4(x) = 2 = f_4(1) \qquad \lim_{x \searrow 1} f_4(x) = 0 \neq f_4(1)$$

gilt, ist diese Funktion an der Stelle $x^* = 1$ linksseitig stetig, jedoch nicht rechtsseitig stetig.

Satz 6.11 : *Eine Funktion $y = f(x)$, $x \in D$, ist an der Stelle x^* genau dann stetig, wenn f an der Stelle x^* sowohl linksseitig als auch rechtsseitig stetig ist.*

Bisher wurde die Stetigkeit einer Funktion nur an einer Stelle betrachtet. Jetzt wird die Stetigkeit einer Funktion in einem Intervall definiert.

Definition 6.14 : *Die Funktion $y = f(x)$ heißt* **im Intervall** I **stetig**, *wenn folgendes gilt:*

(1)   *Die Funktion f ist in jedem inneren Punkt von I stetig.*

(2)   *Wenn I linksseitig (rechtsseitig) abgeschlossen ist, dann ist die Funktion f in diesem Randpunkt rechtsseitig (linksseitig) stetig.*

Die Funktionen aus den Beispielen 6.16 und 6.17 sind in jedem Intervall stetig, das den Punkt $x^* = 1$ nicht enthält. Die Funktion f_4 ist außerdem auf Intervallen der Form $(a; 1]$, $a < 1$, stetig.

Beispiel 6.18 : *Wo ist die Funktion $y = f(x) = |x + 2| + 1$, $x \in \mathbb{R}$, stetig?*

Lösung: Da die Funktion darstellbar ist als

$$y = f(x) = \begin{cases} -(x + 2) + 1 = -x - 1 & \text{wenn } x \leq -2 \\ (x + 2) + 1 = x + 3 & \text{wenn } x > -2 \end{cases},$$

folgt zunächst die Stetigkeit für alle $x \in \mathbb{R}$ mit $x \neq -2$. Weil

$$\lim_{x \nearrow -2} f(x) = \lim_{x \searrow -2} f(x) = f(1) = 1$$

gilt, ist f auch für $x = -2$ und damit für alle $x \in \mathbb{R}$ stetig.   ◁

Satz 6.12: *Jede elementare Funktion ist stetig auf einem beliebigen Intervall des Definitionsbereiches, das keine Definitionslücken enthält.*

Auf den Beweis dieses Satzes muss hier verzichtet werden. Mit Hilfe dieses Satzes lässt sich das folgende Beispiel behandeln.

Beispiel 6.19: *Die folgenden Funktionen sind auf Stetigkeit zu untersuchen:*

$$y = g_1(x) = \ln(x),\ x > 0$$

$$y = g_2(x) = \tan(x),\ x \neq \frac{\pi}{2} + k\pi,\ k \in \mathbb{Z},$$

$$y = g_3(x) = e^{-2\sin(x)},\ x \in \mathbb{R}.$$

Lösung: Da g_1 eine Grundfunktion ist, deren Definitionsbereich $(0; \infty)$ keine Definitionslücken hat, ist die Funktion g_1 auf dem gesamten Intervall stetig. Die Funktion g_2 ist in jedem Intervall $(-\frac{\pi}{2} + k\pi; \frac{\pi}{2} + k\pi)$, $k \in \mathbb{Z}$, stetig, jedoch nicht überall auf der Menge $\mathbb{R}$. Die Funktion g_3 ist als mittelbare Funktion von Grundfunktionen eine elementare Funktion. Da sowohl die e-Funktion als auch die Sinusfunktion auf der Menge $\mathbb{R}$ stetig sind, ist die Funktion g_3 ebenfalls auf der Menge $\mathbb{R}$ stetig. ◁

Für stetige Funktionen gilt eine Reihe wichtiger Eigenschaften, die in den Anwendungen häufig verwendet werden. Zuvor wird die folgende Definition angegeben.

Definition 6.15: *Es bezeichne I ein Intervall, auf dem die Funktion $y = f(x)$ definiert sei. Die Funktion f nimmt an der Stelle $x^* \in I$ ihr* **absolutes Maximum (Minimum)** *$f(x^*)$ an, wenn für alle $x \in I$ gilt $f(x^*) \geq f(x)$ (bzw. $f(x^*) \leq f(x)$).*

Satz 6.13: *Die Funktion $y = f(x)$ sei auf dem Intervall $[a; b]$ definiert und dort stetig. Dann gelten folgende Aussagen:*

(1) *f ist auf $[a; b]$ beschränkt.*
(2) *f besitzt auf $[a; b]$ ein absolutes Minimum und ein absolutes Maximum.*
(3) *Wenn die Funktionswerte $f(a)$ und $f(b)$ unterschiedliches Vorzeichen haben, dann hat die Funktion f wenigstens eine Nullstelle im Intervall $(a; b)$.*

In der Literatur sind die zweite Aussage als **Satz von Weierstraß** und die dritte Aussage als **Satz von Bolzano** bekannt. Auf den Beweis des Satzes wird verzichtet. Die geometrische Veranschaulichung der Aussagen des Satzes 6.13 sei dem Leser überlassen.

Aufgabe 6.10: *Geben Sie für jede Funktion den größtmöglichen Definitionsbereich $D \subset \mathbb{R}$ an. Untersuchen Sie diese Funktionen auf Stetigkeit in D*

und charakterisieren Sie die Unstetigkeitsstellen.

(1) $y = f(x) = \dfrac{2x - 1}{3 + 2x}$ (2) $y = f(x) = 2|x + 2| + x$

(3) $y = f(x) = x \cdot \operatorname{sgn}(1 - x)$ (4) $y = f(x) = \dfrac{4x^2 + 2x - 6}{3 + 2x}$

(5) $y = f(x) = \sin(|x + 2| + x)$.

Aufgabe 6.11 : *Bestimmen Sie die Koeffizienten* a *und* b *so, dass die Funktion* $f(x)$ *stetig ist.*

(1) $y = f(x) = \begin{cases} x^2 + 2x & wenn & x \leq -1 \\ ax^2 - 3x & wenn & -1 < x \leq 1 \\ x + b & wenn & 1 < x . \end{cases}$

(2) $y = f(x) = \begin{cases} \sin(2x) & wenn & x \leq 0,25\pi \\ ax^2 + 3x & wenn & 0,25\pi < x . \end{cases}$

Kapitel 7

Differenzialrechnung

7.1 Ableitung einer Funktion

In Anwendungsaufgaben ergibt sich häufig das folgende

Problem: *Gegeben sind eine stetige (glatte) Funktion* $y = f(x)$, $x \in [a;b]$, *und eine Stelle* $x^* \in (a;b)$. *Wie lässt sich der Anstieg der Funktion* $y = f(x)$ *im Punkt* $P(x^*; f(x^*))$ *bestimmen und wie wird an den Graphen der Funktion* $y = f(x)$ *im Punkt* $P(x^*; f(x^*))$ *die Tangente* $y = g_0(x)$ *konstruiert?*

Lösung: Es wird eine (beliebige) δ-Umgebung $U_\delta(x^*)$ gewählt, die in $[a;b]$ liegt. In dieser Umgebung gibt man sich eine Stelle x_1 $(x_1 \neq x^*)$ vor. Durch die Punkte $P(x^*; f(x^*))$ und $Q(x_1; f(x_1))$ wird die sogenannte Sekantengerade $y = g_s(x)$ eindeutig festgelegt, die im Bild 7.1 punktiert gezeichnet wurde. Mit den Bezeichnungen $\Delta x = x_1 - x^*$ und $\Delta f = f(x_1) - f(x^*)$ ergibt sich für die Sekantengerade die Gleichung

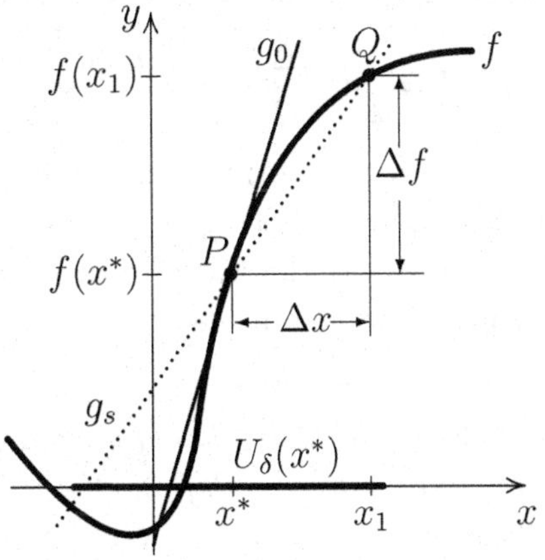

$$g_s(x) = \frac{\Delta f}{\Delta x} \cdot x + \left(f(x^*) - \frac{\Delta f}{\Delta x} \cdot x^* \right) .$$

Bild 7.1: *Tangente und Anstieg in* P

Der Anstieg dieser Geraden ist $m_s = \dfrac{\Delta f}{\Delta x}$. Wenn x_1 gegen x^* bzw. wenn Δx gegen 0 strebt, wandert der Punkt Q gegen den Punkt P. Die Gerade g_s wird dabei im Punkt P gedreht und geht in die Grenzlage über, die die Tangente an die Kurve der Funktion f im Punkt P ist. Dabei muss vorausgesetzt werden, dass der Grenzwert $\lim\limits_{\Delta x \to 0} \dfrac{\Delta f}{\Delta x} = m_0$ existiert. In diesem Fall lautet die Gleichung der Tangente

$$y = g_0(x) = m_0 x + \left(f(x^*) - m_0 x^*\right) \tag{7.1}$$

Der Anstieg m_0 der Tangente ist gleich dem Anstieg der Funktion f im Punkt P. $\qquad\qquad\qquad\qquad\qquad\qquad\qquad\qquad\qquad\qquad\qquad\qquad\triangleleft$

Der Anstieg der Sekantengeraden g_s

$$\frac{\Delta f}{\Delta x} = \frac{f(x_1) - f(x^*)}{x_1 - x^*} = \frac{f(x^* + \Delta x) - f(x^*)}{\Delta x} \tag{7.2}$$

heißt **Differenzenquotient von** $y = f(x)$ **im Punkt** $(x^*; f(x^*))$ bzw. **an der Stelle** x^*.

Bemerkung: Die Berechnung der Augenblicksgeschwindigkeit v^* eines Massenpunktes zur Zeit t^* führt auf ein analoges Problem:
Wenn mit $y = f(t)$, $t \ge 0$, die zur Zeit t zurückgelegte Wegstrecke eines Massenpunktes beschrieben wird, dann gibt

$$\frac{\Delta f}{\Delta t} = \frac{f(t^* + \Delta t) - f(t^*)}{\Delta t}$$

die Durchschnittsgeschwindigkeit des Massenpunktes im Intervall $[t^*; t^* + \Delta t]$ an. Die Augenblicksgeschwindigkeit zur Zeit t^* ist dann

$$v^* = \lim_{\Delta t \to 0} \frac{\Delta f}{\Delta t} = \frac{f(t^* + \Delta t) - f(t^*)}{\Delta t}\,.$$

Bei der Konstruktion der Tangente an die Kurve der Funktion $y = f(x)$ im Punkt $P(x^*; f(x^*))$ muss der Grenzwert des Differenzenquotienten für $\Delta x \longrightarrow 0$ gebildet werden. Dieser Grenzübergang wird in der folgenden Definition näher behandelt.

Definition 7.1: *Die Funktion* $y = f(x)$, *die in einer* δ-*Umgebung* $U_\delta(x^*)$ *von* x^* *definiert ist, heißt* (**nach** x) **differenzierbar an der Stelle** x^*, *wenn der Grenzwert*

$$\lim_{\Delta x \to 0} \frac{f(x^* + \Delta x) - f(x^*)}{\Delta x} \tag{7.3}$$

existiert. Diesen Grenzwert nennt man (**erste**) **Ableitung der Funktion** f (**nach** x) **an der Stelle** x^* *und bezeichnet ihn mit* $f'(x^*)$.

Die Ableitung einer Zeitfunktion $f(t)$ wird auch durch einen Punkt gekennzeichnet und man schreibt $\lim\limits_{\Delta t \to 0} \dfrac{\Delta f}{\Delta t} = \dot{f}(t^*)$. Für die Ableitung der Funktion f an der Stelle x^* verwendet man die äquivalenten Schreibweisen

$$f'(x^*) = \left.\frac{df}{dx}\right|_{x=x^*} = \left.\frac{d}{dx}f\right|_{x=x^*} \tag{7.4}$$

und man sagt „f Strich von x^*" bzw. „df nach dx an der Stelle $x = x^*$".

Definition 7.2: $\dfrac{df}{dx}$ *heißt* **Differenzialquotient** *der Funktion* f.

Aus (7.2) und (7.3) folgt: Der Differenzialquotient ist Grenzwert des Differenzenquotienten. Mit der Definition 7.1 lässt sich die Gleichung (7.1) der Tangente an die Funktion $y = f(x)$ im Punkt $P(x^*; f(x^*))$ schreiben als

$$\begin{aligned} y = g_0(x) &= f'(x^*) \cdot x + (f(x^*) - f'(x^*) \cdot x^*) \\ &= f'(x^*) \cdot (x - x^*) + f(x^*), \quad x \in D. \end{aligned} \tag{7.5}$$

Beispiel 7.1: *Für die Funktion* $y = f(x) = x^4$, $x \in \mathbb{R}$, *ist die Ableitung an der Stelle* $x^* = 1$ *zu berechnen.*

Lösung: $f'(1) = \lim\limits_{\Delta x \to 0} \dfrac{f(1 + \Delta x) - f(1)}{\Delta x} = \lim\limits_{\Delta x \to 0} \dfrac{(1 + \Delta x)^4 - 1^4}{\Delta x}$

$$= \lim_{\Delta x \to 0} \frac{\not{1} + 4\Delta x + 6(\Delta x)^2 + 4(\Delta x)^3 + (\Delta x)^4 - \not{1}}{\Delta x}$$

$$= \lim_{\Delta x \to 0} 4 + 6\Delta x + 4(\Delta x)^2 + (\Delta x)^3 = 4. \qquad \triangleleft$$

Die punktweise Differenzierbarkeit einer Funktion wird jetzt benutzt, um die Differenzierbarkeit einer Funktion in einem Intervall zu definieren.

Definition 7.3: *Die Funktion* $y = f(x)$, $x \in D$, *ist* **im Intervall** G, $G \subset D$, **differenzierbar**, *wenn sie in jedem Punkt von* G *differenzierbar ist.*

Zu beachten ist, dass in Intervallendpunkten nur einseitige Grenzwerte gebildet werden. Der linksseitige (bzw. rechtsseitige) Grenzwert führt dann zur **linksseitigen Ableitung** (bzw. **rechtsseitigen Ableitung**). Ausgehend von der Differenzierbarkeit in einem Intervall wird die Ableitungsfunktion definiert.

Definition 7.4: *Die Funktion $y = f(x)$, $x \in D$, sei für alle $x \in D'$, $D' \subset D$, differenzierbar. Dann heißt die Funktion*

$$f'|D' \longrightarrow \mathbb{R}, \quad x \longmapsto f'(x)$$

(erste) Ableitungsfunktion *oder* **(erste) Ableitung** *von f. Bezeichnung: $y' = f'(x)$, $x \in D'$*

Bemerkung: Wenn die Funktion f differenzierbar ist und die Ableitung f' eine stetige Funktion ist, dann nennt man die Funktion f **stetig differenzierbar**.

Beispiel 7.2: *Gesucht ist die erste Ableitung von $y = f(x) = x^4$, $x \in \mathbb{R}$, aus Beispiel 7.1.*

Lösung: Analog zu Beispiel 7.1 gilt

$$(x^4)' = \lim_{\Delta x \to 0} \frac{f(x + \Delta x) - f(x)}{\Delta x} = \lim_{\Delta x \to 0} \frac{(x + \Delta x)^4 - x^4}{\Delta x}$$

$$= \lim_{\Delta x \to 0} \frac{x^4 + 4x^3 \Delta x + 6x^2 (\Delta x)^2 + 4x(\Delta x)^3 + (\Delta x)^4 - x^4}{\Delta x}$$

$$= \lim_{\Delta x \to 0} 4x^3 + 6x^2 \Delta x + 4x(\Delta x)^2 + (\Delta x)^3 = 4x^3 \,.$$

Da dieser Grenzwert für alle $x \in \mathbb{R}$ existiert, folgt für die 1. Ableitung

$$y' = f'(x) = 4x^3, \ x \in \mathbb{R} \,. \qquad\qquad\qquad \triangleleft$$

Satz 7.1 *Eine differenzierbare Funktion ist stetig.*

Auf die Angabe des **Beweises** wird verzichtet. Wie das folgende Beispiel zeigt, gilt die Umkehrung des Satzes nicht.

Beispiel 7.3: *Gesucht ist die erste Ableitung der Betragsfunktion*

$$y = f(x) = \mathrm{abs}(x) = |x| = \begin{cases} -x & \text{für} & x < 0 \\ x & \text{für} & x \geq 0 \end{cases} , \ x \in \mathbb{R} \,.$$

Lösung: Der Graph der Betragsfunktion ist im Bild 1.9 (Seite 34) dargestellt. Wenn $x \neq 0$ ist, gilt

$$\big(\mathrm{abs}(x)\big)' = \lim_{\Delta x \to 0} \frac{f(x + \Delta x) - f(x)}{\Delta x} = \lim_{\Delta x \to 0} \frac{|x + \Delta x| - |x|}{\Delta x} = \begin{cases} -1 & \text{für } x < 0 \\ 1 & \text{für } x > 0 \end{cases} .$$

An der Stelle $x_0 = 0$ existieren die einseitigen Grenzwerte

$$\lim_{\Delta x \nearrow 0} \frac{f(0 + \Delta x) - f(0)}{\Delta x} = -1 \quad \text{und} \quad \lim_{\Delta x \searrow 0} \frac{f(0 + \Delta x) - f(0)}{\Delta x} = 1.$$

Da die einseitigen Grenzwerte verschieden sind, ist die Betragsfunktion an der Stelle $x_0 = 0$ nicht differenzierbar. D.h., die Funktion $\text{abs}(x)$ ist für $x \neq 0$ differenzierbar. ◁

Die Betragsfunktion hat im Punkt $P(0; 0)$ einen „Knick" und ist hier nicht „glatt". In diesem Punkt ist es nicht möglich, eindeutig eine Tangente an den Graphen der Funktion mit Hilfe der Sekantengeraden zu konstruieren. Die Ableitungsfunktion $\big(\text{abs}(x)\big)'$ ist an der Stelle $x_0 = 0$ nicht definiert.

Beispiel 7.4: *Gesucht ist die erste Ableitung von* $y = f(x) = \sqrt[3]{x}$, $x \geq 0$.

Lösung: Für die Berechnung des Grenzwertes wird der Differenzenquotient so erweitert, dass bei diesem Grenzübergang keine unbestimmten Ausdrücke entstehen.

$$
\begin{aligned}
(\sqrt[3]{x})' &= \lim_{\Delta x \to 0} \frac{\sqrt[3]{x + \Delta x} - \sqrt[3]{x}}{\Delta x} \\
&= \lim_{\Delta x \to 0} \frac{(\sqrt[3]{x + \Delta x} - \sqrt[3]{x})\left(\sqrt[3]{(x + \Delta x)^2} + \sqrt[3]{x(x + \Delta x)} + \sqrt[3]{x^2}\right)}{\Delta x \left(\sqrt[3]{(x + \Delta x)^2} + \sqrt[3]{x(x + \Delta x)} + \sqrt[3]{x^2}\right)} \\
&= \lim_{\Delta x \to 0} \frac{\Delta x}{\Delta x \left(\sqrt[3]{(x + \Delta x)^2} + \sqrt[3]{x(x + \Delta x)} + \sqrt[3]{x^2}\right)} = \frac{1}{3\sqrt[3]{x^2}}.
\end{aligned}
$$

Dieser Grenzwert existiert für $x > 0$. Daraus folgt $y' = f'(x) = \dfrac{1}{3\sqrt[3]{x^2}}$, $x > 0$.
An der Stelle $x_0 = 0$ existiert der rechtsseitige Grenzwert nicht. ◁

Am Beispiel 7.4 wird ersichtlich, dass die Ausführung des Grenzübergangs zur Berechnung der Ableitung im Allgemeinen kompliziert ist. Der Grenzübergang kann umgangen werden, wenn man die Ableitungen der Grundfunktionen kennt und Ableitungsregeln ausnutzt.

7.2 Ableitung einiger elementarer Funktionen

Es wird mit der Berechnung der Ableitung einer Funktion begonnen, die auf ihrem Definitionsbereich konstant ist.

Satz 7.2: *Es sei* $y = f(x) = c$, $x \in \mathbb{R}$, *wobei* c *eine reelle Konstante bezeichnet. Dann gilt* $y' = (c)' = 0$, $x \in \mathbb{R}$.

Beweis: $(c)' = \lim\limits_{\Delta x \to 0} \dfrac{f(x + \Delta x) - f(x)}{\Delta x} = \lim\limits_{\Delta x \to 0} \dfrac{c - c}{\Delta x} = 0$. ◀

Der nächste Satz gibt die Ableitung von Potenzfunktionen an.

Satz 7.3: *Es sei* $a \in \mathbb{R}$ *eine Konstante. Für* $y = f(x) = x^a$, $x \in D$, *gilt* $y' = f'(x) = (x^a)' = a \cdot x^{a-1}$, $x \in D'$.

Beweis: Der Beweis wird nur für den Spezialfall $a \in \mathbb{N} \setminus \{0\}$ und analog zum Beispiel 7.2 (Seite 208) geführt. Aus der binomischen Formel (Satz 1.17) folgt

$$(x^a)' = \lim\limits_{\Delta x \to 0} \frac{f(x + \Delta x) - f(x)}{\Delta x} = \lim\limits_{\Delta x \to 0} \frac{(x + \Delta x)^a - x^a}{\Delta x} =$$

$$\lim\limits_{\Delta x \to 0} \frac{\cancel{x^a} + \binom{a}{1} x^{a-1}\Delta x + \binom{a}{2} x^{a-2}(\Delta x)^2 + \cdots + \binom{a}{a} (\Delta x)^a - \cancel{x^a}}{\Delta x} = ax^{a-1}.$$

◀

Bemerkung: Der Definitionsbereich D der Potenzfunktion und damit auch der Definitionsbereich D' ($D' \subset D$) der Ableitung ist vom Exponenten a abhängig. Für $a \in \mathbb{N}$ gilt $D' = \mathbb{R}$ bzw. für $a \in \mathbb{Z} \setminus \mathbb{N}$ gilt $D' = \mathbb{R} \setminus \{0\}$ (siehe hierzu auch die Seiten 45 f.).

Satz 7.4 : *Für die Ableitung der Sinus- bzw. Kosinusfunktion gilt* $\big(\sin(x)\big)' = \cos(x)$, $x \in \mathbb{R}$ *bzw.* $\big(\cos(x)\big)' = -\sin(x)$, $x \in \mathbb{R}$.

Beweis: Aus der Gleichung (1.20) folgt zunächst

$$\sin(x + \Delta x) - \sin(x) = 2\cos\left(x + \frac{\Delta x}{2}\right)\sin\left(\frac{\Delta x}{2}\right).$$

Damit lässt sich der folgende Grenzwert berechnen.

$$\big(\sin(x)\big)' = \lim\limits_{\Delta x \to 0} \frac{\sin(x + \Delta x) - \sin(x)}{\Delta x} = \lim\limits_{\Delta x \to 0} \cos\left(x + \frac{\Delta x}{2}\right)\frac{\sin\left(\frac{\Delta x}{2}\right)}{\frac{\Delta x}{2}} = \cos(x).$$

Bei der letzten Gleichung wurde der Grenzwert $\lim\limits_{z \to 0} \dfrac{\sin(z)}{z} = 1$ aus (6.28) (Seite 199) benutzt. Die Ableitung der Kosinusfunktion ergibt sich analog. ◀

> **Satz 7.5:** *Für die Ableitung der e-Funktion gilt* $\left(e^x\right)' = e^x$, $x \in \mathbb{R}$.

Beweis: Es gilt $\lim\limits_{z \to 0} \dfrac{e^z - 1}{z} = 1$ (siehe Aufgabe 7.11 auf der Seite 226).

Hieraus folgt dann $\left(e^x\right)' = \lim\limits_{\Delta x \to 0} \dfrac{e^{x + \Delta x} - e^x}{\Delta x} = \lim\limits_{\Delta x \to 0} e^x \cdot \dfrac{e^{\Delta x} - 1}{\Delta x} = e^x.$ ◀

Die Ergebnisse dieses Abschnitts werden auf der Seite 216 noch einmal zusammengefasst.

7.3   Ableitungsregeln

Im Weiteren bezeichnen $y = u(x)$, $x \in D$, und $y = v(x)$, $x \in D$, auf D' differenzierbare Funktionen.

> **Satz 7.6:** *Gegeben sei die Linearkombination zweier Funktionen*
> $y = f(x) = a \cdot u(x) + b \cdot v(x)$, $x \in D$, *wobei* a *und* b *reelle Konstanten*
> *sind. Dann gilt* $y' = f'(x) = a \cdot u'(x) + b \cdot v'(x)$, $x \in D'$.

Beweis: $\left(a \cdot u(x) + b \cdot v(x)\right)'$

$$= \lim_{\Delta x \to 0} \frac{\left(a \cdot u(x + \Delta x) + b \cdot v(x + \Delta x)\right) - \left(a \cdot u(x) + b \cdot v(x)\right)}{\Delta x}$$

$$= \lim_{\Delta x \to 0} \left(\frac{a \cdot u(x + \Delta x) - a \cdot u(x)}{\Delta x} + \frac{b \cdot v(x + \Delta x) - b \cdot v(x)}{\Delta x}\right)$$

$$= a \cdot \lim_{\Delta x \to 0} \frac{u(x + \Delta x) - u(x)}{\Delta x} + b \cdot \lim_{\Delta x \to 0} \frac{v(x + \Delta x) - v(x)}{\Delta x}$$

$$= a \cdot u'(x) + b \cdot v'(x), \; x \in D'. \qquad ◀$$

Der Satz 7.6 lässt sich auf eine Linearkombination von n differenzierbaren Funktionen verallgemeinern.

> **Satz 7.7:** $u_1(x); \ldots; u_n(x)$, $x \in D$, *seien auf D' differenzierbare Funktionen und* $a_1; \ldots; a_n$ *bezeichnen reelle Konstanten. Für die Ableitung der Funktion* $y = f(x) = \sum\limits_{i=1}^{n} a_i \cdot u_i(x)$, $x \in D$, *gilt*
>
> $$y' = f'(x) = \sum_{i=1}^{n} a_i \cdot u_i'(x), \; x \in D'. \qquad (7.6)$$

Beweis: Es wird der Satz 7.6 wiederholt angewendet.

$$\left(\sum_{i=1}^{n} a_i \cdot u_i(x)\right)' = \left(a_1 u_1(x) + \sum_{i=2}^{n} a_i \cdot u_i(x)\right)' = a_1 u_1'(x) + \left(\sum_{i=2}^{n} a_i \cdot u_i(x)\right)'$$

$$= a_1 u_1'(x) + \left(a_2 u_2 + \sum_{i=3}^{n} a_i \cdot u_i(x)\right)' = a_1 u_1'(x) + a_2 u_2'(x) + \left(\sum_{i=3}^{n} a_i \cdot u_i(x)\right)'$$

$$= \ldots = a_1 u_1'(x) + a_2 u_2'(x) + \ldots a_{n-2} u_{n-2}'(x) + \left(a_{n-1} \cdot u_{n-1}(x) + a_n \cdot u_n(x)\right)'$$

$$= \sum_{i=1}^{n} a_i \cdot u_i'(x) \qquad \blacktriangleleft$$

Beispiel 7.5: *Zu berechnen ist die Ableitung von*
$y = f(x) = 6x^7 - 3x^5 + x^2 - 5,\ x \in \mathbb{R}.$

Lösung: Die Funktion f ist eine Linearkombination von Potenzfunktionen. Folglich gilt:

$$y' = f'(x) = 42x^6 - 15x^4 + 2x,\ x \in \mathbb{R}. \qquad \triangleleft$$

Satz 7.8 : *Es sei* $y = f(x) = u(x) \cdot v(x),\ x \in D.$ *Dann gilt die* **Produktregel**

$$y' = f'(x) = u'(x) \cdot v(x) + u(x) \cdot v'(x), \qquad x \in D'. \tag{7.7}$$

Beweis: $\displaystyle \bigl(u(x) \cdot v(x)\bigr)' = \lim_{\Delta x \to 0} \frac{u(x + \Delta x) \cdot v(x + \Delta x) - u(x) \cdot v(x)}{\Delta x}$

$$= \lim_{\Delta x \to 0} \frac{\bigl(u(x + \Delta x) - u(x)\bigr) \cdot v(x + \Delta x) + u(x) \cdot \bigl(v(x + \Delta x) - v(x)\bigr)}{\Delta x}$$

$$= \lim_{\Delta x \to 0} \frac{\bigl(u(x + \Delta x) - u(x)\bigr)}{\Delta x} \cdot v(x + \Delta x) + \lim_{\Delta x \to 0} u(x) \cdot \frac{\bigl(v(x + \Delta x) - v(x)\bigr)}{\Delta x}$$

$$= u'(x) \cdot v(x) + u(x) \cdot v'(x), \qquad x \in D'.$$

Im letzten Schritt wurde die Stetigkeit der Funktion $v(x)$ verwendet. $\qquad \blacktriangleleft$

Die Übertragung der Produktregel aus dem letzten Satz auf n-fache Produkte führt zur **verallgemeinerten Produktregel**, die im folgenden Satz angegeben wird.

Satz 7.9: $u_1(x); \ldots; u_n(x)$, $x \in D$, seien auf D' differenzierbare Funktionen. Die Funktion $y = f(x) = u_1(x) \cdot u_2(x) \cdot \ldots \cdot u_n(x)$, $x \in D$, besitzt die Ableitung $y' = f'(x) = u_1'(x) \cdot u_2(x) \cdot \ldots \cdot u_n(x) + u_1(x) \cdot u_2'(x) \cdot \ldots \cdot u_n(x) + \cdots + u_1(x) \cdot u_2(x) \cdot \ldots \cdot u_n'(x)$, $x \in D'$.

Der **Beweis** des Satzes wird analog zum Beweis des Satzes 7.8 geführt, indem die Produktregel (7.7) mehrfach angewendet werden muss.

Beispiel 7.6: *Berechnen Sie die Ableitung von* $y = f(x) = \mathrm{e}^x \cos(x)$, $x \in \mathbb{R}$.

Lösung: Werden $u(x) = \mathrm{e}^x$ und $v(x) = \cos(x)$ gesetzt, folgt $u'(x) = \mathrm{e}^x$ und $v'(x) = -\sin(x)$. Mit Hilfe der Produktregel (7.7) ergibt sich dann

$$y' = \Big(u(x) \cdot v(x)\Big)' = \mathrm{e}^x \cos(x) - \mathrm{e}^x \sin(x) = \mathrm{e}^x\big(\cos(x) - \sin(x)\big), \ x \in \mathbb{R}. \ \triangleleft$$

Beispiel 7.7: *Gesucht ist die Ableitung der Funktion*
$y = f(x) = x^2 \sin(x) \cos(x)$, $x \in \mathbb{R}$.

Lösung: Wir setzen $u_1(x) = x^2$, $u_2(x) = \sin(x)$ und $u_3(x) = \cos(x)$. Es folgt $u_1'(x) = 2x$, $u_2'(x) = \cos(x)$ und $u_3'(x) = -\sin(x)$. Aus dem Satz 7.9 ergibt sich dann

$$y' = u_1'(x) \cdot u_2(x) \cdot u_3(x) + u_1(x) \cdot u_2'(x) \cdot u_3(x) + u_1(x) \cdot u_2(x) \cdot u_3'(x)$$
$$= 2x \cdot \sin(x) \cdot \cos(x) + x^2 \cdot \cos^2(x) - x^2 \cdot \sin^2(x).$$

Werden noch die Winkelbeziehungen (1.19) auf der Seite 51 für den doppelten Winkel verwendet, folgt

$$y' = f'(x) = x \cdot \sin(2x) + x^2 \cdot \cos(2x), \ x \in \mathbb{R}. \qquad \triangleleft$$

Satz 7.10: *Es sei* $y = f(x) = \dfrac{u(x)}{v(x)}$, $x \in D$. *Dann gilt die* **Quotientenregel**

$$y' = f'(x) = \frac{u'(x) \cdot v(x) - u(x) \cdot v'(x)}{v^2(x)}, \ x \in D'. \tag{7.8}$$

Beweis: Die Differenziation der Gleichung $u(x) = \dfrac{u(x)}{v(x)} \cdot v(x)$ mit der Produktregel liefert $u'(x) = \left(\dfrac{u(x)}{v(x)}\right)' \cdot v(x) + \dfrac{u(x)}{v(x)} \cdot v'(x)$. Löst man diese Gleichung nach $f'(x) = \left(\dfrac{u(x)}{v(x)}\right)'$ auf, folgt die Behauptung. $\blacktriangleleft$

Beispiel 7.8: *Gesucht ist die Ableitung der Tangensfunktion*

$$y = f(x) = \tan(x),\ x \in D = \left\{x \in \mathbb{R}\Big|\ x \neq \frac{(2k+1)\pi}{2},\ k \in \mathbb{Z}\right\}.$$

Lösung: Da $\tan(x) = \dfrac{\sin(x)}{\cos(x)} = \dfrac{u(x)}{v(x)},\ x \in D,$ und

$u'(x) = \cos(x),\ v'(x) = -\sin(x)$ gilt, kann mit der Quotientenregel die Ableitung berechnet werden:

$$\left(\tan(x)\right)' = \left(\frac{u(x)}{v(x)}\right)' = \frac{\cos^2(x) + \sin^2(x)}{\cos^2(x)} = 1 + \tan^2(x),\quad x \in D. \quad \triangleleft$$

Aufgabe 7.1: *Berechnen Sie die Ableitungen der folgenden Funktionen.*

(1) $y = f(x) = \left(\sqrt[m]{x}\right)^n,\ x \in D$ (2) $y = f(x) = \cot(x),\ x \neq k\pi,\ k \in \mathbb{Z}.$

Satz 7.11: *Es seien die Funktionen $h|D_h \longrightarrow W_h;\ x \longmapsto h(x)$ auf D_h und $g|D_g \longrightarrow W_g;\ x \longmapsto g(x),$ auf D_g differenzierbar, wobei $W_g \subset D_h$ gilt. Dann ist die mittelbare Funktion*

$y = h\big(g(x)\big),\ x \in D_g,$ *differenzierbar, und es gilt die* **Kettenregel**

$$y' = h'\big(g(x)\big) \cdot g'(x),\ x \in D_g. \tag{7.9}$$

Auf die Angabe des **Beweises** wird hier verzichtet. Die Kettenregel besagt, dass zuerst die äußere Funktion h nach g differenziert wird und anschließend die Funktion g nach x. In Differenzialschreibweise heißt das

$$\frac{dh}{dx} = \left(h\big(g(x)\big)\right)' = \frac{dh}{dg} \cdot \frac{dg}{dx}\,, \tag{7.10}$$

wobei der Differenzialquotient $\dfrac{dh}{dx}$ formal mit dg erweitert wurde.

Beispiel 7.9: *Gesucht ist die Ableitung von $y = f(x) = \sin(3\sqrt{x}),\ x \geq 0.$*

Lösung: $y = f(x) = \sin(3\sqrt{x}),\ x \geq 0,$ ist eine mittelbare Funktion, bei der $y = h(g) = \sin(g),\ g \in \mathbb{R},$ die äußere Funktion und $g(x) = 3\sqrt{x},\ x \geq 0,$ die innere Funktion bezeichnen. Hieraus resultiert

$$\frac{dh}{dg} = h'(g) = \cos(g),\ g \in \mathbb{R}, \qquad \text{und} \qquad \frac{dg}{dx} = g'(x) = \frac{3}{2\sqrt{x}},\ x > 0$$

$$y' = f'(x) = h'\big(g(x)\big) \cdot g'(x) = \cos(3\sqrt{x}) \cdot \frac{3}{2\sqrt{x}},\ x > 0\,.$$

Für $x = 0$ existiert die (rechtsseitige) Ableitung nicht. $\triangleleft$

Wie das folgende Beispiel zeigt, lässt sich die Kettenregel auch bei mehrfach verketteten Funktionen anwenden.

Beispiel 7.10: *Gesucht ist die Ableitung von* $y = f(x) = e^{\cos^2(x)}$, $x \in \mathbb{R}$.

Lösung: $y = f(x) = h\Big(g_1\big(g_2(x)\big)\Big)$, $x \in \mathbb{R}$, ist eine zweifach verkettete Funktion. Die äußere Funktion ist $y = h(g_1) = e^{g_1}$, $g_1 \in \mathbb{R}$, die inneren Funktionen sind $g_1(g_2) = (g_2)^2$, $g_2 \in \mathbb{R}$, $g_2(x) = \cos(x)$, $x \in \mathbb{R}$. Hieraus resultiert

$$\frac{dh}{dg_1} = h'(g_1) = e^{g_1}, \quad \frac{dg_1}{dg_2} = g_1'(g_2) = 2g_2, \quad \frac{dg_2}{dx} = g_2'(x) = -\sin(x)$$

$$\implies y' = f'(x) = h'\Big(g_1\big(g_2(x)\big)\Big) \cdot g_1'\big(g_2(x)\big) \cdot g_2'(x) = \frac{dh}{dg_1} \cdot \frac{dg_1}{dg_2} \cdot \frac{dg_2}{dx}$$

$$= e^{\cos^2(x)} \cdot 2\cos(x) \cdot (-\sin(x)) = -e^{\cos^2(x)} \cdot \sin(2x), \quad x \in \mathbb{R}. \quad \triangleleft$$

Die Kettenregel lässt sich auch für die Berechnung der Ableitungsfunktion von Umkehrfunktionen verwenden.

Satz 7.12: *Die Ableitung* $\big(f^{-1}\big)'$ *der inversen Funktion* $g(x) = f^{-1}(x)$, $x \in D_{f^{-1}}$, *ergibt sich aus*

$$g'(x) = \Big(f^{-1}(x)\Big)' = \frac{1}{f'\big(f^{-1}(x)\big)}, \quad x \in D'_{f^{-1}} \subset D_{f^{-1}}. \qquad (7.11)$$

Beweis: Die inverse Funktion erfüllt nach (1.10) (Seite 42) die Gleichung $x = f\big(f^{-1}(x)\big)$, $x \in D_{f^{-1}}$. Die Differenziation dieser Gleichung mit der Kettenregel liefert

$$1 = \Big(f\big(f^{-1}(x)\big)\Big)' = f'\big(f^{-1}(x)\big) \cdot \Big(f^{-1}(x)\Big)',$$

woraus sofort die Behauptung folgt. ◄

Beispiel 7.11: *Gesucht sind die Ableitungen der Funktionen*
(1) $y = f(x) = \arcsin(x)$, $x \in [-1; 1]$, *und* (2) $y = f(x) = \ln(x)$, $x > 0$.

Lösung: zu (1): Die Arkussinusfunktion ist die Umkehrfunktion zur Sinusfunktion. Aus dem Satz 7.12 und dem Satz des Pythagoras folgt dann

$$\big(\arcsin(x)\big)' = \frac{1}{\cos\big(\arcsin(x)\big)} = \frac{1}{\sqrt{1 - \big(\sin\big(\arcsin(x)\big)\big)^2}} = \frac{1}{\sqrt{1 - x^2}},$$

$$x \in (-1; 1).$$

<u>zu (2)</u>: Da die ln-Funktion die Umkehrfunktion der e-Funktion ist, ergibt sich aus (7.11) $\left(\ln(x)\right)' = \dfrac{1}{\mathrm{e}^{\ln(x)}} = \dfrac{1}{x}, \quad x > 0$.   ◁

Beispiel 7.12: *Gesucht ist die Ableitung der Funktion* $f(x) = x^x$, $x > 0$.

Lösung: Mit der Kettenregel und der Produktregel ergibt sich

$$\left(x^x\right)' = \left(\mathrm{e}^{x\,\ln(x)}\right)' = \mathrm{e}^{x\,\ln(x)}\left(\ln(x) + \frac{x}{x}\right) = x^x\left(\ln(x) + 1\right).$$ ◁

Aufgabe 7.2: *Berechnen Sie die Ableitungen der folgenden Funktionen.*

(1) $y = f(x) = \cosh(x)$, $x \in \mathbb{R}$ (2) $y = f(x) = \arctan(x)$, $x \in \mathbb{R}$.

In der Tabelle 7.1 werden die Ableitungen von wichtigen elementaren Funktionen und hyperbolischen Funktionen zusammengestellt. Wenn der Definitionsbereich einer Ableitungsfunktion nicht angegeben ist, gilt stets $D' = \mathbb{R}$. Der Definitionsbereich D'_a der Ableitungsfunktion ist vom Exponenten a abhängig. Siehe hierzu die Bemerkung zum Satz 7.3 auf der Seite 210 und die Seiten 45 f.

$f(x)$	$f'(x)$	$f(x)$	$f'(x)$
$c \; (c \in \mathbb{R})$	0	e^x	e^x
$x^a \; (a \in \mathbb{R})$	$a\,x^{a-1}, \; x \in D'_a$	$\ln(x)$	$\dfrac{1}{x}, \quad x > 0$
$\sin(x)$	$\cos(x)$	$\arcsin(x)$	$\dfrac{1}{\sqrt{1-x^2}}, \; x \in (-1;1)$
$\cos(x)$	$-\sin(x)$	$\arccos(x)$	$-\dfrac{1}{\sqrt{1-x^2}}, \; x \in (-1;1)$
$\tan(x)$	$\dfrac{1}{\cos^2(x)} = 1 + \tan^2(x),$ $x \neq \frac{(2k+1)\pi}{2}, \; k \in \mathbb{Z}$	$\arctan(x)$	$\dfrac{1}{1+x^2}$
$\sinh(x)$	$\cosh(x)$	$\cosh(x)$	$\sinh(x)$

Tabelle 7.1: *Ableitungen wichtiger Funktionen*

Aufgabe 7.3 : *Berechnen Sie die Ableitungen der folgenden Funktionen auf dem größtmöglichen Definitionsbereich.*

(1) $\quad f(x) = x \sqrt[4]{x \sqrt[4]{x}}$

(2) $\quad f(x) = 3 \dfrac{x^2}{3x - 1}$

(3) $\quad f(x) = \dfrac{x^2 - x - 2}{x^2 + 4x + 3}$

(4) $\quad f(y) = e^{y^2 + 1} + 5y$

(5) $\quad f(t) = \dfrac{x \sin(t) + \cos(t)}{\sin(t) - \cos(t)}$

(6) $\quad f(x) = 3 \dfrac{\tan(x^2)}{x}$

(7) $\quad f(x) = \dfrac{\sqrt[4]{x}}{2 + x^2}$

(8) $\quad f(x) = \sin(x) + \tan(3x) + x^{\frac{2}{3}}$

(9) $\quad f(x) = \ln(2 + x^2)$

(10) $\quad f(x) = \text{sgn}(x)$

(11) $\quad f(x) = \dfrac{\ln(2x + x^2)}{3x - 1}$

(12) $\quad f(x) = \sqrt[4]{\ln(1 + x^2)}\,.$

Aufgabe 7.4 : *Bestimmen Sie die Koeffizienten* a *und* b *so, dass die folgenden Funktionen auf* $\mathbb{R}$ *stetig differenzierbar sind:*

$$f_1(x) = \begin{cases} x^2 + 2x & wenn \quad x \leq 1 \\ ax^2 + b & wenn \quad 1 < x \end{cases} \qquad f_2(x) = \begin{cases} \sin(2x) & wenn \quad x \leq \frac{\pi}{4} \\ ax^2 + bx & wenn \quad \frac{\pi}{4} < x\,. \end{cases}$$

7.4 Differenzial einer Funktion

Zu Beginn dieses Kapitels wurde diskutiert, wie die Tangente an eine differenzierbare Funktion konstruiert werden kann. Die Tangente g_0 an die Funktion $f(x)$ im Punkt $P = P\big(x; f(x)\big)$ ist in der Umgebung des Punktes P die „beste lineare Approximation". D.h., die Tangente und die Funktion stimmen im Punkt P überein und besitzen in diesem Punkt den gleichen Anstieg. Als Nächstes werden die Zuwächse der Funktion $f(x)$ und der Tangente g_0 untersucht. Beim Übergang von der Stelle x zur Stelle $x + \Delta x$ erfährt die Funktion f den Zuwachs $\Delta f = f(x + \Delta x) - f(x)$. Der Zuwachs der Tangente wird mit df (siehe Bild 7.2) bezeichnet.

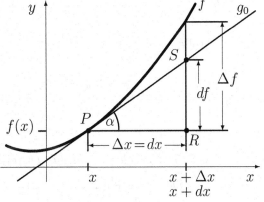

Bild 7.2: *Das Differenzial* df *von* f

Definition 7.5: $df = f'(x) \cdot dx$ heißt **Differenzial der Funktion** f,
und dx ist das **Differenzial der** (unabhängigen) **Veränderlichen** x.

Aus Bild 7.2 wird ersichtlich, dass für „kleine Werte" $dx = \Delta x$ näherungsweise
$df \approx \Delta f$ gilt. Diese Eigenschaft wird in der Fehlerrechnung ausgenutzt. Bevor
weiter unten hierauf eingegangen wird, werden zwei Beispiele zur Berechnung
von Differenzialen betrachtet.

Beispiel 7.13: *Gesucht ist das Differenzial der Funktion*
$y = f(x) = (3x^2 - 1) \cdot e^{-2x}, \ x \in \mathbb{R}$.

Lösung: Die Ableitung von f wird mit der Produktregel ermittelt. Für
$u(x) = 3x^2 - 1$ und $v(x) = e^{-2x}$ folgt $u'(x) = 6x$ und $v'(x) = -2e^{-2x}$,
wobei bei der Berechnung von v' die Kettenregel angewendet wurde. Damit
ergibt sich

$$y' = f'(x) = 6x\,e^{-2x} - 2(3x^2 - 1)\,e^{-2x} = e^{-2x}\big(2 + 6x - 6x^2\big), \ x \in \mathbb{R}.$$

Hieraus folgt für das Differenzial $df = e^{-2x}\big(2 + 6x - 6x^2\big) \cdot dx$. $\triangleleft$

Beispiel 7.14: *Gesucht ist das Differenzial der Funktion*
$y = f(x) = \dfrac{\tan(2x)}{8x + 2}, \ x \in D, \ an \ der \ Stelle \ x = \dfrac{\pi}{8}$.

Lösung: Für $u(x) = \tan(2x)$ und $v(x) = 8x + 2$ folgt zunächst
$u'(x) = 2\big(1 + \tan^2(2x)\big)$ und $v'(x) = 8$. Mit der Quotientenregel ergibt sich

$$y' = f'(x) = \frac{2\big(1 + \tan^2(2x)\big)(8x + 2) - 8\tan(2x)}{(8x + 2)^2}$$

bzw. das (allgemeine) Differenzial

$$df = \frac{2\big(1 + \tan^2(2x)\big)(8x + 2) - 8\tan(2x)}{(8x + 2)^2} \cdot dx.$$

An der Stelle $x = \dfrac{\pi}{8}$ gilt dann

$$df = \frac{2\big(1 + 1\big)\left(\dfrac{8\pi}{8} + 2\right) - 8 \cdot 1}{\left(\dfrac{8\pi}{8} + 2\right)^2} \cdot dx = \frac{4\pi}{(\pi + 2)^2} \cdot dx.$$ $\triangleleft$

Aufgabe 7.5: *Berechnen Sie das Differenzial der folgenden Funktionen*

(1) $\ f(x) = x\cosh(2x)$ (2) $\ f(x) = x\,e^{\cos(2x)}$.

In der Tabelle 7.2 werden für das Beispiel 7.14 die Werte des Differenzials df an der Stelle $x = \dfrac{\pi}{8}$ mit den Zuwächsen $\Delta f = f\left(\dfrac{\pi}{8} + \Delta x\right) - f\left(\dfrac{\pi}{8}\right)$ für unterschiedliche $\Delta x = dx$ verglichen. Diese Tabelle bestätigt die Näherung $df \approx \Delta f$ für „kleine" $\Delta x = dx$.

$\Delta x = dx$	0.001	0.01	0.1	0.2	0.3
df	0.0005	0.0048	0.0475	0.0951	0.1426
Δf	0.0005	0.0048	0.0594	0.1711	0.5125

Tabelle 7.2: *Vergleich von df und Δf*

Anwendung des Differenzials in der Fehlerrechnung

Zunächst werden einige Begriffe aus der Messtechnik erwähnt. Wenn x_0 der wahre (unbekannte) Wert und x der (fehlerbehaftete) Messwert einer zu messenden Größe sind, dann betrachtet man folgende Fehlertypen:

$x - x_0$ der **(Mess-)Fehler**,

$|x - x_0|$ der **absolute (Mess-)Fehler**,

$\dfrac{|x - x_0|}{|x|}$ der **relative (Mess-)Fehler** und

$\dfrac{|x - x_0|}{|x|} \cdot 100\%$ der **prozentuale (Mess-)Fehler** $(x \neq 0)$.

Für den absoluten Messfehler ist bei einer bekannten Messgenauigkeit des Messgerätes eine obere Schranke $|\Delta x| \geq |x - x_0|$ bekannt. $|\Delta x|$ heißt **maximaler absoluter (Mess-)Fehler**.

Problem: *Gegeben sei ein (z. B. physikalisches) Gesetz $y = f(x)$, $x \in D$, das die Abhängigkeit der Zielgröße y von der Einflussgröße x beschreibt. Da bei vielen Anwendungen die Zielgröße y nicht explizit gemessen werden kann, wird die Einflussgröße x gemessen. Anschließend wird daraus y berechnet. Welche Auswirkungen hat ein Messfehler in der Einflussgröße x auf die Zielgröße y?*

Lösung: Wie oben bezeichnen x_0 den wahren (unbekannten) Wert, x den Messwert und Δx den maximalen absoluten Fehler der Einflussgröße. Anstelle von $y_0 = f(x_0)$ wird $y = f(x)$ berechnet. Die Auswirkung des Messfehlers auf die Zielgröße y lässt sich durch den maximalen absoluten Fehler $|\Delta y| \geq |y - y_0|$ und/oder den maximalen relativen Fehler

$\dfrac{|\Delta y|}{|y|}$ der Zielgröße beurteilen. Die Berechnung dieser Fehlergrößen ist für nicht monotone Funktionen im Allgemeinen sehr kompliziert. Falls die Funktion $y = f(x)$, $x \in D$, differenzierbar ist, kann mit Hilfe des Differenzials eine (lineare) Näherung für den maximalen absoluten Fehler gefunden werden. Dabei wird $\Delta y \approx dy = f'(x) \cdot dx$ angenähert und dx durch $|\Delta x|$ abgeschätzt. Es ergibt sich dann der **(lineare) maximale absolute Fehler**

$$|\Delta y| \approx |f'(x)| \cdot |\Delta x| \tag{7.12}$$

bzw. für $f(x) \neq 0$ der **(lineare) maximale relative Fehler**

$$\frac{|\Delta y|}{|y|} \approx \frac{|f'(x)| \cdot |\Delta x|}{|f(x)|} \tag{7.13}$$

und für $f(x) \neq 0$ der **(lineare) maximale prozentuale Fehler**

$$\frac{|\Delta y|}{|y|} \approx \frac{|f'(x)| \cdot |\Delta x|}{|f(x)|} \cdot 100\% . \qquad\qquad \triangleleft \tag{7.14}$$

Beispiel 7.15: *Um das Volumen einer Kugel zu bestimmen, wird der Durchmesser D der Kugel gemessen. Die Messung ergab $D = 50,25\ mm$ bei einem maximalen absoluten Messfehler von $|\Delta D| = 0,01\ mm$. Wie groß sind der (lineare) maximale absolute und der (lineare) maximale relative Fehler für das Volumen?*

Lösung: Das Volumen einer Kugel wird nach der Formel $V = \frac{1}{6}\pi D^3$ berechnet, wobei D der Durchmesser der Kugel ist. Für den gemessenen Durchmesser ergibt sich dann das Volumen $V \approx 66\,436,51\ mm^3$. Die Funktion $V = \frac{1}{6}\pi D^3$, $D \geq 0$, besitzt das Differenzial $dV = \frac{1}{2}\pi D^2 \cdot dD$. Aus der Näherung (7.12) folgt für den (linearen) maximalen Fehler für V

$$|\Delta V| \approx \left|\frac{1}{2}\pi D^2\right| \cdot |\Delta D| \approx 39,664\ mm^3 \tag{7.15}$$

bzw. folgt aus (7.13) für den (linearen) maximalen relativen Fehler für V

$$\frac{|\Delta V|}{|V|} \approx \frac{39,664}{66\,436,51} \approx 0,0006$$

und für den (linearen) maximalen prozentualen Fehler

$$\frac{|\Delta V|}{|V|} \cdot 100\% \approx 0,06\ \% . \qquad\qquad \triangleleft$$

Weil die Funktion $V = \frac{1}{6}\pi D^3$, $D \geq 0$, monoton wächst, lässt sich in dem Beispiel 7.15 das minimal mögliche Kugelvolumen V_{min} und das maximal mögliche Kugelvolumen V_{max} ausrechnen. Es gilt

$$V_{min} = \frac{1}{6} \cdot \pi(50,25 - 0,01)^3 = 66\,396,85588\,mm^3 \quad \text{und}$$

$$V_{max} = \frac{1}{6} \cdot \pi(50,25 + 0,01)^3 = 66\,476,18306\,mm^3.$$

In (7.15) wurde der (lineare) maximale absolute Fehler ΔV abgeschätzt. Daraus ergibt sich für das Kugelvolumen V_0 die Abschätzung

$$V - \Delta V \leq V_0 \leq V + \Delta V \quad \text{bzw.} \quad 66\,396,846\,mm^3 \leq V_0 \leq 66\,476,174\,mm^3.$$

Diese Schranken für V_0 stimmen offensichtlich mit den exakten Schranken V_{min} und V_{max} sehr gut überein. Das Beispiel zeigt, dass sich für glatte Funktionen $y = f(x)$, $x \in D$, der maximale Fehler für y mit Hilfe des Differenzials nach (7.12) - (7.14) abschätzen lässt.

Aufgabe 7.6: *In einem rechtwinkligen Dreieck ist eine Kathete $2\,m$ lang. Die Messung der anderen Kathete ergab $1,50\,m$ bei einem absoluten Fehler von höchstens $1\,mm$. Gesucht sind die Länge der Hypotenuse und deren absoluter und relativer Fehler.*

Aufgabe 7.7: *In einem rechtwinkligen Dreieck ist die dem Winkel α gegenüberliegende Kathete $2\,cm$ lang. Die Messung des Winkels α ergab einen Winkel von $20°$ bei einem absoluten Fehler von höchstens $1°$. Gesucht sind die Länge der Hypotenuse und deren absoluter und prozentualer Fehler.*

7.5 Höhere Ableitungen

In der Definition 7.4 (Seite 208) wurde von der Funktion $y = f(x)$, $x \in D$, die (erste) Ableitung(sfunktion) $y' = f'(x)$, $x \in D'$ ($D' \subset D$), definiert. Im Weiteren werden Ableitungen von der (ersten) Ableitung betrachtet.

Definition 7.6: *Wenn $y' = f'(x)$, $x \in D'$, auf D'' ($D'' \subset D' \subset D$) differenzierbar ist, dann sagt man, dass die Funktion $y = f(x)$ auf D''* **zweimal differenzierbar** *ist.* $y'' = f''(x) := \left(f'(x)\right)'$, $x \in D''$, *heißt* **zweite Ableitung(sfunktion)** *von f.*

Höhere Ableitungen lassen sich jetzt analog definieren.

Definition 7.7: *Die Funktion f heißt* n-**mal differenzierbar,** *wenn die* n-**te Ableitung**

$$y^{(n)} = f^{(n)}(x) := \left(f^{(n-1)}(x)\right)', \; x \in D^{(n)}, \; (n = 1, 2, \ldots)$$

existiert, wobei $y^{(0)} := f(x)$, $y^{(1)} := f'(x)$, $y^{(2)} := f''(x)$, $y^{(3)} := f'''(x)$ *bezeichnen.*

Analog zu (7.4) verwendet man für die höheren Ableitungen auch die Bezeichnungen

$$f''(x) = \frac{d^2 f}{dx^2} = \frac{d^2}{dx^2} f \qquad \text{bzw.} \qquad f^{(n)}(x) = \frac{d^n f}{dx^n} = \frac{d^n}{dx^n} f \, .$$

Beispiel 7.16: *Gesucht ist die dritte Ableitung der Funktion* $y = f(x) = \sin(x)\, e^{2x}$, $x \in \mathbb{R}$.

Lösung:

$$y' = f'(x) = \cos(x)\, e^{2x} + \sin(x)\, e^{2x} 2 = e^{2x}\left(\cos(x) + 2\sin(x)\right), \; x \in \mathbb{R} \, ,$$
$$y'' = f''(x) = 2\, e^{2x}\left(\cos(x) + 2\sin(x)\right) + e^{2x}\left(-\sin(x) + 2\cos(x)\right)$$
$$= e^{2x}\left(4\cos(x) + 3\sin(x)\right), \; x \in \mathbb{R} \, ,$$
$$y''' = f'''(x) = 2\, e^{2x}\left(4\cos(x) + 3\sin(x)\right) + e^{2x}\left(-4\sin(x) + 3\cos(x)\right)$$
$$= e^{2x}\left(11\cos(x) + 2\sin(x)\right), \; x \in \mathbb{R} \, . \hspace{3cm} \triangleleft$$

Aufgabe 7.8: *Berechnen Sie die 2. Ableitung der Funktionen*
(1) $\; y = f(x) = x\, e^{-x^2}$, $x \in \mathbb{R}$ (2) $\; y = f(x) = \left(\sin(x) + \cos(2x)\right)^2$, $x \in \mathbb{R}$.

Aufgabe 7.9: *Geben Sie die (allgemeine Form der) n-ten Ableitungen der folgenden Funktionen an:*
(1) $\; y = f(x) = e^{-2x}$, $x \in \mathbb{R}$ (2) $\; y = f(x) = \sin(x) + \cos(2x)$, $x \in \mathbb{R}$.

7.6   Differenzialrechnung mit CAS-Rechnern

Die Berechnung der ersten Ableitung der Funktion $f = f(x)$ nach x mit Hilfe des Taschenrechners wird mit dem Befehl d(f,x) für TI-Rechner bzw. dem Befehl diff(f,x) für den ClassPad 300 ausgeführt. Bei höheren Ableitung ist der Befehl noch durch die Ordnung der Ableitung zu ergänzen.

Beispiel 7.17: *Von der Funktion* $y = g(x) = x^4 \cos(4x)$, $x \in \mathbb{R}$, *ist die zweite Ableitung mit dem Taschenrechner zu ermitteln.*

Lösung: Mit dem TI-89 ergibt sich das im Bild 7.3 angegebene Ergebnis.

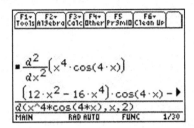

Bild 7.3: *Berechnung von* $g''(x)$ *mit dem* TI-89 ◁

7.7 Mittelwertsatz

Ausgangspunkt für viele Anwendungsaufgaben ist der folgende **Mittelwertsatz der Differenzialrechnung**.

Satz 7.13: *Die Funktion* $y = f(x)$, $x \in [a; b]$, *sei auf* $[a; b]$ *stetig und im Intervall* $(a; b)$ *differenzierbar. Dann existiert wenigstens eine Stelle* $\xi \in (a; b)$ *mit der Eigenschaft:*

$$\frac{f(b) - f(a)}{b - a} = f'(\xi).\tag{7.16}$$

Der Satz wird geometrisch interpretiert. $\dfrac{f(b) - f(a)}{b - a}$ beschreibt den Anstieg der Geraden g, die durch die Punkte $P_1 = P_1\big(a; f(a)\big)$ und $P_2 = P_2\big(b; f(b)\big)$ verläuft. Der Anstieg der Tangente im Punkt $P = P\big(\xi; f(\xi)\big)$ an die Funktion f ist $f'(\xi)$. Damit kann der Mittelwertsatz wie folgt geometrisch formuliert werden (siehe Bild 7.4):

Wenn die Funktion f im Intervall $[a; b]$ stetig und im Intervall $(a; b)$ differenzierbar ist, gibt es in $(a; b)$ wenigstens eine Stelle ξ derart, dass die Tangente t im Punkt $P = P\big(\xi; f(\xi)\big)$ an die Funktion f den gleichen Anstieg besitzt wie die (punktiert gezeichnete) Gerade g durch die Punkte $P_1 = P_1\big(a; f(a)\big)$ und $P_2 = P_2\big(b; f(b)\big)$.

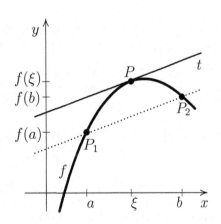

Bild 7.4: *Mittelwertsatz*

Beispiel 7.18: *Für die Funktion $y = f(x) = \cos(x)$ sind für das Intervall $[0; \pi]$ alle Stellen ξ gesucht, die die Bedingung (7.16) des Mittelwertsatzes erfüllen.*

Lösung: Aus der Gleichung (7.16) ergibt sich

$$\frac{f(\pi) - f(0)}{\pi - 0} = \frac{-2}{\pi} = \Big(\cos(\xi)\Big)' = -\sin(\xi).$$

Daraus erhält man als Lösungen $\xi_1 = \arcsin\left(\dfrac{2}{\pi}\right) \approx 0,6901$ und

$\xi_2 = \pi - \arcsin\left(\dfrac{2}{\pi}\right) \approx 2,4514$. $\triangleleft$

7.8   L'Hospitalsche Regel

Bei der Berechnung von Grenzwerten von Funktionen können unbestimmte Ausdrücke auftreten (siehe z.B. die Gleichungen (6.26)-(6.29) auf Seite 199). Unbestimmte Ausdrücke der Form „$\frac{0}{0}$" und „$\frac{\infty}{\infty}$" lassen sich mit der **Regel von de l'Hospital** untersuchen.

Satz 7.14: *Die Funktionen $f(x)$ und $g(x)$ seien in einer δ-Umgebung $U_\delta(x_0)$ von x_0 differenzierbar, und es gelte $g'(x_0) \neq 0$. Wenn der*

Grenzwert $\lim\limits_{x \to x_0} \dfrac{f(x)}{g(x)}$ auf einen unbestimmten Ausdrücke der Form „$\frac{0}{0}$"

oder „$\frac{\infty}{\infty}$" führt und $\lim\limits_{x \to x_0} \dfrac{f'(x)}{g'(x)}$ existiert oder bestimmt divergiert, dann

gilt $\lim\limits_{x \to x_0} \dfrac{f(x)}{g(x)} = \lim\limits_{x \to x_0} \dfrac{f'(x)}{g'(x)}$.

Beweis: Die Aussage wird nur für Grenzwerte bewiesen, die auf den unbestimmten Ausdruck „$\frac{0}{0}$" führen. Da die Ableitungen $f'(x_0)$ und $g'(x_0)$ existieren, sind die Funktionen $f(x)$ und $g(x)$ in einer Umgebung von x_0 stetig. Aus $g'(x_0) \neq 0$ folgt weiter, dass (für ein genügend kleines δ) $g(x) \neq 0$ für alle $x \in U_\delta^0(x_0)$ erfüllt ist. Aus

$$\frac{f(x)}{g(x)} = \frac{f(x) - 0}{g(x) - 0} = \frac{f(x) - f(x_0)}{g(x) - g(x_0)} = \frac{\frac{f(x) - f(x_0)}{x - x_0}}{\frac{g(x) - g(x_0)}{x - x_0}}$$

resultiert dann für $x \to x_0$ die Behauptung.   ◀

Bemerkung: Die Regel von de l'Hospital gilt auch für einseitige Grenzwerte $x \nearrow x_0$ und $x \searrow x_0$ bzw. für Grenzwerte $x \to -\infty$ und $x \to \infty$.

Beispiel 7.19: *Es sind die folgenden Grenzwerte zu berechnen*

$$(1)\ \lim_{x\to 0}\frac{\sin(x)}{x} \qquad (2)\ \lim_{x\to\infty}\frac{\ln(x)}{x^2+x} \qquad (3)\ \lim_{x\to\infty}\frac{e^x}{x^2+x}\,.$$

Lösung: zu (1): Es ergibt sich bei der Grenzwertbildung „$\frac{0}{0}$". Folglich gilt

$$\lim_{x\to 0}\frac{\sin(x)}{x}=\lim_{x\to 0}\frac{\cos(x)}{1}=1\,.$$

zu (2): Da bei der Grenzwertbildung „$\frac{\infty}{\infty}$" entsteht, gilt

$$\lim_{x\to\infty}\frac{\ln(x)}{x^2+x}=\lim_{x\to\infty}\frac{\frac{1}{x}}{2x+1}=\lim_{x\to\infty}\frac{1}{2x^2+x}=0\,.$$

zu (3): Es entsteht „$\frac{\infty}{\infty}$". Nach zweimaliger Anwendung der Regel von de l'Hospital folgt

$$\lim_{x\to\infty}\frac{e^x}{x^2+x}=\lim_{x\to\infty}\frac{e^x}{2x+1}=\lim_{x\to\infty}\frac{e^x}{2}=\infty. \qquad \triangleleft$$

Wie die Teilaufgabe (3) des letzten Beispiels zeigt, muss die Regel von de l'Hospital gegebenenfalls mehrfach angewendet werden. Wenn bei der Grenzwertbildung ein unbestimmter Ausdruck „$0\cdot\infty$" oder „$\infty-\infty$" entsteht, lässt sich die Regel von de l'Hospital nicht unmittelbar anwenden. Es muss in diesen Fällen eine geeignete Umformung ausgeführt werden, die zu einem Doppelbruch der Form „$\frac{0}{0}$" oder „$\frac{\infty}{\infty}$" führt. Die Herangehensweise wird an dem folgenden Beispiel erläutert.

Beispiel 7.20: *Es sind folgende Grenzwerte zu berechnen.*

$$(1)\ \lim_{x\searrow 0}x\cdot\ln(x) \qquad (2)\ \lim_{x\to 0}\left(\frac{1}{\sin(x)}-\frac{1}{x}\right)\,.$$

Lösung: zu(1): Der unbestimmte Ausdruck $0\cdot(-\infty)$ wird in einen Ausdruck der Form „$\frac{-\infty}{\infty}=-\frac{\infty}{\infty}$" übergeführt:

$$\lim_{x\searrow 0}x\cdot\ln(x)=\lim_{x\searrow 0}\frac{\ln(x)}{\frac{1}{x}}=\lim_{x\searrow 0}\frac{\frac{1}{x}}{-\frac{1}{x^2}}=\lim_{x\searrow 0}(-x)=0\,.$$

zu(2): Durch die Bildung des Hauptnenners geht der unbestimmte Ausdruck $\infty-\infty$ in $\frac{0}{0}$ über.

$$\lim_{x\to 0}\left(\frac{1}{\sin(x)}-\frac{1}{x}\right)=\lim_{x\to 0}\frac{x-\sin(x)}{x\sin(x)}=\lim_{x\to 0}\frac{1-\cos(x)}{\sin(x)+x\cos(x)}$$

$$=\lim_{x\to 0}\frac{\sin(x)}{2\cos(x)-x\sin(x)}=0\,. \qquad \triangleleft$$

Aufgabe 7.10: *Berechnen Sie die folgenden Grenzwerte. Welche Grenzwerte lassen sich mit der Regel von de l'Hospital behandeln?*

$$(1) \quad \lim_{x \to \pi} \frac{\sin(3x)}{\tan(5x)} \qquad (2) \quad \lim_{x \to 0} \frac{\ln(\cos(ax))}{\ln(\cos(bx))} \qquad (3) \quad \lim_{x \to \infty} \frac{3\sin(x^2)}{x}$$

$$(4) \quad \lim_{x \to \infty} \frac{\ln(x^2)}{4x - 4} \qquad (5) \quad \lim_{x \to \infty} x\,e^{-2x} \qquad (6) \quad \lim_{x \to 1} \frac{(x^3 - 1)}{4x - 4}.$$

Aufgabe 7.11: *Zeigen Sie, dass* $\displaystyle \lim_{x \to 0} \frac{e^x - 1}{x} = 1$ *gilt.*

7.9 Kurvendiskussion

Die im Abschnitt 1.3.3 bereits begonnenen Untersuchungen zur Kurvendiskussion werden jetzt mit Hilfe der Differenzialrechnung in folgenden Richtungen fortgesetzt:

- Monotonieverhalten von Funktionen

- Krümmungsverhalten von Funktionen und Kurven

- Extrempunkte und Wendepunkte von Funktionen.

7.9.1 Monotonie von Funktionen

Der Begriff der Monotonie einer Funktion wurde bereits in der Definition 1.19 auf der Seite 38 eingeführt. Für differenzierbare Funktionen lässt sich die Monotonie einer Funktion mit dem folgenden Satz überprüfen.

Satz 7.15: *Eine im Intervall* J *differenzierbare Funktion* f *ist genau dann in* J *monoton wachsend (bzw. fallend), wenn* $f'(x) \geq 0$ *(bzw.* $f'(x) \leq 0$*) für alle* $x \in J$ *gilt. Aus* $f'(x) > 0$ *bzw.* $f'(x) < 0$ *für alle* $x \in J$ *folgt die strenge Monotonie der Funktion.*

Beweis: Es sei f in J monoton wachsend. Für beliebige $x_1, x_2 \in J$ mit $x_1 < x_2$ gilt dann $\dfrac{f(x_2) - f(x_1)}{x_2 - x_1} \geq 0$. Hieraus resultiert sofort $f'(x) \geq 0$ für $\Delta x = x_2 - x_1 \longrightarrow 0$.

Es sei $f'(x) \geq 0$ für alle $x \in J$. Für jedes Wertepaar $x_1, x_2 \in J$ mit $x_1 < x_2$ existiert nach dem Mittelwertsatz der Differenzialrechnung (Seite 223) ein $\xi \in (x_1; x_2)$, so dass $\dfrac{f(x_2) - f(x_1)}{x_2 - x_1} = f'(\xi)$ gilt. Weil $f'(\xi) \geq 0$

gilt, folgt dann $f(x_2) - f(x_1) \geq 0$. D.h., aus $x_1 \leq x_2$ folgt $f(x_1) \leq f(x_2)$; somit wächst $f(x)$ monoton in J. Der Beweis der restlichen Aussagen wird analog geführt. ◀

Beispiel 7.21: *Untersuchen Sie die Funktion*
$y = f(x) = 4x^3 + 6x^2 - 9x + 1$, $x \in \mathbb{R}$, *auf Monotonie.*

Lösung: Die Funktion f ist auf $\mathbb{R}$ differenzierbar. Die Ableitungsfunktion $f'(x) = 12x^2 + 12x - 9$ beschreibt eine nach oben geöffnete Parabel mit den Nullstellen $x_1 = 0,5$ und $x_2 = -1,5$. Daraus folgt, dass f im Intervall $[-1,5; 0,5]$ streng monoton fällt und in den Intervallen $(-\infty; -1,5]$ und $[0,5; \infty)$ streng monoton wächst. ◁

Aufgabe 7.12: *Für welche $x \in \mathbb{R}$ ist die Funktion*

$$(1) \quad y = f(x) = \mathrm{e}^{-x}(x^2 + 2x - 2) \qquad (2) \quad y = f(x) = \sin(x) + \cos(x)$$

streng monoton wachsend?

7.9.2 Krümmung von Funktionen und Kurven

In der folgenden Definition wird zunächst nur die Stetigkeit der Funktion vorausgesetzt.

Definition 7.8: *Eine auf dem Intervall J stetige Funktion $y = f(x)$ heißt* **konvex**, *wenn für alle $x_1, x_2 \in J$ mit $x_1 < x_2$ die Ungleichung*

$$\lambda f(x_1) + (1 - \lambda)f(x_2) \geq f(\lambda x_1 + (1 - \lambda)x_2) \qquad (7.17)$$

für jedes $\lambda \in (0; 1)$ gilt. Analog nennt man die Funktion **konkav**, *falls für alle $x_1, x_2 \in J$ mit $x_1 < x_2$*

$$\lambda f(x_1) + (1 - \lambda)f(x_2) \leq f(\lambda x_1 + (1 - \lambda)x_2) \qquad (7.18)$$

für alle $\lambda \in (0; 1)$ gilt.

Bemerkung: Wenn in der Ungleichung (7.17) bzw. (7.18) das Ungleichungszeichen > bzw. < steht, spricht man auch von einer **streng konvexen** bzw. **streng konkaven Funktion.**

Die Funktion $g(\lambda) = \lambda f(x_1) + (1 - \lambda)f(x_2) = \lambda\big(f(x_1) - f(x_2)\big) + f(x_2)$,

$\lambda \in (0;1)$, beschreibt das Geradenstück zwischen den Punkten $P\big(x_1;f(x_1)\big)$
und $P\big(x_2;f(x_2)\big)$. Analog wird durch $\lambda x_1 + (1-\lambda)x_2$ für $\lambda \in (0;1)$ jede
(beliebige) Stelle aus dem Intervall $(x_1;x_2)$ dargestellt. Damit lässt sich die
Definition 7.8 wie folgt formulieren: Die im Intervall $(x_1;x_2)$ stetige Funktion
heißt konvex (konkav), wenn das Geradenstück (Sekante) zwischen den Punkten $P(x_1;f(x_1))$ und $P(x_2;f(x_2))$ oberhalb (unterhalb) der Funktion f liegt.

Bemerkung: *Eine auf dem Intervall J konvexe (bzw. konkave) Funktion,
die auf J zweimal differenzierbar ist, bezeichnet man als* **links gekrümmt**
(bzw. **rechts gekrümmt.***)*

Geometrisch kann das Krümmungsverhalten wie folgt verdeutlicht werden:
Eine Funktion ist in einem Intervall links gekrümmt, wenn beim Durchfahren
des Graphen von f in Richtung größer werdender x-Werte eine Linkskurve
auftritt. In einem Intervall, wo beim Durchfahren eine Rechtskurve entsteht,
ist die Funktion rechts gekrümmt.

Definition 7.9: *Ein Kurvenpunkt, in dem sich das Krümmungsverhalten ändert, heißt* **Wendepunkt***.*

Die im Bild 7.5 dargestellte Funktion
f ist in den Intervallen $(x_1;x_2)$ und
$(x_3;x_4)$ links gekrümmt und streng
konvex. Im Intervall $(x_2;x_3)$ ist diese
Funktion rechts gekrümmt und streng
konkav. Die Kurvenpunkte P_1 und
P_2 sind Wendepunkte, da sich in diesen Punkten das Krümmungsverhalten
ändert.

Mit dem folgenden Satz lässt sich die
Konvexität bzw. das Krümmungsverhalten einer Funktion überprüfen.

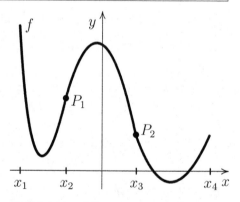

Bild 7.5: *Krümmungsverhalten*

Satz 7.16: *Es sei $y = f(x)$ auf $(a;b)$ zweimal differenzierbar. Dann
gilt:*

$f''(x) > 0$ *für alle* $x \in (a;b)$ $\iff$ $f(x)$ *ist auf $(a;b)$ links gekrümmt*
$\qquad\qquad\qquad\qquad\qquad\quad \iff$ $f(x)$ *ist auf $(a;b)$ streng konvex bzw.*

$f''(x) < 0$ *für alle* $x \in (a;b)$ $\iff$ $f(x)$ *ist auf $(a;b)$ rechts gekrümmt*
$\qquad\qquad\qquad\qquad\qquad\quad \iff$ $f(x)$ *ist auf $(a;b)$ streng konkav.*

Der **Beweis** des Satzes 7.16 wird hier nicht angegeben.

Beispiel 7.22: *Untersuchen Sie das Krümmungsverhalten der Funktion* $y = f(x) = x^4 - 6x^2 + 7x + 3$, $x \in \mathbb{R}$, *und berechnen Sie deren Wendepunkte.*

Lösung: Die ersten beiden Ableitungen lauten

$$f'(x) = 4x^3 - 12x + 7 \qquad \text{und} \qquad f''(x) = 12x^2 - 12, \ x \in \mathbb{R}.$$

Die 2. Ableitung beschreibt eine nach oben geöffnete Parabel mit den Nullstellen $x_1 = -1$ und $x_2 = 1$. Hieraus folgt dann sofort, dass die Funktion f im Intervall $(-1; 1)$ streng konkav bzw. rechts gekrümmt und in den Intervallen $(-\infty; -1)$ und $(1; \infty)$ streng konvex bzw. links gekrümmt ist. Die Punkte $W_1(-1; -9)$ und $W_2(1; 5)$ sind Wendepunkte.   ◁

Beispiel 7.23: *Wo ist die Funktion* $y = f(x) = \mathrm{e}^{2x}\sin(x)$, $x \in \mathbb{R}$, *konvex bzw. konkav? Geben Sie die Wendepunkte dieser Funktion an.*

Lösung: Es gilt $f'(x) = \mathrm{e}^{2x}\big(2\sin(x) + \cos(x)\big)$ und $f''(x) = \mathrm{e}^{2x}\big(3\sin(x) + 4\cos(x)\big)$. Zunächst werden die Nullstellen der 2. Ableitung berechnet.

$$0 = \mathrm{e}^{2x}\big(3\sin(x) + 4\cos(x)\big) \iff 0 = 3\sin(x) + 4\cos(x) \iff \tan(x) = -\frac{4}{3}$$

Da $\arctan\left(-\frac{4}{3}\right) \approx -0{,}9273$ gilt, ergeben sich die Nullstellen für die 2. Ableitung $x_k = \arctan\left(-\frac{4}{3}\right) + k\pi \approx -0{,}9273 + k\pi$, $k \in \mathbb{Z}$. Weil sich in diesen Nullstellen das Vorzeichen der 2. Ableitung ändert, sind das gleichzeitig die x-Koordinaten der Wendepunkte der Funktion f. Aus $f''(0) = 4 > 0$ resultiert die strenge Konvexität der Funktion f im Intervall $\left(\arctan\left(-\frac{4}{3}\right); \arctan\left(-\frac{4}{3}\right) + \pi\right)$. Daraus folgt weiter, dass die Funktion f auch in den Intervallen $\left(\arctan\left(-\frac{4}{3}\right) + 2k\pi; \arctan\left(-\frac{4}{3}\right) + (2k+1)\pi\right)$, $k \in \mathbb{Z}$, streng konvex und in den Intervallen $\left(\arctan\left(-\frac{4}{3}\right) + (2k-1)\pi; \arctan\left(-\frac{4}{3}\right) + 2k\pi\right)$, $k \in \mathbb{Z}$, streng konkav ist.   ◁

Aufgabe 7.13: *Für welche* $x \in \mathbb{R}$ *sind die Funktionen*

$$(1) \quad y = f(x) = \mathrm{e}^{-x}(x^2 + 2x - 2) \qquad (2) \quad y = f(x) = \sin(x) - \cos(x)$$

streng konvex?

Im Weiteren wird das Krümmungsverhalten von (ebenen) Kurven quantifiziert. Zur Beschreibung der Krümmung von (glatten) Kurven in einem Punkt P_0 wird vom Verhältnis $\dfrac{\Delta\alpha}{\Delta s}$ ausgegangen, wobei Δs die Länge des Bogens vom Punkt P_0 zum Punkt P ist (siehe Bild 7.6). $\Delta\alpha$ beschreibt den Winkel zwischen den Tangenten, die durch die Punkte P_0 und P verlaufen.

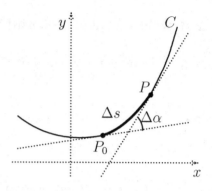

Bild 7.6: *Krümmung in* P_0

Definition 7.10 : *Wenn der Grenzwert* $k(P_0) = \lim\limits_{\Delta s \to 0} \dfrac{\Delta\alpha}{\Delta s}$ *existiert, dann heißt* $k(P_0)$ **Krümmung im Punkt** P_0 *der (glatten) Kurve C.*

Ab jetzt wird in diesem Abschnitt stets vorausgesetzt, dass die entsprechenden zweiten Ableitungen existieren und ein kartesisches Koordinatensystem vorliegt. In Abhängigkeit von der Darstellungsform der Kurve C lassen sich aus der Definition 7.10 Formeln für die Berechnung der Krümmung herleiten. Einige dieser Formeln werden ohne Beweis im nächsten Satz angegeben.

Satz 7.17: *Die Kurve sei in expliziter Form* $y = f(x)$, $x \in D$, *gegeben. Dann gilt im Punkt* $P_0 = P_0(x_0; f(x_0)) \in D$

$$k(P_0) = \frac{f''(x_0)}{\left(1 + [f'(x_0)]^2\right)^{\frac{3}{2}}}\,. \tag{7.19}$$

Wenn die Kurve die Parameterform $y = y(t)$, $x = x(t)$, $t \in D$, *hat, dann folgt im Punkt* $P_0 = P_0(x(t_0); y(t_0))$, $t_0 \in D$, *für die Krümmung*

$$k(P_0) = \frac{\dot{x}(t_0)\ddot{y}(t_0) - \ddot{x}(t_0)\dot{y}(t_0)}{\left([\dot{x}(t_0)]^2 + [\dot{y}(t_0)]^2\right)^{\frac{3}{2}}}\,. \tag{7.20}$$

Beispiel 7.24: *Wie groß ist im Punkt* $P(0; 0)$ *die Krümmung der Funktion* $y = f(x) = \cos^2(x) - 1$, $x \in \mathbb{R}$?

Lösung: Es gilt $f'(x) = -2\cos(x)\sin(x)$ und $f''(x) = 2\sin^2(x) - 2\cos^2(x)$. Nach (7.19) ergibt sich für die Krümmung $k(0; 0) = -2$. ◁

Beispiel 7.25: *Gesucht ist die Krümmung einer Ellipse und eines Kreises in einem beliebigen Kurvenpunkt.*

Lösung: Eine Ellipse mit den Halbachsen a und b $(0 < b \le a)$ hat die Parameterdarstellung $x = x(t) = a \cdot \cos(t)$, $y = y(t) = b \cdot \sin(t)$, $t \in [0; 2\pi)$ (siehe Tabelle 5.1 auf der Seite 166), woraus sich die Ableitungen

$$\left. \begin{array}{ll} \dot{x}(t) = -a \cdot \sin(t), & \ddot{x}(t) = -a \cdot \cos(t), \\ \dot{y}(t) = b \cdot \cos(t), & \ddot{y}(t) = -b \cdot \sin(t), \end{array} \right\} \, t \in [0; 2\pi], \tag{7.21}$$

ergeben. Nach (7.20) folgt dann unmittelbar

$$k(P) = \frac{a \cdot b \cdot \sin^2(t) + a \cdot b \cdot \cos^2(t)}{\left[a^2 \cdot \sin^2(t) + b^2 \cdot \cos^2(t) \right]^{\frac{3}{2}}} = \frac{a \cdot b}{\left[a^2 \cdot \sin^2(t) + b^2 \cdot \cos^2(t) \right]^{\frac{3}{2}}} \tag{7.22}$$

Für $a = b = R$ ergibt sich aus (7.22) für die Krümmung eines Kreises, der den Radius R hat,

$$k(P) = \frac{R^2}{\left[R^2 \cdot \sin^2(t) + R^2 \cdot \cos^2(t) \right]^{\frac{3}{2}}} = \frac{R^2}{\left[R^2 \right]^{\frac{3}{2}}} = \frac{1}{R}. \qquad \lhd \tag{7.23}$$

Unter den Voraussetzungen des Satzes 7.17 wird ein Kreis konstruiert, der durch einen vorgegebenen Kurvenpunkt geht und dort die gleiche Krümmung wie die Kurve hat.

Definition 7.11: *Ein Kreis K_0 heißt* **Krümmungskreis** *an eine Kurve im Punkt P_0, wenn jeweils die Funktionswerte, die Tangente und die Krümmung von Kurve und Kreis in P_0 übereinstimmen.*

Ein Krümmungskreis im Punkt P_0 ist durch die Vorgabe des Radius r_0 und des Mittelpunktes $M_0(x_M; y_M)$ festgelegt. Da die Krümmung einer Kurve auch negativ sein kann, folgt aus (7.23) für den Radius r_0 des Krümmungskreises die Beziehung (7.24). Der Mittelpunkt M_0 liegt auf der Geraden g_0, die die Tangente g_T an die Kurve im Punkt P_0 senkrecht schneidet (siehe Bild 7.7). Außerdem muss der Abstand der Punkte M_0 und P_0

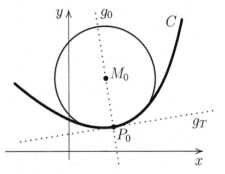

Bild 7.7: *Krümmungskreis*

gleich r_0 sein. Daraus lassen sich die Koordinaten von M_0 berechnen. Das

Ergebnis ist im nächsten Satz angegeben.

Satz 7.18 : *Der Krümmungskreis an die Kurve* C *im Punkt* P_0 *hat den Radius*

$$r_0 = \frac{1}{|k(P_0)|} \,. \tag{7.24}$$

Die Koordinaten des Mittelpunktes $M_0 = M_0(x_M; y_M)$ *dieses Krümmungskreises erhält man für die* <u>*explizite Form*</u> $y = f(x)$ *aus*

$$x_M = x_0 - f'(x_0)\frac{1 + [f'(x_0)]^2}{f''(x_0)} \qquad y_M = y_0 + \frac{1 + [f'(x_0)]^2}{f''(x_0)} \tag{7.25}$$

und für die <u>*Parameterform*</u> $y = y(t)$, $x = x(t)$, *aus*

$$x_M = x(t_0) - \dot{y}(t_0)\frac{[\dot{x}(t_0)]^2 + [\dot{y}(t_0)]^2}{\dot{x}(t_0)\ddot{y}(t_0) - \dot{y}(t_0)\ddot{x}(t_0)}$$

$$\tag{7.26}$$

$$y_M = y(t_0) + \dot{x}(t_0)\frac{[\dot{x}(t_0)]^2 + [\dot{y}(t_0)]^2}{\dot{x}(t_0)\ddot{y}(t_0) - \dot{y}(t_0)\ddot{x}(t_0)} \,.$$

Beispiel 7.26: *Für folgende Kurven sind die Krümmung und der Krümmungs-kreis zu berechnen.*

(1) $f(x) = \cos(x)$, $P_0(0; f(0))$,   (2) $f(x) = \mathrm{e}^x$, $P_0(1; f(1))$,

(3) $x = x(t) = a \cdot \cos(t)$, $y = y(t) = b \cdot \sin(t)$,   *für* $t_k = \dfrac{k\pi}{2}$, $k = 0; 1; 2; 3$.

Lösung: zu (1): $f'(x) = -\sin(x)$, $f''(x) = -\cos(x)$. Aus (7.24), (7.19) und (7.25) folgt

$$k(P_0) = \frac{-1}{(1+0)^{\frac{3}{2}}} = -1 \quad \Longrightarrow \quad r_0 = 1,$$

$$x_M = 0, \quad y_M = 1 + \frac{1+0}{-1} = 0 \quad \Longrightarrow \quad M_0 = M_0(0; 0)\,.$$

zu (2): $f'(x) = f''(x) = \mathrm{e}^x$ Aus (7.24), (7.19) und (7.25) folgt

$$k(P_0) = \frac{\mathrm{e}^1}{(1+[\mathrm{e}^1]^2)^{\frac{3}{2}}} \approx 0.11187 \quad \Longrightarrow \quad r_0 \approx 8,9387,$$

$$x_M = 1 - \mathrm{e}^1\frac{1+[\mathrm{e}^1]^2}{\mathrm{e}^1}, \quad y_M = \mathrm{e}^1 + \frac{1+[\mathrm{e}^1]^2}{\mathrm{e}^1} \quad \Longrightarrow \quad M_0 \approx M_0(-7,3891; 5,8044)$$

zu (3): Mit dieser Parameterdarstellung wird eine Ellipse
beschrieben, deren Halbachsen
auf den Koordinatenachsen
liegen (siehe Beispiel 7.25). Die
Radien der Krümmungskreise
werden nach (7.24) und (7.22)
und die Koordinaten des Mittel-
punkts nach (7.26) berechnet.
Die Ergebnisse sind in der
Tabelle 7.3 zusammengestellt.

$t_k = \frac{k\pi}{2}$	$k(P_k)$	$r(P_k)$	$x_M(P_k)$	$y_M(P_k)$
0	$\frac{a}{b^2}$	$\frac{b^2}{a}$	$a - \frac{b^2}{a}$	0
$\frac{\pi}{2}$	$\frac{b}{a^2}$	$\frac{a^2}{b}$	0	$b - \frac{a^2}{b}$
π	$\frac{a}{b^2}$	$\frac{b^2}{a}$	$-a + \frac{b^2}{a}$	0
$\frac{3\pi}{2}$	$\frac{b}{a^2}$	$\frac{a^2}{b}$	0	$-b + \frac{a^2}{b}$

Tabelle 7.3: *zu (3) Beispiel 7.26*   ◁

Aufgabe 7.14: *Berechnen Sie die Krümmung, den Radius des Krümmungskreises und den Mittelpunkt des Krümmungskreises von folgenden Funktionen
im Punkt P.*

    (1) $f(x) = x \cosh(2x)$ *in* $P = P(2; f(2))$

    (2) $f(x) = x\, e^{\cos(2x)}$ *in* $P = P(0; f(0))$

    (3) $f(y) = \sin(y^2 - 2) \ln(y)$ *in* $P = P(2; f(2))$

Aufgabe 7.15: *Berechnen Sie den Krümmungskreis der Kurve*
$x = x(t) = t - 1{,}5 \sin(t), \quad y = y(t) = 1 - 1{,}5 \cos(t)$ *für* $t = 0$.

Definition 7.12: *Bewegt sich ein Punkt $P(x; y)$ längs einer glatten
Kurve K, so beschreibt der zu $P(x; y)$ gehörende Mittelpunkt des
Krümmungskreises $M(x; y)$ ebenfalls eine Kurve. Diese Kurve nennt
man* **Evolute**. *Die Ausgangskurve K der Evolute heißt* **Evolvente**.

Beispiel 7.27: *Gesucht ist die Evolute einer Ellipse mit den Halbachsen a
und b.*

Lösung: Im Beispiel 7.25 wurden die Parameterdarstellung einer Ellipse bzw.
in (7.21) die ersten beiden Ableitungen der Parameterfunktionen angegeben.
Mit den Gleichungen (7.26) erhält man hieraus mit der trigonometrischen Form
des Satzes des Pythagoras

$$x_M(t) = a \cdot \cos(t) - b \cdot \cos(t) \frac{a^2 \cdot \sin^2(t) + b^2 \cdot \cos^2(t)}{(-a) \cdot (-b) \cdot \sin^2(t) - (-a) \cdot b \cdot \cos^2(t)}$$

$$= \cos(t) \cdot \left(a - a \cdot \sin^2(t) - \frac{b^2}{a} \cos^2(t) \right)$$

$$= \cos(t) \cdot \left(a \cdot \cos^2(t) - \frac{b^2}{a} \cos^2(t) \right) = \cos^3(t) \frac{a^2 - b^2}{a} ,$$

$$y_M(t) = b \cdot \sin(t) - a \cdot \sin(t) \frac{a^2 \cdot \sin^2(t) + b^2 \cdot \cos^2(t)}{(-a) \cdot (-b) \cdot \sin^2(t) - (-a) \cdot b \cdot \cos^2(t)}$$

$$= \sin(t) \cdot \left(b - b \cdot \cos^2(t) - \frac{a^2}{b} \sin^2(t) \right)$$

$$= \sin(t) \cdot \left(b \cdot \sin^2(t) - \frac{a^2}{b} \sin^2(t) \right) = \sin^3(t) \frac{b^2 - a^2}{b}.$$

Die Evolute der Ellipse wird demzufolge durch die Parameterdarstellung

$$\left. \begin{array}{l} x(t) = \cos^3(t) \dfrac{a^2 - b^2}{a} \\[3mm] y(t) = \sin^3(t) \dfrac{b^2 - a^2}{b} \end{array} \right\} \quad t \in [0; 2\pi),$$

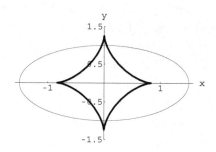

beschrieben. Im Bild 7.8 sind für $a = 1{,}5$; $b = 1$ die Ellipse (dünn) und die Evolute (dick) dargestellt.   ◁

Bild 7.8: *Ellipse mit Evolute*

Definition 7.13 : *Die glatte Kurve f hat an der Stelle x_0 einen* **Scheitel**, *wenn die Krümmung von f an der Stelle x_0 ein lokales Maximum oder ein lokales Minimum hat.*

Die Ellipse $x = x(t) = a \cdot \cos(t)$, $y = y(t) = b \cdot \sin(t)$, $t \in [0; 2\pi]$, hat ihre Scheitel in den Punkten $P_1(-a; 0)$, $P_2(a; 0)$, $P_3(0; -b)$ und $P_4(0; b)$. Den Nachweis kann der Leser mit Hilfe der Sätze 7.19 und 7.20 führen.

7.9.3   Lokale Extrempunkte von Funktionen

Definition 7.14 : *Die Funktion $y = f(x)$, $x \in D$, besitzt an der Stelle $x_E \in D$ genau dann ein* **lokales Maximum** *(bzw. ein* **lokales Minimum**)*, wenn eine δ-Umgebung $U_\delta(x_E) \subset D$ von x_E existiert, so dass folgende Beziehung gilt*

$$f(x_E) \geq f(x) \quad \forall x \in U_\delta(x_E) \qquad (bzw.\ f(x_E) \leq f(x) \quad \forall x \in U_\delta(x_E)).$$

Befindet sich an der Stelle x_E ein lokales Maximum oder lokales Minimum, dann heißt $(x_E; f(x_E))$ **lokaler Extrempunkt** *der Funktion f.*

Die im Bild 7.9 dargestellte Funktion f hat die lokalen Extrempunkte
$P_1 = P_1(x_{E_1}; f(x_{E_1}))$, $P_2 = P_2(x_{E_2}; f(x_{E_2}))$
und $P_3 = P_3(x_{E_3}; f(x_{E_3}))$. Im Punkt
$P_2(x_{E_2}; f(x_{E_2}))$ liegt ein lokales Maximum. An den Stellen x_{E_1} und x_{E_3}
befinden sich lokale Minima.

Aus dem Bild 7.9 wird sofort folgende
Eigenschaft ersichtlich.

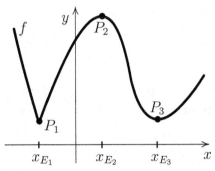

Bild 7.9 : *Lokale Extrempunkte
der Funktion f*

Satz 7.19 : *Wenn die Funktion f an der Stelle x_E differenzierbar ist
und an dieser Stelle einen lokalen Extrempunkt hat, dann gilt*

$$f'(x_E) = 0. \tag{7.27}$$

Die Gleichung (7.27) ist eine notwendige Bedingung dafür, dass eine differenzierbare Funktion an der Stelle x_E einen lokalen Extrempunkt hat. Diese
Bedingung ist jedoch nicht hinreichend. Die Bedingung besagt lediglich, dass
die Funktion an der Stelle x_E eine waagerechte Tangente besitzt. Aus der
Gleichung (7.27) lassen sich die x-Koordinaten der „extremwertverdächtigen" Punkte ermitteln. Einen „extremwertverdächtigen" Punkt bezeichnet
man auch als **stationären Punkt**. Ob ein stationärer Punkt tatsächlich ein
lokaler Extrempunkt ist, kann mit folgendem hinreichenden Kriterium entschieden werden.

Satz 7.20 : *Die Funktion f sei an der Stelle x_E n-mal $(n \geq 2)$ stetig
differenzierbar und es gelte*

$$f'(x_E) = f''(x_E) = \ldots = f^{(n-1)}(x_E) = 0, \quad f^{(n)}(x_E) \neq 0. \tag{7.28}$$

*Wenn n eine ungerade Zahl ist, dann befindet sich an dieser Stelle kein
lokaler Extrempunkt. Ist n eine gerade Zahl, dann liegt an der Stelle
x_E ein lokales Minimum, falls $f^{(n)}(x_E) > 0$, bzw. ein lokales Maximum,
falls $f^{(n)}(x_E) < 0$ ist.*

Diese Eigenschaft lässt sich mit der Taylor-Formel beweisen, die im Satz 9.4
(Seite 300) angegeben wird. Auf den exakten Beweis wird hier verzichtet.

Beispiel 7.28 : *Die folgenden Funktionen sind auf lokale Extrempunkte zu untersuchen.*

$$(1)\quad y = f(x) = x^3, \quad x \in \mathbb{R}, \qquad (2)\quad y = f(x) = x^4, \quad x \in \mathbb{R}.$$

Lösung: zu (1): $f'(x) = 3x^2$, $\qquad f''(x) = 6x$, $\qquad f'''(x) = 6$. Aus (7.27) erhält man als x-Koordinate des stationären Punktes $x_E = 0$, für die (7.28) mit $n = 3$ erfüllt ist. Damit liegt an der Stelle $x_E = 0$ kein Extrempunkt.

zu (2): $f'(x) = 4x^3$, $\qquad f''(x) = 12x^2$, $\qquad f'''(x) = 24x$, $\qquad f^{(4)}(x) = 24$. Aus (7.27) ergibt sich für die x-Koordinate des stationären Punktes $x_E = 0$, für die (7.28) mit $n = 4$ gilt. Weil $f^{(4)}(x_E) > 0$ positiv ist, liegt an der Stelle $x_E = 0$ ein lokales Minimum. Der gesuchte Extrempunkt ist $P_E(0; 0)$.   ◁

Beispiel 7.29: *Berechnen Sie alle lokalen Extrempunkte der Funktion* $y = f(x) = \mathrm{e}^{-x} \sin(2x), \quad x \geq 0.$

Lösung: Mit der Produktregel und der Kettenregel erhält man

$$f'(x) = -\,\mathrm{e}^{-x} \sin(2x) + \mathrm{e}^{-3}2\cos(2x) = \mathrm{e}^{-x}\big(-\sin(2x) + 2\cos(2x)\big)$$

$$f''(x) = -\,\mathrm{e}^{-x}\big(-\sin(2x) + 2\cos(2x)\big) + \mathrm{e}^{-x}\big(-2\cos(2x) - 4\sin(2x)\big)$$
$$= \mathrm{e}^{-x}\big(-3\sin(2x) - 4\cos(2x)\big)\,.$$

Da die e-Funktion nur positive Werte besitzt, ergeben sich die stationären Punkte als Lösung der Gleichung

$$-\sin(2x) + 2\cos(2x) = 0 \quad \text{bzw.} \quad \tan(2x) = 2, \quad x \geq 0\,.$$

Die letzte Gleichung hat die Lösungen $x_{E_k} = \dfrac{1}{2}\arctan(2) + \dfrac{k\pi}{2}, \quad k \in \mathbb{N}.$

Es bezeichne $a_0 = \arctan(2)$. Unter Verwendung von Additionssätzen für trigonometrische Funktionen ergibt sich dann

$$-3\sin(2x_{E_k}) - 4\cos(2x_{E_k}) = -3\sin(a_0 + k\pi) - 4\cos(a_0 + k\pi)$$
$$= -3\big(\sin(a_0)\cos(k\pi) + \sin(k\pi)\cos(a_0)\big) - 4\big(\cos(a_0)\cdot\cos(k\pi) - \sin(a_0)\sin(k\pi)\big)$$
$$= \cos(k\pi)\big(-3\sin(a_0) - 4\cos(a_0)\big) = (-1)^{k+1}\big(3\sin(a_0) + 4\cos(a_0)\big)$$
$$= \begin{cases} > 0 & \text{für ungerades } k \\ < 0 & \text{für gerades } k \end{cases}.$$

D.h., die Punkte $P_{E_k}\big(\frac{1}{2}\arctan(2) + \frac{k\pi}{2}; f\big(\frac{1}{2}\arctan(2) + \frac{k\pi}{2}\big)\big), \; k \in \mathbb{N}$, sind die lokalen Extrempunkte der Funktion. Für ungerades k sind es lokale Minima, und für gerades k sind es lokale Maxima.   ◁

Aufgabe 7.16: *Untersuchen Sie folgende Funktionen auf Extrempunkte*

(1) $f(x) = \dfrac{2x}{x^3 - 2x^2 - 3x}$, $\quad x \in D$, $\qquad$ (2) $f(x) = x^4 - 8x^2 + 12$, $\quad x \in \mathbb{R}$.

Mit einer **Kurvendiskussion** lassen sich Eigenschaften einer Funktion f erhalten und der Graph dieser Funktion zeichnen. Bei einer Kurvendiskussion sind folgende Teilaufgaben zu lösen:

- Angabe des Definitionsbereiches von f

- Bestimmung der Schnittpunkte von f mit den Koordinatenachsen

- Untersuchung auf Symmetrie und Periodizität

- Untersuchung von f für „betragsgroße" Argumente (Asymptote)

- Stetigkeitsuntersuchungen (Polstellen, Sprungstellen, hebbare Unstetigkeiten)

- Monotonieuntersuchungen

- Krümmungsverhalten und Wendepunkte (eventuell Scheitelpunkte)

- Extrempunkte und ihr Charakter (Minimum bzw. Maximum)

- Skizze

Beispiel 7.30: *Führen Sie eine Kurvendiskussion der Funktion*
$y = f(x) = \cosh(2x)$, $\quad x \in \mathbb{R}$, *durch.*

Lösung: Die Funktion $y = f(x) = \cosh(2x) = \frac{1}{2}\big(\mathrm{e}^{2x} + \mathrm{e}^{-2x}\big)$, $x \in \mathbb{R}$, hat die Ableitungen

$$y' = f(x) = 2\sinh(2x) = \big(\mathrm{e}^{2x} - \mathrm{e}^{-2x}\big),\ x \in \mathbb{R},$$

$$y'' = f(x) = 4\cosh(2x) = 2\big(\mathrm{e}^{2x} + \mathrm{e}^{-2x}\big),\ x \in \mathbb{R}.$$

Schnittpunkte mit den Achsen: Da die e-Funktion nur positive Werte annimmt, hat f keine Nullstellen. Für den Schnittpunkt mit der y-Achse erhält man $f(0) = \frac{1}{2}\big(\mathrm{e}^0 + \mathrm{e}^{-0}\big) = 1$.

Symmetrie: Weil $f(x) = \frac{1}{2}\big(\mathrm{e}^{2x} + \mathrm{e}^{-2x}\big) = \frac{1}{2}\big(\mathrm{e}^{-2x} + \mathrm{e}^{2x}\big) = f(-x)$ für alle $x \in \mathbb{R}$ gilt, ist f symmetrisch (bzgl. der y-Achse).

Stetigkeit: Die Stetigkeit ergibt sich aus der Stetigkeit der e-Funktion.

Extremalpunkte: Für die stationären Punkte gilt

$$f'(x) = 0 \quad \Longleftrightarrow \quad \mathrm{e}^{2x} = \mathrm{e}^{-2x} \quad \Longleftrightarrow \quad x_E = 0.$$

Aus $f''(0) = 4 > 0$ folgt dann, dass sich im Punkt $P_E(0;1)$ ein lokales Minimum befindet.

Monotonie: $\quad f'(x) > 0 \quad \Longleftrightarrow \quad \mathrm{e}^{2x} > \mathrm{e}^{-2x} \quad \Longleftrightarrow \quad x > 0$, d.h., f ist für $x > 0$ streng monoton wachsend. Analog zeigt man, dass f für $x < 0$ streng monoton fallend ist.

Krümmung: Es gilt $f''(x) > 0$ für alle $x \in \mathbb{R}$, d.h., f ist konvex.

Asymptotik: $\quad \lim\limits_{x \to \infty} f(x) = \lim\limits_{x \to -\infty} f(x) = \infty$.

Im Bild 7.10 ist der Graph der Funktion $y = f(x) = \cosh(2x)$, $x \in \mathbb{R}$, skizziert. $\qquad\qquad\qquad\qquad\qquad\qquad\qquad\qquad\qquad\qquad\qquad\quad \triangleleft$

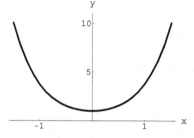 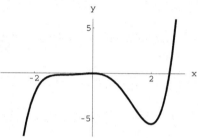

Bild 7.10: $f(x) = \cosh(2x)$, $x \in \mathbb{R}$,   **Bild 7.11:** $f(x) = 0,2x^5 - x^3 - x^2$, $$x \in \mathbb{R}$$

Beispiel 7.31: *Für die Funktion* $y = f(x) = 0,2x^5 - x^3 - x^2$, $x \in \mathbb{R}$, *ist eine Kurvendiskussion durchzuführen.*

Lösung: Es gilt: $y' = f'(x) = x^4 - 3x^2 - 2x$, $x \in \mathbb{R}$,

$$y'' = f''(x) = 4x^3 - 6x - 2, \ x \in \mathbb{R}, \quad y''' = f'''(x) = 12x^2 - 6, \quad x \in \mathbb{R}.$$

Stetigkeit: Die Funktion f ist ein Polynom und damit für alle $x \in \mathbb{R}$ stetig.

Asymptotik: $\quad \lim\limits_{x \to \infty} f(x) = \infty$, $\lim\limits_{x \to -\infty} f(x) = -\infty$.

Schnittpunkte mit den Achsen: $f(x) = x^2(0,2x^3 - x - 1) = 0 \Longrightarrow$ $x_{n_1} = x_{n_2} = 0$. Da f eine stetige Funktion ist und $f(2) < 0$ und $f(3) > 0$ unterschiedliches Vorzeichen haben, befindet sich im Intervall $(2;3)$ wenigstens eine weitere Nullstelle.

Für den Schnittpunkt mit der y-Achse erhält man $f(0) = 0$.

Extremalpunkte: Für die stationären Punkte gilt

$$f'(x) = x(x^3 - 3x - 2) = 0 \implies x_{E_1} = 0, \ x_{E_2} = x_{E_3} = -1, \ x_{E_4} = 2.$$

$f''(0) = -2 < 0 \implies$ der Punkt $P_{E_1}(0; 0)$ ist ein lokales Maximum;
$f''(2) = 18 > 0 \implies$ der Punkt $P_{E_4}(2; -5, 6)$ ist ein lokales Minimum;
$f''(-1) = 0; \ f'''(-1) \neq 0 \implies$ an der Stelle $x_{E_2} = x_{E_3} = -1$ liegt kein Extrempunkt.

Monotonie: f' ist ein Polynom 4. Grades, das die doppelte Nullstelle $x_{E_2} = x_{E_3} = -1$ hat. Hieraus und aus $\lim\limits_{x \to \infty} f'(x) = \lim\limits_{x \to -\infty} f'(x) = \infty$ folgt

$$f'(x) = \begin{cases} < 0 & \text{für} \quad x \in (0; 2) \\ > 0 & \text{für} \quad x \notin (0; 2), \ x \neq -1 \end{cases},$$

d.h., f ist in $(0; 2)$ streng monoton fallend und in den Intervallen $(-\infty; 0)$ und $(2; \infty)$ jeweils streng monoton wachsend.

Krümmung: $f''(x) = 0 \implies$
$x_{W_1} = -1, \ x_{W_2} = \frac{1}{2} - \frac{1}{2}\sqrt{3} \approx -0,3660, \ x_{W_3} = \frac{1}{2} + \frac{1}{2}\sqrt{3} \approx 1,3660$.
Da diese Nullstellen einfach sind, tritt an diesen Stellen ein Vorzeichenwechsel der zweiten Ableitung auf. Weil $f''(0) < 0$ gilt, folgt

$$f''(x) < 0 \quad \text{für alle} \quad x \in (-\infty; -1) \cup \left(\frac{1}{2} - \frac{1}{2}\sqrt{3}; \frac{1}{2} + \frac{1}{2}\sqrt{3} \right).$$

D.h., die Funktion $f(x)$ ist in den Intervallen $(-\infty; -1)$ und $\left(\frac{1}{2} - \frac{1}{2}\sqrt{3}; \frac{1}{2} + \frac{1}{2}\sqrt{3} \right)$ jeweils streng konkav und in den Intervallen $\left(-1; \frac{1}{2} - \frac{1}{2}\sqrt{3} \right)$ und $\left(\frac{1}{2} + \frac{1}{2}\sqrt{3}; \infty \right)$ jeweils streng konvex. Die Punkte

$$P_{W_1}(-1; -0, 2); \ P_{W_2}\left(\frac{1}{2} - \frac{1}{2}\sqrt{3}; \frac{39\sqrt{3}}{40} - \frac{71}{40} \right), \ P_{W_3}\left(\frac{1}{2} + \frac{1}{2}\sqrt{3}; -\frac{39\sqrt{3}}{40} - \frac{71}{40} \right)$$

sind Wendepunkte. Daraus erhält man den folgenden Graph von der Funktion f (siehe Bild 7.11, Seite 238). ◁

Aufgabe 7.17: *Von folgenden Funktionen ist eine Kurvendiskussion durchzuführen.*

(1) $f(x) = x^4 e^{-x}, \ x \in \mathbb{R}$,

(2) $f(x) = \dfrac{x^3}{x + 1}, \ x \neq -1$,

(3) $f(x) = x^4 - 2x^3 - 12x^2 + 10, \ x \in \mathbb{R}$.

7.10   Newtonverfahren

Viele praktische Probleme führen auf die Bestimmung von Nullstellen einer
Funktion $y = f(x)$, $x \in D$. Da nur für Spezialfälle explizite Darstellungen
für die Lösung existieren, macht sich im Allgemeinen eine näherungsweise Berechnung der Nullstellen erforderlich. Wenn die Funktion $f(x)$ differenzierbar
ist, dann stellt das folgende **Newtonverfahren** ein sehr effektives Verfahren
zur Nullstellenberechnung dar. Dieses Verfahren läuft nach folgendem **Prinzip**
ab:

Gegeben ist ein Näherungswert $\tilde{x}$, $(\tilde{x} \in D)$, für eine (unbekannte) Lösung
x^* der Gleichung $f(x) = 0$. Im Punkt $\tilde{P} = (\tilde{x}; f(\tilde{x}))$ wird die Tangente f_t
an die Funktion $f(x)$ konstruiert. Die Gleichung der Tangente lautet

$$y = f_t(x) = f'(\tilde{x})x + f(\tilde{x}) - f'(\tilde{x})\tilde{x}.$$

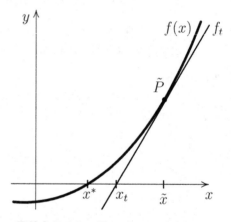

Wenn $f'(\tilde{x}) \neq 0$ gilt, dann schneidet diese Tangente die x-Achse. Der
Schnittpunkt der Tangente ergibt sich
aus

$$x_t = \tilde{x} - \frac{f(\tilde{x})}{f'(\tilde{x})}.$$

Im Bild 7.12 wird ersichtlich, dass (unter gewissen Voraussetzungen an die
Funktion $f(x)$) x_t eine bessere Näherung als $\tilde{x}$ ist. Anschließend wird das

Bild 7.12: *Newtonverfahren*

Verfahren mit dem Näherungswert $\tilde{x} := x_t$ wiederholt. Damit entsteht das
folgende Verfahren zur näherungsweisen Berechnung einer Lösung der Gleichung $f(x) = 0$.

Newtonverfahren:

1. Wahl eines Startwertes x_0
2. Rekursive Berechnung der Glieder einer Folge nach der Vorschrift

$$x_{n+1} = x_n - \frac{f(x_n)}{f'(x_n)}, \qquad n = 0;\ 1;\ 2;\dots \tag{7.29}$$

3. Abbruch des Verfahrens, wenn der Näherungswert die geforderte
   Genauigkeit erreicht

Eine Formel von der Form (7.29) bezeichnet man als **Rekursionsformel**. Mit einer solchen Formel lassen sich für einen bekannten Startwert x_0 Schritt für Schritt die Glieder einer Zahlenfolge $\left(x_n\right)_{n=0}^{\infty}$ ermitteln. Der Startwert sollte in der Nähe der gesuchten Lösung x^* liegen. In der Literatur findet man Kriterien, unter denen die Zahlenfolge gegen die gesuchte Lösung x^* konvergiert (z.B. [6], Seite 25 ff.), d.h., dass

$$\lim_{n\to\infty} x_n = x^*$$

gilt. Wenn dieser Grenzwert existiert, dann spricht man auch von der **Konvergenz des Näherungsverfahrens**. Stabilisieren sich im Laufe der Rechnung die Glieder der Zahlenfolge $\left(x_n\right)_{n=0}^{\infty}$ nicht, dann deutet das auf ein nicht konvergentes Verhalten hin. In einem solchen Fall muss ein neuer Startwert x_0 gewählt werden. Das Verfahren wird an folgendem Beispiel demonstriert.

Beispiel 7.32: *Gesucht ist eine reelle Lösung der Gleichung* $2x^5 - x = -2$.

Lösung: Die Lösung der Gleichung ist eine Nullstelle der Funktion $y = f(x) = 2x^5 - x + 2$, $x \in \mathbb{R}$. Mit $f'(x) = 10x^4 - 1$, $x \in \mathbb{R}$, erhält man für die Rekursionsformel (7.29)

$$x_{n+1} = x_n - \frac{2x_n^5 - x_n + 2}{10x_n^4 - 1}, \qquad n = 0; 1; 2; \ldots$$

Am Graphen der Funktion f erkennt man, dass für die Lösung $x^* \approx -1$ gilt. Aus diesem Grund wird als Startwert für das Newtonverfahren $x_0 = -1$ gewählt. Es ergeben sich folgende Werte

$$x_1 = -1,11111; \quad x_2 = -1,09174; \quad x_3 = -1,09097; \quad x_4 = -1,09097$$

Daraus folgt für die Lösung $x^* \approx -1,090907$. Wenn ein „ungenauer" Startwert gewählt wird, sind entsprechend mehr Schritte des Newtonverfahrens erforderlich. So ergibt sich z.B. für den Startwert $x_0 = 6$

$$x_1 = 4,80022; \quad x_2 = 3,84052; \ldots x_{10} = 0,589185; \ldots x_{11} = -6,98355; \ldots$$
$$x_{20} = -1,13751; \; x_{21} = -1,09486; \; x_{22} = -1,091000; \; x_{23} = -1,09097.$$

Die Näherungslösung ist auf fünf Stellen nach dem Komma genau. ◁

Aufgabe 7.18: *Von folgenden Gleichungen ist die kleinste positive Lösung bis auf vier Stellen nach dem Komma genau zu bestimmen.*

$$(1) \quad x^2 = \sin(\pi x) \qquad (2) \quad x^4 + x - 1 = 0 \qquad (3) \quad x + 1 = 2\,\mathrm{e}^{-x}.$$

7.11 Splines

In diesem Abschnitt wird das folgende Interpolationsproblem betrachtet.

Problem: *Gegeben seien* $(n+1)$ *Punkte in der Ebene*
$(x_0; y_0); (x_1; y_1); \ldots (x_n; y_n),$ *wobei für die Stützstellen* x_i *die Bedingung* $x_0 < x_1 < \ldots < x_n$ *erfüllt sei. Gesucht ist eine „glatte" Funktion* $f(x),$ *die möglichst ohne „große Krümmungen" durch diese Punkte verläuft.*

Lösungsprinzip: Es bietet sich zunächst an, durch diese Punkte ein (Newton'sches) Interpolationspolynom $p_n(x)$ zu konstruieren (siehe Satz 1.13 auf der Seite 63). Das auf diese Weise erhaltene Polynom $p_n(x)$ hat (im Allgemeinen) den Polynomgrad n. Bei einer großen Anzahl von Punkten wird der Polynomgrad n groß und das Interpolationspolynom schwingt sehr stark zwischen den vorgegebenen Punkten, erfüllt also die gestellten Glattheitsforderungen nicht in gewünschtem Maße. Dieses Schwingungsverhalten lässt sich verhindern, wenn die Funktion <u>stückweise</u> durch Polynome, sogenannte **Splines**, zusammengesetzt wird. An den Nahtstellen, an denen diese Polynome aneinandertreffen, müssen entsprechende Glattheitsbedingungen erfüllt sein. Die Konstruktion einer Funktion nach diesem Prinzip bezeichnet man als **Spline-Interpolation**.

Im Weiteren werden nur kubische Splines behandelt.

Definition 7.15: *Die Funktion* $f(x)$ *heißt* **kubische Splinefunktion** *oder kurz* **kubischer Spline**, *wenn sie folgende Eigenschaften hat:*

(1)   Die Funktion $f(x)$ *verläuft durch die vorgegebenen Punkte* $(x_0; y_0); (x_1; y_1); \ldots (x_n; y_n).$

(2)   Die Funktion $f(x)$ *ist auf* $\mathbb{R}$ *zweimal stetig differenzierbar.*

(3)   Die Funktion $f(x)$ *ist stückweise aus Polynomen dritten Grades* $P_0(x); P_1(x); \ldots; P_{n-1}(x)$ *zusammengesetzt. Dabei gilt*

$$f(x) = P_i(x), \qquad x \in \left[x_i; x_{i+1}\right], \qquad i = 0; 1; \ldots; (n-1)$$
$$P_i(x) := a_i + b_i(x - x_i) + c_i(x - x_i)^2 + d_i(x - x_i)^3. \tag{7.30}$$

Mit den Eigenschaften (1) und (2) werden die Koeffizienten $a_i; b_i; c_i; d_i$ der Gleichung (7.30) bestimmt. Aus der Eigenschaft (1) folgen zunächst die beiden Gleichungen $f(x_i) = P_i(x_i)$ und $f(x_{i+1}) = P_i(x_{i+1})$ für $i = 0; 1; \ldots; (n-1)$.

Nach (7.30) ergibt sich daraus

$$y_i = a_i, \quad i = 0; 1; \ldots; (n-1) \tag{7.31}$$

$$y_{i+1} = a_i + b_i(x_{i+1} - x_i) + c_i(x_{i+1} - x_i)^2 + d_i(x_{i+1} - x_i)^3,$$
$$i = 0; 1; \ldots; (n-1). \tag{7.32}$$

Damit die Funktion $f(x)$ die Eigenschaft (2) erfüllt, müssen an den Stützstellen $x_1; \ldots; x_{n-1}$ die folgenden Gleichungen gelten:

$$\lim_{x \nearrow x_{i+1}} P_i'(x) = \lim_{x \searrow x_{i+1}} P_{i+1}'(x), \quad i = 0; 1; \ldots; (n-2) \tag{7.33}$$

$$\lim_{x \nearrow x_{i+1}} P_i''(x) = \lim_{x \searrow x_{i+1}} P_{i+1}''(x), \quad i = 0; 1; \ldots; (n-2). \tag{7.34}$$

Da für die Ableitung $P_i'(x) = b_i + 2c_i(x - x_i) + 3d_i(x - x_i)^2$ gilt, erhält man für die Gleichung (7.33)

$$b_i + 2c_i(x_{i+1} - x_i) + 3d_i(x_{i+1} - x_i)^2 = b_{i+1}, \quad i = 0; 1; \ldots; (n-2). \tag{7.35}$$

Analog ergibt sich für die zweite Ableitung $P_i''(x) = 2c_i + 6d_i(x - x_i)$, und aus der Gleichung (7.34) folgt

$$2c_i + 6d_i(x_{i+1} - x_i) = 2c_{i+1}, \quad i = 0; 1; \ldots; (n-2). \tag{7.36}$$

(7.31), (7.32), (7.35) und (7.36) sind $(4n - 2)$ Gleichungen, die die $4n$ Koeffizienten $a_i; b_i; c_i; d_i$ der Gleichung (7.30) erfüllen müssen. Damit diese Koeffizienten eindeutig bestimmt werden können, sind noch zwei weitere Gleichungen erforderlich. Bei vielen praktischen Problemen erweist es sich als vorteilhaft, in den Randpunkten $(x_0; y_0)$ und $(x_n; y_n)$ zusätzlich noch

$$\lim_{x \searrow x_0} P_0''(x) = 0 \quad \text{und} \quad \lim_{x \nearrow x_n} P_{n-1}''(x) = 0 \tag{7.37}$$

zu fordern. Mit dieser Forderung wird erreicht, dass die Splinefunktion in die Randpunkte mit der Krümmung Null einmündet. (7.37) führt auf die Gleichungen

$$2c_0 = 0 \quad \text{und} \quad 2c_{n-1} + 6d_{n-1}(x_n - x_{n-1}) = 0. \tag{7.38}$$

Es lässt sich zeigen, dass die $4n$ Gleichungen (7.31), (7.32), (7.35), (7.36) und (7.38) eindeutig lösbar sind. Die Koeffizienten $a_i; b_i; c_i; d_i$ der Gleichung (7.30) lassen sich schrittweise nach folgendem Satz ermitteln.

Satz 7.21: *Es bezeichnen*

$$\Delta x_i = x_{i+1} - x_i, \quad \Delta y_i = y_{i+1} - y_i, \qquad i = 0; 1; \ldots; (n-1).$$

Die Koeffizienten des kubischen Splines $f(x)$ *aus (7.30) erhält man aus den Gleichungen:*

(1) $a_i = y_i, \qquad i = 0; 1; \ldots; n$ \qquad (2) $c_0 = 0, \qquad c_n = 0$

(3) $\Delta x_{i-1} c_{i-1} + 2c_i(\Delta x_{i-1} + \Delta x_i) + \Delta x_i c_{i+1} = 3\left(\dfrac{\Delta y_i}{\Delta x_i} - \dfrac{\Delta y_{i-1}}{\Delta x_{i-1}} \right),$

$$i = 1; 2; \ldots; (n-1)$$

(4) $d_i = \dfrac{1}{3\Delta x_i}(c_{i+1} - c_i), \qquad i = 0; 1; \ldots; (n-1)$

(5) $b_i = \dfrac{\Delta y_i}{\Delta x_i} - \dfrac{\Delta x_i}{3}(c_{i+1} + 2c_i), \qquad i = 0; 1; \ldots; (n-1).$

Im nächsten Beispiel wird dieser Satz angewendet.

Beispiel 7.33: *Es ist eine kubische Splinefunktion zu berechnen, die durch die Punkte* $(-1; 2)$; $(0; 1)$; $(1; 0)$; $(2; 1)$ *und* $(3; 2)$ *verläuft.*

Lösung: Es ist $n = 4$. Die gesuchte Splinefunktion setzt sich aus vier Polynomen zusammen, deren Koeffizienten nach (1) bis (5) des Satzes 7.21 berechnet werden. Zunächst gilt $\Delta y_0 = -1$; $\Delta y_1 = -1$; $\Delta y_2 = 1$; $\Delta y_3 = 1$ und $\Delta x_i = 1$, $i = 0; 1; 2; 3$.

zu (1): $a_0 = 2$; $a_1 = 1$; $a_2 = 0$; $a_3 = 1$; $a_4 = 2$.

zu (2): $c_0 = 0$; $c_4 = 0$.

zu (3): Die Koeffizienten c_i berechnen sich aus den Gleichungen

$$
\begin{array}{rcrcrcrcl}
c_0 & + & 4c_1 & + & c_2 & & & = & 0 \\
 & & c_1 & + & 4c_2 & + & c_3 & = & 6 \\
 & & & & c_2 & + & 4c_3 & + & c_4 = 0.
\end{array}
$$

Wird die Forderung (2) aus dem Satz 7.21 berücksichtigt, ergibt sich als Lösung des linearen Gleichungssystems

$$c_1 = -\tfrac{3}{7}; \quad c_2 = \tfrac{12}{7}; \quad c_3 = -\tfrac{3}{7}.$$

zu (4): $d_0 = -\tfrac{1}{7}$; $d_1 = \tfrac{5}{7}$; $d_2 = -\tfrac{5}{7}$; $d_3 = \tfrac{1}{7}$.

zu (5): $b_0 = -\tfrac{6}{7}$; $b_1 = -\tfrac{9}{7}$; $b_2 = 0$; $b_3 = \tfrac{9}{7}$.

Damit lässt sich die gesuchte Splinefunktion nach (7.30) zusammensetzen:

$$f(x) = \begin{cases} 2 - \frac{6}{7}(x+1) - \frac{1}{7}(x+1)^2 & \text{wenn} \quad -1 \le x \le 0 \\ 1 - \frac{9}{7}x - \frac{3}{7}x^2 + \frac{5}{7}x^3 & \text{wenn} \quad 0 \le x \le 1 \\ \frac{12}{7}(x-1)^2 - \frac{5}{7}(x-1)^3 & \text{wenn} \quad 1 \le x \le 2 \\ 1 + \frac{9}{7}(x-2) - \frac{3}{7}(x-2)^2 + \frac{1}{7}(x-2)^3 & \text{wenn} \quad 2 \le x \le 3 \end{cases} \quad \triangleleft$$

Im Bild 7.13 ist die im letzten Beispiel berechnete Splinefunktion fett gezeichnet. Im Vergleich dazu ist das (Newton'sche) Interpolationspolynom durch die Punkte $(-1; 2)$; $(0; 1)$; $(1; 0)$; $(2; 1)$ und $(3; 2)$ im Bild 7.14 fett dargestellt.

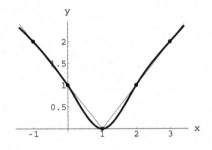
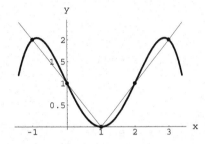

Bild 7.13: *Splinefunktion*   **Bild 7.14:** *Interpolationspolynom*

Die Funktion $y = g(x) = \text{abs}(x-1), x \in \mathbb{R}$, die ebenfalls durch die Punkte $(-1; 2)$; $(0; 1)$; $(1; 0)$; $(2; 1)$ und $(3; 2)$ verläuft, wurde in beiden Bildern dünn gezeichnet. An den Graphen wird deutlich, dass sich mit Hilfe von kubischen Splines die Funktion $y = g(x) = \text{abs}(x-1), x \in \mathbb{R}$, im Intervall $[-1; 3]$ „gut" approximieren lässt. Wenn die Anzahl der vorgegebenen Punkte größer wird, verstärkt sich das „Schwingen" des Interpolationspolynoms weiter.

Beispiel 7.34: *Gesucht ist eine kubische Splinefunktion, die durch die vier Punkte* $(0; 1)$; $(1; \text{e})$; $(2; \text{e}^2)$ *und* $(3; \text{e}^3)$ *verläuft.*

Lösung: Es ist $n = 3$. Die gesuchte Splinefunktion setzt sich aus drei Polynomen zusammen, deren Koeffizienten nach (1) bis (5) des Satzes 7.21 berechnet werden. Zunächst gilt $\Delta y_0 = \text{e} - 1$; $\Delta y_1 = \text{e}(\text{e}-1)$; $\Delta y_2 = \text{e}^2(\text{e}-1)$ und $\Delta x_i = 1$, $i = 0; 1; 2$.

zu (1): $a_0 = 1$; $a_1 = \text{e} \approx 2,7183$; $a_2 = \text{e}^2 \approx 7,3891$; $a_3 = \text{e}^3 \approx 20,0855$.

zu (2): $c_0 = 0$; $c_3 = 0$.

zu (3): Die Koeffizienten c_i berechnen sich aus den Gleichungen

$$\begin{aligned} c_0 + 4c_1 + c_2 &= 3(\text{e}-1)^2 \\ c_1 + 4c_2 + c_3 &= 3\text{e}(\text{e}-1)^2. \end{aligned}$$

Mit der Forderung (2) aus dem Satz 7.21 erhält man

$$c_1 = \tfrac{1}{5}(e-1)^2(4-e) \approx 0,7569; \quad c_2 = \tfrac{1}{5}(e-1)^2(4e-1) \approx 5,8301.$$

zu (4): $d_0 = \tfrac{1}{15}(e-1)^2(5-e) \approx 0,2523; \quad d_1 = \tfrac{1}{3}(e-1)^3 \approx 1,6911;$

$$d_2 = -\tfrac{1}{15}(e-1)^2(4e-1) \approx -1,9434.$$

zu (5): $b_0 = \tfrac{1}{15}(e-1)(e^2 - 5e + 19) \approx 1,466;$

$$b_1 = \tfrac{1}{15}(e-1)(-2e^2 + 10e + 7) \approx 2,2223;$$

$$b_2 = \tfrac{1}{15}(e-1)(7e^2 + 10e - 2) \approx 8,8098.$$

Damit ergibt sich die gesuchte Splinefunktion nach (7.30) $f(x) \approx$

$$\begin{cases} 1 + 1,466x + 0,2522x^3 & , \ 0 \le x \le 1 \\ 2,7138 + 2,2229(x-1) + 0,7569(x-1)^2 + 1,6911(x-1)^3 & , \ 1 \le x \le 2 \\ 7,3891 + 8,8098(x-2) + 5,8301(x-2)^2 - 1,9434(x-2)^3 & , \ 2 \le x \le 3 \end{cases}$$

$\triangleleft$

7.12   Extremwertaufgaben

Extremwertaufgaben sind Aufgaben, bei denen zu einem vorgegebenen Kriterium optimale Lösungen zu bestimmen sind. Bei vielen praktischen Problemen lässt sich das Kriterium in Form einer Funktion formulieren. Die optimalen Lösungen sind dann Extrempunkte dieser Funktion. Die Herangehensweise wird an den folgenden Beispielen demonstriert.

Beispiel 7.35 : *Aus drei Blechstreifen mit der Breite a soll eine Rinne hergestellt werden, deren Querschnitt ein gleichschenkliges Trapez ist. Welcher Winkel α muss gewählt werden (siehe Bild 7.15), damit der Flächeninhalt des Querschnitts der Rinne maximal ist. Die Blechdicke kann vernachlässigt werden.*

Lösung: In Abhängigkeit vom Winkel α ergibt sich für den Flächeninhalt $F(\alpha)$ des Querschnitts

$$F = F(\alpha) = h(\alpha) \frac{a + b(\alpha)}{2}.$$

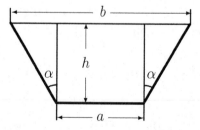

Mit Hilfe der Winkelfunktionen werden die Höhe $h(\alpha)$ und die lange Seite des Trapezes dargestellt. Es gilt

$$h(\alpha) = \cos(\alpha)\, a\,,$$

$$b(\alpha) = a + 2\sin(\alpha)\, a\,.$$

Bild 7.15 : *Querschnitt der Rinne*

Nach Einsetzen und Umformen ergibt sich für den Flächeninhalt die folgende Optimierungsaufgabe:

$$F(\alpha) = a^2 \cos(\alpha)\big(1 + \sin(\alpha)\big) \longrightarrow \max_{0 \le \alpha \le \frac{\pi}{2}}.$$

Da $F(\alpha)$ differenzierbar ist, muss der optimale Winkel α^* die Gleichung $F'(\alpha^*) = 0$ erfüllen. Es gilt

$$F'(\alpha) = a^2\big(-\sin(\alpha)\big)\big(1 + \sin(\alpha)\big) + a^2 \cos^2(\alpha) = a^2\big(1 - \sin(\alpha) - 2\sin^2(\alpha)\big).$$

Mit der Substitution $z = \sin(x)$ folgt dann hieraus die Gleichung

$$a^2(1 - z - 2z^2) = -2a^2\left(z^2 + \frac{1}{2}z - \frac{1}{2}\right) = 0,$$

die die Nullstellen $z_1 = \frac{1}{2}$ und $z_2 = -1$ hat. Damit erhält man die Winkel $\alpha_1 = \arcsin\left(\frac{1}{2}\right) = \frac{\pi}{6}$ und $\alpha_2 = \arcsin\left(-1\right) = \frac{3}{2}\pi$. Der Winkel α_2 ist nicht sinnvoll. Um die Optimalität des Winkels α_1 zu überprüfen, wird die zweite Ableitung an dieser Stelle gebildet:

$$F''(\alpha) = a^2\big(1 - \cos(\alpha) - 4\sin(\alpha)\cos(\alpha)\big).$$

Da $F''\left(\frac{\pi}{6}\right) < 0$ ist, besitzt $F(\alpha)$ an dieser Stelle ein lokales Maximum. Der Querschnitt der Rinne ist für diesen Winkel $F^* = F\left(\frac{\pi}{6}\right) = \frac{3}{4}\sqrt{3}\,a^2$. Da $F(0) = a^2 < F^*$ und $F\left(\frac{\pi}{2}\right) = 0 < F^*$ gilt, liegt für den Winkel $\alpha^* = \frac{\pi}{6}$ auch ein globales Maximum vor. D.h., der Winkel $\alpha^* = \frac{\pi}{6}$ liefert den maximalen Rinnenquerschnitt. ◁

Beispiel 7.36 : *Einer Viertelellipse mit den Halbachsen* a *und* b *ist ein Rechteck einzubeschreiben, das maximalen Flächeninhalt hat (siehe Bild 7.16).*

Lösung: Jedes der Viertelellipse einbeschriebene Rechteck mit maximalem Flächeninhalt besitzt einen Eckpunkt $P(x; y)$, der die Ellipsengleichung

$$\frac{x^2}{a^2} + \frac{y^2}{b^2} = 1, \ x \in (0; a), \ y \in (0; b),$$

erfüllt. D.h., es gilt

$$y = b \cdot \sqrt{1 - \frac{x^2}{a^2}}, \ x \in (0; a).$$

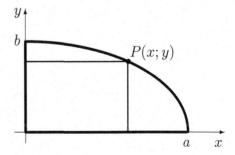

Für den Flächeninhalt des Rechtecks entsteht dann die Extremwertaufgabe

Bild 7.16 : *Viertelellipse*

$$F(x) = x \cdot y = x \cdot b \cdot \sqrt{1 - \frac{x^2}{a^2}} \longrightarrow \max_{0 < x < a}.$$

Mit der Produktregel ergibt sich

$$F'(x) = b \cdot \sqrt{1 - \frac{x^2}{a^2}} - \frac{bx^2}{a^2 \cdot \sqrt{1 - \frac{x^2}{a^2}}} = \frac{b\,a^2\left(1 - \frac{x^2}{a^2}\right) - bx^2}{a^2\,\sqrt{1 - \frac{x^2}{a^2}}} = \frac{b\left(a^2 - 2x^2\right)}{a^2\,\sqrt{1 - \frac{x^2}{a^2}}}.$$

Aus $F'(x) = 0$ und $0 < x < a$ folgt dann $x^* = \dfrac{a}{\sqrt{2}}$. Nach einigen Rechnungen stellt man fest, dass $F''\left(\dfrac{a}{\sqrt{2}}\right) < 0$ ist. Daraus folgt für die Seitenlängen des Rechtecks mit maximalem Flächeninhalt

$$x^* = \frac{a}{\sqrt{2}} \quad \text{und} \quad y^* = b \cdot \sqrt{1 - \frac{(x^*)^2}{a^2}} = \frac{b}{\sqrt{2}}. \qquad \triangleleft$$

Aufgabe 7.19 : *Gegeben ist ein rechteckiges Blech mit den Kantenlängen $a = 20\,cm$ und $b = 30\,cm$. Um eine Kiste herzustellen, wird an jeder Ecke des Bleches ein gleichgroßes Quadrat aus dem rechteckigen Blech herausgeschnitten. Wie groß muss die Seite des Quadrates sein, damit das Volumen der gefalteten Kiste maximal wird?*

Kapitel 8

Integralrechnung

8.1 Bestimmtes Integral

Der Flächeninhalt regelmäßiger ebener Flächen lässt sich nach bekannten Formeln berechnen. Wie der Flächeninhalt von allgemeineren ebenen Gebilden bestimmt werden kann, wird anhand des folgenden Problems diskutiert.

Problem: *Gegeben ist eine auf* $[a;b]$ *definierte und stetige Funktion* $f(x)$, *die für alle* $x \in (a;b)$ *positiv ist. Gesucht ist der Flächeninhalt* F *(im Bild 8.1 punktiert), den der Graph der Funktion* $f(x)$ *mit der x-Achse zwischen* $x = a$ *und* $x = b$ *einschließt.*

Lösung: Das Flächenstück wird zunächst durch Rechtecke angenähert. Zu diesem Zweck wird das Intervall $[a;b]$ mit Hilfe einer (beliebigen) Zerlegung

$$z_n := \big(a = x_0 < x_1 < x_2 < \ldots$$
$$< x_{n-1} < x_n = b\big) \qquad (8.1)$$

in n Teilintervalle $[x_{i-1};x_i]$ zerlegt ($i = 1;\ldots;n$). Im Bild 8.1 wurde $n = 6$ gesetzt. In jedem Intervall

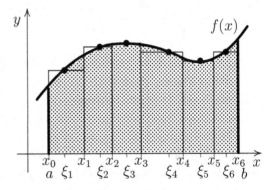

Bild 8.1: *Flächeninhalt* F

$[x_{i-1};x_i]$ wird eine Stelle ξ_i ($i = 1;\ldots;n$) gewählt. $f(\xi_i)(x_i - x_{i-1})$ ist dann gleich dem Flächeninhalt des i-ten Rechtecks. Die Summe der Flächeninhalte dieser Rechtecke

$$s\big(z_n\big) = \sum_{i=1}^{n} f(\xi_i)(x_i - x_{i-1}) \qquad (8.2)$$

wird sich bei einer hinreichend (gleichmäßig) feinen Zerlegung dem Flächeninhalt F annähern. $\lhd$

Der Flächeninhalt der Rechtecke $s(z_n)$ aus (8.2) ist sowohl von der Zerlegung $z_n = (a = x_0 < x_1 < \ldots < x_n = b)$ des Intervalls $[a; b]$ als auch von der Wahl der Stellen $\xi_1; \ldots; \xi_n$ abhängig. Bei der Verfeinerung der Zerlegung z_n ist ein Grenzübergang in der Gleichung (8.2) auszuführen, der in der folgenden Definition näher behandelt wird.

Definition 8.1: *Die Funktion* $y = f(x)$, $x \in [a; b]$, *sei beschränkt. Es bezeichne* z_n *eine Zerlegung des Intervalls* $[a; b]$ *nach (8.1) mit den Stellen* $\xi_i \in [x_{i-1}; x_i]$, $i = 1, \ldots, n$. *Weiterhin sei* $d = \max\limits_{i} (x_i - x_{i-1})$ *die maximale Länge der Teilintervalle. Wenn der Grenzwert*

$$\lim_{d \to 0} \sum_{i=1}^{n} f(\xi_i)(x_i - x_{i-1}) = I$$

existiert und unabhängig von der Zerlegung z_n *und der Wahl der Stellen* ξ_i *ist, dann heißt die Funktion* $y = f(x)$ *auf* $[a; b]$ *(Riemann-)* **integrierbar.** *Der Grenzwert* I *wird als* **bestimmtes Integral** *der Funktion* $f(x)$ *über dem Intervall* $[a; b]$ *bezeichnet. Man schreibt:*

$$\lim_{d \to 0} s(z_n) = I = \int_a^b f(x)\, dx,$$

$f(x)$ *heißt* **Integrand** *und* x *ist die* **Integrationsvariable,** *die das* **Integrationsintervall** $[a; b]$ *durchläuft.* a *wird als* **untere** *und* b *als* **obere Integrationsgrenze** *bezeichnet.*

Die Berechnung des Integrals über eine Zerlegung des Integrationsintervalls mit anschließender Grenzwertbildung ist kompliziert. Aus diesem Grund erfolgt die Berechnung des bestimmten Integrals über das unbestimmte Integral, das in den beiden folgenden Abschnitten behandelt wird.

8.2 Unbestimmtes Integral, Stammfunktion

Im Kapitel Differenzialrechnung wurde für eine differenzierbare Funktion $f(x)$ die Ableitungsfunktion $f'(x)$ erklärt. In diesem Abschnitt wird das inverse (umgekehrte) Problem betrachtet: Zu einer Funktion $f(x)$ ist eine Funktion

$F(x)$ gesucht, deren Ableitung $f(x)$ ist.

Definition 8.2: *J bezeichne ein offenes Intervall, auf dem die Funktion $y = f(x)$ definiert ist. Jede Funktion $F(x)$ mit der Eigenschaft*

$$F'(x) = f(x) \quad \text{für alle } x \in J \tag{8.3}$$

heißt **Stammfunktion** *von $f(x)$.*

Beispiel 8.1: *Gesucht ist eine Stammfunktion von $y = f(x) = x^4$, $x \in \mathbb{R}$.*

Lösung: $F_1(x) = \dfrac{x^5}{5}$ ist eine Stammfunktion von $f(x)$, da

$F_1'(x) = \left(\dfrac{x^5}{5}\right)' = x^4$ gilt. Bezeichnet C eine reelle Konstante, dann ist die

Funktion $F_2(x) = \dfrac{x^5}{5} + C$ ebenfalls Stammfunktion von $f(x)$. ◁

Aufgabe 8.1: *Die Areafunktion* $\mathrm{arsinh}(x)$ *ist die Umkehrfunktion der hyperbolischen Funktion* $\sinh(x)$. *Es gilt* $\mathrm{arsinh}(x) = \ln\left(x + \sqrt{x^2 + 1}\right)$, $x \in \mathbb{R}$. *Zeigen Sie, dass die Funktionen*

$$F_1(x) = \frac{1}{2}\left(x\sqrt{x^2 + a^2} + a^2 \ln\left(x + \sqrt{x^2 + a^2}\right)\right),$$

$$F_2(x) = \frac{1}{2}\left(x\sqrt{x^2 + a^2} + a^2 \,\mathrm{arsinh}\left(\frac{x}{a}\right)\right)$$

Stammfunktionen von $f(x) = \sqrt{x^2 + a^2}$, $x \in \mathbb{R}$, *sind.*

Das Beispiel 8.1 zeigt: Wenn $F(x)$ eine Stammfunktion zu einer Funktion $f(x)$ ist, dann ist $F(x) + C$ für jede reelle Konstante C ebenfalls eine Stammfunktion.

Definition 8.3: *Es seien $F(x)$ eine Stammfunktion von $f(x)$ auf J und $C \in \mathbb{R}$ eine beliebige Konstante. Die Menge aller Stammfunktionen $F(x) + C$ heißt* **unbestimmtes Integral** *von $f(x)$, und man schreibt*

$$F(x) + C = \int f(x)\, dx. \tag{8.4}$$

Man bezeichnet $f(x)$ als **Integrand**, *x als* **Integrationsvariable** *und C als* **Integrationskonstante**.

$f(x)$	$F(x)$	$f(x)$	$F(x)$
$x^a \ \ (a \neq -1)$	$\frac{1}{a+1}x^{a+1}$	e^x	e^x
$\dfrac{1}{x}, \ \ x \neq 0$	$\ln(|x|)$	$\ln(x), \ x > 0$	$x(\ln(x) - 1)$
$\sin(x)$	$-\cos(x)$	$\dfrac{1}{\sqrt{1-x^2}}, \ x \in (-1;1)$	$\arcsin(x)$
$\cos(x)$	$\sin(x)$	$-\dfrac{1}{\sqrt{1-x^2}}, \ x \in (-1;1)$	$\arccos(x)$
$\tan(x)$ $x \neq \frac{(2k+1)\pi}{2}, \ k \in \mathbb{Z}$	$-\ln(|\cos(x)|)$	$\dfrac{1}{1+x^2}$	$\arctan(x)$
$\sinh(x)$	$\cosh(x)$	$\cosh(x)$	$\sinh(x)$

Tabelle 8.1: *Stammfunktionen wichtiger elementarer Funktionen*

Aus (8.4) und (8.3) ergibt sich

$$f(x) = F'(x) = \Big(F(x) + C\Big)' = \left(\int f(x)\,dx\right)' \tag{8.5}$$

$$\int F'(x)\,dx = \int f(x)\,dx = F(x) + C. \tag{8.6}$$

Die letzten beiden Gleichungen zeigen, dass die Integration und die Differenziation zueinander inverse Operationen sind.

In der Tabelle 8.1 sind für einige Grundfunktionen $f(x)$ die Stammfunktionen $F(x)$ angegeben. Wegen (8.3) lassen sich diese Stammfunktionen aus der Tabelle 7.1 auf der Seite 216 ermitteln. Weitere Stammfunktionen sind in Formelsammlungen zu finden (z.B. [3], [2]).

Aus der Gleichung (8.3) und dem Satz 7.7 (Seite 211) erhält man für das **unbestimmte Integral einer Linearkombination** die folgende Eigenschaft.

Satz 8.1: *Es seien* $a_1, \ldots, a_n$ *reelle Konstanten. Dann gilt*

$$\int \Big(a_1 f_1(x) + a_2 f_2(x) + \ldots + a_n f_n(x)\Big)\,dx$$
$$= a_1 \int f_1(x)\,dx + a_2 \int f_2(x)\,dx + \ldots + a_n \int f_n(x)\,dx. \tag{8.7}$$

Beispiel 8.2: *Zu berechnen ist das unbestimmte Integral* $(x > 0)$

$$I = \int \left(3\sqrt{x} - x^2 + \frac{2}{x} \right) dx \,.$$

Lösung: Zunächst folgt $I = 3 \int \sqrt{x}\, dx - \int x^2\, dx + 2 \int \frac{1}{x}\, dx$. Da $\sqrt{x} = x^{\frac{1}{2}}$ gilt, ergibt sich für $\sqrt{x}$ aus der Tabelle 8.1 die Stammfunktion $\frac{2}{3} x^{\frac{3}{2}}$. Weiter folgt dann für $x > 0$ und $C \in \mathbb{R}$

$$I = 2 x^{\frac{3}{2}} - \frac{1}{3} x^3 + 2 \ln(|x|) + C. \qquad\qquad \lhd$$

Aufgabe 8.2: *Berechnen Sie die unbestimmten Integrale*

$$(1)\ \int \left(2 \big(\sqrt[4]{x}\big)^3 - \frac{3}{x^2 + 1} \right) dx \qquad (2)\ \int \ln\left(x^2 \right) dx \qquad (3)\ \int \frac{x^2 + 7x + 3}{x}\, dx \,.$$

8.3   Integrationsmethoden

Die Ermittlung einer Stammfunktion zu einer gegebenen Funktion ist im Allgemeinen ein kompliziertes Problem, das viel Übung und Erfahrung erfordert. Erschwerend kommt noch hinzu, dass bereits relativ einfache Funktionen keine Stammfunktion besitzen, die sich durch elementare Funktionen ausdrücken lässt.

In den folgenden Abschnitten werden Integrationsmethoden angegeben, die zur Ermittlung von Stammfunktionen verwendet werden können.

8.3.1   Substitutionsregel

Die Ableitung einer mittelbaren Funktion mit der Kettenregel lautet

$$\Big(h\big(g(x)\big) \Big)' = h'\big(g(x)\big) \cdot g'(x).$$

Die Integration dieser Gleichung ergibt analog zur Gleichung (8.6)

$$h\big(g(x)\big) = \int \Big(h\big(g(x)\big) \Big)' dx = \int h'\big(g(x)\big) \cdot g'(x)\, dx + C \,.$$

Damit wurde der folgende Satz gezeigt.

Satz 8.2 : *Wenn $g(x)$ und $h(x)$ stetig differenzierbare Funktionen sind, dann gilt*

$$\int h'(g(x)) \cdot g'(x)\, dx = h(g(x)) + C, \quad C \in \mathbb{R}. \tag{8.8}$$

Wie diese Eigenschaft zur Berechnung von unbestimmten Integralen eingesetzt werden kann, wird an den folgenden Beispielen demonstriert.

Beispiel 8.3 : *Zu berechnen ist das Integral* $I = \displaystyle\int \cos^2(t)\sin(t)\, dt$.

Lösung: Die Substitution $u = \cos(t)$ mit dem Differenzial $du = -\sin(t)\, dt$ ergibt

$$\int \cos^2(t)\sin(t)\, dt = -\int u^2\, du$$

$$= -\frac{1}{3}u^3 \bigg|_{u=\cos(t)} + C = -\frac{1}{3}\cos^3(t) + C, \quad C \in \mathbb{R}.$$

$\big|_{u=\cos(t)}$ weist darauf hin, dass nach der Integration bzgl. der neuen Integrationsvariablen u die Substitution wieder rückgängig gemacht werden muss.   ◁

Beispiel 8.4 : *Gesucht ist das Integral* $I = \displaystyle\int \frac{3x}{\sqrt{2x^2+1}}\, dx$.

Lösung: Die Stammfunktion von $f(u) = u^{-\frac{1}{2}}$ ist $F(u) = 2u^{\frac{1}{2}}$. Die Substitution $u = 2x^2 + 1$ mit dem Differenzial $du = 4x \cdot dx$ ergibt

$$\int \frac{3x}{\sqrt{2x^2+1}}\, dx = 3\int \frac{1}{\sqrt{2x^2+1}}\, x\, dx = 3\int \frac{1}{\sqrt{u}}\, \frac{du}{4}$$

$$= \frac{3}{4}\int u^{-\frac{1}{2}}\, du = \frac{3}{4}\, 2u^{\frac{1}{2}} \bigg|_{u=2x^2+1} + C = \frac{3}{2}\sqrt{2x^2+1} + C, \quad C \in \mathbb{R}. \; ◁$$

Beispiel 8.5 : *Zu berechnen ist das Integral* $I = \displaystyle\int \sin(3x+4)\, dx$.

Lösung: Da die Stammfunktion von $f(u) = \sin(u)$ bekannt ist, wird versucht, das zu lösende Integral in diese Form zu überführen. Die Substitution $u = 3x + 4$ mit dem Differenzial $du = 3 \cdot dx$ bzw. mit $dx = \frac{du}{3}$ ergibt

$$\int \sin(3x+4)\, dx = \int \sin(u)\, \frac{du}{3} = \frac{1}{3}\int \sin(u)\, du$$

$$= -\frac{1}{3}\cos(u) \bigg|_{u=3x+4} + C = -\frac{1}{3}\cos(3x+4) + C, \quad C \in \mathbb{R}. \; ◁$$

Die Berechnung der Integrale aus den letzten Beispielen erfolgte nach der

---

Substitutionsregel:

Die Stammfunktion $F(u)$ von $f(u)$ sei bekannt, d.h., es gilt

$$\int f(u)\, du = F(u) + C, \quad C \in \mathbb{R}. \tag{8.9}$$

Das Integral $I = \int f\big(g(x)\big) \cdot g'(x)\, dx$ ist in folgenden Schritten berechenbar:

1. Die Substitution $u = g(x)$ mit dem Differenzial $du = g'(x)\, dx$ ergibt

$$I = \int f\big(g(x)\big) \cdot g'(x)\, dx = \int f(u)\, du = F(u) + C, \quad C \in \mathbb{R}.$$

2. Die Substitution wird wieder rückgängig gemacht

$$F(u)\big|_{u=g(x)} + C = F\big(g(x)\big) + C, \quad C \in \mathbb{R}.$$

Es ergibt sich das unbestimmte Integral

$$I = \int f\big(g(x)\big) \cdot g'(x)\, dx = F(g(x)) + C, \quad C \in \mathbb{R}. \tag{8.10}$$

Aufgabe 8.3: *Berechnen Sie die unbestimmten Integrale*

(1) $\displaystyle\int \sqrt[4]{2x+1}\, dx$ (2) $\displaystyle\int \ln(3x+2)\, dx$ (3) $\displaystyle\int x \cdot \sin(x^2 + 3)\, dx$

(4) $\displaystyle\int \frac{3x}{x^2+1}\, dx$ (5) $\displaystyle\int x \cdot e^{-x^2}\, dx$ (6) $\displaystyle\int \sin^5(x) \cdot \cos(x)\, dx$.

8.3.2 Partielle Integration

Die Differenziation eines Produkts von Funktionen erfolgt mit der Produktregel

$$\big(u(x) \cdot v(x)\big)' = u'(x) \cdot v(x) + u(x) \cdot v'(x)$$

(sofern die entsprechenden Ableitungen existieren). Die Integration dieser Gleichung liefert mit dem Satz 8.1 die Beziehung

$$u(x) \cdot v(x) = \int \big(u(x) \cdot v(x)\big)'\, dx = \int u'(x) \cdot v(x)\, dx + \int u(x) \cdot v'(x)\, dx.$$

Aus dieser Gleichung ergibt sich nach Umstellen der folgende

Satz 8.3 : $u(x)$ und $v(x)$ seien stetig differenzierbare Funktionen.
Dann gilt

$$\int u'(x) \cdot v(x)\, dx = u(x) \cdot v(x) - \int u(x) \cdot v'(x)\, dx\,. \qquad (8.11)$$

Mit diesem Satz erhält man die folgende Integrationsregel, die sogenannte

---

Partielle Integration:

Die Berechnung des Integrals $I = \int u'(x) \cdot v(x)\, dx$ wird in folgenden
Schritten ausgeführt:

1. Als $u'(x)$ ist die Funktion auszuwählen, deren Stammfunktion $u(x)$
   (einfach) angegeben werden kann.
2. Die Ableitung $v'(x)$ muss existieren.
3. Wenn das Integral auf der rechten Gleichungsseite von (8.11) berechenbar ist, erhält man das Integral I nach (8.11).

Diese Regel wird in den nächsten Beispielen angewendet.

Beispiel 8.6 : Man berechne das Integral $I = \int x\, e^x\, dx$.

Lösung: Für $u'(x) = e^x$, $v(x) = x$ folgt zunächst $u(x) = e^x$, $v'(x) = 1$.
Aus (8.11) resultiert

$$\int e^x \cdot x \cdot dx = e^x \cdot x - \int e^x \cdot 1 \cdot dx = e^x\, x - e^x + C = e^x(x-1) + C,\ C \in \mathbb{R}\,.\ \lhd$$

Beispiel 8.7 : Gesucht ist das Integral $I = \int x^2 \sin(x)\, dx$.

Lösung: Man setzt $u'(x) = \sin(x)$, $v(x) = x^2$, woraus $u(x) = -\cos(x)$ und
 $v'(x) = 2x$ folgt. Eingesetzt in (8.11), ergibt sich

$$\int x^2 \cdot \sin(x) \cdot dx = -\cos(x) \cdot x^2 + 2\int x \cdot \cos(x) \cdot dx\,. \qquad (8.12)$$

Das Integral auf der rechten Seite ist „einfacher" als das Ausgangsintegral,
es muss jedoch nochmals mit partieller Integration behandelt werden. Hierzu

wird $\underline{u}'(x) = \cos(x)$, $\underline{v}(x) = x$ gesetzt, woraus $\underline{u}(x) = \sin(x)$, $\underline{v}'(x) = 1$ folgt. Nach (8.11) ergibt sich

$$\int x \cdot \cos(x) \cdot dx = \sin(x) \cdot x - \int 1 \cdot \sin(x) \cdot dx = \sin(x) \cdot x + \cos(x) + \underline{C},$$

$$\underline{C} \in \mathbb{R}.$$

Hieraus folgt dann für (8.12)

$$\int x^2 \sin(x) \, dx = -\cos(x) \, x^2 + 2\Big(\sin(x) \, x + \cos(x) + \underline{C} \Big)$$

$$= \big(2 - x^2\big) \cos(x) + 2x \sin(x) + C, \quad C \in \mathbb{R},$$

wobei durch $2\underline{C} = C$ eine neue Integrationskonstante eingeführt wurde. ◁

Beispiel 8.8: *Berechnen Sie das Integral* $I = \displaystyle\int \sin^2(x) \, dx$.

Lösung: Für $u'(x) = \sin(x)$, $v(x) = \sin(x)$ folgt $u(x) = -\cos(x)$, $v'(x) = \cos(x)$. Die Gleichung (8.11) ergibt

$$I = \int \sin(x) \sin(x) \, dx = -\cos(x) \, \sin(x) + \int \cos^2(x) \, dx$$

$$= -\cos(x) \sin(x) + \int \big(1 - \sin^2(x)\big) \, dx = -\cos(x) \, \sin(x) + x - \int \sin^2(x) \, dx.$$

Beachtet man, dass das letzte Integral auch auf der linken Seite der Gleichung auftritt, so erhält man nach Auflösen der letzten Gleichung

$$I = \int \sin^2(x) \, dx = \frac{1}{2}\big(x - \cos(x) \, \sin(x)\big) + C, \quad C \in \mathbb{R}. \quad ◁ \qquad (8.13)$$

Aufgabe 8.4: *Berechnen Sie die unbestimmten Integrale mit partieller Integration.*

(1) $\displaystyle\int x \cdot \sin(x) \, dx$ \qquad (2) $\displaystyle\int x^2 \cdot \ln(x) \, dx$.

Aufgabe 8.5: *Berechnen Sie die unbestimmten Integrale*

(1) $\displaystyle\int e^{2x}(x + 2) \, dx$ \qquad (2) $\displaystyle\int e^x \cos(x) \, dx$.

Aufgabe 8.6: *Berechnen Sie das unbestimmte Integral* $\displaystyle\int \cos^2(x) \, dx$.

8.3.3   Integration gebrochen rationaler Funktionen

Bevor man eine gebrochen rationale Funktion

$$f(x) = \frac{P_m(x)}{Q_n(x)} = \frac{a_m x^m + \ldots + a_1 x + a_0}{b_n x^n + \ldots + b_1 x + b_0}, \quad x \in D, \tag{8.14}$$

integrieren kann, muss man diese Funktion in **Partialbrüche** zerlegen. Da sich jede unecht gebrochen rationale Funktion (d.h., bei $m \geq n$) durch eine Polynomdivision in eine Summe aus einem Polynom und einer echt gebrochen rationalen Funktion ($m < n$) überführen lässt (vgl. Satz 1.14, Seite 65), wird der folgende Algorithmus nur für echt gebrochen rationale Funktionen ausgeführt.

Partialbruchzerlegung *der echt gebrochen rationalen Funktion*
$$f(x) = \frac{P_m(x)}{Q_n(x)}, \ x \in D, \ (n > m):$$

1. *Für das Nennerpolynom $Q_n(x)$ wird die Produktdarstellung in reeller Form angegeben (vgl. (2.18) auf Seite 85).*

2. *Für jede Nullstelle von $Q_n(x)$ ist ein Ansatz mit noch zu bestimmenden reellen Koeffizienten A_{*i}; B_{*i}; C_{*i} zu wählen. Bei einer reellen Nullstelle x_* mit der Vielfachheit r_* lautet der Ansatz*

$$g_* = \frac{A_{*1}}{(x - x_*)} + \frac{A_{*2}}{(x - x_*)^2} + \ldots + \frac{A_{*r_*}}{(x - x_*)^{r_*}}. \tag{8.15}$$

   Für ein konjugiert komplexes Paar z_* und $\overline{z_*}$ von Nullstellen mit der Vielfachheit s_* wählt man den Ansatz

$$h_* = \frac{B_{*1} x + C_{*1}}{(x^2 + px + q)} + \frac{B_{*2} x + C_{*2}}{(x^2 + px + q)^2} + \ldots + \frac{B_{*s_*} x + C_{*s_*}}{(x^2 + px + q)^{s_*}}, \tag{8.16}$$

   wobei $(x - z_*)(x - \overline{z_*}) = x^2 + px + q$ gilt.

3. *Mit diesen Partialbrüchen wird die Summe gebildet*

$$\frac{P_m(x)}{Q_n(x)} = \sum g_* + \sum h_*. \tag{8.17}$$

4. *Durch einen Koeffizientenvergleich werden die Koeffizienten A_{*i}; B_{*i}; C_{*i} bestimmt.*

Beispiel 8.9: *Für die folgenden Funktionen ist die Partialbruchzerlegung an-*

zugeben.

$$(1) \quad f_1(x) = \frac{6x^2 - 4x - 5}{x^3 - 3x + 2} \qquad (2) \quad f_2(x) = \frac{6x^4 + 16x^3 + 22x^2 + 16x + 3}{(2 + x)(1 + x + x^2)^2}.$$

Lösung: zu (1): $f_1(x)$ ist eine echt gebrochen rationale Funktion mit $m = 2$ und $n = 3$. Das Nennerpolynom $Q_3(x) = x^3 - 3x + 2$ hat die reellen Nullstellen $x_1 = x_2 = 1; x_3 = -2$ und die Produktdarstellung $Q_3(x) = (x - 1)^2(x + 2)$. Aus (8.15) und (8.17) ergibt sich die Summe der Partialbrüche

$$f_1(x) = \frac{6x^2 - 4x - 5}{x^3 - 3x + 2} = \frac{A_{11}}{(x - 1)} + \frac{A_{12}}{(x - 1)^2} + \frac{A_{31}}{(x + 2)}.$$

Wenn die Ausdrücke der rechten Gleichungsseite wieder zusammengefasst werden, erhält man

$$f_1(x) = \frac{6x^2 - 4x - 5}{x^3 - 3x + 2} = \frac{A_{11}(x - 1)(x + 2) + A_{12}(x + 2) + A_{31}(x - 1)^2}{(x - 1)^2(x + 2)}$$

$$= \frac{(A_{11} + A_{31})x^2 + (A_{11} + A_{12} - 2A_{31})x + (-2A_{11} + 2A_{12} + A_{31})}{(x - 1)^2(x + 2)}.$$

Da auf der linken und der rechten Gleichungsseite die Nennerpolynome übereinstimmen, müssen die Koeffizienten der Zählerpolynome ebenfalls übereinstimmen. Daraus erhält man für die Koeffizienten A_{11}, A_{12}, A_{31} das lineare Gleichungssystem

$$\begin{array}{rcrcrcr} A_{11} & & & + & A_{31} & = & 6 \\ A_{11} & + & A_{12} & - & 2A_{31} & = & -4 \\ -2A_{11} & + & 2A_{12} & + & A_{31} & = & -5 \ , \end{array}$$

das die (eindeutige) Lösung $A_{11} = 3$, $A_{12} = -1$, $A_{31} = 3$ besitzt. Damit ergibt sich die Partialbruchzerlegung

$$f_1(x) = \frac{6x^2 - 4x - 5}{x^3 - 3x + 2} = \frac{3}{(x - 1)} - \frac{1}{(x - 1)^2} + \frac{3}{(x + 2)}. \tag{8.18}$$

zu (2): $f_2(x)$ ist eine echt gebrochen rationale Funktion mit $m = 4$ und $n = 5$. Da das Nennerpolynom $Q_5(x) = (2 + x)(1 + x + x^2)^2$ die reelle Nullstelle $x_1 = -2$ und die komplexen Nullstellen $z_1 = z_2 = -\frac{1}{2} + \frac{\sqrt{3}}{2}\mathbf{i}$ und $\overline{z_1} = \overline{z_2} = -\frac{1}{2} - \frac{\sqrt{3}}{2}\mathbf{i}$ hat, ist $Q_5(x)$ bereits in der Produktdarstellung gegeben. Aus (8.15) bis (8.17) resultiert

$$f_2(x) = \frac{6x^4 + 16x^3 + 22x^2 + 16x + 3}{(x + 2)(1 + x + x^2)^2} = \frac{A_{11}}{(x + 2)} + \frac{B_{11}x + C_{11}}{(x^2 + x + 1)} + \frac{B_{12}x + C_{12}}{(x^2 + x + 1)^2}.$$

In der rechten Gleichungsseite wird der Hauptnenner gebildet und zusammengefasst. Es ergibt sich

$$f_2(x) = \frac{6x^4 + 16x^3 + 22x^2 + 16x + 3}{(2+x)(1+x+x^2)^2} =$$

$$= \frac{A_{11}(x^2 + x + 1)^2 + (B_{11}x + C_{11})(x+2)(x^2+x+1) + (B_{12}x + C_{12})(x+2)}{(x+2)(x^2+x+1)^2}.$$

Nach dem Ausmultiplizieren und Ordnen erhält man für das Zählerpolynom der rechten Seite

$$r = (A_{11} + B_{11})x^4 + (2A_{11} + 3B_{11} + C_{11})x^3 + (3A_{11} + 3B_{11} + 3C_{11} + B_{12})x^2$$
$$+ (2A_{11} + 2B_{11} + 3C_{11} + 2B_{12} + C_{12})x + (A_{11} + 2C_{11} + 2C_{12}).$$

Ein Koeffizientenvergleich der Zählerpolynome führt zu dem linearen Gleichungssystem

$$\begin{array}{ccccccccccc}
A_{11} & + & B_{11} & & & & & & & = & 6 \\
2A_{11} & + & 3B_{11} & + & C_{11} & & & & & = & 16 \\
3A_{11} & + & 3B_{11} & + & 3C_{11} & + & B_{12} & & & = & 22 \\
2A_{11} & + & 2B_{11} & + & 3C_{11} & + & 2B_{12} & + & C_{12} & = & 16 \\
A_{11} & & & + & 2C_{11} & & & + & 2C_{12} & = & 3 \;,
\end{array}$$

das die (eindeutige) Lösung $A_{11} = 3$, $B_{12} = 1$, $C_{12} = -1$, $B_{11} = 3$, $C_{11} = 1$ besitzt. Damit lautet die Partialbruchzerlegung

$$f_2(x) = \frac{3}{x+2} + \frac{3x+1}{(x^2+x+1)} + \frac{x-1}{(x^2+x+1)^2}. \qquad \triangleleft \qquad (8.19)$$

Die Partialbruchzerlegung einer gebrochen rationalen Funktion $f(x)$ lässt sich auf einem CAS-Rechner mit dem Befehl expand($f(x)$, x) realisieren.

Beispiel 8.10: *Gesucht ist die Partialbruchzerlegung der Funktion*

$$f(x) = \frac{x^2 - 1}{x^3 + 1}, \; x \in D.$$

Lösung: Beim TI-89 ergibt sich das nebenstehende Bild. $\triangleleft$

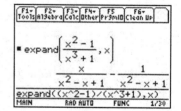

Bild 8.2: *Zu Beispiel 8.10*

Die Stammfunktionen der Partialbrüche aus (8.15) und (8.16) sind in der Tabelle 8.2 angegeben, wobei die letzte Formel gegebenenfalls mehrfach angewendet werden muss.

$f(x)$	$F(x)$
$\dfrac{1}{x-a}$	$\ln(|x-a|)$
$\dfrac{1}{(x-a)^k}$ $(k \geq 2)$	$-\dfrac{1}{(k-1)(x-a)^{k-1}}$
$\dfrac{Bx+C}{(x^2+px+q)}$ $(p^2-4q < 0)$	$\dfrac{B}{2}\ln(|x^2+px+q|)+$ $\dfrac{2C-Bp}{\sqrt{4q-p^2}}\arctan\left(\dfrac{2x+p}{\sqrt{4q-p^2}}\right)$
$\dfrac{Bx+C}{(x^2+px+q)^k}$ $(p^2-4q<0;\ k\geq 2)$	$\dfrac{(2C-Bp)x+Cp-2Bq}{(k-1)(4q-p^2)(x^2+px+q)^{k-1}}+$ $\dfrac{(2k-3)(2C-Bp)}{(k-1)(4q-p^2)}\displaystyle\int\dfrac{1}{(x^2+px+q)^{k-1}}\,dx$

Tabelle 8.2: *Stammfunktionen von Partialbrüchen*

In den nächsten Beispielen wird die Partialbruchzerlegung zur Berechnung der unbestimmten Integrale von gebrochen rationalen Funktionen angewendet.

Beispiel 8.11: *Für die Funktionen aus dem Beispiel 8.11 sind die Stamm-funktionen anzugeben.*

(1) $f_1(x) = \dfrac{6x^2-4x-5}{x^3-3x+2}$ (2) $f_2(x) = \dfrac{6x^4+16x^3+22x^2+16x+3}{(2+x)(1+x+x^2)^2}$.

Lösung: zu (1): $f_1(x)$ ist eine echt gebrochen rationale Funktion, die nach (8.18) die Partialbruchzerlegung

$$f_1(x) = \frac{6x^2-4x-5}{x^3-3x+2} = \frac{3}{(x-1)} - \frac{1}{(x-1)^2} + \frac{3}{(x+2)}$$

hat. Daraus folgt dann nach den ersten beiden Formeln der Tabelle 8.2

$$\int f_1(x)\,dx = \int \frac{3}{(x-1)}\,dx - \int \frac{1}{(x-1)^2}\,dx + \int \frac{3}{(x+2)}\,dx$$

$$= 3\ln\left(|x-1|\right) + \frac{1}{(x-1)} + 3\ln\left(|x+2|\right) + C$$

$$= 3\ln\left(|(x-1)(x+2)|\right) + \frac{1}{(x-1)} + C, \quad C \in \mathbb{R}.$$

zu (2): Aus der Partialbruchzerlegung (8.19)

$$f_2(x) = \frac{3}{x+2} + \frac{3x+1}{(x^2+x+1)} + \frac{x-1}{(x^2+x+1)^2}$$

ergeben sich nach der Tabelle 8.2 folgende Integrale

$$I_1 = \int \frac{3}{(x+2)}\, dx = 3\ln\left(|x+2|\right) + C_1\,,$$

$$I_2 = \int \frac{3x+1}{(x^2+x+1)}\, dx = \frac{3}{2}\ln\left(|x^2+x+1|\right) - \frac{1}{\sqrt{3}}\arctan\left(\frac{2x+1}{\sqrt{3}}\right) + C_2\,,$$

$$I_3 = \int \frac{x-1}{(x^2+x+1)^2}\, dx = \frac{-3x-3}{3(x^2+x+1)} - \int \frac{1}{(x^2+x+1)^1}\, dx$$

$$= -\frac{x+1}{(x^2+x+1)} - \frac{2}{\sqrt{3}}\arctan\left(\frac{2x+1}{\sqrt{3}}\right) + C_3\,.$$

Wird $C := C_1 + C_2 + C_3$ gesetzt, folgt $\qquad \int f_2(x)\, dx = I_1 + I_2 + I_3 =$

$$3\ln\left(|x+2|\right) + \frac{3}{2}\ln\left(|x^2+x+1|\right) - \frac{x+1}{(x^2+x+1)} - \sqrt{3}\arctan\left(\frac{2x+1}{\sqrt{3}}\right) + C.$$

$\triangleleft$

Beispiel 8.12: *Gesucht ist das Integral* $\displaystyle\int \frac{x^4}{x^2-4x+4}\, dx$.

Lösung: Der Integrand ist eine unecht gebrochen rationale Funktion. Nach einer Polynomdivision erhält man die Darstellung

$$\frac{x^4}{x^2-4x+4} = x^2 + 4x + 12 + \frac{32x-48}{x^2-4x+4}\,. \qquad (8.20)$$

Da $x_1 = x_2 = 2$ eine zweifache Nennernullstelle ist, ergibt sich für die echt gebrochen rationale Funktion der Ansatz

$$\frac{32x-48}{x^2-4x+4} = \frac{A_{11}}{(x-2)} + \frac{A_{12}}{(x-2)^2}\,.$$

Nach dem Zusammenfassen der rechten Seite folgt

$$\frac{32x-48}{x^2-4x+4} = \frac{A_{11}(x-2)+A_{12}}{(x-2)^2} = \frac{A_{11}x+(-2A_{11}+A_{12})}{(x-2)^2}\,,$$

woraus das lineare Gleichungssystem

$$
\begin{aligned}
A_{11} &= 32 \\
-2A_{11} + A_{12} &= -48
\end{aligned}
$$

mit der Lösung $A_{11} = 32$ und $A_{12} = 16$ entsteht. Aus der Gleichung (8.20) folgt dann

$$
\begin{aligned}
\int \frac{x^4}{x^2 - 4x + 4}\, dx &= \int \left(x^2 + 4x + 12 + \frac{32x - 48}{x^2 - 4x + 4} \right) dx \\
&= \int x^2\, dx + 4 \int x\, dx + 12 \int dx + \int \frac{32}{x - 2}\, dx + \int \frac{16}{(x - 2)^2}\, dx \\
&= \frac{1}{3}x^3 + 2x^2 + 12x + 32\ln\left(|x - 2|\right) - \frac{16}{x - 2} + C, \qquad x \neq 2. \qquad \triangleleft
\end{aligned}
$$

Aufgabe 8.7: *Berechnen Sie die unbestimmten Integrale*

(1) $\displaystyle \int \frac{5x + 7}{x^3 + 2x^2 - x - 2}\, dx$ \qquad (2) $\displaystyle \int \frac{x - 3}{(x + 2)^2(x - 1)}\, dx$

(3) $\displaystyle \int \frac{x^4 - 1}{x^2 - 4}\, dx$ \qquad (4) $\displaystyle \int \frac{x^4 - 1}{x^2 + 4}\, dx$.

8.4   Hauptsatz

Der folgende Hauptsatz stellt eine Beziehung zwischen dem unbestimmten und dem bestimmten Integral her. Mit Hilfe dieses Satzes lassen sich bestimmte Integrale berechnen.

Satz 8.4 (Hauptsatz der Differenzial- und Integralrechnung):
Die Funktion $y = f(x)$ sei auf dem abgeschlossenen Intervall $[a; b]$ stetig. Ist $F(x)$ eine Stammfunktion von $f(x)$, dann gilt

$$
\int_a^b f(x)\, dx = F(b) - F(a). \tag{8.21}
$$

Anstelle von (8.21) wird auch die Schreibweise

$$
\int_a^b f(x)\, dx = F(x)\Big|_a^b = F(b) - F(a)
$$

verwendet. Man sagt: Das Integral der Funktion $f(x)$ von a bis b ist gleich der Stammfunktion $F(x)$ an der oberen Integrationsgrenze b minus Stammfunktion $F(x)$ an der unteren Integrationsgrenze a.

Aus dem Hauptsatz der Differenzial- und Integralrechnung ergibt sich die folgende Herangehensweise zur Berechnung bestimmter Integrale.

Die **Berechnung des bestimmten Integrals** $I = \int_a^b f(x)\,dx$ *erfolgt in zwei Schritten:*

1. *Es wird eine Stammfunktion $F(x)$ von $f(x)$ bestimmt bzw. das unbestimmte Integral $\int f(x)\,dx = F(x) + C$ ermittelt.*

2. *Die Integrationsgrenzen werden in die Stammfunktion eingesetzt*

$$I = F(x)\Big|_a^b = F(b) - F(a)\,.$$

Beispiel 8.13: *Gesucht ist der Wert des Integrals* $I = \int_0^\pi \dfrac{\cos(x)\sin(x)}{1 + \sin(x)}\,dx.$

Lösung: Die Substitution $u = 1 + \sin(x)$ führt auf das Differenzial $du = \cos(x)\,dx$. Daraus folgt für das unbestimmte Integral

$$\int \frac{\sin(x)}{1 + \sin(x)}\cos(x)\,dx = \int \frac{u-1}{u}\,du = \int \left(1 - \frac{1}{u}\right)\,du$$

$$= \Big(u - \ln(|u|)\Big)\Big|_{u=1+\sin(x)} + C = 1 + \sin(x) - \ln(|1 + \sin(x)|) + C.$$

Das gesuchte bestimmte Integral ergibt sich dann aus

$$\int_0^\pi \frac{\sin(x)}{1+\sin(x)}\cos(x)\,dx = \Big(1 + \sin(x) - \ln(|1+\sin(x)|)\Big)\Big|_0^\pi$$

$$= \Big(1 + \sin(\pi) - \ln(|1+\sin(\pi)|)\Big) - \Big(1 + \sin(0) - \ln(|1+\sin(0)|)\Big) = 0\,. \qquad \triangleleft$$

Aufgabe 8.8: *Berechnen Sie die bestimmten Integrale*

(1) $\displaystyle\int_{-2}^3 \frac{3u}{u^2+4}\,du$ (2) $\displaystyle\int_{-1}^1 \frac{3}{u^2+4}\,du$ (3) $\displaystyle\int_0^2 x\,e^{-x}\,dx$

(4) $\displaystyle\int_0^{\frac{\pi}{3}} \left(\sin(3x) + \tan(x) - \frac{1}{\pi^3}x^2\right)\,dx\,.$

Im Weiteren wird am folgenden Beispiel das bestimmte Integral geometrisch interpretiert.

Beispiel 8.14: *Die bestimmten Integrale*

$$I_1 = \int_2^3 (x^2 - 4)\, dx\,, \quad I_2 = \int_0^2 (x^2 - 4)\, dx \quad und \quad I_3 = \int_0^3 (x^2 - 4)\, dx$$

sind zu berechnen und geometrisch zu interpretieren.

Lösung: Da $\displaystyle \int (x^2 - 4)\, dx = \int x^2\, dx - \int 4\, dx = \frac{x^3}{3} - 4x + C$ gilt, ergibt sich für die gesuchten Integrale nach (8.21)

$$I_1 = \left(\frac{x^3}{3} - 4x\right)\Big|_2^3 = \left(\frac{3^3}{3} - 12\right) - \left(\frac{2^3}{3} - 8\right) = -3 + \frac{16}{3} = \frac{7}{3}\,,$$

$$I_2 = \left(\frac{x^3}{3} - 4x\right)\Big|_0^2 = \left(\frac{2^3}{3} - 8\right) - 0 = -\frac{16}{3} \quad und$$

$$I_3 = \left(\frac{x^3}{3} - 4x\right)\Big|_0^3 = \left(\frac{3^3}{3} - 12\right) - 0 = -3\,.$$

I_1 bzw. $|I_2|$ beschreibt den Flächeninhalt der Fläche, die zwischen der Funktion und der x-Achse im Intervall $[2;3]$ bzw. $[0;2]$ liegt. Der Flächeninhalt der punktiert gezeichneten Fläche erfüllt die Beziehung

$$I_1 + |I_2| = \frac{23}{3}\,.$$

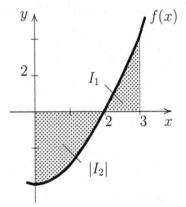

Bild 8.3: *Flächeninhalt und Integral*

Im Unterschied dazu ergibt sich für das Integral I_3:

$$I_3 = I_1 + I_2 = -3\,. \qquad \triangleleft$$

An dem letzten Beispiel und dem Bild 8.3 wird der Unterschied von Flächeninhalt und bestimmtem Integral deutlich. Es gilt der folgende Satz.

Satz 8.5: *Der Flächeninhalt A der Fläche, die der Graph der stetigen Funktion $f(x)$ mit der x-Achse zwischen $x = a$ und $x = b$ ($a < b$) einschließt, ist*

$$A = \int_a^b |f(x)|\, dx\,. \tag{8.22}$$

Für die Berechnung des Integrals (8.22) müssen vor der Integration die Betragsstriche beseitigt werden. Dazu sind die Nullstellen der Funktion $f(x)$ zu berechnen und das Integral aufzuspalten (siehe Beispiel 8.15) (2)).

Aus dem Hauptsatz der Differenzial- und Integralrechnung ergeben sich unmittelbar weitere Eigenschaften für auf $[a; b]$ integrierbare Funktionen.

Satz 8.6: (1) $\displaystyle\int_a^a f(x)\, dx = 0$ (2) $\displaystyle\int_a^b f(x)\, dx = -\int_b^a f(x)\, dx$

(3) *Für $a < c < b$ gilt:* $\displaystyle\int_a^b f(x)\, dx = \int_a^c f(x)\, dx + \int_c^b f(x)\, dx$.

Die dritte Eigenschaft erlaubt die Berechnung bestimmter Integrale von stückweise stetigen Funktionen. Das Integrationsintervall ist dann so in Teilintervalle zu zerlegen, dass die Funktion auf diesen Teilintervallen jeweils stetig ist.

Für das in Bild 8.4 angegebene Beispiel gilt

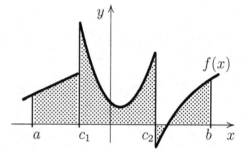

Bild 8.4: *Integration stückweise stetiger Funktionen*

$$\int_a^b f(x)\, dx = \int_a^{c_1} f(x)\, dx + \int_{c_1}^{c_2} f(x)\, dx + \int_{c_2}^b f(x)\, dx \,.$$

Beispiel 8.15: *Berechnen Sie die Integrale*

(1) $\displaystyle I_1 = \int_{-2}^3 \mathrm{sgn}(x) \cdot (x^2 - 1)\, dx$ (2) $\displaystyle I_2 = \int_0^3 \left| (x-2)(x-1) \right|\, dx$.

Lösung: zu (1): Wegen $\mathrm{sgn}(x) \cdot (x^2 - 1) = \begin{cases} -(x^2-1) & \text{für} \quad x < 0 \\ 0 & \text{für} \quad x = 0 \\ (x^2-1) & \text{für} \quad x < 0 \end{cases}$, ist

das Integral I_1 stückweise zu berechnen. D.h.

$$I_1 = -\int_{-2}^0 (x^2 - 1)\, dx + \int_0^3 (x^2 - 1)\, dx = -\left(\frac{1}{3}x^3 - x\right)\Big|_{-2}^0 + \left(\frac{1}{3}x^3 - x\right)\Big|_0^3$$

$$= \left(-\frac{8}{3} + 2\right) + \left(\frac{27}{3} - 3\right) = \frac{16}{3} \,.$$

<u>zu (2)</u>: Um das Integral berechnen zu können, muss zunächst der Betrag aufgelöst werden.

$$|(x-2)(x-1)| = \begin{cases} -(x-2)(x-1) & \text{für} \quad x \in (1;2) \\ (x-2)(x-1) & \text{für} \quad x \notin (1;2) \end{cases}.$$

Aus diesem Grund ist das Integral I_2 an den Stellen $x_0 = 1$ und $x_1 = 2$ aufzuspalten. Man erhält dann

$$I_2 = \int_0^1 (x-2)(x-1)\, dx - \int_1^2 (x-2)(x-1)\, dx + \int_2^3 (x-2)(x-1)\, dx$$

$$= \left(\frac{1}{3}x^3 - \frac{3}{2}x^2 + 2x \right)\Big|_0^1 - \left(\frac{1}{3}x^3 - \frac{3}{2}x^2 + 2x \right)\Big|_1^2 + \left(\frac{1}{3}x^3 - \frac{3}{2}x^2 + 2x \right)\Big|_2^3 = \frac{11}{6}. \quad \triangleleft$$

Aufgabe 8.9: *Berechnen Sie das bestimmte Integral* $\displaystyle\int_0^{4\pi} |\,e^{-x}\sin(x)|\, dx$.

8.5 Uneigentliches Integral

Bei den bisher diskutierten bestimmten Integralen waren immer folgende Voraussetzungen erfüllt:

Voraussetzung 1: Die Länge des Integrationsintervalls ist endlich.
Voraussetzung 2: Die zu integrierende Funktion ist auf dem Integrationsintervall stetig bzw. stückweise stetig.

Definition 8.4: *Ein Integral, bei dem wenigstens eine dieser Voraussetzungen <u>nicht</u> erfüllt ist, heißt* **uneigentliches Integral**.

Die folgenden Integrale sind uneigentliche Integrale

$$I_1 = \int_0^\infty e^{-2x}\, dx \qquad I_2 = \int_{-1}^3 \frac{1}{x-2}\, dx \qquad I_3 = \int_0^\infty \frac{e^{-\sqrt{x}}}{\sqrt{x}}\, dx.$$

In den Integralen I_1 und I_3 ist die Länge des Integrationsintervalls unendlich bzw. in den Integralen I_2 und I_3 ist die zu integrierende Funktion auf den Integrationsintervallen nicht beschränkt und damit auch nicht stetig bzw. nicht stückweise stetig.

Bei der Berechnung uneigentlicher Integrale geht man im Allgemeinen wie folgt vor.

Berechnung uneigentlicher Integrale:

1. *Anstelle des uneigentlichen Integrals wird ein bestimmtes Integral berechnet, wobei das bestimmte Integral parameterabhängig ist.*

2. *Durch Grenzübergänge wird das bestimmte Integral in das uneigentliche Integral übergeführt. Wenn mehrere Grenzwerte zu bilden sind, dann müssen diese Grenzwerte unabhängig voneinander ausgeführt werden (vgl. Beispiel 8.15).*

Definition 8.5 : *Wenn bei der Berechnung uneigentlicher Integrale alle in 2. auftretenden Grenzwerte existieren, dann liegt ein* **konvergentes uneigentliches Integral** *vor. Existiert (wenigstens) ein Grenzwert nicht, dann heißt das uneigentliche Integral* **divergent***.*

Das Lösungsprinzip wird an den folgenden Beispielen erläutert.

Beispiel 8.16 : *Zu berechnen ist das uneigentliche Integral* $I_1 = \displaystyle\int_0^\infty e^{-2x}\, dx$.

Lösung: Es bezeichne b eine (große) reelle Zahl. Das Integral I_1 wird zunächst durch das bestimmte Integral $I_1(b) = \displaystyle\int_0^b e^{-2x}\, dx$ ersetzt und berechnet. Die Substitution $u = -2x$ mit dem Differenzial $du = -2dx$ ergibt das unbestimmte Integral

$$\int e^{-2x}\, dx = -\frac{1}{2} e^{-2x} + C, \quad \text{woraus} \quad I_1(b) = -\frac{1}{2} e^{-2x}\Big|_0^b = -\frac{1}{2} e^{-2b} + \frac{1}{2}$$

folgt. Anschließend liefert der Grenzwert $\displaystyle\lim_{b\to\infty} I_1(b)$ das gesuchte Integral

$$I_1 = \lim_{b\to\infty} I_1(b) = \lim_{b\to\infty}\left(-\frac{1}{2} e^{-2b} + \frac{1}{2} \right) = \frac{1}{2} - \frac{1}{2}\lim_{b\to\infty} e^{-2b} = \frac{1}{2}.$$

Da der auftretende Grenzwerte existiert, ist I_1 ein konvergentes uneigentliches Integral, und es gilt $I_1 = 0,5$.   ◁

Beispiel 8.17 : *Untersuchen Sie das uneigentliche Integral* $I_2 = \displaystyle\int_{-1}^3 \frac{1}{x - 2}\, dx$.

Lösung: An der Polstelle $x_0 = 2$ ist der Integrand nicht beschränkt. Aus dem Integrationsbereich wird die Polstelle zunächst ausgespart (siehe Bild 8.5). Es werden zwei (beliebig kleine) positive reellen Zahlen $\varepsilon_1 > 0$, $\varepsilon_2 > 0$ gewählt und das Integral I_2 durch die Summe von bestimmten Integralen

$$I_2 \approx I_2(\varepsilon_1, \varepsilon_2) =$$

$$\int_{-1}^{2-\varepsilon_1} \frac{1}{x-2}\, dx + \int_{2+\varepsilon_2}^{3} \frac{1}{x-2}\, dx$$

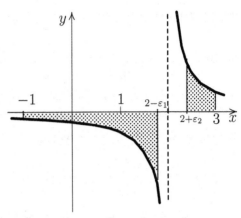

angenähert. Mit dem unbestimmten Integral

$$\int \frac{1}{x-2}\, dx = \ln(|x-2|) + C$$

ergibt sich dann

Bild 8.5: $I_2(\varepsilon_1, \varepsilon_2)$

$$I_2(\varepsilon_1, \varepsilon_2) = \ln(|x-2|)\Big|_{-1}^{2-\varepsilon_1} + \ln(|x-2|)\Big|_{2+\varepsilon_2}^{3}$$

$$= \ln(\varepsilon_1) - \ln(3) + \ln(1) - \ln(\varepsilon_2) = \ln(\varepsilon_1) - \ln(\varepsilon_2) - \ln(3). \qquad (8.23)$$

Anschließend ist der (zweifache) Grenzübergang $\varepsilon_1 \to 0$, $\varepsilon_2 \to 0$ durchzuführen. Da die Grenzwerte

$$\lim_{\varepsilon_1 \to 0} \ln(\varepsilon_1) = -\infty \qquad \lim_{\varepsilon_2 \to 0} \ln(\varepsilon_2) = -\infty$$

nicht existieren, existiert das Integral

$$I_2 = \lim_{\substack{\varepsilon_1 \to 0 \\ \varepsilon_2 \to 0}} I_2(\varepsilon_1, \varepsilon_2)$$

ebenfalls nicht. I_2 ist ein divergentes Integral. $\triangleleft$

Bemerkung: Bei der Berechnung des Integrals I_2 wurden die Grenzübergänge $\varepsilon_1 \to 0$, $\varepsilon_2 \to 0$ einzeln und unabhängig voneinander ausgeführt. Wenn $\varepsilon_1 = \varepsilon_2 = \varepsilon$ gesetzt wird, dann folgt für (8.23)

$$I_2(\varepsilon, \varepsilon) = \ln(\varepsilon) - \ln(3) + \ln(1) - \ln(\varepsilon) = -\ln(3).$$

Der Grenzwert

$$\lim_{\varepsilon \to 0} I_2(\varepsilon, \varepsilon) = -\ln(3)$$

existiert in diesem Fall. Man spricht dann vom **Cauchy-Hauptwert** des Integrals und schreibt

$$(CH)\int_{-1}^{3} \frac{1}{x-2}\, dx = -\ln(3).$$

Beispiel 8.18: *Zu berechnen ist das uneigentliche Integral* $I_3 = \displaystyle\int_0^\infty \frac{\mathrm{e}^{-\sqrt{x}}}{\sqrt{x}}\,dx$.

Lösung: Die Länge des Integrationsintervalls ist unendlich. Weiterhin ist für $x \searrow 0$ der Integrand nicht beschränkt. Deshalb wird das Integral I_3 zunächst durch das bestimmte Integral

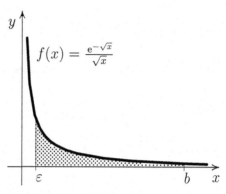

$$I_3(\varepsilon, b) = \int_\varepsilon^b \frac{\mathrm{e}^{-\sqrt{x}}}{\sqrt{x}}\,dx$$

ersetzt (siehe Bild 8.6) und berechnet. Die Substitution $-\sqrt{x} = z$ hat das Differenzial $-\dfrac{1}{2\sqrt{x}}dx = dz$ und ergibt für das unbestimmte Integral

Bild 8.6: $I_3(\varepsilon, b)$

$$\int \frac{\mathrm{e}^{-\sqrt{x}}}{\sqrt{x}}\,dx = -2\int \mathrm{e}^z\,dz = -2\,\mathrm{e}^z\Big|_{z=-\sqrt{x}} + C = -2\,\mathrm{e}^{-\sqrt{x}} + C.$$

Hieraus folgt

$$I_3(\varepsilon, b) = -2\,\mathrm{e}^{-\sqrt{x}}\Big|_\varepsilon^b = -2\,\mathrm{e}^{-\sqrt{b}} + 2\,\mathrm{e}^{-\sqrt{\varepsilon}}.$$

Anschließend liefern die Grenzübergänge $\varepsilon \to 0$ und $b \to \infty$ das gesuchte Integral

$$I_3 = \lim_{\substack{\varepsilon \to 0 \\ b \to \infty}} I_3(\varepsilon, b) = -2\lim_{b \to \infty} \mathrm{e}^{-\sqrt{b}} + 2\lim_{\varepsilon \to 0} \mathrm{e}^{-\sqrt{\varepsilon}} = 2.$$

Da die Grenzwerte existieren, ist I_3 ein konvergentes uneigentliches Integral und hat den Wert $I_3 = 2$. ◁

Aufgabe 8.10: *Untersuchen Sie die Integrale auf Konvergenz und berechnen Sie bei Existenz die Integrale bzw. den Cauchy'schen Hauptwert.*

(1) $\displaystyle\int_{-\infty}^\infty \frac{1}{x^2 + 9}\,dx$ (2) $\displaystyle\int_1^\infty \frac{2}{u^2 + u}\,du$

(3) $\displaystyle\int_0^3 (x-2)^{-2}\,dx$ (4) $\displaystyle\int_0^\infty \frac{1}{x^2 - 3x + 2}\,dx$.

8.6 Integralrechnung mit CAS-Rechnern

Die Berechnung des unbestimmten Integrals $\int f(x)\,dx$ wird mit einem CAS-Taschenrechner mit dem Befehl $\int(\ f(x), \ x)$ ausgeführt. Zur Berechnung des bestimmten Integrals $\int_a^b f(x)\,dx$ ist dieser Befehl durch die Integrationsgrenzen $\int(\ f(x), \ x, \ a, \ b)$ zu ergänzen.

Beispiel 8.19: *Es sind folgende Integrale zu berechnen.*

$$(1) \ \int \frac{1}{x\,\sqrt{x^5 - 4}}\,dx \qquad\qquad (2) \ \int_2^3 \frac{1}{x\,\sqrt{x^5 - 4}}\,dx$$

Lösung: In den Bildern 8.7 und 8.8 sind die Ergebnisse dargestellt, die mit dem TI-89 erhalten wurden.

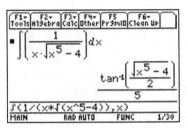

Bild 8.7: *zu (1)*

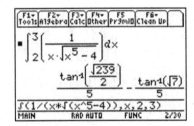

Bild 8.8: *zu (2)*   ◁

Bei der Berechnung von Integralen mit einem CAS-Taschenrechner wird der Benutzer nicht von analytischen Untersuchungen befreit. So z.B. lässt sich das Integral I_2 aus dem Beispiel 8.15 (Seite 266) mit dem Taschenrechner TI-89 Titanium nicht sofort berechnen. Bei diesem Integral muss man erst (wie in der Lösung des Beispiels) den Betrag auflösen.

Insbesondere bei der Berechnung von uneigentlichen Integralen sind die vom Rechner gelieferten Ergebnisse kritisch zu werten. Die Berechnung des Cauchy-Hauptwertes von uneigentlichen Integralen muss in der Regel mit einem CAS-Taschenrechner wie in der Bemerkung auf der Seite 269 als Grenzwert ausgeführt werden.

Aufgabe 8.11: *Berechnen Sie mit dem Taschenrechner den Cauchy-Hauptwert*
$$(CH) \int_{-1}^3 \frac{1}{x - 2}\,dx\,.$$

8.7   Anwendungen

8.7.1   Bogenlänge ebener Kurven

Problem: *Die stetig differenzierbare Funktion $y = f(x)$, $a \leq x \leq b$, beschreibe eine Kurve K. Gesucht ist die Länge von K.*

Lösung: Zunächst wird das Intervall $[a; b]$ durch eine (beliebige) Zerlegung

$$z_n = \left(a = x_0 < x_1 < x_2 < \ldots < x_{n-1} < x_n = b \right)$$

in n Teilintervalle zerlegt. Im Bild 8.9 wird das i-te Intervall $[x_{i-1}; x_i]$ herausgegriffen. Der Bogen von K, der zwischen den Punkten P_{i-1} und P_i liegt, wird durch das Geradenstück $\overline{P_{i-1}P_i}$ angenähert. Die Länge c_i des Geradenstücks $\overline{P_{i-1}P_i}$ berechnet sich nach dem Satz des Pythagoras zu

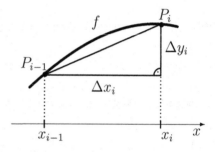

$$c_i = \sqrt{(\Delta x_i)^2 + (\Delta y_i)^2}, \quad \text{wobei}$$

$$\Delta x_i = x_i - x_{i-1} \quad \text{und} \quad \Delta y_i = y_i - y_{i-1}$$

bezeichnen. Für die Bogenlänge B gilt dann näherungsweise

Bild 8.9: *Bogenlänge von f*

$$B \approx \sum_{i=1}^{n} c_i = \sum_{i=1}^{n} \sqrt{(\Delta x_i)^2 + (\Delta y_i)^2} = \sum_{i=1}^{n} \sqrt{1 + \left(\frac{\Delta y_i}{\Delta x_i} \right)^2} \cdot \Delta x_i \, .$$

Anschließend wird die Zerlegung z_n (gleichmäßig) verfeinert und der Grenzwert

$$\lim_{d \to 0} \sum_{i=1}^{n} \sqrt{1 + \left(\frac{\Delta y_i}{\Delta x_i} \right)^2} \cdot \Delta x_i \tag{8.24}$$

gebildet, wobei $d = \max_i \left(x_i - x_{i-1} \right)$ bezeichnet. Da die Funktion f als differenzierbar vorausgesetzt wurde, gilt zunächst

$$\lim_{d \to 0} \frac{\Delta y_i}{\Delta x_i} = f'(x) \quad \text{für alle } i \, .$$

Wenn der Grenzwert (8.24) existiert, ergibt sich analog zur Flächenberechnung auf Seite 249 für die Bogenlänge

$$B = \int_a^b \sqrt{1 + \left(f'(x) \right)^2} \, dx \, . \qquad \qquad \lhd$$

Damit wurde der folgende Satz bewiesen.

Satz 8.7: *Die Kurve K sei durch die stetig differenzierbare Funktion $y = f(x)$, $x \in [a; b]$, gegeben. Dann gilt für die Bogenlänge B von K*

$$B = \int_a^b \sqrt{1 + \left(f'(x)\right)^2}\, dx \,. \tag{8.25}$$

Beispiel 8.20: *Zu berechnen ist die Länge der Kurve, die durch die Funktion $y = f(x) = x\sqrt{x} + 2, x \in [0; 4]$, beschrieben wird.*

Lösung: $f'(x) = \frac{3}{2}\sqrt{x}, x \in [0; 4]$. Nach (8.25) folgt zunächst für die Bogenlänge

$$B = \int_0^4 \sqrt{1 + \left(\frac{3}{2}\sqrt{x}\right)^2}\, dx = \int_0^4 \sqrt{1 + \frac{9}{4}x}\, dx.$$

Mit der Substitution $1 + \frac{9}{4}x = u$ erhält man das unbestimmte Integral

$$\int \sqrt{1 + \frac{9}{4}x}\, dx = \frac{4}{9} \int \sqrt{u}\, du = \frac{8}{27}\left(1 + \frac{9}{4}x\right)^{\frac{3}{2}} + C \,.$$

Es ergibt sich dann für die Bogenlänge

$$B = \frac{8}{27}\left(1 + \frac{9}{4}x\right)^{\frac{3}{2}}\bigg|_0^4 = \frac{8}{27}\left(10\sqrt{10} - 1\right) \,. \qquad \lhd$$

Wenn die Kurve in Parameterdarstellung oder in Polardarstellung gegeben ist, werden im nächsten Satz für die Bogenlänge analoge Formeln zu (8.25) angegeben. Dazu wird die folgende Definition benötigt.

Definition 8.6: *Eine Kurve mit der Parameterdarstellung $x = x(t)$, $y = y(t)$, $t \in [t_1; t_2]$, bezeichnet man als* **reguläre Kurve**, *wenn die Funktionen $x(t)$ und $y(t)$ stetig differenzierbar sind und*

$$\left(\dot{x}(t)\right)^2 + \left(\dot{y}(t)\right)^2 \neq 0 \tag{8.26}$$

für alle $t \in (t_1; t_2)$ gilt.

Bemerkung: Es lässt sich beweisen, dass eine reguläre Kurve keinen „Knick" bzw. keine „Ecke" hat und sich auf dem Definitionsbereich nicht „kreuzt".

Satz 8.8: *Die Bogenlänge B einer Kurve wird in Abhängigkeit von der Kurvendarstellung nach folgenden Formeln berechnet. Es gilt für eine reguläre Kurve in Parameterdarstellung $x = x(t)$, $y = y(t)$, $t \in [t_1; t_2]$,*

$$B = \int_{t_1}^{t_2} \sqrt{\big(\dot{x}(t)\big)^2 + \big(\dot{y}(t)\big)^2}\, dt \qquad (8.27)$$

bzw. für eine Kurve mit der Polardarstellung $r = r(\varphi)$, $\varphi \in [\varphi_1; \varphi_2]$,

$$B = \int_{\varphi_1}^{\varphi_2} \sqrt{\big(r'(\varphi)\big)^2 + \big(r(\varphi)\big)^2}\, d\varphi. \qquad (8.28)$$

Der Beweis dieses Satzes verläuft ähnlich wie der Beweis des Satzes 8.7. Dass die Darstellungsform einer Kurve wesentlichen Einfluss auf die Berechnung der Bogenlänge einer Kurve hat, zeigt das folgende Beispiel.

Beispiel 8.21: *Gesucht ist die Länge eines Halbkreises mit dem Radius R.*

Lösung: Ein Halbkreis mit dem Radius R hat die Polardarstellung $r = r(\varphi) = R$, $0 \le \varphi \le \pi$. Weil $r'(\varphi) = 0$ gilt, folgt aus der Gleichung (8.28)

$$B = \int_0^\pi \sqrt{R^2 + 0}\, d\varphi = R \int_0^\pi d\varphi = R\pi.$$

Wesentlich aufwendiger wird die Berechnung, wenn man von der expliziten Darstellung $y = f(x) = \sqrt{R^2 - x^2}$, $-R \le x \le R$, des Halbkreises ausgeht. In diesem Fall wäre für die Berechnung der Bogenlänge das Integral

$$B = \int_{-R}^{R} \sqrt{1 + \left(\frac{-x}{\sqrt{R^2 - x^2}}\right)^2}\, dx$$

zu berechnen.   ◁

Beispiel 8.22: *Es sei $a > 0$. Gesucht ist die Länge des Zykloidenbogens*

$$x(t) = a\big(t - \sin(t)\big),\ y(t) = a\big(1 - \cos(t)\big),\ t \in [0; 2\pi]. \qquad (8.29)$$

Lösung: Werden die Ableitungen $\dot{x}(t) = a\big(1 - \cos(t)\big)$, $\dot{y}(t) = a\sin(t)$ in die Formel (8.27) eingesetzt, erhält man zunächst für den Integranden

$$\sqrt{(\dot{x}(t))^2 + (\dot{y}(t))^2} = \sqrt{a^2\big(1 - \cos(t)\big)^2 + a^2\sin^2(t)} = a\sqrt{2(1 - \cos(t))}.$$

Wegen $\big(1 - \cos(t)\big) = 2\sin^2\left(\frac{t}{2}\right) > 0$ für alle $t \in (0; \pi)$ ist die betrachtete Kurve regulär. Es ergibt sich dann

$$B = 2a \int_0^{2\pi} \sin\left(\frac{t}{2}\right) dt = -4 \cdot a \cdot \cos\left(\frac{t}{2}\right)\Big|_0^{2\pi} = 8a.$$ ◁

Aufgabe 8.12: *Berechnen Sie die Bogenlängen von folgenden Kurven.*

(1) $f(x) = 1 - \ln\left(\cos(x)\right),\ x \in \left[0; \frac{\pi}{4}\right],$

(2) $F(x,y) = x + \left(1 - \frac{y}{3}\right)\sqrt{y} = 0,\ y \in [0;1],$

(3) $\left.\begin{array}{l} x(t) = t^2 \\ y(t) = \frac{1}{3}t(t^2 - 3) \end{array}\right\},\ t \in [0; \sqrt{3}],$

(4) $\left.\begin{array}{l} x(t) = t\cos(t) - \sin(t) \\ y(t) = t\sin(t) + \cos(t) + 1 \end{array}\right\},\ t \in \left[-\pi; \frac{\pi}{2}\right].$

8.7.2 Volumen und Mantelinhalte von Rotationskörpern

Bei der Rotation einer stetigen Kurve K um eine Drehachse wird ein **Rotationskörper** oder **Drehkörper** erzeugt. Die Drehachse des Körpers ist gleichzeitig Symmetrieachse. Im Weiteren wird vorausgesetzt, dass die Drehachse mit einer Achse des Koordinatensystems zusammenfällt.

Problem: *Die stetige Funktion* $y = f(x),\ a \le x \le b,$ *rotiert um die x-Achse und erzeugt einen Rotationskörper. Gesucht sind das Volumen* V_x *und der Flächeninhalt des Mantels (im Weiteren als Mantelinhalt* M_x *bezeichnet) dieses Körpers.*

Lösung: Das Intervall $[a; b]$ unterteilt man durch eine (beliebige) Zerlegung

$$z_n = \left(a = x_0 < x_1 < \ldots < x_{n-1} < x_n = b\right)$$

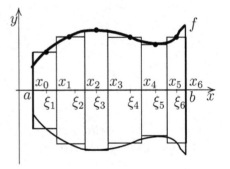

Bild 8.10: *Rotationskörper*

in n Teilintervalle. Anschließend wird der Rotationskörper an den Stellen $x_1, x_2, \ldots, x_{n-1}$ in n Scheiben (im Bild 8.10 ist $n = 6$) zerschnitten. Weiterhin wird in jedem Intervall $[x_{i-1}; x_i]$ eine Stelle ξ_i gewählt $(i = 1, \ldots, n)$. Jede Scheibe wird durch einen Zylinder angenähert. Der i-te Zylinder hat die Höhe $\Delta x_i = x_i - x_{i-1}$ und den Radius $f(\xi_i)$. Man erhält für das Volumen des i−ten Zylinders $V_i = \pi f^2(\xi_i) \cdot \Delta x_i$ bzw. für das Gesamtvolumen aller dieser Zylinder $\displaystyle\sum_{i=1}^{n} V_i = \pi \sum_{i=1}^{n} f^2(\xi_i) \cdot \Delta x_i.$ Analog zur Herleitung des bestimmten

Integrals auf Seite 249 wird die Zerlegung z_n (gleichmäßig) verfeinert. D.h., es wird für $d = \max\limits_i \left(x_i - x_{i-1}\right)$ der Grenzwert $\lim\limits_{d \to 0} \pi \sum\limits_{i=1}^{n} f^2(\xi_i) \cdot \Delta x_i$ gebildet. Wenn dieser Grenzwert existiert, ergibt sich dann für das gesuchte Volumen

$$V_x = \pi \int_a^b f^2(x)\, dx\,.$$

Die Berechnung des Mantelinhaltes M_x des Rotationskörpers lässt sich nach dem gleichen Prinzip ermitteln. Der Mantelinhalt M_i der i-ten Scheibe berechnet sich aus dem Produkt des Scheibenumfangs an der Stelle ξ_i und der Länge des Bogenstücks, das diese Scheibe erzeugt:

$$M_i = 2\pi |f(\xi_i)| \cdot \sqrt{1 + \left(\frac{\Delta f_i}{\Delta x_i}\right)^2}\, \Delta x_i.$$

Der Mantelinhalt des Rotationskörpers ergibt sich dann durch Addition der einzelnen Mantelinhalte und anschließendem Grenzübergang $d \to 0$. Falls dieser Grenzwert existiert, gilt für den Mantelinhalt

$$M_x = 2\pi \int_a^b |f(x)|\sqrt{1 + \left(f'(x)\right)^2}\, dx\,. \qquad\qquad \triangleleft$$

Damit wurde der folgende Satz gezeigt.

Satz 8.9 : *Die Rotation der Kurve K   erzeuge einen Rotationskörper mit dem Volumen V_x und den Mantelinhalt M_x.*
Wenn die stetige Kurve $y = f(x)$, $x \in [a; b]$, um die x-Achse rotiert, dann hat der entstehende Rotationskörper das Volumen

$$V_x = \pi \int_a^b f^2(x)\, dx\,. \tag{8.30}$$

Wenn $f(x)$ zusätzlich noch stetig differenzierbar ist, dann gilt für den Mantelinhalt dieses Körpers

$$M_x = 2\pi \int_a^b |f(x)|\sqrt{1 + \left(f'(x)\right)^2}\, dx\,. \tag{8.31}$$

Die Beweise der nächsten Sätze dieses Abschnitts können analog zu den Herleitungen der Formeln (8.30) und (8.31) geführt werden.

Satz 8.10: *Wenn die reguläre Kurve K mit der Parameterdarstellung $x = x(t)$, $y = y(t)$, $t \in [t_1; t_2]$, um die x-Achse rotiert, dann entsteht ein Rotationskörper mit dem Volumen*

$$V_x = \pi \left| \int_{t_1}^{t_2} (y(t))^2 \dot{x}(t) \, dt \right| \tag{8.32}$$

und dem Mantelinhalt

$$M_x = 2\pi \int_{t_1}^{t_2} |y(t)| \sqrt{(\dot{x}(t))^2 + (\dot{y}(t))^2} \, dt. \tag{8.33}$$

Beispiel 8.23: *Die Funktion* $y = f(x) = 2\sqrt{1 - x^2}, x \in [0; 1]$, *rotiert um die x-Achse. Gesucht sind das Volumen V_x und der Mantelinhalt M_x des Rotationskörpers.*

Lösung: Nach (8.30) ergibt sich

$$V_x = \pi \int_0^1 4(1 - x^2) \, dx = 4\pi \left(x - \frac{x^3}{3} \right) \Big|_0^1 = \frac{8}{3}\pi.$$

Da $f'(x) = \dfrac{-2x}{\sqrt{1 - x^2}}$ gilt, folgt aus (8.31)

$$
\begin{aligned}
M_x &= 2\pi \int_0^1 2\sqrt{1 - x^2} \cdot \sqrt{1 + \frac{4x^2}{1 - x^2}} \, dx \\
&= 4\pi \int_0^1 \sqrt{1 - x^2} \cdot \sqrt{\frac{1 - x^2 + 4x^2}{1 - x^2}} \, dx = 4\pi \int_0^1 \sqrt{1 + 3x^2} \, dx.
\end{aligned}
\tag{8.34}
$$

In Formelsammlungen (z.B. [2], Seite 65; siehe auch Aufgabe 8.1 auf der Seite 251) findet man das unbestimmte Integral

$$\int \sqrt{a^2 + x^2} \, dx = \frac{1}{2}\left(x\sqrt{x^2 + a^2} + a^2 \ln(|x + \sqrt{x^2 + a^2}|) \right) + C.$$

Wird $a^2 = \frac{1}{3}$ gesetzt, ergibt sich für das Integral

$$
\begin{aligned}
\int \sqrt{1 + 3x^2} \, dx &= \sqrt{3} \int \sqrt{\frac{1}{3} + x^2} \, dx \\
&= \frac{\sqrt{3}}{2}\left(x\sqrt{x^2 + \frac{1}{3}} + \frac{1}{3} \ln(|x + \sqrt{x^2 + \frac{1}{3}}|) \right) + C.
\end{aligned}
$$

Nach dem Einsetzen der Integrationsgrenzen erhält man

$$M_x = 2\sqrt{3}\pi\left(\sqrt{\frac{4}{3}} + \frac{1}{3}\ln\left(1 + \sqrt{\frac{4}{3}}\right) - \frac{1}{3}\ln\left(\sqrt{\frac{1}{3}}\right)\right) = \frac{2\pi}{3}\left(\sqrt{3}\ln\left(\sqrt{3} + 2\right) + 6\right)$$

bzw. $M_x \approx 17,3438$. $\triangleleft$

Die Funktion $y = f(x) = 2\sqrt{1 - x^2}$, $x \in [0; 1]$, beschreibt eine Viertel-Ellipse. Durch die Rotation dieses Bogenstücks entsteht daraus die Hälfte eines Rotationsellipsoids, dessen Volumen und Mantelinhalt im Beispiel 8.23 berechnet wurden.

Wenn die Kurve $K : y = f(x)$, $a \le x \le b$, um die y-Achse rotiert, lässt sich das Volumen bzw. der Mantelinhalt des Rotationskörpers (Bild 8.11) analog zum Satz 8.9 berechnen. Es wird

$$y = f(x),\ a \le x \le b,$$

in die Form

$$x = g(y),\ c \le y \le d,$$

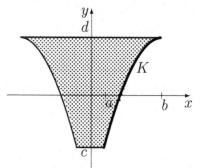

mit $c = f(a)$ und $d = f(b)$ übergeführt. Dann ergeben sich die folgenden Formeln für das Volumen V_y und den Mantelinhalt M_y des Rotationskörpers:

Bild 8.11: *Rotationskörper um die y-Achse*

$$V_y = \pi \int_c^d g^2(y)\, dy, \qquad\qquad\qquad (8.35)$$

$$M_y = 2\pi \int_c^d |g(y)|\sqrt{1 + (g'(y))^2}\, dy. \qquad\qquad (8.36)$$

Falls die reguläre Kurve in der Parameterdarstellung $x = x(t)$, $y = y(t)$, $t \in [t_1; t_2]$, gegeben ist, gilt entsprechend

$$V_y = \pi\left|\int_{t_1}^{t_2} (x(t))^2 \dot{y}(t)dt\right|, \qquad\qquad\qquad (8.37)$$

$$M_y = 2\pi \int_{t_1}^{t_2} |x(t)|\sqrt{(\dot{x}(t))^2 + (\dot{y}(t))^2}dt. \qquad\qquad (8.38)$$

Beispiel 8.24 : *Wenn die Kurve* $y = f(x) = x^2$, $x \in [0; 2]$, *um die y-Achse rotiert, entsteht ein* **Paraboloid**. *Von diesem Rotationskörper sind das Volumen* V_y *und der Mantelinhalt* M_y *zu berechnen.*

Lösung: Da die Kurve um die y-Achse rotiert, muss die Kurve zunächst in die Form $x = g(y)$, $y \in [c; d]$, übergeführt werden. Es gilt $x = g(y) = \sqrt{y}$, $y \in [c; d]$, mit $c = f(0) = 0$ und $d = f(2) = 4$. Aus (8.35) und (8.36) erhält man

$$V_y = \pi \int_0^4 \left(\sqrt{y}\right)^2 dy = \pi \int_0^4 y\, dy = \pi \frac{y^2}{2} \Big|_0^4 = 8\pi$$

$$M_y = 2\pi \int_0^4 \sqrt{y}\sqrt{1 + \left(\frac{1}{2\sqrt{y}}\right)^2}\, dy = 2\pi \int_0^4 \sqrt{y + \frac{1}{4}}\, dy$$

$$= 2\pi \frac{2}{3}\left(y + \frac{1}{4}\right)^{\frac{3}{2}} \Big|_0^4 = \frac{\pi}{6}\left(17\sqrt{17} - 1\right). \qquad \lhd$$

Im nächsten Beispiel ist die Kurve in Parameterdarstellung gegeben.

Beispiel 8.25: *Es sei $a > 0$ eine vorgegebene Konstante. Die Kurve*

$$\left.\begin{array}{l} x = x(t) = a\cos^3(t) \\ y = y(t) = a\sin^3(t) \end{array}\right\} \quad t \in [0; \pi],$$

rotiert um die x-Achse. Von dem entstehenden Rotationskörper sind das Volumen V_x und der Mantelinhalt M_x gesucht.

Lösung: Zunächst wird die Regularität der Kurve überprüft. Aus

$$(\dot{x}(t))^2 + (\dot{y}(t))^2 = \left(-3a\cos^2(t)\sin(t)\right)^2 + \left(3a\sin^2(t)\cos(t)\right)^2$$
$$= 9a^2 \cos^2(t)\sin^2(t)\left(\cos^2(t) + \sin^2(t)\right) = 9a^2 \cos^2(t)\sin^2(t)$$

erkennt man, dass die erzeugende Kurve an der Stelle $t = \frac{\pi}{2}$ nicht regulär ist. (Siehe auch die Bemerkung nach diesem Beispiel!) Aus diesem Grund wird das Integrationsintervall entsprechend zerlegt. Nach (8.32) (Satz 8.10) resultiert für das Volumen

$$V_x = 3a^3\pi\left(\left|\int_0^{\frac{\pi}{2}} \sin^7(t) \cdot \cos^2(t)\, dt\right| + \left|\int_{\frac{\pi}{2}}^{\pi} \sin^7(t) \cdot \cos^2(t)\, dt\right|\right)$$

Das unbestimmte Integral löst man mit der Substitution $\sin^3(t) = u$. Es ergibt sich für das unbestimmte Integral $\int \sin^7(t) \cdot \cos^2(t)\, dt$

$$= -\cos^3(t)\left(\frac{1}{9}\sin^6(t) + \frac{2}{21}\sin^4(t) + \frac{8}{105}\sin^2(t) + \frac{16}{315}\right) + C.$$

Nach Einsetzen der Integrationsgrenzen erhält man das Volumen $V_x = \frac{32}{105}a^3\pi$.
Nach (8.32) gilt für den Mantelinhalt $\qquad M_x =$

$$2\pi\left(\int_0^{\frac{\pi}{2}} |a\sin^3(t)|\sqrt{9a^2\cos^2(t)\sin^2(t)}\,dt + \int_{\frac{\pi}{2}}^{\pi} |a\sin^3(t)|\sqrt{9a^2\cos^2(t)\sin^2(t)}\,dt\right)$$

$$= 6\pi a^2 \int_0^{\frac{\pi}{2}} \sin^4(t)\cos(t)\,dt - 6\pi a^2 \int_{\frac{\pi}{2}}^{\pi} \sin^4(t)\cos(t)\,dt\,.$$

Mit der Substitution $\sin(t) = u$ erhält man das unbestimmte Integral

$$\int \sin^4(t)\cdot\cos(t)\,dt = \frac{1}{5}\sin^5(t) + C.$$

Hieraus ergibt sich nach Einsetzen der Integrationsgrenzen in die Stammfunktion der gesuchte Mantelinhalt $M_x = \frac{12}{5}\pi a^2$. $\qquad\qquad\qquad\qquad\qquad\qquad \triangleleft$

Bemerkung: Die Kurve, die im Beispiel 8.25 betrachtet wurde, beschreibt die Hälfte einer **Astroide**. Diese Astroide hat für $t = \frac{\pi}{2}$ eine „Spitze" (vgl. das Bild 5.15 auf der Seite 170).

Aufgabe 8.13 : *Die folgenden Kurven rotieren um die x-Achse. Berechnen Sie jeweils das Volumen des entstehenden Rotationskörpers.*

$\qquad$ (1) $\quad f(x) = 6 - \dfrac{6}{x^2},\ x \in [2;6]\,,\qquad$ (2) $\quad f(x) = x^2 - 1,\ x \in [0;2]\,,$

$\qquad$ (3) $\quad \left.\begin{array}{l} x(t) = a\big(t - \sin(t)\big) \\ y(t) = a\big(1 - \cos(t)\big) \end{array}\right\}\,,\ t \in [0;2\pi]\,.$

Aufgabe 8.14 : *Die folgenden Kurven rotieren um die y-Achse. Gesucht ist das Volumen des jeweils entstehenden Rotationskörpers.*

$\qquad$ (1) $\quad f(x) = (x + 1)^3,\ x \in [0;2]\,,\qquad$ (2) $\quad f(x) = 2x - 1,\ x \in [1;2,5]\,.$

Aufgabe 8.15 : *Berechnen Sie die Mantelinhalte und die Oberflächeninhalte der Rotationskörper, die durch folgende Kurven entstehen. In den Aufgaben (1) - (3) rotiert die Kurve um die x-Achse und in der Aufgabe (4) um die y-Achse.*

(1) $\quad f(x) = \cosh(x),\ x \in [0;2]\,,\qquad$ (2) $\quad \left.\begin{array}{l} x(t) = a\cos^3(t) \\ y(t) = a\sin^3(t) \end{array}\right\}\,,\ t \in [0;\pi]\,,$

(3) $\quad \left.\begin{array}{l} x(t) = t\sin(t) + \cos(t) \\ y(t) = \sin(t) - t\cos(t) \end{array}\right\}\,,\ t \in [0;\frac{\pi}{2}]\,,\quad$ (4) $\quad f(x) = 2x - 1,\ x \in [1;2,5]\,.$

Aufgabe 8.16: *Gegeben ist der Kurvenbogen* $y = f(x) = \cos(x)$, $x \in [0; \pi]$.
Mit Hilfe des Taschenrechners (z.B. TI-89*) sind folgende Teilaufgaben zu lösen:*
(1) *Berechnen Sie die Länge des Kurvenbogens.*
(2) *Wie groß ist der Mantelinhalt des Rotationskörpers, der bei der Rotation des Kurvenbogens (a) um die x-Achse bzw. (b) um die y-Achse entsteht?*

8.7.3 Flächeninhalt ebener Flächen

Zum Beginn dieses Kapitels (Seite 249) wurde der Flächeninhalt einer Fläche ermittelt, die durch folgende Kurven begrenzt ist:

$$y = f(x),\ x \in [a; b], \qquad x\ = a, \qquad x = b, \qquad y = 0.$$

Dabei wurde noch gefordert, dass $f(x)$ stetig und im Intervall $(a; b)$ positiv ist.

In diesem Abschnitt wird die Inhaltsberechnung von Flächen behandelt, deren Begrenzung in allgemeinerer Form vorgegeben ist. Es wird stets ein kartesisches Koordinatensystem vorausgesetzt.

Satz 8.11: *Eine ebene Fläche werde nach oben durch die stetige Funktion* $y = f_o(x)$, $x \in [c; d]$, *und nach unten durch die stetige Funktion* $y = f_u(x)$, $x \in [c; d]$, *begrenzt. Die seitliche Begrenzung dieser Fläche erfolgt durch die Kurven* $x = a$ *und* $x = b$, *wobei* $c \le a < b \le d$ *gilt (siehe Bild 8.12). Dann erhält man den Flächeninhalt* F *dieser Fläche als*

$$F = \int_a^b \Big(f_o(x) - f_u(x) \Big)\, dx\,. \tag{8.39}$$

Beweis: Das Flächenstück wird in Richtung der positiven y-Achse verschoben. Diese Verschiebung wird durch eine Konstante s erreicht, so dass für alle $x \in (a; b)$ gilt $f_u(x) + s > 0$. Der Flächeninhalt lässt sich als Differenz zweier Flächeninhalte beschreiben. Es ergibt sich dann

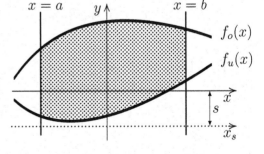

Bild 8.12 *Flächeninhalt* F

$$F = \int_a^b \Big(\big(f_o(x) + s\big) - \big(f_u(x) + s\big) \Big)\, dx = \int_a^b \Big(f_o(x) - f_u(x) \Big)\, dx\,. \blacktriangleleft$$

Beispiel 8.26: *Gesucht ist der Flächeninhalt* F *der von den Funktionen* $y = f_1(x) = \sin(x),\ x \in [0; 2\pi],$ *und* $y = f_2(x) = \cos(x),\ x \in [0; 2\pi],$ *vollständig umschlossenen Fläche.*

Lösung: Im Bild 8.13 ist die Fläche punktiert dargestellt, die von den Funktionen $f_1(x)$ und $f_2(x)$ eingeschlossen wird. Zunächst müssen die $x-$Koordinaten der Schnittpunkte der Funktionen $f_1(x)$ und $f_2(x)$ berechnet werden. Aus

$$\sin(x) = \cos(x) \iff \tan(x) = 1$$
$$\implies \arctan(1) = x$$

ergeben sich im Intervall $[0; 2\pi]$ die Lösungen

$$a = \frac{\pi}{4} \ \text{und} \ b = \frac{5\pi}{4}.$$

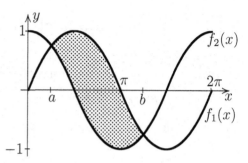

Bild 8.13: *von* $f_1(x)$ *und* $f_2(x)$ *begrenzte Fläche*

Nach (8.39) erhält man dann

$$F = \int_{\frac{\pi}{4}}^{\frac{5\pi}{4}} \Big(\sin(x) - \cos(x) \Big)\, dx = \Big(-\cos(x) - \sin(x) \Big)\Big|_{\frac{\pi}{4}}^{\frac{5\pi}{4}} = 2\sqrt{2} \, . \qquad \lhd$$

Bei einer Reihe von Aufgaben wird das Flächenstück durch eine (einfach geschlossene) Kurve begrenzt, wobei die Kurve in Parameterdarstellung gegeben ist. In diesem Fall gilt der folgende Satz.

Satz 8.12: *Die stetig differenzierbare Kurve* K *sei in Parameterdarstellung* $x = x(t),\ y = y(t),\ t \in [a; b],$ *gegeben und umschließe ein Flächenstück. Der Flächeninhalt* F *dieses Flächenstücks ist dann gleich*

$$F = \frac{1}{2}\left| \int_a^b \Big(x(t)\dot{y}(t) - y(t)\dot{x}(t) \Big)\, dt \right|. \qquad (8.40)$$

Die Beziehung (8.40) wird hier nicht bewiesen. Der Beweis lässt sich mit Hilfe der Sektorformel (8.41) ausführen, die auf der Seite 284 angegeben wird.

Beispiel 8.27: *Gesucht ist der Inhalt einer Ellipsenfläche, die die Halbachsen* a *und* b *hat.*

Lösung: Es wird von der Parameterdarstellung einer Ellipse ausgegangen (vgl. Seite 166):

$$x = x(t) = a\cos(t),\ y = y(t) = b\sin(t),\ t \in [0; 2\pi].$$

Der gesuchte Flächeninhalt lässt sich dann nach (8.40) berechnen:

$$F = \frac{1}{2}\left| \int_0^{2\pi} \left(ab\cos^2(t) + ab\sin^2(t) \right) dt \right| = \frac{ab}{2} \left| \int_0^{2\pi} dt \right| = ab\pi \, . \qquad \triangleleft$$

Wenn im Beispiel 8.27 die Ellipse durch die Funktionen

$f_o(x) = b\sqrt{1 - \frac{x^2}{a^2}}$, $x \in [-a;a]$, und $f_u(x) = -b\sqrt{1 - \frac{x^2}{a^2}}$, $x \in [-a;a]$,

beschrieben wird, muss für die Berechnung des Flächeninhalts die Beziehung (8.39) verwendet werden. Bei diesem Vorgehen ist jedoch ein komplizierteres Integral zu berechnen.

Aufgabe 8.17 : *Berechnen Sie den Inhalt der Flächen, die durch folgende Kurven begrenzt werden*

(1) $y = f(x) = x^2$, $x \in \mathbb{R}$, $x = g(y) = y^2$, $y \in \mathbb{R}$.

(2) $y = f(x) = \sin^2(x)$, $x \in [0;\pi]$, $y = g(x) = \cos^2(x)$, $x \in [0;\pi]$.

Aufgabe 8.18: *Gesucht ist der Inhalt der Fläche, die durch die Kurve*

$$x = x(t) = a\cos^3(t), \; y = y(t) = a\sin^3(t), \; t \in [0;2\pi] \, ,$$

eingeschlossen wird.

Im Weiteren wird die Berechnung des Flächeninhalts von Sektorflächen behandelt.

Definition 8.7: *Es sei K eine stückweise stetige Kurve, die von jedem vom Koordinatenursprung ausgehenden Strahl höchstens einmal getroffen wird. Das geometrische Gebilde, das von den Strahlen durch die Kurvenendpunkte sowie von der Kurve begrenzt wird, heißt* **Sektor**.

In Abhängigkeit von der Darstellungsform des Kurvenstücks wird der Flächeninhalt des Sektors ermittelt. Wenn das Kurvenstück durch eine Funktion $y = f(x)$, $x \in [a;b]$, gegeben ist, dann lässt sich der Flächeninhalt des Sektors mit der Beziehung (8.39) berechnen. Es sind dabei die Funktionen f_o und f_u nur geeignet zu definieren.

Beispiel 8.28: *Ein Sektor werde begrenzt durch die Funktion* $f(x) = x^3 + 2$, *$x \in [-1;1]$, und durch die vom Koordinatenursprung ausgehenden Strahlen, die durch die Funktionsendpunkte verlaufen. Wie groß ist der Flächeninhalt dieses Sektors?*

Lösung: Im Bild 8.14 wird die Sektorfläche punktiert dargestellt. Hieraus folgt

$$f_o(x) = x^3 + 2, \ x \in [-1; 1],$$

$$f_u(x) = \begin{cases} -x & x \in [-1; 0] \\ 3x & x \in [0; 1]. \end{cases}$$

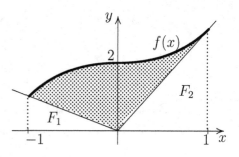

Mit der Beziehung (8.39) ergibt sich dann
der gesuchte Flächeninhalt

Bild 8.14: *Sektorfläche*

$$F = \int_{-1}^{1} \Big(f_o(x) - f_u(x) \Big)\, dx = \int_{-1}^{0} \Big(x^3 + 2 + x \Big)\, dx + \int_{0}^{1} \Big(x^3 + 2 - 3x \Big)\, dx$$

$$= \Big(\frac{1}{4}x^4 + 2x + \frac{1}{2}x^2 \Big)\Big|_{-1}^{0} + \Big(\frac{1}{4}x^4 + 2x - \frac{3}{2}x^2 \Big)\Big|_{0}^{1} = 2. \qquad \triangleleft$$

Bezeichnen F_1 und F_2 die Inhalte der Dreiecksflächen im Bild 8.14, die
unterhalb des Sektors liegen, dann lässt sich der Flächeninhalt der Sektorfläche
aus dem Beispiel 8.28 auch nach

$$F = \int_{-1}^{1} \Big(x^3 + 2 \Big)\, dx - F_1 - F_2 = \Big(\frac{1}{4}x^4 + 2x \Big)\Big|_{-1}^{1} - \frac{1}{2} - \frac{3}{2} = 2$$

berechnen.

Satz 8.13: *Die überschneidungsfreie und (stückweise) stetig differenzierbare Kurve K, die den Sektor begrenzt, sei durch die Parameterdarstellung $x = x(t)$, $y = y(t)$, $t \in [a; b]$, gegeben. Dann erhält man den
Flächeninhalt F des Sektors aus der Beziehung*

$$F = \frac{1}{2}\Big| \int_{a}^{b} \Big(x(t)\dot{y}(t) - y(t)\dot{x}(t) \Big)\, dt \Big|. \qquad (8.41)$$

*Wenn die Kurve in Polardarstellung durch die stetige Funktion
$r = r(\varphi)$, $\varphi \in [\varphi_1; \varphi_2]$, gegeben ist, dann gilt für den Flächeninhalt des
Sektors*

$$F = \frac{1}{2} \int_{\varphi_1}^{\varphi_2} (r(\varphi))^2\, d\varphi. \qquad (8.42)$$

Beweis: Es wird nur die Beziehung (8.41) bewiesen. Der Beweis von (8.42)
kann analog ausgeführt werden. Durch eine Zerlegung

$$z_n = \Big(a = t_0 < t_1 < t_2 < \ldots < t_{n-1} < t_n = b \Big)$$

des Intervalls $[a; b]$ wird der Sektor in n Teilsektoren zerlegt. Der i-te Sektor wird durch das Dreieck $\triangle OP_{i-1}P_i$ angenähert, wobei $P_i = P_i\big(x(t_i), y(t_i)\big)$ und $P_{i-1} = P_{i-1}\big(x(t_{i-1}), y(t_{i-1})\big)$ die Kurvenendpunkte des Teilsektors sind (vgl. Bild 8.15). Es werden bezeichnet mit F_i der Flächeninhalt des i-ten Sektors, mit T_i der Flächeninhalt des Trapezes mit den Eckpunkten $P_{i-1}R_{i-1}P_iR_i$ und mit D_i bzw. D_{i-1} der Flächeninhalt des Dreiecks

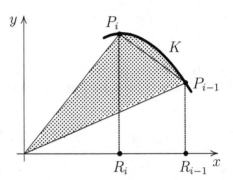

Bild 8.15: *i-ter Sektor*

$\triangle OP_iR_i$ bzw. $\triangle OP_{i-1}R_{i-1}$. Für den Flächeninhalt des i-ten Sektors gilt

$$F_i = D_i + T_i - D_{i-1}$$

$$= \frac{1}{2}x(t_i)y(t_i) + \frac{1}{2}\big(x(t_{i-1}) - x(t_i)\big)\big(y(t_{i-1}) + y(t_i)\big) - \frac{1}{2}x(t_{i-1})y(t_{i-1})$$

$$= \frac{1}{2}\big(x(t_{i-1})y(t_i) - x(t_i)y(t_{i-1})\big) = \frac{1}{2}\big(x(t_{i-1})\frac{\Delta y_i}{\Delta t_i} - y(t_{i-1})\frac{\Delta x_i}{\Delta t_i}\big)\Delta t_i,$$

wobei $\Delta y_i = y(t_i) - y(t_{i-1})$ und $\Delta x_i = x(t_i) - x(t_{i-1})$ gesetzt wurden. Es sei $d = \max\limits_i\big(t_i - t_{i-1}\big)$. Der Flächeninhalt des Sektors berechnet sich dann aus

$$F = \lim_{d\to 0}\sum_{i=1}^{n} F_i = \frac{1}{2}\lim_{d\to 0}\sum_{i=1}^{n}\big(x(t_{i-1})\frac{\Delta y_i}{\Delta t_i} - y(t_{i-1})\frac{\Delta x_i}{\Delta t_i}\big)\Delta t_i$$

$$= \frac{1}{2}\Big|\int_a^b \big(x(t)\dot{y}(t) - y(t)\dot{x}(t)\big)\, dt\Big|. \qquad \blacktriangleleft$$

Beispiel 8.29: *Der Sektor werde begrenzt durch die in Parameterdarstellung gegebene Kurve* $x(t) = 3\cos(t)$, $y(t) = 2t + \cos^2(t)$, $t \in [0; \frac{\pi}{2}]$, *und durch die vom Koordinatenursprung ausgehenden Strahlen, die durch die Kurvenendpunkte verlaufen. Gesucht ist der Flächeninhalt des Sektors.*

Lösung: Der Flächeninhalt wird mit der Beziehung (8.41) berechnet. Da $\dot{x}(t) = -3\sin(t)$ und $\dot{y}(t) = 2 - 2\cos(t)\sin(t)$ gilt, folgt

$$F = \frac{1}{2}\Big|\int_0^{\frac{\pi}{2}} \big(3\cos(t)\big(2 - 2\cos(t)\sin(t)\big) - \big(2t + \cos^2(t)\big)\big(-3\sin(t)\big)\big)\, dt\Big|$$

$$= \frac{1}{2}\Big|\int_0^{\frac{\pi}{2}} \big(6\cos(t) - 3\cos^2(t)\sin(t) + 6t\sin(t)\big)\, dt\Big|$$

$$= \frac{1}{2}\Big|\big(6\sin(t) + \cos^3(t) - 6(t\cos(t) - \sin(t))\big)\big|_0^{\frac{\pi}{2}}\Big| = \frac{11}{2}.$$

Die auftretenden Integrale wurden im Beispiel 8.3 bzw. in der Aufgabe 8.4 behandelt. $\triangleleft$

Beispiel 8.30: *Es sei* $a > 0$. *Gesucht ist der Flächeninhalt der Fläche, die durch die in Polardarstellung gegebene Kurve* $r = r(\varphi) = a \sin(3\varphi)$, $\varphi \in [0; \frac{\pi}{3}]$ *begrenzt wird.*

Lösung: Durch die Kurve wird ein „blattähnliches" Gebilde beschrieben. Der Flächeninhalt lässt sich mit der Beziehung (8.42) berechnen, d.h.,

$$F = \frac{1}{2}a^2 \int_0^{\frac{\pi}{3}} \sin^2(3\varphi)\, d\varphi = \frac{1}{12}a^2 \big(3\varphi - \sin(3\varphi)\cos(3\varphi)\big)\big|_0^{\frac{\pi}{3}} = \frac{\pi}{12}a^2 . \qquad \triangleleft$$

Aufgabe 8.19: *Berechnen Sie den Inhalt der Sektorfläche, die durch die folgenden Kurven begrenzt wird:*

(1) $y = f_1(x) = \frac{1}{2}x$, $\quad y = f_2(x) = \frac{1}{3}x$, $\quad y = f_3(x) = \sqrt{x}$, $x \geq 0$.

(2) $F_1(x; y) = y - x = 0$, $x \geq 0$, $\quad F_2(x; y) = x = 0, x \geq 0$,
   $F_3(x; y) = y^2 - 3x - 4 = 0$, $x \geq 0$.

Aufgabe 8.20: *Ein Sektor wird nach oben durch die Kurve* K *begrenzt, die durch die Parameterdarstellung*

$$x = x(t) = t\, e^{-2t}, \ y = y(t) = 5t^2\, e^{-2t}, \ t \in [0, 5; 1],$$

gegeben ist. Seitlich wird der Sektor durch Strahlen vom Koordinatenursprung durch die Kurvenendpunkte begrenzt. Gesucht ist der Flächeninhalt des Sektors.

8.8   Numerische Integration

Um ein bestimmtes Integral $\displaystyle\int_a^b f(x)\, dx$ mit Hilfe des Hauptsatzes der Differenzial- und Integralrechnung berechnen zu können, muss die Stammfunktion von $f(x)$ bekannt sein. Wenn die Stammfunktion nicht bekannt ist bzw. wenn keine elementare Funktion als Stammfunktion existiert, muss das Integral mit Hilfe einer sogenannten **numerischen Integration** oder **numerischen Quadratur** näherungsweise berechnet werden.

Prinzip der numerischen Integration: *Der Integrand* $f(x)$ *wird (im Allgemeinen stückweise) durch eine geeignete Funktion* $\tilde{f}(x)$ *ersetzt, von der man die Stammfunktion einfach berechnen kann. In Abhängigkeit von der Wahl der Funktion* $\tilde{f}(x)$ *ergeben sich unterschiedliche numerische Verfahren zur Berechnung des Integrals.*

Im Weiteren werden drei Verfahren für die Wahl von $\tilde{f}(x)$ diskutiert, die dann zur Rechteck-, Trapez- bzw. Simpsonregel führen. Im Abschnitt 8.8.4 werden diese Verfahren an Beispielen erläutert. In diesem Abschnitt wird stets vorausgesetzt, dass das Integrationsintervall $[a; b]$ in n gleich große Teilintervalle zerlegt wird, wobei n vorgegeben wird. (Auf die Wahl von n wird weiter unten eingegangen.) Die Länge der Teilintervalle ist dann jeweils gleich

$$h := \frac{b - a}{n}$$

und heißt **Schrittweite**. Weiterhin werden die folgenden Bezeichnungen verwendet:

$$x_i := a + ih, \qquad y_i := f(x_i) = f(a + ih), \qquad i = 0, 1, \ldots, n.$$

$x_0 = a$, x_1, $\ldots$, x_{n-1}, $x_n = b$ heißen **Stützstellen**.

8.8.1 Rechteckregel

Ein einfaches Verfahren zur numerischen Integration erhält man, wenn die Funktion $f(x)$ durch eine Treppenfunktion angenähert wird. Im i-ten Teilintervall wird die Approximation

$$f(x) \approx y_i \qquad \text{für} \quad x_i \leq x < x_{i+1}, \qquad i = 0; 1; \ldots; n - 1 \tag{8.43}$$

gewählt. Es ergibt sich dann die Näherung

$$\int_a^b f(x)\,dx \approx \sum_{i=0}^{n-1} \int_{x_i}^{x_{i+1}} y_i\,dx = \sum_{i=0}^{n-1} y_i \int_{x_i}^{x_{i+1}} dx = h \sum_{i=0}^{n-1} y_i\,.$$

Damit wurde die folgende Formel bewiesen, die in der Literatur auch Rechteckregel genannt wird.

Satz 8.14 : *Es gilt die folgende* **Rechteckregel** *zur näherungsweisen Berechnung des bestimmten Integrals:*

$$\int_a^b f(x)\,dx \approx \frac{b - a}{n} \sum_{i=0}^{n-1} y_i\,. \tag{8.44}$$

Die mit der Rechteckregel erhaltenen Näherungen sind im Allgemeinen ungenau. (Siehe hierzu die Beispiele aus dem Abschnitt 8.8.4.) Aus diesem Grund sollte man (8.44) zur näherungsweisen Berechnung von Integralen nicht verwenden.

8.8.2   Trapezregel

Eine Verbesserung der Rechteckregel (8.44) erhält man, wenn man die Funktion $f(x)$ stückweise linearisiert. Im i-ten Teilintervall $[x_i; x_{i+1}]$ verwendet man als Approximation ein lineares Interpolationspolynom durch die Punkte $(x_i; y_i)$ und $(x_{i+1}; y_{i+1})$, d.h.,

$$f(x) \approx y_i \frac{x - x_{i+1}}{x_i - x_{i+1}} + y_{i+1} \frac{x - x_i}{x_{i+1} - x_i} \quad \text{für} \quad x_i \leq x \leq x_{i+1}, \ i = 0; 1; \ldots; n - 1.$$
$$(8.45)$$

Damit erhält man zunächst die Näherung

$$\int_a^b f(x)\, dx \approx \sum_{i=0}^{n-1} \int_{x_i}^{x_{i+1}} \left(y_i \frac{x - x_{i+1}}{x_i - x_{i+1}} + y_{i+1} \frac{x - x_i}{x_{i+1} - x_i} \right) dx$$

$$= \sum_{i=0}^{n-1} \left(\frac{y_i}{x_i - x_{i+1}} \int_{x_i}^{x_{i+1}} (x - x_{i+1})\, dx + \frac{y_{i+1}}{x_{i+1} - x_i} \int_{x_i}^{x_{i+1}} (x - x_i)\, dx \right).$$

Nach der weiteren Auswertung der Integrale ergibt sich der folgende Satz.

Satz 8.15: *Es gilt die* **Trapezregel**

$$\int_a^b f(x)\, dx \approx \frac{b - a}{n} \left(\frac{y_0 + y_n}{2} + \sum_{i=1}^{n-1} y_i \right). \tag{8.46}$$

Die Trapezregel (8.46) liefert im Vergleich zur Rechteckregel (8.44) zum Teil wesentlich bessere Näherungen. Sie integriert insbesondere Polynome ersten Grades exakt.

8.8.3   Simpsonregel

Eine weitere Verbesserung bei der numerischen Integration wird erreicht, wenn man die Funktion $f(x)$ stückweise durch Parabelstücke annähert. Zu diesem Zweck muss zusätzlich noch vorausgesetzt werden, dass die Anzahl der Teilintervalle eine gerade Zahl ist, d.h. $n = 2m$, $m \in \mathbf{N}$ gilt. In den benachbarten Intervallen $[x_{2i}; x_{2i+1}]$ und $[x_{2i+1}; x_{2i+2}]$ wird als Approximation für $f(x)$ ein quadratisches Interpolationspolynom $P_{2i}(x)$ durch die Punkte $(x_{2i}; y_{2i})$; $(x_{2i+1}; y_{2i+1})$; $(x_{2i+2}; y_{2i+2})$ gewählt $(i = 0; 1; \ldots; \frac{n}{2} - 1)$. Daraus folgt dann

$$\int_a^b f(x)\, dx \approx \sum_{i=0}^{m} \int_{x_{2i}}^{x_{2i+2}} P_{2i}(x)\, dx.$$

Die ausführliche Berechnung wird hier nicht ausgeführt. Man erhält nach einer längeren Rechnung das folgende Ergebnis.

Satz 8.16: *Für die näherungsweise Berechnung eines bestimmten Integrals nach der* **Simpsonregel** *gilt*

$$\int_a^b f(x)\,dx \approx \frac{b-a}{3n}\left(y_0 + y_n + 4\sum_{i=1}^{\frac{n}{2}} y_{2i-1} + 2\sum_{i=1}^{\frac{n}{2}-1} y_{2i}\right). \qquad (8.47)$$

Die Simpsonregel (8.47) wird in der Literatur auch als **Keplersche Fassregel** bezeichnet. Mit der Simpsonregel wird bei der numerischen Integration im Vergleich zur Trapezregel eine weitere Verbesserung der Näherungen erreicht. Dabei werden Polynome, deren Grad höchstens drei ist, exakt integriert.

8.8.4 Beispiele und Folgerungen

An dem folgenden Beispiel werden die Verfahren zur numerischen Integration erläutert.

Beispiel 8.31: *Mit Hilfe der Rechteck-, der Trapez- und der Simpsonregel ist das Integral*

$$I = \int_0^4 \left(x^3 + x\right) dx$$

näherungsweise zu berechnen, wobei das Integrationsintervall nacheinander in $n = 4$, $n = 8$ *und* $n = 16$ *Teilintervalle zu zerlegen ist.*

Lösung: $n = 4$: Die Schrittweite ist in diesem Fall $h = \frac{4-0}{4} = 1$. Die Stützstellen und die Funktionswerte an diesen Stützstellen sind in der Tabelle 8.3 angegeben.

i	0	1	2	3	4
x_i	0	1	2	3	4
$f(x_i)$	0	2	10	30	68

Tabelle 8.3 : *Stützstellen und Funktionswerte für* $n = 4$

Es ergeben sich folgende Näherungen für das Integral.

Rechteckregel nach (8.44): $I \approx \dfrac{4}{4}(0 + 2 + 10 + 30) = \underline{42}$,

Trapezregel nach (8.46): $I \approx \dfrac{4}{4}\left(\dfrac{0+68}{2} + 2 + 10 + 30\right) = \underline{76}$,

Simpsonregel nach (8.47): $I \approx \dfrac{4}{12}\left(0 + 68 + 4 \cdot (2 + 30) + 2 \cdot 10\right) = \underline{72}$.

Analog erhält man für $n = 8$ und $n = 16$ die folgenden Ergebnisse.

$\underline{n = 8}$: Die Schrittweite $h = \frac{4-0}{8} = \frac{1}{2}$ ergibt die Stützstellen und die Funktionswerte an diesen Stützstellen, die in der Tabelle 8.4 angegeben sind.

i	0	1	2	3	4	5	6	7	8
x_i	0	$\frac{1}{2}$	1	$\frac{3}{2}$	2	$\frac{5}{2}$	3	$\frac{7}{2}$	4
$f(x_i)$	0	$\frac{5}{8}$	2	$\frac{39}{8}$	10	$\frac{145}{8}$	30	$\frac{371}{8}$	68

Tabelle 8.4: *Stützstellen und Funktionswerte für* $n = 8$

Rechteckregel nach (8.44):
$$I \approx \frac{4}{8}\left(0 + \frac{5}{8} + 2 + \frac{39}{8} + 10 + \frac{145}{8} + 30 + \frac{371}{8}\right) = \underline{56}\,,$$
Trapezregel nach (8.46):
$$I \approx \frac{4}{8}\left(\frac{0+68}{2} + \frac{5}{8} + 2 + \frac{39}{8} + 10 + \frac{145}{8} + 30 + \frac{371}{8}\right) = \underline{73}\,,$$
Simpsonregel nach (8.47):
$$I \approx \frac{4}{24}\left(0 + 68 + 4 \cdot \left(\frac{5}{8} + \frac{39}{8} + \frac{145}{8} + \frac{371}{8}\right) + 2 \cdot (2 + 10 + 30)\right) = \underline{72}\,.$$

$\underline{n = 16}$: Die Schrittweite $h = \frac{4-0}{16} = \frac{1}{4}$ führt auf die Stützstellen und die Funktionswerte, die teilweise in der Tabelle 8.5 angegeben sind.

i	0	1	2	3	4	5	6	7	...	12	13	14	15	16
x_i	0	$\frac{1}{4}$	$\frac{1}{2}$	$\frac{3}{4}$	1	$\frac{5}{4}$	$\frac{3}{2}$	$\frac{7}{4}$	...	3	$\frac{13}{4}$	$\frac{7}{2}$	$\frac{15}{4}$	4
$f(x_i)$	0	$\frac{17}{64}$	$\frac{5}{8}$	$\frac{75}{64}$	2	$\frac{205}{64}$	$\frac{39}{8}$	$\frac{455}{64}$	...	30	$\frac{2405}{64}$	$\frac{371}{8}$	$\frac{3615}{64}$	68

Tabelle 8.5: *Stützstellen und Funktionswerte für* $n = 16$

Rechteckregel nach (8.44): $I \approx \frac{4}{16}\left(0 + \frac{17}{64} + \frac{5}{8} + \frac{75}{64} + 2 + \frac{205}{64} + \frac{39}{8} + \frac{455}{64}\right.$

$\left. + 10 + \frac{873}{64} + \frac{145}{8} + \frac{1507}{64} + 30 + \frac{2405}{64} + \frac{371}{8} + \frac{3615}{64}\right) = \frac{255}{4} = \underline{63,75}\,,$

Trapezregel nach (8.46): $I \approx \frac{4}{8}\left(\frac{0+68}{2} + \frac{17}{64} + \frac{5}{8} + \frac{75}{64} + 2 + \frac{205}{64} + \frac{39}{8} + \right.$

$\left. \frac{455}{64} + 10 + \frac{873}{64} + \frac{145}{8} + \frac{1507}{64} + 30 + \frac{2405}{64} + \frac{371}{8} + \frac{3615}{64}\right) = \frac{289}{4} = \underline{72,25}\,,$

Simpsonregel nach (8.47): $I \approx \dfrac{4}{48}\Big(0 + 68 + 4 \cdot \Big(\dfrac{17}{64} + \dfrac{75}{64} + \dfrac{205}{64} + \dfrac{455}{64} +$

$\dfrac{873}{64} + \dfrac{1507}{64} + \dfrac{2405}{64} + \dfrac{3615}{64}\Big) + 2\Big(\dfrac{5}{8} + 2 + \dfrac{39}{8} + 10 + \dfrac{145}{8} + 30 + \dfrac{371}{8}\Big)\Big) = \underline{72}.$

$\lhd$

Das Integral aus dem Beispiel 8.31 lässt sich exakt berechnen. Es gilt

$$\int_0^4 (x^3 + x)\, dx = \Big(\frac{x^4}{4} + \frac{x^2}{2}\Big)\Big|_0^4 = 72.$$

Die mit der Rechteck-, Trapez- und Simpsonregel erhaltenen Näherungen haben die Form

$$I = \int_a^b f(x)\, dx \approx \sum_{i=0}^n g_i \cdot f(x_i) =: \widetilde{I}_n$$

mit $a = x_0 \leq x_1 \leq \ldots \leq x_{n-1} \leq x_n = b$ und unterscheiden sich lediglich in der Wahl der Gewichte $g_0, g_1, \ldots, g_n$. Die Ergebnisse des Beispiels zeigen, dass bei gleichem n jeweils mit der Rechteckregel die ungenausten Näherungen und mit der Simpsonregel die besten Ergebnisse erzielt wurden. Weiterhin wird deutlich, dass die Simpsonregel bei beliebigem n das vorgegebene Polynom dritten Grades exakt integriert. Es sollte zur näherungsweisen Berechnung von bestimmten Integralen anstelle der Rechteckregel immer die Simpson- bzw. Trapezregel verwendet werden.

In der Literatur sind für die hier vorgestellten Verfahren Abschätzungen für den Approximationsfehler angegeben (siehe z.B. [3] S. 1131). Bei diesen Abschätzungen werden obere Schranken von höheren Ableitungen der zu integrierenden Funktion verwendet.

Satz 8.17 : *Es gelten folgende Fehlerabschätzungen*

$\quad$ *für die Trapezregel:* $\quad |I - \widetilde{I}_n| \leq \dfrac{b-a}{12} \cdot h^2 \cdot \max_{a \leq x \leq b} |f''(x)|$

$\quad$ *für die Simpsonregel:* $\quad |I - \widetilde{I}_n| \leq \dfrac{b-a}{180} \cdot h^4 \cdot \max_{a \leq x \leq b} |f^{(4)}(x)|$

Auf den Beweis dieser Aussage wird hier verzichtet (siehe hierzu [6]).

Mit der Erhöhung der Anzahl n der Teilintervalle werden bei jedem Verfahren die Näherungen besser. Aus diesem Grund bietet sich folgende Herangehensweise für die Wahl von n an. Für $n_0 < n_1 < n_2 < \dots$ werden die Näherungen $\tilde{I}_{n_0}, \tilde{I}_{n_1}, \tilde{I}_{n_2}, \dots$ so lange berechnet, bis die Näherungswerte für die Integrale stabil (entsprechend der gewünschten Genauigkeit) bleiben. Wenn die Anzahl n immer verdoppelt wird, d.h. n_0, $n_1 = 2n_0$, $n_2 = 2n_1 = 4n_0, \dots$, werden die bisher verwendeten Funktionswerte in der weiteren Rechnung wiederverwendet.

Beispiel 8.32: *Es ist das Integral*

$$I = \int_1^2 \ln(x^2 + x)\, dx$$

näherungsweise bis auf 4 Stellen nach dem Komma genau zu berechnen.

Lösung: Die Berechnung wird mit der Simpsonregel (8.47) durchgeführt.

$$\underline{n = 2:}\ \ I \approx I_2 = \frac{1}{6}\left(\ln(2) + \ln(6) + 4\ln\left(\frac{15}{4}\right)\right) \approx 1,29532\,,$$

$$\underline{n = 4:}\ \ I \approx I_4 = \frac{1}{12}\left(\ln(2) + \ln(6) + 4\left(\ln\left(\frac{45}{16}\right) + \ln\left(\frac{77}{16}\right)\right) + 2\ln\left(\frac{15}{4}\right)\right)$$

$$\approx 1,29580\,,$$

$$\underline{n = 8:}\ \ I \approx I_8 = \frac{1}{24}\left(\ln(2) + \ln(6) + 4\left(\ln\left(\frac{153}{64}\right) + \ln\left(\frac{209}{64}\right) + \ln\left(\frac{273}{64}\right)\right.\right.$$

$$\left.\left. + \ln\left(\frac{345}{64}\right)\right) + 2\left(\ln\left(\frac{45}{16}\right) + \ln\left(\frac{15}{4}\right) + \ln\left(\frac{77}{16}\right)\right)\right) \approx 1,29583$$

$$\Longrightarrow \underline{I \approx 1,2958}\,. \qquad\qquad\qquad\qquad\qquad\qquad \triangleleft$$

Bei den hier angegebenen Verfahren zur näherungsweisen Berechnung von bestimmten Integralen wurden äquidistante (gleichabständige) Stützstellen verwendet. In der Literatur werden diese Verfahren auch für nicht äquidistante Stützstellen formuliert und weiter verbessert. Auf einer Reihe von Taschenrechnern stehen diese und weitere Näherungsverfahren zur Verfügung.

Aufgabe 8.21: *Berechnen Sie die folgenden Integrale näherungsweise bis auf 3 Stellen nach dem Komma genau.*

$$(1)\ \int_0^1 e^{-x^2}\, dx \qquad\qquad (2)\ \int_0^2 \sin(x^2 + 1)\, dx\,.$$

Kapitel 9

Funktionenreihen

9.1 Funktionenfolgen und Funktionenreihen

Funktionenreihen werden analog zu Zahlenreihen (siehe Kapitel 6) eingeführt. Gegeben sei eine Folge von Funktionen, im Weiteren **Funktionenfolge** genannt,

$$\Big(f_k(x),\ x \in D\Big)_{k \in \mathbb{N}} = f_0(x),\ f_1(x),\ f_2(x), \ldots, \qquad x \in D. \tag{9.1}$$

Jede Funktion dieser Folge ist auf ein und demselben Definitionsbereich D definiert. Für jedes fest gewählte $x \in D$ geht die Funktionenfolge (9.1) in eine Zahlenfolge über. Die entstehende Zahlenfolge ist entweder konvergent oder divergent. Man spricht in diesem Fall auch von einer **punktweisen Konvergenz** oder **punktweisen Divergenz** der Funktionenfolge.

Definition 9.1: *Die Menge $D_0 \subset D$, auf der die Funktionenfolge (9.1) punktweise konvergiert, heißt* **Konvergenzbereich der Funktionenfolge**. *Die auf dem Konvergenzbereich D_0 durch*

$$f(x) := \lim_{k \to \infty} f_k(x), \qquad x \in D_0, \tag{9.2}$$

definierte Funktion nennt man **Grenzfunktion der Funktionenfolge**.

Wie die folgenden Beispiele zeigen, kann eine Grenzfunktion andere Eigenschaften als alle Funktionen der Funktionenfolge besitzen.

Beispiel 9.1: *Für die Funktionenfolge*

$$f_k(x) = \begin{cases} 0 & \textit{für} \ x \le 0 \\ kx & \textit{für} \ 0 < x \le \frac{1}{k} \ , \quad k = 1,\, 2,\, 3, \ldots, \\ 1 & \textit{für} \ \frac{1}{k} < x \end{cases} \tag{9.3}$$

sind die Grenzfunktion und der Konvergenzbereich anzugeben. Die Funktionen-folge und die Grenzfunktion sind auf Stetigkeit zu untersuchen.

Lösung: Für die Grenzfunktion gilt

$$f(x) = \lim_{k \to \infty} f_k(x) = \begin{cases} 0 & \text{für } x \leq 0 \\ 1 & \text{für } 0 < x \end{cases}.$$

$$(9.4)$$

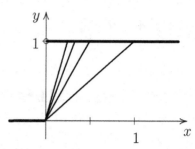

Der Konvergenzbereich der Funktio-nenfolge ist $\mathbb{R}$. Die Funktionen (9.3) sind für jedes $x \in \mathbb{R}$ stetig. Die Grenz-funktion ist an der Stelle $x = 0$ nicht stetig (siehe Bild 9.1).   ◁

Bild 9.1: $f_1(x)$, $f_2(x)$, $f_3(x)$, $f_4(x)$ und $f(x)$ (fett)

Beispiel 9.2 : *Für die Funktionenfolge* $\left(f_k(x) = x^k, \ x \in \mathbb{R} \right)_{k \in \mathbb{N}}$ *sind die Grenzfunktion und der Konvergenzbereich gesucht.*

Lösung: Für jedes feste $x \in \mathbb{R}$ entsteht eine geometrische Folge. Aus (6.12) auf der Seite 184 ergibt sich für den Konvergenzbereich das Intervall $(-1; 1]$ und die Grenzfunktion

$$f(x) = \lim_{k \to \infty} f_k(x) = \begin{cases} 0 & \text{für } |x| < 1 \\ 1 & \text{für } x = 1 \end{cases}.   \qquad ◁$$

Im Beispiel 9.2 ist die Grenzfunktion an der Stelle $x = 1$ nicht linksseitig stetig. Um von der Stetigkeit (bzw. Differenzierbarkeit oder Integrierbarkeit) der Funktionen der Funktionenfolge auf die Stetigkeit (bzw. Differenzierbar-keit oder Integrierbarkeit) der Grenzfunktion schließen zu können, reicht die punktweise Konvergenz der Funktionenfolge nicht aus. Anstelle der punktwei-sen Konvergenz muss eine **gleichmäßige Konvergenz** der Funktionenfolge gefordert werden (siehe hierzu z.B. [3], Seite 394 ff.).

Aufgabe 9.1 : *Geben Sie den Konvergenzbereich und die Grenzfunktion der folgenden Funktionenfolgen an.*

(1) $\left(\dfrac{\sin(kx)}{k}, \ x \in \mathbb{R} \right)_{k \in \mathbb{N} \setminus \{0\}}$ (2) $\left(x^2(1 - x^2)^k, \ x \in \mathbb{R} \right)_{k \in \mathbb{N}}.$

Ausgehend von einer Funktionenfolge $\left(f_k(x),\ x \in D\right)_{k \in \mathbb{N}}$ werden Teilsummen

$$s_0(x) = f_0(x)$$
$$s_1(x) = f_0(x) + f_1(x)$$
$$s_2(x) = f_0(x) + f_1(x) + f_2(x)$$
$$\vdots$$
$$s_n(x) = f_0(x) + f_1(x) + \ldots + f_n(x) = \sum_{k=0}^{n} f_k(x), \quad n = 0, 1, 2, \ldots$$

(9.5)

gebildet. Die Teilsummen sind Funktionen, die auf D definiert sind. Mit diesen Teilsummen erhält man die Funktionenfolge $\left(s_n(x),\ x \in D\right)_{n \in \mathbb{N}}$.

Definition 9.2 : *Die Folge der Teilsummen* $\left(s_n(x),\ x \in D\right)_{n \in \mathbb{N}}$, *aus (9.5) heißt* **unendliche Funktionenreihe,** *für die das Symbol*

$$\sum_{k=0}^{\infty} f_k(x) \quad \text{verwendet wird. Die Funktionen} \quad f_0(x),\ f_1(x),\ \ldots \quad \text{heißen}$$

Glieder *der Funktionenreihe. Es sei* $D_0 \subset D$ *der Konvergenzbereich der Funktionenfolge* $\left(s_n(x),\ x \in D\right)_{n \in \mathbb{N}}$. *Die auf dem Konvergenzbereich* D_0 *definierte Grenzfunktion*

$$s(x) = \sum_{k=0}^{\infty} f_k(x), \quad x \in D_0,$$

(9.6)

heißt **Summe der Funktionenreihe.**

Es muss ausdrücklich nochmals darauf hingewiesen werden, dass analog zu Zahlenreihen eine Funktionenreihe eine <u>Folge</u> von Teilsummen ist.

Beispiel 9.3: *Gegeben ist die Funktionenfolge* $\left(f_k(x) = x^k,\ x \in \mathbb{R}\right)_{k \in \mathbb{N}}$ *aus dem Beispiel 9.2. Berechnen Sie die Summe der Funktionenreihe*

$$s(x) = \sum_{k=0}^{\infty} f_k(x) = \sum_{k=0}^{\infty} x^k, \quad x \in D_0.$$

Lösung: Die Teilsummen ergeben sich aus (6.17) auf Seite 188

$$s_n(x) = \sum_{k=0}^{n} x^k = \begin{cases} \dfrac{1 - x^{n+1}}{1 - x} & \text{für} \quad x \neq 1 \\[2mm] n + 1 & \text{für} \quad x = 1. \end{cases}$$

Nach der Lösung des Beispiels 9.2 existiert nur für $|x| < 1$ der Grenzwert der Teilsummenfolge und es gilt

$$s(x) = \sum_{k=0}^{\infty} x^k = \lim_{n \to \infty} s_n(x) = \frac{1}{1-x}, \qquad |x| < 1. \qquad \triangleleft \qquad (9.7)$$

Aufgabe 9.2: *Gesucht ist die Summe der Funktionenreihe*

$$s(x) = \sum_{k=0}^{\infty} f_k(x) = \sum_{k=0}^{\infty} x^2 (1 - x^2)^k, \quad x \in D_0.$$

Hinweis: Verwenden Sie für die Lösung das Beispiel 9.3.

Im Weiteren werden wichtige Funktionenreihen diskutiert.

9.2 Potenzreihen

Definition 9.3: *Es bezeichne* $\left(a_k\right)_{k \in \mathbb{N}}$ *eine Folge reeller Zahlen. Eine Funktionenreihe* $\left(s_n(x), x \in D\right)_{n \in \mathbb{N}}$, *mit*

$$s_n(x) = \sum_{k=0}^{n} a_k (x - x^*)^k, \quad n \in \mathbb{N},$$

heißt **Potenzreihe**. *Die (fest vorgegebene) reelle Zahl* x^* *bezeichnet man als* **Entwicklungsstelle** *der Potenzreihe.*

Eine Potenzreihe mit der Entwicklungsstelle x^* schreibt man symbolisch als $\sum_{k=0}^{\infty} a_k (x - x^*)^k$. Wenn eine Potenzreihe den Konvergenzbereich D_0 hat, dann wird entsprechend der Definition 9.2 die Funktion

$$s(x) = \sum_{k=0}^{\infty} a_k (x - x^*)^k, \qquad x \in D_0, \qquad (9.8)$$

als **Summe der Potenzreihe** bezeichnet.

Die Funktionenreihe, die im Beispiel 9.3 betrachtet wurde, ist eine Potenzreihe mit der Entwicklungsstelle $x^* = 0$ und den Koeffizienten $a_k = 1$, $k \in \mathbb{N}$. Im Weiteren werden Eigenschaften von Potenzreihen diskutiert.

Satz 9.1: *Für das Konvergenzverhalten von Potenzreihen gibt es folgen-de drei Fälle:*

1. *Die Potenzreihe konvergiert nur für $x = x^*$.*
2. *Die Potenzreihe ist für alle $x \in \mathbb{R}$ konvergent.*
3. *Es existiert eine reelle Zahl $r > 0$, so dass die Potenzreihe für alle $x \in \left(x^* - r; x^* + r\right)$ konvergiert und für alle $x \in \left(-\infty; x^* - r\right) \cup \left(x^* + r; \infty\right)$ divergiert.*

Beim dritten Fall macht der Satz 9.1 in den Randpunkten $x = x^* - r$ und $x = x^* + r$ keine Aussage über die Konvergenz oder Divergenz der Funktionenreihe. In diesen Randpunkten ist die Funktionenreihe gesondert auf Konvergenz bzw. Divergenz zu untersuchen.

Die Größe r nennt man **Konvergenzradius** der Potenzreihe. Wenn im Satz 9.1 für den ersten Fall $r = 0$ und für den zweiten Fall formal $r = \infty$ gesetzt wird, dann lässt sich mit dem Konvergenzradius r das Konvergenzverhalten der Potenzreihe (9.8) wie folgt charakterisieren:

$$\left(r = 0\right) \quad \Longrightarrow \quad (9.8) \text{ konvergiert nur für } x = x^*,$$

$$\left(r = \infty\right) \quad \Longrightarrow \quad (9.8) \text{ konvergiert für alle } x \in \mathbb{R},$$

$$\left(0 < r < \infty\right) \quad \Longrightarrow \quad (9.8) \begin{cases} \text{konvergiert für } x \in (x^* - r; x^* + r) \\ \text{divergiert für } x \in (-\infty; x^* - r) \cup (x^* + r; \infty) \end{cases} .$$

Der Konvergenzradius einer Potenzreihe lässt sich in vielen Fällen mit Hilfe der Kriterien bestimmen, die im folgenden Satz angegeben sind.

Satz 9.2: *Wenn die entsprechenden Grenzwerte existieren, dann gilt für den Konvergenzradius r der Potenzreihe (9.8)*

$$r = \lim_{k \to \infty} \frac{1}{\sqrt[k]{|a_k|}} \qquad oder \qquad (9.9)$$

$$r = \lim_{k \to \infty} \left| \frac{a_k}{a_{k+1}} \right|. \qquad (9.10)$$

Beweis: Es wird ein $x \in \mathbb{R}$ fest gewählt. Dann entsteht aus der Potenzreihe (9.8) eine Zahlenreihe, deren Konvergenz untersucht wird. Aus dem Quotientenkriterium für unendliche Zahlenreihen (Satz 6.7 auf Seite 189) folgt für die

Potenzreihe an der Stelle x die Konvergenz, falls

$$\lim_{k\to\infty}\left|\frac{a_{k+1}(x-x^*)^{k+1}}{a_k(x-x^*)^k}\right| = |x-x^*|\lim_{k\to\infty}\left|\frac{a_{k+1}}{a_k}\right| < 1 \qquad \text{bzw.}$$

$$|x-x^*| < \frac{1}{\lim\limits_{k\to\infty}\left|\dfrac{a_{k+1}}{a_k}\right|} = \lim_{k\to\infty}\left|\frac{a_k}{a_{k+1}}\right|$$

gilt. Weiterhin folgt aus dem Quotientenkriterium die Divergenz, falls

$$\lim_{k\to\infty}\left|\frac{a_{k+1}(x-x^*)^{k+1}}{a_k(x-x^*)^k}\right| = |x-x^*|\lim_{k\to\infty}\left|\frac{a_{k+1}}{a_k}\right| > 1 \qquad \text{bzw.}$$

$$|x-x^*| > \frac{1}{\lim\limits_{k\to\infty}\left|\dfrac{a_{k+1}}{a_k}\right|} = \lim_{k\to\infty}\left|\frac{a_k}{a_{k+1}}\right|$$

erfüllt ist. Vorausgesetzt wurde dabei die Existenz der jeweiligen Grenzwerte. Damit ist die Aussage (9.10) bewiesen. Mit dem Wurzelkriterium lässt sich die Beziehung (9.9) analog herleiten.   ◄

Beispiel 9.4: *Untersuchen Sie das Konvergenzverhalten der folgenden Reihen:*

$$(1) \quad \sum_{k=1}^{\infty}(k^2+k)(x-2)^k \qquad (2) \quad \sum_{k=1}^{\infty}(-2)^k(x+1)^k.$$

Lösung: Für beide Reihen werden die Konvergenzradien ermittelt.
zu (1): Nach (9.10) ergibt sich

$$\lim_{k\to\infty}\left|\frac{a_k}{a_{k+1}}\right| = \lim_{k\to\infty}\left|\frac{k^2+k}{((k+1)^2+(k+1))}\right| = \lim_{k\to\infty}\frac{k^2\left(1+\frac{1}{k}\right)}{k^2\left(1+\frac{3}{k}+\frac{2}{k^2}\right)} = 1,$$

d.h., die Potenzreihe (1) hat den Konvergenzradius $r=1$. Aus dem Satz 9.1 folgt sofort, dass die Reihe (1) im Intervall $(1;3)$ konvergiert und auf der Menge $(-\infty;1)\cup(3;\infty)$ divergiert. Wir betrachten jetzt das Verhalten der Reihe in den Randpunkten des Konvergenzbereichs. Für $x=1$ entsteht die Zahlenreihe $\sum_{k=1}^{\infty}(k^2+k)(-1)^k$. Da $((2k-1)^2+(2k-1))(-1)^{2k-1}+((2k)^2+(2k))(-1)^{2k}=4k$, $k=1;2;\ldots$, gilt, divergiert diese Zahlenreihe. Für $x=3$ ergibt sich die (bestimmt) divergente Zahlenreihe $\sum_{k=1}^{\infty}(k^2+k)=\infty$. D.h., die Potenzreihe (1) konvergiert für $x\in(1;3)$ und divergiert für $x\notin(1;3)$.
zu (2): Aus (9.9) folgt für den Konvergenzradius

$$r = \lim_{k\to\infty}\frac{1}{\sqrt[k]{|a_k|}} = \lim_{k\to\infty}\frac{1}{\sqrt[k]{|(-2)^k|}} = \frac{1}{2}.$$

Nach dem Satz 9.1 konvergiert dann die Reihe (2) im Intervall $\left(-\frac{3}{2};-\frac{1}{2}\right)$ und divergiert im Intervall $\left(-\infty;-\frac{3}{2}\right)\cup\left(-\frac{1}{2};\infty\right)$. Es sind noch die Randpunkte des Konvergenzbereichs zu untersuchen. Für $x=-\frac{3}{2}$ bzw. $x=-\frac{1}{2}$ ergeben sich die divergenten Zahlenreihen $\sum\limits_{k=1}^{\infty}(-2)^k\left(\frac{1}{2}\right)^k=\sum\limits_{k=1}^{\infty}(-1)^k$ und $\sum\limits_{k=1}^{\infty}(-2)^k\left(-\frac{1}{2}\right)^k=\sum\limits_{k=1}^{\infty}1^k$. Damit konvergiert die Reihe (2) nur im Intervall $\left(-\frac{3}{2};-\frac{1}{2}\right)$ und außerhalb dieses Intervalls divergiert die Reihe. ◁

Aufgabe 9.3: *Berechnen Sie die Konvergenzradien der folgenden Potenzreihen. Was folgt daraus für die Konvergenz bzw. Divergenz dieser Funktionenreihen?*

(1) $\quad\sum\limits_{k=2}^{\infty}e^k x^k\qquad$ (2) $\quad\sum\limits_{k=1}^{\infty}(k+1)^k(x-1)^k\qquad$ (3) $\quad\sum\limits_{k=1}^{\infty}(-1)^k(x+1)^k$.

Für Potenzreihen gelten folgende wichtige Aussagen.

Satz 9.3: (1) *Eine Potenzreihe* $s(x)=\sum\limits_{k=0}^{\infty}a_k\big(x-x^*\big)^k$ *darf im Inneren des Konvergenzbereichs gliedweise differenziert und integriert werden:*

$$\big(s(x)\big)'=\sum_{k=1}^{\infty}a_k k\big(x-x^*\big)^{k-1}\quad bzw.\quad \int s(x)\,dx=\sum_{k=0}^{\infty}\frac{a_k}{k+1}\big(x-x^*\big)^{k+1}.$$

(2) *Wenn man zwei Potenzreihen mit den Konvergenzbereichen* K_1 *bzw.* K_2 *addiert bzw. multipliziert, entsteht eine Potenzreihe, die auf* $K_1\cap K_2$ *konvergiert.*

Auf den Beweis dieses Satzes muss hier verzichtet werden. Mit dem Satz 9.3 lassen sich aus bekannten Potenzreihen neue Potenzreihen erhalten. Das Herangehen wird an der Potenzreihe

$$\frac{1}{1-x}=\sum_{k=0}^{\infty}x^k=1+x+x^2+x^3+\dots,\qquad |x|<1,\qquad (9.11)$$

aus dem Beispiel 9.3 erläutert. Die gliedweise Integration der Potenzreihe (9.11)

$$\int\frac{1}{1-x}\,dx=\sum_{k=0}^{\infty}\int x^k\,dx,$$

führt auf die Gleichung

$$-\ln(|1-x|) = \sum_{k=0}^{\infty} \frac{x^{k+1}}{k+1}, \qquad |x| < 1.$$

Damit wurde die Potenzreihe

$$\ln(1-x) = -\sum_{k=0}^{\infty} \frac{x^{k+1}}{k+1}, \qquad |x| < 1, \tag{9.12}$$

erhalten. Für $|x| > 1$ divergiert diese Reihe. Es lässt sich weiterhin zeigen, dass die Reihe (9.12) für $x = -1$ ebenfalls konvergiert.

Die gliedweise Differenziation von (9.11) ergibt sofort die Potenzreihe

$$\frac{1}{(1-x)^2} = \sum_{k=1}^{\infty} k\, x^{k-1}, \qquad |x| < 1. \tag{9.13}$$

Durch eine wiederholte Differenziation der letzten Gleichung erhält man Potenzreihen mit der Summe $\dfrac{1}{(1-x)^n}$, $n = 3, 4, \ldots$.

9.3   Taylor-Reihen

Im vorangegangenen Abschnitt wurde das Konvergenzverhalten vorgegebener Potenzreihen untersucht und deren Summe berechnet. Jetzt wird zu einer vorgegebenen Funktion $f(x)$ und einer vorgegebenen Entwicklungsstelle die dazugehörende Potenzreihe (sofern diese existiert!) ermittelt. Grundlage hierfür ist die **Taylor-Formel**, die im nächsten Satz angegeben wird.

Satz 9.4 : *Die Funktion $y = f(x)$ sei in einer Umgebung $U(x^*)$ der Entwicklungsstelle $x^* \in D$ $(n+1)$-mal stetig differenzierbar. Dann existiert ein $\xi \in U(x^*)$, so dass für alle $x \in U(x^*)$ gilt*

$$f(x) = P_n(x) + R_n, \tag{9.14}$$

mit

$$P_n(x) = f(x^*) + f'(x^*) \cdot \frac{(x-x^*)^1}{1!} + f''(x^*) \cdot \frac{(x-x^*)^2}{2!}$$
$$+ \ldots + f^{(n)}(x^*) \cdot \frac{(x-x^*)^n}{n!} \qquad und \tag{9.15}$$
$$R_n = f^{(n+1)}(\xi) \cdot \frac{(x-x^*)^{n+1}}{(n+1)!} . \tag{9.16}$$

Der Beweis der Taylor-Formel lässt sich durch eine wiederholte Anwendung des Mittelwertsatzes der Differenzialrechnung (siehe Seite 223) erhalten. Der ausführliche Beweis wird an dieser Stelle nicht angegeben.

$P_n(x)$ ist ein Polynom n-ten Grades. R_n heißt **Restglied der Ordnung** n. Das Restglied hängt von einer (im Allgemeinen) unbekannten Stelle ξ aus der Umgebung der Entwicklungsstelle ab. Zu beachten ist, dass die Stelle ξ ebenfalls von der Variablen x abhängig ist. Wenn das Restglied in der Gleichung (9.14) weggelassen wird, entsteht durch

$$f(x) \approx P_n(x), \qquad x \in U(x^*), \tag{9.17}$$

eine Näherung für die Funktion $f(x)$ in Form eines Polynoms. Diese Näherung hat folgende Eigenschaften.

Satz 9.5 : *An der Entwicklungsstelle x^* gelten folgende Übereinstimmungen von der Funktion $f(x)$ mit dem Polynom $P_n(x)$:*

$$f(x^*) = P_n(x^*), \quad f'(x^*) = P'_n(x^*), \; \dots \, , f^{(n)}(x^*) = P_n^{(n)}(x^*).$$

Der **Beweis** dieses Satzes ergibt sich aus dem Satz 9.4. Die Gleichung (9.14) bzw. das Polynom $P_n(x)$ aus (9.15) müssen nur entsprechend oft differenziert und an der Stelle x^* betrachtet werden. ◀

Beispiel 9.5 : *Für die Funktion $y = f(x) = \mathrm{e}^x$, $x \in \mathbb{R}$, ist die Taylorsche Formel für die Entwicklungsstelle $x^* = 0$ gesucht.*

Lösung: Da für die Ableitungen der e-Funktion

$$f(x) = f'(x) = f''(x) = \dots = f^{(n)}(x) = \mathrm{e}^x$$

gilt und $f(0) = 1$ ist, ergibt sich aus (9.14) und (9.15) für die Entwicklungsstelle $x^* = 0$

$$\mathrm{e}^x = 1 + \frac{x}{1!} + \frac{x^2}{2!} + \frac{x^3}{3!} + \dots + \frac{x^n}{n!} + R_n \, . \tag{9.18}$$

Für das Restglied gilt nach (9.16) $R_n = \mathrm{e}^\xi \cdot \dfrac{x^{n+1}}{(n+1)!}.$ ◁

Wird das Restglied in (9.18) vernachlässigt, entsteht folgende wichtige Näherungsformel für die e-Funktion:

$$\mathrm{e}^x \approx P_n(x) = 1 + \frac{x}{1!} + \frac{x^2}{2!} + \frac{x^3}{3!} + \dots + \frac{x^n}{n!} \, . \tag{9.19}$$

In den Bildern 9.2 und 9.3 wird die Funktion $f(x) = e^x$ mit den Polynomen $P_n(x)$ (dünn gezeichnet) für $n = 1;\ 2;\ 3;\ 4$ verglichen.

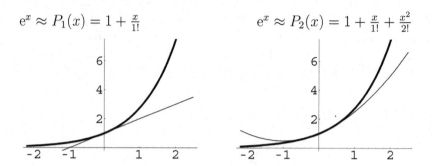

Bild 9.2: *Approximation der e-Funktion durch $P_1(x)$ und $P_2(x)$*

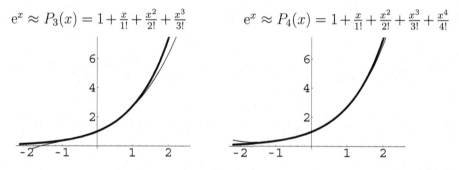

Bild 9.3: *Approximation der e-Funktion durch $P_3(x)$ und $P_4(x)$*

Das Beispiel zeigt, dass mit wachsendem n die Näherung (9.17) in der Umgebung der Entwicklungsstelle besser wird. Durch Abschätzungen des Restgliedes lässt sich die Güte dieser Näherung genauer beurteilen. Dazu wird das folgende Beispiel 9.6 betrachtet.

Beispiel 9.6: *Für die Funktion $y = f(x) = \cos(x)$, $x \in \mathbb{R}$, ist die Taylorsche Formel für die Entwicklungsstelle $x^* = 0$ gesucht. Für das Restglied ist eine Abschätzung (nach oben) anzugeben.*

Lösung: Aus den Ableitungen

$$f(x) = \cos(x); \qquad f'(x) = -\sin(x); \qquad f''(x) = -\cos(x); \qquad f'''(x) = \sin(x);$$

$$f^{(4)}(x) = f(x) = \cos(x); \qquad f^{(5)}(x) = f'(x) = -\sin(x); \qquad \dots \text{ usw.}$$

ergibt sich für $n \in \mathbb{N}$

$$f^{(2n)}(0) = (-1)^n \qquad \text{und} \qquad f^{(2n+1)}(0) = 0.$$

Aus (9.14) und (9.15) folgt dann

$$\cos(x) = 1 - 0 \cdot \frac{(x-0)^1}{1!} + (-1)^1 \cdot \frac{(x-0)^2}{2!} + 0 \cdot \frac{(x-0)^3}{3!} + (-1)^2 \cdot \frac{(x-0)^4}{4!}$$

$$+ \ldots + (-1)^n \cdot \frac{(x-0)^{2n}}{(2n)!} + R_{2n} = 1 - \frac{x^2}{2!} + \frac{x^4}{4!} + \ldots + (-1)^n \cdot \frac{x^{2n}}{(2n)!} + R_{2n}.$$

$$(9.20)$$

Das Restglied ist nach (9.16) von der Form

$$R_{2n} = f^{(2n+1)}(\xi) \cdot \frac{(x-0)^{2n+1}}{(2n+1)!} = (-1)^{n+1} \sin(\xi) \cdot \frac{x^{2n+1}}{(2n+1)!} \, .$$

Da $|(-1)^{n+1} \sin(\xi)| \leq 1$ gilt, folgt hieraus die Abschätzung

$$|R_{2n}| \leq \frac{|x|^{2n+1}}{(2n+1)!}, \quad x \in \mathbb{R}. \qquad\qquad \triangleleft \qquad (9.21)$$

Die Abschätzung (9.21) des Restgliedes liefert eine Abschätzung für den Fehler, den man bei der Approximation der Funktion $f(x) = \cos(x)$ durch das Polynom $P_{2n}(x)$ begeht. D.h., es gilt

$$|\cos(x) - P_{2n}(x)| = |R_{2n}| \leq \frac{|x|^{2n+1}}{(2n+1)!}, \quad x \in \mathbb{R}. \qquad (9.22)$$

Wird zusätzlich noch $|x| \leq 1$ vorausgesetzt, erhält man weiter

$$|\cos(x) - P_{2n}(x)| = |R_{2n}| \leq \frac{|x|^{2n+1}}{(2n+1)!} \leq \frac{1}{(2n+1)!}, \quad |x| \leq 1.$$

Hieraus folgt zum Beispiel für $n = 3$

$$\big| \cos(x) - P_6(x) \big| \leq \frac{1}{7!} \approx 0,000198, \quad |x| \leq 1.$$

Die letzte Abschätzung besagt, dass die Funktionswerte des Polynoms $P_6(x) = 1 - \frac{x^2}{2!} + \frac{x^4}{4!} - \frac{x^6}{6!}$ und die Funktionswerte der Funktion $f(x) = \cos(x)$ für jedes $x \in [-1; 1]$ in wenigstens drei Stellen nach dem Komma übereinstimmen.

Falls der Approximationsfehler $|f(x) - P_n(x)|$ eine vorgegebene Genauigkeit ε nicht überschreiten darf, dann lässt sich mit Hilfe der Abschätzung des Restgliedes R_n der dazu erforderliche Polynomgrad ermitteln.

Beispiel 9.7 : *Gesucht ist ein Polynom $P(x)$ mit der Entwicklungsstelle $x^* = 0$, das die Funktion $y = f(x) = \cos(x)$ für alle $x \in [-2; 2]$ mit einem Approximationsfehler $\left|\cos(x) - P(x)\right| < 0,01$ annähert.*

Lösung: Mit der Taylor'schen Formel wurde im Beispiel 9.6 das Polynom $P_{2n}(x)$ ermittelt. Aus der Abschätzung (9.22) folgt für alle $x \in [-2; 2]$

$$\left|\cos(x) - P_{2n}(x)\right| = |R_{2n}| \leq \frac{|x|^{2n+1}}{(2n+1)!} \leq \frac{2^{2n+1}}{(2n+1)!} \, .$$

Der in der Aufgabenstellung geforderte Approximationsfehler für das Polynom $P_{2n}(x)$ wird eingehalten, wenn die (kleinste) natürliche Zahl n die Ungleichung $\dfrac{2^{2n+1}}{(2n+1)!} < 0,01$ erfüllt. Indem man die linke Seite der Ungleichung für $n = 1$, $n = 2$ ... berechnet, findet man, dass für $n = 4$ die Ungleichung erstmals gilt. D.h., das Polynom

$$P_8(x) = 1 - \frac{x^2}{2!} + \frac{x^4}{4!} - \frac{x^6}{6!} + \frac{x^8}{8!}$$

liefert für $x \in [-2; 2]$ die geforderte Genauigkeit.   ◁

Aufgabe 9.4: *Für die Funktion $y = f(x) = \mathrm{e}^{-x^2}$, $x \in \mathbb{R}$, ist die Taylor'sche Formel an der Entwicklungsstelle $x^* = 0$ bis zum Restglied der Ordnung 4 anzugeben.*

Aufgabe 9.5: *Die Funktionen f sind an der Stelle x^* mit der Taylor'schen Formel zu entwickeln. Es ist die allgemeine Form des Restgliedes anzugeben.*

$\quad$ (1) $\;\; f(x) = \ln(x), \; x^* = 1\,,$ $\qquad\qquad$ (2) $\;\; f(x) = \cosh(x), \; x^* = 0\,.$

Im Weiteren werden beliebig hohe Ableitungen der Funktion $f(x)$ berücksichtigt.

Definition 9.4: *Die Funktion $y = f(x)$ sei in einer Umgebung $U(x^*)$ beliebig oft differenzierbar. Dann heißt*

$$\sum_{k=0}^{\infty} \frac{f^{(k)}(x^*)}{k!}(x - x^*)^k$$

$$= f(x^*) + \frac{f'(x^*)}{1!}(x - x^*) + \frac{f''(x^*)}{2!}(x - x^*)^2 + \ldots$$

$$\tag{9.23}$$

Taylor-Reihe *der Funktion $f(x)$ an der* **Entwicklungsstelle** x^*. *Eine Taylor-Reihe mit der Entwicklungsstelle $x^* = 0$ bezeichnet man auch als* **MacLaurin-Reihe.**

Eine Taylor-Reihe ist eine Potenzreihe mit den Koeffizienten

$$a_0 = f(x^*), \quad a_1 = \frac{f'(x^*)}{1!}, \quad a_2 = \frac{f''(x^*)}{2!}, \quad \dots \quad a_k = \frac{f^{(k)}(x^*)}{k!}, \quad \dots \quad (9.24)$$

und der Entwicklungsstelle x^*. Aus diesem Grund ergeben sich für Taylor-Reihen die gleichen Aussagen zum Konvergenzverhalten wie bei Potenzreihen. Die Taylor-Reihe (9.23) muss nicht für alle $x \in U(x^*)$ gegen die Funktion $f(x)$ konvergieren. Dieser Sachverhalt wird am nächsten Beispiel erläutert.

Beispiel 9.8: *Es ist die MacLaurin-Reihe der Funktion*

$$y = f(x) = \frac{1}{1-x}, \ x \neq 1$$

gesucht. Für welche x konvergiert die MacLaurin-Reihe?

Lösung: Für $x \neq 1$ gilt: $\quad f'(x) = 1(1-x)^{-2}; \quad f''(x) = 2 \cdot 1(1-x)^{-3};$ $f'''(x) = 3 \cdot 2 \cdot 1(1-x)^{-4}; \ \dots \ ; f^{(n)}(x) = n!(1-x)^{-(n+1)}$, woraus $f^{(n)}(0) = n!$ folgt. Aus (9.23) erhält man die MacLaurin-Reihe

$$\sum_{i=0}^{\infty} \frac{f^{(i)}(0)}{i!}(x-0)^i = 1 + x + x^2 + x^3 + \dots = \sum_{i=0}^{\infty} x^i.$$

Nach dem Beispiel 9.3 ergab sich bei dieser Potenzreihe die Konvergenz für $|x| < 1$ bzw. die Divergenz für $|x| \geq 1$. ◁

Es gilt der folgende Satz, der ohne Beweis angegeben wird.

Satz 9.6: *Die Funktion $y = f(x)$ sei in der Umgebung $U(x^*)$ beliebig oft differenzierbar. Dann konvergiert die Taylor-Reihe (9.23) genau für die $x \in U(x^*)$ gegen die Funktion $f(x)$, für die das Restglied $R_n(x)$ aus dem Satz 9.4 (siehe (9.16) auf Seite 300) die Bedingung*

$$\lim_{n \to \infty} R_n(x) = 0 \qquad (9.25)$$

erfüllt.

Mit Hilfe dieses Satzes wird jetzt die Konvergenz der folgenden Taylor-Reihen nachgewiesen. Eine Zusammenstellung von weiteren wichtigen Potenzreihen findet man z.B. in [3] auf den Seiten 118 bis 128.

$$\cos(x) = \sum_{i=0}^{\infty} (-1)^i \cdot \frac{x^{2i}}{(2i)!}, \quad x \in \mathbb{R}. \tag{9.26}$$

$$e^x = \sum_{i=0}^{\infty} \frac{x^i}{i!}, \quad x \in \mathbb{R}. \tag{9.27}$$

Beweis: Beide Funktionen sind beliebig oft differenzierbar. Die Taylor-Formel einschließlich des Restgliedes wurde in den Beispielen 9.5 und 9.6 angegeben. Bei der Überprüfung der Bedingung (9.25) wird der Grenzwert (6.13) (Seite 184) verwendet.

$$\text{für (1):} \quad 0 \le \lim_{n \to \infty} |R_{2n}| \le \lim_{n \to \infty} \left| \frac{x^{2n+1}}{(2n+1)!} \right| = 0, \quad x \in \mathbb{R}, \quad \text{bzw.}$$

$$\text{für (2):} \quad \lim_{n \to \infty} R_n = \lim_{n \to \infty} e^{\xi} \frac{x^{n+1}}{(n+1)!} = 0, \quad x \in \mathbb{R}. \qquad \triangleleft$$

Aufgabe 9.6: *Es ist die Taylor-Reihe der Funktion* $f(x) = \sin(2x)$, $x \in \mathbb{R}$, *an der Entwicklungsstelle* (1) $x^* = 0$ *und* (2) $x^* = \frac{\pi}{2}$ *gesucht.*

9.4   Fourier-Reihen

Bei vielen technischen Problemen (z.B. im Maschinenbau und in der Elektrotechnik) entsteht die Aufgabe, einen periodischen Vorgang in sogenannte Grund- und Oberschwingungen zu zerlegen. Diese Zerlegung bezeichnet man auch als **harmonische Analyse** oder als **Fourier-Analyse**.

Die Modellierung der periodischen Vorgänge erfolgt durch periodische Funktionen, die bereits auf der Seite 43 definiert wurden. Dabei treten Fourier-Reihen auf.

Definition 9.5: *Es bezeichnen* $p, a_0, a_1, b_1, a_2, b_2 \ldots$ *reelle Konstanten. Eine* **Fourier-Reihe** *ist eine Funktionenreihe* $\left(s_n(x) \right)_{n \in \mathbb{N} \setminus \{0\}}$, *für die gilt*

$$s_n(x) = \frac{a_0}{2} + \sum_{k=1}^{n} \left(a_k \cdot \cos\left(\frac{2k\pi}{p} x \right) + b_k \cdot \sin\left(\frac{2k\pi}{p} x \right) \right), \quad x \in \mathbb{R}. \tag{9.28}$$

Bei einer Fourier-Reihe werden Sinus- und Kosinusfunktionen mit den Winkelgeschwindigkeiten $\omega_k = k \frac{2\pi}{p}$, $k \in \mathbb{N} \setminus \{0\}$, überlagert. Es gilt der folgende Satz.

Satz 9.7: *Die Funktionen* $s_n(x)$, $x \in \mathbb{R}$, *sind periodische Funktionen mit der Periodenlänge* p.

Beweis: Da die Sinus- und Kosinusfunktion periodische Funktionen mit der Periodenlänge 2π sind, gilt für jedes fest gewählte $n \in \mathbb{N}\backslash\{0\}$

$$s_n(x+p) = \frac{a_0}{2} + \sum_{k=1}^{n} \left(a_k \cdot \cos\left(\frac{2k\pi}{p}(x+p)\right) + b_k \cdot \sin\left(\frac{2k\pi}{p}(x+p)\right) \right)$$

$$= \frac{a_0}{2} + \sum_{k=1}^{n} \left(a_k \cdot \cos\left(\frac{2k\pi}{p}x + 2k\pi\right) + b_k \cdot \sin\left(\frac{2k\pi}{p}x + 2k\pi\right) \right)$$

$$= \frac{a_0}{2} + \sum_{k=1}^{n} \left(a_k \cdot \cos\left(\frac{2k\pi}{p}x\right) + b_k \cdot \sin\left(\frac{2k\pi}{p}x\right) \right) = s_n(x).$$

Diese Gleichung gilt für jedes $x \in \mathbb{R}$. D.h., $s_n(x)$ ist eine periodische Funktion mit der Periodenlänge p. ◄

Als Nächstes wird die Fourier-Reihe zu einer vorgegebenen periodischen Funktion definiert.

Definition 9.6: *Es sei* $y = f(x)$, $x \in \mathbb{R}$, *eine periodische Funktion mit der Periodenlänge* p. *Die Funktionenreihe*

$$s(x) = \frac{a_0}{2} + \sum_{k=1}^{\infty} \left(a_k \cdot \cos\left(\frac{2k\pi}{p}x\right) + b_k \cdot \sin\left(\frac{2k\pi}{p}x\right) \right) \qquad (9.29)$$

mit $\qquad a_0 = \frac{2}{p} \int_0^p f(x)\,dx,$ $\qquad\qquad\qquad\qquad\qquad\qquad (9.30)$

$$a_k = \frac{2}{p} \int_0^p f(x) \cdot \cos\left(\frac{2k\pi}{p}x\right) dx, \quad k \in \mathbb{N}\backslash\{0\}, \qquad (9.31)$$

$$b_k = \frac{2}{p} \int_0^p f(x) \cdot \sin\left(\frac{2k\pi}{p}x\right) dx, \quad k \in \mathbb{N}\backslash\{0\}, \qquad (9.32)$$

heißt **Fourier-Reihe der Funktion** $f(x)$. *Die reellen Zahlen* a_0, a_k *und* b_k ($k \in \mathbb{N}\backslash\{0\}$) *nennt man* **Fourier-Koeffizienten.**

Beispiel 9.9: *Zu der Funktion* $f(x) = x$, $x \in [0;1)$, $f(x) = f(x+1)$, $x \in \mathbb{R}$, *ist die zugehörige Fourier-Reihe anzugeben.*

Lösung: $f(x)$ ist eine periodische Funktion mit der Periodenlänge $p = 1$. Der Graph dieser Funktion ist im Bild 9.4 angegeben.

Die Fourier-Koeffizienten werden nach den Gleichungen (9.30) - (9.32) berechnet. Man erhält

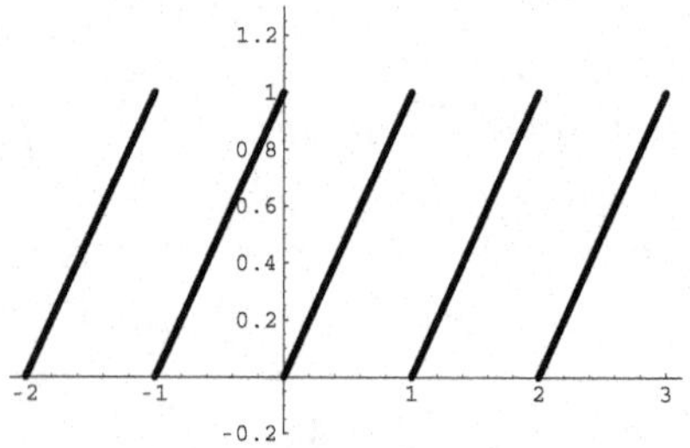

$$a_0 = 2 \int_0^1 x\, dx = 1$$

Bild 9.4: *Graph von* $f(x)$

$$a_k = 2 \int_0^1 x \cos(2k\pi x)\, dx = \frac{1}{2k^2\pi^2}\big(\cos(2k\pi) + 2k\pi \sin(2k\pi) - 1 \big) = 0$$

$$b_k = 2 \int_0^1 x \sin(2k\pi x)\, dx = \frac{1}{2k^2\pi^2}\big(\sin(2k\pi) - 2k\pi \cos(2k\pi) \big) = -\frac{1}{k\pi},$$

wobei sich die letzten beiden Integrale mittels partieller Integration ergeben. Nach (9.29) folgt die Fourier-Reihe

$$s(x) = \frac{1}{2} - \sum_{k=1}^{\infty} \frac{1}{k\pi} \cdot \sin\left(2k\pi x\right). \qquad \triangleleft$$

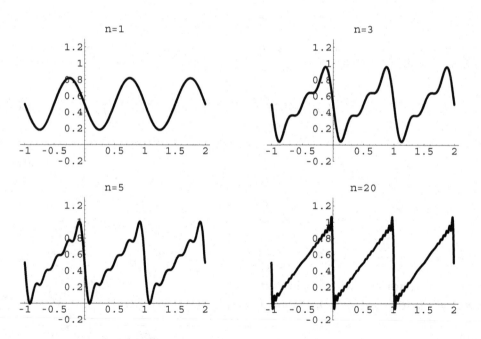

Bild 9.5: $s_n(x)$ *für* $n = 1$, $n = 3$, $n = 5$ *und* $n = 20$

Im Bild 9.5 sind die Funktionen $s_n(x)$ für $n = 1$, $n = 3$, $n = 5$ und $n = 20$ dargestellt. Aus diesem Bild wird ersichtlich, wie sich in den Stetigkeitsstellen der Funktion $f(x)$ mit wachsendem n die Funktion $s_n(x)$ an die Funktion $f(x)$ immer besser annähert. In der Umgebung der Unstetigkeitsstellen stellt man bei hinreichend großem n ein „Überschwingen" von $s_n(x)$ fest. Dieses Verhalten wird auch als **Gibbs-Phänomen** bezeichnet.

Konvergenzaussagen von Fourier-Reihen werden im folgenden Satz gemacht.

Satz 9.8: *Die Funktion* $y = f(x)$, $x \in \mathbb{R}$, *sei periodisch mit der Periodenlänge* p *und erfülle die folgenden* **Dirichletschen Bedingungen**:

(1) *Jedes abgeschlossene Intervall der Länge* p *lässt sich so in endlich viele Teilintervalle zerlegen, dass die Funktion* $f(x)$ *in jedem Teilintervall stetig und monoton ist.*

(2) *An den Unstetigkeitsstellen der Funktion* $f(x)$ *existieren der linksseitige und rechtsseitige Grenzwert.*

Unter diesen Bedingungen gelten folgende Konvergenzaussagen für die Fourier-Reihe $s(x)$ *der Funktion* $f(x)$:
In den Stetigkeitsstellen der Funktion $f(x)$ *gilt* $s(x) = f(x)$. *An jeder Unstetigkeitsstelle* x_0 *der Funktion* $f(x)$ *gilt*

$$s(x_0) = \frac{1}{2}\left(\lim_{x \nearrow x_0} f(x) + \lim_{x \searrow x_0} f(x) \right).$$

Dieser Satz wird im nächsten Beispiel angewendet.

Beispiel 9.10: *Untersuchen Sie die Fourier-Reihe der Funktion* $f(x)$ *aus Beispiel 9.9 auf Konvergenz.*

Lösung: Die Funktion $f(x)$ ist für alle $x \in \mathbb{R}\backslash\mathbb{Z}$ stetig und erfüllt die Dirichletschen Bedingungen. Folglich konvergiert die Fourier-Reihe für alle $x \in \mathbb{R}\backslash\mathbb{Z}$ gegen $f(x)$. D.h. (siehe Bild 9.5)

$$f(x) = s(x) = \frac{1}{2} - \sum_{k=1}^{\infty} \frac{1}{k\pi} \cdot \sin\left(2k\pi x\right), \quad x \in \mathbb{R}\backslash\mathbb{Z}.$$

An jeder Unstetigkeitsstelle $k \in \mathbb{Z}$ ist

$$s(k) = \frac{1}{2}\left(\lim_{x \nearrow k} f(x) + \lim_{x \searrow k} f(x) \right) = \frac{1}{2}(0 + 1) = \frac{1}{2}. \qquad \triangleleft$$

Die folgenden zwei Sätze erweisen sich bei der Berechnung der Fourier-Koeffizienten in vielen Fällen als nützlich.

Satz 9.9: *Die Funktion* $y = f(x)$, $x \in \mathbb{R}$, *sei periodisch mit der Periodenlänge* p. *Dann darf bei der Berechnung der Fourier-Koeffizienten das Integrationsintervall* $[0; p]$ *beliebig verschoben werden. D.h., es gilt für jedes fest gewählte* $c \in \mathbb{R}$:

$$a_0 = \frac{2}{p} \int_c^{c+p} f(x)\,dx\,, \tag{9.33}$$

$$a_k = \frac{2}{p} \int_c^{c+p} f(x) \cdot \cos\left(\frac{2k\pi}{p}x\right) dx, \quad k \in \mathbb{N}\backslash\{0\}\,, \tag{9.34}$$

$$b_k = \frac{2}{p} \int_c^{c+p} f(x) \cdot \sin\left(\frac{2k\pi}{p}x\right) dx, \quad k \in \mathbb{N}\backslash\{0\}\,. \tag{9.35}$$

Der **Beweis** des Satzes lässt sich geometrisch führen. Das bestimmte Integral wird als Fläche unter der zu integrierenden Funktion interpretiert. Wie im Bild 9.6 zu erkennen ist, bleibt der Flächeninhalt unter einer periodischen Funktion bei einer Verschiebung des Integrationsintervalls $[0; p]$ unverändert. ◀

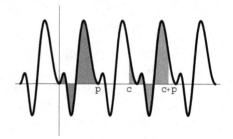

Bild 9.6: *Integration einer p-periodischen Funktion*

Satz 9.10: *Die Funktion* $y = f(x)$, $x \in \mathbb{R}$, *sei periodisch mit der Periodenlänge* p. *Dann gelten für die Fourier-Koeffizienten folgende Aussagen:*
(1) *Wenn* $y = f(x)$, $x \in \mathbb{R}$, *eine gerade Funktion ist, dann gilt* $b_k = 0$ *für alle* $k \in \mathbb{N}\backslash\{0\}$.
(2) *Wenn* $y = f(x)$, $x \in \mathbb{R}$, *eine ungerade Funktion ist, dann gilt* $a_k = 0$ *für alle* $k \in \mathbb{N}$.

Beweis: Es wird nur die Aussage (1) des Satzes bewiesen. Die Aussage (2) lässt sich analog zeigen. Die Sinusfunktion ist eine ungerade Funktion. Folglich gilt $\sin\left(\frac{2k\pi}{p}x\right) = -\sin\left(-\frac{2k\pi}{p}x\right)$ für alle $x \in \mathbb{R}$. Da $f(x)$ eine gerade Funktion ist, gilt für die Funktion $g(x) = f(x) \cdot \sin\left(\frac{2k\pi}{p}x\right)$, $x \in \mathbb{R}$,

$$g(x) = f(x) \cdot \sin\left(\frac{2k\pi}{p}x\right) = -f(-x) \cdot \sin\left(-\frac{2k\pi}{p}x\right) = -g(-x), \ x \in \mathbb{R}.$$

D.h., die zu integrierende Funktion $g(x)$ ist eine ungerade Funktion. Wenn das Integrationsintervall symmetrisch zum Koordinatenursprung gelegt wird, entstehen unter der Kurve zwei gleichgroße Flächen. Da die Inhalte dieser Flächen unterschiedliches Vorzeichen haben, folgt hieraus die Behauptung. ◄

Die letzten beiden Sätze werden in den folgenden Beispielen angewendet.

Beispiel 9.11: *Berechnen Sie die Fourier-Reihe der Funktion*

$$y = f(x) = x^2, \quad x \in [-1; 1), \qquad f(x) = f(x+2), \quad \forall x \in \mathbb{R}.$$

Lösung: Die Periodenlänge der Funktion ist $p = 2$. Da $f(x)$ eine gerade Funktion ist, folgt nach dem Satz 9.10 sofort $b_k = 0$ für alle $k \in \mathbb{N}\backslash\{0\}$. Weil die Funktion auf dem Intervall $[-1; 1)$ explizit gegeben ist, wird in den Integrationsgrenzen der Integrale (9.33) und (9.34) $c = -1$ gesetzt. Es ergibt sich dann

$$a_0 = \frac{2}{2} \int_{-1}^{1} x^2\, dx = \frac{1}{3}x^3 \Big|_{-1}^{1} = \frac{2}{3},$$

$$a_k = \frac{2}{2} \int_{-1}^{1} x^2 \cdot \cos\left(\frac{2k\pi}{2}x\right) dx$$

$$= \left(\frac{1}{k\pi}x^2 \sin(k\pi x) + \frac{2}{(k\pi)^2}x \cos(k\pi x) - \frac{2}{(k\pi)^3}\sin(k\pi x)\right)\Big|_{-1}^{1}$$

$$= \frac{4}{(k\pi)^2}\cos(k\pi) = \frac{4}{(k\pi)^2}(-1)^k,$$

wobei das zweite Integral durch zweimalige partielle Integration erhalten wurde. $f(x)$ ist eine stetige Funktion. Demzufolge gilt

$$f(x) = \frac{1}{3} + \sum_{k=1}^{\infty}(-1)^k \frac{4}{(k\pi)^2}\cos\left(\frac{2k\pi}{2}x\right), \qquad x \in \mathbb{R}. \qquad ◁$$

Beispiel 9.12: *Berechnen Sie die Fourier-Reihe der Funktion*

$$y = f(x) = \sin(\pi x), \quad x \in \left[-\tfrac{1}{2}; \tfrac{1}{2}\right), \qquad f(x) = f(x+1), \quad \forall x \in \mathbb{R}.$$

Lösung: Die Funktion $f(x)$ ist eine ungerade Funktion mit der Periodenlänge $p = 1$. Aus dem Satz 9.10 folgt $a_k = 0$ für alle $k \in \mathbb{N}$. Nach (9.35) ist das Integral

$$b_k = \frac{2}{1} \int_{-\frac{1}{2}}^{\frac{1}{2}} \sin(\pi x) \cdot \sin\left(2k\pi x\right) dx, \qquad k \in \mathbb{N}\backslash\{0\},$$

zu berechnen. Für das unbestimmte Integral gilt

$$\int \sin(\pi x) \cdot \sin(2k\pi x)\, dx = \frac{\sin\left((1-2k)\pi x\right)}{2\pi(1-2k)} - \frac{\sin\left((1+2k)\pi x\right)}{2\pi(1+2k)} + C\,.$$

Nach dem Einsetzen der Integrationsgrenzen ergibt sich

$$b_k = 2\left(\frac{\sin\left(\frac{(1-2k)\pi}{2}\right)}{2\pi(1-2k)} - \frac{\sin\left(\frac{(1+2k)\pi}{2}\right)}{2\pi(1+2k)}\right) - 2\left(\frac{\sin\left(\frac{-(1-2k)\pi}{2}\right)}{2\pi(1-2k)} - \frac{\sin\left(\frac{-(1+2k)\pi}{2}\right)}{(1+2k)\pi}\right)$$

$$= 2\left(\frac{\sin\left(\frac{(1-2k)\pi}{2}\right)}{(1-2k)\pi} - \frac{\sin\left(\frac{(1+2k)\pi}{2}\right)}{(1+2k)\pi}\right),$$

wobei in der letzten Umformung die Beziehung $\sin(-x) = -\sin(x)$ verwendet wurde. Aus dem Additionstheorem $\sin(x \pm y) = \sin(x)\cos(y) \pm \cos(x)\sin(y)$ resultiert für $k \in \mathbb{N}$

$$\sin\left(\frac{(1 \pm 2k)\pi}{2}\right) = \sin\left(\frac{\pi}{2}\right)\cos\left(\frac{2k\pi}{2}\right) \pm \cos\left(\frac{\pi}{2}\right)\sin\left(\frac{2k\pi}{2}\right) = \cos(k\pi) = (-1)^k.$$

Damit erhält man für die Fourier-Koeffizienten

$$b_k = 2\left(\frac{(-1)^k}{(1-2k)\pi} - \frac{(-1)^k}{(1+2k)\pi}\right) = \frac{2(-1)^k}{\pi}\left(\frac{1}{1-2k} - \frac{1}{1+2k}\right)$$

$$= \frac{8k(-1)^k}{\pi(1-4k)^2}\,.$$

Da $f(x)$ an den Stellen $x \neq \frac{1+2k}{2}$, $k \in \mathbb{Z}$, stetig ist, gilt

$$f(x) = \frac{8}{\pi}\sum_{k=1}^{\infty}\frac{(-1)^k k}{1-4k^2}\sin(2k\pi x), \qquad x \neq \frac{1+2k}{2},\ k \in \mathbb{Z}\,. \qquad\qquad \triangleleft$$

Aufgabe 9.7 : *Berechnen Sie die Fourier-Reihen folgender Funktionen und untersuchen Sie die Konvergenz dieser Reihen. Skizzieren Sie die Funktionen.*

$$(1)\quad y = f(x) = \begin{cases} 2 & \text{wenn}\ \ 0 \leq |x| \leq 1 \\ 1 & \text{wenn}\ \ 1 < |x| \leq 2 \\ 0 & \text{wenn}\ \ 2 < |x| \leq \frac{5}{2}\end{cases}, \qquad f(x) = f(x+5)\,,$$

$$(2)\quad y = f(x) = \begin{cases} x+1 & \text{wenn}\ \ -1 \leq x \leq 0 \\ 1-x & \text{wenn}\ \ \ \ 0 < x < 1\end{cases}, \qquad f(x) = f(x+2)\,,$$

$$(3)\quad y = f(x) = \begin{cases} 2\cos(x) & \text{wenn}\ \ 0 < x \leq \frac{\pi}{2} \\ 0 & \text{wenn}\ \ \frac{\pi}{2} < x \leq \pi\end{cases}, \qquad f(x) = f(x+\pi)\,,$$

$$(4)\quad y = f(x) = \cos(2x), \quad 0 < x \leq \frac{\pi}{2}, \qquad f(x) = f\left(x+\frac{\pi}{2}\right).$$

Kapitel 10

Funktionen mehrerer Variabler

Wenn eine Zielgröße y von mehr als einer Einflussgröße abhängt, gelangt man bei der mathematischen Modellierung zu Funktionen mehrerer Variabler. Zunächst werden Funktionen betrachtet, die von zwei Variablen abhängen. Daran anschließend wird der allgemeine Fall behandelt.

10.1 Funktionen zweier Variabler

Die Definition 1.17 einer Funktion auf der Seite 33 lässt sich auf Funktionen übertragen, die von zwei Variablen abhängen.

Definition 10.1: *Es gelte* $D \subset \mathbb{R}^2 = \{(x_1; x_2) \mid x_i \in \mathbb{R}, \ i = 1; 2\}$. *Wenn durch* f *jedem Element* $(x_1; x_2) \in D$ *genau eine reelle Zahl zugeordnet wird, dann ist* f *eine* **reelle Funktion von zwei Variablen** *und man schreibt*

$$y = f(x_1; x_2), \ (x_1; x_2) \in D\,.$$

D *heißt* **Definitionsbereich** *und* $W_f = \{y \mid y = f(x_1; x_2), \ (x_1; x_2) \in D\}$ **Wertebereich** *der Funktion* f.

Der **Graph** einer Funktion $y = f(x_1; x_2)$, $(x_1; x_2) \in D$, ist die Menge aller geordneten 3-Tupel (oder Tripel) $\{(x_1; x_2; f(x_1; x_2)) \mid (x_1; x_2) \in D \}$, die sich in einem Koordinatensystem des Raumes $\mathbb{R}^3$ darstellen lässt. Im Bild 10.1 wurde ein Punkt $(x_1^*; x_2^*; f(x_1^*; x_2^*))$ in einem kartesischen Koordinatensystem des Raumes $\mathbb{R}^3$ eingezeichnet. Durch die Menge aller Punkte des Graphen entsteht ein geometrisches Gebilde (Fläche) im dreidimensionalen Raum. Die räumliche Darstellung dieses geometrischen Gebildes ist im Allgemeinen kompliziert. Aus diesem Grund empfiehlt es sich, das geometrische Gebilde zu zerschneiden und die entstehenden Schnittkurven darzustellen. In einem kartesischen Koordinatensystem lassen sich die Schnittkurven einfach ermitteln, wenn ebene Schnitte parallel zu den Koordinatenebenen bzw. senkrecht zu den

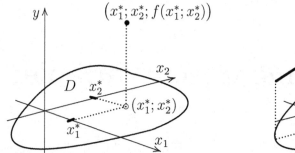 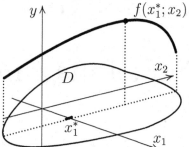

Bild 10.1: *Punkt* $\left(x_1^*; x_2^*; f(x_1^*; x_2^*)\right)$ **Bild 10.2:** $f(x_1^*; x_2)$, $(x_1^*; x_2) \in D$

Koordinatenachsen ausgeführt werden. Bei einem ebenen Schnitt parallel zur $x_2 y$−Ebene, der die x_1−Achse senkrecht an der (festen) Stelle $x_1 = x_1^*$ schneidet, ergibt sich die Schnittkurve (siehe Bild 10.2)

$$y = f(x_1^*; x_2), \ (x_1^*; x_2) \in D\,. \tag{10.1}$$

Analog erhält man die Schnittkurve bei einem ebenen Schnitt an der (festen) Stelle $x_2 = x_2^*$ senkrecht zur x_2−Achse aus

$$y = f(x_1; x_2^*), \ (x_1; x_2^*) \in D\,. \tag{10.2}$$

Die Funktionen $f^{x_1^*}(x_2) := f(x_1^*; x_2)$, $(x_1^*; x_2) \in D$, und $f^{x_2^*}(x_1) := f(x_1; x_2^*)$, $(x_1; x_2^*) \in D$, hängen jeweils nur von einer Variablen ab und werden als **partielle Funktionen** der Funktion $f(x_1; x_2)$ bezeichnet. Als Nächstes werden die Schnittkurven von $f(x_1; x_2)$ mit parallelen Ebenen zur $x_1 x_2$−Ebene untersucht. Wenn jeder Funktionswert $y = f(x_1; x_2)$ als Höhe des geometrischen Gebildes an der Stelle $(x_1; x_2) \in D$ interpretiert wird, dann verbindet eine derartige Schnittkurve Punkte mit gleicher Höhe. Aus diesem Grund bezeichnet man solche Schnittkurven auch als **Höhenlinien** bzw. **Niveaulinien**. Die Höhenlinie zu der (fest vorgegebenen) Höhe $h \in W_f$ wird durch die Gleichung

$$h = f(x_1; x_2), \ (x_1; x_2) \in D \tag{10.3}$$

in **impliziter Form** beschrieben. Die Darstellung der Höhenlinien in der $x_1 x_2$−Ebene bezeichnet man auch als **Höhenplot** oder als **Landkarte**, wobei im Allgemeinen die Niveaus h den gleichen Abstand voneinander haben. Es wird hierzu das folgende Beispiel betrachtet.

Beispiel 10.1: *Welches geometrische Gebilde wird durch die Funktion*

$$y = f(x_1; x_2) = e^{-2,5x_1^2 - (x_2-1)^2}, \ (x_1; x_2) \in \mathbb{R}^2,$$

in einem kartesischen Koordinatensystem beschrieben? Diskutieren Sie die partiellen Funktionen und geben Sie ein Höhenplot an.

Lösung: Für alle $(x_1; x_2) \in \mathbb{R}^2$ gilt $-2, 5x_1^2 - (x_2 - 1)^2 \leq 0$. Daraus folgt für den Wertebereich der Funktion $W_f = (0; 1]$. Als Nächstes werden die partiellen Funktionen ermittelt. Bei jedem ebenen Schnitt parallel zur x_2y-Ebene gilt

$$f^{x_1^*}(x_2) = f(x_1^*; x_2) = e^{-2,5(x_1^*)^2 - (x_2-1)^2} = e^{-2,5(x_1^*)^2} e^{-(x_2-1)^2}, \ (x_1^*; x_2) \in \mathbb{R}^2.$$

$f^{x_1^*}(x_2)$, $x_2 \in \mathbb{R}$, stellt für jedes (feste) x_1^* eine Glockenkurve dar. Im Bild 10.3 sind diese Glockenkurven

für $x_1^* = 0$ dick,
für $x_1^* = \pm 0, 5$ dünn,
für $x_1^* = \pm 0, 25$ gestrichelt und
für $x_1^* = \pm 1$ punktiert gezeichnet. Bei einem Schnitt parallel zur x_1y-Ebene entstehen ebenfalls Glockenkurven, die ihr Maximum jeweils an der Stelle $x_1 = 0$ annehmen. Die Höhenlinien

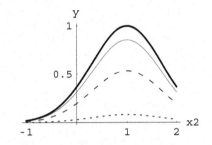

Bild 10.3: $f(x_1^*, x_2)$

erfüllen die Gleichung (10.3), d.h., für jede (vorgegebene) Höhe $h \in (0; 1]$ gilt

$$h = f(x_1; x_2) = e^{-2,5x_1^2 - (x_2-1)^2}, \ (x_1; x_2) \in \mathbb{R}^2.$$

Durch Logarithmieren dieser Gleichung und anschließende Division durch $\ln(h)$ erhält man die Gleichung

$$1 = \frac{(-2,5)}{\ln(h)} x_1^2 + \frac{(-1)}{\ln(h)} (x_2 - 1)^2, \ (x_1; x_2) \in \mathbb{R}^2. \tag{10.4}$$

Da $\ln(h) < 0$ für $h \in (0; 1)$ gilt, sind die Koeffizienten $a^2 := \frac{\ln(h)}{(-2,5)}$ und $b^2 := \frac{\ln(h)}{(-1)}$ positiv. Daraus folgt weiter, dass (10.4) für jedes $h \in (0; 1)$ eine Ellipse mit den Halbachsen a und b beschreibt. Der Mittelpunkt M jeder Ellipse liegt in $M(0; 1)$. Das Höhenplot ist im Bild 10.4 angegeben. Aus den Schnittkurven erkennt man, dass durch die Funktion eine „Glocke" beschrieben wird. Diese Glocke ist im Bild 10.5 abgebildet. ◁

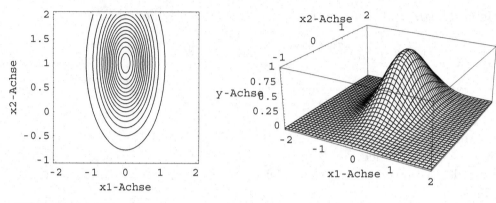

Bild 10.4: *Höhenplot*   **Bild 10.5:** $f(x_1, x_2)$

Die Bilder 10.4 und 10.5 wurden mit **Mathematica** erstellt. Ein Höhenplot der Funktion $f(x_1; x_2)$ wird durch den Befehl

ContourPlot[f[x1, x2], {x1, x1$_{min}$, x1$_{max}$}, {x2, x2$_{min}$, x2$_{max}$}]

erreicht. Die räumliche Darstellung der Funktion $f(x_1; x_2)$ realisiert der Befehl

Plot3D[f[x1, x2], {x1, x1$_{min}$, x1$_{max}$}, {x2, x2$_{min}$, x2$_{max}$}].

Für beide Befehle existieren noch eine Reihe von Optionen, die z.B. im **Mathematica**-Handbuch [5] nachgeschlagen werden können. Mit Hilfe graphikfähiger Taschenrechner lassen sich ebenfalls Höhenplots und räumliche Darstellungen von Funktionen erhalten. Beispiele sind auf meiner Homepage zu finden. Wegen der geringen Auflösung des Displays des Taschenrechners sind jedoch die erzeugten Graphen nur bedingt verwendbar.

Aufgabe 10.1: *Welche geometrischen Gebilde werden durch folgende Funktionen beschrieben. Geben Sie die Höhenplots an.*

(1) $y = f(x_1; x_2) = x_1^2 + x_2^2, \ (x_1; x_2) \in \mathbb{R}^2$.

(2) $y = f(x_1; x_2) = 4 - 2x_1 + 3x_2, \ (x_1; x_2) \in \mathbb{R}^2$.

(3) $y = f(x_1; x_2) = (x_1 + 1)^2 - 2x_2^2, \ (x_1; x_2) \in \mathbb{R}^2$.

10.2   Funktionen von n Variablen

Es werden jetzt Funktionen mit einem Definitionsbereich im n-dimensionalen Raum $\mathbb{R}^n$ betrachtet, der auf der Seite 120 bzw. Seite 30 definiert wurde.

Definition 10.2: *Es sei* $D \subset \mathbb{R}^n = \left\{ (x_1; \ldots; x_n) \,\middle|\, x_i \in \mathbb{R},\ i = 1; \ldots; n \right\}$. *Wenn jedem* $(x_1; \ldots; x_n) \in D$ *durch* f *eindeutig eine reelle Zahl zugeordnet wird, dann heißt*

$$y = f(x_1, \ldots, x_n),\ (x_1; \ldots; x_n) \in D, \tag{10.5}$$

reelle Funktion von n **(reellen unabhängigen) Variablen.** *Die Variablen* $x_1, \ldots, x_n$ *nennt man auch* **Argumente** *oder (unabhängige)* **Veränderliche.** $W_f = \{ y \mid y = f(x_1, \ldots, x_n),\ (x_1; \ldots; x_n) \in D \} \subset W$ *ist der* **Wertebereich** *der Funktion* f.

In dieser Definition ist der Definitionsbereich D eine Teilmenge des n-dimensionalen Punktraumes $\mathbb{R}^n$. Eine Funktion lässt sich analog definieren, wenn der Definitionsbereich eine Teilmenge des n-dimensionalen Vektorraumes (siehe Seite 120) ist. In diesem Fall schreibt man für die Funktion

$$y = f(\vec{x}),\ \vec{x} \in D \subset \mathbb{R}^n. \tag{10.6}$$

Wegen der Bemerkung auf der Seite 120 wird jeder Punkt aus dem Punktraum mit dem entsprechenden Vektor aus dem Vektorraum identifiziert. Aus diesem Grund sind (10.5) und (10.6) lediglich unterschiedliche Schreibweisen für ein und denselben Sachverhalt. Man vereinbart deshalb

$$y = f(\vec{x}) := f(x_1; \ldots; x_n),\ \vec{x} \in D.$$

Da jede Schreibweise für eine Funktion ihre Vor- und Nachteile hat, werden im Weiteren beide Schreibweisen verwendet.

Wenn man $n = 1$ in der Definition 10.2 setzt, ergeben sich (reellwertige) Funktionen, die nur von einer Variablen abhängen und in den vorangegangenen Kapiteln behandelt wurden. Der Fall $n = 2$ war Gegenstand des Abschnittes 10.1. Analog zur Seite 33 lässt sich der **Graph** einer Funktion $y = f(x_1; \ldots; x_n),\ (x_1; \ldots; x_n) \in D$, als Punktmenge $\left\{ (x_1; \ldots; x_n; f(x_1; \ldots; x_n)) \,\middle|\, (x_1; \ldots; x_n) \in D \right\}$ betrachten. Es ist zu beachten, dass der Graph einer Funktion von n Variablen eine Teilmenge des $(n+1)$-dimensionalen Raumes $\mathbb{R}^{n+1}$ ist. Aus diesem Grund lässt sich der Graph einer Funktion für $n \geq 3$ in einem Koordinatensystem nicht mehr veranschaulichen. Lediglich Schnitte oder Niveauflächen der Funktion sind graphisch darstellbar. Einen **Schnitt** bzw. eine **Niveaufläche** der Funktion $y = f(x_1; \ldots; x_n),\ (x_1; \ldots; x_n) \in D$, erhält man, wenn eine gewisse Anzahl der

Variablen festgehalten wird und die Funktion nur noch von den verbleibenden Variablen abhängt. Wenn jeweils $(n-1)$ Variable festgehalten werden, ergeben sich n **partielle Funktionen**

$$f(x_1; x_2^*; x_3^*; \ldots; x_n^*), \ f(x_1^*; x_2; x_3^*; \ldots; x_n^*), \ldots, f(x_1^*; x_2^*; \ldots; x_{n-1}^*; x_n).$$

Die **Niveaufläche zum Niveau** h ist die Punktmenge

$$\left\{ (x_1; x_2; \ldots; x_n) \in \mathbb{R}^n \,\middle|\, h = f(x_1; x_2; \ldots; x_n) \right\}.$$

Für Funktionen, die von drei unabhängigen Variablen abhängen, werden häufig spezielle Begriffe verwendet. So wird eine Funktion $y = f(x_1; x_2; x_3)$, $(x_1; x_2; x_3) \in D \subset \mathbb{R}^3$, bei der x_1, x_2, x_3 die (Orts-)Koordinaten eines Punktes sind, als **Skalarfeld** bezeichnet. Wenn ein Skalarfeld zusätzlich noch zeitabhängig ist, dann spricht man auch von einem **instationären Feld**. Ein zeitunabhängiges Skalarfeld nennt man **stationäres Feld**.

Beispiel 10.2: *In einem kartesischen Koordinatensystem ist das Skalarfeld*

$$y = f(x_1; x_2; x_3) = (x_1 + 1)^2 + (x_2 - 1)^2 + x_3^2 + 2, \ (x_1; x_2; x_3) \in \mathbb{R}^3 \,,$$

gegeben. Gesucht sind die partiellen Funktionen und die Niveauflächen.

Lösung: Die partiellen Funktionen des Skalarfeldes

$$y = f(x_1; x_2^*; x_3^*) = (x_1 + 1)^2 + c_1^*, \ x_1 \in \mathbb{R}^1\,, \quad \text{mit } c_1^* = (x_2^* - 1)^2 + (x_3^*)^2 + 2,$$
$$y = f(x_1^*; x_2; x_3^*) = (x_2 - 1)^2 + c_2^*, \ x_2 \in \mathbb{R}^1\,, \quad \text{mit } c_2^* = (x_1^* + 1)^2 + (x_3^*)^2 + 2,$$
$$y = f(x_1^*; x_2^*; x_3) = x_3^2 + c_3^*, \ x_3 \in \mathbb{R}^1\,, \quad \text{mit } c_3^* = (x_1^* + 1)^2 + (x_2^* - 1)^2 + 2,$$

beschreiben jeweils Parabeln. Die Niveaufläche zum Niveau h erfüllt die Gleichung

$$h = (x_1 + 1)^2 + (x_2 - 1)^2 + x_3^2 + 2 \,.$$

Für jedes $h \geq 2$ wird durch diese Gleichung eine Kugel mit dem Mittelpunkt $M = M(-1; 1; 0)$ und dem Radius $r = \sqrt{h - 2}$ beschrieben. ◁

Um weitere Untersuchungen (z.B. Grenzwerte, Ableitungen und Integrale) bei Funktionen mehrerer Variabler behandeln zu können, muss man zunächst den Abstand von zwei Punkten und die Umgebung eines Punktes in einem n-dimensionalen Raum definieren. Mit der Abstandsdefinition erfolgt eine natürliche Verallgemeinerung des Abstands zweier Punkte aus dem Raum $\mathbb{R}^3$ aus (3.31) (vgl. Seite 115) auf den Abstand von Punkten aus dem $\mathbb{R}^n$.

Definition 10.3 : $P = P(p_1, p_2, ..., p_n)$ *und* $Q = Q(q_1, q_2, ..., q_n)$
bezeichnen zwei beliebige Punkte im n-dimensionalen Raum $\mathbb{R}^n$.

$$|P - Q| = \sqrt{(p_1 - q_1)^2 + (p_2 - q_2)^2 + ... + (p_n - q_n)^2} \qquad (10.7)$$

heißt **Abstand** *der Punkte* P *und* Q. *Die* δ-**Umgebung des Punktes**
P *ist eine Teilmenge des* $\mathbb{R}^n$ *mit der Eigenschaft:*

$$U_\delta(P) = \left\{ Q \in \mathbb{R}^n \,\middle|\, |Q - P| < \delta \right\}. \qquad (10.8)$$

Die δ-Umgebung $U_\delta(P)$ eines Punktes (10.8) stimmt für $n = 1$ mit der
Definition 1.6 (Seite 22) überein und ist ein Intervall der Länge 2δ mit dem
Mittelpunkt $P(p_1) \in \mathbb{R}^1$, d.h.,

$$U_\delta(P) = \left\{ Q \in \mathbb{R}^1 \,\middle|\, |Q - P| < \delta \right\} = (p_1 - \delta; p_1 + \delta).$$

Für $n = 2$ und $P = P(p_1; p_2) \in \mathbb{R}^2$ ist im $\mathbb{R}^2$ die Umgebung $U_\delta(P) =$

$$\left\{ Q \in \mathbb{R}^2 \,\middle|\, |Q - P| < \delta \right\} = \left\{ Q = Q(x_1; x_2) \in \mathbb{R}^2 \,\middle|\, (x_1 - p_1)^2 + (x_2 - p_2)^2 < \delta^2 \right\}$$

die Menge aller Punkte im Inneren eines Kreises mit dem Radius δ und dem
Mittelpunkt P. Analog überzeugt man sich, dass eine Umgebung $U_\delta(P)$ im
$\mathbb{R}^3$ alle Punkte im Inneren einer Kugel mit dem Mittelpunkt P und dem
Radius δ enthält.

Mit der Definition 10.3 wird es möglich, die in den Räumen $\mathbb{R}^1$, $\mathbb{R}^2$ und $\mathbb{R}^3$
geometrisch anschaulichen mathematischen Begriffe und Objekte abstrakt zu
formulieren und auf den $\mathbb{R}^n$ zu übertragen, wie z.B.:

1. Der Punkt P heißt **innerer Punkt** der Menge M ($M \subset \mathbb{R}^n$), wenn eine
   Umgebung des Punktes P existiert, für die $U_\delta(P) \subset M$ gilt.
2. Der Punkt P heißt **Randpunkt** der Menge M ($M \subset \mathbb{R}^n$), wenn jede
   Umgebung des Punktes P wenigstens einen Punkt aus M und wenigstens einen Punkt aus der komplementären Menge $\overline{M}$ enthält. Die Menge
   aller Randpunkte einer Menge heißt **Rand** der Menge und wird mit ∂M
   bezeichnet.
3. Eine **offene Menge** ist eine Menge, die nur aus inneren Punkten besteht.
   Enthält eine Menge alle ihre Randpunkte, dann spricht man von einer **abgeschlossenen Menge**.

4. Die Menge M heißt **zusammenhängend**, wenn für zwei beliebige Punkte $P_1 \in M$ und $P_2 \in M$ endlich viele Punkte $Q_1, \dots, Q_n$ $(Q_i \in M)$ existieren, so dass sich die Punkte P_1 und P_2 über die Punkte $Q_1, \dots, Q_n$ stückweise durch Geradenstücke verbinden lassen, wobei die Geradenstücke vollständig in der Menge M verlaufen.

5. Eine offene und zusammenhängende Menge heißt **Gebiet**. Wird ein Gebiet abgeschlossen, dann entsteht ein **Bereich**.

6. Eine Menge heißt **konvex**, wenn die Verbindungsstrecke zweier beliebiger Punkte $P_1 \in M$ und $P_2 \in M$ zur Menge M gehört.

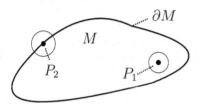 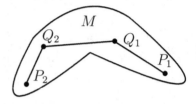

Bild 10.6: *Rand- und innerer Punkt*   **Bild 10.7:** *Zusammenhängende Menge*

Diese Begriffe wurden unabhängig von der Dimension des Raumes eingeführt. Die ersten beiden Begriffe sind in dem Bild 10.6 für den $\mathbb{R}^2$ dargestellt. Der Punkt P_1 ist innerer Punkt, P_2 ist Randpunkt von M. Im Bild 10.7 ist die dargestellte Menge zusammenhängend, jedoch nicht konvex.

Beispiel 10.3: *Welches geometrische Gebilde wird durch die Menge*

$$M = \left\{ (x_1; x_2; x_3) \in \mathbb{R}^3 \,\middle|\, (x_1 - 1)^2 + (x_2 + 3)^2 \le 2,\ 0 \le x_3 \le 4 \right\}$$

in kartesischen Koordinaten beschrieben? Man gebe den Rand ∂M und die Menge M_0 der inneren Punkte von M an.

Lösung: Die Menge M stellt einen Vollzylinder mit dem Radius $\sqrt{2}$ und der Höhe 4 dar. Der Zylinder steht auf der $x_1 x_2$-Ebene, wobei $P(1; -3; 0)$ der Mittelpunkt des Grundrisses ist. Die Menge der inneren Punkte des Zylinders ist $M_0 = \left\{ (x_1; x_2; x_3) \in \mathbb{R}^3 \,\middle|\, (x_1 - 1)^2 + (x_2 + 3)^2 < 2,\ 0 < x_3 < 4 \right\}$. Für den Rand der Menge M gilt $\partial M = M \backslash M_0 = M_S \cup M_G \cup M_D$ mit der Mantelfläche $M_S = \left\{ (x_1; x_2; x_3) \in \mathbb{R}^3 \,\middle|\, (x_1-1)^2 + (x_2+3)^2 = 2,\ 0 < x_3 < 4 \right\}$, der Grundfläche $M_G = \left\{ (x_1; x_2; x_3) \in \mathbb{R}^3 \,\middle|\, (x_1-1)^2 + (x_2+3)^2 \le 2,\ x_3 = 0 \right\}$ und der Deckfläche $M_D = \left\{ (x_1; x_2; x_3) \in \mathbb{R}^3 \,\middle|\, (x_1 - 1)^2 + (x_2 + 3)^2 \le 2,\ x_3 = 4 \right\}$. Da die Menge M alle ihre Randpunkte enthält, ist diese Menge abgeschlossen.   ◁

Aufgabe 10.2: *Welches geometrische Gebilde beschreibt die Menge*

$$M = \left\{ (x_1; x_2; x_3) \in \mathbb{R}^3 \,\middle|\, |x_1| \le 1,\ |x_2 - 3| \le 2,\ |x_3 - 2| \le 1 \right\}$$

in kartesischen Koordinaten? Was ist der Rand dieser Menge?

Mit den eingeführten Begriffen werden jetzt der Funktionsgrenzwert und die Stetigkeit für Funktionen mehrerer Variabler definiert. Diese Definitionen sind analog zu den entsprechenden Definitionen 6.7 (Seite 193) und 6.11 (Seite 199) für Funktionen einer Variablen.

Definition 10.4: *Es seien* $y = f(x_1; \ldots; x_n)$, $(x_1; \ldots; x_n) \in D$, *eine Funktion und* $P^* = P^*(x_1^*; \ldots; x_n^*)$ *ein fester Punkt aus* $D \cup \partial D$. *Die Funktion* $f(x_1; \ldots; x_n)$ *hat an der Stelle* $(x_1^*; \ldots; x_n^*)$ *den* **Funktionsgrenzwert**

$$\lim_{P \to P^*} f(x_1; \ldots; x_n) = g \quad (g \in \mathbb{R}),$$

wenn zu jedem beliebigen $\varepsilon > 0$ *eine Umgebung* $U_\delta(P^*)$ *existiert, so dass* $\left| f(x_1; \ldots; x_n) - g \right| < \varepsilon$ *für alle* $P = P(x_1; \ldots; x_n) \in U_\delta(\vec{x}^*) \cap D$ *gilt.*

Definition 10.5: *Die Funktion* $y = f(x_1; \ldots; x_n)$, $(x_1; \ldots; x_n) \in D$, *ist an der Stelle* $(x_1^*; \ldots; x_n^*) \in D$ **stetig,** *wenn für den Funktionsgrenzwert*

$$\lim_{P \to P^*} f(x_1; \ldots; x_n) = f(x_1^*; \ldots; x_n^*)$$

gilt. Die Funktion ist **auf der Menge** M $(M \subset D)$ **stetig,** *wenn sie für alle* $(x_1^*; \ldots; x_n^*) \in M$ *stetig ist.*

In beiden Definitionen muss aus der Konvergenz von $P = P(x_1; \ldots; x_n)$ gegen $P^* = P^*(x_1^*; \ldots; x_n^*)$ die Konvergenz der Funktionswerte folgen. Bei der Stetigkeit muss zusätzlich noch P^* zum Definitionsbereich der Funktion gehören und der Funktionsgrenzwert muss mit dem Funktionswert $f(x_1^*; \ldots; x_n^*)$ übereinstimmen. Die Sätze 6.9 und 6.10 (Seite 196) gelten auch für Funktionen mehrerer Variabler. Bei der Übertragung von Eigenschaften, die für Funktionen einer Variabler gelten, auf Funktionen mehrerer Variabler muss sehr sorgfältig vorgegangen werden. Wie das nächste Beispiel zeigt, folgt im Allgemeinen aus der Stetigkeit aller partiellen Funktionen <u>nicht</u> die Stetigkeit der Funktion selbst.

Beispiel 10.4: *Die Funktion*

$$y = f(x_1; x_2) = \begin{cases} \dfrac{2x_1 x_2}{x_1^2 + x_2^2} & \text{für} \quad x_1^2 + x_2^2 \neq 0 \\ 0 & \text{für} \quad x_1^2 + x_2^2 = 0 \end{cases}$$

ist an der Stelle $(0; 0)$ *auf Stetigkeit zu untersuchen.*

Lösung: Die partiellen Funktionen sind auf $\mathbb{R}$ stetig. Insbesondere gilt $f(x_1; 0) = 0$, $x_1 \in \mathbb{R}$, und $f(0; x_2) = 0$, $x_2 \in \mathbb{R}$. Wird die Funktion

$f(x_1; x_2)$ für $x_1 = x_2 = x$ betrachtet, folgt

$$f(x; x) = \begin{cases} \dfrac{2xx}{x^2 + x^2} = 1 & \text{für} \quad x \neq 0 \\ 0 & \text{für} \quad x = 0, \end{cases}$$

so dass die Funktion $f(x_1; x_2)$ an der Stelle $(0; 0)$ nicht stetig ist. ◁

Aufgabe 10.3 : *Ist die Funktion* $y = f(x_1; x_2) = \ln(x_1) \cdot \frac{x_1}{x_2}$ *auf ihrem Definitionsbereich stetig (Begründung!)?*

10.3 Differenzialrechnung für Funktionen mehrerer Variabler

10.3.1 Partielle Ableitungen

Die Funktion $y = f(x_1; \ldots; x_n)$, $(x_1; \ldots; x_n) \in D$, besitzt die n partiellen Funktionen

$$f(x_1; x_2^*; \ldots; x_n^*), \ f(x_1^*; x_2; x_3^*; \ldots; x_n^*), \ \ldots, f(x_1^*; \ldots; x_{n-1}^*, x_n),$$

wobei $(x_1^*; \ldots, x_n^*) \in D$ eine fest vorgegebene Stelle von D sei. Für jede partielle Funktion lässt sich die Differenzierbarkeit nach der Definition 7.1 (Seite 206) erklären. Man kommt dann zu der

---

Definition 10.6 : *Wenn* $P\big(x_1^*; \ldots, x_n^*\big)$ *ein innerer Punkt der Menge* D *ist und wenn der Grenzwert*

$$\lim_{\Delta x \to 0} \frac{f(x_1^*; \ldots; x_{i-1}^*; x_i^* + \Delta x; x_{i+1}^*; \ldots; x_n^*) - f(x_1^*; \ldots; x_n^*)}{\Delta x}$$

existiert, dann heißt die Funktion $f(x_1; \ldots; x_n)$ *an der Stelle* $(x_1^*; \ldots; x_n^*) \in D$ **nach** x_i **partiell differenzierbar**. *Den Grenzwert bezeichnet man als* **partielle Ableitung der Funktion** f **nach** x_i **an der Stelle** $(x_1^*; \ldots; x_n^*) \in D$.

Bemerkung: Analog zur Definition 7.4 (Seite 208) wird die **partielle Ableitung(sfunktion)** definiert. Für die partielle Ableitung der Funktion $f(x_1; \ldots; x_n)$ nach x_i schreibt man

$$f_{x_i}(x_1; \ldots; x_n) \quad \text{oder} \quad \frac{\partial f(x_1; \ldots; x_n)}{\partial x_i} .$$

Durch den Index x_i wird die Variable gekennzeichnet, nach der die Ableitung gebildet wird. Bei der Differenzialschreibweise verwendet man bei partiellen Ableitungen anstelle von d das Symbol ∂.

Die Funktion $f(x)$ heißt **(stetig) partiell differenzierbar**, wenn <u>alle</u> partiellen Ableitungen existieren (und stetig sind).

Die Berechnung von partiellen Ableitungen erfolgt nach den Regeln der Differenzialrechnung für Funktionen einer Variablen, wobei die Variablen, nach denen nicht differenziert wird, als Konstanten betrachtet werden.

Beispiel 10.5: *Gesucht sind die partiellen Ableitungen der Funktion*

$$f(x_1; x_2; x_3) = x_3 \sin(x_1^2 + x_2) + \mathrm{e}^{2x_3}, \ (x_1; x_2; x_3) \in \mathbb{R}^3.$$

Lösung: $\left.\begin{array}{l} f_{x_1}(x_1; x_2; x_3) = 2x_1 x_3 \cos(x_1^2 + x_2) \\ f_{x_2}(x_1; x_2; x_3) = x_3 \cos(x_1^2 + x_2) \\ f_{x_3}(x_1; x_2; x_3) = \sin(x_1^2 + x_2) + 2\,\mathrm{e}^{2x_3} \end{array}\right\}$ $(x_1; x_2; x_3) \in \mathbb{R}^3.$ ◁

Aufgabe 10.4: *Berechnen Sie die partiellen Ableitungen der Funktion*
$y = f(x_1; x_2) = \dfrac{x_1^2}{x_2} \cdot \sqrt{x_1 + x_2}$ *und geben Sie den (maximalen) Definitionsbereich der Funktion und der partiellen Ableitungen an.*

Zu höheren partiellen Ableitungen gelangt man, wenn von den partiellen Ableitungen wieder partielle Ableitungen gebildet werden. Für die **zweiten partiellen Ableitungen** schreibt man

$$\frac{\partial}{\partial x_j}\left(\frac{\partial f(\vec{x})}{\partial x_i}\right) = \begin{cases} \dfrac{\partial^2 f(\vec{x})}{\partial x_i^2} = f_{x_i x_i}(\vec{x}) & \text{für} \quad i = j \\[3mm] \dfrac{\partial^2 f(\vec{x})}{\partial x_i \partial x_j} = f_{x_i x_j}(\vec{x}) & \text{für} \quad i \neq j. \end{cases}$$

Analog hierzu erhält man die l-te **partielle Ableitung**

$$f_{x_{i_1} x_{i_2} \ldots x_{i_l}}(\vec{x}) = \frac{\partial^l f(\vec{x})}{\partial x_{i_1} \partial x_{i_2} \ldots \partial x_{i_l}} = \frac{\partial\left(\dfrac{\partial^{(l-1)} f(\vec{x})}{\partial x_{i_1} \partial x_{i_2} \ldots \partial x_{i_{l-1}}}\right)}{\partial x_{i_l}}$$

durch das l-malige partielle Ableiten der Funktion $f(\vec{x})$, wobei zuerst partiell nach der Variablen x_{i_1}, dann nach der Variablen x_{i_2} usw. und zuletzt nach der Variablen x_{i_l} differenziert wird. Falls k-mal nach der gleichen Variablen x_i differenziert wird, schreibt man abkürzend $\dfrac{\partial^k f(\vec{x})}{\partial x_i^k}$. Bei der Berechnung von höheren Ableitungen erweist sich der folgende Satz als nützlich, der ohne Beweis angegeben wird.

Satz 10.1 (Satz von Schwarz): *Wenn die Funktion* $f(x_1; \ldots; x_n)$, $(x_1; \ldots; x_n) \in D$, *zweimal stetig partiell differenzierbar ist, dann gilt für alle* $i \neq j$

$$f_{x_j x_i}(x_1; \ldots; x_n) = f_{x_i x_j}(x_1; \ldots; x_n) \,.$$

Nach diesem Satz spielt bei zweimal stetig partiell differenzierbaren Funktionen die Reihenfolge der Differenziation keine Rolle.

Beispiel 10.6: *Es sind alle zweiten partiellen Ableitungen der Funktion*

$$f(x_1; x_2; x_3) = x_3 \sin(x_1^2 + x_2) + e^{2x_3}, \quad (x_1; x_2; x_3) \in \mathbb{R}^3,$$

aus dem Beispiel 10.5 zu berechnen.

Lösung: Ausgehend von der ersten partiellen Ableitung
$f_{x_1}(x_1; x_2; x_3) = 2x_1 x_3 \cos(x_1^2 + x_2)$ ergeben sich die zweiten partiellen Ableitungen

$$\left. \begin{aligned}
f_{x_1 x_1}(x_1; x_2; x_3) &= 2x_3 \cos(x_1^2 + x_2) - 4x_1^2 x_3 \sin(x_1^2 + x_2) \\
f_{x_1 x_2}(x_1; x_2; x_3) &= -2x_1 x_3 \sin(x_1^2 + x_2) = f_{x_2 x_1}(x_1; x_2; x_3) \\
f_{x_1 x_3}(x_1; x_2; x_3) &= 2x_1 \cos(x_1^2 + x_2) = f_{x_3 x_1}(x_1; x_2; x_3)
\end{aligned} \right\} (x_1; x_2; x_3) \in \mathbb{R}^3,$$

wobei der Satz von Schwarz verwendet wurde. Analog erhält man aus den ersten partiellen Ableitungen $f_{x_2}(x_1; x_2; x_3) = x_3 \cos(x_1^2 + x_2)$ und $f_{x_3}(x_1; x_2; x_3) = \sin(x_1^2 + x_2) + 2 e^{2x_3}$ die zweiten partiellen Ableitungen

$$\left. \begin{aligned}
f_{x_2 x_2}(x_1; x_2; x_3) &= -x_3 \sin(x_1^2 + x_2) \\
f_{x_2 x_3}(x_1; x_2; x_3) &= \cos(x_1^2 + x_2) = f_{x_3 x_2}(x_1; x_2; x_3) \\
f_{x_3 x_3}(x_1; x_2; x_3) &= 4 e^{2x_3}
\end{aligned} \right\} (x_1; x_2; x_3) \in \mathbb{R}^3. \quad \triangleleft$$

Aufgabe 10.5: *Berechnen Sie alle ersten und zweiten partiellen Ableitungen der Funktion*

$$y = f(x_1, x_2) = e^{-2{,}5x_1^2 - (x_2 - 1)^2}, \quad (x_1; x_2) \in \mathbb{R}^2.$$

Der Satz von Schwarz ist bei der Berechnung der n-ten partiellen Ableitung ebenfalls anwendbar. Nach diesem Satz spielt für n-mal stetig partiell differenzierbare Funktionen die Reihenfolge der Differenziation ebenfalls keine Rolle.

Aufgabe 10.6: *Gesucht sind alle dritten partiellen Ableitungen der Funktion*

$$y = f(x_1, x_2) = \sin(x_1 + x_2)\, e^{-x_1}, \ (x_1; x_2) \in \mathbb{R}^2\,.$$

10.3.2 Totale Differenzierbarkeit und Gradient

Wenn die Funktion $y = f(\vec{x})$, $\vec{x} \in D \subset \mathbb{R}^n$, an der Stelle $\vec{x}^* \in D$ partiell differenzierbar ist, dann existiert im Punkt $P(\vec{x}^*; f(\vec{x}^*))$ die Tangente an die Funktion in Richtung der x_i-Achse für alle $i = 1; \ldots; n$. Aus der partiellen Differenzierbarkeit von $f(\vec{x})$ folgt im Allgemeinen nicht, dass im Punkt $P(\vec{x}^*; f(\vec{x}^*))$ die Tangente in jede Richtung an die Funktion konstruiert werden kann. Hierfür ist eine Verschärfung der Differenzierbarkeit erforderlich, die in der nächsten Definition vorgenommen wird.

Definition 10.7 : *$\vec{x}^*$ sei ein innerer Punkt der Menge D. Die Funktion $y = f(\vec{x})$, $\vec{x} \in D \subset \mathbb{R}^n$, heißt an der Stelle $\vec{x}^* \in D$* **total differenzierbar**, *wenn ein Vektor $\vec{g} \in \mathbb{R}^n$ existiert, so dass gilt*

$$\lim_{|\vec{x} - \vec{x}^*| \to 0} \frac{f(\vec{x}) - f(\vec{x}^*) - \vec{g}^T \cdot (\vec{x} - \vec{x}^*)}{|\vec{x} - \vec{x}^*|} = 0\,. \tag{10.9}$$

Die Funktion $f(\vec{x})$ heißt **auf der Menge D_0 ($D_0 \subset D$) total differenzierbar**, *wenn sie für alle $\vec{x}^* \in D_0$ total differenzierbar ist.*

Bemerkungen: Zu beachten ist, dass im Zähler von (10.9) ein Skalarprodukt auftritt. Anstelle von totaler Differenzierbarkeit verwendet man in der Literatur auch den Begriff **vollständige Differenzierbarkeit** einer Funktion.

Über den Vektor $\vec{g}$ in der Definition 10.7 gibt der Satz 10.2 weiter unten Auskunft. Zuvor wird der folgende Begriff definiert.

Definition 10.8: *Die Funktion $f(\vec{x})$, $\vec{x} \in D$, sei an der Stelle $\vec{x}^* \in D$ total differenzierbar. Der Vektor der partiellen Ableitungen*

$$\operatorname{grad} f(\vec{x}^*) := \begin{pmatrix} f_{x_1}(\vec{x}^*) \\ \vdots \\ f_{x_n}(\vec{x}^*) \end{pmatrix}$$

heißt **Gradient** *der Funktion $f(\vec{x})$ an der Stelle $\vec{x}^*$.*

Bemerkung: In der Literatur wird für den Gradienten anstelle des Symbols grad $f(\vec{x})$ auch das Symbol $\bigtriangledown f(\vec{x})$ (sprich: „Nabla von $f(\vec{x})$") verwendet.

Die Funktion $f(x_1; x_2; x_3) = x_3 \sin(x_1^2 + x_2) + e^{2x_3}$ aus dem Beispiel 10.5 (Seite 323) hat an einer beliebigen Stelle $\vec{x} \in \mathbb{R}^3$ stetige partielle Ableitungen. Für jedes $\vec{x} \in \mathbb{R}^3$ existiert der Gradient, und es gilt

$$\text{grad } f(\vec{x}) = \begin{pmatrix} f_{x_1}(\vec{x}) \\ f_{x_2}(\vec{x}) \\ f_{x_3}(\vec{x}) \end{pmatrix} = \begin{pmatrix} 2x_1 x_3 \cos(x_1^2 + x_2) \\ x_3 \cos(x_1^2 + x_2) \\ \sin(x_1^2 + x_2) + 2\,e^{2x_3} \end{pmatrix} \qquad \text{bzw.}$$

an der Stelle $\vec{x}^* = \begin{pmatrix} 0 \\ \pi \\ 1 \end{pmatrix}$ ist grad $f(0; \pi; 1) = \begin{pmatrix} f_{x_1}(0; \pi; 1) \\ f_{x_2}(0; \pi; 1) \\ f_{x_3}(0; \pi; 1) \end{pmatrix} = \begin{pmatrix} 0 \\ -1 \\ 2\,e^2 \end{pmatrix}.$

Aufgabe 10.7: *Berechnen Sie den Gradienten der Funktion*
$$y = f(x_1; x_2; x_3) = \frac{(x_1 - 1) \cdot \ln(x_1 + 1)}{x_2^2 + x_3^2 + 1} \quad \text{an der Stelle } \vec{x}^* = \vec{0}.$$

Satz 10.2: *Wenn die Funktion $f(\vec{x})$, $\vec{x} \in D$ an der Stelle $\vec{x}^* \in D$ total differenzierbar ist, dann gilt in (10.9) $\vec{g} = \text{grad } f(\vec{x}^*)$.*

Die Überprüfung der totalen Differenzierbarkeit mit Hilfe der Gleichung (10.9) ist im Allgemeinen kompliziert. Ein einfaches hinreichendes Kriterium für die totale Differenzierbarkeit einer Funktion enthält der folgende Satz, der ohne Beweis angegeben wird.

Satz 10.3: *Eine auf der offenen Menge D_0 stetig partiell differenzierbare Funktion ist auf D_0 auch total differenzierbar.*

Falls die Funktion $f(\vec{x})$ an der Stelle $\vec{x}^*$ total differenzierbar ist, dann folgt aus der Gleichung (10.9) für alle $x \in U_\varepsilon(\vec{x}^*)$ die Näherung

$$f(\vec{x}) \approx f(\vec{x}^*) + \big(\text{grad } f(\vec{x}^*)\big)^T \cdot (\vec{x} - \vec{x}^*). \tag{10.10}$$

Diese Näherung wird um so besser, je kleiner ε $(\varepsilon > 0)$ ist bzw. je geringer der Abstand des Vektors $\vec{x}$ von $\vec{x}^*$ ist.

Es wird jetzt der Spezialfall betrachtet, dass die total differenzierbare Funktion nur von zwei Variablen abhängt. Nach Ausmultiplizieren des Produkts in der Gleichung (10.10) gilt in der Umgebung $U_\varepsilon(x_1^*; x_2^*)$

$$f(\vec{x}) \approx f(\vec{x}^*) + f_{x_1}(\vec{x}^*)(x_1 - x_1^*) + f_{x_2}(\vec{x}^*)(x_2 - x_2^*).$$

Die Gleichung

$$y = f(\vec{x}^*) + f_{x_1}(\vec{x}^*)(x_1 - x_1^*) + f_{x_2}(\vec{x}^*)(x_2 - x_2^*), \quad x_1 \in \mathbb{R}, \; x_2 \in \mathbb{R},$$

beschreibt im Raum $\mathbb{R}^3$ eine Ebene, die sogenannte **Tangentialebene** an die Funktion $f(x_1; x_2)$. Diese Tangentialebene berührt die Funktion $f(x_1; x_2)$ im Punkt $P^* = P^*\big(x_1^*; x_2^*; f(x_1^*; x_2^*)\big)$ und enthält alle Tangenten an die Funktion $f(x_1; x_2)$ im Punkt P^*.

Beispiel 10.7 : *Berechnen Sie die Tangentialebene an die Funktion*

$$f(x_1; x_2) = e^{-2,5x_1^2 - (x_2-1)^2}, \; (x_1; x_2) \in \mathbb{R}^2 \,,$$

aus dem Beispiel 10.1 in den Punkten
(1) $P_1^* = P_1^*(0; 1; 1)$ *und (2)* $P_2^* = P_2^*(0; \frac{3}{2}; e^{-\frac{1}{4}})$.

Lösung: Da die Funktion $f(x_1; x_2)$ stetig partiell differenzierbar ist, existiert die Tangentialebene. Die Gleichung der Tangentialebene in einem beliebigen Punkt $P^* = P^*\big(x_1^*; x_2^*; f(x_1^*; x_2^*)\big)$ lautet für alle $(x_1; x_2) \in \mathbb{R}^2$

$$y = e^{-2,5(x_1^*)^2 - (x_2^*-1)^2} \Big(1 - 5x_1^*(x_1 - x_1^*) - 2(x_2^* - 1)(x_2 - x_2^*)\Big). \tag{10.11}$$

Zu (1): Durch Einsetzen der Koordinaten des Punktes P_1^* in die Gleichung (10.11) ergibt sich als Gleichung für die Tangentialebene $y = 1$, $(x_1; x_2) \in \mathbb{R}^2$. Diese Ebene liegt parallel zur x_1x_2-Ebene. Am Höhenplot der Funktion (siehe Bild 10.4) bzw. am Graphen der Funktion (siehe Bild 10.5) erkennt man, dass die Funktion in diesem Punkt ein lokales Maximum besitzt.

Zu (2): Aus der Gleichung (10.11) erhält man für den Punkt P_2^* die Gleichung der Tangentialebene

$$y = e^{-0.25}(2,5 - x_2), \; (x_1; x_2) \in \mathbb{R}^2.$$

Im Bild 10.8 zeigt die x_1-Achse senkrecht aus der Buchebene heraus. Die Tangentialebene steht deshalb senkrecht auf der Buchebene und ist in diesem Bild als Gerade sichtbar. Weiterhin wurde im Bild die partielle Funktion $y = f(0; x_2)$ dünn eingezeichnet. ◁

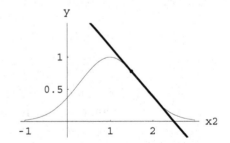

Bild 10.8 : *Tangentialebene*

Die geometrischen Überlegungen zur Tangentialebene lassen sich auf den allgemeinen Fall im $\mathbb{R}^n$ übertragen.

Definition 10.9 : *Die Funktion* $y = f(\vec{x})$, $\vec{x} \in D \subset \mathbb{R}^n$, *sei für* $\vec{x}^* \in D$ *total differenzierbar. Dann existiert an die Funktion* $f(\vec{x})$ *im Punkt* $\big(\vec{x}^*; f(\vec{x}^*)\big)$ *die* **Tangentialebene**

$$y = f(\vec{x}^*) + \big(\operatorname{grad} f(\vec{x}^*)\big)^T (\vec{x} - \vec{x}^*), \ \vec{x} \in \mathbb{R}^n. \tag{10.12}$$

Aufgabe 10.8 : *Gesucht ist die Gleichung der Tangentialebene der Funktion*

$$y = f(x_1; x_2; x_3) = \cos(x_1^2 + x_2)\, e^{-x_1 x_3}, \ (x_1; x_2; x_3) \in \mathbb{R}^3,$$

im Punkt $\big(0; \frac{\pi}{2}; 1; f(0; \frac{\pi}{2}; 1)\big)$.

10.3.3   Totales Differenzial

In engem Zusammenhang mit der Tangentialebene steht das Differenzial einer Funktion.

Definition 10.10 : *Die Funktion* $y = f(\vec{x})$, $\vec{x} \in D \subset \mathbb{R}^n$, *sei total differenzierbar. Dann heißt*

$$df = f_{x_1}(\vec{x})\, dx_1 + f_{x_2}(\vec{x})\, dx_2 + \ldots + f_{x_n}(\vec{x})\, dx_n$$

totales *oder* **vollständiges Differenzial** *der Funktion* $f(\vec{x})$.

Beispiel 10.8 : *Gesucht ist das totale Differenzial der Funktion*

$$f(x_1; x_2) = e^{-2,5x_1^2 - (x_2-1)^2}, \ (x_1; x_2) \in \mathbb{R}^2,$$

aus dem Beispiel 10.1.

Lösung: $df = -5x_1\, e^{-2,5x_1^2-(x_2-1)^2}\, dx_1 - 2(x_2 - 1)\, e^{-2,5x_1^2-(x_2-1)^2}\, dx_2$

$$= e^{-2,5x_1^2-(x_2-1)^2}\big(-5x_1\, dx_1 - 2(x_2 - 1)\, dx_2\big). \hspace{2em} \triangleleft$$

Das totale Differenzial und die Tangentialebene werden in der Fehlerrechnung angewendet. Analog wie im Kapitel 7 (Seiten 219 ff.) werden dabei die Differenziale df; dx_1; $\ldots$; dx_n durch die maximalen absoluten Fehler ersetzt und die Beträge gebildet. Es ergibt sich dann der

(lineare) maximale absolute Fehler:

$$\big|\Delta f\big| \approx \big|f_{x_1}(\vec{x})\big|\big|\Delta x_1\big| + \big|f_{x_2}(\vec{x})\big|\big|\Delta x_2\big| + \ldots + \big|f_{x_n}(\vec{x})\big|\big|\Delta x_n\big|. \tag{10.13}$$

Diese Näherung wird in den folgenden Beispielen angewendet.

Beispiel 10.9: *Das Volumen V eines geraden Kreiskegels ergibt sich aus*

$$V = \frac{\pi}{3}r^2\sqrt{k^2 - r^2},$$

wobei für den Radius $r = 1,00\,m$ bei einem absoluten Fehler von $0,01\,m$ und die Mantellinie $k = 1,50\,m$ bei einem absoluten Fehler von $0,005\,m$ gemessen wurden. Berechnen Sie den (linearen) maximalen absoluten, relativen und prozentualen Fehler für das Volumen V.

Lösung: Es gilt $V = f(r;k) = \dfrac{\pi}{3}r^2\sqrt{k^2 - r^2}$, $k > r > 0$. Nach (10.13) hat das Volumen des Kegels den (linearen) maximalen absoluten Fehler (in m)

$$|\Delta V| \approx |f_r(r;k)||\Delta r| + |f_k(r;k)||\Delta k|$$

$$= \frac{\pi}{3}\left|2r\sqrt{k^2 - r^2} - \frac{r^3}{\sqrt{k^2 - r^2}}\right||\Delta r| + \frac{\pi}{3}\left|\frac{kr^2}{\sqrt{k^2 - r^2}}\right||\Delta k|$$

$$= \frac{\pi}{3}\left|2\sqrt{1,25} - \frac{1}{\sqrt{1,25}}\right|0,01 + \frac{\pi}{3}\left|\frac{1,5}{\sqrt{1,25}}\right|0,005 \approx 0,0211\,.$$

Der (lineare) maximale relative Fehler des Volumens beträgt

$$\left|\frac{\Delta V}{V}\right| \approx \frac{0,0210}{\frac{\pi}{3}\sqrt{1,25}} \approx 0,018\,.$$

D.h., der (lineare) maximale prozentuale Fehler für das Volumen ist 1,8 %. ◁

Aufgabe 10.9: *Die Bogenhöhe h eines Kreissegments berechnet sich nach der Formel $h = 2 \cdot r \cdot \sin^2\left(\dfrac{\varphi}{4}\right)$, wobei φ den Winkel des Kreissektors und r den Kreisradius bezeichnen. Wie groß sind der (lineare) maximale absolute und der prozentuale Fehler der Bogenhöhe, wenn für den Winkel φ ein Messwert von $2,5\,(rad)$ bei einem absoluten Messfehler von $0,02\,(rad)$ und für den Radius r ein Messwert von $10\,(cm)$ bei einem absoluten Messfehler von $0,01\,(cm)$ erhalten wurden?*

Aufgabe 10.10: *Von einem Kreiszylinder werden die Höhe h, der Durchmesser D und die Dichte ρ gemessen. Es ergaben sich folgende Messwerte und Fehlerschranken:*

$$h = 11,2\,cm,\ D = 6,4\,cm,\ \rho = 8,8\,g\,cm^{-3},$$
$$|\Delta h| = |\Delta D| = 0,2\,cm,\ |\Delta\rho| = 0,03\,g\,cm^{-3}\,.$$

Berechnen Sie die Masse des Zylinders und deren (linearen) maximalen absoluten und prozentualen Fehler.

10.3.4   Richtungsableitung

Mit der partiellen Ableitung $f_{x_i}(\vec{x})$ wird die Änderung der Funktion f an der Stelle $\vec{x}$ in Richtung der x_i-Achse bzw. in Richtung des Einheitsvektors $\vec{e_i}$ charakterisiert. Um eine Änderung der Funktion f in Richtung eines Vektors $\vec{v}$ zu erhalten, wird die sogenannte Richtungsableitung gebildet.

Definition 10.11: *Es gelte* $|\vec{v}| = 1$. *Wenn der Grenzwert*

$$\frac{\partial f(\vec{x})}{\partial \vec{v}} := \lim_{t \to 0} \frac{f(\vec{x} + t \cdot \vec{v}) - f(\vec{x})}{t}$$

existiert, dann heißt dieser Grenzwert **Richtungsableitung** *der Funktion* f *(an der Stelle* $\vec{x}$*) in Richtung des Vektors* $\vec{v}$.

Zu beachten ist, dass die Richtungsableitung eine skalare Größe ist, für die der folgende Satz gilt.

Satz 10.4: *Wenn die Funktion* $f(\vec{x})$ *total differenzierbar ist, dann existiert die Richtungsableitung, und es gilt* $(|\vec{v}| = 1)$

$$\frac{\partial f(\vec{x})}{\partial \vec{v}} = \vec{v} \cdot \operatorname{grad} f(\vec{x}). \tag{10.14}$$

Wenn der Vektor $\vec{v}$ in Richtung der x_i-Achse zeigt, ergibt sich aus dem Satz

$$\frac{\partial f(\vec{x})}{\partial \vec{e_i}} = f_{x_i}(\vec{x}).$$

In diesem Fall stimmt die Richtungsableitung mit der partiellen Ableitung überein. Da $|\vec{v}| = 1$ vorausgesetzt wurde, gilt für das Skalarprodukt (10.14)

$$\vec{v} \cdot \operatorname{grad} f(\vec{x}) = |\vec{v}| \cdot |\operatorname{grad} f(\vec{x})| \cdot \cos(\varphi) = |\operatorname{grad} f(\vec{x})| \cdot \cos(\varphi), \tag{10.15}$$

wobei φ der von den Vektoren $\vec{v}$ und $\operatorname{grad} f(\vec{x})$ eingeschlossene Winkel ist. Die Projektion des Gradienten $\operatorname{grad} f(\vec{x})$ auf den Vektor $\vec{v}$ wird nach der Formel $\left(\operatorname{grad} f(\vec{x})\right)_{\vec{v}} = \left(\vec{v} \cdot \operatorname{grad} f(\vec{x})\right)\vec{v}$ berechnet. Hieraus resultiert

$$\left|\left(\operatorname{grad} f(\vec{x})\right)_{\vec{v}}\right| = \left|\frac{\partial f(\vec{x})}{\partial \vec{v}}\right|.$$

D.h., die Richtungsableitung ist bis auf das Vorzeichen gleich dem Betrag der Projektion des Gradienten auf den Vektor $\vec{v}$.

Beispiel 10.10 : *Von der Funktion* $y = f(x_1; x_2) = \frac{x_1}{x_2}$, $x_2 \neq 0$, *sind an der Stelle* $\left(\frac{1}{2}; 1\right)$ *der Gradient und die Richtungsableitungen in Richtung der Vektoren* $\vec{v}_1 = \begin{pmatrix} 0 \\ -1 \end{pmatrix}$ *und* $\vec{v}_2 = \frac{1}{2}\begin{pmatrix} \sqrt{3} \\ 1 \end{pmatrix}$ *zu berechnen.*

Lösung: Die partiellen Ableitungen der Funktion f sind

$$f_{x_1}(x_1; x_2) = \frac{1}{x_2}, \quad f_{x_2}(x_1; x_2) = -\frac{x_1}{x_2^2}, \quad x_2 \neq 0.$$

Daraus folgt für den Gradienten $\operatorname{grad} f\left(\frac{1}{2}; 1\right) = \begin{pmatrix} 1 \\ -\frac{1}{2} \end{pmatrix}$. Der Gradient ist in der $x_1 x_2$-Ebene in dem Bild 10.9 fett eingezeichnet. Die Richtungsableitung in Richtung von $\vec{v} = \begin{pmatrix} v_1 \\ v_2 \end{pmatrix}$ ist dann nach (10.14)

$$\frac{\partial f(x_1; x_2)}{\partial \vec{v}} = v_1 \frac{1}{x_2} - v_2 \frac{x_1}{x_2^2}.$$

Daraus erhält man nach Einsetzen

$$\frac{\partial f\left(\frac{1}{2}; 1\right)}{\partial \vec{v}_1} = \frac{1}{2} \quad \text{und}$$

$$\frac{\partial f\left(\frac{1}{2}; 1\right)}{\partial \vec{v}_2} = \frac{2\sqrt{3} - 1}{4} \approx 0,6160.$$

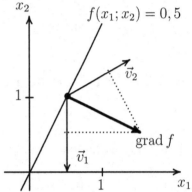

Bild 10.9 : *Richtungsableitungen und Gradient*

In dem Bild 10.9 wurden die Projektionen des Gradienten auf die Vektoren $\vec{v}_1$ und $\vec{v}_2$ durch punktierte Linien angedeutet. ◁

Da $\vec{v}_1 = -\vec{e}_2$ gilt, erhält man hieraus $\dfrac{\partial f\left(\frac{1}{2}; 1\right)}{\partial \vec{v}_1} = -f_{x_2}\left(\frac{1}{2}; 1\right) = \dfrac{1}{2}$. Wegen (10.14), (10.15) sowie $|\cos(x)| \leq 1$ folgt die Abschätzung

$$\left| \frac{\partial f(\vec{x})}{\partial \vec{v}} \right| = \left| \vec{v} \cdot \operatorname{grad} f(\vec{x}) \right| \leq \left| \operatorname{grad} f(\vec{x}) \right|.$$

Wenn der Vektor $\vec{v}$ in die Richtung des Gradienten $\operatorname{grad} f(\vec{x})$ zeigt, dann gilt in dieser Ungleichung das Gleichheitszeichen. Damit ergibt sich die erste Behauptung des folgenden Satzes.

Satz 10.5 : *Im Fall* $\operatorname{grad} f(\vec{x}) \neq \vec{0}$ *zeigt der Gradient in Richtung des stärksten Anstiegs der Funktion* f. *Der Gradient steht senkrecht auf den Niveauflächen.*

Auf den Beweis der zweiten Aussage wird verzichtet. Die erste Eigenschaft lässt sich zur Suche von lokalen Extrempunkten mittels numerischer Verfahren ausnutzen.

Aufgabe 10.11 : *Berechnen Sie den Gradienten und die Richtungsableitung in Richtung des Vektors* $\vec{v}$ *von der Funktion* f:

(1) $f(x_1; x_2; x_3) = \sqrt{x_1 + x_2^2 + x_3^3}, \quad \vec{v} = \begin{pmatrix} 2 \\ -1 \\ 1 \end{pmatrix}, \quad (x_1^*; x_2^*; x_3^*) = (3; 1; 0)$

(2) $f(x_1; x_2) = \sin\left(x_1 + 2x_2^2\right), \quad \vec{v} = \begin{pmatrix} -1 \\ 1 \end{pmatrix}, \quad (x_1^*; x_2^*) = (\pi; 0)$.

10.3.5 Verallgemeinerte Kettenregel

Bei Funktionen von Raumkurven ist das Argument der Funktion $y = f(\vec{x})$, $\vec{x} \in D \subset \mathbb{R}^n$, selbst von einem Parameter abhängig. D.h., es gilt für das Argument

$$\vec{x} = \vec{x}(t) = \begin{pmatrix} x_1(t) \\ \vdots \\ x_n(t) \end{pmatrix}, \ t \in D_T \subset \mathbb{R}^1.$$

Im Allgemeinen stellt der Parameter t die Zeit dar und D_T ist ein (Zeit)-Intervall. Die Untersuchung von zeitlichen Änderungen der Funktion $y = f(\vec{x}(t))$, $t \in D_T$, bzgl. (der Zeit) t führt dann auf Ableitungen dieser Funktion nach t, die nach dem folgenden Satz berechenbar sind.

Satz 10.6: *Es seien die Funktion* $f(\vec{x})$ *stetig partiell differenzierbar und die Funktionen* $x_i(t)$, $i = 1; \ldots; n$, *nach* t *differenzierbar. Dann gilt*

$$\dot{f}(t) = \frac{d}{dt}\, f\left(\vec{x}(t)\right) = f_{x_1}\left(\vec{x}(t)\right) \cdot \dot{x}_1(t) + \ldots + f_{x_n}\left(\vec{x}(t)\right) \cdot \dot{x}_n(t). \qquad (10.16)$$

(10.16) bezeichnet man auch als **verallgemeinerte Kettenregel**. In dieser Regel treten sowohl „gewöhnliche" Ableitungen $\dot{x}_i(t) = \dfrac{dx_i(t)}{dt}$ als auch partielle Ableitungen $f_{x_i}(\vec{x}) = \dfrac{\partial f(\vec{x})}{\partial x_i}$, $i = 1; \ldots; n$, auf. Für $n = 1$ geht (10.16) in die Kettenregel auf der Seite 214 (Satz 7.11) über.

Beispiel 10.11: *Die Funktion* $y = f(x_1; x_2) = x_1^2 + x_2^2$, $(x_1; x_2) \in \mathbb{R}^2$, *ist auf der Kurve* $x_1 = x_1(t) = a\sin(t)$; $x_2 = x_2(t) = b\cos(t)$, $t \in [0; 2\pi]$, *nach* t *zu differenzieren.*

Lösung: Werden die Ableitungen $f_{x_1}(x_1; x_2) = 2x_1$, $f_{x_2}(x_1; x_2) = 2x_2$, und $\dot{x}_1(t) = a\cos(t)$, $\dot{x}_2(t) = -b\sin(t)$ in (10.16) eingesetzt, ergibt sich

$$\frac{d}{dt} f(x_1; x_2) = 2x_1 \cdot \dot{x}_1 + 2x_2 \cdot \dot{x}_2 = 2(a^2 - b^2)\sin(t)\cos(t), \ t \in [0; 2\pi]. \ \triangleleft$$

Bemerkung: Das gleiche Ergebnis ergibt sich für die Ableitung, wenn man die Parameterfunktionen $x_i(t)$ in die Funktion $f(\vec{x})$ einsetzt und in eine Funktion $h(t)$, $t \in D_T$, überführt. Im Allgemeinen erweist sich die Berechnung der Ableitung mit der verallgemeinerten Kettenregel als einfacher.

Aufgabe 10.12: *Differenzieren Sie die Funktion*
$y = f(x_1; x_2; x_3) = x_1^2 + 2x_2 x_3 + x_2^2 + x_3$ *entlang der Raumkurve*
$x_1 = x_1(t) = \cos(t)$; $x_2 = x_2(t) = \sin(t)$; $x_3 = x_3(t) = 2t$, $t \geq 0$, *nach* t.

Die verallgemeinerte Kettenregel lässt sich auch für mehrere Variablen betrachten. Sie wird bei der Berechnung von Ableitungen einer Funktion benötigt, wenn die Variablen der Funktion durch neue Variablen ersetzt werden. Dieses Problem tritt z.B. bei Koordinatentransformationen auf.
Beim Übergang von kartesischen Koordinaten zu Polarkoordinaten geht die Funktion $f(x_1; x_2)$, $(x_1; x_2) \in D$, durch die Transformation
$x_1 = r\cos(\varphi)$, $x_2 = r\sin(\varphi)$ in die Funktion

$$h(r; \varphi) := f\big(r\cos(\varphi); r\sin(\varphi)\big), \ (r; \varphi) \in D_T \qquad (10.17)$$

über. Der folgende Satz gibt an, wie mit Hilfe der partiellen Ableitungen h_r und h_φ die partiellen Ableitungen f_{x_1} und f_{x_2} berechnet werden können.

Satz 10.7: *Wenn die entsprechenden partiellen Ableitungen existieren, dann gilt für die in der Gleichung (10.17) definierte Funktion bei* $r \neq 0$

$$f_{x_1}\big(r\cos(\varphi); r\sin(\varphi)\big) = h_r(r; \varphi)\cos(\varphi) - \frac{1}{r}h_\varphi(r; \varphi)\sin(\varphi)$$

$$f_{x_2}\big(r\cos(\varphi); r\sin(\varphi)\big) = h_r(r; \varphi)\sin(\varphi) + \frac{1}{r}h_\varphi(r; \varphi)\cos(\varphi).$$

Beweis: Mit der Kettenregel (10.16) erhält man

$$h_r(r;\varphi) = f_{x_1}(x_1;x_2)\frac{\partial x_1}{\partial r} + f_{x_2}(x_1;x_2)\frac{\partial x_2}{\partial r}$$

$$= f_{x_1}(x_1;x_2)\cos(\varphi) + f_{x_2}(x_1;x_2)\sin(\varphi) \qquad (10.18)$$

$$h_\varphi(r;\varphi) = f_{x_1}(x_1;x_2)\frac{\partial x_1}{\partial \varphi} + f_{x_2}(x_1;x_2)\frac{\partial x_2}{\partial \varphi}$$

$$= f_{x_1}(x_1;x_2)\big(-r\sin(\varphi)\big) + f_{x_2}(x_1;x_2)r\cos(\varphi). \qquad (10.19)$$

Die letzten Gleichungen werden nach f_{x_1} und f_{x_2} aufgelöst. f_{x_1} ergibt sich, wenn die Gleichung (10.18) mit $\cos(\varphi)$ und die Gleichung (10.19) mit $-\frac{1}{r}\sin(\varphi)$ multipliziert und anschließend addiert werden. Analog erhält man f_{x_2}, wenn die Gleichung (10.18) mit $\sin(\varphi)$ und die Gleichung (10.19) mit $\frac{1}{r}\cos(\varphi)$ multipliziert und addiert werden.   ◄

Beispiel 10.12 : *Für die Funktion* $y = f(x_1;x_2)$, $(x_1;x_2) \in D$, *gelte in Polarkoordinaten*

$$h(r;\varphi) := f\big(r\cos(\varphi); r\sin(\varphi)\big) = 3r^2 - r^2\cos^2(\varphi),\ r \ge 0,\ 0 \le \varphi \le 2\pi.$$

Gesucht sind in kartesischen Koordinaten die partiellen Ableitungen der Funktion $f(x_1;x_2)$ *an der Stelle* $(x_1^*;x_2^*) = (1;2)$.

Lösung: Es gilt $r^* = \sqrt{1^2 + 2^2} = \sqrt{5}$, $\varphi^* = \arccos\left(\frac{1}{\sqrt{5}}\right)$. Die partiellen Ableitungen lauten $h_r(r;\varphi)) = 6r - 2r\cos^2(\varphi)$, $h_\varphi(r;\varphi) = 2r^2\cos(\varphi)\sin(\varphi)$. Aus $\cos(\varphi^*) = \frac{1}{\sqrt{5}}$, $\sin(\varphi^*) = \sqrt{1 - \cos^2(\varphi^*)} = \frac{2}{\sqrt{5}}$, erhält man mit dem Satz 10.7 nach Einsetzen $f_{x_1}(1;2) = 4$, $f_{x_2}(1;2) = 12$.   ◁

10.3.6   Differenziation implizit gegebener Funktionen

In einem vorgegebenen (kartesischen) Koordinatensystem seien eine Kurve K in impliziter Form durch die Gleichung

$$F(x;y) = 0,\ x \in D, \qquad (10.20)$$

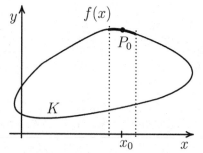

und ein Punkt $P_0 \in K$ auf dieser Kurve gegeben. Durch den Kurvenpunkt $P_0 = P_0(x_0;y_0)$ verlaufe genau ein Kurvenstück, das durch die Funktion $y = f(x)$, $x \in U(x_0)$, (im Bild 10.10 dick gezeichnet) in expliziter Form beschrieben wird. Man spricht in diesem Fall auch von einer

Bild 10.10: *Implizit gegebene Funktion* $f(x)$, $x \in U(x_0)$

durch die Gleichung (10.20) in der Umgebung des Punktes P_0 **implizit gegebenen Funktion** $f(x)$, $x \in U(x_0)$. Wie und unter welchen Voraussetzungen
die Ableitung $f'(x_0)$ berechnet werden kann, gibt der nächste Satz an.

Satz 10.8 : *Die Funktion* $F(x;y)$, $(x;y) \in D_F$, *sei in einer Umgebung von* $(x_0;y_0)$ *stetig partiell differenzierbar. Wenn die Bedingungen*
$F(x_0;y_0) = 0$ *und* $F_y(x_0;y_0) \neq 0$ *erfüllt sind, dann existiert eine
implizit definierte Funktion* $y = f(x)$, $x \in U(x_0)$. *Weiterhin gilt*

$$f'(x_0) = -\frac{F_x(x_0;y_0)}{F_y(x_0;y_0)}. \tag{10.21}$$

Für den **Beweis** der Aussage (10.21) wird die Gleichung (10.20) mit der verallgemeinerten Kettenregel differenziert. Daraus folgt

$$F_x(x;y) \cdot 1 + F_y(x;y) \cdot y' = 0.$$

Hieraus erhält man für $x = x_0$ und $y = f(x_0) = y_0$ durch Auflösen die
Behauptung. ◄

Beispiel 10.13: *Wird durch die Gleichung*

$$F(x;y) = x^2 y^3 + y^5 + x\,y + x^4 y - 2 = 0$$

in der Umgebung des Punktes $P = P(-1;1)$ *eine Funktion* $y = f(x)$ *implizit
gegeben? Berechnen Sie die Ableitung* $f'(-1)$.

Lösung: Es gilt $F(-1;1) = 0$. Aus $F_y(x;y) = 3x^2 y^2 + 5y^4 + x + x^4$ folgt
$F_y(-1;1) = 8 \neq 0$. Nach dem Satz 10.8 existiert die Funktion $y = f(x)$,
$x \in U(-1)$. Mit $F_x(x;y) = 2xy^3 + y + 4x^3 y$ bzw. $F_x(-1;1) = -5$ erhält
man nach (10.21) $f'(1) = \frac{5}{8}$. ◁

Aufgabe 10.13: *Berechnen Sie für die Kurve und den Punkt* $P = P(x_0;y_0)$

(1) $F(x;y) = e^{x+2y} + 5y + x^2 = 0$, $P(2;-1)$ *und*

(2) $F(x;y) = y\cos(x + y) + 2\sin(x) = 0$, $P(0;0)$

die Ableitung $f'(x_0)$ *der implizit gegebenen Funktion* $f(x)$.

Aufgabe 10.14: *Durch die Ellipsengleichung*

$$\frac{x^2}{25} + \frac{y^2}{36} = 1, \ x \in [-5;5],$$

ist implizit eine Funktion $y = f(x)$ *definiert, die durch den Punkt* $P = P(4;\frac{18}{5})$
verläuft. Man berechne den Anstieg des Ellipsenbogens im Punkt P.

10.3.7 Taylor-Formel

Die Näherung (10.10) der Funktion $y = f(\vec{x})$, $\vec{x} \in D \subset \mathbb{R}^n$, in der Umgebung $U_\varepsilon(\vec{x}^*)$ lässt sich verbessern, wenn höhere partielle Ableitungen der Funktion $f(\vec{x})$ einbezogen werden. Dazu wird die Taylor-Formel aus dem Satz 9.4 (Seite 300) auf Funktionen mehrerer Variablen übertragen. Es wird hier nur die Taylor-Formel für Funktionen angegeben, die von zwei Variablen abhängen. Den allgemeinen Fall und den Beweis findet der Leser in der Literatur (z.B. [3], Seite 297).

Satz 10.9 : *Die Funktion* $y = f(x_1; x_2)$, $(x_1; x_2) \in D$, *sei in einer Umgebung* $U_\varepsilon(x_1^*; x_2^*)$ *der Entwicklungsstelle* $(x_1^*; x_2^*) \in D$ $(n+1)$-*mal stetig partiell differenzierbar. Dann existiert eine feste Stelle* $(\xi_1^*; \xi_2^*)$ *aus der Umgebung* $U_\varepsilon(x_1^*; x_2^*)$*, so dass für alle* $(x_1; x_2) \in U_\varepsilon(x_1^*; x_2^*)$ *gilt*

$$f(x_1; x_2) = P_n(x_1; x_2) + R_n, \tag{10.22}$$

mit dem Polynom $\qquad P_n(x_1; x_2) =$

$$f(x_1^*; x_2^*) + \sum_{k=1}^{n} \frac{1}{k!}\left[(x_1 - x_1^*)\frac{\partial f}{\partial x_1} + (x_2 - x_2^*)\frac{\partial f}{\partial x_2}\right]^k\Bigg|_{(x_1^*; x_2^*)} \tag{10.23}$$

und dem Restglied

$$R_n = \frac{1}{(n+1)!}\left[(x_1 - x_1^*)\frac{\partial f}{\partial x_1} + (x_2 - x_2^*)\frac{\partial f}{\partial x_2}\right]^{n+1}\Bigg|_{(\xi_1^*; \xi_2^*)}.$$

Die im Satz 10.9 auftretenden Ausdrücke $\left[\,\ldots\,\right]^k$ sind nach der binomischen Formel (1.30) (Seite 69) auszumultiplizieren, wobei die Bezeichnungen

$$\left(\frac{\partial f}{\partial x_.}\right)^j := \frac{\partial^j f}{\partial x^j},\ j \geq 1, \quad \left(\frac{\partial f}{\partial x_.}\right)^0 := 1 \text{ und } \left(\frac{\partial f}{\partial x_.}\right)^j\left(\frac{\partial f}{\partial x_*}\right)^i := \frac{\partial^{j+i} f}{\partial x^j \partial x_*^i}$$

zu berücksichtigen sind. Die Symbolik $\left[\,\ldots\,\right]\big|_{(u;v)}$ bedeutet, dass die in der Klammer auftretenden Ableitungen an der Stelle $(u; v)$ betrachtet werden. So ergibt sich z.B. für $k = 2$:

$$\left[(x_1 - x_1^*)\frac{\partial f}{\partial x_1} + (x_2 - x_2^*)\frac{\partial f}{\partial x_2}\right]^2\Bigg|_{(x_1^*; x_2^*)}$$

$$= \sum_{j=0}^{2}\binom{2}{j}\left((x_1 - x_1^*)\frac{\partial f}{\partial x_1}\right)^{2-j}\left((x_2 - x_2^*)\frac{\partial f}{\partial x_2}\right)^j\Bigg|_{(x_1^*; x_2^*)} =$$

$$(x_1 - x_1^*)^2\frac{\partial^2 f(x_1^*; x_2^*)}{\partial x_1^2} + 2(x_1 - x_1^*)(x_2 - x_2^*)\frac{\partial^2 f(x_1^*; x_2^*)}{\partial x_2 \partial x_1} + (x_2 - x_2^*)^2\frac{\partial^2 f(x_1^*; x_2^*)}{\partial x_2^2}.$$

Da das im Restglied R_n vorkommende Argument $(\xi_1^*; \xi_2^*)$ von den Variablen $(x_1; x_2)$ abhängt und im Allgemeinen unbekannt ist, lässt man bei vielen praktischen Anwendungen das Restglied R_n in der Gleichung (10.22) weg. In diesem Fall wird die Funktion $f(x_1; x_2)$ durch ein Polynom n-ten Grades in x_1 und x_2 angenähert. Dabei gelten qualitativ die gleichen Eigenschaften wie bei der Taylor-Formel für Funktionen einer Variablen. Diese Näherung ist nur in der Umgebung der Entwicklungsstelle $(x_1^*; x_2^*)$ sinnvoll. Mit wachsendem n wird die Näherung besser.

Beispiel 10.14: *In der Umgebung des Koordinatenursprungs ist die Funktion* $f(x_1; x_2) = \ln(x_1^2 + x_2 + 1)$ *durch ein Polynom zweiten Grades anzunähern.*

Lösung: Die Näherung wird mit der Taylor-Formel für $n = 2$ und der Entwicklungsstelle $(0; 0)$ erhalten. Zunächst werden die zweiten partiellen Ableitungen berechnet. Es bezeichne $p = \frac{1}{x_1^2 + x_2 + 1}$.

$$f_{x_1}(x_1; x_2) = 2x_1 p; \quad f_{x_2}(x_1; x_2) = p;$$

$$f_{x_1 x_1}(x_1; x_2) = -2(x_1^2 - x_2 - 1)p^2; \; f_{x_1 x_2}(x_1; x_2) = -2x_1 p^2; \; f_{x_2 x_2}(x_1; x_2) = -p^2$$

$$\implies f_{x_1}(0; 0) = 0; \; f_{x_2}(0; 0) = 1; \; f_{x_1 x_1}(0; 0) = 2; \; f_{x_1 x_2}(0; 0) = 0; \; f_{x_2 x_2}(0; 0) = -1.$$

Durch Einsetzen in die Gleichung (10.22) ergibt sich

$$\ln(x_1^2 + x_2 + 1) = P_2(x_1; x_2) + R_2 \qquad \text{mit}$$

$$P_2(x_1; x_2) = 0 + \frac{1}{1!}(0 + x_2) + \frac{1}{2!}\left(2x_1^2 + 0 - x_2^2\right), \qquad \text{d.h.,}$$

$$\ln(x_1^2 + x_2 + 1) \approx x_2 + x_1^2 - \frac{1}{2}x_2^2, \quad (x_1; x_2) \in U(0; 0). \qquad \triangleleft$$

Auf die Angabe des Restglieds R_2 im letzten Beispiel wird verzichtet. Für dieses Restglied müssten noch die dritten partiellen Ableitungen berechnet werden.

Aufgabe 10.15: *Geben Sie die Taylor-Formel für die Funktion* $f(x_1; x_2) = \mathrm{e}^{-x_1 + 2x_2}$ *mit der Entwicklungsstelle* $(0; 0)$ *einschließlich des Restglieds für* $n = 3$ *an.*

10.3.8 Lokale Extrempunkte

Diese Problematik wurde für Funktionen einer Variablen im Abschnitt 7.9.3 (Seiten 234 ff.) behandelt. Die Definition 7.14 (Seite 234) lokaler Extrempunkte lässt sich unmittelbar auf Funktionen mehrerer Variabler übertragen. Dazu müssen lediglich die auftretenden Argumente x und x_E durch die vektoriellen Argumente $\vec{x}$ und $\vec{x}_E$ ersetzt werden. Analog zum Satz 7.19 (Seite 235) gilt folgende notwendige Bedingung für lokale Extrempunkte.

Satz 10.10 : *Falls die Funktion $y = f(\vec{x})$, $\vec{x} \in D$, an der Stelle $\vec{x}_E \in D$ einen lokalen Extrempunkt hat und stetig partiell differenzierbar ist, dann gilt*

$$\operatorname{grad} f(\vec{x}_E) = \vec{0}.\tag{10.24}$$

Für stetig partiell differenzierbare Funktionen, die von zwei Variablen abhängen, besagt die Gleichung (10.24) anschaulich, dass die Tangentialebene an die Funktion in einem lokalen Extrempunkt stets parallel zur $x_1 x_2$-Ebene liegt.

Jede Lösung $\vec{x}_*$ des Gleichungssystems $\operatorname{grad} f(\vec{x}_*) = \vec{0}$ liefert einen **extremwertverdächtigen** oder **stationären Punkt** der Funktion $f(\vec{x})$. Ob an der Stelle $\vec{x}_*$ tatsächlich ein lokaler Extrempunkt liegt, kann in vielen Fällen mit Hilfe der Eigenwerte der sogenannten **Hesse-Matrix**

$$H(\vec{x}) := \left(f_{x_i x_j}(\vec{x}) \right)_{i,j=1}^{n}$$

entschieden werden. Da die Hessesche Matrix eine symmetrische Matrix ist, sind alle Eigenwerte dieser Matrix reellwertig (siehe die Bemerkung auf der Seite 155). Es gilt der folgende

Satz 10.11 : *Es sei $(\vec{x}_*; f(\vec{x}_*))$ ein stationärer Punkt der Funktion $y = f(\vec{x})$, $\vec{x} \in D$. Weiterhin sei die Funktion in einer Umgebung $U_\varepsilon(\vec{x}_*)$ zweimal stetig partiell differenzierbar. Wenn <u>alle</u> Eigenwerte der Hesse-Matrix $H(\vec{x}_*)$ positiv (negativ) sind, dann hat die Funktion im Punkt $(\vec{x}_*; f(\vec{x}_*))$ ein lokales Maximum (Minimum).*

Bemerkung: Wenn wenigstens ein Eigenwert der Hesse-Matrix $H(\vec{x}_*)$ Null ist, sind noch weitere Untersuchungen (z.B. Diskussion von Schnitten) erforderlich. Treten sowohl positive als auch negative Eigenwerte auf, dann ist $(\vec{x}_*; f(\vec{x}_*))$ kein Extrempunkt. Der Graph der Funktion (von zwei Variablen) hat in der Umgebung dieses Punktes die Form eines Pferdesattels. Aus diesem Grund spricht man auch von einem **Sattelpunkt**. Im Bild 10.11 ist $(1; 0; 0)$ ein Sattelpunkt.

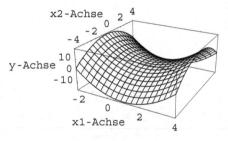

Bild 10.11 : *Sattelpunkt*

Der Extrempunkt-Test mit dem Satz 10.11 erfordert die Berechnung aller Eigenwerte der Hesse-Matrix und ist demzufolge sehr aufwendig. Für Funktionen, die nur von zwei Variablen abhängen, lässt sich mit dem nächsten Satz einfacher entscheiden, ob ein stationärer Punkt $\left(x_{1*}; x_{2*}; f(x_{1*}; x_{2*})\right)$ auch ein lokaler Extrempunkt ist. Dazu wird die reelle Zahl

$$D(x_{1*}; x_{2*}) := f_{x_1 x_1}(x_{1*}; x_{2*}) \cdot f_{x_2 x_2}(x_{1*}; x_{2*}) - \left(f_{x_1 x_2}(x_{1*}; x_{2*})\right)^2$$

verwendet.

Satz 10.12: *Die Funktion* $f(x_1; x_2)$ *sei zweimal stetig partiell differenzierbar. Wenn für den stationären Punkt* $P_* = P_*\left(x_{1*}; x_{2*}; f(x_{1*}; x_{2*})\right)$
$D > 0$ *und* $f_{x_1 x_1} > 0$ *gilt, dann ist* P_* *ein lokales Minimum,*
$D > 0$ *und* $f_{x_1 x_1} < 0$ *gilt, dann ist* P_* *ein lokales Maximum und*
$D < 0$ *, dann ist* P_* *ein Sattelpunkt.*

Für den Fall $D = 0$ liefert dieser Satz keine Entscheidung.

Beispiel 10.15: *Gesucht sind alle lokalen Extrempunkte und Sattelpunkte der Funktion* $y = f(x_1; x_2) = x_1^2(1 - x_2) - x_2^3 + 12x_2 + 13$, $(x_1; x_2) \in \mathbb{R}^2$.

Lösung: Die Funktion ist zweimal stetig partiell differenzierbar. Im ersten Schritt werden die stationären Punkte nach dem Satz 10.10 ermittelt. Es gilt

$$f_{x_1}(x_1; x_2) = 2x_1(1 - x_2), \quad f_{x_2}(x_1; x_2) = -x_1^2 - 3x_2^2 + 12, \quad (x_1; x_2) \in \mathbb{R}^2.$$

Nach (10.24) ergibt sich für die stationären Punkte das nichtlineare Gleichungssystem

$$2x_1(1 - x_2) = 0 \quad \text{(a)}$$
$$-x_1^2 - 3x_2^2 + 12 = 0 \quad \text{(b)}.$$

Die Gleichung (a) gilt genau dann, wenn $x_1 = 0$ oder $1 - x_2 = 0$ erfüllt ist. Es sei $x_1 = 0$. Die Gleichung (b) geht dann über in $-3x_2^2 + 12 = 0$ bzw. $x_2^2 = 4$. Daraus ergeben sich die stationären Punkte $P_1 = P_1\left(0; 2; f(0; 2)\right)$ und $P_2 = P_2\left(0; -2; f(0; -2)\right)$.
Es sei $x_2 = 1$. Die Gleichung (b) geht dann über in $-x_1^2 + 9 = 0$ bzw. $x_1^2 = 9$. Daraus ergeben sich die stationären Punkte $P_3 = P_3\left(3; 1; f(3; 1)\right)$ und $P_4 = P_4\left(-3; 1; f(-3; 1)\right)$.
Im zweiten Schritt wird mit dem Satz 10.12 überprüft, ob ein stationärer Punkt ein lokaler Extrempunkt bzw. Sattelpunkt ist. Aus

$$f_{x_1 x_1}(x_1; x_2) = 2(1 - x_2), \quad f_{x_1 x_2}(x_1; x_2) = -2x_1, \quad f_{x_2 x_2}(x_1; x_2) = -6x_2,$$

jeweils für $(x_1; x_2) \in \mathbb{R}^2$, erhält man

$$D(x_1; x_2) = 2(1 - x_2) \cdot (-6x_2) - (-2x_1)^2 = -12(1 - x_2)x_2 - 4x_1^2.$$

Für P_1 gilt: $D(0;2) = 24 > 0$ und $f_{x_1x_1}(0;2) = -2 < 0$, d.h., der Punkt $P_1 = P_1(0;2;29)$ ist ein lokales Maximum.

Für P_2 gilt: $D(0;-2) = 72 > 0$ und $f_{x_1x_1}(0;-2) = 6 > 0$, d.h., der Punkte $P_2 = P_2(0;-2;-3)$ ist ein lokales Minimum.

Für P_3 gilt: $D(3;1) = -36 < 0$, d.h., $P_3 = P_3(3;1;24)$ ist ein Sattelpunkt.

Für P_4 gilt: $D(-3;1) = -36 < 0$, d.h., $P_4 = P_4(-3;1;24)$ ist ein Sattelpunkt.

Das Höhenplot der Funktion in dem nebenstehenden Bild bestätigt die Ergebnisse.   ◁

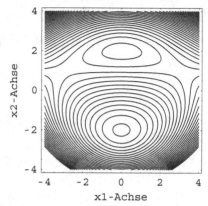

Bild 10.12: *Höhenplot*

Aufgabe 10.16: *Untersuchen Sie folgende Funktionen auf Extrempunkte.*

(1) $f(x_1;x_2) = (x_1 - 1)^2(1 - x_2) - x_2^3 + 12x_2 + 3$, $(x_1;x_2) \in \mathbb{R}^2$.

(2) $f(x_1;x_2) = 4(x_1^2 - 25)(x_2 - 2) + 5x_2^2 + 12x_2$, $(x_1;x_2) \in \mathbb{R}^2$.

Zum Schluss dieses Abschnitts wird an einem Beispiel gezeigt, wie sich lokale Extrempunkte unter Nebenbedingungen berechnen lassen.

Beispiel 10.16: *Gesucht sind alle lokalen Extrempunkte der Funktion* $y = f(x_1;x_2;x_3) = x_1^2 + 2x_2^2 + x_3^2$, $(x_1;x_2;x_3) \in \mathbb{R}^3$, *unter der Nebenbedingung* $g(x_1;x_2;x_3) = x_1 - x_2 + 2x_3 = 1$.

Lösung: Da die Nebenbedingung nach x_1 auflösbar ist, lässt sich diese Variable in der Funktion f ersetzen. Man erhält $x_1 = h(x_2;x_3) = 1 + x_2 - 2x_3$ und

$$f(h(x_2;x_3);x_2;x_3) = (1 + x_2 - 2x_3)^2 + 2x_2^2 + x_3^2.$$

Mit $f^0(x_2;x_3) := f(h(x_2;x_3);x_2;x_3)$ ist eine Funktion entstanden, die nur noch von zwei Variablen abhängt und die Nebenbedingung enthält. Die partiellen Ableitungen dieser Funktion sind

$$f_{x_2}^0(x_2;x_3) = 2(1 + x_2 - 2x_3) + 4x_2$$

$$f_{x_3}^0(x_2;x_3) = -4(1 + x_2 - 2x_3) + 2x_3.$$

Hieraus erhält man das Gleichungssystem

$$
\begin{array}{rrrrrl}
2 & + & 6x_2 & - & 4x_3 & = 0 \\
-4 & - & 4x_2 & + & 10x_3 & = 0 \,,
\end{array}
$$

dessen Lösungen nach dem Satz 10.10 die stationären Punkte der Funktion f^0 ergeben. Das Gleichungssystem ist linear und hat die eindeutige Lösung $x_2^* = -\frac{1}{11}$, $x_3^* = \frac{4}{11}$. Der Extrempunkttest wird mit dem Satz 10.12 durchgeführt. Mit den zweiten partiellen Ableitungen

$$f_{x_2 x_2}^0 (x_2; x_3) = 6, \quad f_{x_2 x_3}^0 (x_2; x_3) = -4, \quad f_{x_3 x_3}^0 (x_2; x_3) = 10$$

folgt $D = 44 > 0$ und $f_{x_2 x_2}^0 (x_2^*; x_3^*) > 0$. D.h., $P^0 = P^0\left(-\frac{1}{11}; \frac{4}{11}; f^0(-\frac{1}{11}; \frac{4}{11})\right)$ ist ein lokales Minimum der Funktion f^0. Weitere Extrempunkte existieren nicht. Hieraus ergibt sich für die Ausgangsaufgabe $\left(h(-\frac{1}{11}; \frac{4}{11}); -\frac{1}{11}; \frac{4}{11}\right) = \left(\frac{2}{11}; -\frac{1}{11}; \frac{4}{11}\right)$ als einzige Stelle, an der ein lokaler Extrempunkt (lokales Minimum) auftritt. Damit ist der Punkt $P^*\left(\frac{2}{11}; -\frac{1}{11}; \frac{4}{11}; \frac{2}{11}\right)$ als lokales Minimum einziger lokaler Extrempunkt der Funktion f. $\triangleleft$

Wenn die Nebenbedingung nicht nach einer Variablen auflösbar ist bzw. wenn mehrere Nebenbedingungen vorliegen, versagt diese Herangehensweise. In diesem Fall müssen andere Lösungsverfahren (z.B. Lagrange-Methode) angewendet werden (siehe z.B. [3], Seite 992).

10.3.9 Methode der kleinsten Quadrate

Problem: *In der xy-Ebene seien* M *Punkte* $P_i = P_i(x_i; y_i)$, $i = 1; \ldots; M$, *gegeben. Es ist ein Polynom* n-*ten Grades gesucht, das „möglichst gut" durch diese Punktwolke verläuft. Der Polynomgrad* n *werde ebenfalls vorgegeben, wobei* $n < M$ *sein soll.*

Da bei praktischen Problemen der Polynomgrad n wesentlich kleiner als die Anzahl der Punkte M ist, existiert im Allgemeinen kein Polynom n-ten Grades, dessen Graph alle diese Punkte gleichzeitig enthält. Ein geeignetes „Ausgleichspolynom" wird mit der **Methode der kleinsten Quadrate** ermittelt. Es bezeichne

$$p_n(\vec{b}; x) := \sum_{j=0}^{n} b_j x^j$$

ein Polynom n-ten Grades mit den Koeffizienten $\vec{b}^T = (b_0; \ldots; b_n)$. Der Verlauf des Polynoms lässt sich durch die Wahl dieser Koeffizienten beeinflussen. Wie gut das Polynom die Punktwolke annähert, wird mit der Funktion

$$F_M(\vec{b}) := \sum_{i=1}^{M} \left[y_i - p_n(\vec{b}; x_i) \right]^2 \tag{10.25}$$

bewertet. $z_i = \left| y_i - p_n(\vec{b}; x_i) \right|$ beschreibt den Abstand, den der Punkt

$P_i = P_i(x_i; y_i)$ von dem entsprechenden Punkt $Q_i = Q_i\big(x_i; p_n(\vec{b}; x_i)\big)$ des Polynoms hat. Folglich wird durch $F_M(\vec{b})$ in (10.25) die Summe der quadrierten Abstände angegeben. Offensichtlich gilt $F_M(\vec{b}) \geq 0$. Je kleiner F_M für ein Polynom p_n ist, desto besser beschreibt das Polynom den Verlauf der Punktwolke. Aus diesem Grund ist es sinnvoll, solche Koeffizienten $\vec{b}^{\,*}$ zu suchen, dass

$$F_M(\vec{b}^{\,*}) \leq F_M(\vec{b}), \quad \text{für alle} \quad \vec{b} \in \mathbb{R}^{n+1}$$

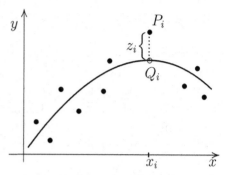

gilt. Man schreibt dafür auch

$$F_M(\vec{b}) \longrightarrow \min_{\vec{b}} . \qquad (10.26)$$

(10.26) stellt eine sogenannte **Optimierungsaufgabe** dar, bei der die

Bild 10.13: *Punktwolke mit Polynom*

Funktion $F_M(\vec{b})$, $\vec{b} \in \mathbb{R}^{n+1}$, stetig partiell differenzierbar ist. Nach dem Satz 10.10 (Seite 338) gilt für die stationären Punkte der Funktion

$$\operatorname{grad} F_M(\vec{b}) = 0.$$

Die partiellen Ableitungen ergeben das lineare Gleichungssystem

$$\frac{\partial F_M}{\partial b_k} = 2 \sum_{i=1}^{M} \big[y_i - p_n(\vec{b}; x_i)\big] x_i^k = 2 \sum_{i=1}^{M} \Big[y_i x_i^k - \sum_{j=0}^{n} b_j x_i^{j+k}\Big] = 0, \quad k = 0; \dots; n.$$

$$(10.27)$$

Mit den Bezeichnungen

$$X = \begin{pmatrix} 1 & x_1 & x_1^2 & \dots & x_1^n \\ 1 & x_2 & x_2^2 & \dots & x_2^n \\ \vdots & & & & \vdots \\ 1 & x_M & x_M^2 & \dots & x_M^n \end{pmatrix} \quad \text{und} \quad \vec{y} = \begin{pmatrix} y_1 \\ y_2 \\ \vdots \\ y_M \end{pmatrix}$$

geht (10.27) über in das (lineare) **Normalgleichungssystem**

$$X^T X \vec{b} = X^T \vec{y}. \qquad (10.28)$$

Es lässt sich zeigen, dass dieses Gleichungssystem stets lösbar ist. Bei $Rg(X^T X) = n+1$ ist das Gleichungssystem eindeutig lösbar. Mit der Lösung $\vec{b}^{\,*}$ von (10.28) erhält man dann das gesuchte Polynom $p_n(\vec{b}^{\,*}; x)$, das auch als **Ausgleichspolynom** bezeichnet wird. In den nächsten beiden Beispielen wird der Spezialfall von Ausgleichspolynomen mit dem Polynomgrad $n = 2$ diskutiert. Die Methode der kleinsten Quadrate lässt sich auch für Funktionen $p_n(\vec{b}; x)$ anwenden, die keine Polynome sind. In diesem Fall entsteht im Allgemeinen aus (10.27) ein nichtlineares Gleichungssystem, das numerisch gelöst werden muss.

Beispiel 10.17 : *Gesucht ist die allgemeine Form der* **Ausgleichsparabel** *durch die Punkte* $P_i = P_i(x_i; y_i); \; i = 1; \ldots; M.$

Lösung: Für $n = 2$ erhält man nach Ausmultiplizieren für das Normalgleichungssystem (10.28)

$$\begin{pmatrix} M & \sum x_i & \sum x_i^2 \\ \sum x_i & \sum x_i^2 & \sum x_i^3 \\ \sum x_i^2 & \sum x_i^3 & \sum x_i^4 \end{pmatrix} \begin{pmatrix} b_0 \\ b_1 \\ b_2 \end{pmatrix} = \begin{pmatrix} \sum y_i \\ \sum x_i y_i \\ \sum x_i^2 y_i \end{pmatrix}, \tag{10.29}$$

wobei abkürzend die Bezeichnung $\sum := \sum\limits_{i=1}^{M}$ verwendet wurde. Mit der Lösung $\vec{b}^*$ des Normalgleichungssystems ergibt sich die Ausgleichsparabel

$$p_2(\vec{b}^*; x) = b_0^* + b_1^* x + b_2^* x^2, \; x \in \mathbb{R}. \qquad \lhd$$

Beispiel 10.18 : *Die Auslenkung* y *eines Massenpunktes von der Nulllage zur Zeit* t *ergab die Werte*

t	0	1	2	3	4	5
y	0	2	3	1	-1	-3

Gesucht ist die Ausgleichsparabel für diese 6 Punkte der Ebene.

Lösung: Das Normalgleichungssystem nach (10.29)

$$\begin{pmatrix} 6 & 15 & 55 \\ 15 & 55 & 225 \\ 55 & 225 & 979 \end{pmatrix} \begin{pmatrix} b_0 \\ b_1 \\ b_2 \end{pmatrix} = \begin{pmatrix} 2 \\ -8 \\ -68 \end{pmatrix}$$

hat die Lösung $b_0^* = \frac{2}{7}$, $b_1^* = \frac{74}{35}$, $b_2^* = -\frac{4}{7}$. Die Ausgleichsparabel ist

$$p_2(\vec{b}^*; x) = \frac{2}{7} + \frac{74}{35} x - \frac{4}{7} x^2, \; x \in \mathbb{R}. \qquad \lhd$$

Aufgabe 10.17: *Geben Sie die allgemeine Form einer Ausgleichsgeraden an. Weiterhin ist die Ausgleichsgerade durch die Punkte* $(-1; 1); \; (-1; 0,5); \; (0; 2); \; (1; 3); \; (1; 3,5); \; (2; 6)$ *zu berechnen.*

10.3.10   Differenziation von Vektorfunktionen

Bisher wurden Abbildungen (oder Funktionen) $F : D \longrightarrow W$ betrachtet, deren Wertebereich $W \subset \mathbb{R}$ eindimensional ist. Bei der Modellierung praktischer Probleme (z.B. Raumkurven, Geschwindigkeiten von Massenpunkten, Strömungen usw.) erweisen sich Abbildungen mit einem mehrdimensionalen Wertebereich als nützlich.

Definition 10.12 : *Eine eindeutige Abbildung* $F : D \longrightarrow W, D \subset \mathbb{R}^n$, $W \subset \mathbb{R}^m \, (m > 1)$, *mit einem mehrdimensionalen Wertebereich heißt* **Vektorfunktion**. *Bei* $m = n = 3$ *spricht man von einem* **Vektorfeld**.

Eine Vektorfunktion $f : D \longrightarrow W$ lässt sich schreiben als

$$\vec{f}(\vec{x}) = \begin{pmatrix} f_1(\vec{x}) \\ \vdots \\ f_m(\vec{x}) \end{pmatrix}, \ \vec{x} \in D \subset \mathbb{R}^n, \tag{10.30}$$

wobei die Funktionen $f_1(\vec{x}), \ldots, f_m(\vec{x})$ jeweils auf D definiert sind. Der Wertebereich dieser Funktionen liegt in der Menge $\mathbb{R}$. Ein Vektorfeld entsteht z.B., wenn von einer Funktion mehrerer Variabler der Gradient gebildet wird. Es sei $f(x_1; x_2; x_3)$, $(x_1; x_2; x_3) \in D \subset \mathbb{R}^3$, ein auf der Menge $D' \subset D$ partiell differenzierbares Skalarfeld (siehe Seite 318). Dann ergibt

$$\operatorname{grad} f(x_1; x_2; x_3) = \begin{pmatrix} f_{x_1}(x_1; x_2; x_3) \\ f_{x_2}(x_1; x_2; x_3) \\ f_{x_3}(x_1; x_2; x_3) \end{pmatrix}, \quad (x_1; x_2; x_3) \in D',$$

ein Vektorfeld. Die Umkehrung dieser Aussage gilt im Allgemeinen nicht: Wenn $\vec{f}$ ein Vektorfeld ist, dann muss kein Skalarfeld existieren, dessen Gradient mit $\vec{f}$ übereinstimmt. Für den Fall, dass für eine (stetige) Vektorfunktion $\vec{f}(\vec{x})$, $\vec{x} \in D$, ein Skalarfeld $h(\vec{x})$, $\vec{x} \in D$, mit der Eigenschaft

$$\operatorname{grad} h(\vec{x}) = \vec{f}(\vec{x}), \ \vec{x} \in D, \tag{10.31}$$

existiert, spricht man von einem **Potenzialfeld** $\vec{f}$ und einem **Potenzial** $h(\vec{x})$. Diese Begriffe werden an dem nächsten Beispiel erläutert.

Beispiel 10.19: *Es sei* $c < 0$. *Zu zeigen ist, dass das Vektorfeld*

$$\vec{f}(x_1; x_2; x_3) = \frac{c}{\left(\sqrt{x_1^2 + x_2^2 + x_3^2}\right)^3} \begin{pmatrix} x_1 \\ x_2 \\ x_3 \end{pmatrix}, \quad x_1^2 + x_2^2 + x_3^2 > 0, \tag{10.32}$$

ein Potenzialfeld ist. Weiterhin sind die Niveauflächen des Potenzials zu be-schreiben. Das Vektorfeld (10.32) wird auch als **Gravitationsfeld** *bezeichnet.*

Lösung: Wenn $\vec{f}(\vec{x})$ ein Potenzialfeld ist, dann muss nach (10.31) ein Skalarfeld $h(\vec{x})$ existieren, so dass

$$\frac{\partial h(\vec{x})}{\partial x_i} = \frac{c\, x_i}{\left(\sqrt{x_1^2 + x_2^2 + x_3^2}\right)^3} \quad \text{für} \quad i = 1; 2; 3 \quad \text{gilt.}$$

Durch Integration dieser Gleichung nach x_i ergibt sich

$$h(\vec{x}) = \int \frac{c\, x_i}{\left(\sqrt{x_1^2 + x_2^2 + x_3^2}\right)^3} \, dx_i = \frac{-c}{\sqrt{x_1^2 + x_2^2 + x_3^2}} + C,$$

wobei C nicht von der Integrationsvariablen x_i abhängt. Da diese Gleichung für alle i gilt, muss C eine Konstante sein, die Null gesetzt werden kann. Damit ist das Gravitationsfeld ein Potenzialfeld mit dem Potenzial $h(\vec{x}) = \dfrac{-c}{\sqrt{x_1^2 + x_2^2 + x_3^2}}$. Die Niveauflächen zum Niveau H des Potenzials erfüllen die Gleichung $\dfrac{-c}{\sqrt{x_1^2 + x_2^2 + x_3^2}} = H$ und sind für $H > 0$ Oberflächen von Kugeln um den Koordinatenursprung mit dem Radius $r = \dfrac{-c}{H}$. Mit wachsender Entfernung r vom Koordinatenursprung nimmt das Niveau H ab. ◁

Beispiel 10.20 : *Berechnen Sie das Potenzialfeld $\vec{f}$ des Potenzials $y = h(x_1; x_2)$*

$=(x_1 + 2)^2 + (x_2 - 1)^2, \ (x_1; x_2) \in \mathbb{R}^2.$

Lösung: Die partiellen Ableitungen

$$\left.\begin{array}{l} h_{x_1}(x_1; x_2) = 2x_1 + 4 \\ h_{x_2}(x_1; x_2) = 2x_2 - 2 \end{array}\right\}, \ (x_1; x_2) \in \mathbb{R}^2,$$

sind stetig. Der Gradient existiert und es gilt für das Potenzialfeld

$$\vec{f}(x_1; x_2) = \begin{pmatrix} 2x_1 + 4 \\ 2x_2 - 2 \end{pmatrix}, \ (x_1; x_2) \in \mathbb{R}^2. ◁$$

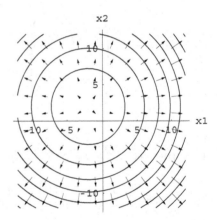

Bild 10.14 : *Gradienten im Höhenplot*

Im Bild 10.14 sind für das Potenzialfeld die Höhenlinien und einige Gradienten durch Pfeile eingezeichnet. Die Gradienten sind Vektoren mit der Länge

$$\left|\operatorname{grad} f(x_1; x_2)\right| = \sqrt{(2x_1 + 4)^2 + (2x_2 - 2)^2}.$$

Aufgabe 10.18: *Berechnen Sie das Potenzialfeld der Funktion*
$y = h(x_1; x_2; x_3) = x_3 \, e^{-x_1^2 - x_2^2 - x_3^2}$, $(x_1; x_2; x_3) \in \mathbb{R}^3$.

Für Vektorfunktionen $\vec{f}(\vec{x})$ lässt sich zeigen, dass der Grenzwert

$$\lim_{\vec{x} \to \vec{x}_0} \vec{f}(\vec{x}) = \begin{pmatrix} \displaystyle\lim_{\vec{x} \to \vec{x}_0} f_1(\vec{x}) \\ \vdots \\ \displaystyle\lim_{\vec{x} \to \vec{x}_0} f_m(\vec{x}) \end{pmatrix}$$

komponentenweise gebildet werden kann. Dies ermöglicht es, die Stetigkeit und die partielle Differenzierbarkeit von Vektorfunktionen ebenfalls mit den Komponenten zu definieren.

Definition 10.13 : *Die Vektorfunktion $\vec{f}$ aus (10.30) ist auf D' ($D' \subset D$) **stetig** bzw. (stetig) **partiell differenzierbar** genau dann, wenn jede Funktion $f_i(\vec{x})$, $i = 1, \ldots, m$, auf D' stetig bzw. (stetig) partiell differenzierbar ist.*

Wenn $\vec{f}(\vec{x})$ partiell differenzierbar ist, dann gilt

$$\frac{\partial \vec{f}(\vec{x})}{\partial x_j} = \begin{pmatrix} \dfrac{\partial f_1(\vec{x})}{\partial x_j} \\ \vdots \\ \dfrac{\partial f_m(\vec{x})}{\partial x_j} \end{pmatrix}, \quad \vec{x} \in D', \quad (j = 1; \ldots; n).$$

Beispiel 10.21 : *Es ist die partielle Ableitung* $\dfrac{\partial \vec{f}(\vec{x})}{\partial x_1}$ *des Vektorfeldes*
$\vec{f}(\vec{x}) = \dfrac{1}{|\vec{x}|} \, \vec{x}$, $\vec{x} \in \mathbb{R}^3 \setminus \{\vec{0}\}$, *zu berechnen.*

Lösung: Da $\vec{f}(\vec{x}) = \dfrac{1}{(x_1^2 + x_2^2 + x_3^2)^{\frac{1}{2}}} \begin{pmatrix} x_1 \\ x_2 \\ x_3 \end{pmatrix}$ gilt, erhält man mit der Quo-

tientenregel nach Zusammenfassen und Ausklammern

$$\frac{\partial \vec{f}(\vec{x})}{\partial x_1} = \frac{1}{(x_1^2 + x_2^2 + x_3^2)^{\frac{3}{2}}} \begin{pmatrix} x_2^2 + x_3^2 \\ -x_1 x_2 \\ -x_1 x_3 \end{pmatrix}, \quad x_1^2 + x_2^2 + x_3^2 > 0. \qquad \triangleleft$$

Wenn eine Vektorfunktion $\vec{f} \rvert D \longrightarrow W \ D \subset \mathbb{R}^n, W \subset \mathbb{R}^m$, partiell differenzierbar ist, dann existieren $m \cdot n$ partielle Ableitungen $\dfrac{\partial f_i(\vec{x})}{\partial x_j}$, $i = 1; \ldots; m$, $j = 1; \ldots; n$. Diese Ableitungen werden in der Matrix vom Typ (m, n)

$$G = \begin{pmatrix} \dfrac{\partial f_1(\vec{x})}{\partial x_1} & \cdots & \dfrac{\partial f_1(\vec{x})}{\partial x_n} \\ \vdots & & \vdots \\ \dfrac{\partial f_m(\vec{x})}{\partial x_1} & \cdots & \dfrac{\partial f_m(\vec{x})}{\partial x_n} \end{pmatrix} \tag{10.33}$$

zusammengefasst, die im Weiteren als **Funktionalmatrix** bezeichnet wird. In den Zeilen dieser Matrix stehen jeweils die Gradienten der Funktionen $f_1(\vec{x}), \ldots, f_m(\vec{x})$.

Die **totale Differenzierbarkeit** einer Vektorfunktion wird analog zu Definition 10.7 (Seite 325) definiert. Dabei werden die Funktion f durch die Vektorfunktion $\vec{f}$ und der Vektor $\vec{g}$ durch eine Matrix G ersetzt. Es lässt sich zeigen, dass für eine total differenzierbare Vektorfunktion die Matrix G die Funktionalmatrix (10.33) ist.

Zum Schluss werden noch zwei Operationen mit Vektorfeldern (in kartesischen Koordinaten) angegeben.

Definition 10.14: *Es bezeichne* $\vec{f}(\vec{x}) = \begin{pmatrix} f_1(\vec{x}) \\ f_2(\vec{x}) \\ f_3(\vec{x}) \end{pmatrix}$, $x \in D$, *ein stetig partiell differenzierbares Vektorfeld. Dann heißen*

$$\operatorname{div} \vec{f} := \frac{\partial f_1(\vec{x})}{\partial x_1} + \frac{\partial f_2(\vec{x})}{\partial x_2} + \frac{\partial f_3(\vec{x})}{\partial x_3} \qquad \textbf{Divergenz } und$$

$$\operatorname{rot} \vec{f} := \begin{pmatrix} \dfrac{\partial f_3(\vec{x})}{\partial x_2} - \dfrac{\partial f_2(\vec{x})}{\partial x_3} \\ \dfrac{\partial f_1(\vec{x})}{\partial x_3} - \dfrac{\partial f_3(\vec{x})}{\partial x_1} \\ \dfrac{\partial f_2(\vec{x})}{\partial x_1} - \dfrac{\partial f_1(\vec{x})}{\partial x_2} \end{pmatrix} \qquad \textbf{Rotation } des\ Vektorfeldes\ \vec{f}.$$

Die Divergenz eines Vektorfeldes liefert ein Skalarfeld, das die **Quelldichte** des Vektorfeldes beschreibt. Bei $\operatorname{div} \vec{f} = 0$ ist das Vektorfeld **quellenfrei**. Die Rotation eines Vektorfeldes ergibt wieder ein Vektorfeld, das die **Wirbeldichte** charakterisiert. $\operatorname{rot} \vec{f} = \vec{0}$ besagt, dass das Vektorfeld **wirbelfrei** ist.

Aufgabe 10.19: *Gegeben sind die Felder* $f(x_1; x_2; x_3) = x_1\sqrt{x_2} + \frac{x_2}{x_3}$ *und*

$$\vec{f}(x_1; x_2; x_3) = \begin{pmatrix} x_1 x_2^2 \\ -x_3(x_1+1)^2 \\ x_2^3 \end{pmatrix}, \ (x_1; x_2; x_3) \in D.$$

Welche der folgenden Ausdrücke sind erklärt? Die sinnvollen Ausdrücke sind zu berechnen.

(1) $\operatorname{div} \vec{f}(\vec{x})$,   (2) $\operatorname{grad} \vec{f}(\vec{x})$,   (3) $\operatorname{grad} f(\vec{x})$,   (4) $\operatorname{div} f(\vec{x})$,

(5) $\operatorname{rot} \vec{f}(\vec{x})$,   (6) $\operatorname{grad}\big(\operatorname{div}\vec{f}(\vec{x})\big)$,

(7) $\operatorname{grad}\big(\operatorname{div}(\operatorname{grad} f(\vec{x}))\big)$,   (8) $\operatorname{rot}\big(\operatorname{rot}\vec{f}(\vec{x})\big)$.

Aufgabe 10.20: *Unter der Voraussetzung, dass die auftretenden Funktionen zweimal stetig partiell differenzierbar sind, ist zu zeigen:*
(1) Ein Feld der Rotation ist stets quellenfrei, d.h. es gilt $\operatorname{div}\big(\operatorname{rot}\vec{f}(\vec{x})\big) = 0$.
(2) Ein Gradientenfeld ist immer wirbelfrei, d.h., $\operatorname{rot}\big(\operatorname{grad} f(\vec{x})\big) = \vec{0}$.

10.4 Integralrechnung für Funktionen mehrerer Variabler

10.4.1 Einführung

Der Integralbegriff wurde für Funktionen einer Variablen zur Berechnung des Flächeninhalts ebener Flächen eingeführt (siehe die Seiten 249 ff.). Bei Volumen- und Massenberechnungen von Körpern treten Integrale von Funktionen mehrerer Variabler auf. Die Herangehensweise wird an folgendem Problem erläutert.

Problem: *Gegeben sei ein Körper (siehe Bild 10.15) mit einer ebenen Grundfläche* B, *die in der* $x_1 x_2$*-Ebene liegt. Seitlich werde der Körper durch Parallelen zur* y*-Achse ummantelt. Die Deckfläche des Körpers werde durch die nicht negative stetige Funktion* $y = f(x_1; x_2)$, $(x_1; x_2) \in B$, *beschrieben. Gesucht ist das Volumen des Körpers.*

Lösung: Die Grundfläche B wird zunächst in n Teilflächen $B_1; \ldots; B_n$ zerlegt, wobei $\bigcup_{i=1}^{n} B_i = B$ gilt. Weiterhin sollen diese Teilflächen bis auf Randpunkte keine gemeinsamen Punkte besitzen. Ausgehend von der Zerlegung der Grundfläche wird der Körper in die entsprechenden Volumenelemente V_i in Form von „Säulen" aufgeteilt. Das i-te Volumenelement hat näherungsweise

das Volumen $V_i = f(P_i)\Delta_i$, wobei
$P_i = P_i(x_1^*; x_2^*)$ eine beliebige Stelle aus
B_i ist und Δ_i den Flächeninhalt der
i-ten Teilfläche B_i bezeichnet. Das Volumen V des Gesamtkörpers ist dann
näherungsweise

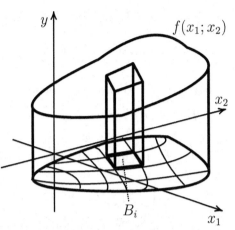

$$S_n = \sum_{i=1}^{n} V_i = \sum_{i=1}^{n} f(x_1^*; x_2^*)\Delta_i \,.$$

Als Nächstes wird die Zerlegung der
Grundfläche (und damit auch des
Körpers) gleichmäßig in x_1- und x_2-
Richtung verfeinert. Das erreicht man,
indem man den maximalen Abstand d,

Bild 10.15 : *Volumenberechnung*

den irgend zwei Punkte in einer Teilfläche B_i voneinander haben, immer
weiter verkleinert. Wenn der Grenzwert

$$\lim_{d \to 0} \sum_{i=1}^{n} f(x_i; y_i)\Delta_i = I$$

existiert und unabhängig von der Zerlegung der Grundfläche und der Wahl der
$P_i \in B_i$ ist, dann gibt dieser Grenzwert das Volumen des gegebenen Körpers
an. Für diesen Grenzwert schreibt man in diesem Fall

$$\lim_{d \to 0} \sum_{i=1}^{n} f(x_i; y_i)\Delta_i =: \iint_{B} f(x_1; x_2) \, dx_1 dx_2$$

und bezeichnet diesen Ausdruck als **Doppel-** oder **Bereichsintegral**.   ◁

Bei der Berechnung der Masse m eines (inhomogenen) Körpers K, der die
Dichte $\rho(x_1; x_2; x_3)$, $(x_1; x_2; x_3) \in K$, hat, geht man ähnlich vor. Der Körper
wird in Volumenelemente V_i zerlegt. Jedem Volumenelement V_i ordnet man
mit der Wahl eines Punktes $P_i \in V_i$ durch $\rho(P_i) \cdot V_i$ eine Masse zu. Die Addition aller Teilmassen und der anschließende Grenzübergang ergibt - falls der
Grenzwert existiert - für die Masse m ein **Dreifach-** oder **Volumenintegral**

$$m = \iiint_{K} \rho(x_1; x_2; x_3) \, dx_1 dx_2 dx_3 \,.$$

Doppelintegrale und Dreifach-Integrale fasst man unter dem Begriff **Mehrfachintegrale** zusammen. Im Weiteren werden Mehrfachintegrale abkürzend
in der Form $I = \int_{B} f(\vec{b}) \, d\vec{b}$ geschrieben, wobei für das Integrationsgebiet

$B \subset \mathbb{R}^n$ gilt. Der Integrand $f(\vec{b})$, $\vec{b} \in B$, ist eine Funktion, die von n Variablen abhängt. Die Eigenschaften, die im nächsten Satz angegeben werden, lassen sich geometrisch leicht veranschaulichen.

Satz 10.13: *Wenn die folgenden Integrale existieren, dann gilt:*

1. $\displaystyle \int_B c \cdot f(\vec{b}) \, d\vec{b} = c \cdot \int_B f(\vec{b}) \, d\vec{b}$, $(c \in \mathbb{R})$.

2. $\displaystyle \int_B \left(f(\vec{b}) + g(\vec{b}) \right) d\vec{b} = \int_B f(\vec{b}) \, d\vec{b} + \int_B g(\vec{b}) \, d\vec{b}$.

3. *Es sei* $\displaystyle \bigcup_{i=1}^{n} B_i = B$, *wobei die Mengen* B_i *bis auf Randpunkte keine gemeinsamen Punkte besitzen. Dann gilt*

$$\int_B f(\vec{b}) \, d\vec{b} = \sum_{i=1}^{n} \int_{B_i} f(\vec{b}) \, d\vec{b}.$$

Für spezielle Integrationsgebiete lassen sich Mehrfachintegrale direkt berechnen, ohne dass ein Grenzübergang ausgeführt werden muss. Diese Integrale werden in den nächsten beiden Abschnitten behandelt.

10.4.2 Parameterintegrale

Bei der Berechnung von Mehrfachintegralen treten Integrale der Form

$$G(x_2) = \int_a^b f(x_1; x_2) \, dx_1 \qquad \text{bzw.}$$

$$G(x_2) = \int_{h_1(x_2)}^{h_2(x_2)} f(x_1; x_2) \, dx_1 \tag{10.34}$$

auf. Der Integrand $y = f(x_1; x_2)$, $(x_1; x_2) \in D \subset \mathbb{R}^2$, ist eine Funktion von zwei Variablen. Beim zweiten Integral sind die Integrationsgrenzen ebenfalls Funktionen $a = h_2(x_2)$ und $b = h_1(x_2)$, die auf der Menge $D_2 = \left\{ x_2 | \, (x_1; x_2) \in D \right\}$ definiert sind.

Definition 10.15: *Die Integrale (10.34) bezeichnet man als* **Parameterintegrale**.

Bei den Integralen (10.34) ist jeweils x_1 die Integrationsvariable. Die Variable x_2 kann in den Parameterintegralen als skalare Variable oder auch als Vektor

$\vec{x}_2$ auftreten. Zu beachten ist, dass die Integrationsgrenzen dieser Integrale nicht von der Integrationsvariablen x_1 abhängen! Die Variable x_2 wird bei der Integration als Konstante (Parameter) aufgefasst. Aus diesem Grund lässt sich ein Parameterintegral mit dem Hauptsatz der Differenzial- und Integralrechnung (Satz 8.4, Seite 263) ausrechnen.

Beispiel 10.22 : *Es ist das Parameterintegral* $\displaystyle\int_{-x_2}^{x_2} x_1 \sin(x_1 + x_2)\, dx_1$ *zu berechnen.*

Lösung: Zunächst wird die Stammfunktion ermittelt. Anschließend werden die Integrationsgrenzen eingesetzt.

$$\int_{-x_2}^{x_2} x_1 \sin(x_1 + x_2)\, dx_1 = \left(\sin(x_1 + x_2) - x_1 \cos(x_1 + x_2) \right)\Big|_{-x_2}^{x_2}$$

$$= \sin(2x_2) - x_2 \cos(2x_2) - x_2. \qquad \triangleleft$$

Parameterintegrale, bei denen wenigstens eine Integrationsgrenze ∞ oder $-\infty$ ist, bezeichnet man als **uneigentliche Parameterintegrale**. Diese Integrale werden nach dem gleichen Schema wie im Abschnitt 8.5 (Seiten 267 ff.) behandelt.

Beispiel 10.23: *Das Parameterintegral* $\displaystyle\int_0^\infty x_1 x_2 \cdot e^{-x_1 x_2}\, dx_1$, $x_2 > 0$, *ist zu berechnen.*

Lösung: Im ersten Schritt wird das Integral durch ein Integral mit endlichen Grenzen ersetzt.

$$G(x_2; c) = \int_0^c x_1 x_2\, e^{-x_1 x_2}\, dx_1 = -e^{-x_1 x_2}\left(x_1 + \frac{1}{x_2} \right)\Big|_0^c = \frac{1}{x_2} - e^{-c x_2}\left(c + \frac{1}{x_2} \right).$$

Mit dem Grenzübergang $c \to \infty$ überführt man dieses Integral in das uneigentliche Parameterintegral.

$$\int_0^\infty x_1 x_2\, e^{-x_1 x_2}\, dx_1 = \lim_{c \to \infty} G(x_2; c) = \frac{1}{x_2}. \qquad \triangleleft$$

Aufgabe 10.21: *Berechnen Sie folgende Integrale in Abhängigkeit vom Parameter* $p > 0$.

$$(1) \quad \int_0^\infty e^{-px} \cos(x)\, dx, \qquad (2) \quad \int_0^\infty e^{-px}(x + 2)\, dx.$$

Bemerkung: Es sei $y = f(x)$, $x \geq 0$, eine vorgegebene Funktion. Wenn bei den Integralen der Aufgabe 10.21 der Parameter p komplex ist mit einem Realteil $Re(p) > 0$, dann wird durch

$$F(p) = \int_0^\infty e^{-px} f(x) \, dx$$

die sogenannte **Laplace-Transformierte** der Funktion $f(x)$ (vgl. [3]) definiert. Die Laplace-Transformation wird bei der Beschreibung von technischen Systemen und bei der Lösung von Differenzialgleichungen verwendet.

Die Parameterintegrale (10.34) ergeben wieder eine Funktion $G(x_2)$. Für diese Funktion gilt der folgende

---

Satz 10.14 (Satz von Leibniz): *Die Funktion $y = f(x_1; x_2)$, $a \leq x_1 \leq b$, $c \leq x_2 \leq d$, sei stetig und nach x_1 stetig partiell differenzierbar. Die Funktionen $h_1(x_2)$ und $h_2(x_2)$ seien auf $[c; d]$ ebenfalls stetig differenzierbar. Dann ist die Funktion $G(x_2)$ differenzierbar, und es gilt*

$$G'(x_2) = \int_{h_1(x_2)}^{h_2(x_2)} f_{x_2}(x_1; x_2) \, dx_1 + f\big(h_2(x_2); x_2\big) \cdot h_2'(x_2)$$

$$- f\big(h_1(x_2); x_2\big) \cdot h_1'(x_2).$$

Beispiel 10.24: *Bilden Sie die Ableitung der Funktion*

$$G(x_2) = \int_{-x_2}^{x_2} x_1 \sin(x_1 + x_2) \, dx_1 \, .$$

Lösung: Die Voraussetzungen des Satzes von Leibniz sind erfüllt.

$$G'(x_2) = \int_{-x_2}^{x_2} x_1 \cos(x_1 + x_2) \, dx_1 + x_2 \cdot \sin(2x_2) \cdot 1 - (-x_2) \cdot \sin(0) \cdot (-1)$$

$$= \cos(2x_2) + 2x_2 \cdot \sin(2x_2) - 1 \, .$$

Das gleiche Ergebnis erhält man, wenn die Lösung des Beispiels 10.22 nach x_2 differenziert wird.   ◁

Aufgabe 10.22: *Berechnen Sie die Ableitung der Funktion*

$$G(x_2) = \int_0^1 \frac{\sin^4(x_1 \cdot x_2)}{x_1} \, dx_1 \, , \quad x_2 > 0 \, .$$

10.4.3   Ebene und räumliche Normalbereiche

In diesem Abschnitt werden spezielle Punktmengen in kartesischen Koordinaten betrachtet. Es seien in der x_1x_2-Ebene die folgenden Voraussetzungen erfüllt.

Voraussetzung: Die Punktmenge M_1 werde seitlich durch die parallelen Geraden zur x_2-Achse $x_1 = a$ und $x_1 = b$ $(a < b)$ begrenzt. Nach oben bzw. unten erfolgt die Begrenzung der Punktmenge durch die stetigen Funktionen

$$\left. \begin{array}{c} x_2 = f_o(x_1) \\ x_2 = f_u(x_1) \end{array} \right\}, \ x_1 \in [a; b] \qquad (f_u(x) \leq f_o(x)).$$

Eine Punktmenge, die diese Voraussetzung erfüllt, ist im Bild 10.16 (links) dargestellt. Diese Punktmenge lässt sich schreiben als

$$M_1 = \left\{ (x_1; x_2) \big| \, a \leq x_1 \leq b, \, f_u(x_1) \leq x_2 \leq f_o(x_1) \right\}. \tag{10.35}$$

Wird die x_1-Koordinate $(x_1 \in [a; b])$ festgehalten, dann enthält die Menge M_1 alle Punkte, deren x_2-Koordinate die Ungleichung $f_u(x_1) \leq x_2 \leq f_o(x_1)$

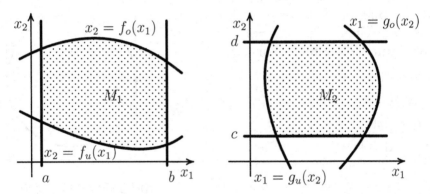

Bild 10.16: *Normalbereiche der Ebene*

erfüllt. Eine formale Drehung der Menge M_1 um $90°$ (Bild 10.16 rechts) führt zur Menge

$$M_2 = \left\{ (x_1; x_2) \big| \, c \leq x_2 \leq d, \, g_u(x_2) \leq x_1 \leq g_o(x_2) \right\}, \tag{10.36}$$

bei der die Funktionen $x_1 = g_u(x_2)$ und $x_1 = g_o(x_2)$ auf dem Intervall $[c; d]$ definiert und stetig sind. M_2 wird durch die Parallelen zur x_1-Achse $x_2 = c$ und $x_2 = d$ begrenzt.

> **Definition 10.16:** *Die Mengen* M_1 *(10.35) und* M_2 *(10.36) heißen* **ebene Normalbereiche** *vom Typ 1 bzw. Typ 2.*

Beispiel 10.25 : *Die Funktionen* $x_2 = f_1(x_1) = 2\sin(x_1)$, $x_1 \in [0;1]$ *und*
$x_2 = f_2(x_1) = x_1$, $x_1 \in [0;1]$ *und die Gerade* $x_1 = 1$ *schließen eine Punkt-*
menge ein, die als ebener Normalbereich darzustellen ist.

Lösung: Die Menge wird seitlich durch
die Parallelen zur x_2-Achse $x_1 = 0$
und $x_1 = 1$ begrenzt. Mit Hilfe des
Bildes 10.17 erkennt man den Normalbereich vom Typ 1

$$M_1 = \left\{ (x_1; x_2) \right|$$

$$0 \le x_1 \le 1; x_1 \le x_2 \le 2\sin(x_1) \Big\}. \quad \triangleleft$$

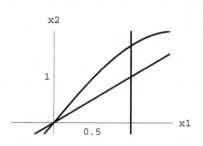

Bild 10.17 : *Beispiel 10.25*

Beispiel 10.26 : *Die Kreisfläche* $M = \left\{ (x_1; x_2) \big| x_1^2 + x_2^2 \le 4, x_1 \in [-2;2] \right\}$
ist als Normalbereich darzustellen.

Lösung: Es werden die Parallelen zur
x_2-Achse $x_1 = -2$ und $x_1 = 2$
gewählt (Bild 10.18). Durch Auflösen
der Kreisgleichung $x_1^2 + x_2^2 = 4$ nach
x_2 erhält man die Funktionen

$$x_2 = f_o(x_1) = \sqrt{4 - x_1^2}$$

(oberer Halbkreis) und

$$x_2 = f_u(x_1) = -\sqrt{4 - x_1^2}$$

(unterer Halbkreis), die auf dem Intervall $[-2;2]$ definiert sind. Daraus resultiert für die Kreisfläche die Darstellung als Normalbereich vom Typ 1

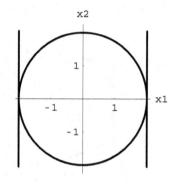

Bild 10.18 : *Beispiel 10.26*

$$M = \left\{ (x_1; x_2) \Big| -2 \le x_1 \le 2; -\sqrt{4 - x_1^2} \le x_2 \le \sqrt{4 - x_1^2} \right\}.$$

Die Parallelen zur x_1-Achse $x_2 = -2$ und $x_2 = 2$ zusammen mit den
Funktionen $x_1 = g_o(x_2) = \sqrt{4 - x_2^2}$ (rechter Halbkreis) und
$x_1 = g_u(x_2) = -\sqrt{4 - x_2^2}$, $x_2 \in [-2;2]$ (linker Halbkreis) liefern für die
Kreisfläche die Darstellung als Normalbereich vom Typ 2

$$M = \left\{ (x_1; x_2) \Big| -2 \le x_2 \le 2; -\sqrt{4 - x_2^2} \le x_1 \le \sqrt{4 - x_2^2} \right\}. \qquad \triangleleft$$

Das letzte Beispiel zeigt, dass die Darstellung einer Menge als Normalbereich
nicht eindeutig ist.

Aufgabe 10.23: *Die von den Kurven* $x_2 = x_1^2$ *und* $x_1 = x_2^2$ *eingeschlossene Fläche ist als Normalbereich aufzuschreiben.*

Mit der nächsten Definition werden räumliche Normalbereiche eingeführt.

Definition 10.17: *Die Menge* $N \subset \mathbb{R}^3$ *heißt* **räumlicher Normalbereich,** *wenn gleichzeitig folgende Bedingungen erfüllt sind:*
1. Die senkrechte Projektion der Menge N *in eine Koordinatenebene ergibt einen ebenen Normalbereich* M.
2. Die Menge N *wird seitlich durch parallele Geraden ummantelt, die senkrecht zum ebenen Normalbereich* M *verlaufen.*
3. Es existieren zwei auf M *definierte und stetige Funktionen* h_o *und* h_u, *die die Menge* N *in Projektionsrichtung nach oben und unten begrenzen.*

Das Bild 10.19 zeigt einen räumlichen Normalbereich, der in die x_1x_2-Ebene projiziert wird. Die Projektionsstrahlen sind punktiert dargestellt. Dieser Normalbereich lässt sich schreiben als

$$N = \left\{ (x_1; x_2; x_3) \middle| \right.$$

$$\underbrace{a \leq x_1 \leq b;\ f_u(x_1) \leq x_2 \leq f_o(x_1)}_{=M};\ h_u(x_1; x_2) \leq x_3 \leq h_o(x_1; x_2) \left. \right\} \,.$$

Zu beachten ist, dass M ein ebener Normalbereich ist, der in einer Koordinatenebene (im Bild 10.19 die x_1x_2-Ebene) liegt. f_u und f_o sind Funktionen, die nur von einer Variablen (im Bild 10.19 von x_1) abhängen.

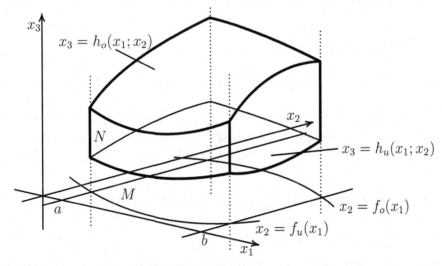

Bild 10.19: *Räumlicher Normalbereich*

Beispiel 10.27: *Der (Voll-)Quader mit den Eckpunkten* $P_1(0;0;0)$,
$P_2(1;0;0)$, $P_3(0;2;0)$, $P_4(1;2;0)$, $P_5(0;0;3)$, $P_6(1;0;3)$, $P_7(0;2;3)$, $P_8(1;2;3)$
ist ein räumlicher Normalbereich, für den gilt

$$N = \left\{ (x_1;x_2;x_3) \Big| \ 0 \le x_1 \le 1; \ 0 \le x_2 \le 2; \ 0 \le x_3 \le 3 \right\}. \quad \lhd$$

Beispiel 10.28: *Ein Dreikant-Stab steht senkrecht auf der* x_1x_2-*Ebene. Die
Eckpunkte des Grundrisses sind* $P_1(0;-1;0)$, $P_2(0;2;0)$ *und* $P_3(2;0;0)$.
Nach oben wird der Stab durch die Ebene $E: \ -2x_1 + x_2 - 3x_3 + 7 = 0$
begrenzt. Der Dreikant-Stab ist als räumlicher Normalbereich darzustellen.

Lösung: Als Projektionsebene bietet
sich die x_1x_2-Ebene an. Der Grundriss
des Stabes ist ein ebener Normalbereich
vom Typ 1. Die Funktionen
$f_u(x_1) = \frac{1}{2}x_1 - 1$ und $f_o(x_1) = 2 - x_1$
sind Geraden in der x_1x_2-Ebene, die
durch die Punkte P_1 und P_3 bzw.
P_2 und P_3 verlaufen. D.h.,

$$M = \left\{ (x_1;x_2) \Big| \ 0 \le x_1 \le 2; \right.$$

$$\left. \frac{1}{2}x_1 - 1 \le x_2 \le 2 - x_1 \right\}.$$

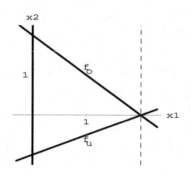

Bild 10.20: *Normalbereich M*

Die Funktion $x_3 = h_0(x_1;x_2) = \frac{1}{3}(7 - 2x_1 + x_2)$, $(x_1;x_2) \in M$, die die
Deckfläche des Stabes beschreibt, erhält man aus der Ebenengleichung. Da
der Stab auf der x_1x_2-Ebene steht, gilt $h_u(x_1;x_2) = 0$. Daraus folgt

$$N = \left\{ (x_1;x_2;x_3) \Big| \right.$$

$$\left. 0 \le x_1 \le 2; \ \frac{1}{2}x_1 - 1 \le x_2 \le 2 - x_1; \ 0 \le x_3 \le \frac{1}{3}(7 - 2x_1 + x_2) \right\}. \lhd$$

Aufgabe 10.24: *Ein Körper werde begrenzt durch die Zylinderfläche*
$x_1^2 + x_2^2 = r^2$ *und die parallelen Ebenen* $E_1: \ 2x_1 - x_2 + x_3 + 1 = 0$ *und*
$E_2: \ 2x_1 - x_2 + x_3 + 3 = 0$. *Beschreiben Sie diesen Körper als Normalbereich.*

10.4.4   Berechnung von Mehrfachintegralen

Zunächst wird bei allen Integralen $\displaystyle\int_B f(\vec{b})\,d\vec{b}$ stets vorausgesetzt, dass B
ein Normalbereich ist. Wegen der dritten Eigenschaft des Satzes 10.13 (Seite

350) sind die folgenden Ergebnisse sofort auf Integrale mit einem Integrationsbereich übertragbar, der sich aus mehreren Normalbereichen zusammensetzt. Für Bereichsintegrale gilt der

---

Satz 10.15: *Es sei* $y = f(x_1; x_2)$ *eine auf einem ebenen Normalbereich B gegebene stetige Funktion. Für den ebenen Normalbereich vom Typ 1* $B = \{(x_1; x_2) | a \leq x_1 \leq b, f_u(x_1) \leq x_2 \leq f_o(x_1)\}$ *gilt*

$$\iint_B f(x_1; x_2)\, dx_1 dx_2 = \int_a^b \left(\int_{f_u(x_1)}^{f_o(x_1)} f(x_1; x_2)\, dx_2 \right) dx_1. \qquad (10.37)$$

Analog ergibt sich für den Normalbereich vom Typ 2 $B = \{(x_1; x_2) | c \leq x_2 \leq d, g_u(x_2) \leq x_1 \leq g_o(x_2)\}$

$$\iint_B f(x_1; x_2)\, dx_1 dx_2 = \int_c^d \left(\int_{g_u(x_2)}^{g_o(x_2)} f(x_1; x_2)\, dx_1 \right) dx_2. \qquad (10.38)$$

Die in den Klammern stehenden Integrale sind Parameterintegrale, die zuerst auszuwerten sind. Jedes Parameterintegral liefert unter den Voraussetzungen des Satzes eine Funktion, die wieder integrierbar ist.

Beispiel 10.29: *Zu berechnen ist das Integral* $I = \iint_B (x_1^2 + x_2)\, dx_1 dx_2$ *mit*
(1) $B = \{(x_1; x_2) | 1 \leq x_1 \leq 2, 2 \leq x_2 \leq 3\}$ *und*
(2) $B = \{(x_1; x_2) | 0 \leq x_1 \leq 1, x_1^2 \leq x_2 \leq \sqrt{x_1}\}$.

Lösung: zu (1):
$$I = \int_2^3 \left(\int_1^2 (x_1^2 + x_2)\, dx_1 \right) dx_2 = \int_2^3 \left(\frac{1}{3}x_1^3 + x_1 x_2 \right)\Big|_1^2 dx_2$$
$$= \int_2^3 \left(\frac{7}{3} + x_2 \right) dx_2 = \frac{29}{6}.$$

zu (2):
$$I = \int_0^1 \left(\int_{x_1^2}^{\sqrt{x_1}} (x_1^2 + x_2)\, dx_2 \right) dx_1 = \int_0^1 \left(x_1^2 x_2 + \frac{1}{2}x_2^2 \right)\Big|_{x_1^2}^{\sqrt{x_1}} dx_1$$
$$= \int_0^1 \left(x_1^{\frac{5}{2}} + \frac{1}{2}x_1 - \frac{3}{2}x_1^4 \right) dx_1 = \frac{33}{140}. \qquad \triangleleft$$

Da die zu integrierende Funktion $f(x_1; x_2) = x_1^2 + x_2$ auf B nicht negativ und stetig ist, gibt das Integral $\int_B (x_1^2 + x_2)\, dx_1\, dx_2$ das Volumen eines Körpers an, der senkrecht auf der $x_1 x_2$-Ebene steht und den Grundriss B hat (siehe Seite 349). Der Körper wird nach oben durch die Funktion $y = f(x_1; x_2) = x_1^2 + x_2$

abgeschlossen. $f(x_1; x_2)$ beschreibt dabei die Höhe des Körpers an der Stelle $(x_1; x_2) \in B$. Wenn in den Formeln (10.37) und (10.38) $f(x_1; x_2) = 1$ gesetzt wird, ergibt sich durch diese Integrale das Volumen eines Körpers, der die konstante Höhe eins und die Grundfläche B besitzt. Gleichzeitig geben diese Integrale für $f(x_1; x_2) = 1$ den Flächeninhalt von B an.

Satz 10.16: *Der Flächeninhalt F des ebenen Normalbereichs B vom Typ 1 berechnet sich nach der Formel*

$$F = \int_a^b \left(\int_{f_u(x_1)}^{f_o(x_1)} dx_2 \right) dx_1 \tag{10.39}$$

bzw. für einen ebenen Normalbereich vom Typ 2

$$F = \int_c^d \left(\int_{g_u(x_2)}^{g_o(x_2)} dx_1 \right) dx_2. \tag{10.40}$$

Aus der Gleichung (10.39) erhält man durch Integration

$$F = \int_a^b \left(\int_{f_u(x_1)}^{f_o(x_1)} 1\, dx_2 \right) dx_1 = \int_a^b \left(f_o(x_1) - f_u(x_1) \right) dx_1$$

den Satz 8.11 auf der Seite 281.

Beispiel 10.30: *Mit einem Bereichsintegral ist der Inhalt F der Fläche zu berechnen, die durch die Funktionen $x_2 = f_1(x_1) = |x_1|$, $x_1 \in \mathbb{R}$ und $x_2 = f_2(x_1) = 1$, $x_1 \in \mathbb{R}$ begrenzt wird.*

Lösung: Das Flächenstück ist ein Normalbereich vom Typ 2, für den gilt

$$M_2 = \left\{ (x_1; x_2) \middle| \ 0 \le x_2 \le 1;\ -x_2 \le x_1 \le x_2 \right\}.$$

Der Inhalt der Dreiecksfläche ergibt sich dann nach (10.40) zu

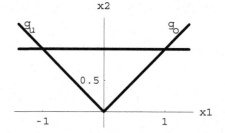

Bild 10.21: *Normalbereich M_2*

$$F = \int_0^1 \left(\int_{-x_2}^{x_2} dx_1 \right) dx_2 = \int_0^1 2x_2\, dx_2 = 1. \qquad \lhd$$

Im nächsten Beispiel wird der Satz 10.16 auf Flächen übertragen, die als Vereinigung von Normalbereichen darstellbar sind.

Beispiel 10.31: *Der Flächeninhalt F des Dreiecks mit den Eckpunkten $P_1(2;2)$, $P_2(0;3)$ und $P_3(1;0)$ ist mit einem Bereichsintegral zu berechnen.*

Lösung: Die Dreiecksfläche M ist als Vereinigungsmenge $M = M_{11} \cup M_{12}$ von Normalbereichen vom Typ 1 darstellbar, wobei gilt

$$M_{11} = \Big\{ (x_1; x_2) \Big|$$

$$0 \leq x_1 \leq 1; f_1(x_1) \leq x_2 \leq f_3(x_1) \Big\}$$

$$M_{12} = \Big\{ (x_1; x_2) \Big|$$

$$1 \leq x_1 \leq 2; f_2(x_1) \leq x_2 \leq f_3(x_1) \Big\}.$$

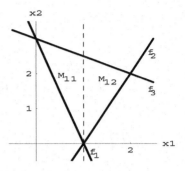

Bild 10.22: *Flächeninhalt F*

Die Gleichungen der Geraden durch die Eckpunkte sind

$$x_2 = f_1(x_1) = -3x_1 + 3, \quad x_2 = f_2(x_1) = 2x_1 - 2, \quad x_2 = f_3(x_1) = -\frac{1}{2}x_1 + 3.$$

Der Inhalt des Dreiecks ist dann die Summe der Inhalte der beiden Normalbereiche, d.h.,

$$I = \int_0^1 \Big(\int_{f_1(x_1)}^{f_3(x_1)} dx_2 \Big) dx_1 + \int_1^2 \Big(\int_{f_2(x_1)}^{f_3(x_1)} dx_2 \Big) dx_1$$

$$= \int_0^1 \Big(\int_{-3x_1+3}^{-\frac{1}{2}x_1+3} dx_2 \Big) dx_1 + \int_1^2 \Big(\int_{2x_1-2}^{-\frac{1}{2}x_1+3} dx_2 \Big) dx_1$$

$$= \int_0^1 \frac{5}{2}x_1 \, dx_1 + \int_1^2 \Big(-\frac{5}{2}x_1 + 5 \Big) dx_1 = \frac{5}{2}. \qquad \triangleleft$$

Bemerkung: Das gleiche Ergebnis erhält man, wenn man die Dreiecksfläche in die ebenen Normalbereiche

$$M_{21} = \Big\{ (x_1 x_2) \Big| 0 \leq x_2 \leq 2; 1 - \frac{1}{3}x_2 \leq x_1 \leq 1 + \frac{1}{2}x_2 \Big\}$$

$$M_{22} = \Big\{ (x_1 x_2) \Big| 2 \leq x_2 \leq 3; 1 - \frac{1}{3}x_2 \leq x_1 \leq 6 - 2x_2 \Big\}$$

vom Typ 2 zerlegt.

Aufgabe 10.25: *Berechnen Sie mit Hilfe eines Bereichsintegrals den Inhalt der Fläche, die von den Funktionen $f_1(x) = x^2 - 1$, $x \in \mathbb{R}$, und $f_2(x) = 3x + 3$, $x \in \mathbb{R}$, begrenzt wird.*

Aufgabe 10.26: *Ein zylindrischer Körper mit dem Radius r und der y-Achse als Symmetrieachse steht senkrecht auf der $x_1 x_2$-Ebene. Nach oben wird dieser Körper durch die Deckfläche $f(x_1; x_2) = 1 + x_1 x_2$, $(x_1; x_2) \in \mathbb{R}^2$, begrenzt. Berechnen Sie das Volumen V dieses Körpers.*

Für die Berechnung von Dreifach-Integralen gilt in Analogie zum Satz 10.15 der folgende

---

Satz 10.17 : *Die Funktion* $y = f(x_1; x_2; x_3)$ *sei auf dem räumlichen Normalbereich*

$$B = \big\{(x_1; x_2; x_3)\big|\, a \le x_1 \le b,$$
$$f_u(x_1) \le x_2 \le f_o(x_1),\ h_u(x_1; x_2) \le x_3 \le h_o(x_1; x_2)\big\}$$

stetig. Dann gilt

$$\iiint_B f(x_1; x_2; x_3)\, dx_1\, dx_2\, dx_3$$
$$= \int_a^b \Big(\int_{f_u(x_1)}^{f_o(x_1)} \Big[\int_{h_u(x_1;x_2)}^{h_o(x_1;x_2)} f(x_1; x_2; x_3)\, dx_3 \Big] dx_2 \Big) dx_1 . \tag{10.41}$$

Der Satz wurde für einen räumlichen Normalbereich betrachtet, der in die x_1x_2-Ebene projiziert wird. Bei einer Projektion in eine andere Koordinatenebene lässt sich dieser Satz analog formulieren. Mit dem Satz 10.17 wird die Berechnung eines Dreifach-Integrals auf die Berechnung von drei Integralen zurückgeführt. Ein Integral der Form (10.41) gibt die Masse eines inhomogenen Körpers mit der Dichte $f(x_1; x_2; x_3)$ an, der sich durch die Punktmenge B beschreiben lässt. Bei $f(x_1; x_2; x_3) = 1$, $(x_1; x_2; x_3) \in B$, geht das Integral (10.41) über in

$$\iiint_B f(x_1; x_2; x_3)\, dx_1\, dx_2\, dx_3$$
$$= \int_a^b \Big(\int_{f_u(x_1)}^{f_o(x_1)} \Big[h_o(x_1; x_2) - h_u(x_1; x_2) \Big] dx_2 \Big) dx_1 \tag{10.42}$$
$$= \int_a^b \Big(\int_{f_u(x_1)}^{f_o(x_1)} h_o(x_1; x_2)\, dx_2 \Big) dx_1 - \int_a^b \Big(\int_{f_u(x_1)}^{f_o(x_1)} h_u(x_1; x_2)\, dx_2 \Big) dx_1 .$$

In diesem Fall beschreibt das Dreifach-Integral die Masse eines homogenen Körpers mit der Dichte $f(x_1; x_2; x_3) = 1$ bzw. das Volumen dieses Körpers. Mit der Differenz der Doppelintegrale wird geometrisch die Volumenberechnung eines Körpers auf die Volumenberechnung von zwei Teilkörpern zurückgeführt. Jeder Teilkörper steht senkrecht auf ein und derselben Koordinatenebene.

Beispiel 10.32 : *Mit einem Volumenintegral ist das Volumen* V *des Körpers* B *zu berechnen, der durch die Koordinatenebenen und die Ebene* $E : x_1 + x_2 + x_3 = 1$ *begrenzt wird.*

Lösung: B beschreibt ein Tetraeder, das in dem nebenstehenden Bild dargestellt ist. Im ersten Schritt wird B als räumlicher Normalbereich dargestellt. Die Projektion des Tetraeders in die x_1x_2-Ebene ergibt den ebenen Normalbereich

$$M = \Big\{ (x_1; x_2) \Big|$$
$$0 \le x_1 \le 1, \quad 0 \le x_2 \le 1 - x_1 \Big\}.$$

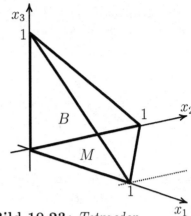

Bild 10.23: *Tetraeder*

Für das Tetraeder gilt

$$B = \Big\{ (x_1; x_2; x_3) \Big| 0 \le x_1 \le 1, 0 \le x_2 \le 1 - x_1, 0 \le x_3 \le 1 - x_1 - x_2 \Big\}.$$

Mit dem Satz 10.17 erhält man für das Volumen

$$V = \iiint_B 1 \, dx_1 \, dx_2 \, dx_3 = \int_0^1 \left(\int_0^{1-x_1} \left[\int_0^{1-x_1-x_2} 1 \, dx_3 \right] dx_2 \right) dx_1$$
$$= \int_0^1 \left(\int_0^{1-x_1} (1 - x_1 - x_2) \, dx_2 \right) dx_1 = \frac{1}{2} \int_0^1 (1 - x_1)^2 dx_1 = \frac{1}{6}. \qquad \triangleleft$$

Beispiel 10.33 : *Zu berechnen ist das Integral* $\displaystyle\iiint_B \frac{x_2}{1+x_1^2} \, dx_1 \, dx_2 \, dx_3,$ *wobei B der Körper aus dem Beispiel 10.32 ist.*

Lösung: B ist ein räumlicher Normalbereich, der in der Lösung des vorherigen Beispiels angegeben wurde. Mit dem Satz 10.17 erhält man für das Integral

$$\iiint_B \frac{x_2}{1+x_1^2} \, dx_1 \, dx_2 \, dx_3 = \int_0^1 \left(\int_0^{1-x_1} \left[\int_0^{1-x_1-x_2} \frac{x_2}{1+x_1^2} \, dx_3 \right] dx_2 \right) dx_1$$
$$= \int_0^1 \left(\int_0^{1-x_1} (1 - x_1 - x_2) \frac{x_2}{1+x_1^2} \, dx_2 \right) dx_1$$
$$= \int_0^1 \frac{1}{1+x_1^2} \left(\int_0^{1-x_1} \big(x_2(1 - x_1) - x_2^2 \big) dx_2 \right) dx_1$$
$$= \frac{1}{6} \int_0^1 \frac{(1 - x_1)^3}{1+x_1^2} \, dx_1 = \frac{1}{6} \left(\frac{5}{2} - \ln(2) - \frac{\pi}{2} \right) \approx 0,0393. \qquad \triangleleft$$

Aufgabe 10.27: *Ein Dreikantprofil, das senkrecht auf der x_1x_2-Ebene steht, wird seitlich durch die Ebenen E_1, E_2, E_3 bzw. nach oben und unten durch die Ebenen E_4 und E_5 begrenzt. Berechnen Sie das Volumen des Körpers.*

> (1) $E_1 : x_1 = x_2$, $E_2 : x_2 = 0$, $E_3 : x_1 + x_2 = 2$,
> $E_4 : x_1 - x_2 + x_3 = 6$, $E_5 : x_3 = -1$.
>
> (2) $E_1 : x_1 = x_2$, $E_2 : x_1 = 4$, $E_3 : x_2 = 0$,
> $E_4 : x_1 + x_2 + x_3 = 6$, $E_5 : x_3 = 0$.

Aufgabe 10.28: *Berechnen Sie das Volumen des Körpers, der von folgenden Flächen umschlossen wird.*

$$x_3 = f(x_1; x_2) = x_1^2 + x_2^2, \ x_3 = g(x_1; x_2) = 2x_1 + 3, \ (x_1; x_2) \in \mathbb{R}^2.$$

Aufgabe 10.29: *Gesucht ist die Masse des Körpers, der durch die Seitenflächen $x_3^2 = x_1x_2$, $x_1 = 2$, $x_1 = 0$, $x_2 = 0$, $x_2 = 4$ begrenzt wird und die Dichte $\varrho(x_1; x_2; x_3) = x_3^2$ hat.*

10.4.5   Transformationen von Integralen

Die Berechnung eines Mehrfachintegrals lässt sich in vielen Fällen vereinfachen, wenn eine geeignete Substitution in Form einer Koordinatentransformation durchgeführt wird. Diese Koordinatentransformation ist dabei so auszuführen, dass das Integral und/oder der Integrationsbereich in eine „einfache Form" übergeführt wird. Es gilt der folgende

---

Satz 10.18 : *Es sei $\vec{x} = \vec{g}(\vec{v})$, $\vec{v} \in A \subset \mathbb{R}^n$, eine stetig partiell differenzierbare Funktion, die auf der Menge A die inverse Funktion $\vec{v} = \vec{h}(\vec{x})$, $\vec{x} \in B$, hat. Dann gilt*

$$\int_B f(\vec{x}) \, d\vec{x} = \int_A f\left(\vec{g}(\vec{v})\right) \cdot \left|\det\left(G(\vec{v})\right)\right| d\vec{v}, \tag{10.43}$$

wobei $\det\left(G(\vec{v})\right)$ *die Determinante der Funktionalmatrix*

$$G(\vec{v}) = \begin{pmatrix} \frac{\partial x_1(\vec{v})}{\partial v_1} & \cdots & \frac{\partial x_1(\vec{v})}{\partial v_n} \\ \vdots & & \vdots \\ \frac{\partial x_n(\vec{v})}{\partial v_1} & \cdots & \frac{\partial x_n(\vec{v})}{\partial v_n} \end{pmatrix}, \quad \vec{v} = \begin{pmatrix} v_1 \\ \vdots \\ v_n \end{pmatrix}, \qquad \text{bezeichnet.}$$

Die Handhabung des Satzes (in der Ebene) wird beim Übergang von kartesischen Koordinaten zu Polarkoordinaten demonstriert. Nach (5.1) (Seite 160) gilt für die Umrechnung von Polarkoordinaten $P(r; \varphi)$ in kartesische Koordinaten $P(x_1; x_2)$

$$\vec{x} = \vec{g}(r; \varphi) = \begin{pmatrix} x_1(r; \varphi) \\ x_2(r; \varphi) \end{pmatrix} = \begin{pmatrix} r \cdot \cos(\varphi) \\ r \cdot \sin(\varphi) \end{pmatrix}.$$

Da $\quad \det\big(G(r; \varphi)\big) = \begin{vmatrix} \cos(\varphi) & -r \cdot \sin(\varphi) \\ \sin(\varphi) & r \cdot \cos(\varphi) \end{vmatrix} = r\cos^2(\varphi) + r\sin^2(\varphi) = r$

ist, folgt nach (10.43)

$$\int\int_B f(x_1; x_2)\, dx_1 dx_2 = \int\int_A f\big(x_1(r; \varphi); x_2(r; \varphi)\big) \cdot r \cdot dr\, d\varphi, \qquad (10.44)$$

wobei die Mengen B und A durch $B = \big\{\vec{x} = \vec{g}(r; \varphi)\big|\, (r; \varphi) \in A\big\}$ miteinander verknüpft sind.

Beispiel 10.34: *Für die Menge* $B = \Big\{(x_1; x_2) \in \mathbb{R}^2\big|\, x_1^2 + x_2^2 \leq \dfrac{\pi}{4}\Big\}$ *ist das Integral* $I = \displaystyle\int\int_B \tan\big(x_1^2 + x_2^2\big)\, dx_1\, dx_2$ *zu berechnen.*

Lösung: Mit $x_1 = r \cdot \cos(\varphi)$ und $x_2 = r \cdot \sin(\varphi)$ geht die Kreisfläche B in das Rechteck $A = \Big\{(r; \varphi)\big|\, 0 \leq r \leq \dfrac{\sqrt{\pi}}{2}, 0 \leq \varphi \leq 2\pi\Big\}$ über. Nach (10.44) folgt dann für das Integral

$$I = \int_0^{2\pi} \Big(\int_0^{\frac{\sqrt{\pi}}{2}} \tan\big(r^2\big) \cdot r\, dr\Big) d\varphi = \int_0^{2\pi} \Big(-\frac{1}{2}\ln\big(\cos\big(r^2\big)\big)\Big|_0^{\frac{\sqrt{\pi}}{2}}\Big) d\varphi$$

$$= \int_0^{2\pi}\Big(-\frac{1}{4}\ln\Big(\frac{1}{2}\Big)\Big) d\varphi = -2\pi\frac{1}{4}\ln\Big(\frac{1}{2}\Big) = \frac{1}{2}\ln(2)\pi. \qquad \lhd$$

Aufgabe 10.30 : *Berechnen Sie das Integral* $I = \displaystyle\int\int_B e^{-x^2-y^2}\, dx\, dy$ *mit* $B = \Big\{(x; y) \in \mathbb{R}^2\big|\, x^2 + y^2 \leq 2\Big\}.$

10.4.6 Kurvenintegrale

Es sei $C: \vec{x}(t) = \begin{pmatrix} x_1(t) \\ x_2(t) \\ x_3(t) \end{pmatrix}$, $t \in [a; b]$, eine Raumkurve, die in der Menge $D \subset \mathbb{R}^3$ verläuft. Weiterhin wird vorausgesetzt, dass die Ableitung der Kurve

$$\dot{\vec{x}}(t) = \begin{pmatrix} \dot{x}_1(t) \\ \dot{x}_2(t) \\ \dot{x}_3(t) \end{pmatrix} \text{ stetig ist und } |\dot{\vec{x}}(t)| = \sqrt{\big(\dot{x}_1(t)\big)^2 + \big(\dot{x}_2(t)\big)^2 + \big(\dot{x}_3(t)\big)^2} \neq 0$$

für alle $t \in (a; b)$ gilt (vgl. die Definition 8.6 auf der Seite 273).

Definition 10.18: $f(\vec{x})$, $\vec{x} \in D$, *bezeichne ein Skalarfeld. Das Integral*

$$\int_C f\, ds := \int_a^b f\big(\vec{x}(t)\big) \cdot \big|\dot{\vec{x}}(t)\big|\, dt \tag{10.45}$$

heißt **Kurvenintegral von** f **längs der Kurve** $C : \vec{x}(t)$, $t \in [a; b]$.

Die Funktion $f(\vec{x})$ nennt man in Anwendungen auch **Massendichte** oder **Belegungsfunktion**. Das Integral $\displaystyle\int_C f\, ds$ beschreibt dann die **Masse** oder **Belegung** der Raumkurve C. Für $f(\vec{x}) = 1$, $\vec{x} \in D$, gibt das Integral (10.45) die Länge der Raumkurve C an. Wenn die Raumkurve in der $x_1 x_2$-Ebene verläuft, erhält man aus (10.45)

$$\int_C ds := \int_a^b \big|\dot{\vec{x}}(t)\big|\, dt = \int_a^b \sqrt{\big(\dot{x}_1(t)\big)^2 + \big(\dot{x}_2(t)\big)^2}\, dt$$

die Formel (8.27) für die Bogenlänge von C.

Beispiel 10.35: *Gesucht sind die Länge* B *und die Masse* M *der Raumkurve*

$$C : x_1(t) = (t-1)^2,\ x_2(t) = (t+1)^2,\ x_3(t) = 8t,\ t \in [0; 2]\,,$$

die mit der Massendichte $f(\vec{x}) = x_2 - x_1 + x_3$, $\vec{x} \in \mathbb{R}^3$, *belegt ist.*

Lösung: $\displaystyle B = \int_0^2 \big|\dot{\vec{x}}(t)\big|\, dt = \int_0^2 \sqrt{\big(2(t-1)\big)^2 + \big(2(t+1)\big)^2 + 8^2}\, dt$

$$= \sqrt{8} \int_0^2 \sqrt{t^2 + 9}\, dt \approx 18,1548\,,$$

$$f\big(\vec{x}(t)\big) = x_2(t) - x_1(t) + x_3(t) = 12t\,,$$

$$M = \int_0^2 f\big(\vec{x}(t)\big) \cdot \big|\dot{\vec{x}}(t)\big|\, dt = 12\sqrt{8} \int_0^2 t\sqrt{t^2 + 9}\, dt \approx 224,828\,. \qquad \triangleleft$$

Aufgabe 10.31: *Berechnen Sie die Länge* B *der Schraubenlinie*

$$C : x_1(t) = 2\cos(t),\ x_2(t) = 2\sin(t),\ x_3(t) = t,\ t \in [0; 2\pi]\,.$$

Wie groß ist die Masse M *dieser Schraubenlinie, wenn die Massendichte aus dem Beispiel 10.35 vorliegt?*

Bemerkungen: Kurvenintegrale lassen sich auch in Vektorfeldern betrachten (siehe [3]). Wenn C eine geschlossene Raumkurve ist, dann schreibt man anstelle des Integrals $\displaystyle\int_C$ auch $\displaystyle\oint_C$.

Kapitel 11

Differenzialgleichungen

11.1 Grundbegriffe

Die Grundbegriffe zu Differenzialgleichungen werden an dem folgenden Problem aus der Mechanik erläutert.

Problem: *Eine Masse m hängt an einer Feder mit der Federkonstanten c. Die Auslenkung der Masse aus der Gleichgewichtslage (Ruhelage) zur Zeit t wird mit y(t) bezeichnet. Die Schwingung sei gedämpft, wobei b die Dämpfungskonstante bezeichnet. Gesucht ist die Auslenkung der Masse y(t) zur Zeit t ≥ 0.*

Das Schwingungssystem ist in dem nebenstehenden Bild schematisch dargestellt. Nach den Grundgesetzen der Mechanik (lineares Kraftgesetz vorausgesetzt) findet man die sogenannte Bewegungsgleichung

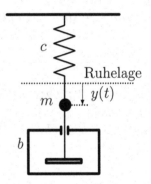

Bild 11.1: *Federschwinger*

$$m\ddot{y}(t) + b\dot{y}(t) + cy(t) = 0. \qquad (11.1)$$

Die gesuchte Funktion $y(t)$, $t \geq 0$, lässt sich nicht unmittelbar aus der Gleichung (11.1) ermitteln. Gleichungen dieses Typs werden in dem vorliegenden Kapitel diskutiert. Wenn die unabhängige Variable der Funktion y nicht die Zeit ist, dann wird die unabhängige Variable im Weiteren mit x bezeichnet.

Definition 11.1: *Eine Gleichung, die außer der unbekannten Funktion $y(x)$ noch deren Ableitungen $y'(x), y''(x), ..., y^{(n)}(x)$ enthält, heißt* **Differenzialgleichung**. *Die höchste vorkommende Ableitung wird als* **Ordnung der Differenzialgleichung** *bezeichnet.*

Die Gleichung (11.1) ist eine Differenzialgleichung 2. Ordnung. In dieser Gleichung hängen die unbekannte Funktion und deren Ableitungen nur von einer Variablen ab. Man spricht in diesem Fall auch von einer **gewöhnlichen Differenzialgleichung**. Wenn die unbekannte Funktion in der Differenzialgleichung von mehr als einer Variablen abhängt und wenn partielle Ableitungen der unbekannten Funktion auftreten, dann liegt eine **partielle Differenzialgleichung** vor. In diesem Buch werden ausschließlich Lösungsverfahren für gewöhnliche Differenzialgleichungen behandelt. Für Existenzaussagen und für partielle Differenzialgleichungen sei auf [3] bzw. auf die dort zitierte Literatur verwiesen.

Als Nächstes wird festgelegt, was man unter einer Lösung einer Differenzialgleichung versteht.

Definition 11.2: *Eine Funktion* $y = y(x)$ *heißt* **Lösung** *einer Differenzialgleichung im (offenen) Intervall* I, *wenn sie in diesem Intervall (mit ihren Ableitungen) die Differenzialgleichung erfüllt.*

Man spricht von einer **allgemeinen Lösung** *einer Differenzialgleichung* n-*ter Ordnung, wenn die Lösung dieser Gleichung* n *Parameter (Integrationskonstanten) enthält. Werden für diese Parameter konkrete Werte eingesetzt, dann entsteht eine* **spezielle** *oder* **partikuläre Lösung**.

Beispiel 11.1: *Die Differenzialgleichung* $y''(x) = 0$, $x \in \mathbb{R}$, *hat die allgemeine Lösung* $y_1(x) = C_1 \cdot x + C_2$, $x \in \mathbb{R}$, *wobei* C_1 *und* C_2 *beliebige reelle Konstanten bezeichnen. Partikuläre Lösungen der Differenzialgleichung sind z.B.* $y_2(x) = 2x + 4$, $x \in \mathbb{R}$, *oder* $y_3(x) = 1$, $x \in \mathbb{R}$.

Lösung: Die angegebenen Funktionen erfüllen die Gleichung $y''(x) = 0$, $x \in \mathbb{R}$, und sind demzufolge Lösung. Da eine Differenzialgleichung zweiter Ordnung vorliegt, ist $y_1(x)$ eine allgemeine Lösung bzw. sind $y_2(x)$ und $y_3(x)$ partikuläre Lösungen.   ◁

In den Anwendungen werden häufig noch Zusatzbedingungen an die Lösung $y(x)$ einer Differenzialgleichung n-ter Ordnung gestellt. Werden n Bedingungen $y(x_0) = y_0$, $y'(x_0) = y_1, \ldots, y^{(n-1)}(x_0) = y_{n-1}$ an <u>einer</u> Stelle x_0 des Definitionsbereiches gefordert, dann liegt eine **Anfangswertaufgabe** vor. Wenn vorgegebene Bedingungen an <u>wenigstens zwei</u> unterschiedlichen Stellen des Definitionsbereiches durch die Lösung erfüllt werden müssen, dann spricht man von einer **Randwertaufgabe**.

Beispiel 11.2: *Für den Federschwinger auf der Seite 365 sind z.B. folgende Zusatzbedingungen sinnvoll:*

(1) *Zur Zeit t_0 wird gefordert, dass die Masse die Auslenkung y_0 und die Geschwindigkeit y_1 hat. In diesem Fall entsteht die Anfangswertaufgabe*
$m\ddot{y}(t) + b\dot{y}(t) + cy(t) = 0$, $y(t_0) = y_0$, $\dot{y}(t_0) = y_1$.

(2) *Zu den Zeitpunkten t_0 bzw. t_1 ($t_0 \neq t_1$) soll die Masse die Auslenkung y_0 bzw. y_1 haben. Hier liegt die Randwertaufgabe*
$m\ddot{y}(t) + b\dot{y}(t) + cy(t) = 0$, $y(t_0) = y_0$, $y(t_1) = y_1$ *vor.*

Bei einer Anfangswertaufgabe bzw. einer Randwertaufgabe muss zunächst die allgemeine Lösung der Differenzialgleichung bestimmt werden. In einem zweiten Schritt werden die in der allgemeinen Lösung enthaltenen Parameter an die Zusatzbedingungen angepasst.

Es zeigt sich, dass für Differenzialgleichungen kein allgemeines Lösungsverfahren existiert. Aus diesem Grund werden im Weiteren für konkrete Differenzialgleichungstypen Lösungsverfahren diskutiert.

Jede Differenzialgleichung n-ter Ordnung kann in **impliziter Form** als

$$F\big(x; y(x); y'(x); \ldots; y^{(n)}(x)\big) = 0$$

mit einer reellen Funktion $F \big| D_F \to \mathbb{R}$, $D_F \subset \mathbb{R}^{n+2}$, geschrieben werden. Falls eine Differenzialgleichung nach der höchsten Ableitung auflösbar ist, dann lässt sie sich in der **expliziten Form**

$$y^{(n)}(x) = f\big(x; y(x); y'(x); \ldots; y^{(n-1)}(x)\big)$$

schreiben, wobei $f \big| D_f \to \mathbb{R}$, $D_f \subset \mathbb{R}^{n+1}$, eine reelle Funktion bezeichnet. Wenn es zu keinen Verwechslungen führt, wird das Argument x bei der Funktion y und deren Ableitungen weggelassen.

Die Differenzialgleichung (11.1) ist in impliziter Form angegeben. Da die Masse $m > 0$ ist, lässt sich diese Differenzialgleichung auch in die explizite Form $\ddot{y} = -\dfrac{b}{m}\dot{y} - \dfrac{c}{m}y$ bringen.

11.2 Differenzialgleichungen 1. Ordnung

11.2.1 Geometrische Darstellung der Lösung

Bei der geometrischen Darstellung der allgemeinen Lösung der Differenzialgleichung in expliziter Form

$$y' = f(x; y), \quad x \in D \subset \mathbb{R},$$

wird jedem Punkt $(x; y)$ der xy-Ebene ein Tangentenstück, das sogenannte **Richtungselement**, zugeordnet. Die Gesamtheit dieser Richtungselemente
bildet das **Richtungsfeld** und beschreibt stückweise die Lösung der Differenzialgleichung. Lösungen der Differenzialgleichung sind dann solche Kurven,
die in dieses Richtungsfeld passen. Als Nächstes wird das Richtungsfeld näher
untersucht. Durch die **Isoklinengleichung** $f(x; y) = c$ wird für jede fest
vorgegebene Zahl $c \in \mathbb{R}$ eine Kurve in der xy-Ebene beschrieben. Diese Kurve
wird als **Isokline** bezeichnet und verbindet die Punkte der Ebene, in denen die
Richtungselemente parallel zueinander verlaufen und den Anstieg c besitzen.

Beispiel 11.3: *Die Lösung der Differenzialgleichung $y' = y + x^2$, $x \in \mathbb{R}$, ist
geometrisch zu bestimmen. In das Richtungsfeld ist die Lösung der Anfangswertaufgabe $y' = y + x^2$, $x \in \mathbb{R}$, $y(0) = -1$ einzuzeichnen.*

Lösung: Die Isoklinengleichung lautet $c = y + x^2$, $x \in \mathbb{R}$. Durch diese Gleichung wird für jedes $c \in \mathbb{R}$ eine Parabel $y = g(x) = c - x^2$, $x \in \mathbb{R}$, beschrieben, die nach unten geöffnet ist. Jede Lösungskurve der Differenzialgleichung,
die die Parabel $y = g(x) = c - x^2$, $x \in \mathbb{R}$, schneidet, besitzt in jedem Schnittpunkt den Anstieg c. Aus diesem Grund wird dem Punkt $(x; c - x^2)$ ein
Geradenstück mit dem Anstieg c zugeordnet.

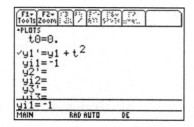   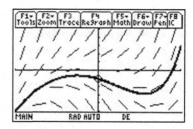

Bild 11.2   **Bild 11.3**

Um mit einem TI-Rechner die Lösung der Differenzialgleichung graphisch darstellen zu können, muss die unabhängige Variable mit t bezeichnet werden.
Nachdem *Differential equations* im *Graph-Modus* eingestellt wurde, wird die
Differenzialgleichung $y'_1 = y_1 + t^2$, $t \in \mathbb{R}$, und die Anfangsbedingung
$y_1(0) = -1$ wie im Bild 11.2 eingegeben. (Die Einstellungen für das Ansichtsfenster wurden $xmin = -3$, $xmax = 3$, $ymin = -5$, $ymax = 5$ gewählt.)
Im Bild 11.3 sind das Richtungsfeld und die Lösung der Anfangswertaufgabe
dargestellt, die mit dem TI-89 erhalten wurden.   ◁

Hinweis: Falls bei der graphischen Darstellung Fehlermeldungen angezeigt
werden, deutet das auf eine falsche Einstellung im Feld-Graphikformat

Grafikformat Fields hin. Siehe hierzu die entsprechenden Seiten im Handbuch.

Differenzialgleichungen 1. und 2. Ordnung lassen sich mit einem TI-Rechner mit dem Befehl deSolve analytisch lösen (Siehe Bild 11.4). Der analoge Befehl beim ClassPad 300 lautet dsolve. Dieser Befehl kann entweder über den Katalog oder über die Tastatur direkt eingegeben werden. Durch das Symbol @1 im Bild 11.4 wird der Parameter der allgemeinen Lösung gekennzeichnet. Es ist möglich, dass eine andere Konstante angezeigt wird! Im Bild 11.6 sind einige Lösungskurven dargestellt, die gemäß Bild 11.5 eingegeben wurden. Ein Vergleich mit dem Bild 11.3 zeigt, dass diese Lösungskurven in dem Richtungsfeld der Differenzialgleichung liegen.

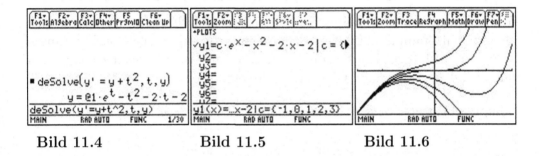

Bild 11.4   **Bild 11.5**   **Bild 11.6**

Aufgabe 11.1 : *Skizzieren Sie das Richtungsfeld der Differenzialgleichung $y' = 2x^2 + y^2$, $x \in \mathbb{R}$. In das Richtungsfeld ist die Lösung einzuzeichnen, die die Anfangsbedingung $y(0) = 0$ erfüllt. Welche Kurven werden durch die Isoklinengleichung beschrieben?*

11.2.2   Differenzialgleichungen mit trennbaren Variablen

> **Definition 11.3:** *Eine Differenzialgleichung 1. Ordnung $y' = f(x, y)$ heißt* **Differenzialgleichung mit trennbaren Variablen**, *wenn sie in die Form $y' = g(x) \cdot h(y)$ übergeführt werden kann. g und h bezeichnen jeweils (auf offenen Intervallen definierte) stetige reelle Funktionen.*

Zur Berechnung der Lösung wird die Ableitung $y'(x)$ als Differenzialquotient geschrieben. Dann lässt sich die Lösung einer Differenzialgleichung mit trennbaren Variablen im Allgemeinen nach folgendem Schema ermitteln.

Lösung der Differenzialgleichung $y'(x) = \dfrac{dy}{dx} = g(x) \cdot h(y)$:

Fall 1 $h(y) \neq 0$:

1. *Es werden die Variablen getrennt, d.h.,* $\dfrac{dy}{h(y)} = g(x) \cdot dx$.

2. *Die letzte Gleichung wird integriert:* $\displaystyle\int \dfrac{1}{h(y)}\, dy = \int g(x)\, dx + C$,
   wobei C eine Integrationskonstante bezeichnet.

3. *Wenn möglich, wird die Gleichung nach $y(x)$ aufgelöst.*

Der **Fall 2** $h(y) = 0$ *liefert gegebenenfalls weitere partikuläre Lösungen.*

Bemerkung: Um den zweiten Schritt ausführen zu können, müssen die entsprechenden Stammfunktionen bekannt sein. Mit der Integrationskonstanten C werden die Integrationskonstanten zusammengefasst, die bei der Integration auf der linken und rechten Gleichungsseite entstehen.

Beispiel 11.4: *Gesucht ist die Lösung der Gleichung* $y' = \dfrac{2xy}{1+x^2}$, $x \in \mathbb{R}$.

Lösung: Die Differenzialgleichung lässt sich schreiben als $y' = \dfrac{2x}{1+x^2} \cdot y$. Folglich liegt eine Differenzialgleichung mit trennbaren Variablen vor mit den Funktionen $g(x) = \dfrac{2x}{1+x^2}$, $x \in \mathbb{R}$, und $h(y) = y$, $y \in \mathbb{R}$.
<u>Fall 1</u> $h(y) = y \neq 0$: Die Trennung der Variablen führt zu der Gleichung

$$\frac{dy}{y} = \frac{2x}{1+x^2}\, dx .$$

Die Integration dieser Gleichung ergibt

$$\ln\big(|y|\big) = \ln\big(1+x^2\big) + C .$$

Das Integral auf der rechten Gleichungsseite erhält man mit der Substitutionsregel (Substitution $u = 1 + x^2$). Im letzten Schritt wird die Gleichung nach y aufgelöst. Mit Hilfe der e-Funktion folgt zunächst

$$|y| = e^{\ln(|y|)} = e^{\ln(1+x^2)+C} = e^{\ln(1+x^2)}\, e^{C} = (1+x^2)\cdot C_1$$

mit der Konstanten $C_1 = e^{C} > 0$. Die Auflösung der Betragsgleichung $|y| = (1+x^2)\cdot C_1$ ergibt

$$y(x) = \pm C_1 \cdot (1+x^2) = C_2 \cdot (1+x^2),\ x \in \mathbb{R}, \quad \text{mit} \quad C_2 = \pm C_1 \neq 0 .$$

<u>Fall 2</u> $h(y) = y = 0$ führt zur Lösung $y(x) = C_0 = 0$, $x \in \mathbb{R}$.

Die Fälle 1 und 2 ergeben die allgemeine Lösung

$$y(x) = C_3 \cdot (1 + x^2)\,, \ x \in \mathbb{R}\,, \quad \text{mit} \quad C_3 \in \mathbb{R}\,. \qquad \lhd$$

Beispiel 11.5: *Lösen Sie die Differenzialgleichung* $y' = 2 \cdot x \cdot y^2$, $x \in \mathbb{R}$.

Lösung: Es liegt eine Differenzialgleichung mit trennbaren Variablen vor mit den Funktionen $g(x) = 2x$, $x \in \mathbb{R}$, und $h(y) = y^2$, $y \in \mathbb{R}$.

<u>Fall 1</u> $h(y) = y^2 \neq 0$: Nach der Trennung der Variablen $y^{-2}\,dy = 2x\,dx$ erhält man durch Integration sofort die allgemeine Lösung $-\dfrac{1}{y(x)} = x^2 + C$ bzw.

$y(x) = \dfrac{1}{C_1 - x^2}$, $C_1 \in \mathbb{R}$ $(C_1 = -C)$. Der Definitionsbereich D der Lösung

hängt von der Konstanten C_1 ab. Es gilt $D = \begin{cases} \mathbb{R} & \text{für} \quad C_1 < 0 \\ x \neq \pm\sqrt{C_1} & \text{für} \quad C_1 \geq 0. \end{cases}$

Der <u>Fall 2</u> $h(y) = y^2 = 0$ liefert als weitere Lösung der Differenzialgleichung $y(x) = 0$, $x \in \mathbb{R}$. $\qquad \lhd$

Bemerkung: Die Lösung $y(x) = 0$, $x \in \mathbb{R}$, aus dem Fall 2 lässt sich nicht durch eine spezielle Wahl der Konstanten C aus der allgemeinen Lösung erhalten, die für den Fall 1 berechnet wurde. Man spricht in diesem Fall von einer **singulären Lösung** der Differenzialgleichung. Singuläre Lösungen werden im Allgemeinen vom CAS-Rechner nicht erkannt!

Aufgabe 11.2: *Lösen Sie die folgenden Differenzialgleichungen.*

(1) $\ y' = 1 + y^2$, $x \in \mathbb{R}$, $\qquad$ (2) $\ y' + y \cdot \tan(x) = 0$, $x \in \left(-\dfrac{\pi}{2}; \dfrac{\pi}{2} \right)$,

(3) $\ y' = \sqrt{\dfrac{y}{x}}$, $x > 0$.

Aufgabe 11.3: *$a_0(x)$ sei eine (auf einem Intervall) stetige Funktion. Lösen Sie die Differenzialgleichung $y' + a_0(x) \cdot y = 0$.*

Eine Reihe weiterer Differenzialgleichungen 1. Ordnung lässt sich durch geeignete Substitutionen auf Differenzialgleichungen mit trennbaren Veränderlichen zurückführen. Ein solcher Typ von Differenzialgleichungen wird jetzt betrachtet.

Definition 11.4: *Eine Differenzialgleichung 1. Ordnung $y' = f(x, y)$ heißt* **Ähnlichkeits-Differenzialgleichung***, wenn eine (auf einem Intervall) stetige Funktion φ existiert, so dass $y' = \varphi\left(\dfrac{y}{x}\right)$, $x \neq 0$, gilt.*

Bei einer Ähnlichkeits-Differenzialgleichung $y' = \varphi\left(\dfrac{y}{x}\right)$ wird mit der Substitution $z = \dfrac{y}{x}$ zu einer neuen Differenzialgleichung für die Funktion $z(x)$ übergegangen. Die Differenziation der Gleichung $y = z \cdot x$ ergibt nach der Produktregel $y' = z' \cdot x + z = \varphi(z)$. Hieraus entsteht die Differenzialgleichung $z' = \left(\varphi(z) - z\right) \cdot \dfrac{1}{x}$, die eine Differenzialgleichung mit trennbaren Variablen ist. Die Trennung der Variablen und anschließende Integration führt bei $\varphi(z) - z \neq 0$ zu

$$\int \frac{1}{\varphi(z) - z}\, dz = \int \frac{1}{x}\, dx = \ln(|x|) + C\,.$$

Nach der Berechnung des Integrals auf der linken Gleichungsseite wird die Substitution $z = \dfrac{y}{x}$ wieder rückgängig gemacht und, wenn möglich, nach $y(x)$ aufgelöst. Der Fall $\varphi(z) - z = 0$ ist gesondert zu betrachten. Die Vorgehensweise wird in dem folgenden Schema zusammengefasst.

Lösung der Differenzialgleichung $y'(x) = \varphi\left(\dfrac{y}{x}\right)$, $x \neq 0$:

1. *Es wird $z = \dfrac{y}{x}$ substituiert. Anschließend werden die Variablen getrennt.*
2. *Für $\varphi(z) - z \neq 0$ wird das Integral von der linken Gleichungsseite*
   $\displaystyle\int \frac{1}{\varphi(z) - z}\, dz = \ln(|x|) + C$ *berechnet. C ist eine Integrationskonstante.*
3. *Die Substitution $z = \dfrac{y}{x}$ wird rückgängig gemacht. Wenn möglich, wird die Gleichung nach $y(x)$ aufgelöst.*
4. *Es ist der Fall $\varphi(z) - z = 0$ zu diskutieren.*

Beispiel 11.6: *Die Differenzialgleichung $y' = \dfrac{3y - x}{2x}$, $x \neq 0$, ist zu lösen.*

Lösung: Nach der Umformung $y' = \dfrac{3y - x}{2x} = \dfrac{3}{2} \cdot \dfrac{y}{x} - \dfrac{1}{2} = \varphi\left(\dfrac{y}{x}\right), x \neq 0,$

erkennt man, dass es sich um eine Ähnlichkeits-Differenzialgleichung mit der Funktion $\varphi(z) = \dfrac{3}{2} \cdot z - \dfrac{1}{2}$ handelt. Dann gilt für das Integral

$$\int \frac{1}{\varphi(z) - z} \, dz = \int \frac{1}{\frac{3}{2}z - \frac{1}{2} - z} \, dz = \int \frac{2}{z - 1} \, dz = 2\ln\left(|z - 1|\right) + \underline{C} \, .$$

Aus dem zweiten Schritt des obigen Schemas resultiert somit

$$2\ln\left(|z - 1|\right) = \ln\left(|x|\right) + C \, .$$

Nach der Rücksubstitution wird die Gleichung nach $y(x)$ aufgelöst. D.h.,

$$2\ln\left(\left|\frac{y}{x} - 1\right|\right) = \ln\left(|x|\right) + C \iff e^{\ln\left(\left|\frac{y}{x} - 1\right|^2\right)} = e^{\ln\left(|x|\right) + C}$$

$$\iff \left(\frac{y}{x} - 1\right)^2 = |x| \cdot C_1 \qquad (C_1 = e^C > 0)$$

$$\implies \frac{y}{x} - 1 = C_2 \cdot \sqrt{|x|} \qquad (C_2 = \pm\sqrt{C_1} \neq 0)$$

$$\implies y(x) = x \cdot \left(C_2 \sqrt{|x|} + 1\right), \quad x \neq 0, \qquad C_2 \neq 0 \, .$$

Der Fall $\varphi(z) - z = \dfrac{1}{2}(z - 1) = 0$ führt zur Lösung der Differenzialgleichung $y(x) = x$, $x \neq 0$. Damit lautet die allgemeine Lösung der Differenzialgleichung

$$y(x) = x \cdot \left(C_2 \sqrt{|x|} + 1\right), \quad x \neq 0, \qquad C_2 \in \mathbb{R} \, . \qquad \triangleleft$$

Aufgabe 11.4: *Lösen Sie die Ähnlichkeits-Differenzialgleichungen für $x > 0$.*

$$(1) \quad y' = 2\frac{x}{y} + \frac{y}{x}, \qquad (2) \quad y' - \frac{y - x}{2y - x} = 0 \, .$$

11.2.3 Variation der Konstanten

Diese Methode wird zur Lösung linearer Differenzialgleichungen eingesetzt.

Definition 11.5: *Eine Differenzialgleichung der Form*

$$y'(x) + a_0(x) \cdot y(x) = r(x), \quad x \in D, \tag{11.2}$$

heißt **lineare Differenzialgleichung 1. Ordnung**. *$a_0(x)$ wird als* **Koeffizientenfunktion** *und $r(x)$ als* **Störfunktion** *bezeichnet.*

Zu beachten ist, dass bei einer linearen Differenzialgleichung zwischen der unbekannten Funktion $y(x)$ und deren Ableitung $y'(x)$ stets das Operationszeichen $+$ steht. Die Koeffizientenfunktion $a_0(x)$ und die Störfunktion $r(x)$ hängen nicht von der unbekannten Funktion $y(x)$ ab und beeinflussen die Linearität der Differenzialgleichung nicht.

Eine Differenzialgleichung, die keine lineare Differenzialgleichung ist, wird auch als **nichtlineare Differenzialgleichung** bezeichnet. Die Differenzialgleichungen aus den Beispielen 11.4 und 11.6 und der Aufgabe 11.2 (2) lassen sich in die Form (11.2) überführen und sind lineare Differenzialgleichungen. Alle weiteren Differenzialgleichungen aus dem Abschnitt 11.2.2 sind nichtlinear.

In Abhängigkeit von der Störfunktion werden lineare Differenzialgleichungen weiter unterschieden.

Definition 11.6 : *Die lineare Differenzialgleichung 11.2 heißt* **homogen***, wenn* $r(x) \equiv 0$, $x \in D$, *gilt. Im Fall* $r(x) \not\equiv 0$, $x \in D$, *liegt eine* **inhomogene Differenzialgleichung** *vor.*

Bemerkung: Durch eine homogene Differenzialgleichung wird das Verhalten eines (linearen) physikalischen Systems beschrieben, auf das keine äußeren Einflüsse (Störungen) wirken.

Als Nächstes wird die Struktur der Lösung einer linearen Differenzialgleichung ohne Beweis angegeben. Dabei wird stets vorausgesetzt, dass die Funktionen $a_0(x)$, $x \in D$, und $r(x)$, $x \in D$, stetig sind.

Satz 11.1 : *Die allgemeine Lösung der Differenzialgleichung (11.2) hat die Form*

$$y(x) = y_h(x) + y_p(x),\ x \in D, \tag{11.3}$$

wobei $y_h(x)$ *die* <u>*allgemeine*</u> *Lösung der homogenen Differenzialgleichung*

$$y' + a_0(x) \cdot y = 0,\ x \in D, \tag{11.4}$$

und $y_p(x)$ *eine* <u>*partikuläre*</u> *Lösung der inhomogenen Gleichung (11.2) ist.*

Bei der homogenen Gleichung (11.4) handelt es sich um eine Differenzialgleichung mit trennbaren Variablen, deren Lösung

$$y_h(x) = C \cdot \mathrm{e}^{-\int a_0(x)\,dx}\,, \ x \in D, \quad C \in \mathbb{R}\,, \tag{11.5}$$

in der Aufgabe 11.3 berechnet wurde. Für eine partikuläre Lösung der inhomogenen Gleichung macht man unter Verwendung der Lösung der homogenen Differenzialgleichung den Ansatz (Variation der Konstanten)

$$y_p(x) = C(x) \cdot \mathrm{e}^{-\int a_0(x)\,dx}\,, \ x \in D\,. \tag{11.6}$$

Anschließend wird dieser Ansatz in die Differenzialgleichung (11.2) eingesetzt. Mit der Produkt- und der Kettenregel erhält man

$$C'(x) \cdot \mathrm{e}^{-\int a_0(x)\,dx} - C(x) \cdot a_0(x) \cdot \mathrm{e}^{-\int a_0(x)\,dx} + C(x) \cdot a_0(x) \cdot \mathrm{e}^{-\int a_0(x)\,dx} = r(x)$$

bzw. $\quad C'(x) = \mathrm{e}^{\int a_0(x)\,dx} \cdot r(x)$. Aus der letzten Differenzialgleichung berechnet man dann die Funktion $C(x) = \displaystyle\int \mathrm{e}^{\int a_0(x)\,dx} \cdot r(x)\,dx + \underline{C}$. Durch Einsetzen von $C(x)$ mit $\underline{C} = 0$ in (11.6) ergibt sich die partikuläre Lösung

$$y_p(x) = \mathrm{e}^{-\int a_0(x)\,dx} \cdot \int \mathrm{e}^{\int a_0(x)\,dx} \cdot r(x)\,dx,\, x \in D\,. \tag{11.7}$$

Damit gilt der

Satz 11.2: *Die allgemeine Lösung der Differenzialgleichung (11.2) lautet*

$$y(x) = \mathrm{e}^{-\int a_0(x)\,dx} \cdot \left(C + \int \mathrm{e}^{\int a_0(x)\,dx} \cdot r(x)\,dx \right),\, x \in D,\, C \in \mathbb{R}. \tag{11.8}$$

Die Berechnung der Lösung nach (11.8) lässt sich nach dem folgenden Schema erhalten.

Lösung der Differenzialgleichung $\quad y'(x) + a_0(x) \cdot y(x) = r(x),\, x \in D$:

1. *Berechnung der Stammfunktionen*

$$A(x) = \int a_0(x)\,dx \quad und \quad R(x) = \int \mathrm{e}^{A(x)} r(x)\,dx\,.$$

2. *Die allgemeine Lösung ist* $\quad y(x) = \mathrm{e}^{-A(x)}\,(C + R(x)),\, x \in D,\, C \in \mathbb{R}.$

Beispiel 11.7: *Berechnen Sie die allgemeine Lösung der Differenzialgleichung* $y' - \cos(x) \cdot y + \sin(x)\cos(x) = 0$, $x \in \mathbb{R}$.

Lösung: Es liegt eine lineare und inhomogene Differenzialgleichung 1. Ordnung vor. Dabei sind $a_0(x) = -\cos(x)$ die Koeffizientenfunktion und $r(x) = -\sin(x)\cos(x)$ die Störfunktion. Es gilt für die Stammfunktionen

$$A(x) = -\int \cos(x)\,dx = -\sin(x)$$

$$R(x) = -\int e^{-\sin(x)}\sin(x)\cos(x)\,dx = e^{-\sin(x)}\left(1 + \sin(x)\right),$$

wobei das letzte Integral mit der Substitution $u = \sin(x)$ berechnet wurde. Damit erhält man nach dem Lösungsschema die allgemeine Lösung der Differenzialgleichung

$$y(x) = e^{\sin(x)}\left(C + e^{-\sin(x)}\left(1 + \sin(x)\right)\right) = C \cdot e^{\sin(x)} + 1 + \sin(x), \quad C \in \mathbb{R}.$$

$\triangleleft$

Beispiel 11.8 : *Wie lautet die allgemeine Lösung der Differenzialgleichung* $y' + \dfrac{1}{x}\cdot y - x\cdot e^x = 0$, $x \neq 0$?

Lösung: Bei dieser linearen inhomogenen Differenzialgleichung 1. Ordnung sind $a_0(x) = \dfrac{1}{x}$ die Koeffizientenfunktion und $r(x) = x\cdot e^x$ die Störfunktion. Die Stammfunktionen lauten

$$A(x) = \int \frac{1}{x}\,dx = \ln\left(|x|\right),$$

$$R(x) = \int e^{\ln\left(|x|\right)}\cdot x\cdot e^x\,dx = \int |x|\cdot x\cdot e^x\,dx$$

$$= \begin{cases} \displaystyle\int x^2\cdot e^x\,dx = e^x\left(x^2 - 2x + 2\right) & \text{für } x > 0 \\[2mm] -\displaystyle\int x^2\cdot e^x\,dx = -e^x\left(x^2 - 2x + 2\right) & \text{für } x < 0. \end{cases}$$

Nach dem 2. Schritt des Lösungsschemas erhält man die allgemeine Lösung

$$y(x) = \begin{cases} \dfrac{1}{|x|}\left(C + e^x\left(x^2 - 2x + 2\right)\right) = \dfrac{C}{x} + e^x\left(x - 2 + \tfrac{2}{x}\right) & \text{für } x > 0 \\[3mm] \dfrac{1}{|x|}\left(C - e^x\left(x^2 - 2x + 2\right)\right) = \dfrac{C}{-x} + e^x\left(x - 2 + \tfrac{2}{x}\right) & \text{für } x < 0 \end{cases}$$

$$= \frac{C}{|x|} + e^x\left(x - 2 + \frac{2}{x}\right), \quad x \neq 0, \quad C \in \mathbb{R}.$$

$\triangleleft$

Aufgabe 11.5: *Lösen Sie die Differenzialgleichungen 1. Ordnung.*

(1) $y' = 4\,\mathrm{e}^{-x^2} - 2x \cdot y$, $x \in \mathbb{R}$,

(2) $y' + y = x + 2x^2$, $x \in \mathbb{R}$.

11.2.4   Exakte Differenzialgleichungen

Definition 11.7: $g \big| D \to \mathbb{R}$ *und* $h \big| D \to \mathbb{R}$ *seien auf dem Gebiet* $D \subset \mathbb{R}^2$ *stetig. Die Differenzialgleichung*

$$g(x; y) + h(x; y) \cdot y' = 0 \tag{11.9}$$

heißt **exakt**, *wenn eine differenzierbare Funktion* $z(x; y) \big| D \to \mathbb{R}$, *existiert, so dass für die partiellen Ableitungen auf* D *gilt*

$$z_x(x; y) = g(x; y) \qquad und \qquad z_y(x; y) = h(x; y) . \tag{11.10}$$

Die exakte Differenzialgleichung (11.9) geht in Differenzialschreibweise nach Multiplikation mit dx über in

$$g(x; y) \cdot dx + h(x; y) \cdot dy = 0 . \tag{11.11}$$

Ein einfaches Kriterium dafür, dass eine Differenzialgleichung der Gestalt (11.9) eine exakte Differenzialgleichung ist, wird im nächsten Satz formuliert.

Satz 11.3: *Es sei* D *ein einfach zusammenhängendes Gebiet im* $\mathbb{R}^2$. *Die Differenzialgleichung (11.9) ist genau dann exakt, wenn für die partiellen Ableitungen gilt*

$$g_y(x; y) = h_x(x; y) , \; (x; y) \in D . \tag{11.12}$$

Als Nächstes wird ein Schema zur Lösung exakter Differenzialgleichungen angegeben.

Lösung der exakten Differenzialgleichung

$$g(x;y) + h(x;y) \cdot y' = 0, \ x \in D :$$

1. *Berechnung des unbestimmten Integrals*

$$G(x;y) = \int g(x;y)\, dx + C_0 .$$

2. *Wahl des Lösungsansatzes*

$$z(x;y) = G(x;y) + C_0(y) \qquad\qquad (11.13)$$

mit einer zunächst noch unbekannten Funktion $C_0(y)$.
3. *Die partielle Differenziation von (11.13) nach y ergibt wegen (11.10)*

$$G_y(x;y) + C_0'(y) = h(x;y) . \qquad\qquad (11.14)$$

4. *Berechnung von $C_0(y)$ aus (11.14) durch unbestimmte Integration.*
5. *Die allgemeine Lösung ist dann*

$$G(x;y) + C_0(y) + C = 0\,, \ x \in D,\ C \in \mathbb{R} .$$

Ein analoges Lösungsverfahren erhält man, wenn im 1. Schritt von $G(x;y) = \int h(x;y)\, dy + C_0$ ausgegangen wird. Anschließend hat man $z(x;y) = G(x;y) + C_0(x)$ zu setzen und nach x zu differenzieren.

Beispiel 11.9: *Lösen Sie die Anfangswertaufgabe*
$$x\,y^2 + \left(y^3 + x^2\,y\right) y' = 0\,, \quad x \in \mathbb{R}\,,\ y(0) = -1\,.$$

Lösung: Es gilt $g(x;y) = x\,y^2$, $\quad h(x;y) = y^3 + x^2\,y$, $\quad (x;y) \in \mathbb{R}^2$. Da $g_y(x;y) = 2xy = h_x(x;y)$ erfüllt ist, liegt eine exakte Differenzialgleichung vor. Nach dem ersten Schritt des Lösungsschemas ergibt sich

$$G(x;y) = \int x\,y^2\, dx = \frac{1}{2}x^2y^2 + C_0 .$$

Der Lösungsansatz lautet $z(x;y) = \frac{1}{2}x^2y^2 + C_0(y)$. Hieraus erhält man entsprechend (11.14) zunächst die Gleichung

$$x^2\,y + C_0'(y) = y^3 + x^2y\,,$$

aus der sich durch Integration nach y

$$C_0(y) = \int y^3\, dy = \frac{1}{4}y^4 + C$$

ergibt. Nach dem 5. Schritt folgt für die allgemeine Lösung der Differenzialgleichung

$$\frac{1}{2}x^2y^2 + \frac{1}{4}y^4 + C = 0 \qquad \text{bzw.} \qquad y^4 + 2x^2y^2 + C_1 = 0, \quad C_1 \leq 0.$$

Um eine explizite Form der Lösung zu erhalten, wird mit der Substitution $y^2 = v$ die letzte Gleichung in die quadratische Gleichung

$$v^2 + 2x^2v + C_1 = 0$$

übergeführt. Diese Gleichung hat die Lösungen $v_{1,2} = -x^2 \pm \sqrt{x^4 - C_1}$. Weil die Lösung der Differenzialgleichung reellwertig ist, folgt hieraus für die allgemeine Lösung

$$y(x) = \pm\sqrt{\sqrt{x^4 - C_1} - x^2}, \quad x \in \mathbb{R}, \quad C_1 \leq 0.$$

Die Anfangsbedingung führt zur Lösung

$$y(x) = -\sqrt{\sqrt{x^4 + 1} - x^2}, \quad x \in \mathbb{R}. \qquad \qquad \triangleleft$$

Aufgabe 11.6: *Lösen Sie die Differenzialgleichung*

$$\cos(y + 2x) \cdot y' + 2\cos(y + 2x) = \sin(x), \; x \in D.$$

11.3 Differenzialgleichungen höherer Ordnung

11.3.1 Spezielle Differenzialgleichungen 2. Ordnung

Es werden drei Spezialfälle von Differenzialgleichungen 2. Ordnung betrachtet. Die Lösungsmethoden für diese Differenzialgleichungen lassen sich auf entsprechende Differenzialgleichungen n-ter Ordnung übertragen.

Spezialfall: $y'(x)$ und $y(x)$ treten nicht auf

Eine Differenzialgleichung 2. Ordnung in expliziter Form $y''(x) = f(x)$ lässt sich durch zweimalige Integration lösen.

Beispiel 11.10: *Zu lösen ist die Differenzialgleichung*

$$y'' = 4\cosh(2x), \, x \in \mathbb{R}.$$

Lösung: Die Integration dieser Differenzialgleichung ergibt zunächst

$y' = 2\sinh(2x) + C_1$. Eine nochmalige Integration liefert die allgemeine Lösung
$y(x) = \cosh(2x) + C_1 x + C_2$, $x \in \mathbb{R}$, $C_1, C_2 \in \mathbb{R}$. $\triangleleft$

Spezialfall: $y(x)$ tritt nicht auf

Eine Differenzialgleichung $F(x, y', y'') = 0$ (bzw. $y'' = f(x, y')$) wird durch
die Substitution $y'(x) = z(x)$ in die neue Differenzialgleichung 1. Ordnung
$F(x, z, z') = 0$ (bzw. $z' = f(x, z)$) übergeführt. Nachdem die Lösung $z(x)$
der Differenzialgleichung 1. Ordnung berechnet wurde, erhält man die Lösung
der Ausgangsgleichung durch

$$y(x) = \int z(x)\, dx + C_2\,.$$

Beispiel 11.11: *Wie lautet die Lösung der Differenzialgleichung*

$$y'' = 2\frac{y'}{x} - 4x^5,\ x \neq 0\,.$$

Lösung: Mit der Substitution $y'(x) = z(x)$ entsteht die lineare Differenzialgleichung 1. Ordnung

$$z' - \frac{2}{x}z = -4x^5,\ x \neq 0\,.$$

Die Lösung dieser Gleichung lässt sich nach dem Lösungsschema auf der Seite
375 berechnen. Es ergibt sich

$$A(x) = -\int \frac{2}{x}\, dx = -2 \cdot \ln\left(|x|\right),$$

$$R(x) = \int e^{-2\ln(|x|)}\left(-4x^5\right) dx = -\int \frac{4x^5}{|x|^2}\, dx = -x^4\,,$$

$$z(x) = |x|^2\left(C - x^4\right) = Cx^2 - x^6\,.$$

Eine nochmalige Integration dieser Gleichung ergibt die allgemeine Lösung

$$y(x) = \int \left(Cx^2 - x^6\right) dx = C_1 x^3 - \frac{x^7}{7} + C_2,\quad x \neq 0\quad C_1, C_2 \in \mathbb{R}.\quad \triangleleft$$

Spezialfall: x tritt explizit nicht auf

Mit der Substitution $y' = q(y)$ wird die Differenzialgleichung in impliziter
Form $F(y, y', y'') = 0$ in die Differenzialgleichung 1. Ordnung
$F(y, q(y), q'(y) \cdot q(y)) = 0$ übergeführt. Analog geht die Differenzialgleichung
expliziter Form $y'' = f(y, y')$ in die Differenzialgleichung 1. Ordnung
$q'(y) \cdot q(y) = f(y, q(y))$ über. Nach dem Lösen der Differenzialgleichung 1. Ordnung in $q(y)$ wird anschließend die Differenzialgleichung $y' = q(y)$ gelöst.

Beispiel 11.12: *Gesucht ist die Lösung* $y(x)$, $x \geq 0$, *der Randwertaufgabe* $y \cdot y'' = 2(y')^2$, $y(0) = 1$, $y(1) = 0,5$.

Lösung: Mit der Substitution $y' = q(y)$ ergibt sich

$$y'' = \frac{d}{dx}(y') = \frac{d}{dx}(q(y)) = \frac{dq}{dy} \cdot \frac{dy}{dx} = q'(y) \cdot y',$$

so dass man die Differenzialgleichung für die Funktion $q(y)$

$$y \cdot q'(y) \cdot q(y) = 2 \cdot (q(y))^2 \quad \text{bzw.} \quad q(y)\Big(y \cdot q'(y) - 2 \cdot q(y)\Big) = 0 \qquad (11.15)$$

erhält. Offenbar ist (11.15) erfüllt, wenn gilt

Fall 1 $q(y) \equiv 0$: D.h., es gilt die Differenzialgleichung $y' = 0$. Diese Differenzialgleichung hat die Lösung $y(x) = C_1$, $C_1 \in \mathbb{R}$. Diese Lösung erfüllt nicht die Randbedingungen.

Fall 2 $q(y) \not\equiv 0$ und $y \cdot q'(y) = 2q(y)$: Dies ist eine Differenzialgleichung mit trennbaren Variablen. Die Integration von $\dfrac{dq}{q} = \dfrac{2 \cdot dy}{y}$ ergibt

$\ln(|q|) = 2\ln(|y|) + C$, woraus $|q| = e^{\ln(|q|)} = e^{2\ln(|y|)+C} = y^2 \cdot \underline{C}$ mit $\underline{C} = e^C > 0$ bzw. $y' = q(y) = C_1 \cdot y^2$ mit $C_1 = \pm\underline{C} \neq 0$ folgt. Diese Differenzialgleichung wird ebenfalls durch Trennung der Variablen gelöst.

$$\frac{dy}{y^2} = C_1\,dx \implies -y^{-1} = C_1 \cdot x + C_2.$$

Die Randbedingungen liefern das Gleichungssystem

$$C_1 \cdot 0 + C_2 = -1$$
$$C_1 \cdot 1 + C_2 = -2$$

mit den Lösungen $C_1 = C_2 = -1$. Die Lösung der Randwertaufgabe lautet demzufolge $y(x) = \dfrac{1}{x+1}$, $x \geq 0$. $\triangleleft$

Aufgabe 11.7: *Lösen Sie die Differenzialgleichungen.*

(1) $y'' - \dfrac{4}{x}y' = x + 1 \ (x \neq 0)$, (2) $\ddot{y} = t^2\,e^{-3t}$, $t \in \mathbb{R}$, $y(0) = 1$, $\dot{y}(0) = 0$,

(3) $y^{(4)} = 1$, $0 \leq x \leq 1$, $y(0) = y'(0) = y(1) = y'(1) = 0$.

Bemerkung: Die Lösung der Differenzialgleichung aus der Aufgabe 11.7 (3) beschreibt die Biegelinie eines Balkens, der bei $x = 0$ und bei $x = 1$ fest eingespannt ist.

11.3.2 Lineare Differenzialgleichungen mit konstanten Koeffizienten

---

Definition 11.8 : *Eine* lineare (gewöhnliche) Differenzialgleichung *n*-ter Ordnung mit konstanten Koeffizienten *ist eine Gleichung der Form*

$$a_n \cdot y^{(n)}(x) + \ldots + a_2 \cdot y''(x) + a_1 \cdot y'(x) + a_0 \cdot y(x) = r(x). \qquad (11.16)$$

a_i, $i = 0, \ldots, n$, $a_n \neq 0$, *sind vorgegebene reelle Zahlen, sogenannte* **Koeffizienten**, *die nicht von x bzw. y(x) abhängen. r(x) wird als* **Störfunktion** *bezeichnet.*

Die Definition 11.6 auf der Seite 374 lässt sich auf lineare Differenzialgleichungen *n*-ter Ordnung übertragen. Dementsprechend wird eine lineare Differenzialgleichung *n*-ter Ordnung für den Fall $r(x) \equiv 0$ als **homogen** bzw. bei $r(x) \not\equiv 0$ als **inhomogen** bezeichnet. Die Differenzialgleichung (11.1) (Seite 365) ist ein Vertreter einer homogenen linearen Differenzialgleichung 2. Ordnung mit konstanten Koeffizienten.

In Verallgemeinerung von Satz 11.1 gilt für lineare Differenzialgleichungen *n*-ter Ordnung der folgende

---

Satz 11.4: *Die allgemeine Lösung der linearen Differenzialgleichung mit konstanten Koeffizienten (11.16) ist darstellbar als*

$$y(x) = y_h(x) + y_p(x). \qquad (11.17)$$

$y_p(x)$ *ist eine* partikuläre *Lösung der inhomogenen Gleichung (11.16). Die* allgemeine *Lösung $y_h(x)$ der homogenen Differenzialgleichung*

$$a_n \cdot y^{(n)}(x) + \ldots + a_2 \cdot y''(x) + a_1 \cdot y'(x) + a_0 \cdot y(x) = 0 \qquad (11.18)$$

hat die Form

$$y_h(x) = C_1 \cdot y_1(x) + C_2 \cdot y_2(x) + \ldots + C_n \cdot y_n(x), \; C_i \in \mathbb{R}, \qquad (11.19)$$

wobei die Funktionen $y_1(x)$, $y_2(x)$, $\ldots, y_n(x)$ ein sogenanntes **Fundamentalsystem** *bilden.*

Bemerkung: Ein **Fundamentalsystem** ist ein Funktionensystem, bei dem jede Funktion eine Lösung der homogenen Differenzialgleichung ist. Weiterhin sind die Funktionen des Fundamentalsystems $y_1(x)$, $y_2(x)$, $\ldots$, $y_n(x)$ linear unabhängig. D.h., keine Funktion dieses Systems ist durch die anderen Funktionen des Fundamentalsystems als Linearkombination darstellbar.

Die lineare Unabhängigkeit von Funktionen lässt sich mit der sogenannten **Wronski-Determinante** überprüfen (siehe z.B. [2], Seite 79).

Im Weiteren wird diskutiert, wie man die Funktionen eines Fundamentalsystems erhält. Ausgangspunkt für die Berechnung dieser Funktionen ist der Ansatz $y(x) = e^{\lambda x}$ mit einem zunächst unbekanntem (komplexwertigen) Parameter λ. Wird dieser Ansatz in die homogene Differenzialgleichung (11.18) eingesetzt, erhält man die Gleichung

$$a_n \lambda^n \, e^{\lambda x} + a_{n-1} \lambda^{n-1} \, e^{\lambda x} + \ldots + a_2 \lambda^2 \, e^{\lambda x} + a_1 \lambda \, e^{\lambda x} + a_0 \, e^{\lambda x}$$

$$= e^{\lambda x} \Big(a_n \lambda^n + a_{n-1} \lambda^{n-1} + \ldots + a_2 \lambda^2 + a_1 \lambda + a_0 \Big) = 0 \, .$$

Diese Gleichung gilt nur für solche Parameter λ, die Nullstellen des Polynoms

$$P_n(\lambda) = a_n \lambda^n + a_{n-1} \lambda^{n-1} + \ldots + a_2 \lambda^2 + a_1 \lambda + a_0 \qquad (11.20)$$

sind. Das Polynom $P_n(\lambda)$ bezeichnet man als **charakteristisches Polynom** bzw. die Nullstellen von $P_n(\lambda)$ als **charakteristische Zahlen** der Differenzialgleichung (11.18). Nach dem Satz 2.11 (Seite 84) hat das charakteristische Polynom genau n Nullstellen λ_1, λ_2, $\ldots$, λ_n, die reell oder komplex sein können.

Falls eine komplexe Nullstelle λ_* auftritt, dann ist die konjugiert komplexe Zahl $\overline{\lambda}_*$ ebenfalls eine Nullstelle (vgl. Satz 2.12).

Jeder reellen bzw. komplexen Nullstelle wird jetzt eine Funktion des Fundamentalsystems zugeordnet. Diese Zuordnung hängt von der Vielfachheit der Nullstellen des charakteristischen Polynoms ab. Die dabei auftretenden Fälle sind in dem folgenden Schema zusammengefasst.

Ermittlung des Fundamentalsystems

λ_* *bezeichne eine Nullstelle des charakteristischen Polynoms (11.20).*

Fall 1: *Wenn λ_* eine einfache reelle Nullstelle ist, dann ist $y_*(x) = \mathrm{e}^{\lambda_* x}$*
    eine Funktion des Fundamentalsystems.

Fall 2: *Einem einfachen Paar konjugiert komplexer Nullstellen*
    $\lambda_{*1} = a + b\mathbf{i}$, $\lambda_{*2} = a - b\mathbf{i}$ werden die Funktionen
    $y_{*1}(x) = \cos(bx) \cdot \mathrm{e}^{ax}$ und $y_{*2}(x) = \sin(bx) \cdot \mathrm{e}^{ax}$ zugeordnet.

Fall 3: *λ_* sei eine r-fache reelle Nullstelle. Dann sind*
    $y_{*1}(x) = \mathrm{e}^{\lambda_* x}$, $y_{*2}(x) = x \cdot \mathrm{e}^{\lambda_* x}$, $\ldots, y_{*r}(x) = x^{r-1} \cdot \mathrm{e}^{\lambda_* x}$ $(r > 1)$
    Funktionen des Fundamentalsystems.

Fall 4: *Zu einem r-fachen Paar konjugiert komplexer Nullstellen*
    $\lambda_{*1} = a + b\mathbf{i}$, $\lambda_{*2} = a - b\mathbf{i}$ gehören die folgenden 2r Funktionen
    $y_{*1}(x) = \cos(bx) \cdot \mathrm{e}^{ax}$, $y_{*2}(x) = \sin(bx) \cdot \mathrm{e}^{ax}$,
    $y_{*3}(x) = x \cdot \cos(bx) \cdot \mathrm{e}^{ax}$, $y_{*4}(x) = x \cdot \sin(bx) \cdot \mathrm{e}^{ax}$ $\ldots$
    $y_{*2r-1}(x) = x^{r-1} \cdot \cos(bx) \cdot \mathrm{e}^{ax}$, $y_{*2r}(x) = x^{r-1} \cdot \sin(bx) \cdot \mathrm{e}^{ax}$ $(r > 1)$.

Bemerkungen: 1. Der Leser kann überprüfen, dass die in den Fällen 1 bis 4 angegebenen Funktionen $y_*(x)$ Lösungen der homogenen Differenzialgleichung (11.18) sind. Auf den exakten Nachweis, dass die mit Hilfe des Fundamentalsystems nach (11.19) konstruierte Lösung tatsächlich allgemeine Lösung der homogenen Gleichung ist, wird hier verzichtet.

2. Für ein komplexes Paar von Nullstellen $\lambda_* = a \pm b\mathbf{i}$ des charakteristischen Polynoms (11.20) erhält man die Funktionen des Fundamentalsystems aus den Beziehungen

$$y_{*1}(x) = \mathrm{Re}\big(\mathrm{e}^{\lambda_* x}\big) = \cos(bx) \cdot \mathrm{e}^{ax} \quad \text{und} \quad y_{*2}(x) = \mathrm{Im}\big(\mathrm{e}^{\lambda_* x}\big) = \sin(bx) \cdot \mathrm{e}^{ax}\,.$$

Mit Hilfe des Ansatzes $y(x) = \mathrm{e}^{\lambda x}$ wurde die Berechnung der allgemeinen Lösung einer homogenen linearen Differenzialgleichung mit konstanten Koeffizienten auf die Berechnung der Nullstellen eines Polynoms n-ten Grades zurückgeführt. Das Vorgehen wird an den folgenden Beispielen erläutert.

Beispiel 11.13: *Geben Sie die allgemeine Lösung der folgenden Differenzialgleichungen für $x \in \mathbb{R}$ an.*

$$(1) \quad y''' - 3y' - 2y = 0\,, \qquad (2) \quad y''' + 5y'' + 28y' - 34y = 0\,.$$

Lösung: Es liegen in beiden Fällen homogene lineare Differenzialgleichungen 3. Ordnung mit konstanten Koeffizienten vor. Im ersten Schritt werden die

Nullstellen des charakteristischen Polynoms berechnet.

<u>zu (1)</u>: Das charakteristische Polynom lautet $P_3(\lambda) = \lambda^3 - 3\lambda - 2$. Die Nullstellen dieses Polynoms sind $\lambda_1 = 2$, $\lambda_2 = \lambda_3 = -1$. Damit erhält man als Fundamentalsystem die Funktionen $y_1(x) = e^{2x}$ (Fall 1), $y_2(x) = e^{-x}$ und $y_3(x) = x \cdot e^{-x}$ (Fall 3). Die allgemeine Lösung lautet dann

$$y(x) = y_h(x) = C_1 e^{2x} + C_2 e^{-x} + C_3 x \cdot e^{-x}, \ x \in \mathbb{R}, \qquad C_i \in \mathbb{R}.$$

<u>zu (2)</u>: Das charakteristische Polynom $P_3(\lambda) = \lambda^3 + 5\lambda^2 + 28\lambda - 34$ hat die einfachen Nullstellen $\lambda_1 = 1$, $\lambda_2 = -3 + 5i$, $\lambda_3 = -3 - 5i$. Folglich bilden die Funktionen $y_1(x) = e^x$ (Fall 1), $y_2(x) = \cos(5x) e^{-3x}$ und $y_3(x) = \sin(5x) \cdot e^{-3x}$ (Fall 2) das Fundamentalsystem. Für die allgemeine Lösung gilt

$$y(x) = y_h(x) = C_1 e^x + C_2 \cos(5x) \cdot e^{-3x} + C_3 \sin(5x) \cdot e^{-3x}, \ x \in \mathbb{R}, \ C_i \in \mathbb{R}. \ \triangleleft$$

Aufgabe 11.8: *Gesucht ist die allgemeine Lösung der Differenzialgleichungen*

(1) $y''' - 4y' = 0$, (2) $y''' - 6y'' + 12y' - 8y = 0$, (3) $y''' + y' - 10y = 0$.

Aufgabe 11.9: *Lösen Sie die Differenzialgleichung (11.1) für die Fälle*

(1) $m = 10, \ c = 2, \ b = 4$ (2) $m = 4, \ c = 1, \ b = 5$ (3) $m = 1, \ c = 1, \ b = 2$

und interpretieren Sie die Ergebnisse.

Die partikuläre Lösung einer linearen Differenzialgleichung n-ter Ordnung lässt sich analog zu Differenzialgleichungen 1. Ordnung mit Hilfe der Variation der Konstanten ermitteln. Da sich dieser Weg in der Regel als sehr aufwendig erweist, wird hier ein anderer Weg beschritten. Für praktisch wichtige Störfunktionen führen spezielle Ansatzfunktionen wesentlich schneller zu einer partikulären Lösung.

In der Tabelle 11.1 sind einige wichtige Ansatzfunktionen in Abhängigkeit von der Störfunktion angegeben. Die Ansatzfunktionen enthalten zunächst unbekannte Koeffizienten α und β. Diese unbekannten Koeffizienten werden durch einen **Koeffizientenvergleich** bestimmt. Zu diesem Zweck setzt man die Ansatzfunktion in die inhomogene Differenzialgleichung ein und leitet Bedingungen für die unbekannten Koeffizienten in Form von Gleichungen her. Aus dem entstehenden Gleichungssystem werden anschließend diese Koeffizienten berechnet.

Störfunktion $r(x)$	Ansatzfunktion $y_p(x)$
$a_n x^n + a_{n-1} x^{n-1} + \ldots + a_1 x + a_0$	$\alpha_n x^n + \alpha_{n-1} x^{n-1} + \ldots + \alpha_1 x + \alpha_0$
$a\,\mathrm{e}^{bx}$	$\alpha\,\mathrm{e}^{bx}$
$a \sin(cx) + b \cos(cx)$	$\alpha \sin(cx) + \beta \cos(cx)$

Tabelle 11.1: *Stör- und Ansatzfunktionen*

Bemerkungen: 1. Wenn einige Koeffizienten der Störfunktion Null sind, muss trotzdem der in der Tabelle angegebene vollständige Ansatz verwendet werden (siehe hierzu das Beispiel 11.14).

2. Falls die Störfunktion eine Summe (Produkt) von Störfunktionen ist, dann muss die Ansatzfunktion ebenfalls als Summe (Produkt) der in der Tabelle 11.1 angegebenen Ansatzfunktionen gebildet werden (vgl. Beispiel 11.15).

3. Wenn die Störfunktion bzw. ein Summand der Störfunktion eine Lösung der homogenen Differenzialgleichung ist, dann liegt ein sogenannter **Resonanzfall** vor. Bei einer Resonanz führen die Ansatzfunktionen, die in der Tabelle angegeben sind, zunächst nicht zu einer partikulären Lösung der inhomogenen Differenzialgleichung. In diesem Fall ist die Ansatzfunktion mit der unabhängigen Variablen x (gegebenenfalls auch mehrfach) zu multiplizieren. In dem Beispiel 11.16 auf der Seite 389 wird der Resonanzfall diskutiert.

Beispiel 11.14: *Geben Sie die allgemeine Lösung der folgenden Differenzialgleichungen an.*

$$(1) \quad y''' - 3y' - 2y = 100\sin(2x), \qquad (2) \quad y''' - 3y' - 2y = 4x^2 \ .$$

Lösung: Beide Differenzialgleichungen unterscheiden sich im Störglied. Die homogene Differenzialgleichung wurde bereits im Beispiel 11.13 gelöst.

zu (1): Für die partikuläre Lösung wird nach der Tabelle 11.1 der Ansatz $y_p(x) = \alpha \sin(2x) + \beta \cos(2x)$ gewählt und in die inhomogene Differenzialgleichung eingesetzt. Man erhält

$$\overbrace{8\beta\sin(2x) - 8\alpha\cos(2x)}^{y_p'''(x)} - 3\big(\overbrace{2\alpha\cos(2x) - 2\beta\sin(2x)}^{y_p'(x)}\big)$$

$$-2\big(\underbrace{\alpha\sin(2x) + \beta\cos(2x)}_{y_p(x)}\big) = 100\sin(2x) \qquad \text{bzw.}$$

$$\big(-14\alpha - 2\beta\big)\cos(2x) + \big(-2\alpha + 14\beta\big)\sin(2x) = 100\sin(2x) \ .$$

Die letzte Gleichung gilt genau dann <u>für alle</u> $x \in \mathbb{R}$, wenn die Koeffizienten α und β das lineare Gleichungssystem

$$
\begin{aligned}
-14\alpha &- 2\beta &= 0 \\
-2\alpha &+ 14\beta &= 100
\end{aligned}
$$

erfüllen. Das Gleichungssystem ist eindeutig lösbar mit der Lösung $\alpha = -1$ und $\beta = 7$. Die partikuläre Lösung lautet damit $y_p(x) = -\sin(2x) + 7\cos(2x)$. Die allgemeine Lösung der Differenzialgleichung ist nach dem Satz 11.4

$$
y(x) = C_1\,e^{2x} + C_2\,e^{-x} + C_3 x \cdot e^{-x} - \sin(2x) + 7\cos(2x), \quad x \in \mathbb{R}, \qquad C_i \in \mathbb{R}.
$$

<u>zu (2):</u> Da das Störglied ein Polynom 2. Grades ist, lautet der Ansatz für die partikuläre Lösung $y_p(x) = \alpha_2 x^2 + \alpha_1 x + \alpha_0$. Durch Einsetzen der Ansatzfunktion in die inhomogene Differenzialgleichung ergibt sich

$$
-3\big(\underbrace{2\alpha_2 x + \alpha_1}_{y_p'(x)}\big) - 2\big(\underbrace{\alpha_2 x^2 + \alpha_1 x + \alpha_0}_{y_p(x)}\big) = 4x^2 \qquad \text{bzw.}
$$

$$
-2\alpha_2 x^2 + \big(-2\alpha_1 - 6\alpha_2\big)x + \big(-3\alpha_1 - 2\alpha_0\big) = 4x^2\,.
$$

Die Polynome auf der linken und rechten Seite in der letzten Gleichung stimmen genau dann überein, wenn die jeweiligen Koeffizienten dieser Polynome übereinstimmen. Das ist genau dann der Fall, wenn die Koeffizienten $\alpha_0, \alpha_1, \alpha_2$ das lineare Gleichungssystem

$$
\begin{aligned}
&& - 2\alpha_2 &= 4 \\
& - 2\alpha_1 &- 6\alpha_2 &= 0 \\
-2\alpha_0 &- 3\alpha_1 && = 0
\end{aligned}
$$

erfüllen. Die eindeutige Lösung des Gleichungssystems ist $\alpha_2 = -2$, $\alpha_1 = 6$, $\alpha_0 = -9$. Die partikuläre Lösung ist demzufolge $y_p(x) = -2x^2 + 6x - 9$. Daraus resultiert die allgemeine Lösung der Differenzialgleichung

$$
y(x) =) = C_1\,e^{2x} + C_2\,e^{-x} + C_3 x \cdot e^{-x} - 2x^2 + 6x - 9, \ x \in \mathbb{R}, \qquad C_i \in \mathbb{R}. \ \lhd
$$

Beispiel 11.15: *Gesucht ist die allgemeine Lösung der Differenzialgleichung* $y'' + 4y' - 5y = r(x)$, $x \in \mathbb{R}$, *wobei für die Störfunktion*

$$
(1) \ \ r(x) = -0{,}2x + 5x^3 + 14\,e^{2x}, \qquad (2) \ \ r(x) = 26x \cdot \sin(x) \quad \textit{gilt.}
$$

Lösung: Im ersten Schritt wird $y_h(x)$ berechnet. Das charakteristische Polynom ist $P_2(\lambda) = \lambda^2 + 4\lambda - 5$. Die Nullstellen dieses Polynoms sind $\lambda_1 = 1$

und $\lambda_2 = -5$ und ergeben das Fundamentalsystem $y_1(x) = e^x$, $y_2(x) = e^{-5x}$
(Fall 1). Damit erhält man als Lösung der homogenen Gleichung

$$y_h(x) = C_1 e^x + C_2 e^{-5x}, \quad x \in \mathbb{R}, \quad C_i \in \mathbb{R}.$$

zu (1): Die Ansatzfunktion für die partikuläre Lösung ist nach der Bemerkung
2 (Seite 386) als Summe

$$y_p(x) = \alpha_3 x^3 + \alpha_2 x^2 + \alpha_1 x + \alpha_0 + \beta e^{2x}$$

anzusetzen. Nach dem Einsetzen dieser Ansatzfunktion in die inhomogene Differenzialgleichung bekommt man die Gleichung

$$6\alpha_3 x + 2\alpha_2 + 4\beta e^{2x} + 4\big(3\alpha_3 x^2 + 2\alpha_2 x + \alpha_1 + 2\beta e^{2x}\big)$$
$$-5\big(\alpha_3 x^3 + \alpha_2 x^2 + \alpha_1 x + \alpha_0 + \beta e^{2x}\big) = -0,2x + 5x^3 + 14 e^{2x},$$

die nach dem Ausmultiplizieren und Zusammenfassen in die Gleichung

$$-5\alpha_3 x^3 + (12\alpha_3 - 5\alpha_2)x^2 + (6\alpha_3 + 8\alpha_2 - 5\alpha_1)x + (2\alpha_2 + 4\alpha_1 - 5\alpha_0)$$
$$+7\beta e^{2x} = -0,2x + 5x^3 + 14 e^{2x}$$

übergeht. Durch Koeffizientenvergleich entsteht das lineare Gleichungssystem

$$
\begin{aligned}
-5\alpha_3 &&&&&& &= 5 \\
12\alpha_3 &- 5\alpha_2 &&&&& &= 0 \\
6\alpha_3 &+ 8\alpha_2 &- 5\alpha_1 &&&& &= -0,2 \\
&2\alpha_2 &+ 4\alpha_1 &- 5\alpha_0 &&& &= 0 \\
&&&&7\beta& &= 14
\end{aligned}
$$

mit den Lösungen $\alpha_3 = -1$, $\alpha_2 = -2,4$, $\alpha_1 = -5$, $\alpha_0 = -4,96$, $\beta = 2$.
Daraus erhält man die partikuläre Lösung

$$y_p(x) = -x^3 - 2,4x^2 - 5x - 4,96 + 2 e^{2x}, \quad x \in \mathbb{R}$$

bzw. die allgemeine Lösung der Differenzialgleichung

$$y(x) = C_1 e^x + C_2 e^{-5x} - x^3 - 2,4x^2 - 5x - 4,96 + 2 e^{2x}, \quad x \in \mathbb{R}, \quad C_i \in \mathbb{R}.$$

zu (2): Für die partikuläre Lösung ist die Ansatzfunktion

$$y_p(x) = \big(\alpha_0 + \alpha_1 x\big) \cdot \sin(x) + \big(\beta_0 + \beta_1 x\big) \cdot \cos(x)$$

zu wählen (vgl. Tabelle 11.1 und Bemerkung 2 auf der Seite 386) und in die
Differenzialgleichung einzusetzen. Man erhält

$$\Big(\big(-2\beta_1 - \alpha_0 - \alpha_1 x\big) \cdot \sin(x) + \big(2\alpha_1 - \beta_0 - \beta_1 x\big) \cdot \cos(x)\Big)$$
$$+4\Big(\big(\alpha_1 - \beta_0 - \beta_1 x\big) \cdot \sin(x) + \big(\beta_1 + \alpha_0 + \alpha_1 x\big) \cdot \cos(x)\Big)$$
$$-5\Big(\big(\alpha_0 + \alpha_1 x\big) \cdot \sin(x) + \big(\beta_0 + \beta_1 x\big) \cdot \cos(x)\Big) = 26x \cdot \sin(x).$$

Durch Ausklammern entsteht hieraus die Gleichung

$$\sin(x) \cdot \Big(-6\alpha_0 - 4\beta_0 + 4\alpha_1 - 2\beta_1 + x\big(-6\alpha_1 - 4\beta_1 \big) \Big)$$
$$+ \cos(x) \cdot \Big(4\alpha_0 - 6\beta_0 + 2\alpha_1 + 4\beta_1 + x\big(4\alpha_1 - 6\beta_1 \big) \Big) = 26x \cdot \sin(x).$$

Diese Gleichung gilt genau dann für alle $x \in \mathbb{R}$, wenn

$$\begin{cases} \Big(-6\alpha_0 - 4\beta_0 + 4\alpha_1 - 2\beta_1 + x\big(-6\alpha_1 - 4\beta_1 \big) \Big) = 26x \\ \Big(4\alpha_0 - 6\beta_0 + 2\alpha_1 + 4\beta_1 + x\big(4\alpha_1 - 6\beta_1 \big) \Big) = 0 \end{cases}$$

erfüllt ist bzw. das lineare Gleichungssystem

$$\begin{array}{rcrcrcrcr} -6\alpha_0 & - & 4\beta_0 & + & 4\alpha_1 & - & 2\beta_1 & = & 0 \\ 4\alpha_0 & - & 6\beta_0 & + & 2\alpha_1 & + & 4\beta_1 & = & 0 \\ & & & - & 6\alpha_1 & - & 4\beta_1 & = & 26 \\ & & & & 4\alpha_1 & - & 6\beta_1 & = & 0 \end{array}$$

gilt. Man berechnet als Lösung dieses Gleichungssystems

$$\beta_1 = -2, \; \alpha_1 = -3, \; \beta_0 = -\frac{29}{13}, \; \alpha_0 = \frac{2}{13}.$$

Damit ergibt sich als allgemeine Lösung der Differenzialgleichung

$$y(x) = C_1 \, e^x + C_2 \, e^{-5x} + \left(\frac{2}{13} - 3x \right) \sin(x) - \left(\frac{29}{13} + 2x \right) \cos(x),$$
$$x \in \mathbb{R}, \quad C_1, C_2 \in \mathbb{R}. \qquad \triangleleft$$

Beispiel 11.16: *Geben Sie die allgemeine Lösung der folgenden Differenzial-gleichungen an.*

(1) $\quad y''' - 3y' - 2y = 18 \, e^{2x} + 4x + 4$, $\qquad$ (2) $\quad y'' - 2y' + 5y = 8 \cos(2x) \, e^x$.

Lösung: <u>zu 1:</u> Die Lösung der homogenen Differenzialgleichung lautet (siehe Seite 384 Beispiel 11.13)

$$y_h(x) = C_1 \, e^{2x} + C_2 \, e^{-x} + C_3 \cdot x \cdot e^{-x}, \; x \in \mathbb{R}.$$

Die Störfunktion $r(x) = 18 \, e^{2x}$ ist in der Lösung der homogenen Gleichung enthalten. Aus diesem Grund liegt ein Resonanzfall vor (vgl. Bemerkung 3 auf der Seite 386). Als Ansatzfunktion für die partikuläre Lösung ist daher

$$y_p(x) = \gamma \cdot x \cdot e^{2x} + \alpha_0 + \alpha_1 x$$

zu wählen und in die Differenzialgleichung einzusetzen. Man erhält dann

$$\Big(\gamma(12+8x)\,\mathrm{e}^{2x}\Big) - 3\Big(\gamma(1+2x)\,\mathrm{e}^{2x}+\alpha_1\Big) - 2\Big(\gamma\cdot x\cdot\mathrm{e}^{2x}+\alpha_0+\alpha_1 x\Big)$$
$$= 18\,\mathrm{e}^{2x}+5x-6 \qquad\qquad \text{bzw.}$$

$$9\cdot\gamma\cdot\mathrm{e}^{2x}-2\cdot\alpha_1\cdot x-2\cdot\alpha_0-3\cdot\alpha_1 = 18\,\mathrm{e}^{2x}+4x+4\,.$$

Durch einen Koeffizientenvergleich ergibt sich $\gamma=2$, $\alpha_1=-2$, $\alpha_0=1$. Die allgemeine Lösung der Aufgabe ist folglich

$$y(x) = C_1\,\mathrm{e}^{2x}+C_2\,\mathrm{e}^{-x}+C_3 x\,\mathrm{e}^{-x}+2x\,\mathrm{e}^{2x}+1-2x\,,\; x\in\mathbb{R}\,,\; C_i\in\mathbb{R}\,.$$

<u>zu 2:</u> Die charakteristische Gleichung hat die Form $\lambda^2-2\lambda+5=0$. Die Lösungen dieser Gleichung $\lambda_{1,2}=1\pm 2\mathbf{i}$ ergeben die Lösung der homogenen Gleichung

$$y_h(x) = C_1\cos(2x)\,\mathrm{e}^x+C_2\sin(2x)\,\mathrm{e}^x\,,\; x\in\mathbb{R}\,.$$

Da die Störfunktion in der Lösung der homogenen Gleichung auftritt, ist die Ansatzfunktion für die partikuläre Lösung aus der Tabelle 11.1 (Seite 386) mit x zu multiplizieren. D.h., es ist

$$y_p(x) = x\cdot\big(\alpha\sin(2x)+\beta\cos(2x)\big)\,\mathrm{e}^x$$

anzusetzen und in die Differenzialgleichung einzusetzen. Die ausführliche Berechnung wird hier nicht angegeben. Man erhält schließlich

$$\big(-4\beta\sin(2x)+4\alpha\cos(2x)\big)\cdot\mathrm{e}^x = 8\cos(2x)\cdot\mathrm{e}^x\,,$$

woraus $\beta=0$ und $\alpha=2$ folgt. Die allgemeine Lösung der Differenzialgleichung ist

$$y(x) = C_1\cos(2x)\,\mathrm{e}^x+C_2\sin(2x)\,\mathrm{e}^x+2x\cdot\sin(2x)\cdot\mathrm{e}^x\,,\; x\in\mathbb{R}\,,\quad C_i\in\mathbb{R}\,. \qquad \lhd$$

Bemerkung: Wenn im Beispiel 11.16 (1) in der Störfunktion die Funktion $r_1(x)=\mathrm{e}^{-x}$ enthalten ist, liegt ebenfalls ein Resonanzfall vor. Da die Funktionen $y_1(x)=\mathrm{e}^{-x}$ und $y_2(x)=x\cdot\mathrm{e}^{-x}$ Lösungen der homogenen Differenzialgleichung sind, muss die Ansatzfunktion für $r_1(x)$ mit x^2 multipliziert werden. D.h., bei der Differenzialgleichung $y'''-3y'-2y=18\,\mathrm{e}^{-x}+5x-6$ ist als Ansatzfunktion für die partikuläre Lösung

$$y_p(x) = \gamma\cdot x^2\cdot\mathrm{e}^{-x}+\alpha_0+\alpha_1 x$$

zu wählen.

Aufgabe 11.10: *Lösen Sie die Differenzialgleichungen für* $x \in \mathbb{R}$.

(1) $\quad y'' - 6y' + 9y = 27x - 9$, $\qquad$ (2) $\quad y''' + 4y'' + 13y' = -290\sin(2x)$,

(3) $\quad y''' + y'' + 3y' - 5y = 13x \cdot e^{2x}$, $\quad$ (4) $\quad y''' - 3y'' + 4y = 8x^2 + 2\,e^{-x}$,

(5) $\quad y''' + y'' - y' - y = 10\cos(3x)$, $y(0) = y'(0) = y''(0) = 0$.

Aufgabe 11.11: *Welche Störfunktionen* $r(x)$ *führen bei der Differenzialglei-chung* $y''' + 9y'' + 24y' + 20 = r(x)$, $x \in \mathbb{R}$, *zum Resonanzfall?*

11.4 Differenzialgleichungssysteme

Bei der Modellierung von gekoppelten (mechanischen oder elektrischen) Schwin-gungssystemen treten Differenzialgleichungssysteme auf.

Definition 11.9 : *Ein System von* m *Gleichungen, das die un-bekannten Funktionen* $y_1(x), y_2(x), \ldots, y_m(x)$ *sowie deren Ablei-tungen* $y_1'(x), y_1''(x), \ldots, y_1^{(n_1)}(x), \ldots, y_m'(x), y_m''(x), \ldots, y_m^{(n_m)}(x)$ *enthält, heißt* **Differenzialgleichungssystem** *kurz* **DGLS**.

Die höchste auftretende Ableitung wird als **Ordnung des DGLS** *be-zeichnet.*

Die Begriffe allgemeine und partikuläre Lösung, Anfangswertaufgabe, Rand-wertaufgabe, die bei Differenzialgleichungen eingeführt wurden, lassen sich auf DGLS übertragen.

Eine Methode zur Lösung eines DGLS ist die **Eliminationsmethode**. Bei dieser Methode werden schrittweise unbekannte Funktionen beseitigt. Es ent-steht eine Differenzialgleichung, in der nur noch eine unbekannte Funktion auftaucht. Aus der Lösung der Differenzialgleichung ermittelt man dann die Lösung des DGLS, wobei im Allgemeinen keine Integration mehr ausgeführt werden muss. Das Vorgehen wird im nächsten Beispiel erläutert.

Beispiel 11.17: *Gesucht ist die allgemeine Lösung des DGLS*

$$\begin{aligned} y_1' &= -2y_1 + 8y_2 \\ y_2' &= -4y_1 + 6y_2 + 10x^2 + 16x - 8 \end{aligned} \quad , \; x \in \mathbb{R}.$$

Lösung: Es wird eine Differenzialgleichung hergeleitet, in der nur die unbe-kannte Funktion $y_1(x)$ auftaucht. Im ersten Schritt wird y_2' eliminiert. Zu diesem Zweck differenziert man die erste Differenzialgleichung und setzt anschließend die zweite Differenzialgleichung ein.

$$y_1'' = -2y_1' + 8y_2' = -2y_1' + 8\left(-4y_1 + 6y_2 + 10x^2 + 16x - 8\right)$$
$$= -2y_1' - 32y_1 + 48y_2 + 80x^2 + 128x - 64 \,.$$

Die erste Differenzialgleichung wird nach y_2 aufgelöst und in die letzte Differenzialgleichung eingesetzt. Es ergibt sich

$$y_1'' = -2y_1' - 32y_1 + 48\left(\frac{1}{8}y_1' + \frac{1}{4}y_1\right) + 80x^2 + 128x - 64 \qquad \text{bzw.}$$

$$y_1'' - 4y_1' + 20y_1 = 80x^2 + 128x - 64 \,.$$

Es ist eine lineare Differenzialgleichung zweiter Ordnung mit konstanten Koeffizienten entstanden. Man erhält als allgemeine Lösung dieser Gleichung

$$y_1(x) = C_1\,\mathrm{e}^{2x}\cos(4x) + C_2\,\mathrm{e}^{2x}\sin(4x) + 4x^2 + 8x - 2,\ x \in \mathbb{R}\,,\quad C_1, C_2 \in \mathbb{R}\,.$$

Durch Einsetzen dieser Lösung in die erste Differenzialgleichung des DGLS berechnet man

$$y_2(x) = \frac{y_1'}{8} + \frac{y_1}{4} = \frac{1}{2}\left(C_1 + C_2\right)\mathrm{e}^{2x}\cos(4x) + \frac{1}{2}\left(C_2 - C_1\right)\mathrm{e}^{2x}\sin(4x)$$

$$+ x^2 + 3x + \frac{1}{2}\,,\ x \in \mathbb{R}\,.$$

Für $C_1 = 2D_1$, $C_2 = 2D_2$ lässt sich die allgemeine Lösung des DGLS schreiben

als $\qquad \vec{y}(x) = \begin{pmatrix} y_1(x) \\ y_2(x) \end{pmatrix} = \begin{pmatrix} 2D_1 \\ D_1 + D_2 \end{pmatrix} \mathrm{e}^{2x}\cos(4x)$

$$+ \begin{pmatrix} 2D_2 \\ D_2 - D_1 \end{pmatrix} \mathrm{e}^{2x}\sin(4x) + \begin{pmatrix} 4x^2 + 8x - 2 \\ x^2 + 3x + \frac{1}{2} \end{pmatrix}\,,\ x \in \mathbb{R},\ D_i \in \mathbb{R}\,. \qquad \lhd$$

Die allgemeine Lösung des DGLS aus dem Beispiel 11.17 lässt sich in der y_1y_2-Ebene als eine Familie von orientierten Lösungskurven, dem sogenannten

Phasenporträt, darstellen. Bei den Lösungsfunktionen $y_1(x)$ und $y_2(x)$ wird die unabhängige Variable x als Parameter aufgefasst. Die Orientierung dieser Lösungskurven erhält man, wenn man den Kurvenverlauf in der y_1y_2-Ebene mit wachsendem x verfolgt. In dem nebenstehenden Bild ist das Phasenporträt des homogenen DGLS dargestellt. Die Kurven laufen vom Ursprung weg.

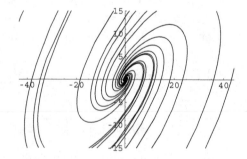

Bild 11.7: *Phasenporträt*

Aufgabe 11.12: *Berechnen Sie die allgemeine Lösung des DGLS*

$$y_1' = 2y_1 + 4y_2 + 8$$
$$y_2' = 8y_1 + 6y_2 + 18\,e^x \quad , \; x \in \mathbb{R}\,.$$

Die Eliminationsmethode ist nur effektiv anwendbar, wenn das DGLS aus wenigen Gleichungen besteht und die Ordnung des DGLS klein ist.
Bei den weiteren Ausführungen werden nur lineare DGLS erster Ordnung mit konstanten Koeffizienten betrachtet. Diese DGLS haben die Form

$$y_1' = a_{11}y_1 + a_{12}y_2 + \ldots + a_{1n}y_n + r_1(x)$$
$$y_2' = a_{21}y_1 + a_{22}y_2 + \ldots + a_{2n}y_n + r_2(x)$$
$$\vdots \qquad\qquad\qquad \vdots \qquad\qquad \text{bzw.} \qquad \vec{y}\,' = A \cdot \vec{y} + \vec{r}$$
$$y_n' = a_{n1}y_1 + a_{n2}y_2 + \ldots + a_{nn}y_n + r_n(x)$$

mit den konstanten Koeffizienten a_{ij} und den Störfunktionen $r_i(x)$
$(i, j = 1, \ldots, n)$. In der Matrizenschreibweise bezeichnen

$$\vec{y}\,' = \begin{pmatrix} y_1' \\ \vdots \\ y_n' \end{pmatrix}, \quad \vec{y} = \begin{pmatrix} y_1 \\ \vdots \\ y_n \end{pmatrix}, \quad A = \begin{pmatrix} a_{11} & \cdots & a_{1n} \\ \vdots & & \vdots \\ a_{n1} & \cdots & a_{nn} \end{pmatrix}, \quad \vec{r} = \begin{pmatrix} r_1(x) \\ \vdots \\ r_n(x) \end{pmatrix},$$

wobei $\vec{y}\,'$, $\vec{y}$, $\vec{p}$ Vektorfunktionen sind. A ist eine quadratische Matrix mit reellen Zahlen als Elementen. Die Ausführungen zu linearen Differenzialgleichungen aus den Abschnitten 11.2.3 und 11.3.2 lassen sich auf DGLS übertragen. Analog zum Satz 11.4 hat die allgemeine Lösung $\vec{y}$ des linearen DGLS $\vec{y}\,' = A \cdot \vec{y} + \vec{r}$ die Form

$$\vec{y}(x) = \vec{y}_h(x) + \vec{y}_p(x)\,.$$

Dabei bezeichnet $\vec{y}_h(x)$ die allgemeine Lösung des homogenen DGLS $\vec{y}\,' = A \cdot \vec{y}$ und $\vec{y}_p(x)$ eine partikuläre Lösung des inhomogenen DGLS. Es wird jetzt untersucht, wie diese beiden Bestandteile der Lösung berechnet werden.

Bestimmung von $\vec{y}_h(x)$: Für die allgemeine Lösung des homogenen DGLS gilt

$$\vec{y}_h(x) = C_1 \cdot \vec{y}_1(x) + C_2 \cdot \vec{y}_2(x) + \ldots + C_n \cdot \vec{y}_n(x)\,,$$

wobei die Vektorfunktionen $\vec{y}_1(x)$, $\vec{y}_2(x)$, ..., $\vec{y}_n(x)$ ein Fundamentalsystem bilden. Für die Bestimmung des Fundamentalsystems wird der Ansatz $\vec{y}_h = \vec{x}\,e^{\lambda x}$ mit einem zunächst noch unbekannten Parameter λ und einem unbekannten Vektor $\vec{x}$ in das homogene DGLS eingesetzt. Da $\vec{y_h} = \lambda \vec{x}\, e^{\lambda x}$ gilt, erhält man

$$\vec{y}'_h = A \cdot \vec{y_h} \iff \lambda \vec{x}\, e^{\lambda x} = A \cdot \vec{x}\, e^{\lambda x} \iff \lambda \vec{x} = A \cdot \vec{x} \iff (A - \lambda \cdot I) \cdot \vec{x} = \vec{0}.$$

D.h., $\vec{y_h} = \vec{x}\, e^{\lambda x}$ ist genau dann Lösung des homogenen DGLS, wenn λ Eigenwert und $\vec{x}$ Eigenvektor der Matrix A sind. Das Fundamentalsystem ist abhängig von der Vielfachheit der Eigenwerte. Falls die Matrix A genau n verschiedene Eigenwerte $\lambda_1, \ldots, \lambda_n$ hat, dann existieren zu diesen Eigenwerten genau n linear unabhängige Eigenvektoren $\vec{x}_1, \ldots, \vec{x}_n$. Die Lösung des homogenen DGLS lässt sich in diesem Fall schreiben als

$$\vec{y_h}(x) = C_1 \cdot \vec{x}_1 \cdot e^{\lambda_1 x} + C_2 \cdot \vec{x}_2 \cdot e^{\lambda_2 x} + \ldots + C_n \cdot \vec{x}_n \cdot e^{\lambda_n x}, \quad C_i \in \mathbb{C}. \quad (11.21)$$

Zu beachten ist dabei, dass die Eigenwerte und Eigenvektoren der Matrix A im Allgemeinen komplexwertig sind. Aus diesem Grund sind zunächst bei komplexwertigen Eigenwerten die Konstanten $C_1, C_2, \ldots, C_n$ ebenfalls komplexwertig. Es lässt sich zeigen, dass für geeignet gewählte komplexe Konstanten $C_i \in \mathbb{C}$ die Lösung $\vec{y_h}(x)$ immer reellwertig wird (vgl. hierzu das Beispiel 11.18 (2)). Den Fall, dass die Matrix A mehrfache Eigenwerte hat, kann der Leser in der Literatur (z.B. [9]) nachlesen.

Beispiel 11.18: *Gesucht ist für alle $x \in \mathbb{R}$ die allgemeine Lösung der DGLS.*

$$(1) \quad \begin{array}{rcrcl} y'_1 &=& y_1 &+& 2y_2 \\ y'_2 &=& & & 2y_2 + y_3 \\ y'_3 &=& 6y_1 & & - 3y_3 \end{array}, \qquad (2) \quad \begin{array}{rcl} y'_1 &=& y_2 \\ y'_2 &=& -4y_1 \end{array}.$$

Lösung: Es liegen lineare homogene DGLS mit konstanten Koeffizienten vor.

zu (1): Die Eigenwerte und Eigenvektoren der Matrix $A = \begin{pmatrix} 1 & 2 & 0 \\ 0 & 2 & 1 \\ 6 & 0 & -3 \end{pmatrix}$

werden nach den Ausführungen des Abschnitts 4.7 (Seiten 152 ff.) berechnet. Man erhält

$$\lambda_1 = -1, \ \vec{x}_1 = \begin{pmatrix} 1 \\ -1 \\ 3 \end{pmatrix}; \quad \lambda_2 = -2, \ \vec{x}_2 = \begin{pmatrix} 2 \\ -3 \\ 12 \end{pmatrix}; \quad \lambda_3 = 3, \ \vec{x}_3 = \begin{pmatrix} 1 \\ 1 \\ 1 \end{pmatrix}.$$

Hieraus folgt die allgemeine Lösung

$$\vec{y}(x) = C_1 \begin{pmatrix} 1 \\ -1 \\ 3 \end{pmatrix} e^{-x} + C_2 \begin{pmatrix} 2 \\ -3 \\ 12 \end{pmatrix} e^{-2x} + C_3 \begin{pmatrix} 1 \\ 1 \\ 1 \end{pmatrix} e^{3x}, \ x \in \mathbb{R}, \quad C_i \in \mathbb{R}.$$

zu (2): Die Eigenwerte und Eigenvektoren der Matrix $A = \begin{pmatrix} 0 & 1 \\ -4 & 0 \end{pmatrix}$ sind

$$\lambda_1 = 2\mathbf{i}, \ \vec{x}_1 = \begin{pmatrix} \mathbf{i} \\ -2 \end{pmatrix}, \quad \lambda_2 = -2\mathbf{i}, \ \vec{x}_2 = \begin{pmatrix} \mathbf{i} \\ 2 \end{pmatrix}.$$

Hieraus folgt zunächst für die allgemeine Lösung

$$\vec{y}(x) = C_1 \begin{pmatrix} \mathbf{i} \\ -2 \end{pmatrix} e^{2\mathbf{i}x} + C_2 \begin{pmatrix} \mathbf{i} \\ 2 \end{pmatrix} e^{-2\mathbf{i}x}$$

$$= C_1 \begin{pmatrix} \mathbf{i} \\ -2 \end{pmatrix} \big(\cos(2x) + \mathbf{i}\sin(2x) \big) + C_2 \begin{pmatrix} \mathbf{i} \\ 2 \end{pmatrix} \big(\cos(2x) - \mathbf{i}\sin(2x) \big)$$

$$= \begin{pmatrix} \mathbf{i}(C_1 + C_2) \\ 2(C_2 - C_1) \end{pmatrix} \cos(2x) + \begin{pmatrix} C_2 - C_1 \\ -2\mathbf{i}(C_1 + C_2) \end{pmatrix} \sin(2x), \ x \in \mathbb{R}, \quad C_1, C_2 \in \mathbb{C},$$

wobei die Beziehung (2.5) (Seite 74) verwendet wurde. Setzt man noch $C_1 = \frac{1}{2}(-D_1 + D_2\mathbf{i})$ und $C_2 = \frac{1}{2}(D_1 + D_2\mathbf{i})$, folgt die allgemeine Lösung

$$\vec{y}_h(x) = \begin{pmatrix} -D_2 \\ 2D_1 \end{pmatrix} \cos(2x) + \begin{pmatrix} D_1 \\ 2D_2 \end{pmatrix} \sin(2x), \ x \in \mathbb{R}, \quad D_1, D_2 \in \mathbb{R}. \qquad \lhd$$

Bestimmung von $\vec{y}_p(x)$: Die partikuläre Lösung des DGLS lässt sich mittels Variation der Konstanten oder über spezielle Ansatzfunktionen ermitteln. Die Aussagen, die zu linearen Differenzialgleichungen gemacht wurden (vgl. Seite 386), gelten für DGLS analog.

Beispiel 11.19: *Gesucht ist die allgemeine Lösung des DGLS*

$$\begin{array}{rclclclcl} y_1' &=& y_1 &+& 3y_2 & & &+3\,e^{-x} \\ y_2' &=& 2y_1 &+& 2y_2 &+& y_3 & \\ y_3' &=& 4y_1 & & &+& 3y_3 \end{array}, \ x \in \mathbb{R}.$$

Lösung: Es gilt $\vec{y} = \begin{pmatrix} y_1 \\ y_2 \\ y_3 \end{pmatrix}$, $A = \begin{pmatrix} 1 & 3 & 0 \\ 2 & 2 & 1 \\ 4 & 0 & 3 \end{pmatrix}$, $\vec{r} = \begin{pmatrix} 3\,e^{-x} \\ 0 \\ 0 \end{pmatrix}$. Im ersten

Schritt sind alle Eigenwerte und Eigenvektoren der Matrix A zu berechnen. Man erhält

$$\lambda_1 = 0, \ \vec{x}_1 = \begin{pmatrix} -3 \\ 1 \\ 4 \end{pmatrix}, \quad \lambda_2 = 1, \ \vec{x}_2 = \begin{pmatrix} 1 \\ 0 \\ -2 \end{pmatrix}, \quad \lambda_3 = 5, \ \vec{x}_3 = \begin{pmatrix} 3 \\ 4 \\ 6 \end{pmatrix}.$$

Die Lösung des homogenen DGLS ist folglich

$$\vec{y}_h(x) = C_1 \begin{pmatrix} -3 \\ 1 \\ 4 \end{pmatrix} + C_2 \begin{pmatrix} 1 \\ 0 \\ -2 \end{pmatrix} e^x + C_3 \begin{pmatrix} 3 \\ 4 \\ 6 \end{pmatrix} e^{5x}, \quad C_1, C_2, C_3 \in \mathbb{R}.$$

Die Ansatzfunktion der partikulären Lösung $\vec{y}_p(x) = \begin{pmatrix} \alpha_1 \\ \alpha_2 \\ \alpha_3 \end{pmatrix} e^{-x}$ wird in das

DGLS eingesetzt. Es folgt

$$-\begin{pmatrix} \alpha_1 \\ \alpha_2 \\ \alpha_3 \end{pmatrix} e^{-x} = A \cdot \begin{pmatrix} \alpha_1 \\ \alpha_2 \\ \alpha_3 \end{pmatrix} e^{-x} + \begin{pmatrix} 3 \\ 0 \\ 0 \end{pmatrix} e^{-x} \iff \begin{cases} 2\alpha_1 + 3\alpha_2 & = -3 \\ 2\alpha_1 + 3\alpha_2 + \alpha_3 = 0 \\ 4\alpha_1 \quad\quad + 4\alpha_3 = 0. \end{cases}$$

Das lineare Gleichungssystem entsteht, wenn man die Gleichung mit e^x multipliziert und anschließend zusammenfasst. Als Lösung des linearen Gleichungssystems berechnet man $\alpha_1 = -3$, $\alpha_2 = 1$, $\alpha_3 = 3$. Daraus folgt für die allgemeine Lösung des DGLS

$$\vec{y}_h(x) = C_1 \begin{pmatrix} -3 \\ 1 \\ 4 \end{pmatrix} + C_2 \begin{pmatrix} 1 \\ 0 \\ -2 \end{pmatrix} e^x + C_3 \begin{pmatrix} 3 \\ 4 \\ 6 \end{pmatrix} e^{5x} + \begin{pmatrix} -3 \\ 1 \\ 3 \end{pmatrix} e^{-x}. \ \triangleleft$$

Bemerkung: Wenn anstelle des letzten Beispiels das DGLS

$$\begin{aligned} y_1' &= y_1 + 3y_2 & +3\,e^x \\ y_2' &= 2y_1 + 2y_2 + y_3 \\ y_3' &= 4y_1 \quad\quad + 3y_3 \end{aligned} \quad , \ x \in \mathbb{R},$$

vorliegt, tritt der Resonanzfall auf. Es ist dann zur Berechnung einer partikulären Lösung die Ansatzfunktion $\vec{y}_p(x) = \begin{pmatrix} \alpha_1 \\ \alpha_2 \\ \alpha_3 \end{pmatrix} x\,e^x$ zu wählen.

Aufgabe 11.13: *Lösen Sie die folgenden DGLS, die für alle $x \in \mathbb{R}$ definiert sind.*

$$(1) \quad \begin{aligned} y_1' &= \quad\quad y_2 + y_3 \\ y_2' &= 2y_1 \quad\quad + y_3 + e^{2x} \\ y_3' &= -2y_1 + y_2 \end{aligned} \quad , \quad (2) \quad \begin{aligned} y_1' &= 2y_1 - 8y_2 + 30\cos(x) \\ y_2' &= -2y_1 + 2y_2 - 2,5\sin(x) \end{aligned} \ .$$

11.5 Ergänzungen

In der Literatur findet man weitere Verfahren, die zur Lösung von speziellen Differenzialgleichungstypen eingesetzt werden können (vgl. z.B. [9], [7], [8]). Auf zwei Probleme, die bei Differenzialgleichungen praktisch bedeutungsvoll sind, soll hier noch kurz eingegangen werden.

1. Stabilitätstheorie: In der Stabilitätstheorie werden qualitative Eigenschaften der Lösung einer Differenzialgleichung bzw. eines DGLS untersucht. Eine Lösung $y(x)$, $x \in (x_0; \infty)$, einer Differenzialgleichung heißt **(asymptotisch) stabil**, wenn die Lösung für $x \to \infty$ beschränkt bleibt.

Die Lösung einer homogenen linearen Differenzialgleichung n-ter Ordnung mit konstanten Koeffizienten ist (asymptotisch) stabil, wenn für den Realteil aller Nullstellen $\lambda_1, \ldots, \lambda_n$ des charakteristischen Polynoms $\text{Re}(\lambda_i) < 0$ gilt $(i = 1, \ldots, n)$. In diesem Fall erhält man für die allgemeine Lösung der Differenzialgleichung $\lim\limits_{x \to \infty} y(x) = 0$.

Bei Stabilitätsuntersuchungen für Anfangswert- bzw. Randwertaufgaben untersucht man, welchen Einfluss kleine Änderungen der Anfangs- bzw. Randbedingungen (z.B. in Folge von Messfehlern) auf die Lösung der Differenzialgleichung haben. Die Lösung der Anfangswert- bzw. Randwertaufgabe heißt **stabil**, wenn „kleine Änderungen" in den Anfangs- bzw. Randbedingungen ebenfalls zu „kleinen Änderungen" in der Lösung führen.

2. Numerische Lösung von Differenzialgleichungen: Das Prinzip wird anhand des einfachsten Verfahrens zur numerischen Lösung der Anfangswertaufgabe $y' = f(x; y)$, $y(x_0) = y_0$, erläutert. Das Ziel besteht darin, eine stückweise lineare Näherungslösung (sogenanntes Polygon) $\tilde{y}(x)$ zu konstruieren. Ausgangspunkt sind die geometrischen Überlegungen aus dem Abschnitt 11.2.1. Die Näherungslösung $\tilde{y}(x)$ wird in das Richtungsfeld der Differenzialgleichung eingepasst. Dazu gibt man sich sogenannte Stützstellen $x_0 < x_1 < \ldots < x_n$ aus dem Definitionsbereich der Differenzialgleichung vor. Im Intervall $[x_0; x_1]$ wird ein Geradenstück bestimmt, das im Punkt $P(x_0; y_0)$ beginnt und den Anstieg $f(x_0; y_0)$ hat. Dieses Geradenstück lässt sich beschreiben durch

$$\tilde{y}(x) = y_0 + f(x_0; y_0)(x - x_0), \quad x_0 \leq x \leq x_1,$$

und endet im Punkt $P(x_1; \tilde{y}(x_1))$ mit $\tilde{y}(x_1) = y_0 + f(x_0; y_0)(x_1 - x_0)$. Im nächsten Intervall $[x_1; x_2]$ wird als Näherung das Geradenstück

$$\tilde{y}(x) = \tilde{y}(x_1) + f(x_1; \tilde{y}(x_1))(x - x_1), \quad x_1 \leq x \leq x_2$$

gewählt, das im Punkt $P\big(x_1; \tilde{y}(x_1)\big)$ beginnt, den Anstieg $f\big(x_1; \tilde{y}(x_1)\big)$ besitzt und im Punkt $P\big(x_2; \tilde{y}(x_2)\big)$ endet. Dieser Prozess wird solange fortgesetzt, bis man zur Stelle x_n gelangt. Das Verfahren zur Konstruktion dieser Näherungslösung wird in der Literatur als **Eulersches-Polygonzugverfahren** bezeichnet. Von der Anschauung sind folgende Eigenschaften des Euler-Polygons sofort ersichtlich:

1. Je enger und je mehr Stützstellen gewählt werden, desto besser wird das Euler-Polygon die Lösung der Anfangswertaufgabe annähern.

2. Mit fortlaufender Stützstellenzahl „entfernt" sich das Euler-Polygon von der (exakten) Lösung der Anfangswertaufgabe.

Zur näherungsweisen Lösung von Differenzialgleichungen existiert eine umfangreiche Literatur (z.B. [6]), in der das hier vorgestellte Prinzip weiter verbessert wird.

Kapitel 12

Wahrscheinlichkeitsrechnung

In der Wahrscheinlichkeitsrechnung werden objektive Gesetzmäßigkeiten von zufallsabhängigen Vorgängen untersucht. Die Wahrscheinlichkeitsrechnung und die Mathematische Statistik (siehe Kapitel 13) fasst man unter dem Oberbegriff **Stochastik** zusammen. Viele Begriffe der Stochastik treten ebenfalls in der Umgangssprache auf, wobei diese Begriffe teilweise eine unterschiedliche Bedeutung haben. Um Missverständnisse auszuschließen, macht sich zunächst eine präzise Einführung der Grundbegriffe der Stochastik notwendig. Bei den weiteren Ausführungen werden diese Begriffe auch nur in dem hier definierten Sinn verwendet.

12.1 Zufällige Ereignisse

12.1.1 Grundbegriffe

In der Wahrscheinlichkeitsrechnung geht man bei der Modellierung von einem Zufallsexperiment aus. Unter einem **Zufallsexperiment** versteht man einen Komplex von Bedingungen, der (zumindest theoretisch) beliebig oft wiederholbar ist. Bei einem Zufallsexperiment sind unterschiedliche Versuchsausgänge, sogenannte **Ereignisse**, möglich. Welches Ereignis bei einem Zufallsexperiment eintreten wird, ist ungewiss bzw. nicht vorhersehbar. Man spricht in diesem Fall auch von **zufälligen Ereignissen**. Die eingeführten Begriffe werden an den nächsten Beispielen erläutert.

Beispiel 12.1 : *Ein (Spiel-)Würfel werde einmal geworfen. Bei diesem Zufallsexperiment erscheint genau eines der Ereignisse, die im nächsten Bild angegeben sind.*

Das Werfen eines Würfels ist ein Zufallsexperiment. Es bezeichne ω_i das zufällige Ereignis die Augenzahl i zu werfen ($i = 1; 2; \ldots; 6$). Welches der zufälligen Ereignisse ω_i bei diesem Wurfexperiment geworfen wird, ist nicht vorhersehbar und zufallsabhängig. Außer diesen Ereignissen sind noch weitere zufällige Ereignisse von Interesse, wie z.B. das zufällige Ereignis A eine gerade Zahl zu werfen oder das zufällige Ereignis B eine Zahl kleiner als „Sechs" zu werfen.   ◁

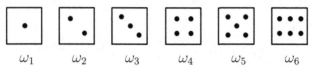

$$\omega_1 \qquad \omega_2 \qquad \omega_3 \qquad \omega_4 \qquad \omega_5 \qquad \omega_6$$

Bild 12.1: *Elementarereignisse beim Wurf eines Würfels*

Als Nächstes werden zufällige Ereignisse klassifiziert. Die zufälligen Ereignisse ω_1, ω_2, $\ldots$, ω_6 und A und B unterscheiden sich in ihrer Struktur. Die zufälligen Ereignisse ω_i stellen von der Struktur her den „kleinstmöglichen" Versuchsausgang dar. Derartige Ereignisse nennt man **Elementarereignisse**. Im Weiteren werden Elementarereignisse durch den griechischen Buchstaben ω gekennzeichnet. Die zufälligen Ereignisse A und B setzen sich aus mehreren Elementarereignissen zusammen und sind keine Elementarereignisse. Das zufällige Ereignis A tritt genau dann ein, wenn eines der Elementarereignisse ω_2 oder ω_4 oder ω_6 eintritt und lässt sich schreiben als $A = \{\omega_2; \omega_4; \omega_6\}$. Analog gilt $B = \{\omega_1; \omega_2; \omega_3; \omega_4; \omega_5\}$.

Bemerkung: An dieser Stelle sei bereits darauf hingewiesen, dass bei der Modellierung eines Problems unterschiedliche Systeme von Elementarereignissen eingeführt werden können.

Die Menge aller Elementarereignisse wird mit Ω bezeichnet und heißt in der Wahrscheinlichkeitsrechnung **Raum der Elementarereignisse** oder kurz **Grundraum** bzw. in der Mathematischen Statistik **Stichprobenraum**. Ω als Ereignis interpretiert, liefert ein sogenanntes **sicheres Ereignis**, das bei einem Zufallsexperiment immer eintreten wird. Bei dem Wurfexperiment im Beispiel 12.1 besteht das sichere Ereignis darin, eines der im Bild 12.1 abgebildeten Elementarereignisse zu werfen. Das sichere Ereignis lässt sich als $\Omega = \{\omega_1; \omega_2; \ldots; \omega_6\}$ schreiben. Ein zufälliges Ereignis ist eine Teilmenge des Grundraumes Ω. Je nachdem ob bei einem Zufallsexperiment der Versuchsausgang (bzw. das Elementarereignis) zu dem zufälligen Ereignis A gehört oder nicht gehört, sagt man „das zufällige Ereignis A tritt ein" oder „das zufällige Ereignis A tritt nicht ein".

Als Gegenpol zum sicheren Ereignis führt man das **unmögliche Ereignis** $\varnothing$ ein. Dieses Ereignis kann bei dem betrachteten Zufallsexperiment niemals eintreten. Unmögliche Ereignisse sind bei dem Beispiel 12.1 z.B. eine „Sieben" oder gleichzeitig eine „Eins" und eine „Zwei" zu werfen.

Beispiel 12.2: *Zur Qualitätsüberwachung bei der Herstellung von Serienteilen werden der laufenden Produktion zwei Teile entnommen und überprüft. Jedes Teil kann bei dieser Überprüfung genau einen der Zustände „das Teil ist Ausschuss"(a) bzw. „das Teil ist normgerecht"(n) annehmen. Verdeutlichen Sie sich an diesem Beispiel die Begriffe Zufallsexperiment, Elementarereignisse, sicheres und unmögliches Ereignis!*

Lösung: Das Zufallsexperiment besteht hier in der zufälligen Auswahl von zwei Teilen. Wie die Elementarereignisse einzuführen sind, hängt wesentlich von der weiteren Aufgabenstellung ab. Es werden zwei Fälle diskutiert.

Fall 1: Die Reihenfolge bei der Auswahl der Teile wird berücksichtigt.
Ein Elementarereignis lässt sich als geordnetes Paar interpretieren, wobei die erste (zweite) Komponente den Zustand des ersten (zweiten) ausgewählten Teils beschreibt. Damit ergeben sich die vier Elementarereignisse $\omega_1 = (a; a)$, $\omega_2 = (a; n)$, $\omega_3 = (n; a)$, $\omega_4 = (n; n)$. Das Elementarereignis $\omega_2 = (a; n)$ besagt, dass das erste Teil Ausschuss und das zweite Teil normgerecht ist. Damit ergibt sich als Raum der Elementarereignisse bzw. als sicheres Ereignis $\Omega = \{(a; a), (a; n), (n; a), (n; n)\}$. Mit Hilfe der Elementarereignisse lassen sich zufällige Ereignisse beschreiben. So z.B. das zufällige Ereignis $A = \{(a; a), (a; n), (n; a)\}$ wenigstens eines der ausgewählten Teile ist Ausschuss oder das zufällige Ereignis $B = \{(a; n), (n; a)\}$ genau eines der ausgewählten Teile ist Ausschuss.

Fall 2: Die Reihenfolge bei der Auswahl der Teile wird nicht berücksichtigt.
Die Elementarereignisse sind jetzt keine geordneten Paare. In diesem Fall erhält man als Elementarereignisse $\underline{\omega}_1 = (a; a)$, $\underline{\omega}_2 = (a; n)$, $\underline{\omega}_3 = (n; n)$ bzw. das sichere Ereignis $\Omega = \{(a; a), (a; n), (n; n)\}$. Für die oben eingeführten zufälligen Ereignisse gilt $A = \{(a; a), (a; n)\}$ und $B = \{(a; n)\}$.
Ein unmögliches Ereignis ist z.B., in beiden Fällen bei diesem Zufallsexperiment drei Ausschussteile zu erhalten. ◁

Aufgabe 12.1 : *Analog zum Beispiel 12.2 werden zufällig zwei Teile ausgewählt. Bei der Überprüfung eines Teils tritt genau einer der folgenden Zustände auf: – das Teil hat das geforderte Gewicht (g), – das Teil ist zu leicht (l) oder – das Teil ist zu schwer (s). (1) Geben Sie die Elementarereignisse und das sichere Ereignis an. (2) Stellen Sie die folgenden zufälligen Ereignisse dar:*

A_1 – das Ereignis, dass genau ein Teil zu leicht ist,

A_2 – das Ereignis, dass wenigstens ein Teil zu leicht ist,

A_3 – das Ereignis, dass höchstens ein Teil zu leicht ist und

A_4 – das Ereignis, dass ein Teil zu leicht und ein Teil zu schwer ist.

12.1.2   Ereignisoperationen

An den bisherigen Ausführungen wird deutlich, dass sich ein zufälliges Ereignis als eine Menge von Elementarereignissen schreiben lässt. Aus diesem Grund bietet sich an, die aus der Mengenlehre bekannten Begriffe auf zufällige Ereignisse zu übertragen. Aus den Mengenoperationen erhält man dann Ereignisoperationen.

Definition 12.1: *Es seien A und B zufällige Ereignisse aus einem Grundraum Ω. Dann wird definiert:*

$A \subset B \Longleftrightarrow$ *wenn das Ereignis A eintritt, tritt auch das Ereignis B ein. Man sagt: „Das Ereignis A* **zieht** *das Ereignis B* **nach sich** *".*

$A = B \Longleftrightarrow (A \subset B) \wedge (A \supset B)$
  Man sagt: „Die Ereignisse A und B sind **gleich** *".*

$A \cup B \Longleftrightarrow$ *wenn wenigstens eines der Ereignisse A oder B eintritt. Man sagt: „Das Ereignis A* **oder** *das Ereignis B tritt ein".*

$A \cap B \Longleftrightarrow$ *wenn sowohl das Ereignis A als auch das Ereignis B eintreten. Man sagt: „Das Ereignis A* **und** *das Ereignis B treten ein".*

$A \setminus B \Longleftrightarrow$ *wenn das Ereignis A eintritt und das Ereignis B nicht eintritt. Man sagt: „Das Ereignis A* **minus** *dem Ereignis B tritt ein".*

$\overline{A} \quad \Longleftrightarrow$ *wenn das Ereignis A nicht eintritt. Man sagt: „Das Ereignis A* **quer** *" oder „das* **komplementäre Ereignis** *von A tritt ein".*

Ereignisoperationen lassen sich mit **Venn-Diagrammen** darstellen (vgl. Seite 23 und Bild 1.3). Wenn A, B, C zufällige Ereignisse aus einem Grundraum bezeichnen, dann gelten die Eigenschaften aus dem Satz 1.6 (Seite 24) ebenso für Ereignisoperationen. Insbesondere gilt $\overline{\Omega} = \varnothing$ bzw. $\overline{\varnothing} = \Omega$. D.h., das komplementäre Ereignis vom sicheren (unmöglichen) Ereignis ist das unmögliche (sichere) Ereignis.

Beispiel 12.3: *Es wird der Wurf eines (Spiel-)Würfels betrachtet. Es bezeichnen A das Ereignis, eine gerade Zahl zu werfen, bzw. B das Ereignis, eine Zahl kleiner „Sechs" zu werfen. Was bedeuten die Ereignisse $A \cup B$, $A \cap B$, $A \setminus B$, $B \setminus A$, $\overline{A}$, $(\overline{A} \cup \overline{B}) \setminus (A \cap \overline{B})$?*

Lösung: Mit den Bezeichnungen aus dem Bild 12.1 gilt $A = \{\omega_2; \omega_4; \omega_6\}$ und $B = \{\omega_1; \omega_2; \omega_3; \omega_4; \omega_5\}$. Daraus folgt: $A \cup B = \Omega$ ist das sichere Ereignis; $A \cap B = \{\omega_2; \omega_4\}$ ist das Ereignis, eine "Zwei" oder „Vier" zu werfen; $A \setminus B = \{\omega_6\}$ ist das Ereignis, eine „Sechs" zu werfen; $B \setminus A = \{\omega_1; \omega_3; \omega_5\}$

ist das Ereignis, eine ungerade Zahl zu werfen; $\overline{A} = \{\omega_1; \omega_3; \omega_5\}$ ist das Ereignis, eine ungerade Zahl zu werfen und $(\overline{A} \cup \overline{B}) \setminus (A \cap \overline{B}) = (\{\omega_1; \omega_3; \omega_5\} \cup \{\omega_6\}) \setminus (\{\omega_2; \omega_4; \omega_6\} \cap \{\omega_6\}) = \{\omega_1; \omega_3; \omega_5; \omega_6\}) \setminus \{\omega_6\} = \{\omega_1; \omega_3; \omega_5\}$ ist das Ereignis, eine ungerade Zahl zu werfen.   ◁

Aufgabe 12.2 : *Bei einer Fertigungsstraße wird eine Havarie durch drei unabhängig voneinander arbeitende Kontrollsignale angezeigt, die jedoch einer gewissen Störanfälligkeit unterliegen. Es bezeichne S_i das Ereignis, dass das i-te Signal störungsfrei arbeitet $(i = 1, 2, 3)$. Stellen Sie folgende Ereignisse mit den Ereignissen S_i dar: A - alle drei Signale arbeiten störungsfrei; B - kein Signal arbeitet störungsfrei; C - mindestens ein Signal bzw. D - genau ein Signal arbeitet störungsfrei; E - höchstens zwei Signale sind gestört.*

Mit Hilfe der Ereignisoperationen können zufallsabhängige Vorgänge beschrieben werden. Eine Reihe von Aufgaben führt dabei auf eine sogenannte

Schaltungsaufgabe: *Ein System besteht aus n Elementen, wobei jedes Element in dem betrachteten Zeitintervall ausfällt oder nicht ausfällt. In Abhängigkeit von dem Zustand der einzelnen Elemente und der Anordnung der Elemente ist der Zustand des Systems zu beschreiben.*

Lösung: Es werden folgende zufällige Ereignisse eingeführt:

A –   das zufällige Ereignis, dass das System ausfällt und

A_k –   das zufällige Ereignis, dass das k-te Element ausfällt $(k = 1, \ldots, n)$.

Der Ausfall eines Elements bzw. Systems hat zur Folge, dass kein Strom durch das Element bzw. System fließt. Analog entspricht ein nicht ausgefallenes Element (System) dem Stromfluss durch das Element (System). Bei der Anordnung der Elemente unterscheidet man Grundschaltungen und zusammengesetzte Schaltungen.

Grundschaltungen: Die Grundschaltungen sind in den Bildern 12.2 und 12.3 dargestellt. Eine Reihenschaltung von Elementen fällt genau dann aus, wenn wenigstens ein Element ausfällt. Eine Reihenschaltung von Elementen fällt genau dann nicht aus, wenn jedes Element der Reihenschaltung nicht ausfällt. Es fließt nur Strom durch die Reihenschaltung, wenn durch jedes Element der Schaltung Strom fließt. D.h., es gilt für die **Reihenschaltung:**

$$A = A_1 \cup A_2 \cup \ldots \cup A_n \qquad (12.1)$$

$$\overline{A} = \overline{A}_1 \cap \overline{A}_2 \cap \ldots \cap \overline{A}_n . \qquad (12.2)$$

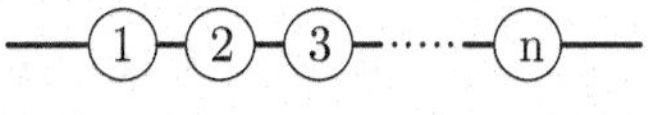

Bild 12.2: *Reihenschaltung*

Durch eine Parallelschaltung von Elementen fließt Strom, wenn durch wenigs-

tens ein Element Strom fließt. Der Stromfluss ist genau dann durch eine Parallelschaltung unterbrochen, falls durch kein Element der
Schaltung Strom fließt. Hieraus folgt für die
Parallelschaltung:

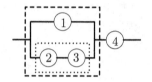

$$A = A_1 \cap A_2 \cap \ldots \cap A_n \qquad (12.3)$$

$$\overline{A} = \overline{A}_1 \cup \overline{A}_2 \cup \ldots \cup \overline{A}_n . \qquad (12.4)$$

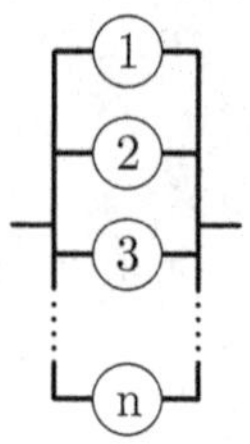

Bild 12.3: *Parallelschaltung*

Eine *zusammengesetzte Schaltung* setzt sich aus mehreren Grundschaltungen
zusammen. Die Behandlung von zusammengesetzten Schaltungen wird im
nächsten Beispiel erläutert.

Beispiel 12.4: *Für das im Bild 12.4 abgebildete System sind die Ereignisse
A – Ausfall der Systems und $\overline{A}$ – System ist nicht ausgefallen darzustellen.*

Lösung: A_k bezeichne den Ausfall des k-ten Elements ($k = 1, \ldots, 4$). Das
System besteht aus einer Reihenschaltung
(punktiertes Teilsystem), einer Parallelschaltung (gestricheltes Teilsystem) und einer
Reihenschaltung des gestrichelten Systems mit
dem vierten Element. Damit gilt

$$A = \big[A_1 \cap (A_2 \cup A_3) \big] \cup A_4$$

$$\overline{A} = \big[\overline{A}_1 \cup (\overline{A}_2 \cap \overline{A}_3) \big] \cap \overline{A}_4 . \qquad \lhd$$

Bild 12.4: *Zusammen-
gesetzte Schaltung*

Aufgabe 12.3: *Bei einer elektrischen Schaltung werden folgende Ereignisse
betrachtet: B_k - das k-te Element ist funktionsfähig ($k=1,\ldots,5$) und
B - das System ist funktionsfähig.*
*(1) Stellen Sie für die nebenstehende Schaltung
die Ereignisse B und $\overline{B}$ mit Hilfe der Ereignisse $B_1, \ldots, B_5$ dar. (2) Entwerfen Sie zur Er-
eignisgleichung $B = (B_1 \cap B_2) \cup (B_3 \cap B_4)$ die
dazugehörende Schaltung.*

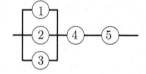

Bild 12.5: *Schaltung*

Aufgabe 12.4: *Eine Fertigungsstraße bestehe aus einer Maschine vom Typ
I, vier Maschinen vom Typ II und zwei Maschinen vom Typ III. A bzw. B_k
bzw. C_j ($k = 1, 2, 3, 4; j = 1, 2$) bezeichnen die Ereignisse, dass die Maschine
vom Typ I bzw. die k-te Maschine vom Typ II bzw. die j-te Maschine vom
Typ III verfügbar sind. Die Fertigungsstraße ist verfügbar, wenn von jedem
Maschinentyp mindestens eine Maschine verfügbar ist. Dieses Ereignis werde
mit D bezeichnet. Man beschreibe D und $\overline{D}$ mit Hilfe der Verfügbarkeiten
der einzelnen Maschinen.*

Definition 12.2 : *Die zufälligen Ereignisse A und B aus einem Grundraum Ω heißen* **unvereinbar** *genau dann, wenn sie niemals gleichzeitig eintreten können. D.h.,*

$$A \text{ und } B \text{ sind } \textbf{unvereinbar} \iff A \cap B = \varnothing .$$

Die zufälligen Ereignisse A_1, A_2, ..., A_n sind genau dann **paarweise unvereinbar**, *wenn $A_i \cap A_j = \varnothing$ für alle $i \neq j$ gilt.*

Die im Bild 12.6 dargestellten Ereignisse A_1 und A_3 sind unvereinbar. Die Ereignisse A_1 und A_2 sind nicht unvereinbar. A_1, A_2, A_3 sind keine paarweise unvereinbaren Ereignisse.

Die Ereignisse A und B aus dem Beispiel 12.3 (Seite 402) sind nicht unvereinbar. Mit Hilfe von Venn-Diagrammen überlegt man sich, dass die Ereignisse A und $\overline{A}$ bzw. die Ereignisse $A \setminus B$ und $B \setminus A$ immer unvereinbar sind.

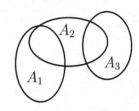

Bild 12.6:
Venn-Diagramm

12.1.3 Wahrscheinlichkeit eines Ereignisses

Betrachtet wird ein Zufallsexperiment, bei dem das zufällige Ereignis A eintreten kann. Um die Chancen für das Eintreten des Ereignisses A bewerten zu können, wird das Zufallsexperiment (unter gleichen Bedingungen) n-mal wiederholt. Die Anzahl der Zufallsexperimente, bei denen das zufällige Ereignis A eintrat, wird **absolute Häufigkeit** des Ereignisses A genannt und mit $h_n(A)$ bezeichnet. Der Quotient

$$r_n(A) := \frac{h_n(A)}{n} \tag{12.5}$$

heißt **relative Häufigkeit** des zufälligen Ereignisses A. Für die relative Häufigkeit weist man folgende Eigenschaften leicht nach:

(1) $0 \leq r_n(A) \leq 1$, (2) $r_n(\Omega) = 1$, (3) $r_n(\varnothing) = 0$,

(4) $A \cap B = \varnothing \implies r_n(A \cup B) = r_n(A) + r_n(B)$, (12.6)

(5) $A \subset B \implies r_n(A) \leq r_n(B)$.

Zu beachten ist, dass die Summe in (4) nur für unvereinbare Ereignisse gilt. Sowohl $h_n(A)$ als auch $r_n(A)$ sind zufallsabhängig. Die relative Häufigkeit eines Ereignisses A stabilisiert sich mit wachsendem n bei einer (zufallsunabhängigen) reellen Zahl, der sogenannten **Wahrscheinlichkeit $P(A)$ des zufälligen Ereignisses** A. Mit Hilfe der relativen Häufigkeit hat man eine „experimentelle Methode" zur Bestimmung der Wahrscheinlichkeit eines zufälligen

Ereignisses zur Verfügung, wobei das Zufallsexperiment „hinreichend oft" wiederholt werden muss. Die Wahrscheinlichkeit $P(A)$ sagt aus, dass in *durchschnittlich* $P(A) \cdot 100\%$ der durchgeführten Versuche das zufällige Ereignis A eintreten wird. Je größer die Wahrscheinlichkeit eines zufälligen Ereignisses A ist, desto größer sind die Chancen, dieses Ereignis bei einem Zufallsexperiment zu erhalten. Für die Wahrscheinlichkeit zufälliger Ereignisse gelten ebenfalls die Eigenschaften (1) - (5) aus (12.6).

Die eingeführten Begriffe werden jetzt am Zufallsexperiment aus dem Beispiel 12.1 (Wurf eines Spielwürfels) erläutert. Es bezeichne A das Ereignis eine „Sechs" zu werfen. Aus der Erfahrung ist bekannt, dass bei einem (homogenen) Spielwürfel $P(A) = \frac{1}{6}$ gilt und durchschnittlich in $\frac{1}{6} \cdot 100\%$ der durchgeführten Versuche die „Sechs" erscheinen wird. Die Wahrscheinlichkeit $P(A) = \frac{1}{6}$ besagt jedoch nicht, genau eine „Sechs" bei sechs Versuchen zu erhalten.

Um allgemeinere zufallsabhängige Probleme behandeln zu können, macht sich eine axiomatische Einführung der Wahrscheinlichkeit erforderlich. Dazu wird der Begriff des Ereignisfeldes benötigt. Ein **Ereignisfeld** $\mathcal{E}$ in einem Grundraum Ω ist eine Menge von zufälligen Ereignissen, die bei dem betrachteten Zufallsexperiment von Interesse sind. Außerdem ist ein Ereignisfeld abgeschlossen bezüglich der Ereignisoperationen, d.h. z.B. aus $A \in \mathcal{E}$ und $B \in \mathcal{E}$ folgt $A \cup B \in \mathcal{E}$, $A \cap B \in \mathcal{E}$, $A \setminus B \in \mathcal{E}$, $\overline{A} \in \mathcal{E}$, $\overline{B} \in \mathcal{E}$, $\overline{A} \cup \overline{B} \in \mathcal{E}$ usw. Für ein Ereignisfeld gilt stets $\varnothing \in \mathcal{E}$ und $\Omega \in \mathcal{E}$.

Kolmogoroffsches Axiomensystem

Gegeben sei ein Ereignisfeld $\mathcal{E}$ in einem Grundraum Ω.

1. Axiom: Jedem Ereignis $A \in \mathcal{E}$ wird eine reelle Zahl $P(A) \in [0, 1]$ zugeordnet. $P(A)$ heißt **Wahrscheinlichkeit des zufälligen Ereignisses** A oder kurz **Wahrscheinlichkeit von** A.

2. Axiom: $P(\Omega) = 1$.

3. Axiom: Für die zufälligen Ereignisse $A_i \in \mathcal{E}$, $i = 1; 2; \ldots$, mit $A_i \cap A_j = \varnothing$ für alle $i \neq j$, gilt
$$P(A_1 \cup A_2 \cup \ldots \cup A_n \cup \ldots) = P(A_1) + P(A_2) + \ldots + P(A_n) + \ldots.$$

$(\Omega, \mathcal{E}, P)$ heißt **Wahrscheinlichkeitsraum**.

Das dritte Axiom enthält auch den Spezialfall von endlich vielen Ereignissen. In diesem Fall hat man nur $\varnothing = A_{n+1} = A_{n+2} = \ldots$ zu setzen. Insbesondere gilt für $n = 2$ unter der Bedingung $A_1 \cap A_2 = \varnothing$ die Eigenschaft

$P(A_1 \cup A_2) = P(A_1) + P(A_2)$. Die Axiome stimmen mit den Eigenschaften (1), (2) und (4) für relative Häufigkeiten überein. Die Eigenschaften, die im nächsten Satz angegeben werden, folgen aus dem Axiomensystem.

Satz 12.1: *A und B seien beliebige Ereignisse aus einem Ereignisfeld. Dann gilt:* $\quad P(\varnothing) = 0$,

$$P(\overline{A}) = 1 - P(A), \tag{12.7}$$

$$P(A \cup B) = P(A) + P(B) - P(A \cap B). \tag{12.8}$$

Beweis: Da $\Omega = A \cup \overline{A}$ gilt und A und $\overline{A}$ unvereinbare Ereignisse sind, folgt aus dem 2. und 3. Axiom mit $1 = P(\Omega) = P(A \cup \overline{A}) = P(A) + P(\overline{A})$ die Gleichung (12.7). Die erste Behauptung erhält man aus (12.7) für $A = \Omega$. An dem nebenstehenden Venn-Diagramm erkennt man die Gleichungen

$$P(A) = P(A \cap \overline{B}) + P(A \cap B)$$
$$P(A \cup B) = P(A \cap \overline{B}) + P(B).$$

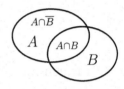

Bild 12.7: $A \cup B$

Die Gleichung (12.8) erhält man, wenn die erste Gleichung nach $P(A \cap \overline{B})$ aufgelöst und in die zweite Gleichung eingesetzt wird. ◄

Unter der Voraussetzung $A \cap B = \varnothing$ geht die Gleichung (12.8) in das 3. Axiom für den Spezialfall von zwei Ereignissen über.

Aufgabe 12.5: *Für die zufälligen Ereignisse A und B gelten die Beziehungen $A \subset B$ und $P(A) = 0{,}6$, $P(B) = 0{,}8$. Berechnen Sie die Wahrscheinlichkeiten $P(A \cup B)$, $P(B \cap A)$, $P(\overline{A})$, $P(\overline{B})$, $P(B \setminus A)$ und $P(A \setminus B)$.*

Aufgabe 12.6: *Sind folgende Ereignisse gleichwahrscheinlich?*
(1) *Es wird eine homogene Münze geworfen. A_1 ist das Ereignis Wappen zu werfen und A_2 ist das Ereignis Zahl zu werfen.*
(2) *Es werden zwei Münzen geworfen. Es bezeichnen B_1 das Ereignis zwei Wappen, B_2 das Ereignis zweimal Zahl und B_3 das Ereignis Zahl und Wappen zu werfen.*

12.1.4 Klassische Methoden

Unter gewissen Voraussetzungen lassen sich Wahrscheinlichkeiten mit kombinatorischen Überlegungen berechnen.

Satz 12.2 : *Wenn bei einem Zufallsexperiment nur endlich viele Elementarereignisse auftreten und alle Elementarereignisse gleichwahrscheinlich sind, dann gilt*

$$P(A) = \frac{\text{Anzahl der Elementarereignisse aus } A}{\text{Anzahl aller Elementarereignisse}} \,. \tag{12.9}$$

Beispiel 12.5 : *Wie groß ist die Wahrscheinlichkeit, dass bei einem Wurf mit zwei homogenen (Spiel-)Würfeln (1) auf beiden Würfeln eine „Sechs" erscheint, (2) wenigstens eine „Sechs" und (3) keine „Sechs" gewürfelt wird.*

Lösung: Um die Gleichwahrscheinlichkeit der Elementarereignisse zu erreichen, müssen nebenstehende 36 Elementarereignisse betrachtet werden. Daraus folgt für (1) $P(6;6) = \frac{1}{36}$.

$$
\begin{array}{cccccc}
(1;1) & (1;2) & (1;3) & (1;4) & (1;5) & (1;6) \\
(2;1) & (2;2) & (2;3) & (2;4) & (2;5) & (2;6) \\
(3;1) & (3;2) & (3;3) & (3;4) & (3;5) & (3;6) \\
(4;1) & (4;2) & (4;3) & (4;4) & (4;5) & (4;6) \\
(5;1) & (5;2) & (5;3) & (5;4) & (5;5) & (5;6) \\
(6;1) & (6;2) & (6;3) & (6;4) & (6;5) & (6;6)
\end{array}
$$

A bezeichne das Ereignis, wenigstens eine „Sechs" zu werfen. Da das Ereignis A genau 11 Elementarereignisse enthält, gilt für (2) $P(A) = \frac{11}{36}$ bzw. für (3) $P(\overline{A}) = 1 - P(A) = 1 - \frac{11}{36} = \frac{25}{36}$. ◁

Im Allgemeinen führt das „Abzählen" der möglichen Elementarereignisse auf das folgende kombinatorische

Problem: *In einer Kiste liegen n Elemente. Aus dieser Kiste werden k Elemente ausgewählt. Wie viele verschiedene Möglichkeiten gibt es?*

Um dieses Problem eindeutig lösen zu können, müssen folgende Fragen noch beantwortet werden:

(1) Können Elemente wiederholt ausgewählt werden?
(2) Spielt die Reihenfolge für die Auswahl eine Rolle?

Je nachdem, wie die Fragen beantwortet werden, berechnet man die Anzahl der verschiedenen Möglichkeiten nach der entsprechenden Formel aus der Tabelle 12.1 (siehe Abschnitt 1.6 für die Binomialkoeffizienten).

		Reihenfolge	
		mit	ohne
Wiederholung	mit	n^k	$\binom{n+k-1}{k}$
	ohne	$\dfrac{n!}{(n-k)!}$	$\binom{n}{k}$

Tabelle 12.1 : *Grundformeln der Kombinatorik*

Die Anzahl der Elementarereignisse aus dem Beispiel 12.5 erhält man als Auswahl von $k = 2$ Zahlen aus $n = 6$ Zahlen mit Berücksichtigung der Reihenfolge und mit Wiederholung: $6^2 = 36$.

Beispiel 12.6 : *Wie groß ist die Wahrscheinlichkeit beim Lotto „6 aus 49"* *mit einem Spielschein (1) 6 Richtige bzw. (2) genau 4 Richtige zu erzielen.*

Lösung: Ein Elementarereignis besteht in der Auswahl von $k = 6$ Zahlen aus $n = 49$ Zahlen ohne Wiederholung. Die Reihenfolge bei der Auswahl spielt keine Rolle. Mit der Tabelle 12.1 erhält man $\qquad P\big(6 \text{ Richtige}\big) =$

$$\frac{1}{\begin{pmatrix} 49 \\ 6 \end{pmatrix}} = \frac{6! \cdot 43!}{49!} = \frac{6 \cdot 5 \cdot 4 \cdot 3 \cdot 2 \cdot 1}{49 \cdot 48 \cdot 47 \cdot 46 \cdot 45 \cdot 44} = \frac{1}{13983816} \approx 7,1511 \cdot 10^{-8}.$$

Genau 4 Richtige erhält man, wenn aus den $n_1 = 6$ gezogenen Zahlen genau $k_1 = 4$ Zahlen und aus den $n_2 = 43$ nicht gezogenen Zahlen $k_2 = 2$ Zahlen ohne Wiederholung und ohne Berücksichtigung der Reihenfolge gezogen werden. Damit erhält man $\begin{pmatrix} 6 \\ 4 \end{pmatrix} \cdot \begin{pmatrix} 43 \\ 2 \end{pmatrix}$ Elementarereignisse mit 4 Richtigen.

Hieraus folgt $\qquad P\big(4 \text{ Richtige}\big) = \dfrac{\begin{pmatrix} 6 \\ 4 \end{pmatrix} \cdot \begin{pmatrix} 43 \\ 2 \end{pmatrix}}{\begin{pmatrix} 49 \\ 6 \end{pmatrix}} =$

$$\frac{\dfrac{6!}{4! \cdot 2!} \cdot \dfrac{43!}{41! \cdot 2!}}{\dfrac{49!}{6! \cdot 43!}} = \frac{\dfrac{6 \cdot 5}{2 \cdot 1} \cdot \dfrac{43 \cdot 42}{2 \cdot 1}}{\dfrac{49 \cdot 48 \cdot 47 \cdot 46 \cdot 45 \cdot 44}{6 \cdot 5 \cdot 4 \cdot 3 \cdot 2 \cdot 1}} = \frac{645}{665896} \approx 0,000969. \qquad \lhd$$

Aufgabe 12.7 : *Ein Lieferposten besteht aus 100 Teilen, von denen genau 4 Ausschussteile sind. Ein Gütekontrolleur entnimmt diesem Lieferposten zufällig 10 Teile, ohne die Teile zurückzulegen. Wie groß ist die Wahrscheinlichkeit, dass sich unter den entnommenen Teilen (1) genau ein Ausschussteil, (2) höchstens ein Ausschussteil bzw. (3) mindestens ein Ausschussteil befindet?*

Aufgabe 12.8: *Die Geheimzahl einer Euro-Card besteht aus vier Ziffern. Wie groß ist die Wahrscheinlichkeit, dass eine Person, die die Geheimzahl nicht kennt, bei (1) einem Versuch bzw. (2) bei drei Versuchen die Geheimzahl errät?*

Aufgabe 12.9 : *In einer Schale befinden sich 15 rote, 9 blaue und 6 grüne Kugeln. Zufällig werden 6 Kugeln ohne Zurücklegen ausgewählt. Mit welcher Wahrscheinlichkeit sind unter den ausgewählten Kugeln (1) alle rot, (2) 4 rote und 2 blaue bzw. (3) 3 rote, 1 blaue und 2 grüne Kugeln?*

Aufgabe 12.10: *Lösen Sie die Aufgabe 12.9 unter der Bedingung, dass die 6 Kugeln nacheinander gezogen werden und jede gezogene Kugel in die Schale wieder zurückgelegt wird!*

12.1.5   Bedingte Wahrscheinlichkeiten

Definition 12.3: *Die Wahrscheinlichkeit für das Eintreten des zufälligen Ereignisse $A \in \mathcal{E}$ unter der Bedingung, dass das zufällige Ereignis $B \in \mathcal{E}$ bereits eingetreten ist, heißt* **bedingte Wahrscheinlichkeit** *und wird mit $P(A|B)$ bezeichnet.*

Für $P(B) > 0$ gilt $P(A|B) := \dfrac{P(A \cap B)}{P(B)}$.

Die bedingte Wahrscheinlichkeit $P(A|B)$ darf nicht mit der Wahrscheinlichkeit $P(A \setminus B)$ verwechselt werden. Bei der bedingten Wahrscheinlichkeit $P(A|B)$ nutzt man „Zusatzinformation" des Zufallsexperimentes aus. Bei dieser Zusatzinformation wird mit Sicherheit der Versuchsausgang des Zufallsexperimentes in dem Ereignis B liegen.

Man überprüft leicht, dass die bedingte Wahrscheinlichkeit das Axiomensystem von Kolmogoroff erfüllt. D.h., für ein Ereignis $B \in \mathcal{E}$ mit $P(B) > 0$ gilt

(1) $0 \leq P(A|B) \leq 1$, für jedes $A \in \mathcal{E}$,

(2) $P(\Omega|B) = 1$,

(3) aus $A_i \cap A_j$ für alle $i \neq j$ folgt

$P(A_1 \cup A_2 \cup \ldots |B) = P(A_1|B) + P(A_2|B) + \ldots$.

Die folgenden Eigenschaften sind von der Anschauung her klar und folgen unmittelbar aus der Definition 12.3.

(4) $B \subset A \implies P(A|B) = 1$,

(5) $A \subset B \implies P(A|B) = \dfrac{P(A)}{P(B)}$,

(6) $B \cap A = \varnothing \implies P(A|B) = 0$.

Aufgabe 12.11: *Für die zufälligen Ereignisse A und B gelten die Beziehungen $A \subset B$ und $P(A) = 0,6$, $P(B) = 0,8$. Berechnen Sie die Wahrscheinlichkeiten $P(A|B)$, $P(B|A)$, $P(\overline{A}|B)$, $P(B|\overline{A})$, $P(\overline{A}|\overline{B})$ und $P(\overline{B}|\overline{A})$.*

Der nächste Satz wird in Anwendungsaufgaben häufig benutzt.

Satz 12.3 : A, B, A_1, A_2, ..., A_n *seien zufällige Ereignisse aus einem Ereignisfeld mit folgenden Eigenschaften: (1)* $A_i \cap A_j = \varnothing$ *für alle* $i \neq j$, *(2)* $B \subset A_1 \cup A_2 \cup ... \cup A_n$ *und (3)* $P(A_i) > 0$ *für alle* i. *Dann gilt der* **Satz über die totale Wahrscheinlichkeit**

$$P(B) = \sum_{i=1}^{n} P(B|A_i) \cdot P(A_i).$$ (12.10)

Wenn zusätzlich noch $P(A) > 0$ *und* $P(B) > 0$ *erfüllt ist, dann gilt der* **Satz von Bayes**

$$P(A|B) = \frac{P(B|A) \cdot P(A)}{\sum_{i=1}^{n} P(B|A_i) \cdot P(A_i)}.$$ (12.11)

Beweis: Unter den Voraussetzungen des Satzes folgt $B = (B \cap A_1) \cup (B \cap A_2) \cup ... \cup (B \cap A_n)$, wobei die Ereignisse $(B \cap A_i)$ paarweise unvereinbar sind. Aus dem dritten Axiom von Kolmogoroff und der Definition 12.3 erhält man dann (12.10)

$$P(B) = \sum_{i=1}^{n} P(B \cap A_i) = \sum_{i=1}^{n} P(B|A_i) \cdot P(A_i).$$

Die beiden Gleichungen $P(A|B) = \dfrac{P(A \cap B)}{P(B)}$ und $P(B|A) = \dfrac{P(B \cap A)}{P(A)}$ liefern $P(A|B) = \dfrac{P(B|A) \cdot P(A)}{P(B)}$. Mit der Gleichung (12.10) folgt dann die Behauptung (12.11). ◄

Beispiel 12.7: *Drei Maschinen produzieren gleichartige Teile, die gemeinsam in einem Zwischenlager aufbewahrt werden. Dabei wird jedes Teil auf genau einer Maschine gefertigt. Die erste und zweite Maschine produzieren pro Zeiteinheit gleich viel, die dritte Maschine jedoch doppelt soviel wie Maschine 1. Die durchschnittlichen Ausschussquoten der Maschinen betragen 2% , 1% bzw. 5% . (1) Berechnen Sie die Wahrscheinlichkeit dafür, dass ein zufällig dem Lager entnommenes Teil Ausschuss ist. (2) Ein zufällig aus dem Lager ausgewähltes Teil sei kein Ausschuss. Mit welcher Wahrscheinlichkeit wurde dieses Teil auf der Maschine 3 gefertigt?*

Lösung: Es bezeichnen A das Ereignis, dass ein zufällig entnommenes Teil Ausschuss ist, und M_i das Ereignis, dass das Teil auf der i-ten Maschine gefertigt wurde ($i = 1; 2; 3$). Es gilt $M_i \cap M_j = \varnothing$ für $i \neq j$ und $A \subset M_1 \cup M_2 \cup M_3$. Gegeben sind die Wahrscheinlichkeiten $P(M_1) = 0,25$, $P(M_2) = 0,25$, $P(M_3) = 0,5$, $P(A|M_1) = 0,02$, $P(A|M_2) = 0,01$, $P(A|M_3) = 0,05$.

zu (1): Aus dem Satz über die totale Wahrscheinlichkeit (12.10) folgt

$$P(A) = \sum_{i=1}^{3} P(A|M_i) \cdot P(M_i) = 0,02 \cdot 0,25 + 0,01 \cdot 0,25 + 0,05 \cdot 0,5 = 0,0325\,,$$

d.h., die Wahrscheinlichkeit für ein Ausschussteil beträgt 0,0325.

zu (2): Mit dem Satz von Bayes erhält man

$$P(M_3|\overline{A}) = \frac{P(\overline{A}|M_3) \cdot P(M_3)}{\displaystyle\sum_{i=1}^{3} P(\overline{A}|M_i) \cdot P(M_i)}$$

$$= \frac{(1-0,05) \cdot 0,5}{(1-0,02) \cdot 0,25 + (1-0,01) \cdot 0,25 + (1-0,05) \cdot 0,5} = 0,4910\,.$$

D.h., 49,1 % der einwandfreien Teile wurden auf der Maschine 3 hergestellt. ◁

Aufgabe 12.12: *Die Produktion einer Abteilung wird von zwei Kontrolleuren mit den Anteilen 30 Prozent bzw. 70 Prozent sortiert. Dabei ist für den ersten Kontrolleur die Wahrscheinlichkeit eine Fehlentscheidung zu treffen gleich 0,03, für den zweiten Kontrolleur ist sie 0,05. (1) Für ein zufällig ausgewähltes Teil berechne man die Wahrscheinlichkeit, dass es richtig einsortiert wurde.*
(2) Es wird beim Versand ein falsch sortiertes Teil gefunden. Mit welcher Wahrscheinlichkeit wurde es vom ersten Kontrolleur sortiert?

Aufgabe 12.13: *An drei Stanzen werden Teile gefertigt, wobei die Stückzahl pro Zeiteinheit an allen drei Stanzen gleich groß ist. Die erste Stanze wird zwei-schichtig besetzt und arbeitet mit einem Ausschussanteil von 4%. Die zweite Stanze arbeitet bei einem Ausschussanteil von 2% dreischichtig, während die dritte Stanze bei einem Ausschussanteil von 5% nur einschichtig bedient wird. (1) Wie groß ist die Wahrscheinlichkeit dafür, dass ein willkürlich der Tages-produktion entnommenes Teil Ausschuss ist?*
(2) Ein zufällig entnommenes Teil ist normgerecht. Mit welcher Wahrschein-lichkeit wurde dieses Teil auf der zweiten Stanze produziert?

12.1.6   Unabhängigkeit von Ereignissen

Definition 12.4: *Die zufälligen Ereignisse $A \in \mathcal{E}$ und $B \in \mathcal{E}$ sind genau dann* (**stochastisch**) **unabhängig**, *wenn $P(A \cap B) = P(A) \cdot P(B)$ gilt.*

Die Unabhängigkeit von Ereignissen darf nicht mit der Unvereinbarkeit von Ereignissen verwechselt werden! Für die unvereinbaren Ereignisse A und B

gilt $P(A \cap B) = P(\varnothing) = 0$. D.h., bei $P(A) > 0$ und $P(B) > 0$ sind unvereinbare Ereignisse **nicht** unabhängig.

Für unabhängige Ereignisse A und B mit $P(A) > 0$ und $P(B) > 0$ folgt aus der Definition 12.3

$$P(A|B) = P(A) \qquad \text{und} \qquad P(B|A) = P(B). \qquad (12.12)$$

Die letzten beiden Gleichungen besagen, dass bei unabhängigen Ereignissen das Eintreten eines Ereignisses keine Information über das Eintreten des anderen Ereignisses liefert. Mit den Gleichungen aus (12.12) lässt sich ebenfalls die Unabhängigkeit von Ereignissen definieren.

Satz 12.4 : *Wenn A und B unabhängige Ereignisse sind, dann sind auch die Ereignisse A und $\overline{B}$ bzw. $\overline{A}$ und B bzw. $\overline{A}$ und $\overline{B}$ unabhängig.*

Beweis: Aus $P(A) = P\big(A \cap (B \cup \overline{B})\big) = P\big((A \cap B) \cup (A \cap \overline{B})\big) = P(A \cap B)$ $+ P\big(A \cap \overline{B}\big) = P(A) \cdot P(B) + P\big(A \cap \overline{B}\big)$ erhält man wegen $P\big(A \cap \overline{B}\big) = P(A) \cdot \big(1 - P(B)\big) = P(A) \cdot P\big(\overline{B}\big)$ die Unabhängigkeit der Ereignisse A und $\overline{B}$. Die anderen Aussagen lassen sich analog zeigen. ◁

Aufgabe 12.14 : *Die zufälligen Ereignisse A und B seien unabhängig und es gelte $P(A) = 0{,}6$, $P(B) = 0{,}8$. Berechnen Sie die Wahrscheinlichkeiten $P(A \cup B)$, $P(B \cap A)$, $P(B \cup \overline{A})$, $P(\overline{A} \cup \overline{B})$, $P(B|\overline{A})$ und $P(\overline{A}|\overline{B})$.*

Definition 12.5: *Die zufälligen Ereignisse $A_i \in \mathcal{E}$, $i = 1, \ldots, n$ heißen* **(stochastisch) unabhängig (in der Gesamtheit)**, *wenn für jede beliebige Auswahl (ohne Zurücklegen) von Ereignissen $A_{i_1}, A_{i_2}, \ldots, A_{i_k}$ gilt*

$$P\big(A_{i_1} \cap A_{i_2} \cap \ldots \cap A_{i_k}\big) = P(A_{i_1}) \cdot P(A_{i_2}) \cdot \ldots \cdot P(A_{i_k}).$$

Wenn die Ereignisse $A_i \in \mathcal{E}$, $i = 1, \ldots, n$ unabhängig (in der Gesamtheit) sind, dann gilt insbesondere auch

$$P\big(A_1 \cap A_2 \cap \ldots \cap A_n\big) = P(A_1) \cdot P(A_2) \cdot \ldots \cdot P(A_n).$$

Beispiel 12.8 : *Es wird die Schaltungsaufgabe von der Seite 403 betrachtet, wobei noch vorausgesetzt wird, dass die Ereignisse $A_1, \ldots, A_n$ unabhängig sind und die Wahrscheinlichkeiten für den Ausfall eines Elementes $p = P(A_i)$, $i = 1, \ldots, n$, gleich sind. Für die in den Bildern 12.2 bis 12.4 abgebildeten Schaltungen sind die Wahrscheinlichkeiten $P(A)$ für den Ausfall der Schaltung zu berechnen.*

Lösung: Die Ausfallwahrscheinlichkeit einer **Parallelschaltung** lässt sich mit Hilfe von (12.2) und der Unabhängigkeit von Ereignissen sofort erhalten. Es gilt

$$P(A) = P\big(A_1 \cap A_2 \cap \ldots \cap A_n\big) = P\big(A_1\big) \cdot P\big(A_2\big) \cdot \ldots \cdot P\big(A_n\big) = p^n \,.$$

Bei der **Reihenschaltung** (Bild 12.2) ist es zweckmäßig, zuerst die Wahrscheinlichkeit des komplementären Ereignisses $\overline{A}$ für das Funktionieren der Schaltung zu berechnen. Wegen der Unabhängigkeit der Ereignisse folgt

$$P(\overline{A}) = P\big(\overline{A}_1 \cap \overline{A}_2 \cap \ldots \cap \overline{A}_n\big) = P\big(\overline{A}_1\big) \cdot P\big(\overline{A}_2\big) \cdot \ldots \cdot P\big(\overline{A}_n\big) = (1 - p)^n \,.$$

Hieraus erhält man die Ausfallwahrscheinlichkeit der Reihenschaltung

$$P(A) = 1 - P(\overline{A}) = 1 - (1 - p)^n \,.$$

Bei zusammengesetzten Schaltungen werden der Satz 12.1 und die Unabhängigkeit von Ereignissen ausgenutzt. Es gilt für die Schaltung Bild 12.4

$$
\begin{aligned}
P(A) &= P\big(\big[A_1 \cap (A_2 \cup A_3)\big] \cup A_4\big) \\
&= P\big(\big[A_1 \cap (A_2 \cup A_3)\big]\big) + P\big(A_4\big) - P\big(\big[A_1 \cap (A_2 \cup A_3)\big] \cap A_4\big) \\
&= P\big(A_1\big) \cdot P\big(A_2 \cup A_3\big) + P\big(A_4\big) - P\big(A_1\big) \cdot P\big(A_2 \cup A_3\big) \cdot P\big(A_4\big)
\end{aligned}
$$

$$
\begin{aligned}
P\big(A_2 \cup A_3\big) &= P\big(A_2\big) + P\big(A_3\big) - P\big(A_2 \cap A_3\big) \\
&= P\big(A_2\big) + P\big(A_3\big) - P\big(A_2\big) \cdot P\big(A_3\big) = 2p - p^2 \,.
\end{aligned}
$$

Es folgt für die Ausfallwahrscheinlichkeit der Schaltung aus dem Bild 12.4

$$P(A) = p(2p - p^2) + p - p^2(2p - p^2) = p\big(1 + 2p - 3p^2 + p^3\big) \,. \qquad \triangleleft$$

Aufgabe 12.15 : *Betrachtet werden die Schaltungen aus der Aufgabe 12.3, wobei die Ereignisse $B_1, \ldots, B_5$ unabhängig seien und die Wahrscheinlichkeiten $P(B_1) = 0,9$, $P(B_2) = 0,6$, $P(B_3) = 0,75$, $P(B_4) = 0,95$, $P(B_5) = 0,8$ besitzen. Berechnen Sie für die angegebenen Schaltungen jeweils die Wahrscheinlichkeit, dass das Gesamtsystem funktionsfähig ist.*

Aufgabe 12.16 : *Ein Bedienungssystem bestehe aus vier voneinander unabhängig arbeitenden Teilsystemen T_1, T_2, T_3, T_4. Das Bedienungssystem ist arbeitsfähig, wenn sowohl die Teilsysteme T_1 und T_2 als auch wenigstens eines der Teilsysteme T_3 und T_4 arbeitsfähig sind. Die Wahrscheinlichkeiten für die Arbeitsfähigkeit der einzelnen Teilsysteme betragen jeweils $0,9$; $0,8$; $0,6$ beziehungsweise $0,7$. Berechnen Sie die Wahrscheinlichkeit für die Arbeitsfähigkeit des Systems.*

12.2 Zufallsgrößen

12.2.1 Zufallsgröße und Verteilungsfunktion

Bei vielen Zufallsexperimenten lässt sich jedem elementaren Versuchsausgang eine reelle Zahl zuordnen. Diese Zuordnung ist oft natürlicherweise vorgegeben. So lässt sich z.B. bei dem Beispiel 12.1 dem Elementarereignis ω_6, die Zahl „Sechs" zu werfen, die reelle Zahl 6 zuordnen.

Definition 12.6: *Eine Zufallsgröße* $X(\omega) \big| \, \Omega \to \mathbb{R}$ *ist eine reellwertige Funktion, die auf dem Grundraum* Ω *definiert ist, und für jede reelle Zahl* $x \in \mathbb{R}$ *die folgende Eigenschaft erfüllt:*

$$\big\{ \omega \in \Omega \big| \, X(\omega) \leq x \big\} \in \mathcal{E} \tag{12.13}$$

Wie es sich erweisen wird, ist die Eigenschaft (12.13) in der Regel bei praktischen Problemen erfüllt. Diese Eigenschaft besagt: die Menge der Elementarereignisse aus dem Grundraum Ω, die durch die Zufallsgröße in das Intervall $(-\infty; x]$ abgebildet wird, ist ein zufälliges Ereignis aus dem Ereignisfeld $\mathcal{E}$. Da nach dem Kolmogoroffschen Axiomensystem jedem Ereignis aus $\mathcal{E}$ eine Wahrscheinlichkeit zugeordnet wird, existiert die für die weiteren Untersuchungen grundlegende Funktion

$$F(x) := P\big(\{\omega \in \Omega \big| \, X(\omega) \leq x\}\big), \; x \in \mathbb{R} . \tag{12.14}$$

Definition 12.7: *Die Funktion* $F(x)$, $x \in \mathbb{R}$, *aus (12.14) nennt man* **Verteilungsfunktion** *der Zufallsgröße* $X(\omega)$. *Im Weiteren wird abkürzend* $X(\omega) \sim F(x)$ *oder* $F(x) = P\big(X(\omega) \leq x\big)$, $x \in \mathbb{R}$, *geschrieben.*

$F(x)$ gibt die Wahrscheinlichkeit an, dass die Zufallsgröße $X(\omega)$ einen Wert nicht größer als x annimmt. Hieraus folgen die Aussagen des nächsten Satzes.

Satz 12.5: *Eine Verteilungsfunktion ist monoton wachsend und rechtsseitig stetig. Weiterhin gilt:*

(1) $0 \leq F(x) \leq 1$, $x \in \mathbb{R}$.

(2) $\lim\limits_{x \to -\infty} F(x) = 0$, $\qquad \lim\limits_{x \to \infty} F(x) = 1$.

(3) *Für* $a < b$ *gilt* $P(a < X(\omega) \leq b) = F(b) - F(a)$. (12.15)

Beispiel 12.9 : *Die Zufallsgröße* $X(\omega)$ *gebe die geworfene Augenzahl beim Wurf eines Würfels an. Gesucht ist die Verteilungsfunktion von* $X(\omega)$.
Lösung: Für einen homogenen Würfel gilt $P\big(X(\omega_i) = i\big) = \frac{1}{6}$, $i = 1; 2, \ldots, 6$. Die Verteilungsfunktion $F(x) = P\big(X(\omega) \leq x\big)$ gibt die Wahrscheinlichkeit an, dass eine Zahl von höchstens x geworfen wird. Z.B. ist

$$F(3,7) = P\big(X(\omega) \leq 3,7\big)$$
$$= P\big(\{\omega_1; \omega_2; \omega_3\}\big) = \frac{1}{2}.$$

$$F(x) = \begin{cases} 0 & \text{wenn} & x < 1 \\ \frac{1}{6} & \text{wenn} & 1 \leq x < 2 \\ \frac{1}{3} & \text{wenn} & 2 \leq x < 3 \\ \frac{1}{2} & \text{wenn} & 3 \leq x < 4 \\ \frac{2}{3} & \text{wenn} & 4 \leq x < 5 \\ \frac{5}{6} & \text{wenn} & 5 \leq x < 6 \\ 1 & \text{wenn} & 6 \leq x. \end{cases}$$

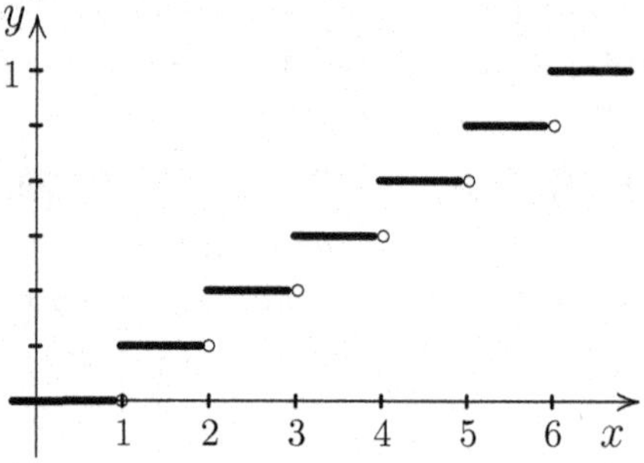

Bild 12.8: *Verteilungsfunktion zu Beispiel 12.9*   ◁

In Abhängigkeit vom Wertebereich klassifiziert man Zufallsgrößen.

Definition 12.8: *Eine Zufallsgröße* $X(\omega)$ *heißt* **diskret**, *wenn die Zufallsgröße nur endlich viele bzw. abzählbar unendlich viele verschiedene reelle Zahlen (z.B. natürliche oder ganze Zahlen) annehmen kann.*
Eine Zufallsgröße heißt **stetig**, *falls die Zufallsgröße in einem Intervall jede reelle Zahl annehmen kann.*

Die im Beispiel 12.9 diskutierte Zufallsgröße ist diskret. Für diskrete Zufallsgrößen gilt der folgende

---

Satz 12.6: *Bei einer diskreten Zufallsgröße* $X(\omega)$ *wird jeder Wert* x_k *der Zufallsgröße mit positiver Wahrscheinlichkeit*

$$P\big(X(\omega) = x_k\big) = p_k > 0, \quad k = 1; 2; \ldots, \qquad \sum_{k=1}^{\infty} p_k = 1, \qquad (12.16)$$

angenommen. Die Verteilungsfunktion

$$F(x) = \sum_{x_k \leq x} P\big(X(\omega) = x_k\big), \quad x \in \mathbb{R}, \qquad (12.17)$$

einer diskreten Zufallsgröße $X(\omega)$ *ist eine stückweise konstante Funktion, eine sogenannte* **Treppenfunktion**. *Diese Treppenfunktion hat Sprungstellen bei* x_k *mit der Sprunghöhe* p_k.

Bei der Berechnung der Verteilungsfunktion an der Stelle x nach (12.17) sind alle die Wahrscheinlichkeiten $P\big(X(\omega) = x_k\big)$ aufzusummieren, deren Werte x_k die Ungleichung $x_k \leq x$ erfüllen. Falls der Würfel im Beispiel 12.9 nicht homogen ist, entsteht eine Treppenfunktion mit unterschiedlichen Sprunghöhen.

Beispiel 12.10: *Ein Automat stellt Teile her, die mit einer Wahrscheinlichkeit von p Ausschuss sind. Die Anlage unterbricht sofort die Arbeit, wenn ein Ausschussteil produziert wird. Es bezeichne $X(\omega)$ die Zufallsgröße, die die Anzahl der bis zum ersten Ausfall hergestellten brauchbaren Teile beschreibt. (1) Geben Sie die Einzelwahrscheinlichkeiten von $X(\omega)$ an. (2) Wie lautet die Verteilungsfunktion $F(x)$ dieser Zufallsgröße? (3) Was sagt $F(3)$ aus?*

Lösung: *zu 1:* Die Zufallsgröße $X(\omega)$ nimmt die Werte 0; 1; 2, ... an und ist diskret. A_k bezeichne das Ereignis, dass das k-te produzierte Teil Ausschuss ist. Dann gilt $P\big(X(\omega) = 0\big) = P(A_1) = p$. Unter der Voraussetzung der Unabhängigkeit der Ereignisse A_k erhält man

$$P\big(X(\omega) = 1\big) = P(\overline{A_1} \cap A_2) = (1-p) \cdot p \, ,$$
$$P\big(X(\omega) = 2\big) = P(\overline{A_1} \cap \overline{A_2} \cap A_3) = (1-p)^2 \cdot p \, ,$$
$$P\big(X(\omega) = 3\big) = P(\overline{A_1} \cap \overline{A_2} \cap \ldots \cap \overline{A_3} \cap A_4) = (1-p)^3 \cdot p \, , \quad \ldots$$

Hieraus folgt allgemein $P\big(X(\omega) = k\big) = (1-p)^k \cdot p$, $k \in \mathbb{N}$, wobei aus (9.11) (Seite 299) $\displaystyle\sum_{k=0}^{\infty}(1-p)^k \cdot p = \frac{1}{1-(1-p)}\, p = 1$ resultiert.

zu 2: Nach (12.17) und (6.17) (für $q = 1-p$, Seite 188) erhält man

$$F(x) = \begin{cases} 0 & \text{wenn} \quad x < 0 \\ p & \text{wenn} \quad 0 \leq x < 1 \\ p + (1-p)p = 1 - (1-p)^2 & \text{wenn} \quad 1 \leq x < 2 \\ p + (1-p)p + (1-p)^2 p = 1 - (1-p)^3 & \text{wenn} \quad 2 \leq x < 3 \\ \qquad\qquad\qquad\vdots \\ p + (1-p)p + \ldots + (1-p)^k p = 1 - (1-p)^{k+1} & \text{wenn} \quad k \leq x < k+1 \\ \qquad\qquad\qquad\vdots \end{cases}$$

zu 3: $F(3) = P\big(X(\omega) \leq 3\big) = 1 - (1-p)^4$ gibt die Wahrscheinlichkeit dafür an, dass beim vierten produzierten Teil erstmals Ausschuss auftritt. ◁

Als Nächstes werden wichtige Eigenschaften stetiger Zufallsgrößen im folgenden Satz angegeben.

Satz 12.7 : *Zu jeder stetigen Zufallsgröße existiert eine* **Dichtefunktion** $f(x)$, $x \in \mathbb{R}$, *für die gilt*

$$(1) \quad f(x) \geq 0, \; x \in \mathbb{R}, \qquad (2) \quad \int_{-\infty}^{\infty} f(x)\, dx = 1,$$

$$(3) \quad F(x) = \int_{-\infty}^{x} f(z)\, dz, \quad x \in \mathbb{R}. \qquad\qquad (12.18)$$

Bei einer stetigen Zufallsgröße ist $P\big(X(\omega) = x\big) = 0$ *für jedes* $x \in \mathbb{R}$.

Obwohl $P\big(X(\omega) = x\big) = 0$ für jedes $x \in \mathbb{R}$ gilt, kann eine stetige Zufallsgröße in dem Intervall, in dem die Dichtefunktion positiv ist, jede reelle Zahl annehmen.

Beispiel 12.11: *Die reelle Konstante* c *ist so zu bestimmen, dass*

$$f(x) = \begin{cases} c & wenn \quad x \in [a; b] \\ 0 & wenn \quad x \notin [a; b] \end{cases} \qquad\qquad (12.19)$$

eine Dichtefunktion einer Zufallsgröße ist. Wie lautet die Verteilungsfunktion?

Lösung: Wegen (2) aus dem Satz 12.7 ergibt sich

$$1 = \int_{-\infty}^{\infty} f(x)\, dx = \int_{a}^{b} c\, dx = c \cdot (b - a) \implies c = \frac{1}{b - a}.$$

Die Verteilungsfunktion wird nach (12.15) berechnet, wobei die Integration stückweise auszuführen ist.

$$F(x) = \begin{cases} \displaystyle\int_{-\infty}^{x} 0\, dx = 0 & \text{wenn} \quad x \leq a \\[2mm] \displaystyle\int_{-\infty}^{0} 0\, dx + \int_{0}^{x} \frac{1}{b-a}\, dx = \frac{x-a}{b-a} & \text{wenn} \quad a \leq x \leq b \\[2mm] \displaystyle\int_{-\infty}^{0} 0\, dx + \int_{0}^{b} \frac{1}{b-a}\, dx + \int_{b}^{x} 0\, dx = 1 & \text{wenn} \quad b \leq x. \quad \triangleleft \end{cases}$$

Ein Zufallsgröße, die die Dichtefunktion (12.19) besitzt, heißt im Intervall $[a; b]$ **gleichmäßig verteilt** und man schreibt $X(\omega) \sim glm[a; b]$.

Aufgabe 12.17: *Es gelte* $X(\omega) \sim glm[0; 5]$. *Skizzieren Sie die Verteilungsfunktion dieser Zufallsgröße. Berechnen Sie die Wahrscheinlichkeiten* $P\big(X(\omega) < 3\big)$, $P\big(X(\omega) \leq 3\big)$, $P\big(2 < X(\omega) < 6\big)$ *und* $P\big(X(\omega) > 3,5\big)$.

Aufgabe 12.18: *Die Zufallsgröße $X(\omega)$ nimmt die Werte x_k mit den entsprechenden Wahrscheinlichkeiten $P(X(\omega) = x_k) = p_k$ $(k = 1; \ldots; 5)$ aus der nebenstehenden Tabelle an.*
(1) Berechnen Sie die Konstante c und die Verteilungsfunktion von $X(\omega)$.

x_k	0	1	3	4	6
p_k	0,1	0,25	0,5	0,05	c

(2) Wie groß ist die Wahrscheinlichkeit, dass die Zufallsgröße $X(\omega)$
(a) Werte nicht größer 4,   (b) Werte kleiner 3 annehmen,   bzw.
(c) mindestens den Wert 3,   (d) höchstens den Wert 3 annimmt.

12.2.2   Kenngrößen von Zufallsgrößen

Eine Verteilungsfunktion charakterisiert eine Zufallsgröße vollständig. Mit dieser Funktion lassen sich Wahrscheinlichkeiten von Ereignissen berechnen. Bei vielen Aufgaben ist es erforderlich, die Zufallsgröße durch Kenngrößen zu beschreiben. Zu diesen Kenngrößen gehören **Lageparameter**, **Streuungsparameter** und **Quantile**.

Bei den Ausführungen dieses Abschnitts wird vorausgesetzt, dass die Dichtefunktion $f(x)$, $x \in \mathbb{R}$, bei einer stetigen Zufallsgröße bzw. die Werte x_k mit ihren Wahrscheinlichkeiten $P(X(\omega) = x_k)$, $k = 1; 2; \ldots$ bekannt sind. Um die Existenz der Kenngrößen zu sichern, wird stets die absolute Konvergenz der Zahlenreihe (vgl. die Definition 6.5, Seite 186) bzw. des uneigentlichen Integrals (vgl. die Definition 8.5, Seite 268) vorausgesetzt.

Erwartungswert

Definition 12.9: *Wenn die reelle Zahl*

$$E\,X = \begin{cases} \displaystyle\sum_{k=1}^{\infty} x_k \cdot P(X(\omega) = x_k) & \text{bei diskretem } X(\omega) \\[2ex] \displaystyle\int_{-\infty}^{\infty} x \cdot f(x)\,dx & \text{bei stetigem } X(\omega) \end{cases} \tag{12.20}$$

*existiert, dann heißt $E\,X$ **Erwartungswert** von $X(\omega)$.*

Der Erwartungswert ist ein sogenannter Lageparameter. Mit dem Erwartungswert wird den Werten der Zufallsgröße ein „mittlerer Wert" zugeordnet. Aus diesem Grund verwendet man anstelle des Erwartungswertes auch den Begriff **Mittelwert**.

Beispiel 12.12 : *Von den Zufallsgrößen aus den Beispielen 12.9 bis 12.11 berechne man jeweils den Erwartungswert.*

Lösung: *zu Beispiel 12.9:* $E\,X = 1 \cdot \frac{1}{6} + 2 \cdot \frac{1}{6} + 3 \cdot \frac{1}{6} + 4 \cdot \frac{1}{6} + 5 \cdot \frac{1}{6} + 6 \cdot \frac{1}{6} = 3,5$.

zu Beispiel 12.10: Bei der Berechnung des Erwartungswertes wird die Potenzreihe (9.13) (Seite 300) für $x = 1 - p$ verwendet.

$$E\,X = \sum_{k=0}^{\infty} k \cdot (1-p)^k \cdot p = (1-p) \cdot p \sum_{k=1}^{\infty} k \cdot (1-p)^{k-1} = \frac{1-p}{p} \,.$$

zu Beispiel 12.11: $\qquad E\,X = \int_a^b x \frac{1}{b-a}\,dx = \frac{x^2}{2(b-a)}\Big|_a^b = \frac{b+a}{2}\,.$ ◁

Beim Wurf eines Würfels wurde als Erwartungswert der Augenzahl $E\,X = 3,5$ berechnet. D.h., bei mehrmaligem Werfen eines homogenen Würfels wird die mittlere geworfene Augenzahl bei $3,5$ liegen. Das Ergebnis zeigt, dass der Erwartungswert durch die Zufallsgröße $X(\omega)$ selbst nicht angenommen werden muss.

Satz 12.8 : *Es gilt $E\big(a \cdot X + b\big) = a \cdot E\,X + b$ für beliebige reelle Konstanten a und b. Für eine stetige Funktion $h|\mathbb{R} \longrightarrow \mathbb{R}$ berechnet man den Erwartungswert der Zufallsgröße $h\big(X(\omega)\big)$ nach der Formel*

$$E\,h(X) = \begin{cases} \displaystyle\sum_{k=1}^{\infty} h(x_k) \cdot P\big(X(\omega) = x_k\big) & \text{bei diskretem } X(\omega) \\[2mm] \displaystyle\int_{-\infty}^{\infty} h(x) \cdot f(x)\,dx & \text{bei stetigem } X(\omega)\,. \end{cases} \qquad (12.21)$$

---

n-tes Moment

Definition 12.10: *Es sei $n \in \mathbb{N}$.*

$$E\,X^n = \begin{cases} \displaystyle\sum_{k=1}^{\infty} x_k^n \cdot P\big(X(\omega) = x_k\big) & \text{bei diskretem } X(\omega) \\[2mm] \displaystyle\int_{-\infty}^{\infty} x^n \cdot f(x)\,dx & \text{bei stetigem } X(\omega) \end{cases} \qquad (12.22)$$

*heißt n-tes **Moment** von $X(\omega)$ (vorausgesetzt $E\,X^n$ existiert).*

Das erste Moment einer Zufallsgröße stimmt mit deren Erwartungswert überein. Das n-te Moment lässt sich nach (12.21) berechnen, wenn man die Funktion $h(x) = x^n$, $x \in \mathbb{R}$, wählt. Für Momente gelten analoge Eigenschaften wie für den Erwartungswert.

Beispiel 12.13: *Gesucht ist das n-te Moment der Zufallsgröße aus dem Beispiel 12.11.*

Lösung: $\quad E\,X^n = \displaystyle\int_a^b x^n \frac{1}{b-a}\,dx = \frac{x^{n+1}}{(n+1)(b-a)}\bigg|_a^b = \frac{b^{n+1}-a^{n+1}}{(n+1)(b-a)}.$ $\quad\triangleleft$

Aufgabe 12.19: *Für die Zufallsgrößen, die in den Aufgaben 12.17 und 12.18 betrachtet wurden, sind die ersten und zweiten Momente zu berechnen.*

Varianz und Standardabweichung

Die Varianz und die Standardabweichung sind Kenngrößen, mit der die Streuung der Werte einer Zufallsgröße um den Erwartungswert beschrieben wird.

Definition 12.11: $D^2 X := E\big(X - E\,X\big)^2$ *(lies „D zwei X") wird als* **Varianz** *der Zufallsgröße* $X(\omega)$ *bezeichnet.*

$\sqrt{D^2 X}$ *heißt* **Standardabweichung** *der Zufallsgröße* $X(\omega)$.

Die Varianz einer Zufallsgröße gibt die mittlere quadratische Abweichung der Werte der Zufallsgröße um ihren Erwartungswert an. Sie ist stets eine nicht negative reelle Zahl. Je stärker die Werte der Zufallsgröße um den Erwartungswert streuen, desto größer ist die Varianz. $D^2 X = 0$ bedeutet, dass die Zufallsgröße entartet und immer ein und denselben Wert annimmt.

Satz 12.9: $\quad$ (1) $\quad D^2\big(a \cdot X + b\big) = a^2 \cdot D^2 X, \qquad a,\, b \in \mathbb{R}.$

$\qquad$ (2) $\quad D^2 X = E\,X^2 - \big(E\,X\big)^2.$ $\hfill (12.23)$

$\qquad$ (3) $\quad P\big(|X(\omega) - E\,X| \geq c\big) \leq \dfrac{D^2 X}{c^2}, \quad c > 0.$ $\hfill (12.24)$

Nach der ersten Eigenschaft hat eine Verschiebung der Werte einer Zufallsgröße um ein und dieselbe Konstante keinen Einfluss auf die Varianz. Da sich das erste Moment $E\,X$ und das zweite Moment $E\,X^2$ im Allgemeinen einfach berechnen lassen, erweist sich die Formel (12.23) bei der Berechnung der Varianz als vorteilhaft.

Die Eigenschaft (12.24) wird auch als **Tschebyscheffsche Ungleichung** bezeichnet. Mit Hilfe dieser Ungleichung lässt sich die Wahrscheinlichkeit von Abweichungen der Werte der Zufallsgröße vom Erwartungswert (grob) abschätzen.

Beispiel 12.14: *Von den Zufallsgrößen aus den Beispielen 12.9 und 12.11 ist die Varianz zu berechnen.*

Lösung: Die Varianz wird mit der Formel (12.23) berechnet.

zu Beispiel 12.9: $\quad E\,X^2 = 1^2 \cdot \dfrac{1}{6} + 2^2 \cdot \dfrac{1}{6} + 3^2 \cdot \dfrac{1}{6} + 3^2 \cdot \dfrac{1}{6} + 4^2 \cdot \dfrac{1}{6} + 5^2 \cdot \dfrac{1}{6}$

$$+6^2 \cdot \dfrac{1}{6} = \dfrac{91}{6}, \quad E\,X = \dfrac{7}{2} \quad \Longrightarrow \quad D^2 X = \dfrac{91}{6} - \left(\dfrac{7}{2}\right)^2 = \dfrac{35}{12}.$$

zu Beispiel 12.11: Nach dem Beispiel 12.13 gilt für $X(\omega) \sim glm[a;b]$

$$E\,X^2 = \dfrac{b^3 - a^3}{3(b - a)} = \dfrac{1}{3}\left(b^2 + ab + a^2\right) \quad \text{bzw.} \quad E\,X = \dfrac{1}{2}\left(b + a\right)$$

$$\Longrightarrow D^2 X = \dfrac{1}{3}\left(b^2 + ab + a^2\right) - \left(\dfrac{1}{2}\left(b + a\right)\right)^2 = \dfrac{(b - a)^2}{12}. \qquad \triangleleft$$

Aufgabe 12.20: *Berechnen Sie die Varianz von den Zufallsgrößen aus den Aufgaben 12.17 und 12.18.*

Quantile

Definition 12.12: *Es sei $0 < \gamma < 1$ eine vorgegebene Wahrscheinlichkeit. Dann heißt*

$$x_\gamma = F^{-1}(\gamma) := \inf\left\{x \,\middle|\, F(x) \geq \gamma\right\}$$

*γ-**Quantil** der Verteilungsfunktion $F(x)$. Das 0,5-Quantil nennt man auch **Median**.*

In den Bildern 12.9 und 12.10 wird das Quantil einer stetigen bzw. diskreten Zufallsgröße erläutert. Bei einer stetigen Zufallsgröße beschreibt $F(x_\gamma)$ den Flächeninhalt, der unter der Dichtefunktion $f(x)$ bis zur Stelle x_γ liegt.

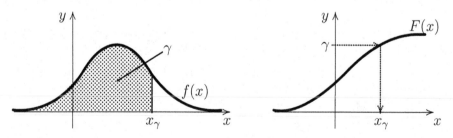

Bild 12.9: *γ-Quantil einer stetigen Zufallsgröße*

Da die Verteilungsfunktion einer diskreten Zufallsgröße Sprungstellen hat, fordert man für das γ-Quantil

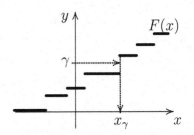

$$F\left(x_\gamma\right) \geq \gamma \; und \; F\left(x\right) < \gamma \; \text{für alle } x < x_\gamma \,.$$

Für die Verteilungsfunktion aus dem Beispiel 12.9 gilt z.B. $x_{0,5} = 3$, $x_{0,55} = 3$, $x_{0,7} = 4$, $x_{0,75} = 5$.

Bild 12.10: γ-Quantil einer diskreten Zufallsgröße

Die γ-Quantile einer $glm[a; b]$-verteilten Zufallsgröße lassen sich direkt berechnen. Man erhält mit der Verteilungsfunktion aus dem Beispiel 12.11

$$F\left(x_\gamma\right) = \frac{x_\gamma - a}{b - a} = \gamma \quad \Longrightarrow \quad x_\gamma = \gamma(b - a) + a \,.$$

Ausgehend von den eingeführten Maßzahlen lassen sich noch weitere Charakteristiken für eine Zufallsgröße bilden, wie z.B. der **Variationskoeffizient**, die **Schiefe** und der **Exzess** (siehe [10]).

12.2.3 Normalverteilung

Definition 12.13: *Die Zufallsgröße* $X(\omega)$ *heißt* **normalverteilt** *oder* **Gauß-verteilt** *(kurz:* $X(\omega) \sim N(\mu; \sigma^2))$, *wenn sie die Dichtefunktion*

$$f(x) = \frac{1}{\sqrt{2\pi}\sigma} \, \mathrm{e}^{-\frac{(x-\mu)^2}{2\sigma^2}}, \qquad -\infty < x < \infty \,, \tag{12.25}$$

besitzt. $\mu \in \mathbb{R}$ *und* $\sigma^2 > 0$ *bezeichnen Parameter.*

Die Dichtefunktion einer normalverteilten Zufallsgröße ist eine „Glockenfunktion" und bzgl. μ symmetrisch. Die Dichtefunktion wird an der Stelle $x_0 = \mu$ maximal. Im Bild 12.11 ist die Dichtefunktion jeweils für $\mu = 1$ und $\sigma^2 = 1$ fett, für $\sigma^2 = 4$ dünn und für $\sigma^2 = 0.25$ gestrichelt dargestellt.

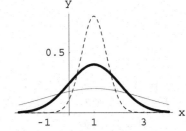

Bild 12.11: *Dichtefunktionen*

Normalverteilte Zufallsgrößen treten überall dort auf, wo eine Überlagerung (Superposition) von „sehr vielen" Einflüssen mit jeweils „kleiner" Intensität stattfindet, wie z.B. bei Mess- bzw. Beobachtungsfehlern. Diese Aussage wird im Satz 12.18 genauer formuliert.

Satz 12.10: *Es sei $X(\omega) \sim N(\mu; \sigma^2)$. Dann gilt:*

(1) $E\,X = \mu\,, \qquad D^2\,X = \sigma^2 \qquad$ *und*

(2) $\dfrac{X(\omega) - \mu}{\sigma} \sim N(0; 1)\,.$ (12.26)

Die Verteilungsfunktion einer $N(\mu; \sigma^2)$–verteilten Zufallsgröße ist nach (12.18)

$$F(x) = P\big(X(\omega) \le x\big) = \frac{1}{\sqrt{2\pi}\,\sigma} \int_{-\infty}^{x} e^{-\frac{(z-\mu)^2}{2\sigma^2}}\, dz\,.$$

Dieses Integral ist nicht elementar lösbar. Aus diesem Grund findet man in Formelsammlungen die Verteilungsfunktion einer $N(0; 1)$-verteilten Zufallsgröße

$$\Phi(x) := \frac{1}{\sqrt{2\pi}} \int_{-\infty}^{x} e^{-\frac{z^2}{2}}\, dz \qquad\qquad (12.27)$$

für $x \ge 0$ tabelliert. Einige Werte dieser Funktion bzw. Quantile sind in den Tabellen 12.2 und 12.3 auf der nächsten Seite angegeben, wobei die γ-Quantile der $N(0; 1)$-Verteilung mit z_γ bezeichnet wurden. Auf Grund der Symmetrie der Dichtefunktion lassen sich mit

$$\Phi(-x) = 1 - \Phi(x)$$

auch Funktionswerte für negative Argumente aus der Tabelle ablesen. Aus (12.26) erhält man die wichtige Formel

---

$$X(\omega) \sim N(\mu; \sigma^2) \Longrightarrow F(x) = P\Big(\frac{X(\omega) - \mu}{\sigma} \le \frac{x - \mu}{\sigma}\Big) = \Phi\Big(\frac{x - \mu}{\sigma}\Big)\,.$$
$$(12.28)$$

Beispiel 12.15 : *Unter bestimmten Einsatzbedingungen kann der Kraftstoffverbrauch eines Fahrzeuges bei einer Fahrleistung von 1000 km als eine normalverteilte Zufallsgröße mit einer Standardabweichung von $0,5\,l$ vorausgesetzt werden. (1) Wie groß ist die Wahrscheinlichkeit, dass bei einem mittleren Kraftstoffverbrauch von $70\,l$ ein Kraftstoffverbrauch zwischen $69\,l$ und $70,5\,l$ auftritt? (2) Wie groß ist der mittlere Kraftstoffverbrauch, wenn mit einer Wahrscheinlichkeit von $0,95$ der Kraftstoffverbrauch weniger als $72\,l$ ist?*

Lösung: $X(\omega)$ bezeichnet den Kraftstoffverbrauch auf $1000\,km$. Laut Voraussetzung gilt $X(\omega) \sim N(\mu; 0, 5^2)$.

zu (1): Es ist $\mu = 70\,l$. Mit (12.15), (12.28) und der Tabelle 12.2 erhält man

$$P\big(69 < X(\omega) < 70, 5\big) = P\big(X(\omega) < 70, 5\big) - P\big(X(\omega) < 69\big) = \Phi\Big(\frac{70, 5 - 70}{0, 5}\Big)$$

$$- \Phi\Big(\frac{69 - 70}{0, 5}\Big) = \Phi(1) - \Phi(-2) = \Phi(1) - \big(1 - \Phi(2)\big) = 0, 8186.$$

zu (2): μ ist aus der Gleichung $0, 95 = P\big(X(\omega) < 72\big) = \Phi\Big(\dfrac{72 - \mu}{0, 5}\Big) = \Phi\big(z_{0,95}\big)$

zu bestimmen. Aus der Tabelle 12.3 liest man das $0,95$-Quantil ab und erhält aus $z_{0,95} = 1, 6449 = \dfrac{72 - \mu}{0, 5}$ den mittleren Kraftstoffverbrauch $\mu = 71, 1776\,l$. ◁

Aufgabe 12.21: *Es sei $X(\omega) \sim N(\mu; \sigma^2)$-verteilt. Berechnen Sie die Wahrscheinlichkeiten $P\big(|X(\omega) - \mu| \leq k \cdot \sigma\big)$ für $k = 1, 2, 3$.*

Aufgabe 12.22: *Aus einem Lieferposten wird zufällig ein Teil entnommen. Die Länge des Teils sei normalverteilt. (1) Wie groß ist die Wahrscheinlichkeit, dass bei einer mittleren Länge von $50\,cm$ und bei einer Standardabweichung von $2\,cm$ das Teil zwischen $48\,cm$ und $53\,cm$ lang ist?*
(2) Wie groß muss bei einer Standardabweichung von $2\,cm$ die mittlere Länge des Teils sein, wenn mit einer Wahrscheinlichkeit von $0,99$ die Teile wenigstens $49\,cm$ lang sein sollen?
(3) Wie groß darf bei $\mu = 50\,cm$ die Varianz der Länge maximal sein, wenn mit einer Wahrscheinlichkeit von $0,95$ die Länge der Teile wenigstens $49\,cm$ und höchstens $51\,cm$ sein darf?

x	0	0,5	1,0	1,5	2,0	2,5	3	3,5
$\Phi(x)$	0,5	0,6915	0,8413	0,9332	0,9773	0,9938	0,9987	0,9998

Tabelle 12.2: *Wertetabelle der Funktion $\Phi(x)$*

γ	0,9	0,95	0,975	0,99	0,995
z_γ	1,2816	1,6449	1,9600	2,3264	2,5758

Tabelle 12.3: *Quantile der $N(0; 1)$-Verteilung*

Die Wahrscheinlichkeit $P\big(a < X(\omega) \leq \ \big)$ einer $N(\mu; \sigma^2)$-verteilten Zufallsgröße erhält man auf den TI-Rechnern mit dem Befehl `normCdf(a,b,`μ,σ`)`. Das γ-Quantil z_γ dieser Zufallsgröße wird mit `invNorm(`γ,μ,σ`)` berechnet. Mit dem ClassPad300 lauten die analogen Befehle `NormCd a,b,`σ,μ bzw. für das γ-Quantil `InvNorm "L"`$,\gamma,\sigma,\mu$.

12.2.4   Binomialverteilung

Problem: *Ein Lieferposten bestehe aus n gleichartigen Teilen. Jedes dieser Teile kann mit der Wahrscheinlichkeit p Ausschuss sein. Es wird vorausgesetzt, dass sich die Zustände der Teile nicht gegenseitig beeinflussen. $X(\omega)$ bezeichne die Anzahl der Ausschussteile in dem Lieferposten. Welches Verteilungsgesetz hat diese Zufallsgröße?*

Lösung: $X(\omega)$ ist eine diskrete Zufallsgröße, die die Werte $0; 1; \ldots; n$ annimmt. Es bezeichne A_i das Ereignis, dass das i-te Teil des Lieferpostens Ausschuss ist. $A_1 \cap \ldots \cap A_k \cap \overline{A}_{k+1} \cap \ldots \cap \overline{A}_n$ beschreibt das Ereignis, dass die ersten k Teile des Lieferpostens Ausschuss und gleichzeitig die verbleibenden $(n-k)$ Teile kein Ausschuss sind. Wegen der Unabhängigkeit der Ereignisse $A_1, \ldots, A_n$ folgt $P\big(A_1 \cap \ldots \cap A_k \cap \overline{A}_{k+1} \cap \ldots \cap \overline{A}_n\big) = p^k(1-p)^{n-k}$. Da k Ausschussteile auf $\binom{n}{k}$ verschiedene Möglichkeiten unter diesen n Teilen angeordnet werden können, erhält man als Wahrscheinlichkeit für k Ausschussteile im Lieferposten

$$P\big(X(\omega) = k\big) = \binom{n}{k} p^k(1-p)^{n-k}, \quad k = 0; 1; 2; \ldots; n. \qquad (12.29)$$

Definition 12.14: *Eine Zufallsgröße $X(\omega)$ mit dem Verteilungsgesetz (12.29) heißt* **binomialverteilt**. *Man schreibt hierfür $X(\omega) \sim bin(n; p)$.*

Mit Hilfe der Definitionen 12.9 und 12.10 und der Gleichung (12.23) beweist man den folgenden Satz.

Satz 12.11: $X(\omega) \sim bin(n; p) \implies E\,X = np, \quad D^2 X = np(1-p)$.

Nach diesem Satz enthält ein Lieferposten aus n Teilen durchschnittlich np Ausschussteile, wobei p der Ausschussprozentsatz für ein Teil ist.

Beispiel 12.16: *Ein Automat produziert Bauelemente mit einem Ausschussprozentsatz von 1%, die in Lieferposten abgepackt werden. Wie groß ist in einem Lieferposten von 20 Bauelementen die Wahrscheinlichkeit, dass (1) genau ein Bauelement bzw. (2) höchstens zwei Bauelemente Ausschuss sind?*

Lösung: $X(\omega)$ bezeichnet die Anzahl der Ausschussteile in einem Lieferposten. Da $X(\omega) \sim bin(20; 0,01)$-verteilt ist, folgt nach (12.29) zu (1): $P\big(X(\omega) = 1\big) = \begin{pmatrix} 20 \\ 1 \end{pmatrix} 0,01^1 0,99^{19} \approx 0,1652$.

zu (2): $P\big(X(\omega) \le 2\big) = P\big(X(\omega) = 0\big) + P\big(X(\omega) = 1\big) + P\big(X(\omega) = 2\big) =$

$\begin{pmatrix} 20 \\ 0 \end{pmatrix} 0,01^0 \cdot 0,99^{20} + \begin{pmatrix} 20 \\ 1 \end{pmatrix} 0,01^1 \cdot 0,99^{19} + \begin{pmatrix} 20 \\ 2 \end{pmatrix} 0,01^2 \cdot 0,99^{18} \approx 0,9990 \triangleleft$

Bemerkung: Mit einem CAS-Rechner können die Wahrscheinlichkeiten einer binomialverteilten Zufallsgröße direkt berechnet werden. So erhält man die Wahrscheinlichkeiten für das Beispiel 12.16 bei einem TI-Rechner mit den Befehlen `binomPdf(20,0.01,1)` bzw. `binomCdf(20,0.01,0,2)`. Die analogen Befehle für den ClassPad 300 lauten `BinomialPD 1,20,0.01` bzw. `BinomialCD 2,20,0.01`.

Wenn n eine „große" natürliche Zahl ist, ergeben sich bei der Berechnung der Wahrscheinlichkeiten einer binomialverteilten Zufallsgröße numerische Probleme. In diesem Fall muss man den folgenden Satz anwenden.

Satz 12.12: *Es sei $X(\omega) \sim bin(n;p)$. Für $np(1-p) > 9$ gilt*

$$P\big(X(\omega) \le k\big) \approx \Phi\Big(\frac{k - np}{\sqrt{np(1-p)}}\Big) . \tag{12.30}$$

$$P\big(X(\omega) = k\big) \approx \frac{1}{\sqrt{2\pi np(1-p)}} \cdot e^{-\frac{(k-np)^2}{2np(1-p)}} . \tag{12.31}$$

Dieser Satz ist in der Literatur unter dem Namen **Grenzwertsatz** von **Moivre-Laplace** bekannt. Nach diesem Satz lässt sich für „große" n die Verteilungsfunktion (bzw. eine Wahrscheinlichkeit) einer binomialverteilten Zufallsgröße durch die Verteilungsfunktion (bzw. Dichtefunktion) einer $N\big(np; np(1-p)\big)$-verteilten Zufallsgröße annähern.

Beispiel 12.17: *Es liegt das gleiche Problem wie im Beispiel 12.16 vor, wobei der Lieferposten 1000 Bauelemente enthält. Wie groß ist in so einem Lieferposten die Wahrscheinlichkeit, dass (1) genau 5 Bauelemente, (2) höchstens 12 Bauelemente bzw. (3) mindestens 6, jedoch weniger als 15 Teile Ausschuss sind?*

Lösung: Für die Anzahl der Ausschussteile gilt $X(\omega) \sim bin(1000; 0,01)$, wobei $np = 10$ und $np(1 - p) = 9,9 > 9$ ist. Mit dem Satz 12.12 erhält man

zu (1): $P\big(X(\omega) = 5\big) \approx \dfrac{1}{\sqrt{2 \cdot \pi \cdot 9,9}} \cdot e^{-\frac{(5-10)^2}{2 \cdot 9,9}} = 0,0359\,,$

zu (2): $P\big(X(\omega) \leq 12\big) \approx \Phi\Big(\dfrac{12 - 10}{\sqrt{9,9}}\Big) = 0,7375\,.$

zu (3): Die gesuchte Wahrscheinlichkeit wird so dargestellt, dass sich der Satz 12.12 anwenden lässt.

$$P\big(6 \leq X(\omega) < 15\big) = P\big(X(\omega) \leq 14\big) - P\big(X(\omega) \leq 5\big)$$
$$\approx \Phi\Big(\frac{14 - 10}{\sqrt{9,9}}\Big) - \Phi\Big(\frac{5 - 10}{\sqrt{9,9}}\Big) = 0,8422\,. \qquad \lhd$$

Aufgabe 12.23: *Auf einem Automaten werden Teile hergestellt, die mit der Wahrscheinlichkeit $0,03$ Ausschuss sind. Wie groß ist die Wahrscheinlichkeit, dass unter 100 zufällig ausgewählten Teilen (1) genau drei Teile bzw. (2) höchstens drei Teile Ausschuss sind? Berechnen Sie die Wahrscheinlichkeit, dass sich unter 500 zufällig entnommenen Teilen (3) genau 490 bzw. (4) wenigstens 490 einwandfreie Teile befinden.*

12.2.5   Poisson- und Exponentialverteilung

Problem: *In einem Zeitintervall $[0; T]$ können zu zufälligen Zeitpunkten gleichartige Ereignisse eintreten, wobei folgende Voraussetzungen erfüllt seien:*

Voraussetzung 1: Die Wahrscheinlichkeit, dass in einem Teilintervall eine bestimmte Anzahl von Ereignissen eintritt, hängt nur von der Länge des Teilintervalls und nicht von der Lage des Teilintervalls ab (Stationarität).

Voraussetzung 2: Die Ereignisse sind nachwirkungsfrei. D.h., Ereignisse, die in den Intervallen $[t_0; t_1]$ und $[t_2; t_3]$ $(t_0 < t_1 \leq t_2 < t_3)$ eintreten, sind (stochastisch) unabhängig.

Voraussetzung 3: In einem hinreichend kleinen Zeitintervall kann höchstens ein Ereignis eintreten.

Bei diesem Problem sind folgende Zufallsgrößen interessant: $X_T(\omega)$ – die Anzahl der Ereignisse, die im Intervall $[0; T]$ eintreten, und $Y(\omega)$ – die Zeitdauer zwischen zwei benachbarten Zeitpunkten, in denen Ereignisse eintreten.

Für die Verteilungsgesetze dieser Zufallsgrößen gilt der folgende

---

Satz 12.13: *Unter den Voraussetzungen 1 bis 3 gilt*

$$P\big(X_T(\omega) = k\big) = \frac{(\lambda T)^k}{k!}\, e^{-\lambda T}, \qquad k = 0,\, 1,\, 2,\dots . \tag{12.32}$$

$Y(\omega)$ ist eine stetige Zufallsgröße mit der Dichtefunktion

$$f(x) = \begin{cases} \lambda \cdot e^{-\lambda x} & \text{für} \quad x \geq 0 \\ 0 & \text{für} \quad x < 0. \end{cases} \tag{12.33}$$

$\lambda > 0$ ist ein (Verteilungs-)Parameter.

Definition 12.15: *Eine Zufallsgröße $X_T(\omega)$ mit den Wahrscheinlichkeiten (12.32) heißt* **Poisson-verteilt** *und schreibt $X_T(\omega) \sim \pi(\lambda \cdot T)$.*

$Y(\omega)$ mit der Dichtefunktion (12.33) ist eine **exponentialverteilte** *Zufallsgröße, in Kurzform $Y(\omega) \sim exp(\lambda)$.*

Über die Bedeutung des Parameters λ gibt der nächste Satz Auskunft. Die Berechnung der Verteilungsfunktion und des Erwartungswertes von $X_T(\omega)$ und $Y(\omega)$ wird dem Leser als Übungsaufgabe empfohlen.

Satz 12.14: $X_T(\omega) \sim \pi(\lambda \cdot T) \implies E\,X_T = \lambda \cdot T$.

$Y(\omega) \sim exp(\lambda) \implies E\,Y(\omega) = \frac{1}{\lambda}$.

Der Parameter λ gibt die durchschnittliche Anzahl von Ereignissen an, die in einem Zeitintervall der Länge Eins eintreten wird. Ein großer Wert λ führt zu einer kleinen mittleren Zeitdauer $E\,Y$.

Typische Anwendungen dieser Verteilungen treten in der Zuverlässigkeitstheorie und der Bedienungstheorie auf und sind in der Tabelle 12.4 zusammengestellt. Die Beispiele zeigen, dass $[0; T]$ im weitesten Sinne als „Zeitintervall" interpretierbar ist. Die Poisson-Verteilung wird auch als **Verteilung der seltenen Ereignisse** bezeichnet.

Beispiel 12.18: *In einer Telefonzentrale treffen im Durchschnitt in 10 Minuten 25 Anrufe ein. Wie groß ist die Wahrscheinlichkeit, dass in dieser Telefonzentrale innerhalb von zwei Minuten (1) kein Anruf, (2) höchstens zwei Anrufe und (3) wenigstens drei Anrufe eintreffen?*

Lösung: $X_T(\omega)$ bezeichne die Anzahl der ankommenden Anrufe innerhalb von T Minuten. Unter der Bedingung, dass die eintreffenden Anrufe stationär, nachwirkungsfrei und einzeln eintreffen, gilt $X_T(\omega) \sim \pi(\lambda \cdot T)$. Aus der

Poissonverteilung	Exponentialverteilung
Anzahl von Ausfällen einer Maschine im Zeitintervall $[0; T]$	Zeitdauer zwischen zwei Ausfällen
Anzahl der Kunden, die im Zeitintervall $[0; T]$ in Bedienungssysteme eintreffen	Zeitdauer, die bis zum Eintreffen des nächsten Kunden verstreicht
Anzahl von Verkehrsunfällen im Zeitintervall $[0; T]$	Zeitdauer zwischen zwei Unfällen
Anzahl von Materialfehlern auf einer Länge von T Metern	Abstand zwischen zwei Materialfehlern

Tabelle 12.4: *Poisson- und exponentialverteilte Zufallsgrößen*

durchschnittlichen Anzahl von Anrufen $E\,X_{10} = \lambda \cdot 10 = 25$ erhält man den Parameter $\lambda = 2,5$. Die gesuchten Wahrscheinlichkeiten lassen sich dann mit Hilfe des Satzes 12.13 ausrechnen:

zu (1): $P\big(X_2(\omega) = 0\big) = \dfrac{(2,5 \cdot 2)^0}{0!} \cdot e^{-2,5 \cdot 2} = 0,0067\,.$

zu (2): $P\big(X_2(\omega) \leq 2\big) = P\big(X_2(\omega) = 0\big) + P\big(X_2(\omega) = 1\big) + P\big(X_2(\omega) = 2\big)$

$\qquad = \dfrac{(2,5 \cdot 2)^0}{0!} \cdot e^{-2,5 \cdot 2} + \dfrac{(2,5 \cdot 2)^1}{1!} \cdot e^{-2,5 \cdot 2} + \dfrac{(2,5 \cdot 2)^2}{2!} \cdot e^{-2,5 \cdot 2} = 0,1247\,.$

zu (3): $P\big(X_2(\omega) \geq 3\big) = 1 - P\big(X_2(\omega) \leq 2\big) = 0,8753\,.$ ◁

Beispiel 12.19 : *Die Reparaturdauer eines bestimmten Gerätetyps sei exponentialverteilt. Eine Reparatur eines Gerätes dauert durchschnittlich vier Stunden. Wie groß ist die Wahrscheinlichkeit, dass die Reparaturdauer (1) drei Stunden nicht übersteigt bzw. (2) zwischen zwei und sechs Stunden dauert?*

Lösung: $Y(\omega)$ sei die Reparaturdauer eines Gerätes. Es gilt $Y(\omega) \sim exp(\lambda)$ und $E\,Y = \frac{1}{\lambda} = 4$. Hieraus folgt für den Parameter $\lambda = \frac{1}{4}$.

zu (1): $P\big(Y(\omega) \leq 3\big) = \displaystyle\int_{-\infty}^{3} f(x)\,dx = \frac{1}{4} \int_{0}^{3} e^{-\frac{1}{4}x}\,dx = 1 - e^{-\frac{3}{4}} = 0,5276\,.$

zu (2): $P\big(2 < Y(\omega) < 6\big) = \displaystyle\int_{2}^{6} f(x)\,dx = \frac{1}{4} \int_{2}^{6} e^{-\frac{1}{4}x}\,dx = 0,3834\,.$ ◁

Aufgabe 12.24: *Bei einer Kabelrolle treten auf je 50 m Kabel durchschnittlich 2,5 Fehler auf. Berechnen Sie die Wahrscheinlichkeit dafür, dass auf einem Kabelstück von (1) 3 m Länge wenigstens ein Fehler bzw. (2) von 5 m Länge höchstens ein Fehler auftritt.*

Aufgabe 12.25 : *In einem Bedienungssystem sei die Bedienungszeit eines Kunden exponentialverteilt und betrage durchschnittlich 10 Minuten. Gesucht ist die Wahrscheinlichkeit, dass (1) ein Kunde innerhalb einer Viertelstunde bedient wird und (2) innerhalb einer Stunde im Bedienungssystem 4 bis 7 Kunden bedient werden können.*

12.2.6   Weibullverteilung

Definition 12.16 : *Eine Zufallsgröße $X(\omega)$ ist genau dann* **Weibullverteilt**, *wenn sie die Verteilungsfunktion*

$$F(x) = \begin{cases} 0 & \text{für} \quad x \leq 0 \\ 1 - e^{-\lambda x^p} & \text{für} \quad x \geq 0 \end{cases} \qquad (12.34)$$

hat. Man schreibt $X(\omega) \sim wb(\lambda; p)$.

Die Weibull-Verteilung wird in der Zuverlässigkeitstheorie angewendet. Mit dieser Verteilung lassen sich Lebensdauern von Geräten beschreiben. Für $p = 1$ geht die Weibull-Verteilung in die Exponentialverteilung über. Die Dichtefunktion einer $wb(\lambda; p)$- verteilten Zufallsgröße

$$f(x) = \begin{cases} 0 & \text{für} \quad x \leq 0 \\ \lambda \cdot x^{p-1} \cdot e^{-\lambda x^p} & \text{für} \quad x > 0. \end{cases}$$

erhält man aus (12.34) durch Differenziation. Der Erwartungswert und die Varianz dieser Zufallsgröße lauten

$$E\,X = \lambda^{-\frac{1}{p}} \cdot \Gamma\left(\frac{1}{p} + 1\right) \quad \text{und} \quad D^2 X = \lambda^{-\frac{2}{p}} \cdot \left(\Gamma\left(\frac{2}{p} + 1\right) - \left[\Gamma\left(\frac{1}{p} + 1\right)\right]^2\right),$$

wobei $\quad \Gamma(x) := \displaystyle\int_0^\infty e^{-t} t^{x-1}\, dt\,, \quad x > 0,$

die sogenannte **Gammafunktion** ist (siehe [3], Seiten 599 ff.).

Bemerkung: Die Gammafunktion erfüllt für alle $x > 0$ die Gleichung $\Gamma(x+1) = x \cdot \Gamma(x)$. Insbesondere gilt $\Gamma\left(\frac{1}{2}\right) = \sqrt{\pi}$ und für $n \in \mathbb{N} : \Gamma(n+1) = n!$.

Es lässt sich zeigen, dass die sogenannte **Ausfallrate**

$$\lambda(x) := \frac{F'(x)}{1 - F(x)}$$

die Wahrscheinlichkeit beschreibt, dass ein bis zur Zeit x arbeitendes Gerät im nächsten Augenblick ausfällt. Bei der Exponentialverteilung ist die Ausfallrate konstant $\lambda(x) = \lambda$, $x > 0$. Die Ausfallrate einer Weibull-verteilten Zufallsgröße ist $\lambda(x) = \lambda\, x^{p-1}$, $x > 0$. Damit lässt sich mit der Weibull-Verteilung das Ausfallverhalten von Geräten beschreiben, deren Ausfallrate von der Zeit x abhängig ist.

Beispiel 12.20: *Die Lebensdauer $X(\omega)$ eines Gerätetyps sei Weibull-verteilt mit der Ausfallrate $\lambda(x) = x$, $x > 0$. (1) Wie groß ist die mittlere Lebensdauer des Gerätes? (2) Mit welcher Wahrscheinlichkeit ist die Lebensdauer des Gerätes höchstens $1,5$ Zeiteinheiten? (3) Bis zu welcher Zeit ist das Gerät mit einer Wahrscheinlichkeit von $0,95$ ausgefallen?*

Lösung: Aus der Ausfallrate ergeben sich die Parameter der Weibull-Verteilung $\lambda = 1$ und $p = 2$. Daraus folgt *zu (1)* für die mittlere Lebensdauer:

$$E\,X = \Gamma\Big(\frac{3}{2}\Big) = \frac{1}{2}\Gamma\Big(\frac{1}{2}\Big) = \frac{\sqrt{\pi}}{2} = 0,8622\,.$$

zu (2): $P\big(X(\omega) \le 1,5\big) = F(1,5) = 1 - \mathrm{e}^{-1,5^2} = 0,8946\,.$

zu (3): $0,95 = P\big(X(\omega) \le x\big) = 1 - \mathrm{e}^{-x^2} \iff \mathrm{e}^{-x^2} = 0,05 \iff$

$$x = +\sqrt{-\ln(0,05)} = 1,7308\,. \qquad\qquad \triangleleft$$

Aufgabe 12.26: *Wie groß ist die Wahrscheinlichkeit, dass eine Reparaturdauer $X(\omega)$ höchstens 10 Minuten beträgt, wenn (1) $X(\omega) \sim wb(0,1; 1,2)$−verteilt bzw. (2) $X(\omega) \sim wb(0,1; 0,8)$−verteilt ist. (3) Geben Sie für beide Teilaufgaben die Ausfallrate an.*

12.3   Mehrdimensionale Zufallsgrößen

12.3.1   Grundbegriffe

Sobald man bei einem Zufallsexperiment mehr als ein Merkmal untersucht, entstehen mehrdimensionale Zufallsgrößen.

> **Definition 12.17:** $\mathbf{X}(\omega) := \big(X_1(\omega); X_2(\omega); \ldots; X_n(\omega)\big)\big|\,\Omega \to \mathbb{R}^n$ *ist genau dann eine n*-**dimensionale Zufallsgröße***, wenn $X_i(\omega)$ für jedes $i = 1; \ldots; n$ eine (eindimensionale) Zufallsgröße im Sinne der Definition 12.6 ist.*

Für n-dimensionale Zufallsgrößen lassen sich ähnliche Untersuchungen wie bei eindimensionalen Zufallsgrößen ausführen, wobei man die Begriffe stetige und diskrete Zufallsgröße ebenfalls verwendet. Analog zu (12.14) nennt man

$$F(x_1; \ldots; x_n) := P\Big(\big\{\omega \in \Omega \,\big|\, X_1(\omega) \leq x_1\big\} \cap \big\{\omega \in \Omega \,\big|\, X_2(\omega) \leq x_2\big\} \cap$$
$$\ldots \cap \big\{\omega \in \Omega \,\big|\, X_n(\omega) \leq x_n\big\}\Big), \qquad x_i \in \mathbb{R}, i = 1; \ldots; n, \tag{12.35}$$

Verteilungsfunktion der n-dimensionalen Zufallsgröße $\mathbf{X}(\omega)$. Für die Verteilungsfunktion schreibt man kurz

$$F(x_1; \ldots; x_n) = P\big(X_1(\omega) \leq x_1, X_2(\omega) \leq x_2, \ldots, X_n(\omega) \leq x_n\big),$$

wobei die Kommas als Durchschnittsoperationen zu interpretieren sind.

Eine **diskrete n-dimensionale Zufallsgröße** nimmt nur Werte im $\mathbb{R}^n$ an, die eine positive Wahrscheinlichkeit besitzen. Für eine **stetige n-dimensionale Zufallsgröße** existiert eine Dichtefunktion $f\,|\,\mathbb{R}^n \longrightarrow \mathbb{R}$, so dass für die Verteilungsfunktion gilt

$$F(x_1; \ldots; x_n) = \int_{-\infty}^{x_1} \ldots \int_{-\infty}^{x_n} f(z_1; \ldots; z_n)\, dz_n \ldots dz_1 .$$

Bei der Definition der Unabhängigkeit von Zufallsgrößen greift man auf die Definition 12.4 zurück. Die Zufallsgrößen $X_1(\omega), X_2(\omega), \ldots, X_n(\omega)$ sind (stochastisch) unabhängig, wenn für alle $x_i \in \mathbb{R}$ die Ereignisse

$$\big\{\omega \in \Omega \,\big|\, X_1(\omega) \leq x_1\big\}, \; \big\{\omega \in \Omega \,\big|\, X_2(\omega) \leq x_2\big\}, \; \ldots \big\{\omega \in \Omega \,\big|\, X_n(\omega) \leq x_n\big\}$$

unabhängig sind. Wenn die Wahrscheinlichkeiten dieser Ereignisse mit Hilfe der entsprechenden Verteilungsfunktionen ausgedrückt werden, erhält man die

> **Definition 12.18:** *Die Zufallsgrößen $X_1(\omega), X_2(\omega), \ldots, X_n(\omega)$ sind genau dann* **(stochastisch) unabhängig***, wenn für alle $x_i \in \mathbb{R}$*
>
> $$F(x_1; x_2; \ldots; x_n) = F_1(x_1) \cdot F_2(x_2) \cdot \ldots \cdot F_n(x_n)$$
>
> *gilt, wobei $F_i(x) := P\big(X_i(\omega) \leq x\big)$, $x \in \mathbb{R}$ die sogenannte i-te* **Randverteilung** *der n-dimensionalen Zufallsgröße $\mathbf{X}(\omega)$ bezeichnet.*

Die i-te Randverteilung erhält man aus der n-dimensionalen Verteilungsfunktion, wenn bis auf das i-te Argument alle anderen Argumente beliebige reelle Werte annehmen können. Für die erste Randverteilung heißt das für alle $x \in \mathbb{R}$

$$F_1(x) = P\big(X_1(\omega) \leq x, \underbrace{X_2(\omega) < \infty, \ldots, X_n(\omega) < \infty}_{= \, \Omega}\big).$$

Die Zufallsgrößen $X_1(\omega), X_2(\omega), \ldots, X_n(\omega)$ sind genau dann (stochastisch) unabhängig, wenn für diskrete Zufallsvariable

$$\begin{aligned} &P\big(X_1(\omega) = x_1, X_2(\omega) = x_2, \ldots, X_n(\omega) = x_n\big) \\ &\quad = P\big(X_1(\omega) = x_1\big) \cdot P\big(X_2(\omega) = x_2\big) \cdot \ldots \cdot P\big(X_n(\omega) = x_n\big) \end{aligned} \tag{12.36}$$

bzw. für stetige Zufallsvariable

$$f(x_1; x_2; \ldots; x_n) = f_1(x_1) \cdot f_2(x_2) \cdot \ldots \cdot f_n(x_n) \tag{12.37}$$

für alle $x_i \in \mathbb{R}$ gilt. f_i bezeichnet hierbei die Dichtefunktion von $X_i(\omega)$. Im Weiteren wird ein Beispiel einer zweidimensionalen diskreten Zufallsgröße betrachtet.

Beispiel 12.21: *Die Werte mit den Wahrscheinlichkeiten der zweidimensionalen diskrete Zufallsgröße $\big(X_1(\omega); X_2(\omega)\big)$ sind im Bild 12.12 dargestellt. Gesucht sind (1) die Werte der Verteilungsfunktion $F(1, 2; 1, 4)$ und $F(2; 1, 6)$, (2) die 1. Randverteilung, den Erwartungswert $E\,X_1$ und die Varianz $D^2\,X_1$. (3) Sind die Zufallsgrößen $X_1(\omega)$ und $X_2(\omega)$ unabhängig?*

Lösung: *zu (1):* Bei der Berechnung von

$F(1, 2; 1, 4) = P\big(X_1(\omega) \leq 1, 2, \ X_2(\omega) \leq 1, 4\big)$

$\qquad = 0,35 + 0,1 = 0,45$

sind alle Wahrscheinlichkeiten zu addieren, die zu Werten in dem markierten Rechteck gehören. Analog erhält man
$F(2; 1, 6) = 0,35 + 0,1 + 0,05 = 0,5$.

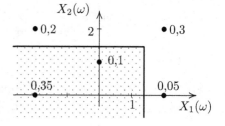

Bild 12.12: $\big(X_1(\omega); X_2(\omega)\big)$

zu (2): $X_1(\omega)$ nimmt die Werte $-2;\ 0;\ 2$ mit den Wahrscheinlichkeiten

$$P\big(X_1(\omega) = -2\big) = P\big(X_1(\omega) = -2, X_2(\omega) < \infty\big) = 0,35 + 0,2 = 0,55,$$

$$P\big(X_1(\omega) = 0\big) = P\big(X_1(\omega) = 0, X_2(\omega) < \infty\big) = 0,1,$$

$$P\big(X_1(\omega) = 2\big) = P\big(X_1(\omega) = 2, X_2(\omega) < \infty\big) = 0,3 + 0,05 = 0,35.$$

Hieraus berechnet man den Erwartungswert und die Varianz von $X_1(\omega)$:

$$E\,X_1 = -2 \cdot 0,55 + 0 \cdot 0,1 + 2 \cdot 0,35 = -0,4\,,$$

$$E\,X_1^2 = (-2)^2 \cdot 0,55 + 0 \cdot 0,1 + 2^2 \cdot 0,35 = 3,6\,,$$

$$D^2 X_1 = 3,6 - (-0,4)^2 = 3,44\,.$$

zu (3): Die Zufallsgrößen $X_1(\omega)$ und $X_2(\omega)$ sind nicht unabhängig, da gilt

$$P\big(X_1(\omega)=-2, X_2=0\big) = 0,35 \neq P\big(X_1(\omega)=-2\big)\,P\big(X_2(\omega)=0\big) = 0,55 \cdot 0,4\,.$$

$\lhd$

Aufgabe 12.27: *Bestimmen Sie die 2. Randverteilung, den Erwartungswert $E\,X_2$ und die Varianz $D^2\,X_2$ der zweidimensionalen Zufallsgröße aus dem Beispiel 12.21.*

Zum Schluss dieses Abschnitts werden noch wichtige Eigenschaften vom Erwartungswert und der Varianz ohne Beweis angegeben.

Satz 12.15: *$a_1, \ldots, a_n$ seien beliebige reelle Konstanten. Dann gilt*

$$E\,(a_1 X_1 + a_2 X_2 + \ldots + a_n X_n) = a_1 E X_1 + a_2 E X_2 + \ldots + a_n E X_n\,.$$

Sind die Zufallsgrößen $X_1(\omega), \ldots, X_n(\omega)$ unabhängig, dann gilt auch

$$D^2\,(a_1 X_1 + a_2 X_2 + \ldots + a_n X_n) = a_1^2 D^2 X_1 + a_2^2 D^2 X_2 + \ldots + a_n^2 D^2 X_n\,.$$

Wenn $X_i(\omega)$ die Länge des i-ten Rohres bezeichnet, dann ist $Y(\omega) = X_1(\omega) + \ldots + X_n(\omega)$ die Länge einer Pipeline bestehend aus n Rohren. Nach diesem Satz ist die mittlere Länge der Pipeline $E\,Y = E\,X_1 + \ldots + E\,X_n$ gleich der Summe der mittleren Längen der einzelnen Rohre. Wenn die Längen der Rohre unabhängige Zufallsgrößen sind, dann erhält man die Varianz der Länge der Pipeline aus $D^2\,Y = D^2\,X_1 + \ldots + D^2\,X_n$.

12.3.2 Kovarianz und Korrelation

Bisher wurden nur Kenngrößen von eindimensionalen Zufallsgrößen betrachtet. Mit den folgenden Kenngrößen lassen sich Abhängigkeiten zwischen zwei Zufallsgrößen charakterisieren.

Definition 12.19: *Die Kenngrößen*

$$\mathrm{cov}\big(X_1, X_2\big) := E\left(\big(X_1 - E\,X_1\big) \cdot \big(X_2 - E\,X_2\big)\right) \qquad (12.38)$$

$$bzw. \quad \varrho\big(X_1, X_2\big) := \frac{Cov\big(X_1, X_2\big)}{\sqrt{D^2\,X_1 \cdot D^2\,X_2}} \qquad (12.39)$$

bezeichnet man als **Kovarianz** *bzw.* **Korrelationskoeffizient** *der zwei-dimensionalen Zufallsgröße* $\big(X_1(\omega), X_2(\omega)\big)$.

Es ist oft einfacher, wenn man den Klammerausdruck in (12.38) ausmultipliziert und den Satz 12.15 anwendet. Anstelle von (12.38) ergibt sich die Formel

$$Cov\big(X_1, X_2\big) = E\big(X_1 \cdot X_2\big) - \big(E\,X_1\big) \cdot \big(E\,X_2\big). \qquad (12.40)$$

Im Fall $X_1(\omega) = X_2(\omega)$ gilt $\mathrm{cov}\big(X_1, X_1\big) = D^2\,X_1$. Die Kovarianz und der Korrelationskoeffizient unterscheiden sich lediglich darin, dass der Korrelationskoeffizient normiert ist und die Ungleichung $-1 \le \varrho\big(X_1, X_2\big) \le 1$ erfüllt.

Wenn die Kovarianz bzw. der Korrelationskoeffizient null ist, dann heißen die Zufallsgrößen **unkorreliert**. Unabhängige Zufallsgrößen sind stets unkorreliert. Zu beachten ist, dass die umgekehrte Aussage nicht gilt. D.h., wenn die Kovarianz (oder der Korrelationskoeffizient) null ist, folgt im Allgemeinen *nicht* die Unabhängigkeit der Zufallsgrößen. Bei normalverteilten Zufallsgrößen folgt aus der Unkorreliertheit auch die Unabhängigkeit der Zufallsgrößen (siehe Seite 438).
Eine weitere wichtige Eigenschaft wird als Satz hervorgehoben.

Satz 12.16: *Es gilt* $\varrho(X_1, X_2) = \pm 1$ *genau dann, wenn reelle Zahlen* a *und* b *existieren, so dass* $X_1(\omega) = \pm|a| \cdot X_2(\omega) + b$ *erfüllt ist.*

Nach diesem Satz ist der Korrelationskoeffizient genau dann betragsmäßig gleich Eins, wenn zwischen den Zufallsgrößen ein linearer Zusammenhang besteht.

Beispiel 12.22: *Es ist der Korrelationskoeffizient der zweidimensionalen Zufallsgröße aus dem Beispiel 12.21 zu berechnen.*

Lösung: Es gilt $E\,X_1 = -0,4$; $D^2\,X_1 = 3,44$; $E\,X_2 = 1,1$; $D^2\,X_2 = 0,89$. Die Zufallsgröße $X_1(\omega) \cdot X_2(\omega)$ nimmt die Werte -4; 0; 4 mit den Wahrscheinlichkeiten

$$P\big(X_1(\omega) \cdot X_2(\omega) = -4\big) = P\big(X_1(\omega) = -2, X_2(\omega) = 2\big) = 0,2\,,$$

$$P\big(X_1(\omega) \cdot X_2(\omega) = 4\big) = P\big(X_1(\omega) = 2, X_2(\omega) = 2\big) = 0,3\,,$$

$$P\big(X_1(\omega) \cdot X_2(\omega) = 0\big) = P\big(X_1(\omega) = -2, X_2(\omega) = 0\big)$$

$$+ P\big(X_1(\omega) = 2, X_2(\omega) = 0\big) + P\big(X_1(\omega) = 0, X_2(\omega) = 1\big) = 0,5\,.$$

an. Hiermit erhält man $E\left(X_1 \cdot X_2\right) = -4 \cdot 0,2 + 0 + 4 \cdot 0,3 = 0,4$. Die Formeln (12.39) und (12.40) ergeben dann $\varrho(X_1, X_2) = 0,4801$. Da $\varrho(X_1, X_2) \neq 0$ gilt, folgt hieraus ebenfalls, dass die Zufallsgrößen nicht unabhängig sind. $\lhd$

Aufgabe 12.28: *Für die Zufallsgröße $\big(X_1(\omega), X_2(\omega)\big)$ gelte*

$$P\big(X_1(\omega) = -2, X_2(\omega) = 1\big) = 0,3\,, \quad P\big(X_1(\omega) = -2, X_2(\omega) = 0\big) = 0,1\,,$$
$$P\big(X_1(\omega) = 0, X_2(\omega) = 2\big) = 0,2\,, \quad P\big(X_1(\omega) = 1, X_2(\omega) = 1\big) = 0,1\,,$$
$$P\big(X_1(\omega) = 1, X_2(\omega) = 2\big) = 0,1\,, \quad P\big(X_1(\omega) = 3, X_2(\omega) = 0\big) = 0,1\,,$$
$$P\big(X_1(\omega) = 3, X_2(\omega) = 1\big) = 0,1\,.$$

Berechnen Sie $E\,X_1$, $D^2\,X_1$, $E\,X_2$, $D^2\,X_2$ und $\varrho(X_1, X_2)$. Sind die Zufallsgrößen $X_1(\omega)$ und $X_2(\omega)$ unabhängig?

12.3.3 Zweidimensionale Normalverteilung

> **Definition 12.20:** *Die Zufallsgröße $\big(X_1(\omega), X_2(\omega)\big)$ mit der Dichtefunktion*
>
> $$f(x_1; x_2) = \frac{1}{2\pi\sigma_1\sigma_2\sqrt{1-\varrho^2}} \cdot e^{-\frac{1}{2(1-\varrho^2)}\left[\frac{(x_1-\mu_1)^2}{\sigma_1^2} - 2\varrho\frac{(x_1-\mu_1)(x_2-\mu_2)}{\sigma_1\sigma_2} + \frac{(x_2-\mu_2)^2}{\sigma_2^2}\right]},$$
> $$(x_1; x_2) \in \mathbb{R}^2, \qquad (12.41)$$
>
> *heißt* **zweidimensional normalverteilt.** $-\infty < \mu_i < \infty$, $\sigma_i^2 > 0$ *($i = 1; 2$) und $-1 < \varrho < 1$ sind Verteilungsparameter.*

Die Dichtefunktion $f(x_1; x_2)$ beschreibt im $\mathbb{R}^3$ eine „Glocke", die ihr Maximum im Punkt $P\big(\mu_1; \mu_2; f(\mu_1; \mu_2)\big)$ annimmt. In den Bildern 10.4 und 10.5 (Seite 316) ist (bis auf den Faktor $\frac{1}{2\pi\sigma_1\sigma_2}$) die Dichtefunktion für die Parameter $\mu_1 = 0$, $\sigma_1^2 = 0,2$, $\mu_2 = 1$, $\sigma_2^2 = 0,5$, $\varrho = 0$ dargestellt. Die Parameter der Normalverteilung haben folgende Bedeutung:

$$E\,X_1 = \mu_1\,, \ D^2\,X_1 = \sigma_1^2\,, \ E\,X_2 = \mu_2\,, \ D^2\,X_2 = \sigma_2^2\,, \ \varrho(X_1, X_2) = \varrho\,.$$

Im Fall $|\varrho| = 1$ existiert die Dichtefunktion (12.41) nicht. Wenn $\varrho = 0$ gilt, dann sind die Zufallsgrößen $X_1(\omega)$ und $X_2(\omega)$ unkorreliert. Da in diesem Fall die Dichtefunktion (12.41)

$$f(x_1; x_2) = \frac{1}{2\pi\sigma_1\sigma_2} \cdot e^{-\frac{1}{2}\left[\frac{(x_1-\mu_1)^2}{\sigma_1^2} + \frac{(x_2-\mu_2)^2}{\sigma_2^2}\right]}$$

$$= \frac{1}{\sqrt{2\pi}\sigma_1} \cdot e^{-\frac{(x_1-\mu_1)^2}{2\sigma_1^2}} \cdot \frac{1}{\sqrt{2\pi}\sigma_2} \cdot e^{-\frac{(x_2-\mu_2)^2}{2\sigma_2^2}} = f_1(x) \cdot f_2(x_2)$$

in das Produkt der Randdichten zerfällt, sind für $\varrho = 0$ die Zufallsgrößen $X_1(\omega)$ und $X_2(\omega)$ auch unabhängig.

Mit den Bezeichnungen $\vec{x} = \begin{pmatrix} x_1 \\ x_2 \end{pmatrix}$, $\vec{\mu} = \begin{pmatrix} \mu_1 \\ \mu_2 \end{pmatrix}$, $C = \begin{pmatrix} \sigma_1^2 & \sigma_1\sigma_2\varrho \\ \sigma_1\sigma_2\varrho & \sigma_2^2 \end{pmatrix}$ lässt sich die Dichtefunktion (12.41) schreiben als

$$f(\vec{x}) = \frac{1}{2\pi\sqrt{\det(C)}} \cdot e^{-\frac{1}{2}(\vec{x}-\vec{\mu})^T \cdot C^{-1} \cdot (\vec{x}-\vec{\mu})}, \quad \vec{x} \in \mathbb{R}^2 . \tag{12.42}$$

Bemerkung: Die Matrix C wird auch als **Kovarianzmatrix** bezeichnet. Für die Kovarianzmatrix gilt allgemein $C = \begin{pmatrix} \text{cov}(X_1, X_1) & \text{cov}(X_1, X_2) \\ \text{cov}(X_2, X_1) & \text{cov}(X_2, X_2) \end{pmatrix}$.

Die Dichtefunktion einer n-dimensionalen Normalverteilung lässt sich analog zu (12.42) definieren. Für weitere Ausführungen und Anwendungen muss an dieser Stelle auf die Literatur (z.B. [11]) verwiesen werden.

12.3.4   Summen von Zufallsgrößen und Grenzwertsätze

Bei vielen Situationen (z.B. in der Statistik) werden n unabhängige Zufallsgrößen $X_1(\omega), X_2(\omega), \ldots, X_n(\omega)$ addiert. Aus diesem Grund ist interessant, welches Verteilungsgesetz die Summe dieser Zufallsgrößen hat.

Satz 12.17 : *Die Zufallsgrößen $X_i(\omega)$ seien $N(\mu_i; \sigma_i^2)$-verteilt für $i = 1, \ldots, n$ und (stochastisch) unabhängig. Dann gilt*

$$\sum_{i=1}^{n} X_i(\omega) \sim N\left(\sum_{i=1}^{n} \mu_i; \sum_{i=1}^{n} \sigma_i^2\right)$$

Beispiel 12.23 : *In einen leeren Behälter werden 13 Proben einer Flüssigkeit geschüttet. 9 Proben enthalten jeweils eine mittlere Flüssigkeitsmenge von $11\,l$ bei einer Standardabweichung von $0,1\,l$. Die restlichen Proben enthalten jeweils eine mittlere Flüssigkeitsmenge von $10\,l$ bei einer Standardabweichung von $0,2\,l$. Die Flüssigkeitsmengen seien normalverteilt und unabhängig. Berechnen Sie die Wahrscheinlichkeit, dass sich in dem Behälter (1) mehr* *als 138 l Flüssigkeit befinden. (2) Wie groß muss das Fassungsvermögen des Behälters wenigstens sein, dass die Flüssigkeitsmenge dieser Proben mit einer Wahrscheinlichkeit von 0,995 in den Behälter passt?*

Lösung: $X_i(\omega)$ bezeichne die Flüssigkeitsmenge der i-ten Probe. Dann gilt $X_i(\omega) \sim N(11; 0,1^2)$ für $i = 1; \ldots; 9$ und $X_i(\omega) \sim N(10; 0,2^2)$ für $i = 10; \ldots; 13$. Die Flüssigkeitsmenge im Behälter ist dann

$$Y(\omega) = \sum_{i=1}^{13} X_i(\omega) \sim N\big(9 \cdot 11 + 4 \cdot 10; 9 \cdot 0,1^2 + 4 \cdot 0,2^2\big) = N\big(139; 0,25\big).$$

Hieraus folgt dann mit den Tabellen 12.2 und 12.2 (Seite 425) zu (1):

$$P\big(138 < Y(\omega)\big) = 1 - P\big(Y(\omega) \le 138\big) = 1 - \Phi\Big(\frac{138 - 139}{0,5}\Big) = \Phi(2) = 0,9773$$

bzw. zu (2): $\quad 0,995 = P\big(Y(\omega) < x\big) = \Phi\Big(\dfrac{x - 139}{0,5}\Big)$

$$\implies \frac{x - 139}{0,5} = 2,5758 \implies x \ge 140,288 \, l.$$

◁

Aufgabe 12.29: *Die Länge eines Kabels (in m) sei eine $N(20; 0,121)$–verteilte Zufallsgröße. Es kann vorausgesetzt werden, dass die einzelnen Kabellängen voneinander unabhängige Zufallsgrößen sind.*
(1) Mit welcher Wahrscheinlichkeit sind 10 aneinander gefügte Kabel länger als 202,75 m? (2) Wie viele Kabel dürfen maximal aneinandergefügt werden, dass mit einer Sicherheit von 98% die Abweichung der Gesamtlänge von ihrem Mittelwert weniger als 1,5 m beträgt?

Wenn die Zufallsgrößen $X_1(\omega), \ldots, X_n(\omega)$ alle $N(\mu; \sigma^2)$-verteilt und (stochastisch) unabhängig sind, dann gilt nach dem Satz 12.17 $\displaystyle\sum_{i=1}^{n} X_i(\omega) \sim N(n\mu; n\sigma^2)$

bzw. $\quad\dfrac{\displaystyle\sum_{i=1}^{n} X_i(\omega) - n\mu}{\sqrt{n} \cdot \sigma} = \dfrac{1}{\sqrt{n}} \sum_{i=1}^{n} \Big(\dfrac{X_i(\omega) - \mu}{\sigma}\Big) \sim N(0; 1).$

Es zeigt sich, dass diese Aussage für $n \to \infty$ allgemeiner gilt.

> **Satz 12.18 :** *Wenn $X_1(\omega), \ldots, X_n(\omega)$ (stochastisch) unabhängige Zufallsgrößen sind, die alle ein und dieselbe Verteilungsfunktion $F(x)$ mit $EX_i = \mu$ und $D^2 X_i = \sigma^2 (i = 1; \ldots; n)$ haben, dann gilt der sogenannte* **zentrale Grenzverteilungssatz**
>
> $$\lim_{n \to \infty} P\left(\frac{1}{\sqrt{n}} \sum_{i=1}^{n} \Big(\frac{X_i(\omega) - \mu}{\sigma}\Big) \le x\right) = \Phi(x), \quad x \in \mathbb{R}.$$

Nach diesem Satz kann die Verteilungsfunktion einer Zufallsgröße, die durch die Überlagerung von „sehr vielen kleinen zufälligen Einflüssen" entsteht, durch die Normalverteilung angenähert werden. Hierbei ist zu beachten, dass vor der Summe der Faktor $\frac{1}{\sqrt{n}}$ steht. Bei einem Faktor $\frac{1}{n}$ ergibt sich qualitativ ein anderes Ergebnis, das im folgenden Satz angegeben wird.

Satz 12.19 : *Unter den Voraussetzungen des Satzes 12.18 gilt das sogenannte* (**schwache**) **Gesetz der großen Zahlen**

$$\lim_{n \to \infty} P\left(\left| \frac{1}{n} \sum_{i=1}^{n} \left(X_i(\omega) - \mu \right) \right| \geq \varepsilon \right) = 0 \quad \text{für jedes} \quad \varepsilon > 0 \,.$$

Dieser Satz lässt sich mit der Tschebyscheffschen Ungleichung beweisen. Die Aussage des Satzes lässt sich auch in der Form

$$\lim_{n \to \infty} P\left(\left| \frac{1}{n} \sum_{i=1}^{n} X_i(\omega) - \mu \right| \geq \varepsilon \right) = 0 \quad \text{für jedes} \quad \varepsilon > 0$$

schreiben. Man sagt dann auch, dass $\dfrac{1}{n} \sum\limits_{i=1}^{n} X_i(\omega)$ für $n \longrightarrow \infty$ gegen den Parameter μ **in Wahrscheinlichkeit konvergiert**.

Der zentrale Grenzverteilungssatz und das (schwache) Gesetz der großen Zahlen gelten auch unter allgemeineren Voraussetzungen. Beide Sätze werden in der Statistik angewendet.

12.3.5 Prüfverteilungen

In der Mathematischen Statistik treten sogenannte Prüfverteilungen auf. Zu diesen Verteilungen gehören die χ_n^2-Verteilung (sprich: „chi-Quadrat-n") und die t_n-Verteilung. Beide Verteilungen hängen von einem (vorgegebenen) positiven ganzzahligen Parameter n ab, dem sogenannten **Freiheitsgrad**.

Definition 12.21: *Eine Zufallsgröße $X(\omega)$ mit der Dichtefunktion*

$$f_n(x) = \begin{cases} \dfrac{1}{2^{\frac{n}{2}} \Gamma\left(\frac{n}{2}\right)} \cdot x^{\frac{n}{2}-1} \cdot \mathrm{e}^{-\frac{x}{2}} & \text{wenn} \quad x > 0 \\[2mm] 0 & \text{wenn} \quad x \leq 0 \end{cases}$$

*heißt χ_n^2-**verteilt mit n Freiheitsgraden**. Man schreibt $X(\omega) \sim \chi_n^2$.*

Die Dichtefunktion einer χ_n^2-verteilten Zufallsgröße ist im Bild 12.13 für die Freiheitsgrade $n = 5$ fett , für $n = 10$ dünn und für $n = 15$ punktiert gezeichnet.

Satz 12.20: $X_1(\omega); \ldots; X_n(\omega)$ *seien* $N(0; 1)$*-verteilte und unabhängige Zufallsgrößen. Dann gilt für die Zufallsgröße* $U(\omega) = \sum\limits_{i=1}^{n} X_i^2(\omega) \sim \chi_n^2$.

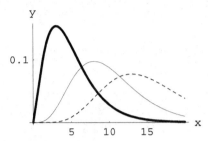

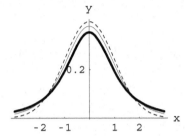

Bild 12.13: *Dichtefunktion von* χ_n^2*-Verteilungen* $(n = 5; 10; 15)$

Bild 12.14: *Dichtefunktionen von* t_n*-Verteilungen* $(n = 2; 5; 150)$

Definition 12.22: *Eine Zufallsgröße* $X(\omega)$ *mit der Dichtefunktion*

$$f_n(x) = \frac{\Gamma\left(\frac{n+1}{2}\right)}{\Gamma\left(\frac{n}{2}\right)\sqrt{\pi n}} \left(1 + \frac{x^2}{n}\right)^{-\frac{n+1}{2}} , \quad x \in \mathbb{R} ,$$

heißt t_n**-verteilt mit** n **Freiheitsgraden.** *Bezeichnung:* $X(\omega) \sim t_n$.

Die Dichtefunktion einer t_n-verteilten Zufallsgröße ist eine symmetrische Funktion. Mit wachsendem n strebt der Graph dieser Funktion gegen den Graphen der Dichtefunktion einer $N(0; 1)$-verteilten Zufallsgröße. Im Bild 12.14 sind die Dichtefunktionen für die Freiheitsgrade $n = 2$ fett, für $n = 5$ dünn und für $n = 150$ punktiert dargestellt.

Satz 12.21 : *Aus den unabhängigen* $N(\mu; \sigma^2)$*-verteilten Zufallsgrößen* $X_1(\omega); \ldots; X_n(\omega)$ *werden die Zufallsgrößen* $\overline{X}(\omega) = \frac{1}{n} \sum\limits_{i=1}^{n} X_i(\omega)$ *und*

$$S(\omega) = \sqrt{\frac{1}{n-1} \sum_{i=1}^{n} \left(X_i(\omega) - \overline{X}(\omega)\right)^2}$$ *gebildet. Dann gilt für die Zufalls-*

größe $\qquad T(\omega) = \sqrt{n} \cdot \dfrac{\overline{X}(\omega) - \mu}{S(\omega)} \sim t_{n-1}$.

Auf die Sätze 12.20 und 12.21 wird im nächsten Kapitel mehrfach zurückgegriffen. Außerdem werden Quantile der χ_n^2- und der t_n-Verteilung benötigt.

Diese Quantile können aus Tabellen abgelesen bzw. mit einem CAS-Rechner direkt berechnet werden (siehe Tabelle 12.6 unten). Tabellen findet man in Formelsammlungen (z.B. [2]) oder in [10].

Beispiel 12.24 : *Es sind die Quantile* $\chi^2_{5;0,05}$ *und* $t_{5;0,975}$ *mit einem CAS-Rechner zu ermitteln.*

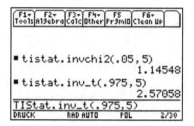

Lösung: Im Bild 12.15 wurden die gesuchten Größen mit einem TI-89 erhalten. Die Befehle wurden über den Katalog aufgerufen. Bei der direkten Eingabe kann TIStat. weggelassen werden.

Bild 12.15

Aufgabe 12.30 : *Ermitteln Sie die Quantile* $t_{10;0,95}$, $t_{30;0,9}$, $t_{50;0,99}$ *bzw.* $\chi^2_{10;0,95}$, $\chi^2_{30;0,005}$, $\chi^2_{50;0,99}$.

12.4   Stochastik mit CAS-Rechnern

Die in diesem und nächstem Kapitel verwendeten Befehle werden hier noch einmal zusammengestellt. Beispiele hierzu sind auf den Seiten dieses Buches zu finden, die in der letzten Spalte der Tabellen stehen. Wenn bei TI-Rechnern diese Befehle nicht zur Verfügung stehen, muss die Statistik-Software noch installiert werden (vgl. Seite 469).

	TI	ClassPad 300	Seite
$X(\omega) \sim N(\mu; \sigma^2)$	normCdf$(-\infty, x, \mu, \sigma)$	NormCD $-\infty, x, \sigma, \mu$	425
$X(\omega) \sim bin(n; p)$	binomCdf$(n, p, 0, x)$	BinomialCD x, n, p	427

Tabelle 12.5: *Verteilungsfunktion* $F(x) = P(X(\omega) \le x)$

	TI	ClassPad 300	Seite
$X(\omega) \sim N(\mu; \sigma^2)$	invNorm(γ, μ, σ)	InvNorm "L", γ, σ, μ	425
$X(\omega) \sim \chi^2_n$	invChi2(γ, n)	InvChiCD $1-\gamma, n$	442
$X(\omega) \sim t_n$	inv_t(γ, n)	InvTCD $1-\gamma, n$	442

Tabelle 12.6: γ*–Quantil* $x_\gamma = F^{-1}(\gamma)$

Kapitel 13

Mathematische Statistik

Die Mathematische Statistik ist ein Teilgebiet der Stochastik. Im Unterschied zur Wahrscheinlichkeitsrechnung sind in der Mathematischen Statistik die Verteilungsfunktion bzw. Verteilungsparameter der Zufallsgrößen unbekannt. In diesem Kapitel werden statistische Verfahren diskutiert, mit denen die unbekannten Verteilungen bzw. Parameter ermittelt werden können. Der zweite Abschnitt beschäftigt sich mit **deskriptiven (beschreibenden) Verfahren**, die zur Aufbereitung und Auswertung von Daten dienen. Im dritten Abschnitt werden **induktive (schließende) Verfahren** behandelt.

13.1 Grundbegriffe

Ausgangspunkt in der Statistik ist die sogenannte **Grundgesamtheit**, in der alle interessierenden **Untersuchungseinheiten** (Objekte, Personen usw.) zusammengefasst werden. An den Untersuchungseinheiten führt man Messungen oder Befragungen aus. Die Größen, auf die sich die Messungen oder Befragungen beziehen, heißen **Merkmale**. Die Werte, die ein Merkmal annehmen kann, werden **Merkmalsausprägungen** genannt. In Abhängigkeit von den Merkmalsausprägungen unterscheidet man quantitative und qualitative Merkmale. **Quantitative Merkmale** sind z.B. die Länge oder das Gewicht eines Teils, die Anzahl von Ausfällen eines Gerätes in einer Zeiteinheit, das Nettoeinkommen einer Person. Sie werden nach ihrer Größe unterschieden. Bei **qualitativen Merkmalen** (z.B. Schulnoten, Güteklassen, Geschlecht, Farben) erfolgt die Unterscheidung der Merkmalsausprägungen durch ihre Art.
Analog zu Zufallsgrößen lassen sich Merkmale noch bzgl. des Wertebereiches in **diskrete Merkmale** und **stetige Merkmale** unterteilen. Diskrete Merkmale nehmen nur endlich viele bzw. abzählbar unendlich viele unterschiedliche Werte an (z.B. die Anzahl von Ausschussteilen in einem Lieferposten). Ein stetiges Merkmal kann in einem Intervall jede <u>reelle</u> Zahl annehmen (z.B. die Temperatur, die Lebensdauer).

In der Regel enthält eine Grundgesamtheit „sehr viele" Untersuchungseinheiten, die nicht alle untersucht werden können. Aus diesem Grund entnimmt man der Grundgesamtheit eine repräsentative Teilmenge, eine sogenannte **Stichprobe**, und wertet diese Stichprobe aus. Anhand der Stichprobe wird die Entscheidung über das (unbekannte) Merkmal getroffen und auf die Grundgesamtheit zurückgeschlossen. Damit das Prinzip sinnvoll wird, müssen die Stichprobenelemente **zufällig** und (stochastisch) **unabhängig voneinander** (aus ein und derselben Grundgesamtheit) ausgewählt werden.

Als mathematisches Modell betrachtet man ein Merkmal als Zufallsgröße, deren Verteilungsfunktion $F(x)$ unbekannte Parameter enthält bzw. vollständig unbekannt ist. Die Grundgesamtheit wird mit $\mathbb{X} \sim F(x)$ bezeichnet bzw. man sagt, dass die Grundgesamtheit $\mathbb{X}$ $F(x)$-verteilt ist. Eine (mathematische) Stichprobe stellt dann eine n-dimensionale Zufallsgröße $\big(X_1(\omega); \ldots; X_n(\omega)\big)$ dar, wobei die Zufallsgrößen $X_i(\omega) \sim F(x)$ alle dieselbe Verteilungsfunktion haben und (stochastisch) unabhängig sind. Wenn eine Stichprobe konkret aus einer Grundgesamtheit entnommen wird, nimmt jede Zufallsgröße bzw. jedes Stichprobenelement einen konkreten Wert (Merkmalsausprägung) an. Es ergibt sich dann eine **konkrete Stichprobe** oder eine **Realisierung** der Stichprobe, die mit $(x_1; \ldots; x_n)$ bezeichnet wird. Die Anzahl n der Stichprobenelemente wird **Stichprobenumfang** genannt.

13.2   Deskriptive Statistik

Die deskriptive Statistik dient zur Aufbereitung und Auswertung von konkreten Stichproben (bzw. Datenmaterials). Eine unbearbeitete konkrete Stichprobe bezeichnet man auch als **Urliste**. Eine Urliste ist (insbesondere bei Stichprobenumfängen $n \geq 10$) nicht übersichtlich. Aus diesem Grund wird eine Urliste sortiert. Hierzu erstellt man eine **Strichliste** und/oder **Häufigkeitstabelle**. Dabei wird gezählt, wie oft eine Merkmalsausprägung $\underline{x}$ in der Urliste auftritt. Im Beispiel 13.1 wird die Vorgehensweise für diskrete Merkmale bzw. im Beispiel 13.2 für stetige quantitative Merkmale erläutert.

Beispiel 13.1: *Um die Auslastung einer Kundenzentrale zu untersuchen, wird an 30 Tagen die Anzahl der Kunden gezählt, die innerhalb einer Stunde eintrafen. Es ergaben sich folgende Werte*
4; 5; 3; 6; 2; 5; 3; 4; 0; 2; 4; 3; 5; 3; 4; 3; 4; 1; 5; 4; 5; 3; 2; 6; 4; 0; 3; 6; 2; 3.

Für diese (konkrete) Stichprobe sind eine Strichliste und eine Häufigkeitstabelle zu erstellen. Außerdem sind die Ergebnisse graphisch zu veranschaulichen.

Lösung: Die Anzahl der Kunden, die innerhalb einer Stunde eintreffen, ist ein quantitatives diskretes Merkmal. Es liegt eine konkrete Stichprobe in Form einer **Urliste** vor. Der Umfang der Stichprobe ist $n = 30$.

Bei einer Strichliste oder Häufigkeitstabelle trägt man in die erste Spalte der Tabelle die auftretenden Merkmalsausprägungen (der Größe nach geordnet) ein. Anschließend wird Schritt für Schritt aus der Urliste die Strichliste erstellt. Aus der Strichliste lassen sich die absoluten Häufigkeiten $h_n(\underline{x}_j)$ für jede Merkmalsausprägung $\underline{x}_j$ ablesen. Die relativen Häufigkeiten $r_n(\underline{x}_j)$ berechnet man

nach der Formel $r_n(\underline{x}_j) = \dfrac{h_n(\underline{x}_j)}{n}$ (vgl. (12.5) auf der Seite 405). Eine Häufig-

keitstabelle eines diskreten Merkmales lässt sich durch ein **Stabdiagramm** (Bild 13.2) und/oder ein **Kreisdiagramm** (Bild 13.1) darstellen. Beim Stabdiagramm wird jeder Merkmalsausprägung ein Stab zugeordnet, dessen Länge proportional der Häufigkeit ist. Analog hierzu wird bei einem Kreisdiagramm jeder Merkmalsausprägung ein entsprechend großer Kreissektor zugeordnet. Für den Winkel $\varphi_n(\underline{x}_j)$ des Kreissektors zur Merkmalsausprägung $\underline{x}_j$ gilt $\varphi_n(\underline{x}_j) = r_n(\underline{x}_j) \cdot 2\pi$ (bzw. $r_n(\underline{x}_j) \cdot 360°$).

Anzahl der Kunden	Strichliste	$h_{30}(\underline{x}_j)$	$r_{30}(\underline{x}_j)$
0	||	2	$\frac{2}{30}$
1	|	1	$\frac{1}{30}$
2	||||	4	$\frac{4}{30}$
3	⊬⊬⊬ |||	8	$\frac{8}{30}$
4	⊬⊬⊬ ||	7	$\frac{7}{30}$
5	⊬⊬⊬	5	$\frac{5}{30}$
6	|||	3	$\frac{3}{30}$

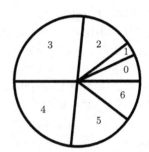

Bild 13.1: *Kreisdiagramm*

Tabelle 13.1: *Strichliste und Häufigkeitstabelle*

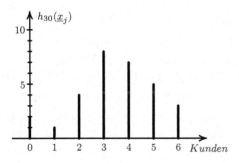

Bild 13.2: *Stabdiagramm*

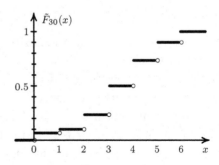

Bild 13.3: $\tilde{F}_{30}(x)$

Das statistische Analogon zur Verteilungsfunktion einer Zufallsgröße (siehe Abschnitt 12.2.1) ist die **empirische Verteilungsfunktion**

$$\tilde{F}_n(x) := \sum_{x_j \leq x} r_n(x_j), \qquad -\infty < x < \infty. \tag{13.1}$$

Für die empirische Verteilungsfunktion $\tilde{F}_n(x)$ an der Stelle x sind alle die relativen Häufigkeiten zu addieren, die zu Merkmalsausprägungen $x_j \leq x$ gehören. Aus der Tabelle 13.1 erhält man z.B.

$$\tilde{F}_{30}(x) = \frac{2}{30} + \frac{1}{30} + \frac{4}{30} = \frac{7}{30} \qquad \text{für} \qquad 2 \leq x < 3.$$

Die empirische Verteilungsfunktion ist eine Treppenfunktion. In den Merkmalsausprägungen, die in der Stichprobe auftreten, befinden sich die Sprungstellen dieser Funktion. Die Sprunghöhe ist gleich der relativen Häufigkeit der Merkmalsausprägung. Die empirische Verteilungsfunktion ist im Bild 13.3 graphisch dargestellt.   ◁

Wenn ein Merkmal sehr viele Merkmalsausprägungen hat, ist eine Häufigkeitstabelle oft nicht übersichtlich. In diesem Fall ist es zweckmäßig, die Merkmalsausprägungen in Klassen zusammenzufassen. Man erhält dann eine **gruppierte Strichliste** bzw. **gruppierte Häufigkeitstabelle**. Die Klasseneinteilung muss dabei so erfolgen, dass jede Merkmalsausprägung in genau eine Klasse fällt. Bei einem stetigen Merkmal wählt man als Klassen halboffene Intervalle, die sich nicht überschneiden. Für die Anzahl m der Klassen sollte dabei als „Faustregel" $4 \leq m \leq 20$ gelten, wobei in Abhängigkeit vom Stichprobenumfang n noch $m \leq \sqrt{n}$ oder $m \leq 2{,}2 \cdot \ln(n)$ gefordert wird. Eine gruppierte Häufigkeitstabelle eines stetigen Merkmales lässt sich mit einem **Histogramm** graphisch darstellen. Bei einem Histogramm ordnet man jeder Klasse K_j ein Rechteck zu, dessen Flächeninhalt gleich der relativen Klassenhäufigkeit $r_n(K_j)$ ist und dessen Breite $B(K_j)$ mit der Klassenbreite übereinstimmt. Die Höhe $H(K_j)$ des Rechtecks berechnet man aus der Gleichung

$$r_n(K_j) = H(K_j) \cdot B(K_j). \tag{13.2}$$

Wenn die **empirische Verteilungsfunktion** aus einer gruppierten Häufigkeitstabelle ermittelt wird, stehen verschiedene Varianten zur Verfügung. Als naheliegendste Variante bietet sich an, dass man sich alle Vertreter einer Klasse in die Klassenmitte konzentriert denkt. In diesem Fall treten bei der empirischen Verteilungsfunktion die Sprungstellen jeweils in der Klassenmitte auf. Bei anderen Varianten legt man die Sprungstellen jeweils in den Klassenanfang bzw. in das Klassenende. Die letzteren Varianten werden in diesem Buch nicht betrachtet.

Beispiel 13.2: *Mit einem Zollstock wurde die Länge von* 25 *Holzleisten (in mm) gemessen:* 124; 118; 113; 130; 133; 128; 126; 125; 120; 122; 124; 130; 115; 133; 125; 123; 128; 119; 134; 129; 135; 131; 120; 116; 125.
Ausgehend von der Klasseneinteilung $K_1 = [112,5; 117,5)$, $K_2 = [117,5; 122,5)$, $K_3 = [122,5; 127,5)$, $K_4 = [127,5; 132,5)$, $K_5 = [132,5; 137,5)$ *ist die Stichprobe tabellarisch aufzubereiten und graphisch zu veranschaulichen.*

Lösung: Die Länge einer Holzleiste ist ein stetiges quantitatives Merkmal. Da in der Urliste viele unterschiedliche Merkmalsausprägungen vorkommen, werden in der Tabelle 13.2 eine gruppierte Strichliste und eine gruppierte Häufigkeitstabelle aufgestellt, wobei $m = 5$ Klassen vorgegeben sind.

Klasse	Strichliste	$h_{25}(K_j)$	$r_{25}(K_j)$
[112,5;117,5)	|||	3	$\frac{3}{25}$
[117,5;122,5)	⊬⊬	5	$\frac{5}{25}$
[122,5;127,5)	⊬⊬ ||	7	$\frac{7}{25}$
[127,5;132,5)	⊬⊬ |	6	$\frac{6}{25}$
[132,5;137,5)	||||	4	$\frac{4}{25}$

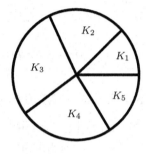

Bild 13.4: *Kreisdiagramm*

Tabelle 13.2: *Gruppierte Strichliste und gruppierte Häufigkeitstabelle*

Das Histogramm zu der Häufigkeitstabelle 13.2 ist im Bild 13.5 dargestellt. Weil die Klassenbreite für jede Klasse $B(K_j) = 5$ beträgt, erhält man aus (13.2) für die Höhe des j-ten Rechtecks $H(K_j) = \frac{1}{5}r_n(K_j)$.

Die empirische Verteilungsfunktion $\tilde{F}_{25}(x)$ ist eine Treppenfunktion, deren Sprungstellen in den Klassenmitten liegen (siehe Bild 13.6). Die Sprunghöhe stimmt mit der relativen Klassenhäufigkeit überein.

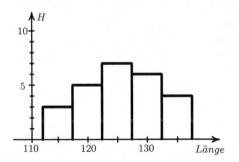

Bild 13.5: *Histogramm*

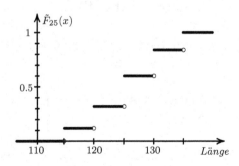

Bild 13.6: $\tilde{F}_{25}(x)$ ◁

Aufgabe 13.1: *Es wird ein Fertigungsprozess eines Massenartikels überwacht. Dazu wurden zu 20 unterschiedlichen Zeitpunkten jeweils 50 Teile entnommen und die Anzahl der fehlerhaften Teile ermittelt. Folgende Anzahlen wurden beobachtet:*   1; 3; 0; 2; 2; 3; 4; 8; 1; 0; 4; 1; 3; 3; 2; 0; 4; 2; 1; 3 .

Fertigen Sie eine Strichliste und Häufigkeitstabelle an. Zeichnen Sie das Stabdiagramm und die empirische Verteilungsfunktion.

Aufgabe 13.2: *In einem Fuhrunternehmen wird der Kraftstoffverbrauch auf 1000 km an 40 Fahrzeugen erfasst und in der folgenden Tabelle zusammengestellt. Geben Sie das Histogramm an und skizzieren Sie das Kreisdiagramm und die empirische Verteilungsfunktion.*

Verbrauch	Anzahl
[95;105)	5
[105;115)	12
[115;120)	10
[120;125)	8
[125;130)	3
[130;140)	2

Statistische Maßzahlen:

Zu den statistischen Maßzahlen gehören z.B. **Mittelwerte** und **Streuungsmaße** der Stichprobe. Die Berechnung dieser Maßzahlen erfolgt in Abhängigkeit davon, ob die Stichprobe in Form einer Urliste (UL), einer Häufigkeitstabelle (HT) oder einer gruppierten Häufigkeitstabelle (GHT) gegeben ist. Es werden folgende Bezeichnungen verwendet:

$x_1; x_2; \ldots; x_n$ sei eine konkrete Stichprobe (UL) vom Umfang n. Wenn man die Stichprobenelemente der Größe nach ordnet, erhält man die sogenannte **Variationsreihe** $x_{(1)} \leq x_{(2)} \leq \ldots \leq x_{(n)}$.

Es bezeichnen $\underline{x}_1; \underline{x}_2; \ldots; \underline{x}_m$ die Merkmalsausprägungen, die in einer Stichprobe auftreten. Die zu diesen Merkmalsausprägungen gehörenden Häufigkeiten seien $h_n(\underline{x}_1); h_n(\underline{x}_2); \ldots; h_n(\underline{x}_m)$.

In einer gruppierten Häufigkeitstabelle (GHT) werden die Klassenmitten mit $\overline{x}_1; \overline{x}_2; \ldots; \overline{x}_m$ bezeichnet. Anstelle der Klassenhäufigkeit $h_n(K_j)$ bzw. der relativen Klassenhäufigkeit $r_n(K_j)$ wird ab jetzt auch $h_n(\overline{x}_j)$ bzw. $r_n(\overline{x}_j)$ ($j = 1; \ldots; m$) geschrieben.

1. Arithmetischer Mittelwert:

$$\overline{x} = \begin{cases} \dfrac{1}{n} \displaystyle\sum_{i=1}^{n} x_i & \text{(UL)} \\[2ex] \dfrac{1}{n} \displaystyle\sum_{i=1}^{m} \underline{x}_i \cdot h_n(\underline{x}_i) & \text{(HT)} \\[2ex] \dfrac{1}{n} \displaystyle\sum_{i=1}^{m} \overline{x}_i \cdot h_n(\overline{x}_i) & \text{(GHT).} \end{cases} \qquad (13.3)$$

2. Median: Der Median einer Stichprobe ist der „mittlerste" Wert in der Variationsreihe, d.h.

$$\tilde{x} = \begin{cases} x_{\left(\frac{n+1}{2}\right)} & \text{für ungerades } n \\ 0,5\left(x_{\left(\frac{n}{2}\right)} + x_{\left(\frac{n}{2}+1\right)}\right) & \text{für gerades } n \end{cases} \quad \text{(UL), (HT).} \quad (13.4)$$

Zu beachten ist, dass bei einer Häufigkeitstabelle die gesamte Variationsreihe betrachtet werden muss. Im Fall einer (GHT) bestimmt man zunächst die Klasse K_{i_0}, in der der Median liegt. Diese Klasse findet man aus der Bedingung

$$s_{i_0-1} := \sum_{i=1}^{i_0-1} r_n(\overline{x}_i) < 0,5 \quad \text{und} \quad \sum_{i=1}^{i_0} r_n(\overline{x}_i) \geq 0,5. \quad (13.5)$$

Bezeichnen $x_{i_0}^u$ die untere Klassengrenze und $x_{i_0}^0$ die obere Klassengrenze von K_{i_0}, dann berechnet man den Median nach der Formel

$$\tilde{x} = x_{i_0}^u + \frac{0,5 - s_{i_0-1}}{r_n(\overline{x}_{i_0})}\left(x_{i_0}^0 - x_{i_0}^u\right) \quad \text{(GHT).} \quad (13.6)$$

Bemerkung: Der Median ist robust gegenüber „Ausreißern". D.h., ein „sehr kleiner" bzw. „sehr großer" Wert in der Stichprobe besitzt praktisch keinen Einfluss auf den Median.

Beispiel 13.3: *Für die Stichproben aus den Beispielen 13.1 und 13.2 sind der arithmetische Mittelwert und der Median zu berechnen.*

Lösung: *Zu Beispiel 13.1:* Aus (13.3) für (HT) ergibt sich

$$\overline{x} = \frac{1}{30}(0 \cdot 2 + 1 \cdot 1 + 2 \cdot 4 + 3 \cdot 8 + 4 \cdot 7 + 5 \cdot 5 + 6 \cdot 3) = \frac{104}{30} \approx 3,47.$$

Die Variationsreihe lautet $0 \leq 0 \leq 1 \leq 2 \leq 2 \leq 2 \leq 2 \leq 3 \leq 3 \leq 3 \leq 3 \leq 3 \leq 3 \leq 3 \leq 4 \leq \ldots \leq 6$. Nach (13.4) folgt für den Median $\tilde{x} = 0,5\left(x_{(15)} + x_{(16)}\right) = 0,5(3+4) = 3,5$. D.h., es werden durchschnittlich 3,5 Kunden in einer Stunde eintreffen.

Zu Beispiel 13.2: (13.3) für (GHT) liefert die mittlere Länge (in mm)

$$\overline{x} = \frac{1}{25}(115 \cdot 3 + 120 \cdot 5 + 125 \cdot 7 + 130 \cdot 6 + 135 \cdot 4) = \frac{3140}{25} \approx 125,6.$$

Mit der Bedingung (13.5) stellt man fest, dass der Median in der dritten Klasse liegt, wobei $s_{i_0-1} = \frac{3}{25} + \frac{5}{25} = \frac{8}{25}$ ist. Hieraus und aus (13.6) folgt (in mm)

$$\tilde{x} = 122,5 + \frac{0,5 - \frac{8}{25}}{\frac{7}{25}} \cdot \left(127,5 - 122,5\right) = 125,714. \quad \triangleleft$$

Als Nächstes werden Streuungsmaße betrachtet.

3. Empirische Varianz und empirische Standardabweichung:

$$
s^2 = \begin{cases} \dfrac{1}{n-1} \displaystyle\sum_{i=1}^{n} (x_i - \overline{x})^2 = \dfrac{1}{n-1} \Big(\displaystyle\sum_{i=1}^{n} x_i^2 - n \cdot \overline{x}^2 \Big) & \text{(UL)} \\[3mm] \dfrac{1}{n-1} \displaystyle\sum_{i=1}^{m} (\underline{x}_i - \overline{x})^2 \cdot h_n(\underline{x}_i) = \dfrac{1}{n-1} \Big(\displaystyle\sum_{i=1}^{m} \underline{x}_i^2 \cdot h_n(\underline{x}_i) - n \cdot \overline{x}^2 \Big) & \text{(HT)} \\[3mm] \dfrac{1}{n-1} \displaystyle\sum_{i=1}^{m} (\overline{x}_i - \overline{x})^2 \cdot h_n(\overline{x}_i) = \dfrac{1}{n-1} \Big(\displaystyle\sum_{i=1}^{m} \overline{x}_i^2 \cdot h_n(\overline{x}_i) - n \cdot \overline{x}^2 \Big) & \text{(GHT)}. \end{cases}
$$

$$(13.7)$$

Die Berechnung der **empirischen Varianz** s^2 erweist sich in vielen Fällen mit den rechts stehenden Ausdrücken als günstiger. $s = \sqrt{s^2}$ heißt **empirische Standardabweichung**. Die Standardabweichung hat die gleiche Maßeinheit wie die Stichprobenelemente.

4. Spannweite und Variationskoeffizient:

$R = x_{(n)} - x_{(1)}$ wird als **Spannweite** einer Stichprobe bezeichnet. Zur Berechnung der Spannweite bei einer gruppierten Häufigkeitstabelle verwendet man im Allgemeinen die jeweiligen Klassenmitten.

$v = \dfrac{s}{\overline{x}}$ heißt **Variationskoeffizient**. Der Variationskoeffizient ist eine dimensionslose Größe. Er wird zum Vergleich der Varianzen von mehreren Stichproben verwendet.

Beispiel 13.4: *Es sind die oben eingeführten Streuungsmaße für die Beispiele 13.1 und 13.2 zu berechnen.*

Lösung: *Zu Beispiel 13.1:* $\overline{x} = \frac{104}{30} \approx 3,4667$. Mit (13.7) (HT) folgt

$$
\sum_{i=1}^{7} \underline{x}_i^2 \cdot h_{30}(\underline{x}_i) = 0^2 \cdot 2 + 1^2 \cdot 1 + 2^2 \cdot 4 + 3^2 \cdot 8 + 4^2 \cdot 7 + 5^2 \cdot 5 + 6^2 \cdot 3) = 434
$$

$$
\implies s^2 = \frac{1}{29} \Big(434 - 30 \cdot \Big(\frac{104}{30} \Big)^2 \Big) \approx 2,5333, \qquad s = \sqrt{s^2} \approx 1,5916.
$$

Spannweite: $R = 6 - 0 = 6$, Variationskoeffizient: $v = \dfrac{1,5916}{3,4667} \approx 0,4591$.

Zu Beispiel 13.2: $\overline{x} = \frac{3140}{25} = 125,6$. Es gilt nach (13.7) (GHT)

$$
\sum_{i=1}^{5} \overline{x}_i^2 \cdot h_{30}(\overline{x}_i) = 115^2 \cdot 3 + 120^2 \cdot 5 + 125^2 \cdot 7 + 130^2 \cdot 6 + 135^2 \cdot 4 = 395350
$$

$$
\implies s^2 = \frac{1}{24} \Big(395350 - 25 \cdot 125,6^2 \Big) \approx 40,25, \qquad s = \sqrt{s^2} \approx 6,3443.
$$

$$
R = 137,5 - 112,5 = 25, \qquad v = \frac{6,3443}{125,6} \approx 0,0505. \qquad \triangleleft
$$

Aufgabe 13.3: *Berechnen Sie die oben eingeführten statistischen Maßzahlen für die Aufgaben 13.1 und 13.2.*

Bemerkung: 1. Die statistischen Maßzahlen lassen sich auch direkt mit einem CAS-Rechner ermitteln und graphisch darstellen. Die konkrete Ausführung muss der Leser im Handbuch des Rechners nachschlagen.

2. Weitere statistische Maßzahlen (**Modalwert, Exzess, Schiefe, Momente, Indizes** usw.) findet der Leser in der Spezialliteratur ([10]). Ebenso findet man dort Verfahren der explorativen Datenanalyse (z.B. Box-Plots usw.), mit denen sich konkrete Stichproben mit ihren statistische Maßzahlen graphisch darstellen lassen.

13.3 Induktive Verfahren

Es sei $\mathbb{X} \sim F(x)$ eine Grundgesamtheit. Die Verteilungsfunktion $F(x)$ enthält dabei unbekannte Verteilungsparameter (z.B. μ und σ^2 bei der Normalverteilung) und/oder $F(x)$ ist vollständig unbekannt. Die unbekannten Verteilungsparameter werden im Weiteren mit θ bezeichnet und als Index an die Verteilungsfunktion geschrieben, d.h. man schreibt $F_\theta(x)$. In der induktiven (schließenden) Statistik wird untersucht, wie mit Hilfe einer Stichprobe aus der Grundgesamtheit die unbekannten Größen bestimmt werden können. In Abhängigkeit von der Aufgabenstellung unterscheidet man **Schätzverfahren** bzw. **Schätzungen** und **Testverfahren** bzw. **Tests**. Beide Verfahren lassen sich noch in Parameterverfahren und parameterfreie Verfahren unterteilen.

13.3.1 Parameterschätzungen

Gegeben ist eine (mathematische) Stichprobe $\big(X_1(\omega); \ldots; X_n(\omega)\big)$ aus einer Grundgesamtheit $\mathbb{X} \sim F_\theta(x)$. Das Ziel einer Parameterschätzung besteht darin, den unbekannten Parameter θ der Verteilungsfunktion $F_\theta(x)$ zu ermitteln bzw. zu schätzen. Die Schätzung kann in Form einer **Punktschätzung** oder einer **Bereichsschätzung (Konfidenzintervall)** erfolgen.

Punktschätzungen

Bei einer **Punktschätzung** wählt man eine **Schätzfunktion** g derart aus, dass $g\big(X_1(\omega); \ldots; X_n(\omega)\big)$ den unbekannten Parameter θ „möglichst gut" annähert. Die Schätzfunktion liefert mit $\widehat{\theta}_n(\omega) = g\big(X_1(\omega); \ldots; X_n(\omega)\big) \approx \theta$ eine Schätzung für den unbekannten Parameter θ. Wenn eine konkrete Stichprobe $(x_1; \ldots; x_n)$ der Grundgesamtheit entnommen wird, dann ergibt sich durch $\widehat{\theta}_n = g\big(x_1; \ldots; x_n\big) \approx \theta$ ein konkreter **Schätzwert** für θ.

Beispiel 13.5: *Es sind Schätzfunktionen für die Parameter μ und σ^2 einer $N(\mu; \sigma^2)$-verteilten Grundgesamtheit anzugeben und deren statistische Eigenschaften zu diskutieren.*

Lösung: Mit einer konkreten Stichprobe $(x_1; \ldots; x_n)$ bietet sich nach (13.3) als Parameterschätzung für den Erwartungswert μ das arithmetische Mittel

$$\overline{x} = \frac{1}{n} \sum_{i=1}^{n} x_i$$ an. Statistische Eigenschaften dieser Schätzung erhält man, wenn

von einer mathematischen Stichprobe $\big(X_1(\omega); \ldots; X_n(\omega)\big)$ aus einer $N(\mu; \sigma^2)$-verteilten Grundgesamtheit ausgegangen und die Schätzfunktion

$$\overline{X}(\omega) = \frac{1}{n} \sum_{i=1}^{n} X_i(\omega)$$ betrachtet wird. Aus dem Satz 12.15 (Seite 435) resul-

tiert für den Erwartungswert $\quad E\overline{X} = E\left(\dfrac{1}{n} \sum_{i=1}^{n} X_i\right) = \dfrac{1}{n} \sum_{i=1}^{n} E\,X_i = \mu$. D.h.,

im Mittel liefert das arithmetische Mittel den unbekannten Parameter μ. Eine Schätzfunktion, mit der im Mittel der zu schätzende Parameter erhalten wird, heißt **erwartungstreue Schätzfunktion**.

Um die „Genauigkeit" von $\overline{X}$ in Abhängigkeit vom Stichprobenumfang n zu untersuchen, wird die Varianz von $\overline{X}$ mit dem Satz 12.15 berechnet.

$$D^2\,\overline{X} = D^2\left(\frac{1}{n} \sum_{i=1}^{n} X_i\right) = \frac{1}{n^2} \sum_{i=1}^{n} D^2\,X_i = \frac{\sigma^2}{n}.$$

Mit wachsendem n nimmt die Varianz der Schätzfunktion ab. Der Satz 12.19 sagt aus, dass $\overline{X}$ in Wahrscheinlichkeit gegen den unbekannten Parameter μ konvergiert. Der Parameter wird damit asymptotisch richtig identifiziert. Eine Schätzfunktion mit dieser Eigenschaft wird als **konsistent** bezeichnet. Es lässt sich weiterhin zeigen, dass die Schätzfunktion $\overline{X}$ unter allen erwartungstreuen Schätzfunktionen die **wirksamste** ist bzw. die kleinste Varianz besitzt.

Analoge Untersuchungen lassen sich zu Punktschätzungen für den Parameter σ^2 ausführen. Dabei zeigt es sich, dass die Eigenschaften der Schätzfunktion für diesen Parameter davon abhängen, ob der Parameter μ bekannt oder unbekannt ist. Man überprüft leicht, dass die Schätzfunktion

$$S_0^2(\omega) = \frac{1}{n} \sum_{i=1}^{n} \Big(X_i(\omega) - \mu\Big)^2$$ eine erwartungstreue und konsistente Schätzfunk-

tion für σ^2 ist. Wenn der Parameter μ unbekannt ist, lässt sich S_0^2 nicht berechnen. Wird in der Schätzfunktion S_0^2 der unbekannte Parameter μ durch die Schätzfunktion $\overline{X}(\omega)$ ersetzt, entsteht als neue Schätzfunktion

$$S_1^2(\omega) = \frac{1}{n} \sum_{i=1}^{n} \Big(X_i(\omega) - \overline{X}(\omega)\Big)^2.$$ Es lässt sich beweisen, dass $E\,S_1^2 = \dfrac{n-1}{n} \cdot \sigma^2$

gilt. Damit ist die Schätzfunktion $S_1^2(\omega)$ *nicht* erwartungstreu! Eine erwartungstreue und konsistente Schätzfunktion für σ^2 bei unbekanntem μ ist

$S^2(\omega) = \dfrac{1}{n-1} \displaystyle\sum_{i=1}^{n} \left(X_i(\omega) - \overline{X}(\omega) \right)^2$. Diese Tatsache rechtfertigt die Formeln

(13.7) für die empirische Varianz. $\lhd$

Bereichsschätzungen, Konfidenzintervalle

Mit einer **Bereichsschätzung** wird aus einer Stichprobe ein Intervall

$$I(\omega) = \Big[g_u\big(X_1(\omega); \ldots; X_n(\omega)\big); g_o\big(X_1(\omega); \ldots; X_n(\omega)\big) \Big]$$

konstruiert, das mit einer vorgegebenen Wahrscheinlichkeit $1 - \alpha$ den unbekannten Parameter θ überdeckt. Dieses Intervall wird als (zweiseitiges) **Konfidenzintervall** zum **Konfidenzniveau** $1 - \alpha$ bezeichnet. Anstelle des Begriffs Konfidenzniveau werden in der Literatur auch noch die Begriffe **Vertrauenswahrscheinlichkeit** oder **Sicherheitswahrscheinlichkeit** verwendet. α heißt auch **Irrtumswahrscheinlichkeit**. Das Konfidenzniveau wird in Abhängigkeit von der Aufgabenstellung vorgegeben und liegt in der Regel zwischen $0,9$ und $0,995$. Bei einigen praktischen Problemen sind sogenannte einseitige Konfidenzintervalle von Interesse. Diese Intervalle haben die Form

$$I_l(\omega) = \Big(-\infty; \overline{g}\big(X_1(\omega); \ldots; X_n(\omega)\big) \Big] \quad \text{(linksseitiges Konfidenzintervall) oder}$$

$$I_r(\omega) = \Big[\underline{g}\big(X_1(\omega); \ldots; X_n(\omega)\big); \infty \Big) \quad \text{(rechtsseitiges Konfidenzintervall).}$$

Zu beachten ist, dass bei festem Stichprobenumfang n ein größeres Konfidenzniveau zu einem größeren Konfidenzintervall führt. Mit wachsendem Stichprobenumfang wird das Konfidenzintervall kleiner.

Bei der Konstruktion eines Konfidenzintervalles für den Parameter θ geht man von einer Schätzfunktion $\widehat{\theta}_n(\omega) = g\big(X_1(\omega); \ldots; X_n(\omega)\big) \approx \theta$ für θ aus. Anschließend wird eine Transformation T mit folgenden Eigenschaften gewählt:

(1) Die Verteilungsfunktion von $T\widehat{\theta}_n(\omega)$ ist bekannt und hängt von keinem unbekannten Parameter ab.

(2) Die Transformation enthält als unbekannten Parameter nur θ.

(3) Es werden geeignete Grenzen k_u und k_o aus der Gleichung

$$P\Big(k_u \leq T\widehat{\theta}_n(\omega) \leq k_o \Big) \geq 1 - \alpha \tag{13.8}$$

ermittelt. Anschließend löst man die Ungleichung $k_u \leq T\widehat{\theta}_n(\omega) \leq k_o$ nach θ auf und erhält das Konfidenzintervall.

Für konkrete Stichproben ergeben sich damit konkrete Konfidenzintervalle. Das Prinzip zur Konstruktion eines Konfidenzintervalles wird am nächsten Beispiel diskutiert.

Beispiel 13.6: *Es ist ein Konfidenzintervall zum Konfidenzniveau* $1 - \alpha$ *für den Parameter* μ *einer* $N(\mu; \sigma^2)$-*verteilten Grundgesamtheit zu konstruieren.*

Lösung: $(X_1(\omega); \ldots; X_n(\omega))$ sei eine mathematische Stichprobe aus einer $N(\mu; \sigma^2)$-verteilten Grundgesamtheit. Die Schätzfunktion für μ lautet $\overline{X}(\omega) = \dfrac{1}{n} \sum_{i=1}^{n} X_i(\omega)$. Nach dem Satz 12.17 (Seite 438) erhält man zunächst als Verteilung der Zufallsgröße $n \cdot \overline{X}(\omega) = \sum_{i=1}^{n} X_i(\omega) \sim N(n \cdot \mu; n \cdot \sigma^2)$. Die zu wählende Transformation T hängt jetzt davon ab, ob σ^2 bekannt oder unbekannt ist.

Fall 1 σ^2 *bekannt:* Mit der Transformation T wird $\overline{X}(\omega)$ nach (12.26) transformiert, d.h.,

$$T\overline{X}(\omega) = \frac{n \cdot \overline{X}(\omega) - n \cdot \mu}{\sqrt{n \cdot \sigma^2}} = \sqrt{n} \cdot \frac{\overline{X}(\omega) - \mu}{\sigma} \sim N(0; 1). \tag{13.9}$$

Die Grenzen k_u und k_o wählt man auf Grund der Symmetrie der Dichtefunktion von $T\overline{X}(\omega)$ so, dass $k_u = -k_o$ und

$$P\big(-k_o \leq T\overline{X}(\omega) \leq k_o\big) = 1 - \alpha \tag{13.10}$$

gilt. Aus der letzten Beziehung erhält man

$$1 - \alpha = \Phi(k_o) - \Phi(-k_o) = 2 \cdot \Phi(k_o) - 1 \qquad \text{bzw.} \qquad \Phi(k_o) = 1 - \frac{\alpha}{2}.$$

D.h., $k_o = z_{1-\frac{\alpha}{2}}$ ist das $\big(1 - \frac{\alpha}{2}\big)$-Quantil einer $N(0; 1)$-Verteilung und kann aus der Tabelle 12.3 bzw. 12.2 abgelesen werden. Aus der Ungleichung $-z_{1-\frac{\alpha}{2}} \leq T\overline{X}(\omega) \leq z_{1-\frac{\alpha}{2}}$ erhält man durch Umformungen das zweiseitige Konfidenzintervall zum Konfidenzniveau $1 - \alpha$ für μ bei bekanntem σ^2

$$\left[\overline{X}(\omega) - \frac{\sigma}{\sqrt{n}} \cdot z_{1-\frac{\alpha}{2}}; \overline{X}(\omega) + \frac{\sigma}{\sqrt{n}} \cdot z_{1-\frac{\alpha}{2}}\right]. \tag{13.11}$$

Bei einem linksseitigen (rechtsseitigen) Konfidenzintervall wird $k_u = -\infty$ (bzw. $k_o = \infty$) gesetzt. Analog zur Gleichung (13.10) folgt

$$P\big(-\infty < T\overline{X}(\omega) \leq k_{ol}\big) = 1 - \alpha$$
$$\big(\text{bzw.} \quad P\big(k_{ur} \leq T\overline{X}(\omega) < \infty\big) = 1 - \alpha\big),$$

woraus man $k_{ol} = z_{1-\alpha}$ (bzw. $k_{ur} = -z_{1-\alpha}$) erhält. Hieraus ergibt sich das

linksseitige Konfidenzintervall $\quad \left(-\infty; \overline{X}(\omega) + \dfrac{\sigma}{\sqrt{n}} \cdot z_{1-\alpha} \right]$ $\qquad$ (13.12)

bzw. das

rechtsseitige Konfidenzintervall $\quad \left[\overline{X}(\omega) - \dfrac{\sigma}{\sqrt{n}} \cdot z_{1-\alpha}; \infty \right),$ $\qquad$ (13.13)

jeweils zum Konfidenzniveau $1 - \alpha$.

Fall 2 σ^2 *unbekannt:* Die Transformation T aus (13.9) enthält jetzt den unbekannten Parameter σ und kann deshalb nicht verwendet werden. Da σ^2 durch

$S^2(\omega) = \dfrac{1}{n-1} \displaystyle\sum_{i=1}^{n} \left(X_i(\omega) - \overline{X}(\omega) \right)^2$ geschätzt wird, erhält man als Transformation

$$T_1 \overline{X}(\omega) = \sqrt{n} \cdot \frac{\overline{X}(\omega) - \mu}{\sqrt{S^2(\omega)}} = \sqrt{n} \cdot \frac{\overline{X}(\omega) - \mu}{S(\omega)} \sim t_{n-1},$$

die nach dem Satz 12.21 (Seite 441) t_{n-1}-verteilt ist mit $(n-1)$ Freiheitsgraden. Analog zu (13.10) ist dann $k_o = t_{n-1;1-\frac{\alpha}{2}}$ das $\left(1 - \frac{\alpha}{2}\right)$-Quantil der t_{n-1}-Verteilung. Das zweiseitige Konfidenzintervall zum Konfidenzniveau $1-\alpha$ für μ bei unbekanntem σ^2 lautet

$$\left[\overline{X}(\omega) - \frac{S(\omega)}{\sqrt{n}} \cdot t_{n-1;1-\frac{\alpha}{2}}; \overline{X}(\omega) + \frac{S(\omega)}{\sqrt{n}} \cdot t_{n-1;1-\frac{\alpha}{2}} \right]. \qquad (13.14)$$

Das linksseitige bzw. rechtsseitige Konfidenzintervall zum Konfidenzniveau $1-\alpha$ ist

$$\left(-\infty; \overline{X}(\omega) + \frac{S(\omega)}{\sqrt{n}} \cdot t_{n-1;1-\alpha} \right] \quad \text{bzw.} \quad \left[\overline{X}(\omega) - \frac{S(\omega)}{\sqrt{n}} \cdot t_{n-1;1-\alpha}; \infty \right). \lhd \; (13.15)$$

Aufgabe 13.4: *Wie groß muss der Stichprobenumfang n mindestens gewählt werden, dass die Länge L des Konfidenzintervalles zum Konfidenzniveau $1 - \alpha$ für μ bei bekanntem σ^2 kleiner als die vorgegebene Länge L_0 ist?*

Bei der Konstruktion von Konfidenzintervallen ist es bei einigen Verteilungstypen kompliziert, geeignete Transformationen T anzugeben bzw. die Grenzen k_u und k_o aus der Gleichung (13.8) zu berechnen. Wenn ein „großer" Stichprobenumfang („Faustregel" $n \geq 30$) vorliegt, lässt sich dieses Problem mit Hilfe des zentralen Grenzverteilungssatzes (Seite 439) näherungsweise lösen. Die Grenzen k_u und k_o sind dann Quantile der $N(0;1)$-Verteilung. In der Spezialliteratur (z.B. [10],[11]) findet der Leser die Herleitung der entsprechenden Konfidenzintervalle. Außerdem sind in diesen Büchern Methoden zur Konstruktion geeigneter Schätzfunktionen (z.B. Likelihood-Methode, Momentenmethode) angegeben.

13.3.2   Beispiele von Parameterschätzungen

Schätzungen in normalverteilten Grundgesamtheiten

Es liege eine konkrete Stichprobe $(x_1; \ldots; x_n)$ aus einer $N(\mu; \sigma^2)$-verteilten Grundgesamtheit vor. Die hier tabellarisch zusammengefassten Ergebnisse wurden teilweise in den vorherigen Abschnitten hergeleitet.

Punktschätzungen

$$\text{für } \mu : \quad \overline{x} = \frac{1}{n} \sum_{i=1}^{n} x_i, \tag{13.16}$$

für σ^2 (μ unbekannt) :

$$s^2 = \frac{1}{n-1} \sum_{i=1}^{n} (x_i - \overline{x})^2 = \frac{1}{n-1} \left(\sum_{i=1}^{n} x_i^2 - n\, \overline{x}^2 \right), \tag{13.17}$$

$$\text{für } \sigma^2 \, (\mu \text{ bekannt}) : \quad s_0^2 = \frac{1}{n} \sum_{i=1}^{n} (x_i - \mu)^2. \tag{13.18}$$

Konfidenzintervalle zum Konfidenzniveau $1 - \alpha$ für μ

$$\text{bei bekanntem } \sigma^2 : \quad \left[\overline{x} - \frac{\sigma}{\sqrt{n}} z_{1-\frac{\alpha}{2}}; \overline{x} + \frac{\sigma}{\sqrt{n}} z_{1-\frac{\alpha}{2}} \right], \tag{13.19}$$

$$\text{linksseitig: } \left(-\infty; \overline{x} + \frac{\sigma}{\sqrt{n}} z_{1-\alpha} \right], \quad \text{rechtsseitig: } \left[\overline{x} - \frac{\sigma}{\sqrt{n}} z_{1-\alpha}; \infty \right), \tag{13.20}$$

$$\text{bei unbekanntem } \sigma^2 : \quad \left(\overline{x} - \frac{s}{\sqrt{n}} t_{n-1;1-\frac{\alpha}{2}}; \overline{x} + \frac{s}{\sqrt{n}} t_{n-1;1-\frac{\alpha}{2}} \right), \tag{13.21}$$

$$\text{linkss.: } \left(-\infty; \overline{x} + \frac{s}{\sqrt{n}} t_{n-1;1-\alpha} \right], \quad \text{rechts.: } \left[\overline{x} - \frac{s}{\sqrt{n}} t_{n-1;1-\alpha}; \infty \right). \tag{13.22}$$

Konfidenzintervalle zum Konfidenzniveau $1 - \alpha$ für σ^2

$$\text{bei bekanntem } \mu : \quad \left[\frac{n \cdot s_0^2}{\chi_{n;1-\frac{\alpha}{2}}^2}; \frac{n \cdot s_0^2}{\chi_{n;\frac{\alpha}{2}}^2} \right], \tag{13.23}$$

$$\text{linksseitig: } \left[0; \frac{n \cdot s_0^2}{\chi_{n;\alpha}^2} \right], \quad \text{rechtsseitig: } \left[\frac{n \cdot s_0^2}{\chi_{n;1-\alpha}^2}; \infty \right), \tag{13.24}$$

$$\text{bei unbekanntem } \mu : \quad \left[\frac{(n-1) \cdot s^2}{\chi_{n-1;1-\frac{\alpha}{2}}^2}; \frac{(n-1) \cdot s^2}{\chi_{n-1;\frac{\alpha}{2}}^2} \right], \tag{13.25}$$

$$\text{linksseitig: } \left[0; \frac{(n-1) \cdot s^2}{\chi_{n-1;\alpha}^2} \right], \quad \text{rechtsseitig: } \left[\frac{(n-1) \cdot s^2}{\chi_{n-1;1-\alpha}^2}; \infty \right). \tag{13.26}$$

Beispiel 13.7 : *In einem Tanklager wird Öl in 100 l-Fässer abgefüllt, wobei die Abfüllmenge als normalverteilte Zufallsgröße vorausgesetzt werden kann. Um den Abfüllprozess zu kontrollieren, wurde an fünf zufällig entnommenen Fässern der Inhalt gemessen (in l)* : 100, 5 ; 99, 8 ; 99, 8 ; 100, 3 ; 99, 9 .
(1) Gesucht sind Punktschätzungen für die mittlere Abfüllmenge μ und die Varianz der Abfüllmenge σ^2 . Zum Konfidenzniveau $1 - \alpha = 0,95$ ist ein Konfidenzintervall (2) für μ bzw. (3) für σ^2 zu berechnen.

Lösung: *zu (1)* Punktschätzung für μ nach (13.16):

$\mu \approx \overline{x} = \frac{1}{5}\left(100, 5 + 99, 8 + 99, 8 + 100, 3 + 99, 9\right) = 100, 06$,

Punktschätzung für σ^2 nach (13.17):

$\sigma^2 \approx s^2 = \frac{1}{4}\left(100, 5^2 + 99, 8^2 + 99, 8^2 + 100, 3^2 + 99, 9^2 - 5 \cdot 100, 06^2\right) = 0, 103$.

zu (2) Konfidenzintervall für μ nach (13.21): Mit einem **CAS**-Rechner ermittelt man $t_{4;0,975} = 2, 77645$ bzw. liest diesen Wert aus einer Tabelle der t-Verteilung ab (vgl. Seite 442). Es folgt

$$\left[100, 06 - \frac{\sqrt{0, 103}}{\sqrt{5}} \cdot 2, 776; 100, 06 + \frac{\sqrt{0, 103}}{\sqrt{5}} \cdot 2, 776\right] = \left[99, 6616; 100, 4580\right] .$$

zu (3) Konfidenzintervall für σ^2 nach (13.25): Die Quantile der χ^2-Verteilung lauten $\chi^2_{4;0,975} = 11, 1433$ und $\chi^2_{4;0,025} = 0, 4844$. Man erhält

$$\left[\frac{4 \cdot 0, 103}{11, 1433}; \frac{4 \cdot 0, 103}{0, 4844}\right] = \left[0, 0370; 0, 8505\right] . \qquad \triangleleft$$

Aufgabe 13.5 : *Für Dateien eines speziellen Typs wurden folgende Übertragungszeiten (in min.) in einem Netzwerk gemessen: 1, 2; 1, 6; 1, 2; 1, 0; 1, 2; 1, 1; 0, 9 . Unter der Voraussetzung, dass die Übertragungszeit normalverteilt ist, sind (1) der Erwartungswert und die Varianz der Übertragungszeit zu schätzen und (2) Konfidenzintervalle für den Mittelwert und die Varianz der Übertragungszeit zum Konfidenzniveau $1 - \alpha = 0,95$ zu berechnen.*

Schätzung einer Wahrscheinlichkeit p

Die Schätzung der Wahrscheinlichkeit $p = P(A)$ für das Eintreten des zufälligen Ereignisses A mit der relativen Häufigkeit $r_n(A)$ wurde bereits auf der Seite 405 diskutiert. Es lässt sich beweisen, dass mit (13.27) eine erwartungstreue, konsistente und wirksamste Schätzung erhalten wird.

Das zweiseitige Konfidenzintervall für p in (13.28) wurde näherungsweise mit dem zentralen Grenzverteilungssatz berechnet. Aus diesem Grund taucht in dem Konfidenzintervall das Quantil $z_{1-\frac{\alpha}{2}}$ der $N(0;1)$-Verteilung auf. Einseitige Konfidenzintervalle für p lassen sich analog betrachten. Das angegebene Konfidenzintervall ist nur für „große" Stichprobenumfänge anwendbar (als Faustregel gilt $n \geq 30$).

Bei n unabhängigen Versuchen trat das Ereignis A genau $h_n(A)$-mal ein.

Punktschätzung für $p = P(A)$: $r_n(A) = \dfrac{h_n(A)}{n}$, $\qquad$ (13.27)

Konfidenzintervall zum Konfidenzniveau $1 - \alpha$ **für** $p = P(A)$ **(n groß):**

$$
\left[\frac{1}{n + z_{1-\frac{\alpha}{2}}^2} \left(h_n(A) + \frac{z_{1-\frac{\alpha}{2}}^2}{2} - z_{1-\frac{\alpha}{2}} \cdot \sqrt{\frac{h_n(A)\big(n - h_n(A)\big)}{n} + \frac{z_{1-\frac{\alpha}{2}}^2}{4}} \right); \right.
$$
$$
\left. \frac{1}{n + z_{1-\frac{\alpha}{2}}^2} \left(h_n(A) + \frac{z_{1-\frac{\alpha}{2}}^2}{2} + z_{1-\frac{\alpha}{2}} \cdot \sqrt{\frac{h_n(A)\big(n - h_n(A)\big)}{n} + \frac{z_{1-\frac{\alpha}{2}}^2}{4}} \right) \right].
$$
$\qquad$ (13.28)

Beispiel 13.8 : *Bei* 100 *Würfen eines (Spiel-)Würfels endeten* 18 *Würfe mit einer „Sechs". Schätzen Sie für diesen Würfel die Wahrscheinlichkeit* p *eine „Sechs" zu werfen und geben Sie ein Konfidenzintervall zum Konfidenzniveau* $1 - \alpha = 0,95$ *an.*

Lösung: Es gilt $p \approx \frac{18}{100} = 0,18$. Mit $z_{0,975} = 1,96$ aus der Tabelle 12.3 berechnet man nach (13.28) das Konfidenzintervall

$$
\left[\frac{1}{100 + 1,96^2} \left(18 + \frac{1,96^2}{2} - 1,96\sqrt{\frac{18(100 - 18)}{100} + \frac{1,96^2}{4}} \right); \ \ldots + \ldots \right]
$$
$$
= [0,1170; 0,2667]. \qquad \triangleleft
$$

Beispiel 13.9 : *Um den Ausschussprozentsatz* p *einer Serienproduktion zu ermitteln, wurden drei Lieferposten zu je* 20 *Teilen ausgewählt. In diesen Lieferposten waren* 3; 1 *bzw.* 2 *Ausschussteile enthalten. Gesucht sind* p *und ein Konfidenzintervall zum Konfidenzniveau* $1 - \alpha = 0,9$.

Lösung: Es liegen $n = 20 \cdot 3 = 60$ Teile vor. Hieraus folgt $p \approx \frac{6}{60} = 0,1$. Mit $z_{0,95} = 1,6449$ (Tabelle 12.3) wird nach (13.28) das Konfidenzintervall $[0,0526; 0,1819]$ für p zum Konfidenzniveau $0,9$ berechnet. $\qquad \triangleleft$

Aufgabe 13.6 : *Von* 150 *zufällig ausgewählten Geräten eines bestimmten Typs mussten drei Geräte in der Garantiezeit repariert werden. Schätzen Sie die Wahrscheinlichkeit* p *mit der ein Gerät in der Garantiezeit repariert werden muss und geben Sie ein Konfidenzintervall für* p *zum Konfidenzniveau* $1 - \alpha = 0,95$ *an.*

13.3.3 Parametertests

Gegeben sei eine Grundgesamtheit $\mathbb{X} \sim F_\theta$ mit einem unbekannten Parameter θ. Im Unterschied zu Parameterschätzungen liegen bei einem Parametertest Vermutungen über θ in Form von zwei (unterschiedlichen) **Hypothesen** H_0 und H_1 vor. H_0 wird als **Nullhypothese** und H_1 als **Alternativhypothese** bezeichnet. Im Mittelpunkt dieses Abschnittes stehen **Signifikanztests**. Darunter versteht man Parametertests der Form

$$\left. \begin{array}{llll} H_0 : \theta = \theta_0 & \text{gegen} & H_1 : \theta \neq \theta_0 & \text{oder} \\ H_0 : \theta \leq \theta_0 & \text{gegen} & H_1 : \theta > \theta_0 & \text{oder} \\ H_0 : \theta \geq \theta_0 & \text{gegen} & H_1 : \theta < \theta_0 \, , \end{array} \right\} \tag{13.29}$$

wobei θ_0 vorgegeben ist. In Abhängigkeit vom Stichprobenergebnis wird sich entweder nicht gegen die Hypothese H_0 oder gegen die Hypothese H_0 entschieden. Man sagt auch im ersten Fall „die Hypothese H_0 wird nicht abgelehnt" bzw. „die Hypothese H_0 ist nicht falsch" oder für den zweiten Fall „die Hypothese H_0 wird abgelehnt" bzw. „die Hypothese H_0 ist falsch". Bei diesem Vorgehen sind zwei Fehlentscheidungen möglich:

(1) Es wird sich gegen die Hypothese H_0 entschieden, obwohl in der Grundgesamtheit tatsächlich die Hypothese H_0 vorliegt. In diesem Fall begeht man den sogenannten **Fehler 1. Art**.

(2) Die Entscheidung erfolgt nicht gegen die Hypothese H_0, in der Grundgesamtheit trifft jedoch H_1 zu. Diese Fehlentscheidung wird als **Fehler 2. Art** bezeichnet.

Für die Durchführung eines Tests gibt man sich in der Regel die Wahrscheinlichkeit α für den Fehler 1. Art vor. α bezeichnet man auch als **Signifikanzniveau**, **Irrtumswahrscheinlichkeit** oder **Risiko 1. Art** und wird dabei je nach Problemstellung zwischen $0,1$ und $0,005$ gewählt. (Es lässt sich zeigen, dass ein „zu klein" gewähltes α eine „große" Wahrscheinlichkeit β für den Fehler 2. Art zur Folge hat!)

Für die Durchführung eines Tests stehen zwei Varianten zur Auswahl, die beide zur gleichen Entscheidung führen. Bei der ersten Variante berechnet man zum Konfidenzniveau $1 - \alpha$ ein Konfidenzintervall $I(\omega)$ für den Parameter, der getestet wird. Wenn die Hypothese H_0 in der Grundgesamtheit vorliegt, dann gilt $P_{H_0}\big(\theta_0 \notin I(\omega)\big) = \alpha$. (Der Index H_0 kennzeichnet, dass in der Grundgesamtheit die Hypothese $H_0 : \theta = \theta_0$ gelten soll.) Aus diesem Grund wird bei einem Stichprobenergebnis $\theta_0 \notin I(\omega)$ die Hypothese H_0 abgelehnt bzw. bei $\theta_0 \in I(\omega)$ nicht abgelehnt. Ob ein zweiseitiges, linksseitiges oder rechtsseitiges Konfidenzintervall gewählt wird, hängt von den zu testenden Hypothesen aus

(13.29) ab. Mit der Wahl des Konfidenzintervalles (zweiseitig oder einseitig) wird die Wahrscheinlichkeit β für den Fehler 2. Art beeinflusst. Es lässt sich beweisen, dass bei einem Test $H_0 : \theta = \theta_0$ gegen $H_1 : \theta \neq \theta_0$ ein zweiseitiges Konfidenzintervall, bei einem Test $H_0 : \theta \leq \theta_0$ gegen $H_1 : \theta > \theta_0$ ein linksseitiges Konfidenzintervall und bei einem Test $H_0 : \theta \geq \theta_0$ gegen $H_1 : \theta < \theta_0$ ein rechtsseitiges Konfidenzintervall verwendet werden muss. Die erste Variante wird in den Beispielen 13.10 und 13.11 bei Parametertests in $N(\mu; \sigma^2)$-verteilten Grundgesamtheiten angewendet.

Bei der zweiten Variante wird eine **Testgröße** $T_0(\omega)$ analog zur Transformation $T\widehat{\theta}_n(\omega)$ (Seite 453) gebildet, die eine Funktion der Stichprobe ist. Diese Testgröße hängt von θ_0 ab und enthält keine unbekannten Parameter. Außerdem muss die Verteilungsfunktion der Testgröße bekannt sein. Zu der Testgröße wird in Abhängigkeit von den zu testenden Hypothesen aus (13.29) ein **kritischer Bereich** K festgelegt. Durch den kritischen Bereich werden diejenigen Realisierungen der Testgröße $T_0(\omega)$ erfasst, die gegen die Hypothese H_0 sprechen. Insbesondere gilt

$$P_{H_0}\big(T_0\widehat{\theta}_n(\omega) \in K\big) = \alpha\,.$$

Der kritische Bereich muss außerdem so festgelegt werden, dass die Wahrscheinlichkeit β für den Fehler zweiter Art minimal bzw. möglichst klein wird. In Abhängigkeit von der Stichprobe werden folgende Entscheidungen getroffen: Bei $T_0\widehat{\theta}_n(\omega) \in K$ wird die Hypothese H_0 abgelehnt. Die Wahrscheinlichkeit für den Fehler 2. Art $\beta = P_{H_1}\big(T_0\widehat{\theta}_n(\omega) \notin K\big)$ lässt sich im Allgemeinen bei einem Signifikanztest nicht explizit berechnen. Aus diesem Grund wird bei $T_0\widehat{\theta}_n(\omega) \notin K$ die Entscheidung in der Form „die Hypothese H_0 wird nicht abgelehnt", „die Hypothese H_0 ist nicht falsch" bzw. „es liegt kein signifikanter (wesentlicher) Unterschied zur Hypothese H_0 vor" gemacht. Die zweite Variante ist insbesondere dann vorteilhaft, wenn sich die Testgröße im Vergleich zum Konfidenzintervall einfacher berechnen lässt (vgl. hierzu die Seite 462). Tests, die nach der Variante 2 ausgeführt werden, sind in den Tabellen 13.3 und 13.4 enthalten. Weitere Testverfahren sind in der Literatur (z.B. [10]) zu finden.

13.3.4 Beispiele zu Parametertests

Signifikanztests in einer normalverteilten Grundgesamtheit

Da die Konfidenzintervalle für die Parameter μ und σ^2 bereits angegeben wurden, können Signifikanztests für diese Parameter nach der ersten Variante durchgeführt werden.

Beispiel 13.10 : *Aus einer Lieferung von Kabeln werden acht Kabel zufällig ausgewählt und deren Länge gemessen (in m):* $10,1$; $10,3$; $10,0$; $9,9$; $10,1$; $10,3$; $10,0$; $9,8$. *Die Länge eines Kabels kann als normalverteilt vorausgesetzt werden. Es ist zu einem Signifikanzniveau* $\alpha = 0,05$ *zu überprüfen,* (1) *ob die mittlere Länge* $10,3\,m$ *bzw.* (2) *ob die Varianz der Länge* $\sigma^2 = 0,1$ *beträgt.*

Lösung: μ und σ^2 werden nach (13.16) und (13.17) geschätzt. Es ergibt sich $\mu \approx \overline{x} = 10,0625$, $\sigma^2 \approx s^2 = 0,03125$.

zu (1): Es sind die Hypothesen $H_0 : \mu = 10,3$ gegen $H_1 : \mu \neq 10,3$ für $\alpha = 0,05$ zu testen. Dazu wird das zweiseitige Konfidenzintervall für μ zum Konfidenzniveau $1 - \alpha = 0,95$ nach (13.21) berechnet, wobei für das Quantil der t-Verteilung $t_{7;0,975} = 2,3646$ gilt.

$$I = \left[10,0625 - \frac{\sqrt{0,03125}}{\sqrt{8}}2,3646; 10,0625 + \frac{\sqrt{0,03125}}{\sqrt{8}}2,3646\right]$$
$$= [9,9147; 10,2103].$$

Da $\mu_0 = 10,3 \notin I$ gilt, wird die Hypothese H_0 abgelehnt. D.h., die mittlere Länge beträgt nicht $10,3\,m$ bei einem Signifikanzniveau von $\alpha = 0.05$.

zu (2): Zu $\alpha = 0,05$ sind die Hypothesen $H_0 : \sigma^2 = 0,1$ gegen $H_1 : \sigma^2 \neq 0,1$ zu testen. Zum Konfidenzniveau $1 - \alpha$ erhält man nach (13.25) mit den Quantilen $\chi^2_{7;0,975} = 16,0128$ und $\chi^2_{7;0,025} = 1,6899$ das Konfidenzintervall für σ^2

$$I = \left[\frac{7 \cdot 0,03125}{16,0128}; \frac{7 \cdot 0,03125}{1,6899}\right] = [0,0137; 0,1295].$$

Weil $\sigma_0^2 = 0,1 \in I$ gilt, wird die Hypothese $H_0 : \sigma^2 = 0,1$ nicht abgelehnt. Es ist für $\alpha = 0,05$ kein signifikanter Unterschied zu dieser Hypothese nachweisbar. ◁

Beispiel 13.11 : *An sechs Kraftstromzählern wurden folgende Werte für den monatlichen Verbrauch an Elektroenergie abgelesen (in kWh):* $350,5$; $332,7$; $360,4$; $335,4$; $370,0$; $325,7$. *Der Verbrauch an Elektroenergie eines Abnehmers sei normalverteilt. Kann bei einem Signifikanzniveau von* $\alpha = 0,05$ *darauf geschlossen werden, dass der mittlere Verbrauch* μ *an Elektroenergie geringer als* $340\,kWh$ *ist?*

Lösung: Es ist die Hypothese $H_0 : \mu \geq 340$ gegen $H_1 : \mu < 340$ für $\alpha = 0,05$ zu testen. Aus diesem Grund wird ein rechtsseitiges Konfidenzintervall für μ zum Konfidenzniveau $1 - \alpha = 0,95$ nach (13.22) berechnet. Es gilt

$\overline{x} = 345,783$, $s^2 = 300,934$, $t_{5;0,95} = 2,0151$ bzw. für das Konfidenzintervall

$$I = \left[345,783 - \frac{\sqrt{300,934}}{\sqrt{5}} 2,0151; \infty\right) = (330,15; \infty).$$

Wegen $\mu_0 = 340 \in I$ wird die Hypothese H_0 nicht abgelehnt. Es kann bei $\alpha = 0,05$ nicht auf einen Verbrauch an Elektroenergie von weniger als $340\,kWh$ geschlossen werden.   ◁

Aufgabe 13.7 : *Um eine Abfüllanlage zu überwachen, wurden der Produktion zufällig sechs Flaschen entnommen und folgender Inhalt (in l) gemessen: 0,49; 0,51; 0,50; 0,48; 0,49; 0,50. Der Inhalt einer Flasche sei normalverteilt. Kann man auf Grund der gemessenen Werte zu einem Signifikanzniveau $\alpha = 0,01$ darauf schließen, dass (1) der mittlere Inhalt einer Flasche kleiner als $0,50\,l$ ist bzw. dass (2) die Varianz des Inhalts einer Flasche von $0,1$ abweicht?*

Signifikanztest für eine Wahrscheinlichkeit p

Es wurden n unabhängige Versuche durchgeführt. Bei diesen Versuchen trat das Ereignis A genau $h_n(A)$-mal ein. Da ein (zweiseitiges) Konfidenzintervall für die unbekannte Wahrscheinlichkeit $p = P(A)$ (für große Stichprobenumfänge) in (13.28) angegeben wurde, lässt sich der Signifikanztest $H_0 : p = p_0$ gegen $H_1 : p \neq p_0$ zum Signifikanzniveau α nach der ersten Variante ausführen. Weniger Rechenaufwand ist für diesen Test erforderlich, wenn man die zweite Variante wählt. Dazu wird die Testgröße

$$T = \frac{h_n(A) - np_0}{\sqrt{np_0(1 - p_0)}} \tag{13.30}$$

berechnet. Liegt die berechnete Testgröße T im kritischen Bereich, der in Abhängigkeit von den zu testenden Hypothesen in der Tabelle 13.3 angegeben ist, wird die Hypothese H_0 abgelehnt. Dabei bezeichnen $z_{1-\alpha}$ und $z_{1-\frac{\alpha}{2}}$ Quantile der $N(0;1)$-Verteilung (siehe Seite 442).

Hypothesen	$H_0 : p = p_0$ $H_1 : p \neq p_0$	$H_0 : p \leq p_0$ $H_1 : p > p_0$	$H_0 : p \geq p_0$ $H_1 : p < p_0$
kritischer Bereich	$\|T\| > z_{1-\frac{\alpha}{2}}$	$T > z_{1-\alpha}$	$T < -z_{1-\alpha}$

Tabelle 13.3 : *Kritische Bereiche bei Signifikanztests für p*

Beispiel 13.12: *Es bezeichne* A *das Ereignis mit einem (Spiel-)Würfel eine „Sechs" zu werfen. Von* 50 *Würfen dieses (Spiel-)Würfels endeten* 13 *Würfe mit einer „Sechs". Zum Signifikanzniveau* $\alpha = 0,05$ *sind folgende Hypothesen für die Wahrscheinlichkeit* $p = P(A)$ *zu testen.*

(1) $H_0 : p = \frac{1}{6}$ *gegen* $H_1 : p \neq \frac{1}{6}$ *bzw.*   (2) $H_0 : p \leq \frac{1}{6}$ *gegen* $H_1 : p > \frac{1}{6}$.

Lösung: Bei beiden Teilaufgaben gilt $n = 50$ und $p_0 = \frac{1}{6}$. Für die Testgröße aus (13.30) ergibt sich $T = \dfrac{13 - 50 \cdot \frac{1}{6}}{\sqrt{50 \cdot \frac{1}{6} \cdot (1 - \frac{1}{6})}} = 1,7709$.

In der Tabelle 12.3 (Seite 425) findet man für (1) das Quantil $z_{0,975} = 1,9600$ bzw. für (2) $z_{0,95} = 1,6449$.

zu (1): Da $|T| = 1,7709 \not> 1,9600$ gilt, kann die Hypothese H_0 nicht abgelehnt werden.

zu (2): Analog findet man $z_{0,95} = 1,6449$. Wegen $T = 1,7709 > 1,6449$ wird die Hypothese $H_0 : p \leq \frac{1}{6}$ abgelehnt.

D.h., zu einem Signifikanzniveau $\alpha = 0,05$ kann aus dem Wurfexperiment darauf geschlossen werden, dass $P(A) > \frac{1}{6}$ gilt. Es lässt sich jedoch *nicht* auf $P(A) \neq \frac{1}{6}$ schließen!   ◁

Bei einem Signifikanzniveau von $\alpha = 0,1$ wird die Hypothese H_0 bei beiden Teilaufgaben abgelehnt. Im Gegensatz dazu können bei einem Signifikanzniveau von $\alpha = 0,01$ die Hypothesen H_0 nicht widerlegt werden. Das Beispiel zeigt, dass die Entscheidung eines Signifikanztests wesentlich von dem zu testenden Hypothesenpaar und dem Signifikanzniveau abhängt.

Aufgabe 13.8: *Bei einer Qualitätskontrolle wurden unter* 40 *überprüften Teilen fünf Ausschussteile gefunden. Überprüfen Sie zu einem Signifikanzniveau von* $\alpha = 0,05$, *ob die Ausschusswahrscheinlichkeit für ein Teil* $p = 0,1$ *beträgt.*

Signifikanztests für Zweistichprobenprobleme

Für zwei unterschiedliche Grundgesamtheiten $\mathbb{X}_1 \sim F_{\theta_1}$ und $\mathbb{X}_2 \sim F_{\theta_2}$ ist mit einem Signifikanztest zu untersuchen, ob sich die Parameter θ_1 und θ_2 unterscheiden. Dazu wird jeder Grundgesamtheit unabhängig voneinander eine Stichprobe entnommen. Auf der Grundlage dieser beiden Stichproben ist zu einem vorgegebenem Konfidenzniveau α eine Entscheidung über die vorliegenden Hypothesen zu treffen. Im Weiteren wird dieses Problem für den Vergleich der Mittelwerte zweier normalverteilter Grundgesamtheiten untersucht. Weitere Parametertests findet der Leser z.B. in [10] und [11].

Es seien $\mathbb{X}_1 \sim N\left(\mu_1; \sigma_1^2\right)$ und $\mathbb{X}_2 \sim N\left(\mu_2; \sigma_2^2\right)$ die zu untersuchenden Grundgesamtheiten. $\left(x_{11}; \ldots; x_{1n_1}\right)$ bzw. $\left(x_{21}; \ldots; x_{2n_2}\right)$ bezeichnen konkrete Stichproben vom Umfang n_1 bzw. n_2 aus $\mathbb{X}_1$ bzw. $\mathbb{X}_2$. Für die Varianzen gelte $\sigma_1^2 = \sigma_2^2$, jedoch seien die Varianzen unbekannt. Es wird die Testgröße

$$T = \frac{\overline{x}_1 - \overline{x}_2}{s_*} \sqrt{\frac{n_1 n_2}{n_1 + n_2}} \quad \text{mit } s_* = \sqrt{\frac{(n_1 - 1)s_1^2 + (n_2 - 1)s_2^2}{n_1 + n_2 - 2}} \qquad (13.31)$$

verwendet, wobei $\overline{x}_i$ und s_i^2 die Schätzungen für μ_i und $\sigma_i^2 \, (i = 1; 2)$ sind. Es lässt sich beweisen, dass die Testgröße T bei Gültigkeit von H_0 $t_{n_1+n_2-2}$-verteilt mit $(n_1 + n_2 - 2)$ Freiheitsgraden ist. Die Hypothesen mit den kritischen Bereichen sind in der Tabelle 13.4 enthalten. Falls die Testgröße in den kritischen Bereich fällt, lehnt man die Hypothese H_0 ab. Dieser Test wird in der Literatur als **doppelter t-Test** bezeichnet.

Wenn $\sigma_1^2 \neq \sigma_2^2$ gilt, dann ist anstelle des doppelten t-Tests der sogenannte **Welch-Test** zu verwenden (siehe z.B. [10]).

Hypothesen	$H_0 : \mu_1 = \mu_2$ $H_1 : \mu_1 \neq \mu_2$	$H_0 : \mu_1 \leq \mu_2$ $H_1 : \mu_1 > \mu_2$	$H_0 : \mu_1 \geq \mu_2$ $H_1 : \mu_1 < \mu_2$
krit. Bereich	$\|T\| > t_{n_1+n_2-2; 1-\frac{\alpha}{2}}$	$T > t_{n_1+n_2-2; 1-\alpha}$	$T < -t_{n_1+n_2-2; 1-\alpha}$

Tabelle 13.4: *Kritische Bereiche beim doppelten t-Test*

Beispiel 13.13 : *Es wird die mittlere Druckfestigkeit von zwei Betonsorten überprüft. Der ersten Betonsorte wurden acht Proben entnommen, bei denen folgende Druckfestigkeiten (in MPa) gemessen wurden: $18,5$; $18,6$; $18,4$; $18,6$; $18,5$; $18,7$; $18,6$; $18,7$. Aus der zweiten Betonsorte lieferten sechs Proben die Werte $18,3$; $18,2$; $18,5$; $18,2$; $18,1$; $18,0$. Lässt sich unter der Voraussetzung, dass die Druckfestigkeit normalverteilt ist und die Varianzen beider Proben gleich sind, ein signifikanter Unterschied in der mittleren Druckfestigkeit der beiden Betonsorten zu einem Signifikanzniveau von $\alpha = 0,01$ nachweisen?*

Lösung: Es sind die Hypothesen H_0: $\mu_1 = \mu_2$ gegen H_1: $\mu_1 \neq \mu_2$ für $\alpha = 0,01$ zu testen. Man berechnet für die erste Betonsorte $\overline{x}_1 = 18,575$, $s_1^2 = 0,0107$ bzw. für die zweite Betonsorte $\overline{x}_2 = 18,2167$, $s_2^2 = 0,0297$. Nachdem zunächst

$$s_* = \sqrt{\frac{7 \cdot 0,0107 + 5 \cdot 0,0297}{6 + 8 - 2}} = 0,1364 \text{ nach (13.31) berechnet wurde, erhält}$$

man als Testgröße den Wert $T = \dfrac{18,575 - 18,2167}{0,1364} \sqrt{\dfrac{8 \cdot 6}{8 + 6}} = 4,8632$. Das

Quantil der t-Verteilung lautet $t_{12;0,995} = 3,0545$. Weil $|T| = 4,8632 > 3,0545$ wird nach der Tabelle 13.4 die Hypothese H_0 abgelehnt. Es liegt bei $\alpha = 0,01$ ein signifikanter Unterschied in der mittleren Druckfestigkeit dieser Betonsorten vor. ◁

Aufgabe 13.9 : *Es soll der Kraftstoffverbrauch von zwei Motortypen verglichen werden. Dazu werden vom Typ 1 sieben Motoren und vom Typ 2 sechs Motoren ausgewählt und der Kraftstoffverbrauch unter bestimmten Einsatzbedingungen gemessen. Es ergaben sich die folgenden Werte (in l) :*

Typ 1	3,7	3,8	3,7	3,9	3,8	3,6	3,8
Typ 2	3,5	3,8	3,4	3,3	3,7	3,4	–

Kann man bei einem Signifikanzniveau von $\alpha = 0,01$ darauf schließen, dass der Kraftstoffverbrauch der Motoren vom Typ 1 größer ist als bei Motoren vom Typ 2? Welche Voraussetzungen müssen gelten, um den doppelten t-Test anwenden zu können?

13.3.5 Parameterfreie Verfahren

In diesem Abschnitt wird vorausgesetzt, dass die Verteilungsfunktion $F(x)$ der Grundgesamtheit $\mathbb{X}$ nicht bekannt ist. Um diese Verteilungsfunktion zu ermitteln, wird aus der Grundgesamtheit eine konkrete Stichprobe $(x_1; \ldots; x_n)$ entnommen. Die Schätzung von $F(x)$ erfolgt durch die **empirische Verteilungsfunktion**

$$\tilde{F}_n(x) := \sum_{x_j \leq x} r_n(x_j), \qquad -\infty < x < \infty, \tag{13.32}$$

die bereits auf der Seite 446 behandelt wurde. Aus diesem Grund wird sich hier ausschließlich damit beschäftigt, wie man überprüfen kann, ob in einer Grundgesamtheit die Verteilungsfunktion $F_0(x)$ vorliegt.

Der χ^2-**Anpassungstest** ist ein Verfahren, mit dem sich der Signifikanztest $H_0 : F(x) = F_0(x)$ gegen $H_1 : F(x) \neq F_0(x)$ zum Signifikanzniveau α durchführen lässt. Dazu sind die Stichprobenelemente in disjunkte Klassen $K_1, \ldots, K_m$ $(m < n)$ einzuordnen. Durch die Klassen muss dabei der gesamte Wertebereich der Zufallsgröße erfasst werden, die die Verteilungsfunktion $F_0(x)$ hat. Bei stetigen Merkmalen wählt man als Klassen im Allgemeinen linksseitig offene und rechtsseitig abgeschlossene Intervalle (siehe Beispiel 13.14). Für diskrete Merkmale besteht jede Klasse aus einem oder mehreren

Merkmalswerten (siehe Beispiel 13.15). Als Testgröße wird

$$T = \sum_{j=1}^{m} \frac{(h_j - np_j)^2}{np_j} \tag{13.33}$$

betrachtet, wobei h_j die Anzahl der Stichprobenelemente bezeichnet, die zur Klasse K_j gehören. $p_j = P_{H_0}(X(\omega) \in K_j)$ ist die Wahrscheinlichkeit, mit der bei Gültigkeit der Nullhypothese ein Stichprobenelement in der Klasse K_j liegen muss. Wenn die Klasse $K_j = (x_{j-1}; x_j]$ ein rechtsseitig abgeschlossenes und linksseitig offenes Intervall ist, dann gilt $p_j = F_0(x_j) - F_0(x_{j-1})$. Um die Wahrscheinlichkeiten p_j berechnen zu können, müssen gegebenenfalls noch unbekannte Verteilungsparameter in $F_0(x)$ durch (Punkt-)Schätzungen ersetzt werden. np_j beschreibt die durchschnittliche Anzahl von Stichprobenelementen, die bei Gültigkeit der Hypothese H_0 in der Stichprobe theoretisch zu erwarten ist. Mit der Testgröße T aus (13.33) wird folglich der Unterschied der Häufigkeiten h_j und np_j bewertet. Wenn die Testgröße einen kritischen Wert überschreitet, wird die Hypothese H_0 abgelehnt. Um diesen kritischen Wert ermitteln zu können, benötigt man die Verteilungsfunktion der Testgröße T. Es lässt sich zeigen, dass bei „großen" Stichprobenumfängen der kritische Wert das $(1 - \alpha)$-Quantil einer χ^2-verteilten Zufallsgröße mit $m - r - 1$ Freiheitsgraden ist. Dabei bezeichnen m die Anzahl der verwendeten Klassen und r die Anzahl der zu schätzenden Verteilungsparameter in $F_0(x)$. Es wird dann folgende **Entscheidung** getroffen:

Wenn $T > \chi^2_{m-1-r,1-\alpha}$ ist, dann wird die Hypothese H_0 abgelehnt;
wenn $T \leq \chi^2_{m-1-r,1-\alpha}$ gilt, dann wird die Hypothese H_0 nicht abgelehnt.

Bemerkung: Die Durchführung des χ^2-Anpassungstests wird wesentlich von der gewählten Klasseneinteilung beeinflusst. Die Klasseneinteilung sollte (bis auf die Randklassen) so gewählt werden, dass für jede Klasse $np_j \geq 5$ gilt. Wenn diese Bedingung nicht erfüllt ist, sind benachbarte Klassen zusammenzufassen.

Beispiel 13.14: *Auf einem Taschenrechner wurden mit einem Zufallszahlengenerator 100 Zufallszahlen erzeugt, die in der Tabelle 13.5 zusammengefasst wurden.*

j	1	2	3	4	5	6
K_j	$[0;1]$	$(1;2]$	$(2;3]$	$(3;4]$	$(4;5]$	$(5;6]$
h_j	5	24	33	25	10	3

Tabelle 13.5: *Häufigkeitstabelle von 100 Zufallszahlen*

Zu einem Signifikanzniveau von $\alpha = 0,05$ ist zu überprüfen, ob diese Zufallszahlen Realisierungen einer $N(\mu; \sigma^2)$-verteilten Zufallsgröße sind.

Lösung: Zum Signifikanzniveau $\alpha = 0,05$ sind die Hypothesen

$$H_0 : F(x) = N(\mu; \sigma^2) \text{ gegen } H_1 : F(x) \neq N(\mu; \sigma^2)$$

zu testen. Da die Parameter der Normalverteilung unbekannt sind, werden diese Parameter nach (13.3) bzw. (13.7) für gruppierte Häufigkeitstabellen (GHT) geschätzt. Man erhält

$$\mu \approx \overline{x} = \frac{27}{10} \quad \text{und} \quad \sigma^2 \approx s^2 = \frac{132}{99} \,.$$

Weil eine normalverteilte Zufallsgröße als Wertebereich $\mathbb{R}$ hat, müssen die Randklassen K_1 und K_6 erweitert werden (siehe hierzu die zweite Spalte in der Tabelle 13.6). Als Nächstes werden die Wahrscheinlichkeiten p_j berechnet, die in der vierten Spalte der Tabelle 13.6 stehen. Dabei wird angenommen, dass eine $N\left(\frac{27}{10}; \frac{132}{99}\right)$-Verteilung vorliegt. Man erhält z.B.

$$p_2 = P\left(1 < X(\omega) \leq 2\right) = \Phi\left(\frac{2 - 2,7}{\sqrt{132/99}}\right) - \Phi\left(\frac{1 - 2,7}{\sqrt{132/99}}\right) = 0,2017\,.$$

j	K_j	h_j	p_j	$\frac{(h_j - np_j)^2}{np_j}$
1	$(-\infty\,;1]$	5	0,0705	0,5961
2	$(1;2]$	24	0,2017	0,7273
3	$(2;3]$	33	0,3303	0,0000
4	$(3;4]$	25	0,2674	0,1132
5	$(4;5]$	10	0,1069	0,0445
6	$(5;\infty)$	3	0,0232	0,1968
		100	1,0000	1,6799

Tabelle 13.6 : χ^2-*Anpassungstest zu Beispiel 13.14*

Da für die sechste Klasse $np_6 = 2,32 < 5$ gilt und K_6 eine Randklasse ist, braucht diese Klasse nicht erweitert zu werden. Anschließend berechnet man die Ausdrücke $\dfrac{(h_j - np_j)^2}{np_j}$ und trägt diese in die letzte Spalte der Tabelle ein. In der letzten Zeile werden die Spaltensummen gebildet, wobei die dritte und vierte Spaltensumme lediglich zur Kontrolle dient. Die Summe der letzten Spalte ergibt die Testgröße $T = 1,6799$. Als kritischen Wert erhält man

$\chi^2_{6-1-2;0,95} = \chi^2_{3;0,95} = 7,8147$. Da $T \leq \chi^2_{3;0,95}$ gilt, wird die Hypothese H_0 zum Signifikanzniveau $\alpha = 0,05$ nicht abgelehnt. ◁

Beispiel 13.15 : *Das Ausfallverhalten elektrischer Anlagen eines speziellen Typs wurde untersucht. In 30 Zeitintervallen der Länge $T = 1$ beobachtete man, wie oft diese Anlagen ausfielen.*

Anzahl der Ausfälle	0	1	2	3	4
absolute Häufigkeit	5	8	10	6	1

Tabelle 13.7: *Häufigkeitstabelle von Ausfällen*

Es ist zu einem Signifikanzniveau von $\alpha = 0,1$ zu überprüfen, ob die Anzahl der Ausfälle Poisson-verteilt ist.

Lösung: Die zu testenden Hypothesen lauten

$$H_0 : F(x) = \pi(\lambda) \text{ gegen } H_1 : F(x) \neq \pi(\lambda)$$

zum Signifikanzniveau $\alpha = 0,1$. Als Schätzung für den Parameter λ wird das arithmetische Mittel gebildet:

$$\lambda \approx \bar{x} = \frac{1}{30}\Big(0 \cdot 5 + 1 \cdot 8 + 2 \cdot 10 + 3 \cdot 6 + 4 \cdot 1\Big) = \frac{5}{3}.$$

Die Wahrscheinlichkeiten p_j werden nach der Formel (12.32) (Seite 429) berechnet. D.h.,

$$p_j = P\big(X(\omega) = j\big) = \frac{\left(\frac{5}{3}\right)^j}{j!}\, e^{-\frac{5}{3}}, \qquad j = 0; \ldots; 4.$$

Die konkreten Werte stehen in der dritten Spalte der Tabelle 13.8. Für die Klasse K_3 gilt $30 \cdot 0,1457 = 4,3710 < 5$. Um die Bedingung $n\,p_j \geq 5$ aus der Bemerkung auf der Seite 466 zu erfüllen, werden die letzten beiden Klassen

j	K_j	h_j	p_j	$\frac{(h_j - np_j)^2}{np_j}$
0	0	5	0,1889	0,0785
1	1	8	0,3148	0,2208
2	2	10	0,2623	0,5771
3	$\left.\begin{array}{c}3\\ \geq 4\end{array}\right\} \geq 3$	$\left.\begin{array}{c}6\\ 1\end{array}\right\} 7$	$\left.\begin{array}{c}0,1457\\ 0,0883\end{array}\right\} 0,2340$	0,0001
4				
		30	1,0000	0,8765

Tabelle 13.8: χ^2*-Anpassungstest zu Beispiel 13.15*

zusammengefasst. Nach der Berechnung der Elemente der letzten Spalte ergibt sich die Testgröße $T = 0,8765$. Der kritische Wert ist $\chi^2_{4-1-1;0,9} = 4,6052$. Da $T \leq 4,6052$ gilt, wird die Hypothese $H_0 : F(x) = \pi(\lambda)$ bei $\alpha = 0,1$ nicht abgelehnt.   ◁

Aufgabe 13.10: *Überprüfen Sie für die Zufallszahlen aus dem Beispiel 13.14 die Hypothesen* $H_0 : F(x) = exp(\lambda)$ *gegen* $H_1 : F(x) \neq exp(\lambda)$ *zu einem Signifikanzniveau von* $\alpha = 0,01$.

13.4 Ergänzungen

Stochastik mit dem TI-89

Die in den letzten beiden Kapiteln verwendeten Befehle zur Berechnung der Verteilungsfunktion und Quantilen sind auf der Seite 442 zu finden. Um bei älteren Modellen des TI-89 diese Befehle verwenden zu können, muss noch die Software „Statistik mit dem Listeneditor" installiert werden. Diese Software kann unter `http://education.ti.com/educationportal/sites` `/DEUTSCHLAND/homePage/index.html` kostenlos erhalten werden. Der Einsatz dieser Software setzt jedoch voraus, dass sich der Nutzer sowohl mit den mathematischen Grundlagen als auch mit dem Handbuch zu dieser Software vertraut macht.

Simulation

Um stochastische Vorgänge auf einem Rechner modellieren zu können, benötigt man Realisierungen von Zufallsgrößen, die ein vorgegebenes Verteilungsgesetz haben. Auf Taschenrechnern (wie z.B. auf dem TI-89) sind sogenannte **Zufallszahlen-Generatoren** enthalten, die derartige Realisierungen (Zufallszahlen) liefern.

Statistik mehrdimensionaler Beobachtungen

Bei vielen Anwendungsaufgaben werden an einer Untersuchungseinheit mehr als ein Merkmal untersucht. In diesem Fall fasst man die Beobachtungen des k-ten Merkmales in Form eines Vektors $\vec{x}_k$ zusammen. Eine konkrete Stichprobe vom Umfang n hat dann die Form $(\vec{x}_1; \ldots; \vec{x}_n)$. Die bisher behandelten statistischen Verfahren lassen sich auf mehrdimensionale Beobachtungen übertragen. Darüber hinaus sind für mehrdimensionale Beobachtungen weitere Aufgabenstellungen von Interesse. Zu diesen Fragen gehören z.B. die Untersuchung von Abhängigkeiten bzw. Unabhängigkeiten von Merkmalen bzw. von Merkmalsgruppen. Weitere Ausführungen hierzu findet der Leser z.B. in [11].

Zeitreihenanalyse

Bei den bisherigen Untersuchungen wurde stets die Unabhängigkeit der Beobachtungen vorausgesetzt. Wenn zeitabhängige Vorgänge untersucht werden, treten abhängige Beobachtungen auf. Der Index k der Beobachtung x_k stellt in diesem Fall den Zeitpunkt der Beobachtung dar. $(x_1; \ldots; x_n)$ wird dann als Zeitreihe bezeichnet. Bei der Untersuchung von Zeitreihen trifft man im Vergleich zu den bisher behandelten statistischen Verfahren auf weitere interessante Aufgabenstellungen, wie z.B. die Erkennung von Trends und/oder Periodizitäten in einer Zeitreihe (siehe z.B. [10]).

Lösungen

Lösungen der Aufgaben aus Kapitel 1:

1.1: (1) falsch,   (2) wahr,   (3) falsch $(x = 0)$,
     (4) wahr $(x = 1)$.

1.2: (1) wahr,   (2) wahr,   (3) falsch
     (4) falsch,   (5) wahr,   (6) wahr.

1.3: (1) $p \Longrightarrow q$,   (2) $q \Longrightarrow p$,   (3) $p \Longleftrightarrow q$,
     (4) $q \Longrightarrow \overline{p}$.

1.4:

	$A \cup B$	$A \cap B$	$A \setminus B$	$B \setminus A$
(1)		$\varnothing$		
(2)			$\varnothing$	
(3)				

1.5: (1) $A \cap B = \{2\}$,   (2) $C \setminus D = \{7;\ 11\}$,
     (3) $A \cap D = D$,   (4) $(A \setminus D) \setminus B = \{1;\ 6\}$,
     (5) $(B \cup C) \cap D = \{4;\ 8\}$,   (6) $(A \cap C) \cup (B \cap D) = \{4;\ 8\}$.

1.6: (1) $A \cap B = (0,5;2)$

     (2) $C \setminus D = (-\infty;-4)$

     (3) $A \cap D = (-1;1]$

     (4) $A \cap C = (-1;0]$

     (5) $D \setminus C = (0;1]$

     (6) $A \cup D = [-4;2)$

     (7) $(A \setminus D) \setminus B = \varnothing$

     (8) $(B \cup C) \cap D = [-4;0] \cup (0,5;1]$

     (9) $(A \cap C) \cup (B \cap D) = (-1;0] \cup (0,5;1]$

1.7: (1) $L = \left(\frac{9}{5}; \infty\right),$ (2) $L = \left(-\infty; -\frac{13}{7}\right].$

1.8: (1) $L = (0; \infty),$ (2) $L = \left[-\frac{7}{6}; \infty\right),$ (3) $L = [2,5; 3,5],$

(4) $L = \left(-10; -3\right) \cup \left(4; \infty\right).$

1.9: (1) $L = \left(-\infty; \frac{25-\sqrt{73}}{6}\right) \cup \left(\frac{25+\sqrt{73}}{6}; \infty\right),$

(2) $L = \left[\frac{13-\sqrt{41}}{16}; \frac{13+\sqrt{41}}{16}\right].$

1.10: $A \times B = \left\{(0; -1); (0; 0); (0; 2); (1; -1); (1; 0); (1; 2)\right\},$

$B \times A = \left\{(-1; 0); (0; 0); (2; 0); (-1; 1); (0; 1); (2; 1)\right\},$

$A \times A \times B = \left\{(0; 0; -1); (0; 1; -1); (1; 0; -1); (1; 1; -1); (0; 0; 0);$

$(0; 1; 0); (1; 0; 0); (1; 1; 0); (0; 0; 2); (0; 1; 2); (1; 0; 2); (1; 1; 2)\right\}.$

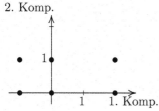

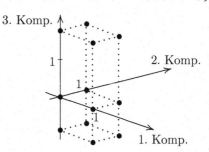

Bild: $B \times A$ (links),

$A \times A \times B$ (rechts)

1.11:

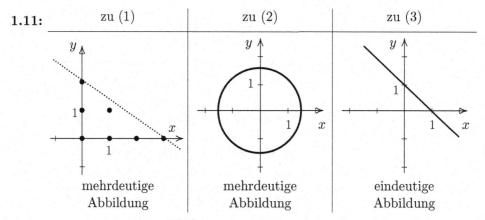

zu (1)	zu (2)	zu (3)
mehrdeutige Abbildung	mehrdeutige Abbildung	eindeutige Abbildung

1.12: für $f_1: W_1 = \left(-\infty; 3\right];$ $P_1(0; 1);$ $P_2(-2,5; 0);$ $P_3(0,5; 0),$

für $f_2: W_2 = [0; \infty);$ $P(x; 0),$ $\forall x \in \left(-\infty; 0\right).$

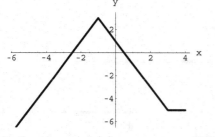

Bild: Graph von $f_1(x)$

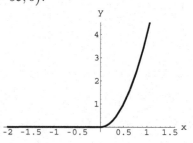

Bild: Graph von $f_2(x)$

1.13: streng monoton fallend für $x \leq 1$,
streng monoton wachsend für $x \geq 1$.

1.14: nicht beschränkt; nach unten beschränkt, $\min\limits_{x \in \mathbb{R}} f(x) = 6$.

1.15: $D_{g_1} = \mathbb{R} \backslash \{-1\}$, $W_{g_1} = \mathbb{R} \backslash \{0\}$, $D_{g_2} = \mathbb{R}$, $W_{g_2} = [-2; \infty)$,

$W_{g_1} \subset D_{g_2} \Longrightarrow g_2(g_1(x)) = \left(\frac{1}{x+1}\right)^2 - 2$, $x \neq -1$,

$W_{g_2} \not\subset D_{g_1} \Longrightarrow \not\exists \, g_1 \circ g_2$.

1.16: $y = f^{-1}(x) = -\frac{x}{2(x+1)}$, $x > -1$.

1.17: (1) $L = \left\{ 0,3741 + 2k\pi; -2,5884 + 2k\pi; k \in \mathbb{Z} \right\}$,
(2) $L = \left\{ 0,6155 + k\pi; -0,6155 + k\pi; k \in \mathbb{Z} \right\}$,
(3) $L = \left\{ k\pi; \frac{\pi}{3} + 2k\pi; -\frac{\pi}{3} + 2k\pi; k \in \mathbb{Z} \right\}$,
(4) $L = \left\{ \frac{\pi}{2} + k\pi; \frac{\pi}{6} + 2k\pi; \frac{5\pi}{6} + 2k\pi; k \in \mathbb{Z} \right\}$.

1.18: (1) $f(1) = -2$, $f(2) = 0$, $f(3) = 6$, $f(x) = (x-2)^2(x-\sqrt{3})(x+\sqrt{3})$,
(2) $f(1) = 0$, $f(2) = -4$, $f(3) = 6$,
$f(x) = (x-1) \cdot x \cdot (x - 1 - \sqrt{3})(x - 1 + \sqrt{3})$.

1.19: $f(x) = -2(x-5)(x-3)^2$, $x \in \mathbb{R}$.

1.20: (1) $f(x) = 2 + (x-2) + \frac{1}{6}(x-2)(x-1) + 0 = \frac{1}{3} + \frac{1}{2}x + \frac{1}{6}x^2$, $x \in \mathbb{R}$.
(2) $f(x) = 0 + 1(x+3) - 1(x+3)(x+2) + \frac{5}{6}(x+3)(x+2)(x+1)$
$- \frac{13}{24}(x+3)(x+2)(x+1)x = -\frac{13}{24}x^4 - \frac{29}{12}x^3 - \frac{47}{24}x^2 + \frac{23}{12}x + 2$, $x \in \mathbb{R}$.

1.21: $\sinh(x)$: streng monoton wachsend, eineindeutig, nicht beschränkt,
$\cosh(x)$: nicht monoton, nicht eineindeutig, nach unten beschränkt,
$\min\limits_{x \in \mathbb{R}} \cosh(x) = 1$,
$\tanh(x)$: streng monoton wachsend, eineindeutig, beschränkt,
$\inf\limits_{x \in \mathbb{R}} \tanh(x) = -1$, $\sup\limits_{x \in \mathbb{R}} \tanh(x) = 1$
$\coth(x)$: nicht monoton, eineindeutig, nicht beschränkt.

1.22: $a = 3$, $b = \frac{1}{2}\text{arcosh}\left(\frac{5}{3}\right) = \frac{1}{2}\ln(3) \approx 0,5493$.

Lösungen der Aufgaben aus Kapitel 2:

2.1: $\overline{z} = 5 - 2\mathbf{i}$, $\quad |\overline{z}| = \sqrt{29}$.

2.2: $z_7 = \sqrt{20}\,e^{-1,1071\mathbf{i}} = \sqrt{20}\left(\cos(-1,1071) + \sin(-1,1071)\mathbf{i} \right)$,
$z_8 = -1,2484 + 2,7279\mathbf{i} = 3\left(\cos(2) + \sin(2)\mathbf{i} \right)$,
$z_9 = -1,3073 - 1,5136\mathbf{i} = 2\,e^{\mathbf{i}4}$.

2.3: $z_7 + z_8 = 0,7516 - 1,2721\mathbf{i}$, $\quad z_7 - z_8 = 3,2484 - 6,7279\mathbf{i}$,
$z_7 \cdot z_8 = 8,4147 + 10,4495\mathbf{i}$, $\quad \frac{z_7}{z_8} = -1,4898 - 0,0513\mathbf{i}$.

2.4: $z = -9,7507 - 16,8021\,\mathrm{i}$.

2.6: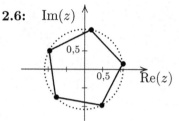

Bild: Fünfeck und $\sqrt[5]{z}$

2.5: $z_{*0} = 1,0269 + 0,1503\,\mathrm{i}$,
$z_{*1} = 0,1744 + 1,0231\,\mathrm{i}$,
$z_{*2} = -0,9191 + 0,4820\,\mathrm{i}$,
$z_{*3} = -0,7424 - 0,7252\,\mathrm{i}$,
$z_{*4} = 0,4603 - 0,9302\,\mathrm{i}$.

2.7: $z_1 = z_2 = -1$, $\quad z_3 = -\frac{1}{2} - \frac{\sqrt{15}}{2}\mathrm{i}$, $\quad z_4 = -\frac{1}{2} + \frac{\sqrt{15}}{2}\mathrm{i}$,

$\quad f(x) = (x+1)^2(x + \frac{1}{2} + \frac{\sqrt{15}}{2}\mathrm{i})(x + \frac{1}{2} - \frac{\sqrt{15}}{2}\mathrm{i})$,

$\quad f(x) = (x+1)^2(x^2 + x + 4)$.

2.8: (1) $|z| = 1$, $\quad \mathrm{Re}(z) = 0$; $\quad \mathrm{Im}(z) = -1$, $\quad \varphi = -\frac{\pi}{2}$,

$\quad z = \mathrm{e}^{-\mathrm{i}\frac{\pi}{2}} = \cos\left(-\frac{\pi}{2}\right) + \mathrm{i}\sin\left(-\frac{\pi}{2}\right)$,

(2) $|z| = \frac{1}{\sqrt{29}}$, $\quad \mathrm{Re}(z) = -\frac{2}{29}$, $\quad \mathrm{Im}(z) = -\frac{5}{29}$, $\quad \varphi = -1,9513$,

$\quad z = \frac{1}{\sqrt{29}}\,\mathrm{e}^{-\mathrm{i}1,9513} = \frac{1}{\sqrt{29}}\Big(\cos(-1,9513) + \mathrm{i}\sin(-1,9513)\Big)$,

(3) $|z| = \sqrt{\frac{13}{5}}$, $\quad \mathrm{Re}(z) = -\frac{8}{5}$, $\quad \mathrm{Im}(z) = \frac{1}{5}$, $\quad \varphi = 3,0172$,

$\quad z = \sqrt{\frac{13}{5}}\,\mathrm{e}^{\mathrm{i}3,0172} = \sqrt{\frac{13}{5}}\Big(\cos(3,0172) + \mathrm{i}\sin(3,0172)\Big)$,

(4) $|z| = 25$, $\quad \mathrm{Re}(z) = -7$, $\quad \mathrm{Im}(z) = -24$, $\quad \varphi = -1,8546$,

$\quad z = 25\,\mathrm{e}^{-\mathrm{i}1,8546} = 25\Big(\cos(-1,8546) + \mathrm{i}\sin(-1,8546)\Big)$.

2.9: (1) $z_1 + z_2 = 1 + 9\mathrm{i}$, $\quad |z_1| = 5$, $\quad |z_2| = \sqrt{29}$, $\quad \overline{z}_1 = 3 - 4\mathrm{i}$,

$\quad \overline{z}_2 = -2 - 5\mathrm{i}$, $\quad z_1 \cdot z_2 = -26 + 7\mathrm{i}$, $\quad \frac{z_1}{z_2} = \frac{14}{29} - \frac{23}{29}\mathrm{i}$,

$\quad (z_1)^{20} = 10^{13}(9,1004 - 2,8516\mathrm{i})$,

$\quad (\sqrt[4]{z_2})_{*0} = 1,3457 + 0,7140\mathrm{i}$, $\quad (\sqrt[4]{z_2})_{*1} = -0,7140 + 1,3457\mathrm{i}$,

$\quad (\sqrt[4]{z_2})_{*2} = -1,3457 - 0,7140\mathrm{i}$, $\quad (\sqrt[4]{z_2})_{*3} = 0,7140 - 1,3457\mathrm{i}$,

(2) $z_1 + z_2 = 1 + 3\mathrm{i}$, $\quad |z_1| = \sqrt{10}$, $\quad |z_2| = \sqrt{20}$, $\quad \overline{z}_1 = -3 - \mathrm{i}$,

$\quad \overline{z}_2 = 4 - 2\mathrm{i}$; $\quad z_1 \cdot z_2 = -14 - 2\mathrm{i}$, $\quad \frac{z_1}{z_2} = -0,5 + 0,5\mathrm{i}$,

$\quad (z_1)^{20} = 10^{10}(0,9885 - 0,1512\mathrm{i})$,

$\quad (\sqrt[4]{z_2})_{*0} = 1,4445 + 0,1682\mathrm{i}$, $\quad (\sqrt[4]{z_2})_{*1} = -0,1682 + 1,4445\mathrm{i}$,

$\quad (\sqrt[4]{z_2})_{*2} = -1,4445 - 0,1682\mathrm{i}$ $\quad (\sqrt[4]{z_2})_{*3} = 0,1682 - 1,4445\mathrm{i}$,

(3) $z_1 + z_2 = 0,4348 + 3,7861\mathrm{i}$, $\quad |z_1| = 1$, $\quad |z_2| = 3$,

$\quad \overline{z}_1 = \cos(2) - \sin(2)\mathrm{i}$, $\quad \overline{z}_2 = 3\cos(5) + 3\sin(5)\mathrm{i}$,

$\quad z_1 \cdot z_2 = -2,9700 - 0,4234\mathrm{i}$, $\quad \frac{z_1}{z_2} = 0,2513 + 0,2190\mathrm{i}$,

$\quad (z_1)^{20} = -0,6669 + 0,7451\mathrm{i}$,

$\quad (\sqrt[4]{z_2})_{*0} = 0,4150 - 1,2489\mathrm{i}$, $\quad (\sqrt[4]{z_2})_{*1} = -1,2489 - 0,4150\mathrm{i}$,

$\quad (\sqrt[4]{z_2})_{*2} = -0,4150 + 1,2489\mathrm{i}$, $\quad (\sqrt[4]{z_2})_{*3} = 1,2489 + 0,4150\mathrm{i}$,

2.9: (4) $z_1 + z_2 = -1,3109 + 8,6247i$, $\quad |z_1| = 5$, $\quad |z_2| = 4$,

$\overline{z}_1 = 0,3537 - 4,9875i$, $\quad \overline{z}_2 = -1,6646 - 3,6372i$,

$z_1 \cdot z_2 = -18,7291 - 7,0157i$, $\quad \frac{z_1}{z_2} = 1,0970 - 0,5993i$,

$(z_1)^{20} = 10^{13}(1,4711 - 9,4226i)$,

$(\sqrt[4]{z_2})_{*0} = 1,2411 + 0,6780i$, $\quad (\sqrt[4]{z_2})_{*1} = -0,6780 + 1,2411i$,

$(\sqrt[4]{z_2})_{*2} = -1,2411 - 0,6780i$, $\quad (\sqrt[4]{z_2})_{*3} = 0,6780 - 1,2411i$.

2.10: (1) $z_1 = 0,25 - 1,7139i$, $\quad z_2 = 0,25 + 1,7139i$,

(2) $z_1 = 0,8409 + 0,8409i$, $\quad z_2 = -0,8409 + 0,8409i$,

$z_3 = -0,8409 - 0,8409i$, $\quad z_4 = 0,8409 - 0,8409i$,

(3) $z_1 = 0,7849 + 1,0564i$, $\quad z_2 = +0,7849 - 1,0564i$,

$z_3 = -0,7849 - 1,0564i$, $\quad z_4 = -0,7849 + 1,0564i$.

2.11: (1) Kreisfläche und -linie mit Mittelpunkt (3;0) und Radius 2,

(2) Kreislinie mit dem Mittelpunkt (-1;0) und dem Radius 2 ,

(3) Kreis mit dem Mittelpunkt (0;0) und dem Radius 2.

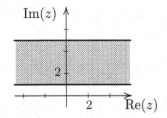 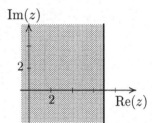

Bild: zu Aufgabe 2.11 (4) und (5) .

Lösungen der Aufgaben aus Kapitel 3:

3.1: $\vec{a} \perp \vec{b}$, Satz des Pythagoras.

3.2: $|\vec{a}| = \sqrt{13}$.

3.3: $\vec{a} = \begin{pmatrix} 2 \\ -3 \\ 5 \end{pmatrix}$, $\quad |\vec{a}| = \sqrt{38}$.

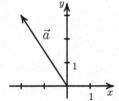

Bild: $\vec{a}$ aus Aufgabe 3.2

3.4: (1) $2\vec{a} + 3\vec{b} = \begin{pmatrix} 1 \\ 1 \\ -6 \end{pmatrix}$,

(2) $\vec{c} - \vec{b} = \begin{pmatrix} 0 \\ 1 \\ 7 \end{pmatrix}$, $\quad$ (3) $2\vec{a} - \vec{c} + 2\vec{b} = \begin{pmatrix} 3 \\ -2 \\ -9 \end{pmatrix}$, $\quad$ (4) $\vec{c} \times \vec{b} = \begin{pmatrix} -9 \\ -7 \\ 1 \end{pmatrix}$,

3.4: (5) $(\vec{a}+\vec{b})\times\vec{c} = \begin{pmatrix} 4 \\ -3 \\ 2 \end{pmatrix}$, (6) $\vec{a}+(\vec{b}\times\vec{c}) = \begin{pmatrix} 11 \\ 6 \\ -1 \end{pmatrix}$,

(7) $\vec{b}_a = \begin{pmatrix} -1,2 \\ 0,6 \\ 0 \end{pmatrix}$, (8) $\vec{c}_{xz} = \begin{pmatrix} -1 \\ 0 \\ 5 \end{pmatrix}$, $\vec{c}_z = \begin{pmatrix} 0 \\ 0 \\ 5 \end{pmatrix}$,

(9) $\cos\left(\angle(\vec{c},\vec{e}_1)\right) = -\frac{1}{\sqrt{30}}$, $\cos\left(\angle(\vec{c},\vec{e}_2)\right) = \frac{2}{\sqrt{30}}$, $\cos\left(\angle(\vec{c},\vec{e}_3)\right) = \frac{5}{\sqrt{30}}$,

(10) $[\vec{c}\,\vec{b}\,\vec{a}] = -11$.

3.5: $\vec{a} = \vec{b} = \begin{pmatrix} 2 \\ 2 \\ -1 \end{pmatrix}$, $|\vec{a}| = 3$, $\vec{a}^0 = \begin{pmatrix} \frac{2}{3} \\ \frac{2}{3} \\ -\frac{1}{3} \end{pmatrix}$,

$\cos\left(\angle(\vec{a},\vec{e}_1)\right) = \frac{2}{3}$, $\cos\left(\angle(\vec{a},\vec{e}_2)\right) = \frac{2}{3}$, $\cos\left(\angle(\vec{a},\vec{e}_3)\right) = -\frac{1}{3}$.

3.6: (1) $\vec{a}+\vec{b} = \begin{pmatrix} 4 \\ 0 \end{pmatrix}$, $\vec{b}-\vec{a} = \begin{pmatrix} 2 \\ 4 \end{pmatrix}$,

(2) $\angle(\vec{a},\vec{b}) = \arccos\left(-\frac{1}{\sqrt{65}}\right) = 1,6952$,

(3) $|\vec{a}-\vec{b}| = \sqrt{20}$ ist die Länge des Vektors $\vec{a}-\vec{b}$.

3.7: (1) $\vec{a}_{\vec{b}} = \begin{pmatrix} -\frac{2}{3} \\ -\frac{2}{3} \\ \frac{2}{3} \end{pmatrix}$, (2) $(\vec{a}\times\vec{b})\times\vec{b} = \begin{pmatrix} -14 \\ -11 \\ -25 \end{pmatrix}$, $\vec{a}\times(\vec{b}\times\vec{b}) = \vec{0}$.

3.8: (1) $|\vec{r}| = \sqrt{14}$, $\vec{r}_x = \begin{pmatrix} 2 \\ 0 \\ 0 \end{pmatrix}$, $\vec{r}_y = \begin{pmatrix} 0 \\ -3 \\ 0 \end{pmatrix}$, $\vec{r}_z = \begin{pmatrix} 0 \\ 0 \\ -1 \end{pmatrix}$,

$\vec{r}_{xy} = \begin{pmatrix} 2 \\ -3 \\ 0 \end{pmatrix}$, $\vec{r}_{xz} = \begin{pmatrix} 2 \\ 0 \\ -1 \end{pmatrix}$, $\vec{r}_{yz} = \begin{pmatrix} 0 \\ -3 \\ -1 \end{pmatrix}$,

(2) $|\vec{r}| = \sqrt{41}$, $\vec{r}_x = \begin{pmatrix} 0 \\ 0 \\ 0 \end{pmatrix}$, $\vec{r}_y = \begin{pmatrix} 0 \\ 4 \\ 0 \end{pmatrix}$, $\vec{r}_z = \begin{pmatrix} 0 \\ 0 \\ 5 \end{pmatrix}$,

$\vec{r}_{xy} = \begin{pmatrix} 0 \\ 4 \\ 0 \end{pmatrix}$, $\vec{r}_{xz} = \begin{pmatrix} 0 \\ 0 \\ 5 \end{pmatrix}$, $\vec{r}_{yz} = \begin{pmatrix} 0 \\ 4 \\ 5 \end{pmatrix}$.

3.9: $\vec{a}\cdot\vec{b} = \vec{a}\cdot\vec{c} \iff \vec{a}\cdot(\vec{b}-\vec{c}) = 0 \iff (\vec{a}\perp(\vec{b}-\vec{c}))\vee(\vec{a}=\vec{0})\vee(\vec{b}=\vec{c})$.

3.10: $\vec{a}\times\vec{c} = \vec{b}\times\vec{c} \iff (\vec{a}-\vec{b})\times\vec{c} = \vec{0} \iff ((\vec{a}-\vec{b})\uparrow\uparrow\vec{c})\vee((\vec{a}-\vec{b})\uparrow\downarrow\vec{c})$.

$\uparrow\uparrow$ steht für gleichsinnig parallel bzw. $\uparrow\downarrow$ steht für gegensinnig parallel.

3.11: $\vec{a}\times\vec{b} = \begin{pmatrix} -12 \\ 1 \\ -4 \end{pmatrix}$, $F = |\vec{a}\times\vec{b}| = \sqrt{161}$.

3.12: $\overrightarrow{P_1P_2} \times \overrightarrow{P_1P_3} = \begin{pmatrix} 14 \\ 30 \\ 24 \end{pmatrix}$, $F = \frac{1}{2} | \overrightarrow{P_1P_2} \times \overrightarrow{P_1P_3} | = \frac{1}{2}\sqrt{1672} = \sqrt{418}$.

3.13: $[\vec{a}\,\vec{b}\,\vec{c}] = -33,5$, $V = 33,5$. **3.14:** $A = \vec{F}\cdot \overrightarrow{P_1P_2} = -15$, $|\vec{F}| = 5$.

3.15: (1) $\vec{M} = \begin{pmatrix} 1 \\ 1 \\ 1 \end{pmatrix} \times \begin{pmatrix} 1 \\ 1 \\ 1 \end{pmatrix} = \vec{0} \implies |\vec{M}| = 0$,

(2) $\vec{M} = \begin{pmatrix} 1 \\ 1 \\ 1 \end{pmatrix} \times \begin{pmatrix} 1 \\ -2 \\ 3 \end{pmatrix} = \begin{pmatrix} 5 \\ -2 \\ -3 \end{pmatrix} \implies |\vec{M}| = \sqrt{38}$.

3.16:
$\overrightarrow{AG} = \begin{pmatrix} 1 \\ 1 \\ 2 \end{pmatrix}$, $\overrightarrow{BH} = \begin{pmatrix} -1 \\ 1 \\ 2 \end{pmatrix}$,

$\overrightarrow{CE} = \begin{pmatrix} -1 \\ -1 \\ 2 \end{pmatrix}$, $\overrightarrow{DF} = \begin{pmatrix} 1 \\ -1 \\ 2 \end{pmatrix}$,

$\angle(\overrightarrow{AG}, \overrightarrow{BH}) = \angle(\overrightarrow{AG}, \overrightarrow{DF})$
$= \angle(\overrightarrow{BH}, \overrightarrow{CE}) = \angle(\overrightarrow{CE}, \overrightarrow{DF})$
$= \arccos\left(\frac{2}{3}\right) \approx 0,841$ bzw. $48,19°$,
$\angle(\overrightarrow{AG}, \overrightarrow{CE}) = \angle(\overrightarrow{BH}, \overrightarrow{DF})$
$= \arccos\left(\frac{1}{3}\right) \approx 1,2310$ bzw. $70,53°$.

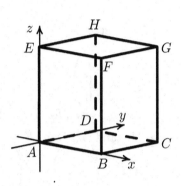

Bild: zu Aufgabe 3.16

3.17: g : $\overrightarrow{OP} = \begin{pmatrix} -1 \\ 0 \\ 2 \end{pmatrix} + t\begin{pmatrix} 2 \\ 1 \\ 0 \end{pmatrix}$, $t \in \mathbb{R}$, (1) $P_3 \notin g$, (2) $a = 3$.

3.18: g_2 : $\overrightarrow{OP} = \begin{pmatrix} 1 \\ 2 \\ 0 \end{pmatrix} + t\begin{pmatrix} 0 \\ -2 \\ 0 \end{pmatrix}$, $t \in \mathbb{R}$.

3.19: $\vec{a}_1$ und $\vec{a}_2$ nicht parallel, $\overrightarrow{OP_1} + s\,\vec{a}_1 = \overrightarrow{OP_2} + t\,\vec{a}_2$ nicht lösbar.

3.20: $\vec{n} = \left(\begin{pmatrix} 4 \\ -1 \\ 1 \end{pmatrix} - \begin{pmatrix} 0 \\ 1 \\ -2 \end{pmatrix}\right) \times \begin{pmatrix} 0 \\ -2 \\ 2 \end{pmatrix} = \begin{pmatrix} 2 \\ -8 \\ -8 \end{pmatrix}$, $E : x - 4y - 4z - 4 = 0$, $h = \frac{4\sqrt{33}}{33}$.

3.21: $E : \frac{4}{\sqrt{42}}x - \frac{1}{\sqrt{42}}y + \frac{5}{\sqrt{42}}z - 3 = 0$ oder $E : \frac{4}{\sqrt{42}}x - \frac{1}{\sqrt{42}}y + \frac{5}{\sqrt{42}}z + 3 = 0$.

3.22: $E : 2x + 3y + 6z - d_0 = 0$; $P_0 \in E \implies d_0 = -1$;
$\implies E : \frac{2}{7}x + \frac{3}{7}y + \frac{6}{7}z + \frac{1}{7} = 0$ (Hesse'sche Normalform),
$\implies$ Abstand P_1 von E : $h_1 = |\frac{2}{7}\cdot(-1) + \frac{3}{7}\cdot 0 + \frac{6}{7}\cdot 2 - (-\frac{1}{7})| = \frac{11}{7}$,
$\implies$ Abstand P_2 von E : $h_2 = |\frac{2}{7}\cdot(-1) + \frac{3}{7}\cdot(-1) + \frac{6}{7}\cdot 1 - (-\frac{1}{7})| = \frac{2}{7}$.

3.23: $E: \ \overrightarrow{OP} = \begin{pmatrix} 1 \\ -3 \\ 1 \end{pmatrix} + t \begin{pmatrix} 1 \\ 4 \\ -3 \end{pmatrix} + s \begin{pmatrix} -2 \\ 6 \\ 1 \end{pmatrix}, \ t, s \in \mathbb{R}, \quad P_4 \notin E.$

3.24: $E_0: \ \overrightarrow{OP} = \begin{pmatrix} 1 \\ 1 \\ 1 \end{pmatrix} + t \begin{pmatrix} 1 \\ 0 \\ 1 \end{pmatrix} + s \begin{pmatrix} 1 \\ 1 \\ -1 \end{pmatrix}, \quad t, s \in \mathbb{R}.$

3.25: $g: \ \overrightarrow{OP} = \begin{pmatrix} 1 \\ -2 \\ 3 \end{pmatrix} + t \begin{pmatrix} 1 \\ -1 \\ 1 \end{pmatrix}, \quad t \in \mathbb{R},$

Schnittpunkt mit E: $P_S(8; -9; 10)$,

Schnittwinkel φ mit E: $\varphi = \frac{\pi}{2} - \angle(\vec{a}, \vec{n}), \quad \vec{n} = \begin{pmatrix} 1 \\ 1 \\ 1 \end{pmatrix},$

$\angle(\vec{a}, \vec{n}) = \arccos\left(\dfrac{\vec{a} \cdot \vec{n}}{|\vec{a}||\vec{n}|}\right) = \arccos\left(\dfrac{1}{3}\right) \approx 1,2310 \ \text{ bzw. } 70,53°.$

3.26: $g: \ \overrightarrow{OP} = \begin{pmatrix} 1 \\ 0 \\ 0 \end{pmatrix} + t \begin{pmatrix} -1 \\ 0 \\ 1 \end{pmatrix}, \quad t \in \mathbb{R}, \quad$ nach (3.32) folgt $h = 1$.

3.27: Hesse'sche Normalform von $E: \ -\frac{3}{13}x + \frac{4}{13}y - \frac{12}{13}z - 2 = 0 \Longrightarrow h_E = 2$,

$\Longrightarrow$ Abstand P_0 von $E: \ h_0 = |-\frac{3}{13} \cdot 4 + \frac{4}{13} \cdot 22 - \frac{12}{13} \cdot (-24) - 2| = 26$,

$g_0: \ \overrightarrow{OP} = \begin{pmatrix} 4 \\ 22 \\ -24 \end{pmatrix} + t \begin{pmatrix} -3 \\ 4 \\ -12 \end{pmatrix}, \quad t \in \mathbb{R},$

$(P_S \in g) \wedge (P_S \in E) \Longrightarrow t_S = -2, \ P_S(10; 14; 0).$

3.28: Es bezeichnen P_i' die Projektion von P_i auf E und g_i die Projektionsgerade von P_i auf E, $i = 1, 2, 3$. Dann gilt

$g_1: \ \overrightarrow{OP} = \begin{pmatrix} 3 \\ 5 \\ -1 \end{pmatrix} + t \begin{pmatrix} 1 \\ 2 \\ -1 \end{pmatrix}, \quad t \in \mathbb{R}.$

Da $P_1' \in g_1$ und $P_1' \in E$ folgt $(3 + t_1) + 2(5 + 2t_1) - (-1 - t_1) = 2$,

$\Longrightarrow t_1 = -2; \ P_1'(1; 1; 1).$

Analog berechnet man $P_2'(1; -1; -3)$ und $P_3'(0; 1; 0)$.

$F_S = \frac{1}{2}| \ \overrightarrow{P_1'P_2'} \times \overrightarrow{P_1'P_3'} \ | = \sqrt{6}$, wobei

$\overrightarrow{P_1'P_2'} = \begin{pmatrix} 0 \\ -2 \\ -4 \end{pmatrix}, \quad \overrightarrow{P_1'P_3'} = \begin{pmatrix} -1 \\ 0 \\ -1 \end{pmatrix}, \quad \overrightarrow{P_1'P_2'} \times \overrightarrow{P_1'P_3'} = \begin{pmatrix} 2 \\ 4 \\ -2 \end{pmatrix}.$

3.29: $\vec{n} = \begin{pmatrix} 1 \\ -2 \\ 3 \end{pmatrix}$ ist der Normalenvektor der Ebene E. Es bezeichnen

$\left.\begin{array}{l} g_0 \text{ die Schnittgerade von } E \text{ mit der } xy\text{-Ebene und} \\ g_r \text{ die Gerade, auf der die Punktmasse rutscht.} \end{array}\right\} \Longrightarrow g_r \perp g_0, \ g_r \perp \vec{n},$

Richtungsvektor von g_0 : $\vec{a}_0 = \begin{pmatrix} 10 \\ -1 \\ 0 \end{pmatrix} - \begin{pmatrix} 0 \\ -6 \\ 0 \end{pmatrix} = \begin{pmatrix} 10 \\ 5 \\ 0 \end{pmatrix}$,

Richtungsvektor von g_r : $\vec{a}_r = \begin{pmatrix} 10 \\ 5 \\ 0 \end{pmatrix} \times \vec{n} = \begin{pmatrix} 3 \\ -6 \\ -5 \end{pmatrix}$,

g_r : $\overrightarrow{OP} = \begin{pmatrix} 1 \\ 2 \\ 5 \end{pmatrix} + t \begin{pmatrix} 3 \\ -6 \\ -5 \end{pmatrix}$, $t \in \mathbb{R}$,

$\Longrightarrow$ (für $t = 1$) Treffpunkt mit der xy-Ebene: $P(4; -4; 0)$.

3.30: $E : 6x - 6y - 6z + 12 = 0$, $P_0 \in g : \overrightarrow{OP} = \begin{pmatrix} 1 \\ 2 \\ -1 \end{pmatrix} + t \begin{pmatrix} 6 \\ -6 \\ -6 \end{pmatrix}$, $t \in \mathbb{R}$,

$\overrightarrow{OP'_0} = \overrightarrow{OP_0} + 2 \overrightarrow{P_0 P_E}$, wobei $P_E \in g$ und $P_E \in E$,

$\overrightarrow{OP_E} = \begin{pmatrix} \frac{1}{3} \\ \frac{8}{3} \\ -\frac{1}{3} \end{pmatrix} \Longrightarrow P'_0 \left(-\frac{1}{3}; \frac{10}{3}; \frac{1}{3} \right)$.

3.31: $R' \left(\frac{16}{7}; \frac{38}{7}; -\frac{22}{7} \right)$ ist die Spiegelung von R an der Ebene E . Die Gerade, die durch P und R' geht, durchstößt die Ebene E in $Q \left(\frac{157}{77}; \frac{190}{77}; \frac{100}{77} \right)$.

3.32: $\vec{a} + \vec{b} = \begin{pmatrix} \frac{1}{2} \\ \frac{3}{2} \\ 5 \\ 1 \\ 0 \end{pmatrix}$, $\vec{a} - \vec{b} = \begin{pmatrix} -\frac{3}{2} \\ -\frac{7}{2} \\ 5 \\ -1 \\ 4 \end{pmatrix}$, $(-3)\vec{a} = \begin{pmatrix} \frac{3}{2} \\ 3 \\ -15 \\ 0 \\ -6 \end{pmatrix}$,

$\vec{a} \cdot \vec{b} = -7$, $\vec{a}_{\vec{b}} = \begin{pmatrix} -\frac{4}{7} \\ -\frac{10}{7} \\ 0 \\ -\frac{4}{7} \\ \frac{8}{7} \end{pmatrix}$, $\vec{b}_{(2)} = \begin{pmatrix} 0 \\ \frac{5}{2} \\ 0 \\ 0 \\ 0 \end{pmatrix}$, $\vec{b}_{(1)(3)} = \begin{pmatrix} 1 \\ 0 \\ 0 \\ 0 \\ 0 \end{pmatrix}$,

$\cos(\angle(\vec{b}; \vec{e}_1)) = \frac{2}{7}$, $\cos(\angle(\vec{b}; \vec{e}_2)) = \frac{5}{7}$, $\cos(\angle(\vec{b}; \vec{e}_3)) = 0$,

$\cos(\angle(\vec{b}; \vec{e}_4)) = \frac{2}{7}$, $\cos(\angle(\vec{b}; \vec{e}_5)) = -\frac{4}{7}$.

Lösungen der Aufgaben aus Kapitel 4:

4.1: $\begin{pmatrix} 0 & 12 & 35 & 10 & 28 \\ 12 & 0 & 30 & 6 & 16 \\ 35 & 30 & 0 & 25 & 14 \\ 10 & 6 & 25 & 0 & 22 \\ 28 & 16 & 14 & 22 & 0 \end{pmatrix}$ ist eine symmetrische Matrix.

4.2: $A + C^T = \begin{pmatrix} 1 & 6 & 0 \\ 0 & 2 & 0 \\ 8 & 14 & 5 \end{pmatrix}$.

4.3: $A_1 + A_2 = \begin{pmatrix} 0 & 8 & 8 \\ -1 & -1 & 4 \\ 2 & 8 & 2 \end{pmatrix}$, $3A_1 + 2A_2 = \begin{pmatrix} -2 & 18 & 20 \\ -3 & -1 & 10 \\ 5 & 20 & 5 \end{pmatrix}$,

$A_1^T + A_2^T = \begin{pmatrix} 0 & -1 & 2 \\ 8 & -1 & 8 \\ 8 & 4 & 2 \end{pmatrix}$, $A_5^T A_5 = \begin{pmatrix} 25 & 30 & 5 \\ 30 & 40 & 10 \\ 5 & 10 & 5 \end{pmatrix}$,

$A_5 A_5$ existiert nicht,

$A_5 A_5^T = \begin{pmatrix} 56 & 22 \\ 22 & 14 \end{pmatrix}$, $A_6^T A_1 = (-3 \ 13 \ 12)$, $A_6^T A_1 A_6 = 60$.

4.4: $(A + B)C = AC + BC = \begin{pmatrix} 5 & -8 \\ 51 & 8 \\ 48 & -23 \end{pmatrix}$,

$(AB)C = A(BC) = \begin{pmatrix} 38 & 27 \\ 48 & -104 \\ 82 & -126 \end{pmatrix}$, $(AB)^T = B^T A^T = \begin{pmatrix} 12 & -13 & -12 \\ 3 & 18 & 24 \\ -2 & 20 & 26 \end{pmatrix}$.

4.5: $u = 9, \ v = 7$.   **4.6:** (1) $X = \begin{pmatrix} \frac{3}{2} & 1 \\ -\frac{1}{2} & 2 \end{pmatrix}$,   (2) $X = \begin{pmatrix} \frac{1}{3} & \frac{8}{3} \\ -\frac{10}{3} & -\frac{1}{3} \end{pmatrix}$.

4.7: x_i bezeichne die Anzahl der Einheiten von R_i, $i = 1, 2, 3, 4$.

$$X = \begin{pmatrix} x_1 \\ x_2 \\ x_3 \\ x_4 \end{pmatrix} = \begin{pmatrix} 3 & 4 & 2 & 6 & 1 \\ 5 & 0 & 3 & 1 & 2 \\ 1 & 2 & 4 & 0 & 6 \\ 1 & 3 & 1 & 3 & 0 \end{pmatrix} \begin{pmatrix} 2 & 4 & 1 \\ 1 & 3 & 6 \\ 5 & 1 & 0 \\ 0 & 2 & 3 \\ 3 & 1 & 2 \end{pmatrix} \begin{pmatrix} 100 \\ 200 \\ 300 \end{pmatrix} = \begin{pmatrix} 24200 \\ 12100 \\ 15700 \\ 13400 \end{pmatrix} ,$$

d.h., 24200 Einheiten von R_1, 12100 Einheiten von R_2, 15700 Einheiten von R_3 und 13400 Einheiten R_4 werden benötigt.

4.8: $\text{Rg}(C) = 3$, $\quad \text{Rg}(D) = 2$.

4.9: (1) $\text{Rg}(A|B) = \text{Rg}(A) = 2$, $n = 3 \implies$ lösbar, eine Veränderl. frei wählbar:
$x = \frac{-4+4t}{7}$, $y = \frac{5+2t}{7}$, $z = t$, $t \in \mathbb{R}$,
zwei sich schneidende Ebenen,
(2) $\text{Rg}(A|B) = \text{Rg}(A) = 1$, $n = 3 \implies$ lösbar, zwei Veränderl. frei wählbar:
$x = \frac{1}{2}(-1 - s + t)$, $y = s$, $z = t$, $s, t \in \mathbb{R}$,
zwei zusammenfallende Ebenen.

4.10: (1) $\text{Rg}(A|B) = 4$, $\text{Rg}(A) = 3 \implies$ nicht lösbar,
(2) $\text{Rg}(A|B) = \text{Rg}(A) = 3$, $n = 3 \implies$ eindeutig lösbar,
$x_1 = 1$, $x_2 = -3$, $x_3 = 2$,
(3) $\text{Rg}(A|B) = \text{Rg}(A) = 3$, $n = 4 \implies$ lösbar, eine Veränderl. frei wählbar:
$x_1 = 15 - 11t$, $x_2 = 1 + t$, $x_3 = -5 + 5t$, $x_4 = t$, $t \in \mathbb{R}$,

4.11: (1) $\mathrm{Rg}(A|B) = \mathrm{Rg}(A) = 3$, $n = 5 \implies$ lösbar, zwei Veränderl. frei wählb.:
$x_1 = 1 - 1,5t + 5s$, $x_2 = 2 + \frac{1}{3}t - \frac{7}{3}s$, $x_3 = -3 + \frac{11}{12}t - \frac{13}{6}s$, $x_4 = t$, $x_5 = s$,
$t, s \in \mathbb{R}$,
(2) $\mathrm{Rg}(A|B) = 3$, $\mathrm{Rg}(A) = 2 \implies$ nicht lösbar,
(3) $\mathrm{Rg}(A|B) = \mathrm{Rg}(A) = 2$, $n = 3 \implies$ lösbar, eine Veränderl. frei wählb.:
$x_1 = -8,5 + 10,5t$, $x_2 = 6 - 9t$, $x_3 = t$, $t \in \mathbb{R}$,

4.12: (1) $A^{-1} = \begin{pmatrix} -1 & \frac{1}{2} & -\frac{1}{2} \\ \frac{1}{3} & 0 & \frac{1}{3} \\ \frac{2}{3} & -\frac{1}{4} & -\frac{1}{12} \end{pmatrix}$, (2) $B^{-1} = \frac{1}{24}\begin{pmatrix} -1 & 5 \\ 5 & -1 \end{pmatrix}$,

(3) C^{-1} existiert nicht.

4.13: Für $a \neq -\frac{4}{3}$ gilt $B^{-1} = \frac{1}{4+3a}\begin{pmatrix} 3a & 8 & -6 \\ -2a & a-4 & 4 \\ 2 & -4 & 3 \end{pmatrix}$.

4.14: $|A_1| = 10$, $|A_2| = -4$. **4.15:** $|B_1| = -43$, $|B_2| = 1$.

4.16: $\vec{a} \times \vec{b} = \begin{pmatrix} 2 \\ 1 \\ 6 \end{pmatrix}$, $\vec{c} \times \vec{b} = \begin{pmatrix} -2 \\ -16 \\ -6 \end{pmatrix}$, $[\vec{a}\,\vec{b}\,\vec{c}] = 30$.

4.17: $\left(AX = B \text{ ist eindeutig lösbar}\right) \iff \left(|A| \neq 0\right)$.

4.18: (1) keine Basis, (2) Basis.

4.19: $\vec{c}$ bzgl. (1) nicht darstellbar, für (2) gilt: $\vec{c} = \frac{23}{11}\vec{b}_1 - \frac{28}{11}\vec{b}_2 - \frac{4}{11}\vec{b}_3$.

4.20: $\left(\vec{a}_1; \vec{a}_2; \ldots; \vec{a}_n \text{ sind linear unabhängig}\right) \iff \left(|A| \neq 0\right)$.

4.21: (1) $\lambda_1 = -6$, $\lambda_2 = 0$, $\lambda_3 = 4$,

$\vec{x}_1 = \frac{1}{\sqrt{6}}\begin{pmatrix} -1 \\ 2 \\ 1 \end{pmatrix}$; $\vec{x}_2 = \frac{1}{\sqrt{3}}\begin{pmatrix} -1 \\ -1 \\ 1 \end{pmatrix}$; $\vec{x}_3 = \frac{1}{\sqrt{2}}\begin{pmatrix} 1 \\ 0 \\ 1 \end{pmatrix}$;

(2) $\lambda_1 = -1$, $\vec{x}_1 = \frac{1}{\sqrt{2}}\begin{pmatrix} -1 \\ 1 \end{pmatrix}$; $\lambda_2 = 5$, $\vec{x}_2 = \frac{1}{\sqrt{2}}\begin{pmatrix} 1 \\ 1 \end{pmatrix}$.

4.22: $D \cdot D = \begin{pmatrix} 17 & -8 & 1 & 0 \\ -8 & 18 & -8 & 1 \\ 1 & -8 & 18 & -8 \\ 0 & 1 & -8 & 17 \end{pmatrix}$, $D^{-1} = \frac{1}{209}\begin{pmatrix} 56 & 15 & 4 & 1 \\ 15 & 60 & 16 & 4 \\ 4 & 16 & 60 & 15 \\ 1 & 4 & 15 & 56 \end{pmatrix}$,

$|D| = 209$,

$\lambda_1 = \frac{1}{2}(7 - \sqrt{5})$ $\qquad \vec{x}_1 = \begin{pmatrix} 1 \\ \frac{1}{2}(1+\sqrt{5}) \\ \frac{1}{2}(1+\sqrt{5}) \\ 1 \end{pmatrix}$; $\vec{x}_2 = \begin{pmatrix} -1 \\ \frac{1}{2}(1-\sqrt{5}) \\ \frac{1}{2}(-1+\sqrt{5}) \\ 1 \end{pmatrix}$,

$\lambda_2 = \frac{1}{2}(9 - \sqrt{5})$

$\lambda_3 = \frac{1}{2}(7 + \sqrt{5})$ $\qquad \vec{x}_3 = \begin{pmatrix} 1 \\ \frac{1}{2}(1-\sqrt{5}) \\ \frac{1}{2}(1-\sqrt{5}) \\ 1 \end{pmatrix}$; $\vec{x}_4 = \begin{pmatrix} -1 \\ \frac{1}{2}(1+\sqrt{5}) \\ \frac{1}{2}(-1-\sqrt{5}) \\ 1 \end{pmatrix}$.

$\lambda_4 = \frac{1}{2}(9 + \sqrt{5})$

Lösungen der Aufgaben aus Kapitel 5:

5.1: $P_1(1,2990; -0,7500)$, $P_2(0; -2)$,
$P_3(0,2829; 3,9900)$, $P_4(1,589; -0,3358)$
$P_5(5,1192; 1,1694)$, $P_6(4,272; 0,3588)$.

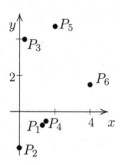

Bild: zu **5.1**

5.2: in Zylinderkoordinaten:
$P_1(\sqrt{5}; 0,4636; 4)$, $P_2(\sqrt{10}; -0,3218; -2)$,
in Kugelkoordinaten:
$P_1(\sqrt{21}; 0,4636; 0,5098)$,
$P_2(\sqrt{14}; -0,3218; 2,1347)$,

$P_3(0,4546; 0,7081; 0,5403)$, $P_4(-2; 0; -1)$.

5.3: (1) $y = f(x) = -\frac{x}{5} + \frac{16}{5}$, $D = (-\infty; 1]$, $W = [3; \infty)$, Halbgerade.
(2) $y = f(x) = x - 2$, $D = [2; \infty)$, $W = [0; \infty)$, Halbgerade.
(3) $F(x; y) = x^2 + y^2 - 4 = 0$, $D = (-2; 2)$, $W = (0; 2]$, Halbkreis.

5.4: Es wird der Satz 5.1 angewendet. In Klammern stehen die Werte, die für das Ansichtsfenster des TI-89 gewählt wurden.

(1) Eigenwerte von A: $\lambda_1 = 2$, $\lambda_2 = 7$,
Mittelpunkt: $P = P(-\frac{1}{7}; -\frac{10}{7})$,
$a_0 = -\frac{80}{7}$,
$\Rightarrow$ Ellipse,
($x_{min} = -2$, $x_{max} = 2$,
$y_{min} = -4$, $y_{max} = 2$.

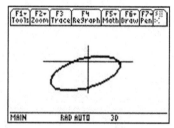

(2) Eigenwerte von A: $\lambda_1 = 0$, $\lambda_2 = 25$,
Nullstellen: $x_1 = 1,5024$, $x_2 = 12,942$,
Parabel,
($x_{min} = 0$, $x_{max} = 7$,
$y_{min} = -4$, $y_{max} = 4$.

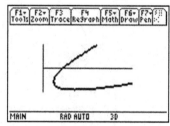

(3) Eigenwerte von A: $\lambda_1 = 5$, $\lambda_2 = 5$,
Mittelpunkt: $P = P(-0,1; -0,2)$,
$a_0 = -2,25$,
$\Rightarrow$ Kreis (Ellipse),
($x_{min} = -1,6$, $x_{max} = 1,6$,
$y_{min} = -1$, $y_{max} = 0.5$.

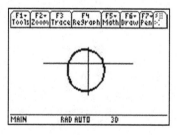

5.4: (4) Eigenwerte von A: $\lambda_1 = 6$, $\lambda_2 = -4$,
      Mittelpunkt: $P(-2,25; -4,0833)$,
      $a_0 = 36,8327$,
      $\Rightarrow$ Hyperbel,
      $(x_{min} = -10$, $x_{max} = 8$,
      $y_{min} = -15$, $y_{max} = 8$.

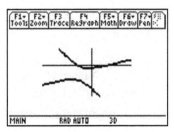

5.5: $C: x = x(t) = r(1+\mu)\cos(t)$, $y = y(t) = r(1-\mu)\sin(t)$, $t \in \mathbb{R}$,
      beschreibt für $\mu \neq 1$ eine Ellipse und für $\mu = 1$ eine Strecke.

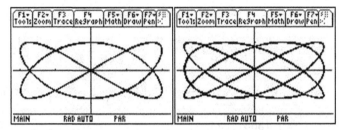

5.6: $D = [-2; 2]$,
     $W = [-1; 1]$.

              Bild: zu **5.6** (1).   **Bild:** zu **5.6** (2).

5.7:

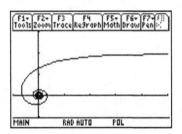

5.8: C ist eine räumliche Spirale. Der Punkt $P\big(x(t_0); y(t_0); z(t_0)\big) \in C$ hat
      die „Höhe" $h * t_0$ und ist t_0-Längeneinheiten von der z-Achse entfernt.

Lösungen der Aufgaben aus Kapitel 6:

6.1: (1) $a_k = -7 + 3k$, $k = 1, 2, \ldots$ streng monoton wachsend;
        nach unten beschränkt, nach oben nicht beschränkt;
        arithmetische Folge; $\min a_k = -4$

     (2) $a_k = \dfrac{k}{k+1}$, $k = 1, 2, \ldots$ streng monoton wachsend; beschränkt
        $\min a_k = \dfrac{1}{2}$, $\sup a_k = 1$

     (3) $a_k = (-1)^{k+1}\dfrac{2k-1}{2k}$, $k = 1, 2, \ldots$ alternierend, beschränkt
        $\inf a_k = -1$, $\sup a_k = 1$

     (4) $a_k = \dfrac{1}{2^k}$, $k = 1, 2, \ldots$ streng monoton fallend; beschränkt;
        geometrische Folge; $\inf a_k = 0$, $\max a_k = \frac{1}{2}$

6.2: (1) konvergent, $\lim\limits_{k\to\infty} a_k = 0$. (2) konvergent, $\lim\limits_{k\to\infty} a_k = 0$.

(3) konvergent, $\lim\limits_{k\to\infty} a_k = 0$. (4) bestimmt divergent.

(5) konvergent, $\lim\limits_{k\to\infty} a_k = \lim\limits_{k\to\infty} \left(\left(1 + \frac{2}{k}\right)^{\frac{k}{2}} \right)^6 = e^6$.

(6) konvergent, $\lim\limits_{k\to\infty} a_k = \frac{1}{2}$. (7) bestimmt divergent.

(8) konvergent, $\lim\limits_{k\to\infty} a_k = 1$. (9) konvergent, $\lim\limits_{k\to\infty} a_k = 0$.

6.3: $A_n = n\,R^2\,\sin(\frac{\pi}{n})\,\cos(\frac{\pi}{n})$, $\quad \lim\limits_{n\to\infty} A_n = \lim\limits_{n\to\infty} \pi\,R^2\,\dfrac{\sin(\frac{\pi}{n})}{\frac{\pi}{n}}\,\cos(\frac{\pi}{n}) = \pi\,R^2$.

6.4: (1) divergent, (2) und (3) konvergent.

6.5: (1) $\displaystyle\sum_{k=1}^{\infty} \frac{3}{5^k} = 3\left(\sum_{k=0}^{\infty} \left(\frac{1}{5}\right)^k - 1 \right) = 3\left(\frac{1}{1 - \frac{1}{5}} - 1 \right) = \frac{3}{4}$, $\quad s_8 = 0{,}749998$.

(2) $\displaystyle\sum_{k=0}^{\infty} e^{-2k} = \sum_{k=0}^{\infty} \left(e^{-2} \right)^k = \frac{1}{1 - e^{-2}} = \frac{e^2}{e^2 - 1} \approx 1{,}156517643$,

$s_8 = 1{,}156517625$.

6.6: $s = \pi R + \pi\dfrac{R}{2} + \pi\dfrac{R}{4} + \pi\dfrac{R}{8} + \pi\dfrac{R}{16} + \ldots = \pi R \displaystyle\sum_{k=0}^{\infty} \left(\frac{1}{2}\right)^i = 2\pi\,R$.

6.7: *In[1]:=* `Sum[j/2^j, {j, 0, Infinity}]` $\qquad$ *Out[1]=* 2

$\quad$ *In[2]:=* `Sum[Exp[-2j], {j, 0, Infinity}]` $\qquad$ *Out[2]=* $\dfrac{E^2}{-1 + E^2}$

$\quad$ *In[3]:=* `Sum[`$\dfrac{j^2 + 1}{j^3 + 1}$`, {j, 1, Infinity}]`

$\qquad$ `Sum::div : Sum does not converge`

Out[3]= `Sum[`$\dfrac{j^2 + 1}{j^3 + 1}$`, {j, 1, Infinity}]`

In[4]:= `Sum[(-1)^j/j], {j, 1, Infinity}]` $\qquad$ *Out[4]=* `- Log[2]`

In[5]:= `Sum[3/k, {k, 1, Infinity}]`

$\qquad$ `Sum::div : Sum does not converge`

Out[5]= `Sum[3/k, {k, 1, Infinity}]`

$\quad$ *In[6]:=* `Sum[k Exp[-2k], {k, 1, Infinity}]` $\qquad$ *Out[6]=* $\dfrac{E^2}{(-1 + E^2)^2}$

$\quad$ *In[7]:=* `Sum[Cos[k Pi]/k, {k, 1, Infinity}]` $\qquad$ *Out[7]=* `- Log[2]` .

6.8: (1) -5, (2) $\nexists$, (3) 0. $\qquad\qquad$ **6.9:** (1) $\dfrac{3}{4}$, (2) $\nexists$, (3) 0.

6.10: (1) auf $D = \{x \in \mathbb{R} \mid x \neq -\frac{3}{2}\}$ stetig, $x^* = -\frac{3}{2}$ Polstelle.

(2) auf $D = \mathbb{R}$ stetig.

(3) auf $D = \{x \in \mathbb{R} \mid x \neq 1\}$ stetig, $x^* = 1$ Sprungstelle.

(4) auf $D = \{x \in \mathbb{R} \mid x \neq -\frac{3}{2}\}$ stetig, $x^* = -\frac{3}{2}$ Lücke.

(5) auf $D = \mathbb{R}$ stetig.

6.11: (1) $a = -4$, $b = -8$. (2) $a = \frac{16}{\pi^2} - \frac{12}{\pi}$.

Lösungen der Aufgaben aus Kapitel 7:

7.1: (1) $f'(x) = \frac{n}{m} x^{\frac{n}{m}-1}$, $x \in D'$.

(2) $f'(x) = -1 - \cot^2(x) = -\frac{1}{\sin^2(x)}$, $x \neq k\pi$, $k \in \mathbb{Z}$.

7.2: (1) $f'(x) = \sinh(x)$, $x \in \mathbb{R}$.   (2) $f'(x) = \frac{1}{1+x^2}$, $x \in \mathbb{R}$.

7.3: (1) $f'(x) = \frac{21}{16} x^{\frac{5}{16}}$, $x \geq 0$.   (2) $f'(x) = \frac{9x^2-6x}{(3x-1)^2}$, $x \neq \frac{1}{3}$.

(3) $f'(x) = \frac{5}{(x+3)^2}$, $x \neq -1$, $x \neq -3$.   (4) $f'(y) = 2y\,e^{y^2+1} + 5$, $y \in \mathbb{R}$.

(5) $\dot{f}(t) = \frac{x+1}{2\sin(t)\cos(t)-1}$, $t \neq \frac{\pi}{4} + k\pi$, $k \in \mathbb{Z}$.

(6) $f'(x) = \frac{6x^2\left(1+\tan^2(x^2)\right) - 3\tan(x^2)}{x^2}$, $x \neq 0$, $x \neq \pm\sqrt{\frac{\pi}{2}+k\pi}$, $k \in \mathbb{Z}$.

(7) $f'(x) = \frac{2x^{-\frac{3}{4}} - 7x^{\frac{5}{4}}}{4(2+x^2)^2}$, $x > 0$.

(8) $f'(x) = \cos(x) + 3(1 + \tan^2(3x)) + \frac{2}{3}x^{-\frac{1}{3}}$, $x \neq 0, x \neq \frac{\pi}{6} + \frac{k\pi}{3}$, $k \in \mathbb{Z}$.

(9) $f'(x) = \frac{2x}{2+x^2}$, $x \in \mathbb{R}$.   (10) $f'(x) = 0$, $x \neq 0$.

(11) $f'(x) = \frac{(2x+2)(3x-1) - (6x+3x^2)\ln(2x+x^2)}{(2x+x^2)(3x-1)^2}$, $x \notin [-2;0]$, $x \neq \frac{1}{3}$.

(12) $f'(x) = \frac{x}{2(1+x^2)(\ln(1+x^2))^{\frac{3}{4}}}$, $x \neq 0$.

7.4: $f_1(1) = 3 = a + b$ und $f_1'(1) = 4 = 2a \implies a = 2$; $b = 1$.

$f_2\left(\frac{\pi}{4}\right) = 1 = \frac{\pi^2}{16}a + \frac{\pi}{4}b$ und $f_2\left(\frac{\pi}{2}\right) = 0 = \frac{\pi}{2}a + b \implies a = -\frac{16}{\pi^2}$; $b = \frac{8}{\pi}$.

7.5: (1) $df = \left(\cosh(2x) + 2x\sinh(2x)\right) dx$.

(2) $df = e^{\cos(2x)}\left(1 - 2x\sin(2x)\right) dx$.

7.6: $c(a) = \sqrt{4+a^2}$, $c'(a) = \frac{a}{\sqrt{4+a^2}}$, $c(1,5) = 2,5\,m$,

$|\Delta c| \leq \left|\frac{a}{\sqrt{4+a^2}}\right| \Delta a = 0,6\,mm$, $\quad \frac{|\Delta c|}{|c|} \leq 0,00024$.

7.7: $c(\alpha) = \frac{2}{\sin(\alpha)}$, $c'(\alpha) = -2\frac{\cos(\alpha)}{\sin^2(\alpha)}$, $c\left(\frac{\pi}{9}\right) = 5,8476\,cm$,

$|\Delta c| \leq \left|2\frac{\cos(\alpha)}{\sin^2(\alpha)}\right| \Delta\alpha = 0,2804\,cm$, $\quad \frac{|\Delta c|}{|c|} \cdot 100\% \leq 4,80\,\%$.

7.8: (1) $f''(x) = e^{-x^2}\left(-6x + 4x^3\right)$, $x \in \mathbb{R}$.

(2) $f''(x) = 2(\cos(x) - 2\sin(2x))^2 - 2(\sin(x) + \cos(2x))(\sin(x)$
$+4\cos(2x)) = 2\cos(2x) - 8\cos(4x) + \sin(x) - 9\sin(3x)$, $x \in \mathbb{R}$.

7.9: (1) $f^{(n)}(x) = (-2)^n e^{-2x}$, $n \in \mathbb{N}$.

(2) $f^{(n)}(x) = \begin{cases} \sin(x) + 2^{4k} \cos(2x) & \text{wenn} \quad n = 4k \\ \cos(x) - 2^{4k+1} \sin(2x) & \text{wenn} \quad n = 4k+1 \\ -\sin(x) - 2^{4k+2} \cos(2x) & \text{wenn} \quad n = 4k+2 \\ -\cos(x) + 2^{4k+3} \sin(2x) & \text{wenn} \quad n = 4k+3 \end{cases}$, $k \in \mathbb{N}$.

7.10: Außer Aufgabe (3) ist alles mit der Regel von de l'Hospital lösbar. Die Aufgabe (5) ist in die Form $x e^{-2x} = \frac{x}{e^{2x}}$ zu überführen!

(1) $-\frac{3}{5}$,   (2) $\frac{a^2}{b^2}$,   (3) 0,   (4) 0,   (5) 0,   (6) $\frac{3}{4}$.

7.11: $\lim\limits_{x \to 0} \dfrac{e^x - 1}{x} = \lim\limits_{x \to 0} \dfrac{e^x}{1} = 1$.

7.12: (1) $f(x)$ ist in $[-2; 2]$ streng monoton wachsend und jeweils in $(-\infty; -2]$ und $[2; \infty)$ streng monoton fallend.

(2) $f(x)$ ist in $\left[-\frac{3\pi}{4} + 2k\pi; \frac{\pi}{4} + 2k\pi\right]$ streng monoton wachsend bzw. in $\left[\frac{\pi}{4} + 2k\pi; \frac{5\pi}{4} + 2k\pi\right]$ streng monoton fallend $(k \in \mathbb{Z})$.

7.13: (1) $f''(x) = e^{-x}(x^2 - 2x - 4)$, $f''(x) = 0 \iff x^2 - 2x - 4 = 0 \implies$ $f(x)$ ist in $(-\infty; 1 - \sqrt{5})$ und in $(1 + \sqrt{5}; \infty)$ streng konvex.

(2) $f''(x) = -\sin(x) + \cos(x)$, $f''(x) = 0 \iff \tan(x) = 1 \implies$ $f(x)$ ist streng konvex jeweils in $\left(-\frac{3\pi}{4} + 2k\pi; \frac{\pi}{4} + 2k\pi\right)$, $k \in \mathbb{Z}$.

7.14: (1) $k = 0,0001$; $r = 7757,98$; $P_M = P_M(-7755,77; 111,463)$.

(2) $k = 0$; man setzt $r = \infty$; P_M existiert nicht.

(3) $k = -6,9103$; $r = 0,1447$; $P_M = P_M(1,9171; 0,5117)$.

7.15: $r = \frac{1}{6}$, $P_M = P_M\left(0; -\frac{1}{3}\right)$.

7.16: (1) lokales Maximum in $P(1; -0,5)$.

(2) lok. Max. in $P_1(0; 12)$, lok. Minima in $P_2(-2; -4)$ u. $P_3(2; -4)$.

7.17: (1) $f(x)$ ist für jedes $x \in \mathbb{R}$ stetig. Extrempunkte: $P_{E_1}(0; 0)$ lok. Min., $P_{E_2}(4; 4^4 e^{-4})$ lok. Maximum.

Monotonie: in $(-\infty; 0)$ und $(4; \infty)$ streng monoton fallend und in $(0; 4)$ streng monoton wachsend.

Krümmung: in $(-\infty; 2)$ und $(6; \infty)$ links gekrümmt und in $(2; 6)$ rechts gekrümmt.

Wendepunkte: $P_{W_1}(2; 2^4 e^{-2})$ und $P_{W_2}(6; 6^4 e^{-6})$.

$\lim\limits_{x \to -\infty} f(x) = \infty$, $\lim\limits_{x \to \infty} f(x) = 0$.

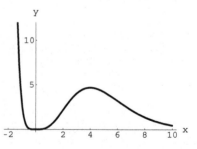

Bild: $f(x) = x^4 e^{-x}$, $x \in \mathbb{R}$.

7.17: (2) $f(x)$ ist für jedes $x \neq -1$ stetig.
Extrempunkte: $P_{E_1}(-\frac{3}{2}; \frac{27}{4})$ lokales Minimum.

Monotonie: in $(-\infty; -\frac{3}{2})$ streng monoton fallend, in $(-\frac{3}{2}; -1)$ und in $(-1; \infty)$
streng monoton wachsend.
Krümmung: in $(-\infty; -1)$ und $(0; \infty)$
links gekrümmt und in $(-1; 0)$ rechts
gekrümmt.

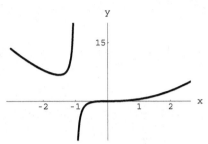

Wendepunkte: $P_{W_1}(0; 0)$.
Polstelle bei $x_p = -1$.
Asymptote: $g(x) = x^2 - x + 1, x \in \mathbb{R}$.   **Bild:** $f(x) = \frac{x^3}{x+1}$, $x \neq 1$.

(3) $f(x)$ ist für jedes $x \in \mathbb{R}$ stetig. Extrempunkte: $P_{E_1}(0; 10)$ lok.
Maximum, $P_{E_2}(\frac{3-\sqrt{105}}{4}; -6,72)$ und $P_{E_3}(\frac{3+\sqrt{105}}{4}; -73,97)$ lok. Min.
Monotonie: in $(-\infty; \frac{3-\sqrt{105}}{4})$ und
$(0; \frac{3+\sqrt{105}}{4})$ streng monoton fallend, in
$(\frac{3-\sqrt{105}}{4}; 0)$ und in $(\frac{3+\sqrt{105}}{4}; \infty)$ streng
monoton wachsend.

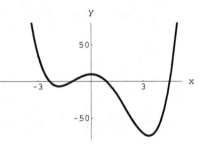

Krümmung: in $(-\infty; -1)$ und $(2; \infty)$
links gekrümmt und in $(-1; 2)$ rechts
gekrümmt.

Wendep.: $P_{W_1}(-1; 1)$, $P_{W_2}(2; -38)$.   **Bild:** $f(x) = x^4 - 2x^3 -$
$\lim\limits_{x \to -\infty} f(x) = \lim\limits_{x \to \infty} f(x) = \infty$. $12x^2 + 10, \ x \in \mathbb{R}$.

7.18: (1) $x^* \approx 0,7872$ (2) $x^* \approx 0,7245$ (3) $x^* \approx 0,3748$

7.19: $x^* = 3,924 \, cm$, $V^* = 1056,31 \, cm^3$.

Lösungen der Aufgaben aus Kapitel 8:

8.1: $F_1'(x) = F_2'(x) = \sqrt{x^2 + a^2}, \ x \in \mathbb{R}$.

8.2: (1) $\frac{8}{7}x^{\frac{7}{4}} - 3\arctan(x) + C, \ x > 0$.   (2) $2x(\ln(x) - 1) + C, \ x > 0$.
(3) $\frac{1}{2}x^2 + 7x + 3\ln(|x|) + C, \ x \neq 0$.

8.3: (1) $\frac{2}{5}(2x + 1)^{\frac{5}{4}} + C, \ x \geq -\frac{1}{2}$.
(2) $(\frac{2}{3} + x)(\ln(3x + 2) - 1) + C, \ x > -\frac{2}{3}$.
(3) $-\frac{1}{2}\cos(x^2 + 3) + C, \ x \in \mathbb{R}$.   (4) $\frac{3}{2}\ln(|x^2 + 1|) + C, \ x \in \mathbb{R}$.
(5) $-\frac{1}{2}e^{-x^2} + C, \ x \in \mathbb{R}$.   (6) $\frac{1}{6}\sin^6(x) + C, \ x \in \mathbb{R}$.

8.4: (1) $\sin(x) - x\cos(x) + C$, $x \in \mathbb{R}$. (2) $\frac{1}{3}x^3\left(\ln(x) - \frac{1}{3}\right) + C$, $x > 0$.

8.5: (1) $\left(\frac{3}{4} + \frac{x}{2}\right)e^{2x} + C$, $x \in \mathbb{R}$. (2) $\frac{1}{2}e^x\left(\cos(x) + \sin(x)\right) + C$, $x \in \mathbb{R}$.

8.6: $\frac{1}{2}\left(x + \sin(x)\cos(x)\right) + C$, $x \in \mathbb{R}$.

8.7: (1) $\ln\left((x-1)^2\right) - \ln(|x+1|) - \ln(|x+2|) + C = \ln\left(\frac{(x-1)^2}{|x+1||x+2|}\right) + C$,
$x \notin \{-1; -2; 1\}$.

    (2) $\frac{2}{9}\left(\ln(|x+2|) - \ln(|x-1|)\right) - \frac{5}{3(x+2)} + C$, $x \notin \{-2; 1\}$.

    (3) $\frac{15}{4}\ln\left(|x-2|\right) - \frac{15}{4}\ln(|x+2|) + \frac{x^3}{3} + 4x + C$, $x \notin \{-2; 2\}$.

    (4) $\frac{15}{2}\arctan\left(\frac{x}{2}\right) + \frac{x^3}{3} - 4x + C$, $x \in \mathbb{R}$.

8.8: (1) $\frac{3}{2}\ln\left(\frac{13}{8}\right)$. (2) $3\arctan\left(\frac{1}{2}\right)$. (3) $1 - 3e^{-2}$. (4) $\ln(2) + \frac{53}{81}$.

8.9: $\frac{1}{2} + \frac{1}{2}e^{-4\pi} + e^{-3\pi} + e^{-2\pi} + e^{-\pi}$.

8.10: (1) $\frac{\pi}{3}$. (2) $\ln(4)$. (3) ∞, (best.) divergent. (4) $(CH) - \ln(2)$.

8.11:

8.12: (1) $\ln(\sqrt{2}) - \ln(2 - \sqrt{2}) = \ln(\sqrt{2} + 1) \approx 0{,}8814$.
    Hinweis: $\int\sqrt{1 + \tan^2(x)}\,dx = \int\frac{1}{\cos(x)}\,dx = \ln\left(|\tan(\frac{x}{2} + \frac{\pi}{4})|\right) + C$.
    (2) $\frac{4}{3}$. (3) $2\sqrt{3}$. (4) $\frac{5}{8}\pi^2$.

8.13: (1) $\pi\frac{1093}{9}$. (2) $\pi\frac{46}{15}$. (3) $5\pi^2|a|^3$. **8.14:** (1) $\frac{256}{5}\pi$. (2) $\frac{39}{4}\pi$.

8.15: (1) $M_x = \frac{\pi}{2}\left(\sinh(4) + 4\right)$, $O_x = \frac{\pi}{2}\left(e^4 + 7\right)$.

    (2) $M_x = O_x = \frac{12}{5}\pi a^2$. (3) $M_x = 6\pi - \frac{\pi^3}{2}$, $O_x = 7\pi - \frac{\pi^3}{2}$.

    (4) $M_y = \frac{21}{4}\sqrt{5}\pi$, $O_y = \frac{21\sqrt{5} + 29}{4}\pi$.

8.16: (1) 3.8202. (2a) $2\pi\left(\ln(1 + \sqrt{2}) + \sqrt{2}\right) \approx 14.4236$, (2b) 37.7038.

8.17: (1) $\frac{1}{3}$. (2) 1. **8.18:** $\frac{3}{8}\pi a^2$.

8.19: (1) $\frac{19}{6}$. (2) $\frac{40}{9}$. **8.20:** $\frac{1}{64}\left(25e^{-2} - 65e^{-4}\right) \approx 0{,}0343$.

8.21: (1) $0{,}747$, (2) $0{,}823$.

Lösungen der Aufgaben aus Kapitel 9:

9.1: (1) $f(x) = 0$, $x \in \mathbb{R}$. (2) $f(x) = 0$, $x \in \left(-\sqrt{2}; \sqrt{2} \right)$.

9.2: $f(x) = \begin{cases} 0 & \text{für} \quad x = 0 \\ 1 & \text{für} \quad 0 < |x| < \sqrt{2}. \end{cases}$

9.3: (1) $r = e^{-1} \implies$ Konv. in $\left(-e^{-1}; e^{-1} \right)$, Div. in $\mathbb{R}\setminus\left[-e^{-1}; e^{-1} \right]$.

(2) $r = 0 \implies$ Divergenz in $\mathbb{R}\setminus\{1\}$.

(3) $r = 1 \implies$ Konvergenz in $\left(-2; 0 \right)$, Divergenz in $\mathbb{R}\setminus\left[-2; 0 \right]$.

9.4: $f(x) = 1 - x^2 + \frac{1}{2}x^4 + e^{-\xi^2}\left(-32\xi^5 + 160\xi^3 - 120\xi \right)\frac{1}{5!}x^5$.

9.5: (1) $f(x) = -\displaystyle\sum_{k=1}^{n} \frac{(-1)^k}{k}(x-1)^k - \frac{(-1)^{n+1}}{n+1}\xi^{-(n+1)}(x-1)^{n+1}$.

(2) $f(x) = \displaystyle\sum_{k=0}^{n} \frac{1}{(2k)!}x^{2k} + \frac{1}{(2n+1)!}\sinh(\xi)x^{2n+1}$.

9.6: (1) $f(x) = \displaystyle\sum_{k=1}^{\infty} \frac{(-1)^k 2^{2k+1}}{(2k+1)!}x^{2k+1}$, $\qquad x \in \mathbb{R}$.

(2) $f(x) = \displaystyle\sum_{k=0}^{\infty} \frac{(-1)^{k+1}2^{2k+1}}{(2k+1)!}\left(x - \frac{\pi}{2} \right)^{2k+1}$, $\qquad x \in \mathbb{R}$.

9.7: (1) $f(x) = \dfrac{6}{5} + \dfrac{2}{\pi}\displaystyle\sum_{k=1}^{\infty} \frac{\sin\left(\frac{2}{5}k\pi\right) + \sin\left(\frac{4}{5}k\pi\right)}{k}\cos\left(\frac{2}{5}k\pi x \right)$,

$$x \notin \mathbb{Z}\setminus\{5k,\ k \in \mathbb{Z}\}.$$

(2) $f(x) = \dfrac{1}{2} + \dfrac{4}{\pi^2}\displaystyle\sum_{k=0}^{\infty} \frac{1}{(2k+1)^2}\cos\left((2k+1)\pi x\right)$, $\qquad x \in \mathbb{R}$.

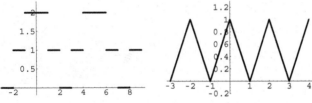

Bild: Graph der Funktion aus (1) bzw. (2)

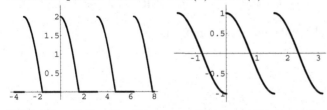

Bild: Graph der Funktion aus (3) bzw. (4)

9.7: (3) $f(x) = \dfrac{2}{\pi} + \dfrac{4}{\pi} \displaystyle\sum_{k=1}^{\infty} \dfrac{1}{4k^2 - 1}\big(2k\sin(2kx) - (-1)^k\cos(2kx)\big),$
$$x \neq k\pi, \ k \in \mathbb{Z}.$$

(4) $f(x) = \dfrac{8}{\pi} \displaystyle\sum_{k=1}^{\infty} \dfrac{k}{4k^2 - 1}\sin(4kx), \qquad x \neq k\dfrac{\pi}{2}, \quad k \in \mathbb{Z}$

Lösungen der Aufgaben aus Kapitel 10:

10.1: (1) Paraboloid.

(2) Ebene.

(3) Hyperboloid.

10.2: M ist ein Vollquader mit den Eckpunkten:
$(-1;1;1)$, $(-1;1;3)$, $(-1;5;1)$, $(-1;5;3)$, $(1;1;1)$, $(1;1;3)$, $(1;5;1)$, $(1;5;3)$.

∂M sind die Seitenflächen des Quaders.

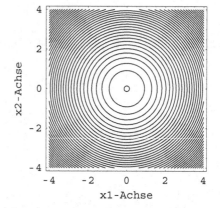

Bild 13.7: *zu Aufgabe 10.1 (1)*

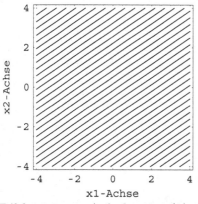

Bild 13.8: *zu Aufgabe 10.1 (2)*

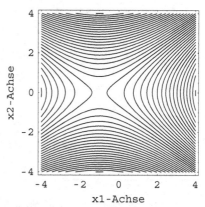

Bild 13.9: *zu Aufgabe 10.1 (3)*

10.3: $f(x)$ besteht aus elementaren Funktionen und ist demzufolge auf $D = \big\{(x_1;x_2) \in \mathbb{R}^2 \,|\, x_1 > 0; x_2 \neq 0\big\}$ stetig.

10.4: $D = \big\{(x_1;x_2) \in \mathbb{R}^2 \,|\, x_1 + x_2 \geq 0; x_2 \neq 0\big\}$

$\left.\begin{aligned} f_{x_1}(x_1;x_2) &= \dfrac{5x_1^2 + 4x_1 x_2}{2x_2\sqrt{x_1 + x_2}} \\[2mm] f_{x_2}(x_1;x_2) &= -\dfrac{2x_1^3 + x_1^2 x_2}{2x_2^2\sqrt{x_1 + x_2}} \end{aligned}\right\}, \quad \begin{aligned} & D_{x_1} = D_{x_2} = \\ & \big\{(x_1;x_2) \in \mathbb{R}^2 \,|\, x_1 + x_2 > 0; x_2 \neq 0\big\} \end{aligned}$

10.5: $f_{x_1} = -5x_1\,e^{-2,5x_1^2-(x_2-1)^2}$, $f_{x_2} = -2(x_2-1)\,e^{-2,5x_1^2-(x_2-1)^2}$,
$\quad f_{x_1x_1} = (25x_1^2 - 5)\,e^{-2,5x_1^2-(x_2-1)^2}$, $\quad f_{x_1x_2} = 10x_1(x_2-1)\,e^{-2,5x_1^2-(x_2-1)^2}$,
$\quad f_{x_2x_2} = 2(2x_2^2 - 4x_2 + 1)\,e^{-2,5x_1^2-(x_2-1)^2}$, $\quad (x_1;x_2) \in \mathbb{R}^2$.

10.6: $f_{x_1x_1x_1} = 2\big(\cos(x_1+x_2) + \sin(x_1+x_2)\big)\,e^{-x_1}$,
$\quad f_{x_1x_1x_2} = 2\sin(x_1+x_2)\,e^{-x_1}$, $\quad f_{x_2x_2x_2} = -\cos(x_1+x_2)\,e^{-x_1}$,
$\quad f_{x_1x_2x_2} = \big(-\cos(x_1+x_2) + \sin(x_1+x_2)\big)\,e^{-x_1}$, $\quad (x_1;x_2) \in \mathbb{R}^2$.

10.7: $\operatorname{grad} f(\vec{0}) = \big(-1;0;0\big)^T$. **10.8:** $f(x_1;x_2;x_3) = -x_2 + \frac{\pi}{2}$, $(x_1;x_2;x_3) \in \mathbb{R}^3$.

10.9: $|\Delta h| \approx 0,1017\,cm$, $\frac{|\Delta h|}{|h|}100\,\% \approx 1,49\%$.

10.10: $m = 3170,67\,g$, $|\Delta m| \approx 265,595\,g$; $\frac{|\Delta m|}{|m|}100\,\% \approx 8,38\,\%$.

10.11: (1) $\operatorname{grad} f(3;1;0) = \frac{1}{4}\begin{pmatrix} 1 \\ 2 \\ 0 \end{pmatrix}$, $\quad \frac{\partial f(3;1;0)}{\partial \vec{v}} = 0$.

(2) $\operatorname{grad} f(\pi;0) = \begin{pmatrix} -1 \\ 0 \end{pmatrix}$, $\quad \frac{\partial f(3;1;0)}{\partial \vec{v}} = 1$.

10.12: $\dot{f}(t) = 4t\cos(t) + 4\sin(t) + 2$.

10.13: (1) $f'(2) = -\frac{5}{7}$; (2) $f'(0) = -2$. **10.14:** $f'(4) = -\frac{8}{5}$.

10.15: $f(x_1;x_2) = 1 + \frac{1}{1!}(2x_2 - x_1) + \frac{1}{2!}(x_1^2 - 4x_1x_2 + 4x_2^2)$
$\quad\quad + \frac{1}{3!}\big(-x_1^3 + 6x_1^2x_2 - 12x_1x_2^2 + 8x_2^3\big) + R_3$,
$\quad R_3 = \frac{1}{4!}\,e^{-\xi_1+2\xi_2}\big(x_1^4 - 8x_1^3x_2 + 24x_1^2x_2^2 - 32x_1x_2^3 + 16x_2^4\big)$.

10.16: (1) $P_1(1;2;19)$ lokales Maximum, $P_2(1;-2;-13)$ lokales Minimum,
$\quad P_3(4;1;14)$ und $P_4(-2;1;14)$ sind Sattelpunkte.
(2) $P_1(0;8,8;-187,2)$ lokales Minimum, $P_2(\sqrt{17};2;44)$ und
$\quad P_3(-\sqrt{17};2;44)$ sind Sattelpunkte.

10.17: $\begin{pmatrix} M & \sum x_i \\ \sum x_i & \sum x_i^2 \end{pmatrix}\begin{pmatrix} b_0 \\ b_1 \end{pmatrix} = \begin{pmatrix} \sum y_i \\ \sum x_i y_i \end{pmatrix}$
$\quad \begin{pmatrix} 6 & 2 \\ 2 & 8 \end{pmatrix}\begin{pmatrix} b_0 \\ b_1 \end{pmatrix} = \begin{pmatrix} 16 \\ 17 \end{pmatrix} \Longrightarrow p_1(\vec{b}^*;x) = b_0^* + b_1^*x = \frac{47}{22} + \frac{35}{22}x$, $x \in \mathbb{R}$.

10.18: $\vec{f}(\vec{x}) = e^{-x_1^2-x_2^2-x_3^2}\begin{pmatrix} -2x_1x_3 \\ -2x_2x_3 \\ 1 - 2x_3^2 \end{pmatrix}$, $(x_1;x_2;x_3) \in \mathbb{R}^3$.

10.19: (1) $\operatorname{div}\vec{f}(\vec{x}) = x_2^2$. (2) und (4) existieren nicht.

(3) $\operatorname{grad} f(\vec{x}) = \begin{pmatrix} \sqrt{x_2} \\ \frac{x_1}{2\sqrt{x_2}} + \frac{1}{x_3} \\ -\frac{x_2}{x_3^2} \end{pmatrix}$. (5) $\operatorname{rot}\vec{f}(\vec{x}) = \begin{pmatrix} 3x_2^2 + (x_1+1)^2 \\ 0 \\ -2x_3(x_1+1) - 2x_1x_2 \end{pmatrix}$.

(6) $\operatorname{grad} \operatorname{div}\vec{f}(\vec{x}) = \begin{pmatrix} 0 \\ 2x_2 \\ 0 \end{pmatrix}$. (7) $\operatorname{grad}\operatorname{div}\operatorname{grad} f(\vec{x}) = \begin{pmatrix} -\frac{1}{4x_2^{\frac{3}{2}}} \\ \frac{2}{x_3^3} + \frac{3x_1}{8x_2^{\frac{5}{2}}} \\ -6\frac{x_2}{x_3^4} \end{pmatrix}$.

10.19: (8) $\operatorname{rot}\operatorname{rot}\vec{f}(\vec{x}) = -2 \begin{pmatrix} x_1 \\ -x_2 - x_3 \\ 3x_2 \end{pmatrix}$.

10.20: (1) und (2) erhält man aus der Definition 10.14 durch Ausrechnen.

10.21: (1) $\dfrac{p}{p^2 + 1}$,   (2) $\dfrac{2p + 1}{p^2}$.   **10.22:** $G'(x_2) = \dfrac{\sin^4(x_2)}{x_2}$.

10.23: $M_1 = \left\{ (x_1; x_2) \middle| \, 0 \le x_1 \le 1; x_1^2 \le x_2 \le \sqrt{x_1} \right\}$ oder

$M_2 = \left\{ (x_1; x_2) \middle| \, 0 \le x_2 \le 1; x_2^2 \le x_1 \le \sqrt{x_2} \right\}$.

10.24: $N = \Big\{ (x_1; x_2; x_3) \Big| -r \le x_1 \le r; -\sqrt{r^2 - x_1^2} \le x_2 \le \sqrt{r^2 - x_1^2};$

$-1 - 2x_1 + x_2 \le x_3 \le -3 - 2x_1 + x_2 \Big\}$.

10.25: $M = \left\{ (x; y) \middle| -1 \le x \le 4; \, x^2 - 1 \le y \le 3x + 3 \right\}, F = \frac{125}{6}$.

10.26: $M = \left\{ (x_1; x_2) \middle| -r \le x_2 \le r; \, -\sqrt{r^2 - x_2^2} \le x_2 \le \sqrt{r^2 - x_2^2} \right\}, F = \frac{125}{6}$.

10.27: (1) $V = \displaystyle\int_0^1 \left(\int_{x_2}^{2 - x_2} \left[\int_{-1}^{6 - x_1 + x_2} 1 \, dx_3 \right] dx_1 \right) dx_2 = \dfrac{19}{3}$,

(2) $V = \displaystyle\int_0^4 \left(\int_0^{x_1} \left[\int_0^{6 - x_1 - x_2} 1 \, dx_3 \right] dx_2 \right) dx_1 = 16$.

10.28: $V = \displaystyle\int_{-1}^3 \left(\int_{x_1^2}^{2x_1 + 3} \left[\int_{-\sqrt{x_3 - x_1^2}}^{\sqrt{x_3 - x_1^2}} 1 \, dx_2 \right] dx_3 \right) dx_1 = 8\pi$.

10.29: $M = \displaystyle\int_0^4 \left(\int_0^2 \left[\int_{-\sqrt{x_1 x_2}}^{\sqrt{x_1 x_2}} x_3^2 \, dx_3 \right] dx_1 \right) dx_2 = \dfrac{1024\sqrt{2}}{75}$.

10.30: $I = \displaystyle\int_0^{2\pi} \int_0^2 \mathrm{e}^{-r^2} r \, dr \, d\varphi = \left(1 - \mathrm{e}^{-4} \right) \pi$.

10.31: $B = 6\pi$, $M = 3 \displaystyle\int_0^{2\pi} \Big(2\sin(t) - 2\cos(t) + t \Big) \, dt = 6\pi^2$.

Lösungen der Aufgaben aus Kapitel 11:

11.1: Die Isoklinengleichung $c = 2x^2 + y^2$ beschreibt für jedes $c > 0$ eine
Ellipse, deren Symmetrieachsen auf den Koordinatenachsen liegen.

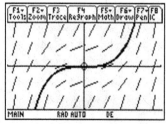

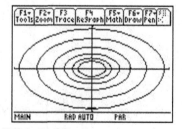

Bild: Richtungselemente mit
Lösungskurve $y(0) = 0$

Bild: Isoklinen
$(c = 7; 4; 2; 1; 0,5; 0,25)$

11.2: (1) $y(x) = \tan(x + C)$, $x \neq \frac{\pi}{2} - C + k\pi$, $k \in \mathbb{Z}$, $C \in \mathbb{R}$.

(2) $y(x) = C \cdot \cos(x)$, $x \in \mathbb{R}$, $C \in \mathbb{R}$.

(3) $y(x) = (\sqrt{x} + C)^2$, $x > 0$, $C \in \mathbb{R}$.

11.3: $y(x) = C \cdot e^{-\int a_0(x)\,dx}$, $C \in \mathbb{R}$.

11.4: (1) $y(x) = 2x\left(\sqrt{\ln(x) + C}\right)$, $x \geq e^{-C}$, $C \in \mathbb{R}$.

(2) $\left|y^2(x) - y(x) \cdot x + \frac{x^2}{2}\right| + C_1 = 0$, $C_1 < 0$, (implizite Form).

$y(x) = \frac{x}{2} \pm \sqrt{C - \frac{x^2}{4}}$, $0 \leq x \leq 2\sqrt{C}$, $C > 0$, (explizite Form).

11.5: (1) $y(x) = e^{-x^2}(C + 4x)$, $x \in \mathbb{R}$, $C \in \mathbb{R}$.

(2) $y(x) = C e^{-x} + 2x^2 - 3x + 3$, $x \in \mathbb{R}$, $C \in \mathbb{R}$.

11.6: $\sin\left(y(x) + 2x\right) + \cos(x) + C = 0$, $x \in D$.

11.7: (1) $y(x) = C_1 x^5 - \frac{1}{6}x^3 - \frac{1}{6}x^2 + C_2$, $x \neq 0$, $C_1, C_2 \in \mathbb{R}$.

(2) $y(t) = \frac{1}{27}\left(3t^2 + 4t + 2\right) e^{-3t} + \frac{1}{27}\left(2t + 25\right)$, $t \in \mathbb{R}$.

(3) $y(x) = \frac{x^4}{24} + C_1 \frac{x^3}{6} + C_2 \frac{x^2}{2} + C_3 x + C_4$ (allgemeine Lösung)

$\Rightarrow y(x) = \frac{1}{24}x^2\left(x - 1\right)^2$, $0 \leq x \leq 1$.

11.8: (1) $y(x) = C_1 + C_2 e^{2x} + C_3 e^{-2x}$, $x \in \mathbb{R}$, $(C_i \in \mathbb{R})$.

(2) $y(x) = C_1 e^{2x} + C_2 x e^{2x} + C_3 x^2 e^{2x}$, $x \in \mathbb{R}$, $(C_i \in \mathbb{R})$.

(3) $y(x) = C_1 e^{-x} \cos(2x) + C_2 e^{-x} \sin(2x) + C_3 e^{2x}$, $x \in \mathbb{R}$, $(C_i \in \mathbb{R})$.

11.9: (1) $y(t) = C_1 e^{-0,2t} \cos(0,4t) + C_2 e^{-0,2t} \sin(0,4t)$, $t \geq 0$, $C_1, C_2 \in \mathbb{R}$

$\Rightarrow$ Schwingung mit schwacher Dämpfung (periodischer Fall).

(2) $y(t) = C_1 e^{-0,25t} + C_2 e^{-t}$, $t \geq 0$, $C_1, C_2 \in \mathbb{R}$

$\Rightarrow$ starke Dämpfung, keine Schwingung (aperiodischer Fall).

(3) $y(t) = C_1 e^{-t} + C_2 t e^{-t}$, $t \geq 0$, $C_1, C_2 \in \mathbb{R}$

$\Rightarrow$ starke Dämpfung, keine Schwingung (aperiodischer Grenzfall).

11.10: (1) $y(x) = C_1 e^{3x} + C_2 x e^{3x} + 3x + 1$, $x \in \mathbb{R}$, $C_i \in \mathbb{R}$.

(2) $y(x) = C_1 + C_2 e^{-2x} \cos(3x) + C_3 e^{-2x} \sin(3x)$

$\qquad + 8\sin(2x) + 9\cos(2x)$, $x \in \mathbb{R}$, $C_i \in \mathbb{R}$.

(3) $y(x) = C_1 e^x + C_2 \sin(2x) e^{-x} + C_3 \cos(2x) e^{-x} + e^{2x}\left(x - \frac{19}{13}\right)$, $x \in \mathbb{R}$.

(4) $y(x) = C_1 e^{-x} + C_2 e^{2x} + C_3 x e^{2x} + 3 + 2x^2 + \frac{2}{9}x e^{-x}$, $x \in \mathbb{R}$, $C_i \in \mathbb{R}$.

(5) $y(x) = \frac{1}{4} e^x - \frac{3}{20} e^{-x} + \frac{1}{2}x e^{-x} - \frac{1}{10}\cos(3x) - \frac{3}{10}\sin(3x)$, $x \in \mathbb{R}$.

11.11: $y_h(x) = C_1 e^{-2x} + C_2 x e^{-2x} + C_3 e^{-5x} \implies r(x) = e^{-2x}$ oder

$r(x) = x e^{-2x}$ oder $r(x) = e^{-5x}$ oder Linearkombination von diesen Funktionen führt zum Resonanzfall.

11.12: $\begin{pmatrix} y_1(x) \\ y_2(x) \end{pmatrix} = C_1 e^{10x} \begin{pmatrix} 1 \\ 2 \end{pmatrix} + C_2 e^{-2x} \begin{pmatrix} 1 \\ -1 \end{pmatrix} + \begin{pmatrix} \frac{12}{5} - \frac{8}{3}e^x \\ -\frac{16}{5} + \frac{2}{3}e^x \end{pmatrix}$, $\begin{array}{c} x \in \mathbb{R}, \\ C_i \in \mathbb{R}. \end{array}$

11.13: (1) $\vec{y}(x) = C_1 \begin{pmatrix} 1 \\ 2 \\ -2 \end{pmatrix} + C_2 \begin{pmatrix} 0 \\ -1 \\ 1 \end{pmatrix} e^x + C_3 \begin{pmatrix} 2 \\ 3 \\ -1 \end{pmatrix} e^{-x} + \begin{pmatrix} 0,5 \\ 1 \\ 0 \end{pmatrix} e^{2x},$

$$x \in \mathbb{R},\ C_1,\, C_2,\, C_3 \in \mathbb{R}.$$

(2) $\vec{y}(x) = C_1 \begin{pmatrix} 2 \\ -1 \end{pmatrix} e^{6x} + C_2 \begin{pmatrix} 2 \\ 1 \end{pmatrix} e^{-2x} + \begin{pmatrix} 2\sin(x) + 4\cos(x) \\ \sin(x) + 4,5\cos(x) \end{pmatrix},\quad \begin{matrix} x \in \mathbb{R}, \\ C_1,\, C_2 \in \mathbb{R}. \end{matrix}$

Lösungen der Aufgaben aus Kapitel 12:

12.1: Mit Berücksichtigung der Reihenfolge:
$\Omega = \big\{ (g;g), (g;l), (g;s), (l;g), (l;l), (l;s), (s;g), (s;l), (s;s) \big\},$
$A_1 = \big\{ (g;l), (l;g), (l;s), (s;l) \big\},\ A_2 = \big\{ (g;l), (l;g), (l;s), (s;l), (l;l) \big\},$
$A_3 = \big\{ (g;g), (g;l), (g;s), (l;g), (l;s), (s,g), (s;l), (s,s) \big\},\ A_4 = \big\{ (l;s), (s;l) \big\}.$
Ohne Berücksichtigung der Reihenfolge:
$\Omega = \big\{ (g;g), (g;l), (g;s), (l;l), (l;s), (s;s) \big\},$
$A_1 = \big\{ (g;l), (l;s) \big\},\ A_2 = \big\{ (g;l), (l;s), (l;l) \big\},$
$A_3 = \big\{ (g;g), (g;l), (g;s), (l;s), (s,s) \big\},\ A_4 = \big\{ (l;s) \big\}.$

12.2: $A = S_1 \cap S_2 \cap S_3$, $B = \overline{S}_1 \cap \overline{S}_2 \cap \overline{S}_3$, $C = S_1 \cup S_2 \cup S_3$,
$D = \big(S_1 \cap \overline{S}_2 \cap \overline{S}_3\big) \cup \big(\overline{S}_1 \cap S_2 \cap \overline{S}_3\big) \cup \big(\overline{S}_1 \cap \overline{S}_2 \cap S_3\big)$, $E = C$.

12.3: (1) $B = \big(B_1 \cup B_2 \cup B_3\big) \cap B_4 \cap B_5$, (2)

$\overline{B} = \big(\overline{B}_1 \cap \overline{B}_2 \cap \overline{B}_3\big) \cup \overline{B}_4 \cup \overline{B}_5$.

12.4: $D = A \cap \big(B_1 \cup B_2 \cup B_3 \cup B_4\big) \cap \big(C_1 \cup C_2\big)$,
$\overline{D} = \overline{A} \cup \big(\overline{B}_1 \cap \overline{B}_2 \cap \overline{B}_3 \cap \overline{B}_4\big) \cup \big(\overline{C}_1 \cap \overline{C}_2\big)$.

12.5: $P(A \cup B) = 0,8$, $P(A \cap B) = 0,6$, $P(\overline{A}) = 0,2$, $P(\overline{B}) = 0,4$,
$P(B \setminus A) = 0,2$, $P(A \setminus B) = 0$.

12.6: (1) $P(A_1) = P(A_2) = \frac{1}{2}$, (2) $P(B_1) = P(B_2) = \frac{1}{4}$, $P(B_3) = \frac{1}{2}$.

12.7: (1) $\dfrac{\binom{4}{1} \cdot \binom{96}{9}}{\binom{100}{10}} \approx 0,2996$, (3) $1 - \dfrac{\binom{4}{0} \cdot \binom{96}{10}}{\binom{100}{10}} \approx 0,3484$,

(2) $\dfrac{\binom{4}{0} \cdot \binom{96}{10} + \binom{4}{1} \cdot \binom{96}{9}}{\binom{100}{10}} \approx 0,9512$.

12.8: (1) $\dfrac{1}{1000}$, (2) $\dfrac{3}{1000}$. **12.9:** (1) $\dfrac{\binom{15}{6} \cdot \binom{9}{0} \cdot \binom{6}{0}}{\binom{30}{6}} \approx 0,0084$,

12.9: (2) $\dfrac{\binom{15}{4}\cdot\binom{9}{2}\cdot\binom{6}{0}}{\binom{30}{6}} \approx 0,0828\,,$ (3) $\dfrac{\binom{15}{3}\cdot\binom{9}{1}\cdot\binom{6}{2}}{\binom{30}{6}} \approx 0,1034\,.$

12.10: (1) $\dfrac{\binom{20}{6}}{\binom{35}{6}} \approx 0,0239\,,$ (2) $\dfrac{\binom{18}{4}\cdot\binom{10}{2}}{\binom{35}{6}} \approx 0,0848\,,$

(3) $\dfrac{\binom{17}{3}\cdot\binom{9}{1}\cdot\binom{7}{2}}{\binom{35}{6}} \approx 0,0792\,.$

12.11: $P(A|B) = \frac{3}{4}\,,\ P(B|A) = 1\,,\ P(\overline{A}|B) = \frac{1}{4}\,,\ P(B|\overline{A}) = \frac{1}{2}\,,$
$P(\overline{A}|\overline{B}) = 1\,,\ P(\overline{B}|\overline{A}) = \frac{1}{2}\,.$

12.12: K_i - Ereignis, dass i-ter Kontrolleur das Teil überprüfte,
F - Ereignis, dass das Teil falsch sortiert wurde.
$P(K_1) = 0,3\,,\ P(K_2) = 0,7\,,\ P(F|K_1) = 0,03\,,\ P(F|K_2) = 0,05\,.$
(1) $P(\overline{F}) = 0,956\,,$ (2) $P(K|\overline{F}) = 0,2045\,.$

12.13: S_i - Ereignis, dass Teil auf i-ter Stanze produziert wurde,
A - Ereignis, dass das Teil Ausschuss ist. $P(S_1) = \frac{2}{6}\,,\ P(S_2) = \frac{3}{6}\,,$
$P(S_3) = \frac{1}{6}\,,\ P(A|S_1) = 0,04\,,\ P(A|S_2) = 0,02\,,\ P(A|S_3) = 0,05\,.$
(1) $P(A) = 0,0317\,,$ (2) $P(S_2|\overline{A}) = 0,5060\,.$

12.14: $P(A \cup B) = 0,92\,,\ P(B \cap A) = 0,48\,,\ P(B \cup \overline{A}) = 0,88\,,$
$P(\overline{A} \cup \overline{B}) = 0,52\,,\ P(B|\overline{A}) = 0,8\,,\ P(\overline{A}|\overline{B}) = 0,4\,.$

12.15: (1) $P(B) = \left[1 - P(\overline{B}_1)P(\overline{B}_2)P(\overline{B}_3)\right]P(B_4)P(B_5) = 0,7524\,.$
(2) $P(B) = P(B_1)P(B_2) + P(B_3)P(B_4)$
$\qquad\qquad - P(B_1)P(B_2)P(B_3)P(B_4) = 0,8678\,.$

12.16: S_i - Ereignis, dass das i-te Teilsystem arbeitsfähig ist.
$P\big(S_1 \cap S_2 \cap (S_3 \cup S_4)\big) = 0,6336\,.$

12.17: $P\big(X(\omega) < 3\big) = P\big(X(\omega) \leq 3\big) = 0,6\,,$
$P\big(2 < X(\omega) < 6\big) = 0,6\,,$
$P\big(X(\omega) > 3,5\big) = 0,2\,.$ **Bild:** $F(x)$

12.18:
$$F(x) = \begin{cases} 0 & \text{für} & x < 0 \\ 0,1 & \text{für} & 0 \leq x < 1 \\ 0,35 & \text{für} & 1 \leq x < 3 \\ 0,85 & \text{für} & 3 \leq x < 4 \\ 0,9 & \text{für} & 4 \leq x < 6 \\ 1 & \text{für} & 6 \leq x\,, \end{cases}$$

$c = 0,1\,,$
$P\big(X(\omega) \leq 4\big) = 0,9\,,$
$P\big(X(\omega) < 3\big) = 0,35\,,$
$P\big(X(\omega) \geq 3\big) = 0,65\,,$
$P\big(X(\omega) \leq 3\big) = 0,85\,.$

12.19: Aufg. 12.17: $EX = \frac{5}{2}$ $EX^2 = \frac{25}{3}$,   Aufg. 12.18: $EX = 2,55$ $EX^2 = 9,15$.

12.20: Aufgabe 12.17: $D^2 X = \frac{25}{12}$,   Aufgabe 12.18: $D^2 X = 2,6475$.

12.21: $p_k = P\big(|X(\omega) - \mu| \leq k \cdot \sigma\big) = P\big(-k \leq \frac{X(\omega)-\mu}{\sigma} \leq k\big)$
$= \Phi(k) - \Phi(-k) = 2 \cdot \Phi(k) - 1;$
$\implies p_1 = 0,6826;$ $p_2 = 0,9546;$ $p_3 = 0,9974$.

12.22: $X(\omega) -$ Länge eines Teils;
(1) $X(\omega) \sim N(50; 2^2)$, $P\big(48 < X(\omega) < 53\big) = 0,7745$.
(2) $X(\omega) \sim N(\mu; 2^2)$, $0,99 = P\big(49 < X(\omega) < \infty\big)$; $\mu = 53,65\,cm$.
(3) $X(\omega) \sim N(50; \sigma^2)$, $0,95 = P\big(49 \leq X(\omega) \leq 51\big)$; $\sigma^2 = 0,26\,cm^2$.

12.23: $X(\omega) -$ Anzahl der Ausschussteile; $X(\omega) \sim bin(n; 0,03)$
(1) $n = 100;$ $P\big(X(\omega) = 3\big) = 0,2275$.
(2) $n = 100;$ $P\big(X(\omega) \leq 3\big) = 0,6472$.
(3) und (4) $n = 500;$ $np = 15,$ $np(1-p) = 14,55 > 9;$
$P\big(X(\omega) = 10\big) \approx 0,0443$, $P\big(X(\omega) \leq 10\big) \approx \Phi\big(\frac{10-15}{\sqrt{14,55}}\big) = 0,0950$.

12.24: $X_T(\omega) -$ Anzahl der Fehler auf T Meter; $X_T(\omega) \sim \pi(\lambda \cdot T)$
$EX_{50} = \lambda \cdot 50 = 2,5 \implies \lambda = 0,05$.
(1) $P\big(X_3(\omega) \geq 1\big) = 1 - P\big(X_3(\omega) = 0\big) = 0,1393$.
(2) $P\big(X_5(\omega) \leq 1\big) = P\big(X_5(\omega) = 0\big) + = P\big(X_5(\omega) = 1\big) = 0,9735$.

12.25: $Y(\omega) -$ Bedienungszeit; $Y(\omega) \sim exp(\lambda)$, $EY = \frac{1}{\lambda} = 10$, $\lambda = 0,1$;
(1) $P\big(Y(\omega) \leq 15\big) = 1 - e^{-1.5} = 0,7769$.
(2) $X_T(\omega)$ - Anzahl der in $[0; T]$ bedienten Kunden, $X_T(\omega) \sim \pi(0,1T)$,
$P\big(4 \leq X_{60}(\omega) \leq 7\big) = e^{-6}\big(\frac{6^4}{4!} + \frac{6^5}{5!} + \frac{6^6}{6!} + \frac{6^7}{7!}\big) = 0,5928$.

12.26: $X(\omega) -$ Reparaturdauer,
(1) $X(\omega) \sim wb(0,1; 1,2)$, $P\big(X(\omega) \leq 10\big) = F(10) = 0,7950$.
(2) $X(\omega) \sim wb(0,1; 0,8)$, $P\big(X(\omega) \leq 10\big) = F(10) = 0,4679$.
(3) zu (1): $\lambda(x) = 0,1x^{0,2}$, $x > 0$. zu (2): $\lambda(x) = 0,1x^{-0,2}$, $x > 0$.

12.27: $P\big(X_2(\omega) = 0\big) = 0,4$, $P\big(X_2(\omega) = 1\big) = 0,1$, $P\big(X_2(\omega) = 2\big) = 0,5$,
$EX_2 = 1,1$, $D^2 X_2 = 0,89$.

12.28: $EX_1 = 0$, $EX_1^2 = 3,6$, $D^2 X_1 = 3,6$;
$EX_2 = 1,1$, $EX_2^2 = 1,7$, $D^2 X_1 = 0,49$;
$E\big(X_1 \cdot X_2\big) = -2 \cdot 0,3 + 0 \cdot 0,4 + 1 \cdot 0,1 + 2 \cdot 0,1 + 3 \cdot 0,1 = 0$;
$\varrho(X_1, X_2) = 0 \implies X_1(\omega)$ und $X_2(\omega)$ sind unkorreliert;
Da $P\big(X_1(\omega) = 1, X_2(\omega) = 2\big) = 0,1 \neq P\big(X_1(\omega) = 1\big) \cdot P\big(X_2(\omega) = 2\big)$
$= 0,2 \cdot 0,3$ sind diese Zufallsgrößen nicht unabhängig.

12.29: $X_i(\omega)$ - Länge des i-ten Kabels, $X_i(\omega) \sim N(20; 0,121)$,
(1) $Y(\omega) = \sum_{i=1}^{10} X_i(\omega) \sim N(200; 1,21) \Rightarrow P\big(Y(\omega) > 202,75\big) = 0,0062$.

12.29: (2) $Y(\omega) = \sum_{i=1}^{n} X_i(\omega) \sim N(20n; 0,121n) \Rightarrow P\big(-1,5 < Y(\omega) - 20n < 1,5\big)$

$$= 2\Phi\Big(\frac{1,5}{\sqrt{0,121n}}\Big) - 1 = 0,98 \Rightarrow \frac{1,5}{\sqrt{0,121n}} = 2,3264 \Rightarrow n = 3.$$

12.30: $t_{10;0,95} = 1,8125$, $t_{30;0,9} = 1,3104$, $t_{50;0,99} = 2,4033$,

$\chi^2_{10;0,95} = 18,307$, $\chi^2_{30;0,005} = 13,7867$, $\chi^2_{50;0,99} = 76,1539$.

Lösungen der Aufgaben aus Kapitel 13:

13.1:

Anzahl	Strich-liste	$h_{20}(\underline{x}_j)$	$r_{20}(\underline{x}_j)$
0	|||	3	$\frac{3}{20}$
1	||||	4	$\frac{4}{20}$
2	||||	4	$\frac{4}{20}$
3	++++	5	$\frac{5}{20}$
4	|||	3	$\frac{3}{20}$
8			1	$\frac{1}{20}$

Bild: Strichliste, Häufigkeitstabelle

13.2:

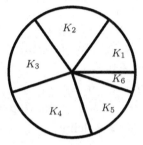

Bild: Kreisdiagramm

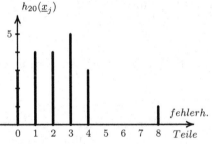

Bild: Stabdiagramm

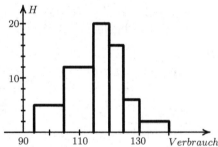

Bild: Histogramm

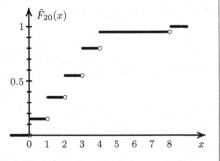

Bild: Empirische Verteilungsfunktion

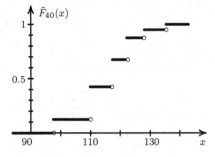

Bild: Empirische Verteilungsfunktion

13.3: zu Aufgabe 13.1: $\bar{x} = 2,35$, $\tilde{x} = 2$, $s^2 = 3,5026$, $R = 8$, $v = 0,7964$,
zu Aufg. 13.2: $\bar{x} = 115,68$, $\tilde{x} = 116,5$, $s^2 = 81,7267$, $R = 45$, $v = 0,0781$.

13.4: $L = 2\frac{\sigma}{\sqrt{n}} \cdot z_{1-\frac{\alpha}{2}} \leq L_0 \implies n \geq 4\left(\frac{\sigma}{L_0} z_{1-\frac{\alpha}{2}}\right)^2$.

13.5: (1) $n = 7$; $\mu \approx \bar{x} = 1,1714$; $\sigma^2 \approx s^2 = 0,0490$,
(2) für μ : $t_{6;0,975} = 2.44691$, $[0,9666; 1,3763]$,
für σ^2 : $\chi^2_{6;0,025} = 1,2373$, $\chi^2_{6;0,975} = 14,4494$, $[0,0203; 0,2376]$.

13.6: $p \approx 0,02$; $[0,0068; 0,0571]$.

13.7: $\bar{x} = 0,495$; $s^2 = 0,00011$
(1) $H_0 : \mu \geq 0,50$ gegen $H_1 : \mu < 0,50$, $\alpha = 0,01$; $t_{5;0,99} = 3,3649$;
$I = [0,4806; \infty) \ni 0,50 \Rightarrow H_0$ ist bei $\alpha = 0,01$ nicht falsch, d.h., es kann
nicht darauf geschlossen werden, dass die mittlere Abfüllmenge kleiner als
$0,50\,l$ ist.
(2) $H_0 : \sigma^2 = 0,1$ gegen $H_1 : \sigma^2 \neq 0,1$; $\chi^2_{5;0,995} = 16,7496$; $\chi^2_{5;0,005} = 0,4117$;
$I = [0,00003; 0,0013] \not\ni 0,1 \Rightarrow H_0$ wird bei $\alpha = 0,01$ abgelehnt, d.h.,
$\sigma^2 \neq 0,1$.

13.8: $H_0 : p = 0,1$ gegen $H_1 : p \neq 0,1$; $\alpha = 0,05$;
$|T| = \left|\frac{1}{\sqrt{3,6}}\right| = 0,5270 \not> z_{0,975} = 1,9600 \Rightarrow H_0 : p = 0,1$ wird bei $\alpha = 0,05$
nicht abgelehnt.

13.9: Voraussetzungen: Kraftstoffverbrauch muss normalverteilt sein. Die Varianzen des Kraftstoffverbrauchs müssen gleich sein.
$H_0 : \mu_1 \leq \mu_2$ gegen $H_1 : \mu_1 > \mu_2$; $\alpha = 0,01$; $\bar{x}_1 = 3,7571$, $\bar{x}_2 = 3,5167$,
$s_* = 0,1494$, $T = 2,8934 > t_{11;0,99} = 2,7181 \Rightarrow H_0 : p = 0,1$ wird bei
$\alpha = 0,01$ abgelehnt: die Motoren vom Typ 1 haben höheren Verbrauch.

13.10: $\lambda \approx \frac{1}{\bar{x}} = \frac{10}{27}$,
z.B. gilt $p_2 = P\left(1 < X(\omega) \leq 2\right) = \left(1 - e^{-\frac{2\cdot10}{27}}\right) - \left(1 - e^{-\frac{10}{27}}\right) = 0,2137$.

j	K_j	h_j	p_j	$\frac{(h_j - np_j)^2}{np_j}$
1	$[0;1]$	5	0,3095	21,7578
2	$(1;2]$	24	0,2137	0,3237
3	$(2;3]$	33	0,1476	22,5405
4	$(3;4]$	25	0,1019	21,5246
5	$(4;5]$	10	0,0704	1,2446
6	$(5;\infty)$	3	0,1569	10,2636
		100	1,0000	77,6548

Der Wertebereich einer exponen-
tialverteilten Zufallsgröße ist das
Intervall $[0; \infty)$. Hieraus folgt
$K_6 = (5; \infty)$.

Da $n \cdot p_j \geq 5$ für $j = 2; 3; 4; 5$
gilt, werden keine Klassen zusammengefasst.

$T = 77,6548 > \chi^2_{5-1-1;0,99} = \chi^2_{3;0,99} = 11,3449$
$\Rightarrow H_0$ wird bei $\alpha = 0,01$ abgelehnt. Es liegt keine Exponentialverteilung vor.

Literaturverzeichnis

[1] Schirotzek, W., Scholz, S.: Starthilfe Mathematik. 5. Aufl. Wiesbaden: Teubner-Verlag 2005.

[2] Vetters, K.: Formeln und Fakten. 4. Aufl. Wiesbaden: Teubner-Verlag 2004.

[3] Teubner-Taschenbuch der Mathematik. 2. Aufl. Wiesbaden: Teubner-Verlag 2003.

Weiterführende Literatur:

[4] TI-89 Handbuch. Texas Instruments 1998.

[5] Wolfram, St.: Das Mathematica-Buch: Mathematica Version 3. 3. Aufl. Addison-Wesley Verlag (Deutschland) 1997.

[6] Engeln-Müllges, G., Reutter, F.: Formelsammlung zur Numerischen Mathematik mit Turbo Pascal-Programmen. Mannheim-Wien-Zürich: BI-Wissenschaftsverlag 1991.

[7] Kamke, E.: Differentialgleichungen, Lösungsmethoden und Lösungen, Band 1; 2. 10.; 6. Aufl. Stuttgart: Teubner-Verlag 1983; 1979.

[8] Walter, W.: Gewöhnliche Differentialgleichungen. 7. Aufl. Berlin: Springer-Verlag 1994.

[9] Collatz, L.: Differentialgleichungen. 7. Aufl. Stuttgart: Teubner-Verlag 1990.

[10] Hartung, J., Elpelt, B., Klösener, K.-H.: Statistik, Lehr- und Handbuch der angewandten Statistik. 8. Aufl. München-Wien: R. Oldenbourg-Verlag 1991.

[11] Hartung, J., Elpelt, B.: Multivariate Statistik, Lehr- und Handbuch der angewandten Statistik. München-Wien: R. Oldenbourg-Verlag 1984.

Index